第三届全国 BIM 学术会议论文集

Proceedings of the 3rd National BIM Conference

中国图学学会 BIM 专业委员会　主编

2017 年 11 月 4—5 日　上海

中国建筑工业出版社

图书在版编目(CIP)数据

第三届全国BIM学术会议论文集/中国图学学会BIM专业委员会主编.—北京：中国建筑工业出版社，2017.11

ISBN 978-7-112-21225-5

Ⅰ.①第… Ⅱ.①中… Ⅲ.①建筑设计-计算机辅助设计-应用软件-文集 Ⅳ.①TU201.4-53

中国版本图书馆CIP数据核字(2017)第223071号

中国图学学会建筑信息模型（BIM）专业委员会是中国图学学会所属分支机构，在中国图学学会的指导下，中国图学学会建筑信息模型（BIM）专业委员会每年组织举办全国BIM学术会议。第三届全国BIM学术会议于2017年11月在上海市召开，本书收录了大会的71篇优秀论文。

本书可供建筑信息模型（BIM）从业者学习参考。

责任编辑：李天虹

责任校对：焦　乐　李欣慰

第三届全国BIM学术会议论文集

Proceedings of the 3rd National BIM Conference

中国图学学会BIM专业委员会　主编

*

中国建筑工业出版社出版、发行(北京海淀三里河路9号)

各地新华书店、建筑书店经销

唐山龙达图文制作有限公司制版

北京圣夫亚美印刷有限公司印刷

*

开本：880×1230毫米　1/16　印张：26¼　字数：826千字

2017年10月第一版　2017年10月第一次印刷

定价：**86.00**元

ISBN 978-7-112-21225-5

(30865)

版权所有　翻印必究

如有印装质量问题，可寄本社退换

(邮政编码　100037)

序

随着 BIM 技术研究不断深入，BIM 应用正在国内外迅速推进，并逐渐呈现出与物联网、智能化设备、移动等技术集成应用的趋势，技术优势和应用效果凸显。BIM 技术应用能够为建设工程产业链贯通提供技术保障，促进绿色建筑发展，推进智慧城市建设，实现建筑业转型升级。

中国图学学会建筑信息模型专业委员会（以下简称“BIM 专委会”）是中国图学学会所属的分支机构，致力于促进 BIM 技术创新、普及应用和人才培养，提升行业科技水平，推动 BIM 及相关学科的发展。为实现上述目标，在中国图学学会的指导下，BIM 专委会于 2016 年 11 月 12～13 日，在广州成功举办了“第二届全国 BIM 学术会议”，其论文集收录学术论文 53 篇，参会人数超过 700 人。

“第三届全国 BIM 学术会议”将于 2017 年 11 月 4～5 日在上海举办，由上海建工集团股份有限公司承办。本届会议已被中国知网纳入全国重要学术会议名录，论文集由“中国建筑工业出版社”正式出版，共收录了 71 篇论文，内容涵盖基础研究、技术创新、系统研发、应用推广、项目级和企业级的 BIM 实施与建设等，充分展示了 BIM 技术的广泛应用，为促进建设工程信息化进程，发挥应有的作用。

值此第三届全国 BIM 学术会议论文集出版之际，希望行业相关技术管理人员共同努力，在 BIM 技术落地的基础上提出更多创新思路，进一步推动我国 BIM 技术在工程建设领域的深度应用和发展。衷心感谢国内外专家学者的大力支持！

中国图学学会 BIM 专业委员会张建平主任委员

目　　录

模架BIM技术助推安全精细化管理

蒋养辉

（青建国际集团有限公司，山东 青岛 266071）

【摘　要】 各类施工支架在承载和使用中发生坍塌时，往往都会造成惨重的人员伤亡、巨大的经济损失和不良的社会影响，严重危及企业的生存与发展。究其原因应该是多方面的，当然设计和计算是其中重要一项，很多项目模架的施工方案设计和计算照搬照抄，施工时大多靠经验组织施工，也是引发模架坍塌事故的根源。本文通过青岛绿城某项目借助BIM技术，提高模架体系的施工方案编写质量，优化模架设计及计算，生成施工方案及计算书、节点大样用于指导施工，确保模架设计和计算正确性。

【关键词】 模架；BIM技术；设计及计算

随着我国建筑业高速发展，模板脚手架体系也在建设施工中广泛被使用。据有关资料的不完全统计：在1992年至1995年上半年我国共发生的83起各类坍塌事故中，楼板（支架）坍塌为16起，占19.3%；在1992年全国发生一次死亡3人以上的重大事故中，楼板倒塌就造成死亡59人和重伤20人，分别占总数的38%和59%；在《建设工程重大安全事故警示录》[1]一书收集的2000年到2003年6月发生的100起一次死亡3人以上的重大事故中，脚手架和支架坍塌事故为15起，亡66人、伤137人（平均每起亡4.4人，伤9.1人），分别占15%、15.45%和43.63%。模板支架坍塌在重大工程建设事故中一直占有较高的比例。如何减少模板支架坍塌事故发生，提高模板支架体系的稳定性，值得我们深思和研究。本文通过青岛绿城某项目借助BIM技术，提高模架体系的施工方案编写质量，优化模架设计及计算，生成施工方案及计算书、节点大样用于指导施工，确保模架设计和计算正确性、安全性。

1　模架坍塌事故技术原因分析[2]

模板支架发生坍塌的技术原因或内在机理，单从技术角度来讲：脚手架结构模板支架坍塌破坏之所以会发生，不外出现了以下两种情况，或者二者兼而有之：一是架体或其杆件、节点实际受到的荷载作用超过了其实际具有的承载能力，特别是稳定承载能力；二是架体由于受到了不应有的荷载作用（侧力、扯拉、扭转、冲砸等），或者架体发生了不应有的设置与工作状态变化（倾斜、滑移和不均衡沉降等），招致发生非原设计受力状态的破坏。

造成实际荷载及其作用大于设计值的主要因素列于表1中。

造成实际荷载及其作用大于设计值的主要因素　　表1

类别	造成大于设计值的主要因素
实际荷载	1)劲性钢筋和高配筋率结构件未调增自重标准值； 2)实际出现了未予考虑、但数值较大的施工设备和堆料荷载； 3)在局部作业面上集中了过多的人员、浇筑和振捣设备； 4)其他实际值显著大于设计值的因素； 5)出现未予考虑的荷载
实际发生的荷载作用	1)未按最不利受载部位(如梁交汇处)计算； 2)任意加大立杆间距； 3)相邻顶部支点的标高不一致，造成作用不同步和不均衡受载，高位者承受过大的荷载作用； 4)支架立杆未按与集中荷载作用点对中或集中荷载轴线对称要求设置，产生较大的偏心作用； 5)浇筑工艺不符合稳定、逐层和均衡加载的要求，或临时做违反这一要求的改变

【作者简介】 蒋养辉，男，研究员。主要研究方向为工程施工技术管理、应用。E-mail：Jyh0825@163.com

在施工中架体可能出现不应有的设置与工作状态变化列于表2中。

架体不应出现的主要设置与工作状态变化　**表2**

类别	脱离或影响设计的变化
架体设置状态	1)设置基地出现过大的不均匀沉降，造成部分立杆脱空、虚支或滑移； 2)支架立杆底部未设置支垫或支垫不合格； 3)未按规定设置扫地杆或设置不合格； 4)高支架未设置必要的附着拉结或整体稳定措施； 5)在毗邻地区进行地下工程施工及其他危及支架设置安全的因素
架体工作状态	1)安装偏差(特别是立杆的垂直偏差)过大； 2)未设置专门承传水平荷载作用的措施； 3)在遭受强力自然力(风、雨、雪、地震等)之后未做检查、调整和加固； 4)出现其他不应有的工作状态变化

使架体实际承载力能力降低的主要因素列于表3中。

使架体实际承载能力降低的主要因素　**表3**

类别	造成低于设计值的主要因素
构架情况	1)使用减料、劣质、变形、磨损的杆件和连接件； 2)构架节点和杆件连接不合格； 3)立杆伸出长度过大； 4)横杆漏设； 5)梁、板支架的立杆间距和步距不配合；横杆不能按设计要求连通； 6)随意加大构架参数； 7)未按规定设置竖向和水平斜杆(剪刀撑)或设置不合格； 8)混用互不配合的不同架种材料； 9)扫地杆过高
支座和体型	1)可调托、底座丝杆直径偏小、工作长度偏大； 2)搭设高度增加造成降低因素的不利累积； 3)高宽比过大降低其整体稳定性

根据以上分析，模架坍塌事故技术原因较多，本文仅针对模架设计及计算环节问题导致施工方案存在问题采用了BIM技术进行研究。在日常施工中，由于项目现场技术人员水平参差不齐，模架设计及计算大多还在用手工计算，考虑到计算的难度和公式的繁琐性，有较多人照抄照搬以前的施工方案，施工中依靠架子工的施工经验搭设，存在侥幸心理，难免不出现问题。

2　BIM技术[3]在模架系统中的应用

2.1　应用流程

资料收集→软硬件准备→模型建立→高大模板识别→参数设定→模架布置与设计→模架安全计算→模架系统参数调整→生成施工方案及计算书→生成节点详图→组织专家论证→技术交底→模架施工→现场复核及验收。

2.2　模型建立

建立模架应用部位建筑结构信息模型是BIM使用的基础和载体，市场上建立模型的软件很多，如：Revit、广联达、品茗、鲁班等软件。建立模型不是目的，是为了达到快速建模要求，以品茗建模为例，可将原AutoCAD图纸，利用品茗模架软件进行CAD转化快速识别，如结构的梁、板、柱、墙等，即可快速得到想要部位的信息模型。

2.3　高大模板识别

常规来说，对于高大模板识别辨识，需通过人工进行核算，根据《危险性较大工程安全专项施工方案编制及专家论证审查办法》[4]（建质［2004］213号）文件的定义为：高大模板工程是水平混凝土构件模板支撑系统高度超过8m，或跨度超过18m，施工总荷载大于15kN/m^2，或集中线荷载大于20kN/m的模板支撑系统。但对于施工总荷载、集中线荷载辨识往往计算比较麻烦，容易被忽视，导致该部位按照普通方案对待。但经过BIM软件可以对所建立模型进行智能辨识，避免了漏识别风险。高大模板识别辨识见图1。

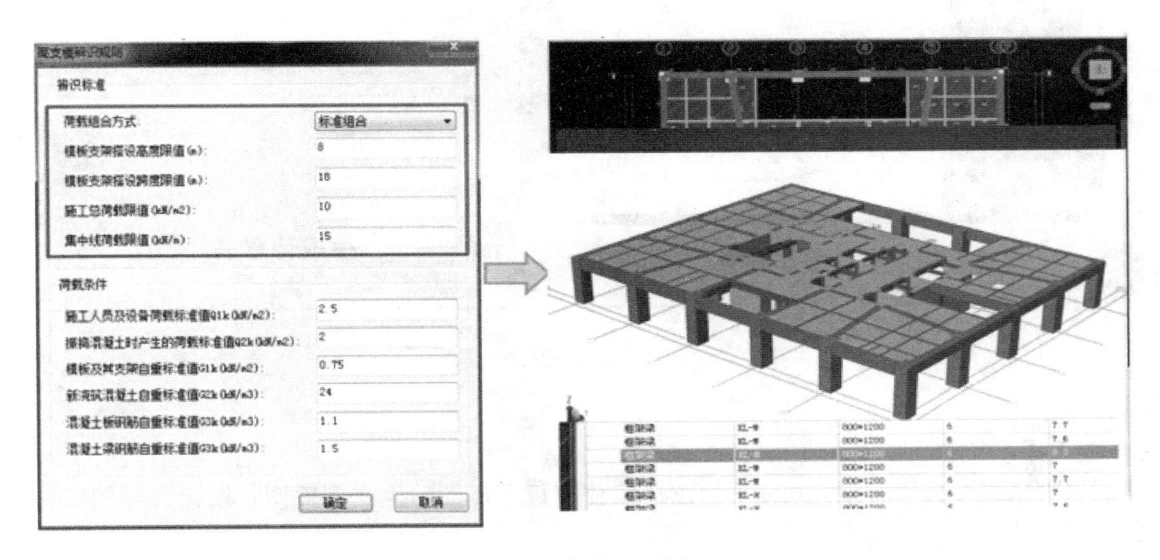

图1　高大模板识别辨识

2.4　参数定义

软件智能对常用参数进行了定义，使参数确定在规范规定的合理范围内，确保计算正确性，避免了人工查找资料人为因素输入参数不正确的风险。

2.5　模架布置与设计

软件可见性智能布置和人工布置两种方式进行，分别对梁、板、柱模板、剪刀撑、连墙件进行了布置和设计。布置操作简单，可以通过平面布置，三维方式查看形象直观。通过智能优化和安全复核，确保结构布置合理，见图2。

图2　模架布置与设计

2.6　安全计算与调整

经过智能优化及安全复核，生成安全计算书，满足要求的结论为绿色字体，不满足要求的结论为红色字体，提醒该部位设计存在问题，对模架系统参数进行调整，再进行安全计算，直到满足要求，生成安全计算书，见图3。

2.7　生成模架方案

安全计算合格后，可智能生成模架施工方案Word版，方案可根据各个企业编制要求进行编辑调整，

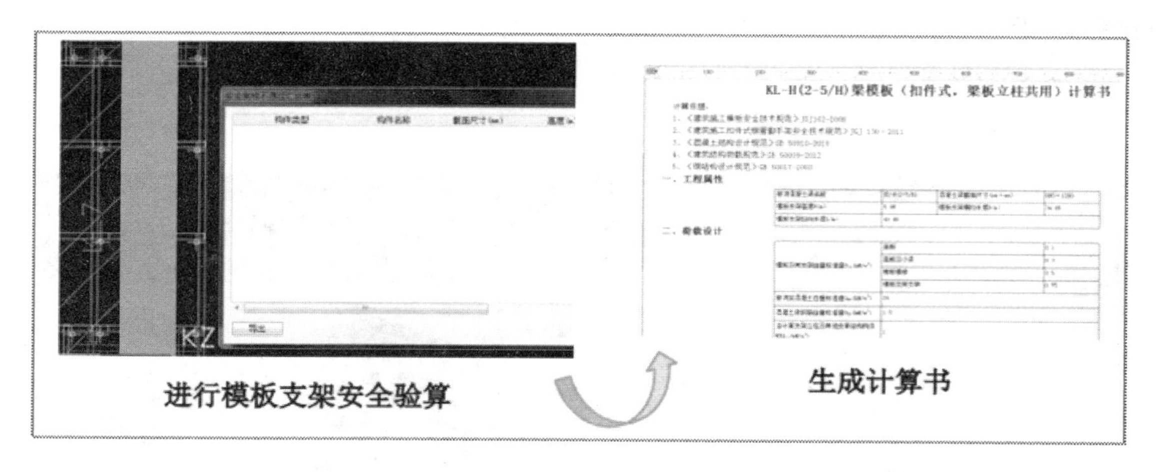

图3　模板支架安全验算

使用快捷简单。

2.8　生成施工图

可生成模架搭设参数平面图、立杆平面图、墙柱模板平面图、生成剖面图、模板大样图、材料统计表等，见图4、图5。

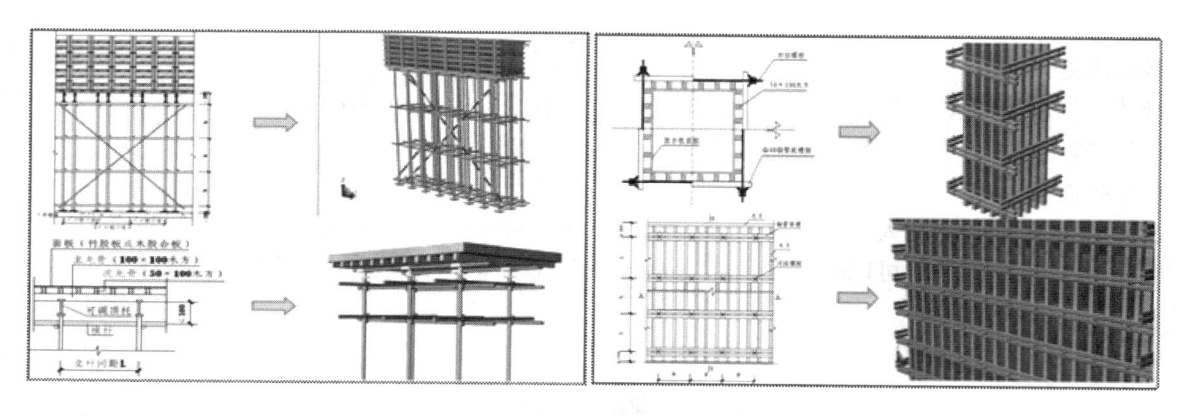

图4　模架剖面图

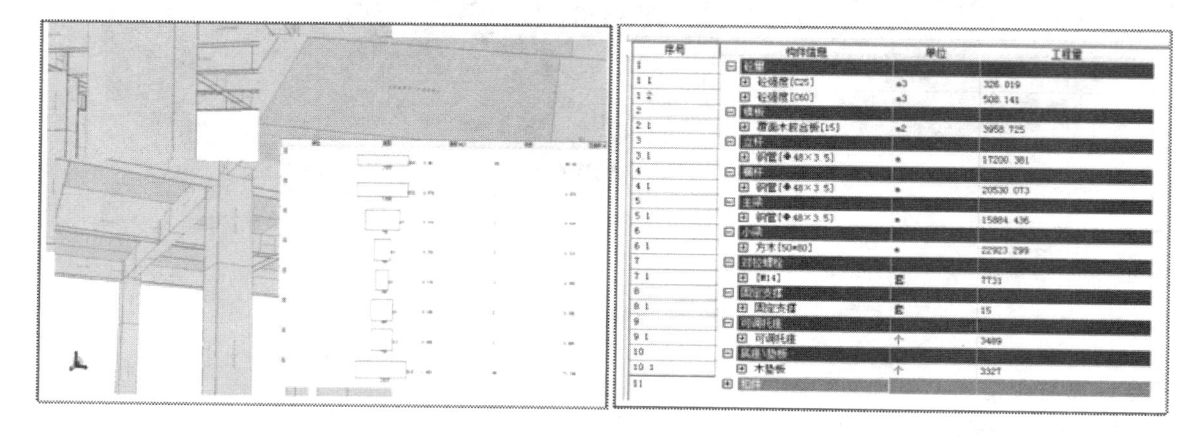

图5　模架材料统计表

2.9　专家论证

后续工作为属于高大模板的方案，应组织专家论证，论证通过后进行技术交底，组织模架施工，现场复核及验收等，这里不再赘述。

3　技术交底及验收

（1）传统交底形式多为 Word 版文字性交底，固定的模式、通套的做法要求、枯燥的文字累述，不具备所在工程项目的专属性和针对性，班组工人也很难做到理解透彻，往往最后根据工人个人技能水平和经验进行施工，造成后期大量的质量、安全隐患及高额的维修费用（图 6、图 7）。

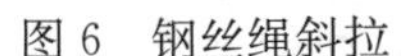

图 6　钢丝绳斜拉

图 7　悬挑槽钢在节点的设计

（2）采用 BIM 技术进行交底创新，不同于传统 Word 技术交底形式，不同于常规通套模板的交底套路，结合工程图纸及相关图集和规范要求，配以现场照片及优秀施工质量图片等方式，对项目部内部管理人员、班组长及现场操作工人进行图文并茂的细部讲解，达到最好的技术传递效果。

4　经济效益分析

本工程通过采用 BIM 技术，对模板下料进行了综合排布优化，与传统的做法进行经济效益对比分析，分析得出 3 号楼按照施工人员经验常规做法下料排布，需要模板 $6760m^2$，损耗率约 8%，损耗模板 $540.80m^2$。采用 BIM 模板优化设计，损耗率约 6%，损耗量是 $405.6m^2$。按照每平方米成本 1060 元/ m^2 计算（包括周转次数、人工、机械费等），可节约费用（540－405）×1060＝143100 元，本项目共计相同结构的塔楼 6 栋，可节约费用 143100×6＝858600 元。经济效益明显，既节约了模板材料，又节省了人工，同时也缩短了施工工期。

5　结束语

BIM 技术应用于模架系统设计，使高支模的辨识可做到全面识别，对于普通模板支撑来说，模型建立快捷、模架体系设计操作简单、计算准确便捷，通过设计计算得出了模板及脚手架工程量，对模板设计也做了优化，降低了模板配模不合理导致的损耗，提高了施工企业施工利润，真正做到了技术管理的精细化；另外，提高施工管理人员的施工方案编制质量，避免了人工计算可能出现的失误，从技术角度提高模架施工安全性，为建筑施工精细化管理提供借鉴。

参考文献

[1]　《建设工程重大安全事故警示录》编委会．建设工程重大安全事故警示录［M］．成都：四川科学技术出版社，2004.

[2]　周治华，杨志勇．模板脚手架倒塌事故原因分析［J］．施工技术，2010（s2）：394-395.

[3]　何关培．BIM 总论［M］．北京：中国建筑工业出版社，2011.

[4]　杜晓玲．危险性较大工程安全专项施工方案编制与实例精选［M］．北京：中国建筑工业出版社，2007.

设计企业 BIM 转型顶层规划设计

李　腾[1]，刘保石[2]

（1. 深圳市无界建筑设计研究有限公司，广东 深圳 518052；2. 上海益埃毕建筑工程有限公司，上海 200000）

【摘　要】国内 BIM 概念已经讨论十多年了，在这十几年的发展中，大型施工总承包企业 BIM 应用非常普及，业主单位 BIM 技术信息化管理实践路径也相对清晰，而设计企业 BIM 应用却难以推广。随着建筑行业内 BIM 应用的普及，以及政府部门的重视，BIM 技术已经成为未来建筑行业信息化及产业化的重要方向。设计企业的 BIM 转型是其中关键环节。设计企业 BIM 转型不是讨论应不应该，而应研究转型的难点和困境，然后从企业顶层战略规划出发研究其实践路径。

【关键词】BIM 转型；设计企业；Revit；顶层规划

互联网和信息技术正在变革建筑业的未来。近年来，建筑信息模型技术在国内外建筑行业得到广泛关注和应用。2011 年，住房城乡建设部《关于印发 2011—2015 年建筑业信息化发展纲要的通知》（建质［2011］67 号）中已将“加快建筑信息模型在工程中的应用”列为“十二五”期间的总体目标之一。住建部印发的《2016—2020 年建筑业信息化发展纲要》全文 28 次提到 BIM（Building Information Modeling，以下简称“ BIM”）技术，建筑业未来信息化升级是以 BIM 技术为核心。

1　设计企业 BIM 转型难点

在建筑行业所有利益相关方中，设计企业无疑是国内最早开始关注 BIM 技术的。从 2003 年到现在，十多年过去之后，随着业主和施工企业对 BIM 实践路径日趋清晰和落地，设计企业却成为 BIM 转型应用中最迷茫的一方。造成这种现象的原因主要有以下几个：

1.1　设计的主观性

由于设计的主观性，设计企业通常需要大量的精力投入到方案构思及方案修改过程中，再加上国内设计行业从业者众，与业主关系常常处于被动一方。一方面设计费相比国外同行较低，另一方面设计整体质量不高，更难有精力投入到 BIM 转型中。

1.2　二维设计思维向 BIM 三维协同设计思维转变

BIM 是一种基于模型的建筑业信息技术，目前普遍使用的 CAD 是一种基于图形的建筑业信息技术[1]。从 CAD 向 BIM 转变与从手图绘制向 CAD 电脑绘制的转变不同，后者仅仅是现有的过程自动化，仅影响设计；而 BIM 是设施和基础建设信息相对于 CAD 将产生新的业务流程[2]。设计行业涉及的专业众多，各个专业的培养背景和模式各不相同。比如说设计领域的建筑专业人员，培养过程就已经是三维建模设计思维，应用 BIM 技术相对比较简单。但是对于水、电、暖通专业人员，培养过程全都是二维图纸设计思维，应用三维 BIM 技术后，水、电、暖通等机电专业人员工作量明显增加很多，在设计企业没有相应改变人员组成比例以及利益分配方案的情况下，应用 BIM 技术无疑会遇到很多阻力。

1.3　政府审批模式需转变

现有政府报建、施工图审查等政府把控环节依然是二维图形方式，设计企业就算进行了 BIM 转型后，也还要使用 BIM 模型出二维图纸，而且还要达到现有国家二维图形表达标准，明显增加了设计企业 BIM 转型后的工作量。用不用 BIM 模型出图就是设计企业时至今日依旧在争议的问题之一。很多设计企业依

【作者简介】李腾，华南理工大学建筑学院博士研究生，深圳市无界建筑设计研究有限公司 CEO。E-mail：270852716@qq.com

旧是使用传统方式出图，再请 BIM 建模团队按照图纸建模，而这么做只是从表面数据上提高了 BIM 应用比例，但从能力建设上依然为零。

2　设计企业 BIM 转型战略及效益意义

既然设计企业 BIM 转型困难重重，那么为什么还要进行呢？

2.1　设计企业 BIM 转型是建筑业 BIM 战略关键环节

首先从 BIM 产业链来看，业主、设计企业、施工方各自 BIM 的需求和使用方法是不同的。BIM 模型和信息首先是从设计方开始，录入各种信息数据，是 BIM 模型最重要的建立方；施工方利用设计方的 BIM 模型进行施工信息数据的提取，指导施工，是施工信息提取方；业主利用设计方的 BIM 模型进行运维信息数据的提取和接入，是运维方。从 BIM 模型的生产和使用来看，设计方才是 BIM 技术的最为关键的生产方，因此建筑行业 BIM 信息化转型，设计方的转型才是关键。

其次，作为 BIM 信息的提取和使用者的施工方与业主，改变的是数据对象和管理方式，BIM 应用难度比较小，实现的路径比较清晰。但是作为 BIM 信息的录入者身份的设计方，要从管理、三维协同、设计思维等全方位能力进行转变。因此，设计方的转型才是难点。

2.2　设计企业 BIM 转型后效益评估

目前设计企业 BIM 应用的主要难点在于对 BIM 转型后的生产力认识不足，效益评估不清晰。应用 BIM 是行业发展的必然趋势，但是由于 BIM 应用后效益模式的不确定性导致设计企业不知道该怎么制定 BIM 战略。

设计企业 BIM 应用效益应当对比现有 CAD 设计效益来分析（图 1）。我们把 BIM 的效益分为两个部分：BIM 设计质量（1 号线）与 BIM 设计效率（2 号线），对应传统的基于图形设计模式的 CAD 设计质量、效率（0 号线）。此图表中的两个关键节点节点 1 与节点 2 将整个时间段分为三大阶段。

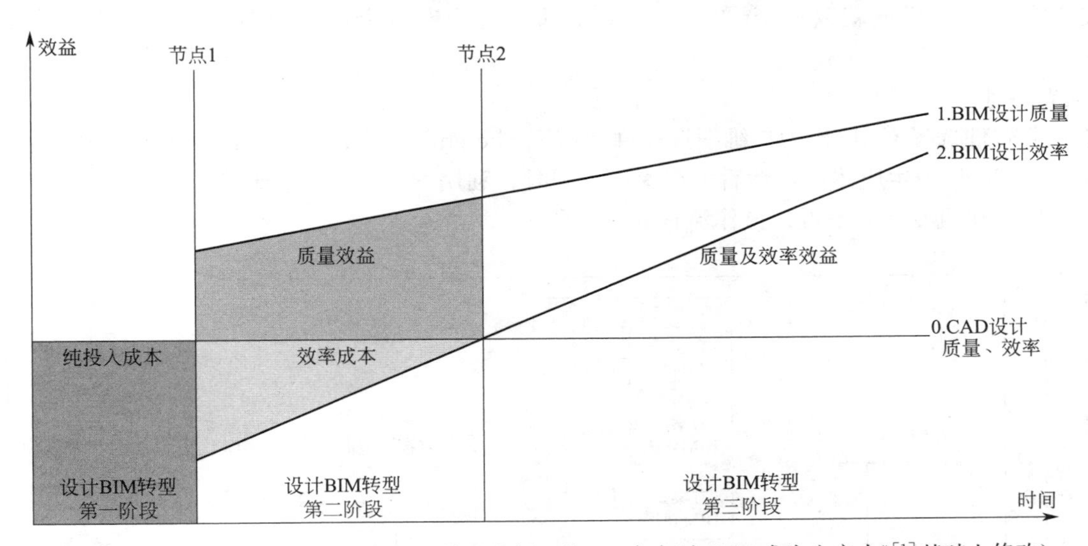

图 1　设计企业 BIM 转型阶段及应用效益分析（基于《如何让 BIM 成为生产力》[1] 基础上修改）

第一阶段为纯投入阶段，BIM 团队需要进行各种技能培训及思维转变，无法产生任何效益，相对于 CAD 设计效益，图中的阴影区域就为纯投入成本。

第二阶段为 BIM 团队经过一段时间，可以进行一定规模的项目实操。刚开始项目应用时，由于众所周知的 BIM 设计优势，BIM 设计模式的出图质量肯定是高于传统 CAD 设计模式的，而效率远远低于 CAD 设计模式。这个阶段虽然设计效率低下，但是由于技术熟练度地不断提升，一些基础模板、族库数据库等不断积累，设计效率一直处于稳步提升过程中。

当 BIM 设计效率与 CAD 设计效率持平时，就来到了 BIM 转型的第三阶段。这个阶段就是 BIM 设计转型的良性提升阶段，无论是设计效率还是质量都优于 CAD 设计方式。

由此可见，设计企业的 BIM 转型效益评估应当具有战略规划，转型期所面对的成本投入增加、效率低下是暂时性的，而转型成功后，设计质量与效率将会大大提高。

3　设计企业 BIM 技术转型的路径

通过图 1 我们可以看到，设计企业 BIM 转型有两个关键节点，到达这两个关键节点所需要的时间是根据不同设计企业自身品牌、核心业务、技术、管理、人员、基础设施甚至地域等情况的不同而不同，需要设计企业针对上述方面的深入思考找到具体的解决方案和实施步骤。

3.1　设计企业 BIM 技术转型目标的确定

设计企业 BIM 技术转型的目标有三个深度：实现 BIM 三维设计应用，基于“互联网＋”的协同设计，基于 BIM 的设计成果审核。不同目标对 BIM 技术应用深度要求不同。

3.2　设计企业 BIM 核心软件平台的选择

BIM 核心软件平台的选择是实现 BIM 技术转型的首要因素。不同软件的操作方法甚至是对设计习惯的影响各不相同。设计企业 BIM 核心软件平台的选择应当进行充分的调研，主要考虑的因素有七条：专业性；易操性；适用性；成熟性；性价比；互操性；开放性。专业性指的是软件支持的专业功能是否齐全。易操性指的是软件学习的难易度。适用性是指软件对设计企业的工作内容的支持度。成熟性是指软件是否经过市场较长时间的检验，以及其更新换代积累的成熟度。性价比是指软件购买的价格是否高昂。互操性是指市面上的普及程度是否广泛，起码行业内较多从业者在使用。开放性是指与其他软件之间的数据对接是否顺畅，不会产生数据丢失情况。

目前市面上支持全专业（建筑结构机电）全过程（方案、初步、施工图）的软件主要有三类：Revit、AECOsim Building Designer、CATIA。而围绕这三款全专业全过程软件，有众多从属单功能软件进行相互配合，最终整合进这三款软件进行数据信息的综合处理，因此全专业全过程软件可以称为 BIM 核心软件平台。下面就以 Revit 平台为例，分析设计全专业全过程的 BIM 技术路径以及各阶段软件选择。

3.2.1　建筑专业

建筑专业软件选择 CAD 作为二维图形软件，搭配 Sketch Up、Rhino 和 3D Max 作为造型软件，结合核心建模软件 Revit 中生成体块，然后进行深化。同时，利用 Revit 中方案比选的功能，对不同可能性的方案进行对比（建筑专业方案设计操作流程如图 2 所示）。

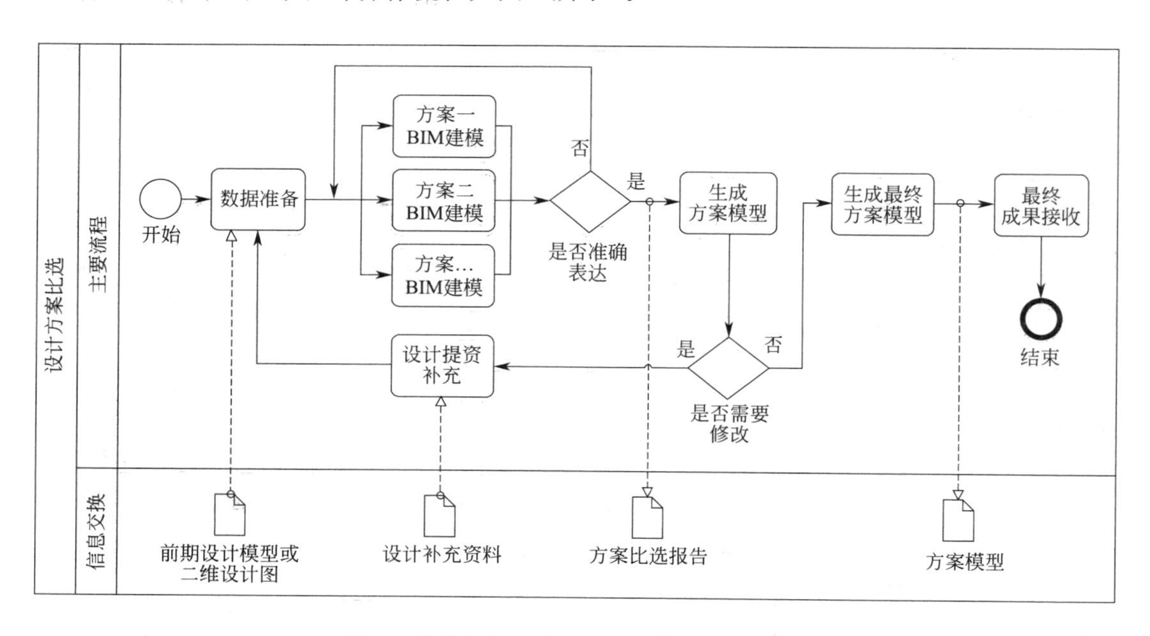

图 2　建筑方案设计比选阶段 BIM 应用流程

3.2.2　结构专业

结构专业选择PKPM作为结构计算软件，沿用目前的设计流程，结构工程师容易适应。同时，结构模型的方案修改完全在结构设计软件中进行[3]。然后通过数据接口导入Revit核心建模软件中，生成结构模型。

3.2.3　机电专业

机电专业选择鸿业系列设计软件，与Revit可数据无缝互导。

3.2.4　装饰及幕墙专业

装饰专业使用CAD作为二维图形软件，以及Sketch Up作为造型软件，并使用Revit核心建模软件整合全专业模型。

3.2.5　BIM三维设计协同管理平台（根据设计企业管理流程定制开发）

尽管建筑师和工程师已经普遍接受协同设计的理念，也将协同设计应用于实际的项目中，然而对于协同设计的含义却还没有形成完整的、统一的认识[4]。现阶段我们所谓的协同仅是利用了互联网提升了沟通的效率，但还是基于CAD二维图形作为信息交换的载体。BIM三维设计协同的意义完全不同。

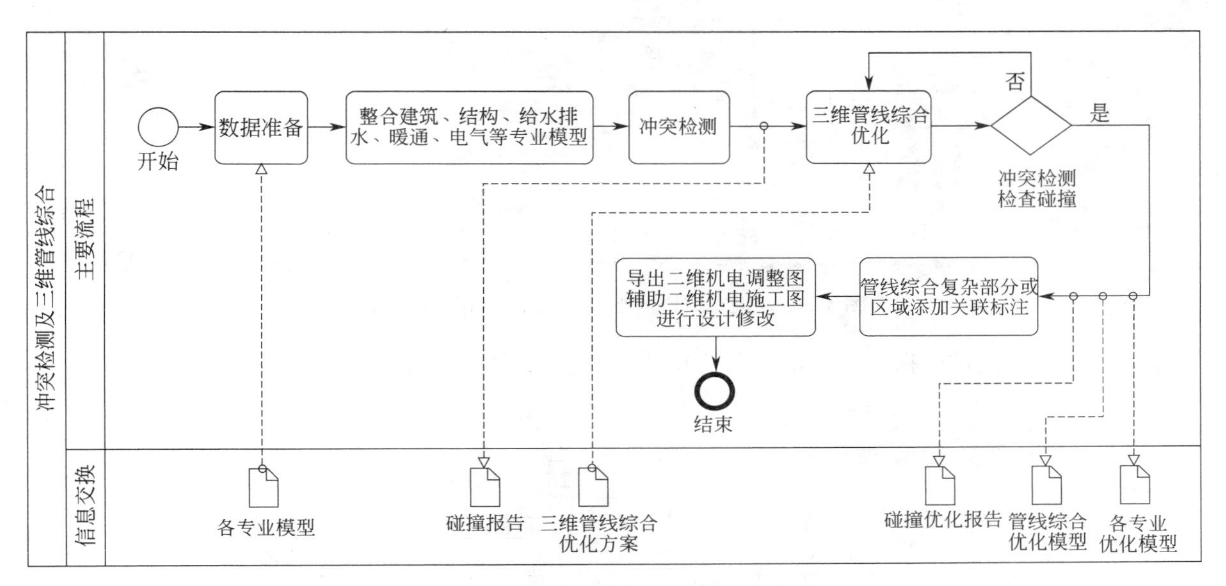

图3　设计企业三维设计协同工作流程

将各工种模型整合，检测各专业之间冲突，同时模拟施工，减少设计误差，因此在一个项目中，需要各专业进行项目级三维协同。如图3所示，项目级的三维协同可以通过Revit核心软件的项目协同功能解决。

随着BIM设计的逐渐深化，越来越多的设计企业已经具备了三维设计工作的环境，但是项目过程中产生的大量问题管理起来显得非常无力。因此项目级的三维协同满足不了实际多个项目交叉的协同管理需求。企业级的项目协同平台的开发就应运而生。

企业级项目协同平台的开发应当包含以下几方面功能：（1）作业环境管理，包括协同环境、储存管理、交互目录自动管理等功能；（2）作业支持，基于Revit核心软件作为统一作业平台，建立中心文件等各种作业操作的实时更新；（3）统一设计资源的管理，如企业级族库的管理等；（4）统一出图标准的植入；（5）自动创建图纸目录、综合出图、审图、校对、修改通知单、工程进度管理等各阶段信息自动追踪、提醒与管理；（6）模型成果的发布及施工模拟模型的生成（图4）。

3.3　BIM设计团队架构组成

BIM技术应用后，不光是改变了具体设计软件的问题，人员组成构架都应当有所调整（图5）。首先，一个成熟的BIM设计团队建筑、结构、机电的人员配置比例为1∶1∶3。但是随着BIM技术的全员推广以后，建模效率提高，机电所占比例可以大大减少。其次，BIM团队IT人员作用逐渐凸显。BIM应用深

图 4　企业级三维协同平台案例（平台软件截图）

化过程中，独特需求也被挖掘出来，市面上的软件无法满足要求，需要 IT 专业人员二次开发。

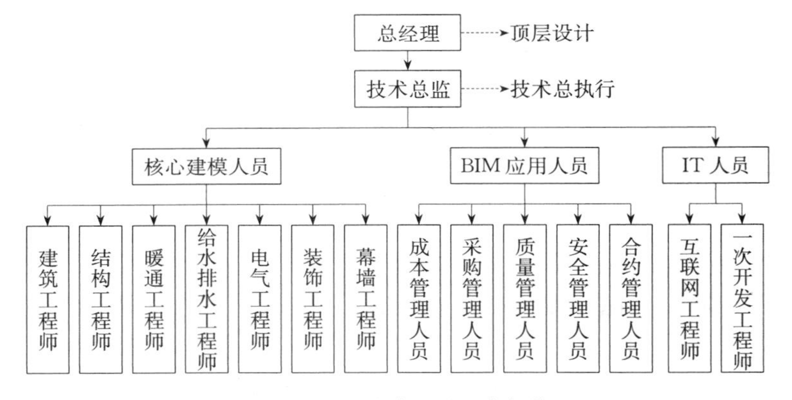

图 5　BIM 设计团队基本架构

4　设计企业 BIM 技术能力拓展

4.1　针对 BIM 应用特殊需求的软件研发

市面上常规软件之间的配合基本满足大部分常规的设计工作需求，但随着 BIM 应用的推广和加深，针对特殊需求的软件功能研发是 BIM 技术能力拓展的重要方向。

Revit 平台下的结构设计工作效率问题一直被结构工程师所诟病，结构工程师们开发了一些插件，配合 Revit 平台一起使用，大大提高了结构设计效率[5]。

4.2　针对 BIM 应用的培训能力拓展

设计企业的 BIM 设计团队在基于 BIM 技术的全过程设计方法和效率提升以后，就应当将所积累的经验向设计企业全体成员进行推广。例如广州华森建筑设计院，进行内部 BIM 应用的推广培训，要求新入职成员必须经过三个月的 BIM 技能培训。BIM 应用的培训能力拓展是设计企业由独立 BIM 设计团队向全院 BIM 转型的重要能力。

4.3 BIM 施工现场理解能力提升

设计企业原有二维图纸施工图并不能百分之百地指导现场施工过程，造成施工阶段需要进行大量的沟通工作，同时施工图也仅能反应施工后成果的信息，设计人员对施工现场的理解能力要求并不高。但是在 BIM 工作模式下，需要设计工作者提高对施工现场的理解能力，而且还应做到对施工过程进行百分之百的还原，能够反映整个施工过程，并且模拟施工。

5 设计企业 BIM 服务内容拓展

随着设计企业 BIM 技术能力的稳定，以及行业整体 BIM 技术应用越来越广，设计市场的业务范围及服务内涵也会随之扩充和改变。

5.1 施工深化 BIM 服务业务

随着设计企业 BIM 技能提升以及对现场施工的理解能力提升，就可以针对施工方和业主方需求，增加施工深化 BIM 的服务业务。施工深化 BIM 业务，就是在现有施工图、施工模型以及施工方提供的现场施工调剂与设备的基础上，全部三维模型化，将整个施工现场完全模拟出来，包括塔吊等施工设备。满足业主方及施工方优化施工组织、节省造价、施工工期精准控制的需求。施工深化 BIM 服务业务的操作流程如图 6 所示。万达地产将于 2017 年进行施工招投标改革，全部以 BIM 模型作为工程发包文件，对未来施工队的施工管理、成本控制都提出了严苛的要求。设计企业的施工深化 BIM 服务业务有着广阔的商机可以挖掘。

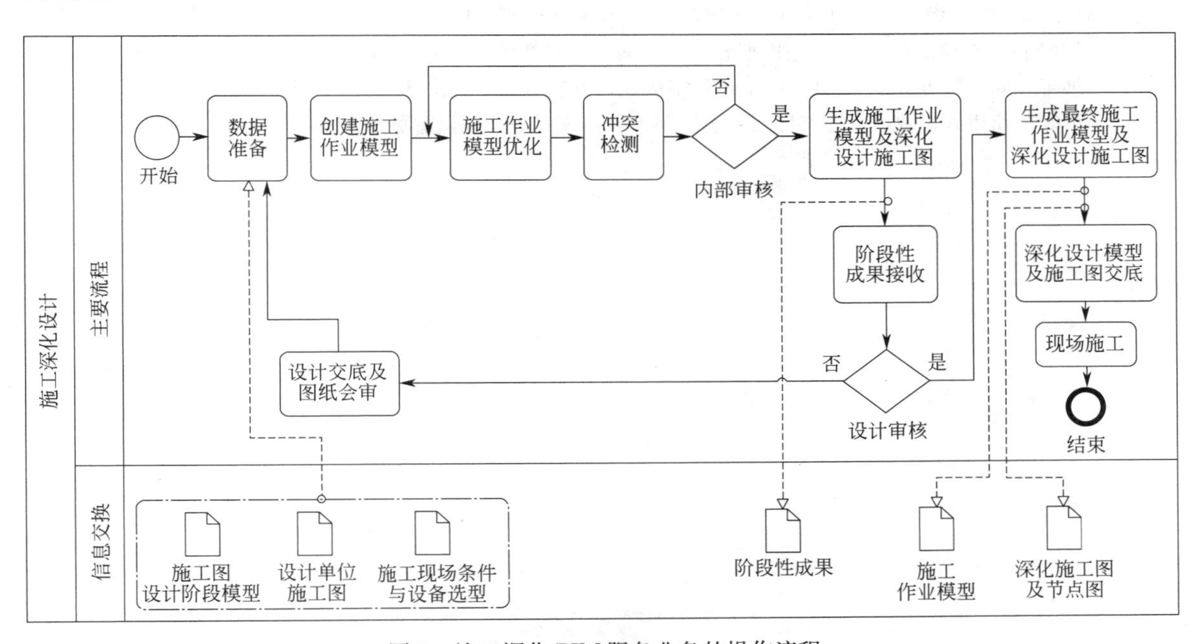

图 6　施工深化 BIM 服务业务的操作流程

5.2 成本精准控制 BIM 服务

传统的施工图交给造价员进行造价计算，这个过程中，会有大量产生错误的可能性，因此常规造价确定后，只能满足 10%的精度要求。但随着 BIM 技术的应用，这个情况可以得到很大程度的改善。传统造价是在图纸出完以后的核算，很难在设计过程中实时精准地控制，或者成倍地增加工作量进行方案修改以满足造价控制要求。但在 BIM 设计模式中，就可以做到实时造价控制，从而做到控价设计的目标。BIM 转型后，设计院可以增加成本精准控制好的 BIM 服务业务。

5.3 服务于业主单位运维阶段 BIM 业务

随着智慧城市研究和首批智慧城市示范点的公布，运维管理体系的智能化信息化程度和要求不断提升[6]。同时建筑设计、施工仅仅是建筑全生命周期的开始，建成之后的管理、运维才是持续时间最长、问题最多的阶段，对业主单位的管理和运维能力提出了比较高的要求。目前国内智慧化运维中心解决方案已经成型。2017 年 1 月 1 日，上海益能集团总部大厦的智慧运维中心将投入使用。而智慧运维中心的基础就是建筑物空间的信息化数字化，也就是建筑物的 BIM 模型的建立。如果从设计之初就提出 BIM 工作模式，如上海中心大厦的建设，BIM 生命全周期的工作方法贯穿始终，那么可以直接对接给智慧运维中心成为运维的基础模型。但是对现存绝大部分建筑，甚至连二维施工图纸都无法找到，就需要结合激光三维扫描等测绘技术，将空间数字化。这一块服务内容目前也是市场的空白。BIM 转型后的设计企业，完全可以深度挖掘，并扩展设计市场的广度和深度。

6 总　结

设计企业 BIM 应用是国家信息化战略实施最为关键性一环，难度最大的一环。如何推进设计企业 BIM 转型，转型顶层路径设计是最为重要的前期准备工作。当下设计企业遭受设计机械繁重、智能化手段低等多重效率低下导致服务质量不高的诟病，BIM 转型能主动打开设计企业生存困境，提高服务质量，也能积累长久更高的议价以及生存能力。

* 注：文中未标明来源图片均为笔者自绘。

参 考 文 献

[1] 何关培．如何让 BIM 成为生产力［M］．北京：中国建筑工业出版社，2015.

[2] 黄强．论 BIM［M］．北京：中国建筑工业出版社，2016.

[3] 焦柯，杨远丰，周凯旋等．基于 BIM 的全过程结构设计方法研究［J］．土木建筑工程信息技术，2015，7（5）：1-7.

[4] 邵光华．BIM 技术在建筑设计中的应用研究［D］．青岛：青岛理工大学，2014.

[5] 焦柯，杨远丰，周凯旋等．基于 BIM 的全过程结构设计方法研究［J］．土木建筑工程信息技术，2015，7（5）：1-7.

[6] 中共广州市委广州市人民政府．中共广州市委广州市人民政府关于建设智慧广州的实施意见［N］．广州日报．2012-10-26.

北京城市副中心行政办公区A2工程项目部BIM实施方法

王　健，季连党，朱文键，王丽筠，邢　辉，窦　越

（北京建工集团有限责任公司，北京 100000）

【摘　要】北京城市副中心行政办公区工程作为北京市001号工程，工期紧，任务重，A2工程作为城市副中心行政办公区区域的重点工程，在交付日期不能延期的情况下，图纸迟迟不能确定。为此项目部决定引入先进的BIM技术以求按期保质完成建设任务，并确定进度管控为主要主线，智慧建造为主要建筑方式，以符合行政副中心建设方的管理要求，最终形成以BIM为中心的互联网及物联网模式。

【关键词】进度模拟分析；三维交底；BIM应用扩展；智慧平台

1　项目BIM应用目标

根据本项目特点将本项目BIM实施整体定位于项目管理，重点工作在展现北京建工形象、解决施工过程中技术问题、辅助项目管理三个方面，具体目标如下：

（1）在城市副中心工程中体现建工集团整体BIM技术水平，为切实履行甲方合约要求提供技术保障。

（2）为业主提供高水平BIM服务，在参建单位中展现北京建工实力，树立北京建工形象。

（3）发挥BIM技术深度扩展空间大、创新点多、技术新颖的特点，充分组织集团内外资源，力争为项目科技创新提供支持。

2　项目BIM应用管理

建筑施工企业从BIM应用中获益更多源于利用先进技术手段实现协作项目交付与模拟设计施工流程手段，然而我国施工企业信息化管理体系存在不同程度缺陷，从业人员普遍将信息割裂保存，企业的垂直职能系统管理能力强，项目横向综合性交流管理较弱，与发达国家BIM模式存在一定差距。

传统采用文档来传递信息，即使使用信息化手段，也仅提高了信息传递的速度，而难以解决信息冲突及因此带来的进度滞后和成本上升的问题，而BIM模型的使用让后者成为可能，是项目管理者的福音。尤其在解决像北京城市副中心行政办公区这样大体量工程项目的管理问题上，显得格外重要。

3　项目BIM预期成果

为达到展现北京建工BIM应用水平，使BIM工作的组织、管理、执行与成果达到优质高效，并且获得权威杂志、行业奖项认可，增加集团及项目影响力。通过各类三维模型的创建及优化、施工模拟，逐步实现施工及管理三维可视化，提前发现设计问题，减少错漏碰缺，规避风险，优化方案，降低成本，达到为项目创效。通过平台技术使与我方协作的单位能共享我方已拥有的信息数据，验证基于平台的项目数据协同管理模式，完善平台功能。通过提升建设方预期，形成最终数字资产。

【作者简介】王健（1990-），男，助理工程师。主要研究方向为BIM施工全生命周期。E-mail：66930377@qq.com

4 BIM 实施步骤

4.1 启动期（1～3 个月）

开展前期 BIM 工作，对接设计方，制作动画辅助提高汇报展现力；分析项目应用深度及路径，提升甲方预期；制定本项目实施方案，近期计划；建立软硬件环境，启动协同平台部署；组织管理团队完成培训工作，协调资金及政策。力争在项目初期赢取甲方信任，建立在城市副中心工程整体 BIM 应用的优势地位。

4.2 进展期（项目执行期）

根据项目实施导则中期利用平台建立多方协同模式，下发设计模型至各单位深化；制作样板，约定深化内容及精度，及成果要求；收集并整合各专业深化模型，检查各方模型成果；根据施工计划，进行施工模拟；梳理成果应用及确认流程，组织例会，对接建设方及设计院；落实数据标准，统一管理 BIM 资料及成果；约定各方职权和分段计划，监督执行。实现项目各项应用目标，同步完成社会报奖、宣传推广、技术研究等工作。

4.3 成果期（项目启动 1 年至项目结束）

持续维护 BIM 模型成果，转化为轻量化交付模式；组织成果，接受集团及建设方考核，参与 BIM 比赛及宣传交流；二次开发模型成果，争取数字资产层面对接甲方。

5 BIM 实施方案

5.1 人员培训

为了使 BIM 工作室工作更加专业，工作流程更加规范化，工作效率更高，北京建工集团总承包部与专业的 BIM 咨询单位签订 BIM 委培协议，协议包括对 BIM 工作室进行咨询及帮助。集中培训持续 7 天，后续为每周一次间断培训。如图 1、图 2 所示。

图 1　人员培训照片

图 2　人员培训照片

5.2 基础建模

基础建模是 BIM 全部实施应用点的基础，是保证 BIM 工作的顺利进行的先行条件，经培训 BIM 工作室全体成员均可独立完成各项建模任务。如图 3、图 4 所示。

5.3 问题报告

在设计院出图过程中设计方会出现一些没有想到的或者各设计专业之间的碰撞不合理，BIM 工作室在完成 BIM 建模过程中，问题会直观地显现出来。在创建模型过程中，共发现图纸问题 5 大类，包括标注不全、单专业图不符，建筑结构图不符、漏画错画、修改不完全等问题，出具问题报告 13 份。现问题已全部解决，如图 5 所示。

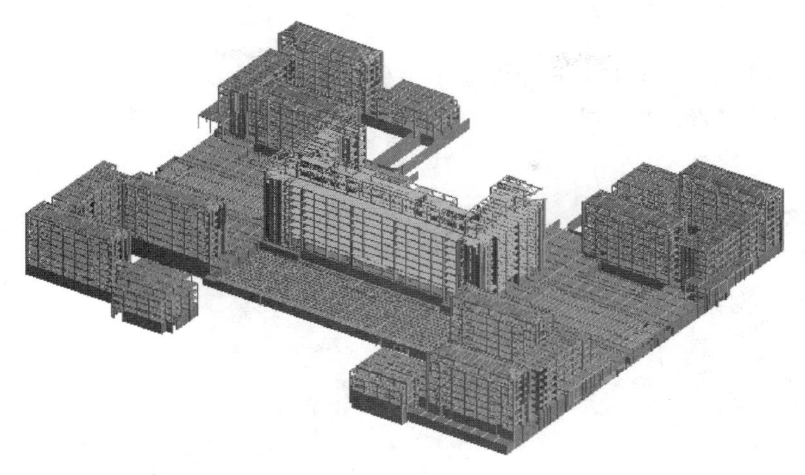

图 3　结构模型

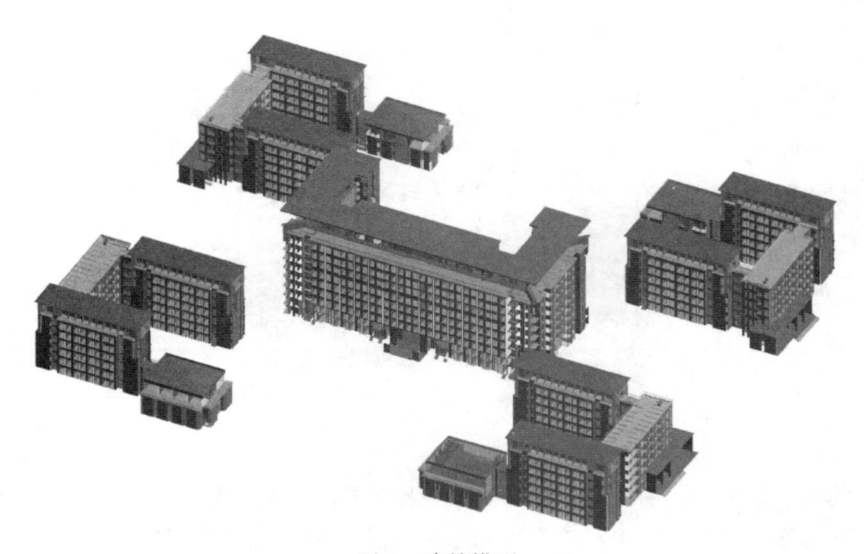

图 4　建筑模型

建模问题报告

编号：问题报告-2016.10.16

项目名称：北京城市副中心 A2 项目-2#			建模时间：2016.10.14	
所含专业：结构				
专业名称及图纸名称	编号	问题位置	内容	继续建模所需资料及技术支持
结构专业 结施-S-2#-03 结施-S-2#-21	5	2-5~2-6 轴交 2-C 轴、2-11~2-12 轴交 2-C 轴、2-8~2-9 轴交 2-K 轴	Q4 墙标注不符，Q4 墙比两端柱宽，墙筋无法锚固 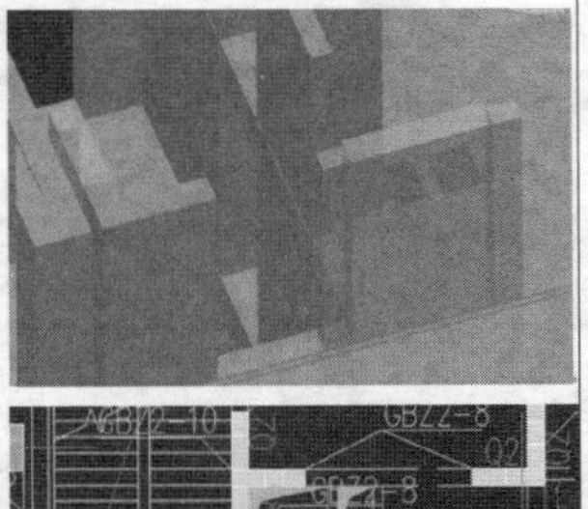 	请明确

图 5　建模问题报告

5.4 工程量统计

BIM工作室可以根据模型，统计计算出混凝土工程量明细表。BIM工作室所出具的混凝土工程量明细表可以为生产部门及商务部门提供技术支持、数据参考及可靠依据。主楼地下一层混凝土明细表截图，如图6所示。

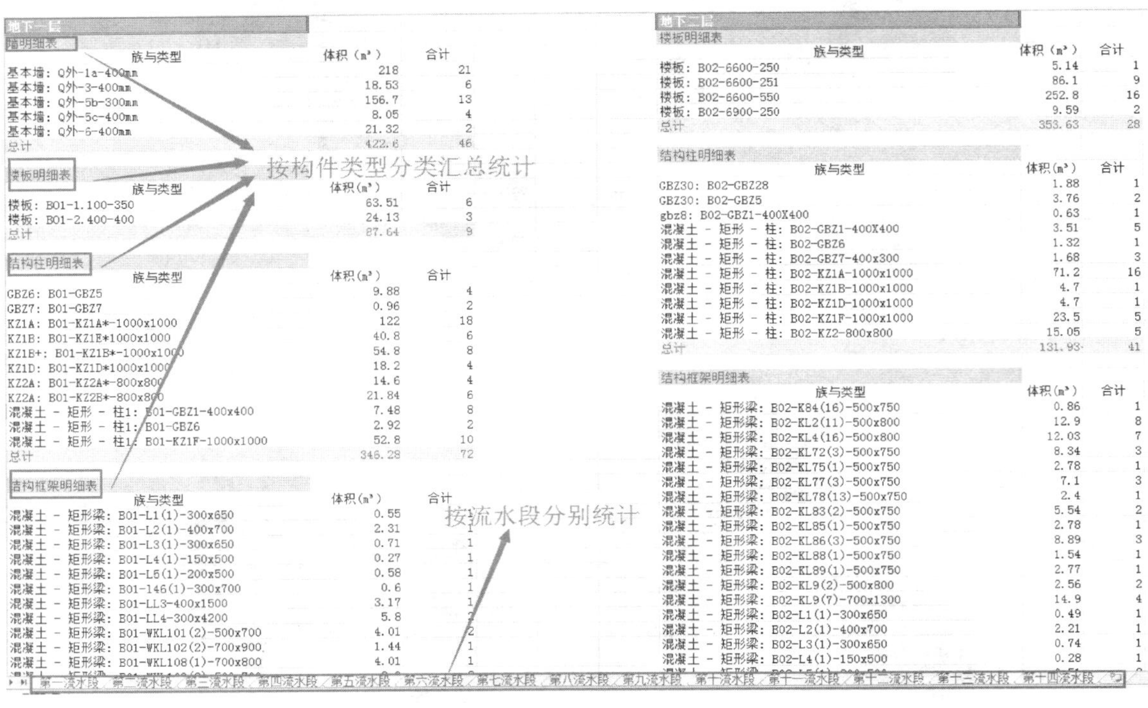

地下一层

墙明细表

族与类型	体积（m³）	合计
基本墙：Q外-1a-400mm	218	21
基本墙：Q外-3-400mm	18.53	6
基本墙：Q外-5b-300mm	156.7	13
基本墙：Q外-5c-400mm	8.05	4
基本墙：Q外-6-400mm	21.32	2
总计	422.6	46

楼板明细表

族与类型	体积（m³）	合计
楼板：B01-1.100-350	63.51	6
楼板：B01-2.400-400	24.13	3
总计	87.64	9

结构柱明细表

族与类型	体积（m³）	合计
GBZ6：B01-GBZ5	9.88	4
GBZ7：B01-GBZ7	0.96	2
KZ1A：B01-KZ1A*-1000x1000	122	18
KZ1B：B01-KZ1E*1000x1000	40.8	6
KZ1B+：B01-KZ1B*-1000x1000	54.8	8
KZ1D：B01-KZ1D*1000x1000	18.2	4
KZ2A：B01-KZ2A*-800x800	14.6	4
KZ2A：B01-KZ2B*-800x800	21.84	6
混凝土 - 矩形 - 柱1：B01-GBZ1-400x400	7.48	8
混凝土 - 矩形 - 柱1：B01-GBZ6	2.92	2
混凝土 - 矩形 - 柱1：B01-KZ1F-1000x1000	52.8	10
总计	346.28	72

结构框架明细表

族与类型	体积（m³）	合计
混凝土 - 矩形梁：B01-L1(1)-300x650	0.55	1
混凝土 - 矩形梁：B01-L2(1)-400x700	2.31	1
混凝土 - 矩形梁：B01-L3(1)-300x650	0.71	1
混凝土 - 矩形梁：B01-L4(1)-150x500	0.27	1
混凝土 - 矩形梁：B01-L5(1)-200x500	0.58	1
混凝土 - 矩形梁：B01-146(1)-300x700	0.6	1
混凝土 - 矩形梁：B01-LL3-400x1500	3.17	1
混凝土 - 矩形梁：B01-LL4-300x4200	5.8	2
混凝土 - 矩形梁：B01-WKL101(2)-500x700	4.01	2
混凝土 - 矩形梁：B01-WKL102(2)-700x900	1.44	1
混凝土 - 矩形梁：B01-WKL108(1)-700x800	4.01	1

地下二层

楼板明细表

族与类型	体积（m³）	合计
楼板：B02-6600-250	5.14	1
楼板：B02-6600-251	86.1	9
楼板：B02-6600-550	252.8	16
楼板：B02-6900-250	9.59	2
总计	353.63	28

结构柱明细表

族与类型	体积（m³）	合计
GBZ30：B02-GBZ28	1.88	1
GBZ30：B02-GBZ5	3.76	2
gbz8：B02-GBZ1-400X400	0.63	1
混凝土 - 矩形 - 柱：B02-GBZ1-400X400	3.51	5
混凝土 - 矩形 - 柱：B02-GBZ6	1.32	1
混凝土 - 矩形 - 柱：B02-GBZ7-400x300	1.68	3
混凝土 - 矩形 - 柱：B02-KZ1A-1000x1000	71.2	16
混凝土 - 矩形 - 柱：B02-KZ1B-1000x1000	4.7	1
混凝土 - 矩形 - 柱：B02-KZ1D-1000x1000	4.7	1
混凝土 - 矩形 - 柱：B02-KZ1F-1000x1000	23.5	5
混凝土 - 矩形 - 柱：B02-KZ2-800x800	15.05	5
总计	131.93	41

结构框架明细表

族与类型	体积（m³）	合计
混凝土 - 矩形梁：B02-K84(16)-500x750	0.86	1
混凝土 - 矩形梁：B02-KL2(11)-500x800	12.9	8
混凝土 - 矩形梁：B02-KL4(16)-500x800	12.03	7
混凝土 - 矩形梁：B02-KL72(3)-500x750	8.34	3
混凝土 - 矩形梁：B02-KL75(1)-500x750	2.78	1
混凝土 - 矩形梁：B02-KL77(3)-500x750	7.1	3
混凝土 - 矩形梁：B02-KL78(13)-500x750	2.4	1
混凝土 - 矩形梁：B02-KL83(2)-500x750	5.54	2
混凝土 - 矩形梁：B02-KL85(1)-500x750	2.78	1
混凝土 - 矩形梁：B02-KL86(3)-500x750	8.89	3
混凝土 - 矩形梁：B02-KL88(1)-500x750	1.54	1
混凝土 - 矩形梁：B02-KL89(1)-500x750	2.77	1
混凝土 - 矩形梁：B02-KL9(2)-500x800	2.56	2
混凝土 - 矩形梁：B02-KL9(7)-700x1300	14.9	4
混凝土 - 矩形梁：B02-L1(1)-300x650	0.49	1
混凝土 - 矩形梁：B02-L2(1)-400x700	2.21	1
混凝土 - 矩形梁：B02-L3(1)-300x650	0.74	1
混凝土 - 矩形梁：B02-L4(1)-150x500	0.28	1

图6　混凝土明细表

5.5 节点模型（三维交底）

针对工艺复杂的节点，充分发挥三维模型的可视化效果，达到指导施工的目的。北京城市副中心行政办公区A2工程共实现三维交底两次，分别为超限模版施工模拟及悬挑式脚手架施工模拟。超限模板和悬挑脚手架三维交底的截图，如图7、图8所示。

图7　超限模板施工模拟

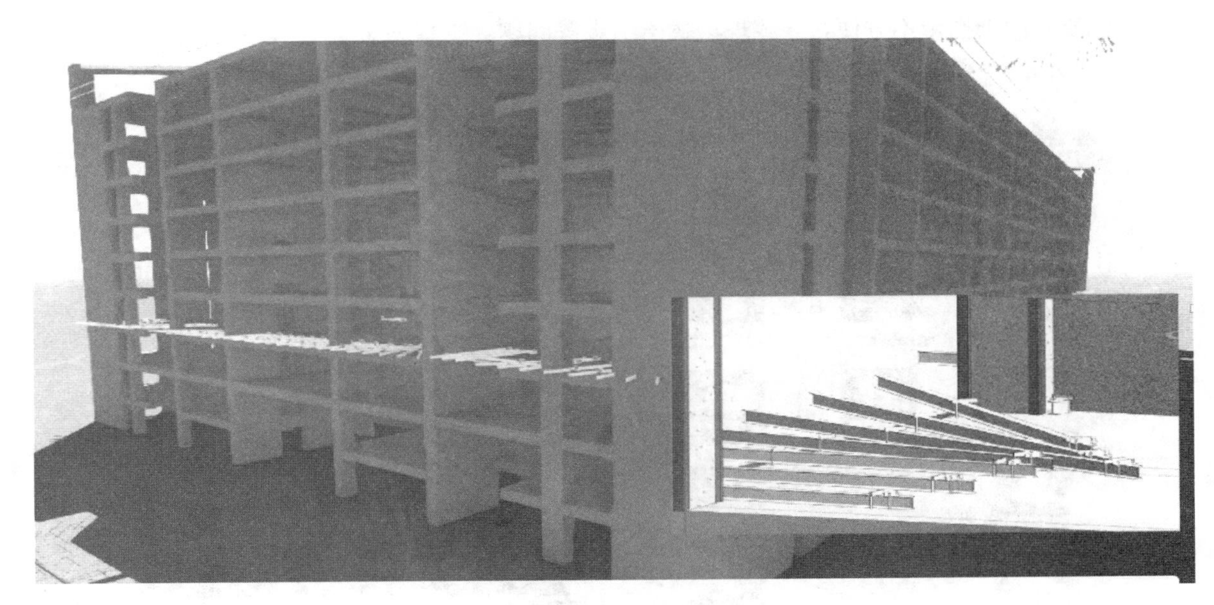

图 8　悬挑式脚手架施工模拟

5.6　施工进度模拟

将模型加入时间应用点后，形成 4D 施工模拟。4D 施工模拟可以查看施工前后任务的关联关系。4D 施工模拟为运用 Synchro 软件以三维动画形式模拟进度计划，展示出施工顺序，再运用分析软件 Vico，检查进度计划不足，生成更合理的计划，实现施工进度优化，跟踪现场工效、工期、成本变化，持续提供分析报告。4D 施工模拟视频截图，如图 9 所示。

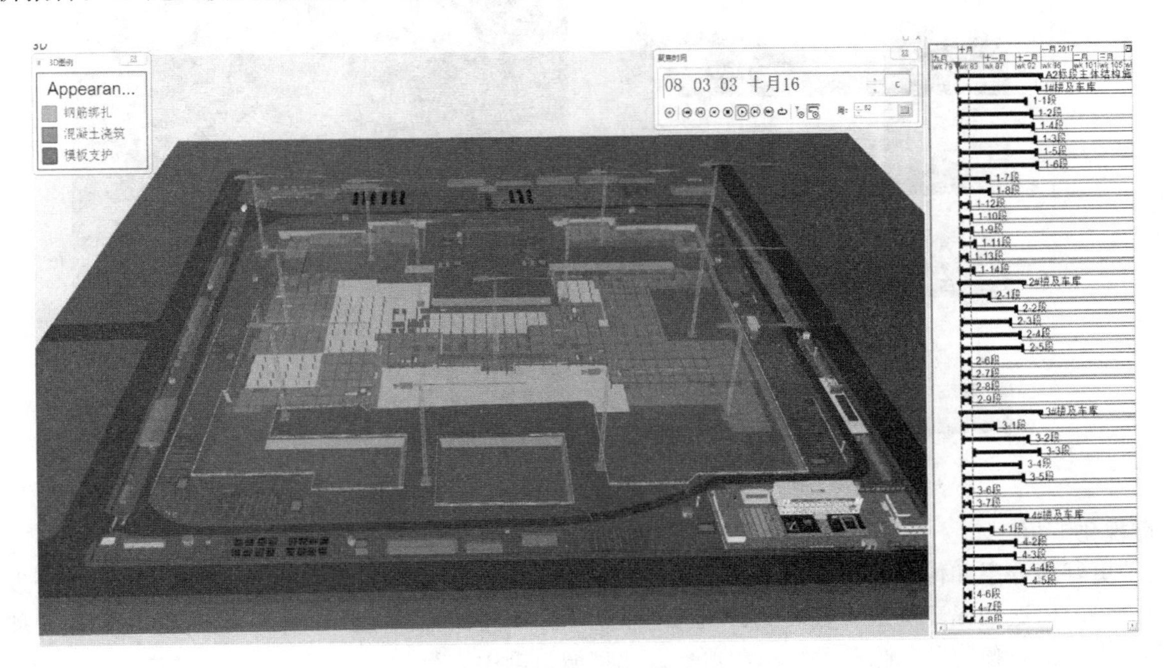

图 9　4D 施工模拟

5.7　工程助手暨手机 APP

工程助手暨手机 APP 是一款基于 BIM 管理平台的手机端现场管理软件。此款软件主要针对传统办公模式效率低下，各部门配合度低等弊端，利用智能手机 APP 安装在现场管理人员手机后，通过手机 APP 终端采集软件采集现场工程与日常发生的信息，实现信息化管理，极大地提高了办公效率和各部门之间的协同工作，同时可以使用该手机 APP 实现手机端图纸查看，使图纸查看更加方便快捷、清晰明了，解决了传统因纸质版图纸携带不方便，导致现场找图困难等问题。工程助手暨手机 APP 部分功能截图，如图 10～图 13 所示。

图 10　工程助手暨手机 APP（一）

图 11　工程助手暨手机 APP（二）

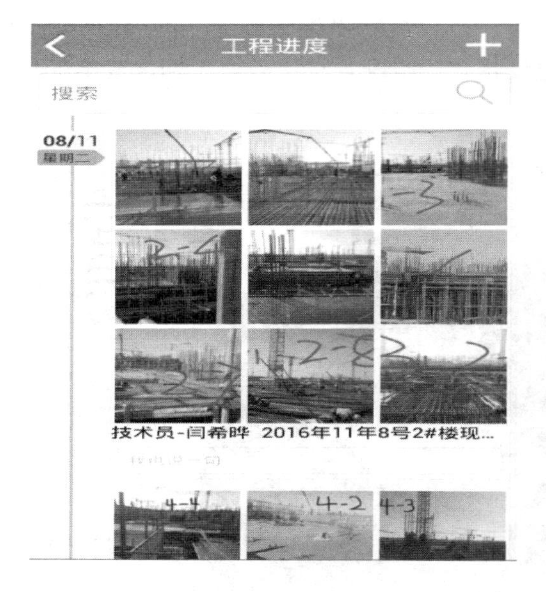

图 12　工程助手暨手机 APP（三）

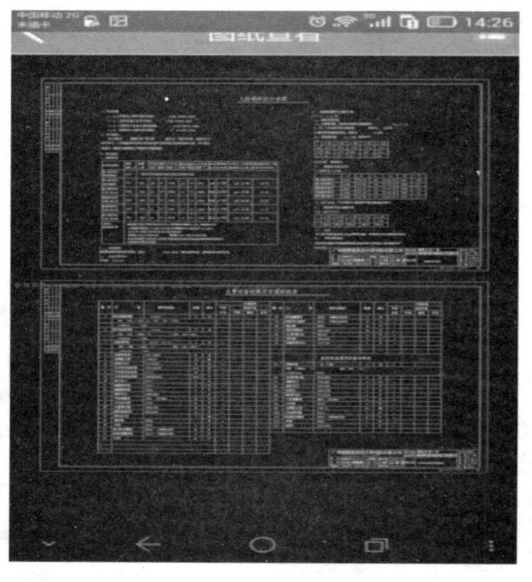

图 13　工程助手暨手机 APP（四）

5.8　可视化汇报

为了更好地分享和传达数据信息，明确告知应该做什么，做到早期发现异常情况，我们充分发挥可视化的优势，以达到提高汇报质量，提升汇报的关注度，增强汇报的吸引力，并且通过视觉效果使问题点暴露出来，事先预防和消除各种隐患和浪费。北京城市副中心行政办公区 A2 工程共进行可视化汇报 3 次，得到集团领导及项目部领导一致好评。可视化汇报中样板区部分模型视频截图，如图 14、图 15 所示。

5.9　BIM 例会

为了使 BIM 工作更加清楚地服务于全项目，为项目部增值，BIM 工作室每周三上午 10:00 召开 BIM 例会，目前 A2 项目已召开 BIM 例会十二次，协调沟通会使工程各参与方快速发现并解决现场出现的各类问题，并且为项目部各部室提供切实可行的成果文件。已在 BIM 例会上讨论并解决问题四大类十项，

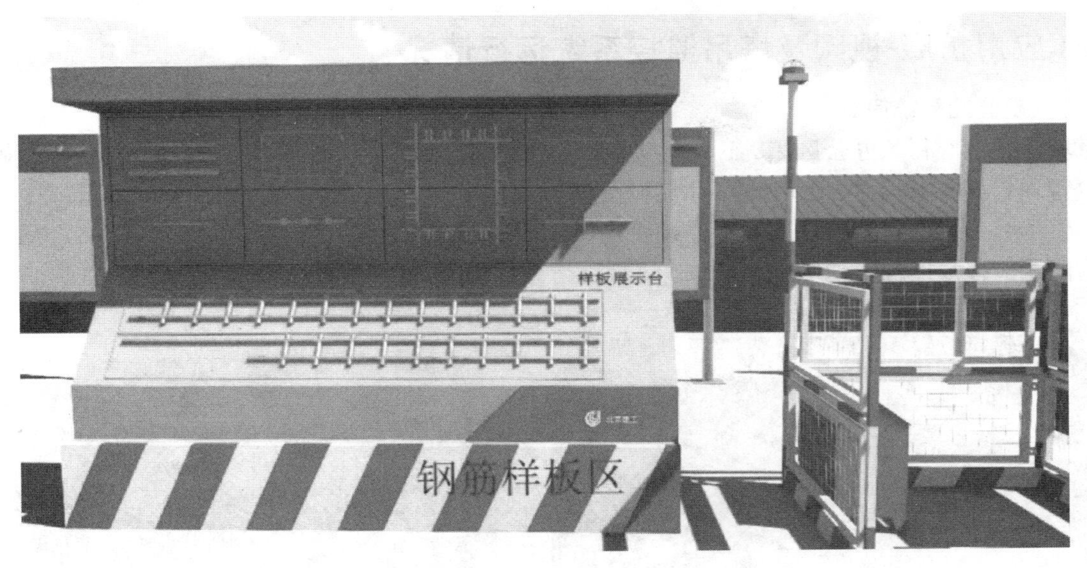

图 14　钢筋样板区

图 15　梁柱实物样板区

主要包括安全防护问题、混凝土工程量对比问题、三维交底问题、分包协调问题。BIM 例会照片，如图 16、图 17 所示。

图 16　BIM 例会照片

图 17　BIM 例会照片

6　BIM 应用扩展-视频及塔吊监控系统运行情况

6.1　现场视频监控系统简介

北京城市副中心行政办公区 A2 工程现场视频监控的组成分为前端摄像机、信号传输线缆、硬盘录像机、平台管理软件、解码器、监视器。存储设备通过外网开放部分工地视频图像上传至指挥中心的总监控中心，供上级公司访问。管理人员可通过手机（APP 软件）、电脑（客户端软件）、IPAD（APP 软件）等设备访问相应授权图像，如图 18～图 20 所示。

图 18　视频监控（一）

图 19　视频监控（二）

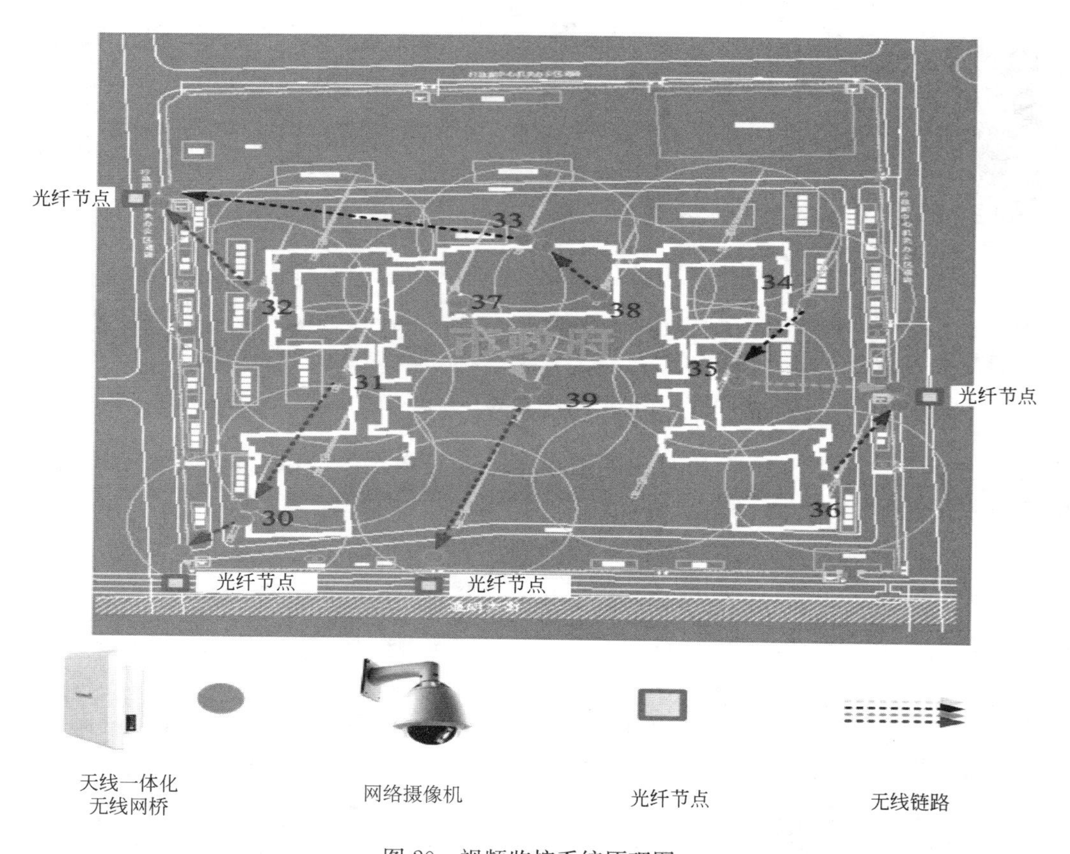

图 20　视频监控系统原理图

现场视频传输示意图中显示的是具体的无线链路，它采用点对点的无线组网方式进行视频传输，其中 32、36 号摄像机直接就近传至附近的光纤点，31、34、37、38 号摄像机分别通过 30、35、39 及 33 号摄像机传至附近的光纤节点最后通过光纤回传至监控和纵向收集位置。施工区及生活区共设置摄像机 94 台。

6.2 现场塔吊监控系统简介

现场塔吊安全监控系统有三大子系统构成：塔吊监控平台（远程监控云平台和地面实时监控软件）、数据传输与存储系统、塔吊黑匣子即监控硬件设备。防碰撞功能的实现原理：通过安装无线通信模块，将现场的塔吊控制系统组成一个通信网络，塔吊通过安装的变幅传感器和回转传感器采集塔机的实时数据，发送至主机及相邻碰撞关系的塔吊，通过品茗的三维防碰撞计算模型，系统自动计算塔吊间的距离，并根据设定的碰撞的角度和幅度预报警值发出控制指令，实现群塔作业的防碰撞控制。如图 21 所示。

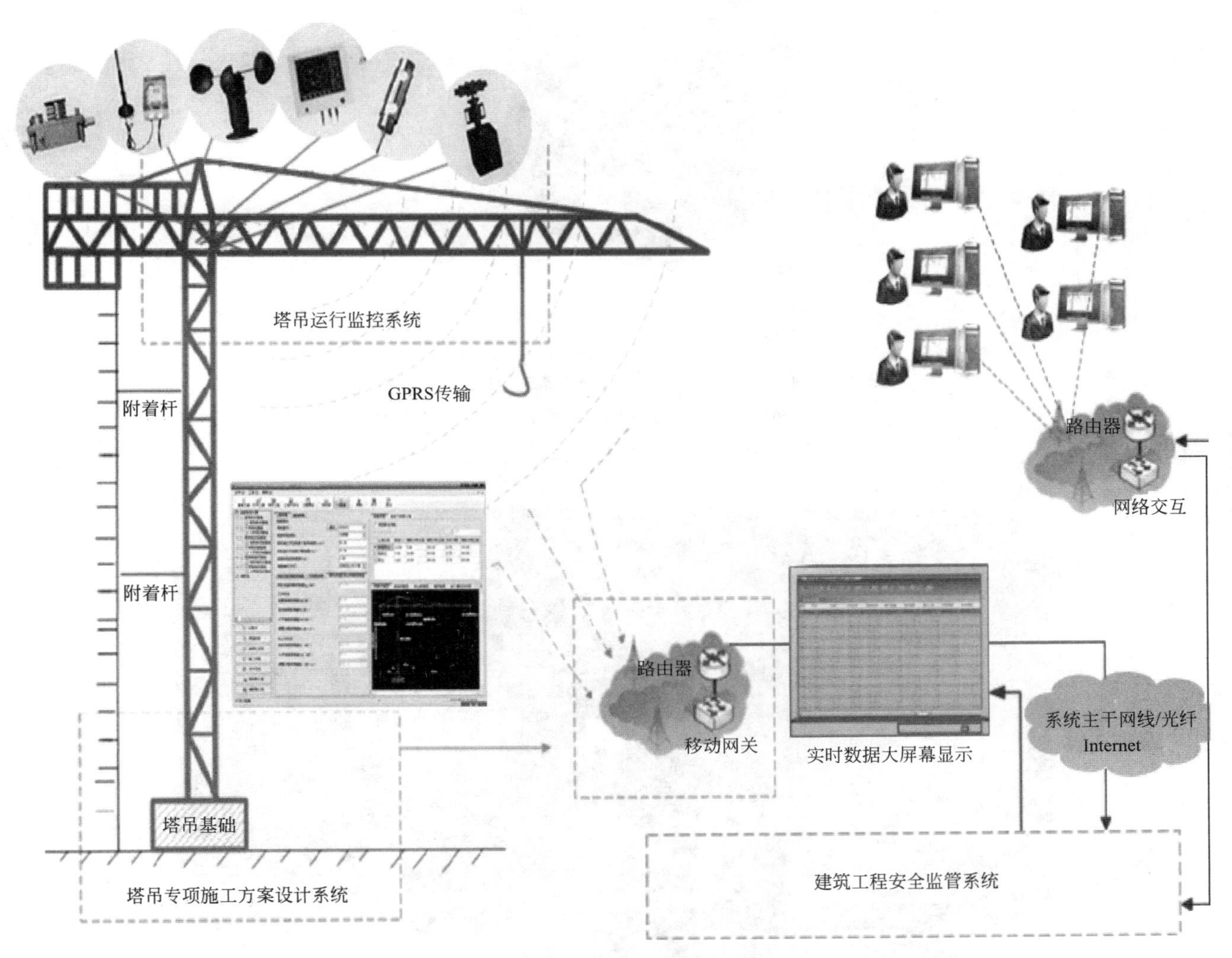

图 21　现场塔吊监控系统原理图

6.3 现场劳务实名制系统简介

现场劳务实名制系统，通过一卡通系统对现场实行电控、水控、充值消费及安全充电等。根据进出场的记录，平台会自动计算出每一位劳务人员的出勤情况，为劳务结算提供依据。利用人员数量的计划值与现场劳务监控系统采集的实际值进行对比，得到的人数差值，每天定时向生产经理推送人员差值通知，为项目部管理人员，调配劳动力提供数据支持。如图 22 所示。

6.4 PM2.5 实时检测仪

PM2.5 实时监测仪，实时监测现场扬尘、温度、湿度、噪声等环境信息，并将这些信息直接输入到电脑软件中，自动分析现场环境数据为现场环保提供数据指导，雾炮、降尘喷雾系统与 PM2.5 实时监测仪联动，当检测仪测量数据超过预警值时，电脑中心立刻开启雾炮和喷雾系统开始为现场降尘。如图 23 所示。

项目运行正常，暂无预警信息

现场工人工种分布　实时　今日

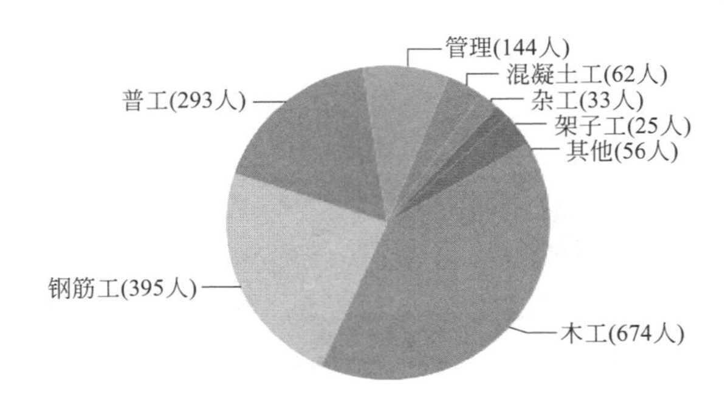

木工(674人)　钢筋工(395人)　普工(293人)　管理(144人)
混凝土工(62人)　杂工(33人)　架子工(25人)　其他(56人)

图 22　现场劳务实名制系统图

图 23　PM2.5 实时检测仪图

7　智慧平台系统运行情况

为保证北京城市副中心行政办公区 A2 工程项目顺利完工，实现 BIM 技术在城市副中心工程落地应用，展示北京建工集团有限责任公司总承包部的 BIM 实力。根据项目工期紧、任务重的特点，引入智慧平台。通过智慧平台，达到展现北京建工集团 BIM 应用水平，使 BIM 工作的组织、管理、执行与成果达到优质高效。通过各类三维模型的创建及优化、施工模拟，逐步实现施工及管理三维可视化，提前发现设计问题，减少错漏碰缺，规避风险，优化方案，降低成本，达到为项目创效。为打造北京城市副中心行政办公区智慧工地的目标，BIM 工作室将更加深入地利用 BIM 技术、劳务管理系统、视频监控系统、塔吊监控系统，工程助手 APP 围绕施工过程管理，建立互联协同、科学管理的施工项目信息化生态圈，并将此数据在虚拟现实环境下与施工现场采集到的工程信息进行数据挖掘分析，提供过程趋势预测预案，实现工程施工可视化智能管理，以提高工程管理信息化水平。

北京城市副中心行政办公区 A2 工程项目智慧工地平台是在互联网、大数据时代下，基于物联网、云计算、移动通信等技术，由北京建工集团研发的一款建筑施工现代化智慧工地系统（包括手机终端和 PC 端）。它采用先进的高科技信息化处理技术，为建筑管理方提供系统解决问题的应用平台。智慧工地平台为智慧工地 APP 和各终端系统提供了统一的数据汇聚接口和集中处理平台，并为各使用方提供统一的身份认证和图形化访问界面，可为项目部、各级承包商、上级指挥部及政府管理人员提供通用的数据共享和沟通协作平台。基于各智能模块，智慧平台可将各终端系统所采集的大量数据进行可视化分析，进而化繁为简，帮助各参与方及管理人员在抽象数据中明确形势并洞见未来趋势，精准决判各项施工决策。如图 24、图 25 所示。

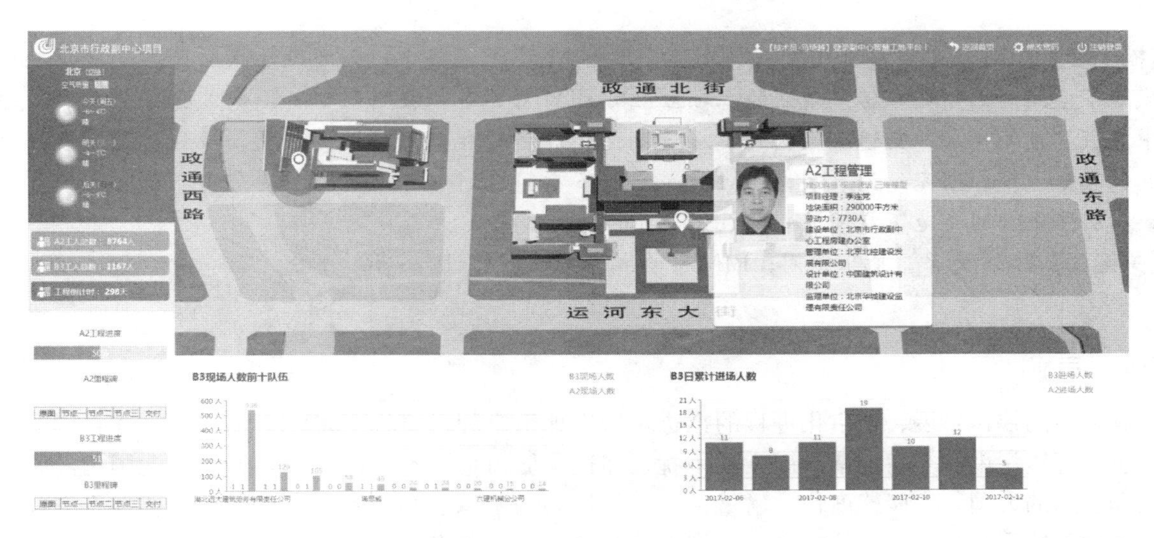

图 24　智慧工地平台系统图（一）

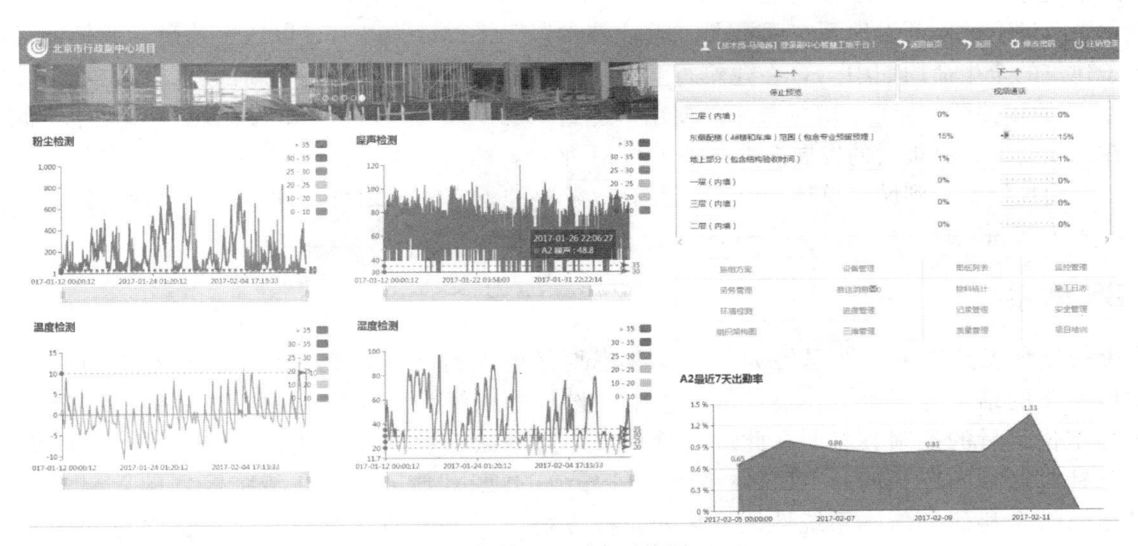

图 25　智慧工地平台系统图（二）

参考文献

[1]　龙文志．建筑业应尽快推行建筑信息模型（BIM）技术［J］．建筑技术，2011，42（1）：9-14.

BIM在规划设计中的拓展运用——以上海桃浦科技智慧城地下空间规划研究为例

步　敏，潘福超

（上海市城市建设设计研究总院有限公司，上海 200125）

【摘　要】BIM技术在建筑领域蓬勃发展，但BIM技术运用于规划还处于摸索阶段。上海桃浦科技智慧城地下空间规划研究在传统规划的基础上应用BIM技术，依托科研创新，建立了UBS系统，在研究方法中完成了空间叠加、交通路径优化、碰撞测试、风环境和日照环境等分析，确保了地下空间规划的可实施性和舒适度。研究结论表明，BIM技术在地下空间规划中有很大的发展空间，本次项目通过UBS体系，指引了未来城市地下空间规划参数化设计的发展方向。

【关键词】UBS体系；地下空间；BIM平台构架；参数化设计；Revit分析

1　引　言

随着社会的快速发展、城市化进程的推进，城市地上空间已难以满足城市的发展需求，国内许多特大城市也受环境污染和交通拥堵等因素的困扰，加速了城市地下空间的规划与开发。我国已经是地下空间开发和利用的大国，发展速度快、增量大，但是规划的协调性和前瞻性不足。成熟的地下空间规划应考虑地上地下协同开发，通过统筹考虑，地下建筑造价高，开发不可逆，城市地下空间的开发利用需要用长远的眼光综合考虑，科学开发地下空间资源。在前期规划中运用BIM技术，依托科研创新，通过参数化优化更合理有效地开发地下空间资源。BIM技术以三维设计为基础，以数字信息为载体，将建筑信息贯穿于建筑的全生命周期中[1]，在建筑行业已经得到广泛的应用。欧美、新加坡、日本等国纷纷制定了BIM技术的相关国家标准，BIM技术的使用率达到60%～70%[2]。但BIM技术在城市地下空间开发利用尚处在起步阶段，有很大的发展潜力。基于BIM平台，结合城市整体的发展方向和发展思路，可以将城市地下空间规划融合到城市总体规划中，并有效解决地下空间规划系统性不强、设计不完善、多专业协同难度大等问题。

2　UBS体系

传统的规划思路以创造性思维为基础，考虑地区的人行流线，交通组织，形态的布局，以及设计和地区文化的结合等要素。在设计的过程中，设计师依赖设计经验和国际案例对一个地区的发展提出定性定位定量的控制。然而在此设计过程中，规划缺乏参数化的优化和认证，难以确保规划的合理性。针对这一问题开创的UBS体系（Underground BIM Science）在传统规划的思路之上，引入BIM技术，结合科研创新，系统性地优化和完善方案。可引进的专业科研成果包含空间句法、社会学研究、大数据应用等领域，并在此基础上，使用Revit，GIS，Infraworks等参数化设计技术，用过UBS体系完成地下空间规划方案，实现规划科研与科技的结合，为设计师做出合理决策提供科学依据。

【作者简介】步敏（1990-），女，助理工程师。主要研究方向为城市规划、地下空间规划、旅游规划等。E-mail：minbu0416@qq.com

3　项目介绍

3.1　规划背景

本项目为桃浦科技智慧城地下空间专项规划，场地位于普陀区西北角，北起沪嘉高速，东至真北路，南邻沪宁铁路，西至外环线，占地 4.2km^2。桃浦地区是上海中心城西北部门户地区，连接长三角地区的枢纽性节点，是上海城市转型发展示范性区域。桃浦科技智慧城工程建设地点为位于普陀区西北部的桃浦镇境内，是具有 40 多年历史的老工业基地（见图 1）。

图 1　桃浦科技智慧城规划范围

地下空间规划基地条件复杂，工程特点具体如下：

（1）该区域现状有轨道交通 11 号线，设有 2 个轨道交通站点，地铁盾构段东西向贯穿基地。此外，基地内南北走向的祁连山路将设有 2 个待建地铁站。

（2）地下管线布局错综复杂，部分管线信息不明确。

（3）规划以大型中央绿地建设为契机，同时需解决基地内污染土的就地治理工程。场地内有部分积水，工程需满足海面城市建设要求。

（4）地下空间与中央绿地结合，确保地下空间的舒适度。规划区域有部分保留地下空间，需要系统性规划。

本项目工程复杂，设计专业多，协调难度大，适合引用 BIM 技术，联合各个专业，提供透明的信息共享平台，使协调过程更高效、流畅地实现规划目标，使得设计成果更具有系统性和可实施性。

3.2　前期方案规划成果

开发地块地下空间控制以指导性为主，仅对地下空间开发边界以及涉及设施之间连接与避让的要求进行强制控制。本次地下空间规划根据地下空间资源评估，划分地下空间规划为禁建区、慎建区、适建区，以此为框架对各类地下公共空间提出控制。在适建区中再次划分为一般区域、重点区域和单项审核区域。一般区域为居住用地、低强度开发的商办、研发用地、公共服务用地等地下空间。规划控制边界、涉及设施之间连接与避让公共空间连通；其他指标为指导性。重点区域为高强度商办等用地集中区、地铁周边地块地下空间。规划控制公共空间开发、边界、连通、竖向等；开发地块边界、涉及设施之间连接与避让、开发模式。单项审核区域为中央大型功能绿地地下空间。规划控制边界、建议主要功能、开发层数（见图 2～图 4）。

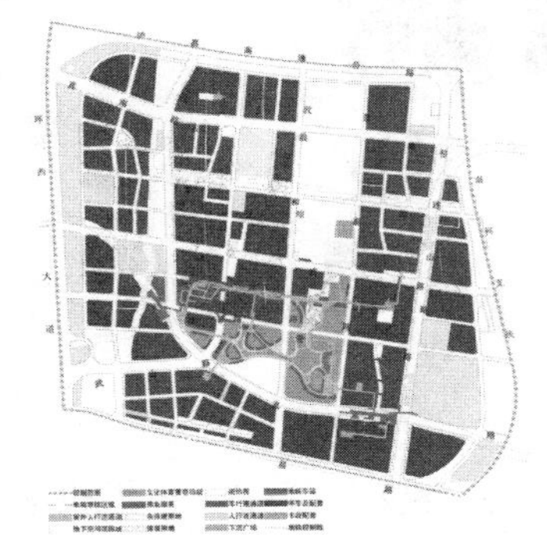

图 2　桃浦科技智慧城地下一层规划方案

图 3　桃浦科技智慧城地下二层规划方案

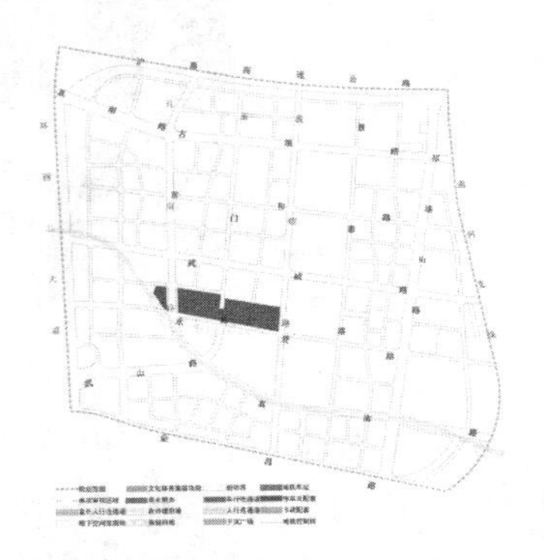

图 4　桃浦科技智慧城地下三层规划方案

根据《汽车库建筑设计规范》JGJ 100—98 和《汽车库、修车库、停车场设计防火规范》GB 50067—2014，地下一层平面主要包含停车配建和兼容功能。核心区地下二层公共地下空间为兼容功能，核心区以外其他地块建议作为停车配建和辅助设施功能。地下二层设有人行连通道。地下三层建议开发少量停车配建，由于地下深度较深，不利于人的活动，因此不设商业或者文化设施。

3.3　BIM平台协同办公

多系统的地下空间设计优化基于Revit中央文件协同办公技术，多专业的同事可以同时对中央文件进行编辑修改，协同办公，建立工作集共同搭建Revit族库，提高了团队工作效率（见图5）。规划涉及建筑、结构、给水排水、景观园林、道路等多专业，根据平台总体构架，基于项目协同管理工作流程，对平台总体架构进行设计[3]。基于搭建的BIM平台，对地下空间规划进行系统性的优化，设计者通过中央文件协同办公技术，与各专业沟通，同步获取有关设计、土地管控、进度的信息，从而可以更快、更有效地制定规划设计方法。

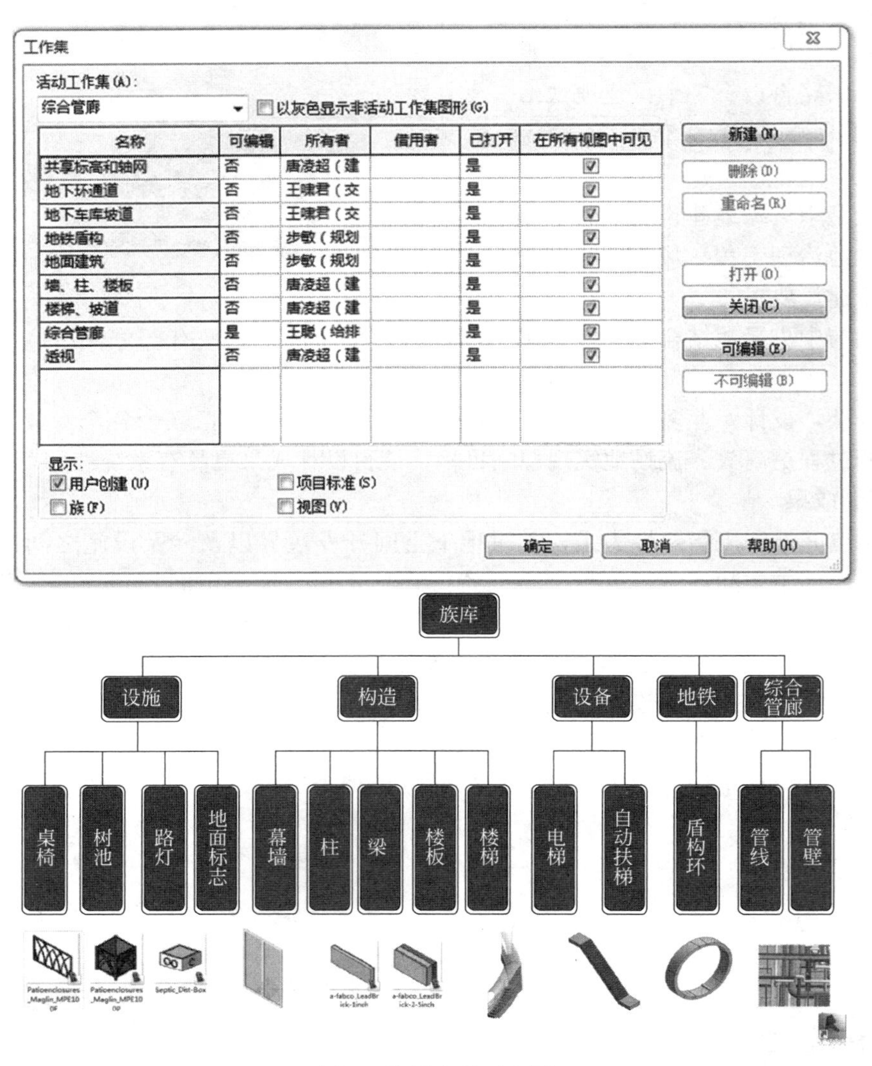

图5　协同办公示意图

协同办公平台主要有以下特点：

（1）使用更为安全便捷：部署在企业内部防火墙后面，专属于本企业，保存文件更安全；提供多客户端，断点续传、秒传、分片传输、分片部署、负载均衡。

（2）产品更具企业特性：对接企业认证系统，单点登录，保存文件历史版本系统分析，团队协同，在线浏览，分级管理，统一搜索。

（3）技术更为先进前瞻：初始即以大数据的思维设计架构，为未来大数据应用做准备，采用具有自主知识产权的方法设计框架，为将来扩展做准备。

（4）扩展更加贴近应用：拥有的分享、团队、在线浏览编辑等基础功能，为行业应用提供了强大的支撑。

4 地下空间系统性优化

4.1 地下公共服务区

为了保证地下流线规划的合理性，需要通过参数化设计完成地下人行流线的优化[4]。首先，将吸引人流的八种用地功能（地铁服务半径500m区域、主干路沿线、次干路沿线、公共绿地、商业服务、广场、文化体育、行政办公）分别等分，并运用缓冲区分析在给定空间实体建立一定的影响区域，以确定这些物体对周围环境的影响范围或服务范围。对于不同类型的目标实体，所产生的缓冲区也不同[5]。在ArcGIS中为地铁站点设置点的500m缓冲区，为道路设置线的200m缓冲区，为不同用地性质设置面的缓冲区，使用叠加分析基本算法，将多专题图层进行叠加，建立具有多重地理属性的空间分布区域，产生的一个新的数据层。GIS叠加分析对空间数据的区域进行了重新划分，从而满足规划需求和协同决策的方法（图6）。

通过空间叠加法计算出红色区域为人流活动聚集度高的地下空间公共区域，此区域最适合设置地下公共人行连通系统，联通道需保证至少满足B级服务水平（行人的移动方向不受限制，逆向人流以及交叉人流仅产生较小的冲突，通道通行能力为1380人/m/h）。考虑到地下空间的步行可达性，地下步行主通道距离不超过600m，超过600m设置人流吸引点。规划充分考虑人行的便捷和舒适性，每300m左右设置开敞空间、特色景观、体验型商业、下沉广场等作为吸引点，尊重人本，构建活力的地下公共步行体系。

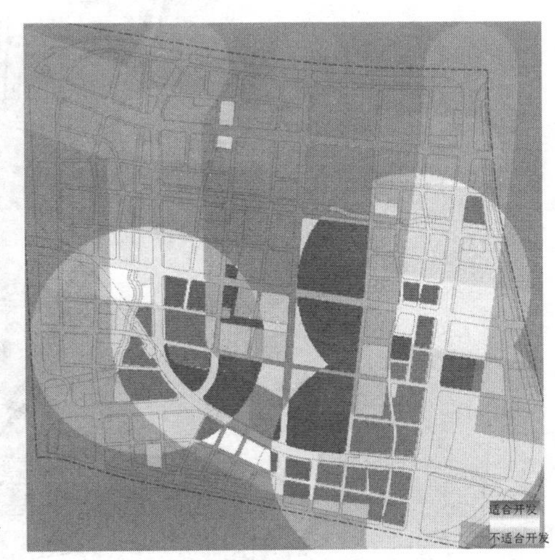

图6 桃浦科技智慧城地下空间人流密集区域

4.2 车行连通

Revit中建立的BIM模型作为VISSIM道路建设的背景场地。宏观与微观道路分析软件中的BIM信息模拟规划区域可能发生的各种交通情况并可及时验证解决方案。动态交通和静态交通的衔接直接影响地面交通体系和社区整体品质，利用交通仿真软件宏观VISUM和微观VISSIM进行各阶段的模拟仿真，最终得到各路段的预测出行数据，完善交通发展规划（道路工程管理，建筑物疏散等）和通行能力分析（需求增长，包含行人的环岛设计等）[6]。

微观模拟流程图 **表1**

1. 模型输入				2. 搭建场景	3. 模拟总结
设施供给	信号方案	交通需求	车辆特性	场景测试	模型输出
道路长度	信号周期	交叉口流量	最高允许速度	有地下环通道	车辆运行情况
交叉口设置	优先控制策略	交叉口车辆分配	过交叉口速度	无地下环通道	拥堵点疏通
	绿灯时长		平均启动速度		

在宏观VISUM软件中建立道路等级划分，根据地块用地性质计算车流吸引量，并推导得出道路车流量。在完成交通分配之后，VISUM宏观仿真软件对交通分配的结果进行概率统计分析，协助交通分析人员研究道路网的路段分配流量与观测流量之间的吻合程度，并根据道路网中路段的分配流量与观测流量的差异，将路段交通量观测值所包含的信息反馈到交通需求分布O-D矩阵[7]。

将宏观结果导入微观VISSIM（见表1），首先建立微观仿真路网。按照实际尺寸绘制路网CAD图，然后导入VISSIM建立仿真背景，在此基础上建立现状仿真路网模型，设置路段车道数、车道宽度、交叉口进口道宽度、车道功能、交叉口转弯等。其次，设置交通流参数，根据高峰小时流量流向调查结果，将道路交通量、车型比例、各道路交叉口的转向比例输入到路网模型中，根据路段、交叉口车速调查结果，确定各类交通流期望车速值。设置交通管控参数，根据调查得到的交通管控数据，设置各个路段及交叉口的交通管理与控制模块，主要包括根据标志标线、交通规则等确定的不同交通流之间的让行规则、转向规则、交叉口信号控制方案等。最后，通过校核现状仿真模型确定一些基本的仿真参数，以确保方案的仿真模型更加可靠，设置评价模块，仿真运行并输出评价指标[8]。

将 Revit 模型与 VISSIM 运行仿真结合，发现规划区域交通已出现局部小范围拥堵，这对未来发展是一个瓶颈，本次地下空间规划通过地下环通道建设优化交通拥堵问题。地下环通道的主要目的是集约化对外出入口、减少地块与地面直接连接出入口、联通环道连接多个地块、提高街区品质。环道内部采用逆时针交通组织，坡度设计不大于 12%，通过微观交通测试，发现建立地下环通道可以有效减少地面拥堵情况（见图 7）。地下车行通道出入口分别位于绿薇路、武威路及玉门路。

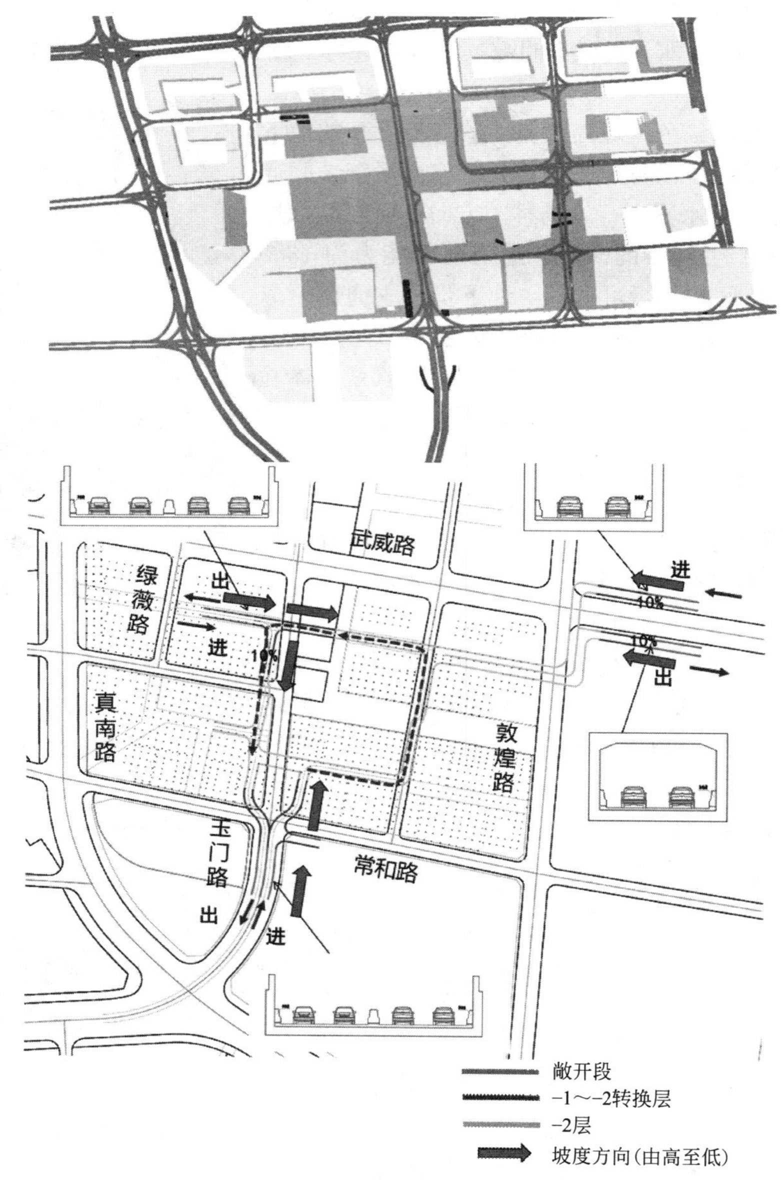

图 7　地下车行联通道效果

4.3　海绵城市

海绵城市规划主要通过排水管道和调蓄池从源头削减、过程控制和末端处理三个方面控制雨水径流总量和径流峰值。为了满足海绵城市要求，地下空间上方的绿地，应满足覆土厚度应满足绿化种植要求且大于等于 1.5m。新建公园绿地面积小于等于 0.3ha 的，禁止地下空间开发，覆土设计要求均体现在 BIM 规划模型中。经现场调研后发现每逢强降水，场地西侧常有积水。规划结合海绵城市理念为场地科学配置雨水管道和调蓄池。在 Infraworks 中模拟百年难遇降雨事件，24 小时监测水位，监测结果显示规划区域积水问题基本解决。与此同时雨水可汇聚至调蓄池实现雨水再利用（见图 8）。

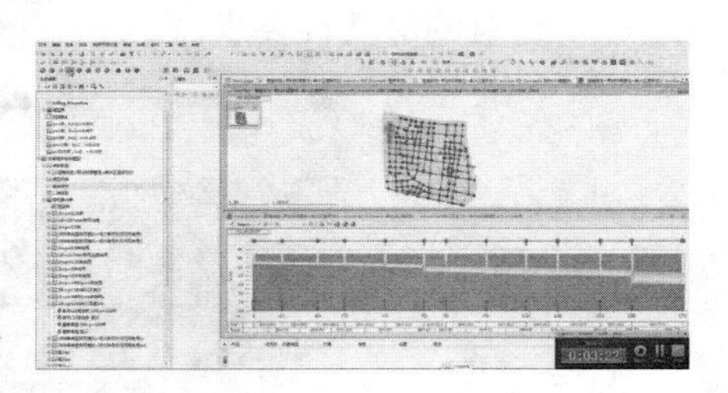

图 8　Infraworks 海绵城市模拟

4.4　其他系统的 BIM 运用

除以上 4 大系统运用，BIM 还对地质资源、综合管廊等地下空间系统完成了优化。传统地下空间建设需要开挖大量土方，为了避免外运，实现项目的土方平衡，将规划地下空间就地处理后的污染土在北部堆山形成自然景观山体。将场地高程点导入 CIVIL 3D，得到原始曲面，将其与设计曲面叠加后得到总挖方与填方量以及土方格网，从而将土方运量和运输距离降到最低，节约项目成本（见图 9）。

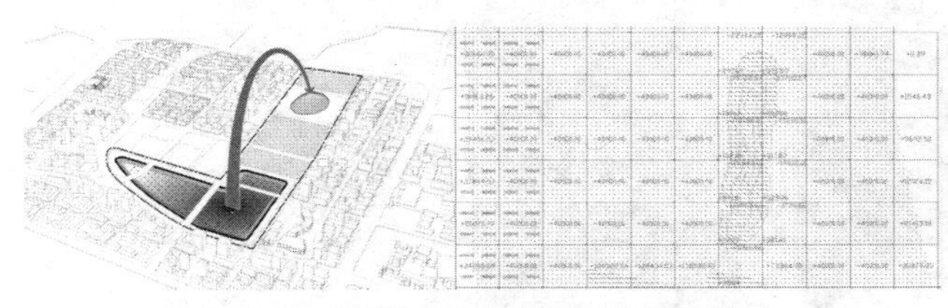

图 9　地质资源开挖地块总量计算

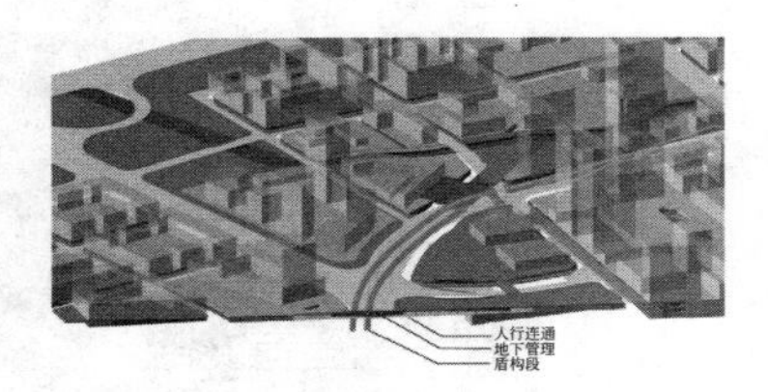

图 10　工程条件碰撞测试

5　重点区域设计完善

5.1　碰撞测试

地下空间规划中，运用 BIM 技术对各个设计阶段的方案进行各种性能的模拟、对比、分析；通过可视化设计、协同设计等对施工难点进行模拟分析，检查建筑结构与设备之间、管线与设备之间、管线自身之间的碰撞问题；利用 BIM 模型在空间上协调建筑物的各类设备系统（建筑、结构、管线等），确保规划阶段没有存在错漏碰缺现象[9]。

规划区域的主干路有下穿连通的必要性，且路段下方有已建成地铁，地下管线种类多且布局复杂，从三维模型中确定真南路地下人行连通道的位置，并进行碰撞检查（见图 10）。该步骤的目的在于找出平面图上无法直观表现出来的碰撞以及局部空间不足等问题。对于局部管线错误复杂的情况，提供明确的技术指导，减少后期返工及变更设计、节约施工成本。检查完成后，会生成一个冲突报告，该对话框会列出两者之间相互发生冲突的所有单元。在 BIM 系统中完成碰撞检查，保证管线、下穿连通道之间的安全距离，从而确保规划的可实施性。

5.2　自然风环境

国家规定建筑物周边的人行区的风速必须高于每秒 5m。因此规划中需要进行风环境的模拟试验，其中需包括周边人行区 1.5m 范围内的风速结果[10]，确保设计有利于冬季日照并避开冬季主导风向，夏季利于自然通风。结合 BIM 模型和项目所在地气候数据，使用 Revit 中的 Vasari 插件，通过模型数据转换和提取，建立分析模型，通过云渲染技术完成出图。参照国际上通用的热舒适性评价方法，以及各地区内在和外在因素的影响，对风速和风压模拟分析，得出空气的流动形态并将分析结果以可视化方式进行动态模拟。根据分析结果合理调整地下建筑设计的造型、自然通风组织等，提高地下空间建筑的自然通风和空气质量。选取中央绿地区进行风环境分析，打造舒适的地下空间环境，优化适宜风环境的下沉广场形式，在地下空间引入夏季凉风，阻止冬季冷风进入地下空间（见图 11、图 12）

5.3　日照环境

日照对于地下建筑物室内的采光、取暖以及视觉都有比较大的影响，日照分析主要是为了满足建筑容积、建筑间距等对指标的需求，防止遮挡光或者光污染等问题。基于建立的 BIM 模型，结合项目所在地区气象数据参数与标准规范，在三维状态下模拟地下空间建筑在不同时间建筑物的阴影遮挡和建筑各立面的辐射情况。根据计算结果，对遮阳板等太阳能设备的形状、对建筑的阴影遮挡和采光进行优化，满足地下建筑的舒适性要求。

图 11　夏季风环境模拟

图 12　冬季风环境模拟

图 13　夏季遮阳

图 14　冬季不影响室内采光

如图 13、图 14，规划区域西南向的太阳高度角很高，冬季的日照高度角较低。横向的遮阳板可在有效阻挡夏季高角度的太阳直射的同时不遮挡冬季低角度的太阳光进入室内，从而提高地下空间舒适度。日照遮阳分析对地下空间业态规划也有借鉴意义。商业、休闲等功能适合设置在阳光充裕的区域。运动、展览等业态对采光要求低，可以接受大进深空间。

6 结　语

UBS 体系在传统规划设计中利用 BIM 技术，依托科研创新，为规划设计做出了更为科学的决策。UBS 体系可以协调配合城市的宏观发展，也可以从微观上模拟分析技术指标，完成碰撞测试来论证地下空间规划的可行性。在地下空间的规划与开发利用中，引入 BIM 技术，依托创新科研，克服了传统规划设计中难以量化分析、多专业协同难度大、方案验证困难多等不足，得到更加完善的最终规划方案。

UBS 体系所支持的 BIM 技术本质和精髓就是建设信息化的过程，它是对建设项目物理和功能特性的数字表达，也是为项目从概念到拆除全生命周期中的所有决策提供可靠依据的过程。在项目的不同阶段中，不同相关部门通过在 BIM 中输入、提取、更新和修改信息，以支持和反映其各自职责的协同作业，这其中都有赖于大数据的支持。通过 UBS 体系搭建的 BIM 平台，与科研和大数据结合，在全生命周期完成参数化设计将会是规划行业未来发展的主流。

参 考 文 献

[1]　何清华，钱丽丽，段运峰，等．BIM 在国内外应用的现状及障碍研究［J］．工程管理学报，2012，26（1）：12-16.
[2]　刘占省，王泽强，张桐睿，等．BIM 技术全寿命周期一体化应用研究［J］．施工技术，2013，42（18）：91-95.
[3]　上海市环境科学研究院．桃浦科技智慧城 BIM 技术应用专项规划方案成果汇报［R］．2016.
[4]　朱长青，史文中．空间分析建模与原理［M］．北京：科学出版社，2006.
[5]　李恒，郭红领，黄霆，等．BIM 在建设项目中应用模式研究［J］．工程管理学报，2010，24（5）：525-529.
[6]　胡树成．微观仿真模型的建立及数据分析［J］．城市交通，2008，6：82-92.
[7]　晏克非，刘有军．基于平衡分配法的区域 O-D 矩阵反推技术［J］．中国公路学报．2001，14：112-115.
[8]　于晓淦．南京市城市单向交通效益分析与发展对策［J］．交通与计算机，2007，25（5）：110-113.
[9]　张琳．城市建设理论研究［R］．2016.
[10]　王荣光，沈天行．可再生能源应用与建筑节能［M］．北京：机械工业出版社，2004.

基于 BIM 技术的多专业深化设计价值探讨

黄劲超，陆本燕

（中国建筑第五工程局有限公司，湖南 长沙 410004）

【摘　要】本文从深化设计需求分析、组织架构、管理流程、实施标准等方面阐述基于 BIM 技术的深化设计和传统深化设计的区别和优势，通过土建、机电、钢结构等专业的深化设计应用实例分析，体现了采用 BIM 技术给现场带来的管理效益和经济效益，进一步体现了 BIM 技术在深化设计中的应用价值，实现了施工过程中的建造增值。

【关键词】BIM 技术；深化设计；碰撞检测

1　前　言

深化设计是指施工总承包单位在建设单位提供的施工图基础上，对其进行细化、优化和完善，形成各专业的详细施工图，同时对各专业设计图纸进行集成、协调、修订与校核，以满足现场施工及管理需要的过程。传统的深化设计是将各专业图纸进行简单的叠加计算，按照一定的规则确定不同构件的相对位置，针对关键部位绘制局部剖面图，构件的空间关系需要靠深化设计人员的知识及经验积累，遇到复杂节点或异形结构，会消耗大量时间得出不完全准确的深化图纸，易造成返工影响进度质量。由于 BIM 技术具有可视化、优化性及可出图性的特点，在三维立体空间中所见即所得，深化设计人员可以通过专业间碰撞检测快速识别需要深化设计的部位，在任何时间任何位置进行的修改都可以同步到图纸平立剖面上，便于快速输出各类图纸，满足项目体量大、变更多、进度紧、质量高等要求的深化设计要求。

2　深化设计的需求分析

深化设计是基于施工图和施工现场状况的综合分析进行的，从信息来源上要求深化设计必须在施工图设计的基础上进行，这就涉及设计阶段和施工阶段信息资源的一致性和协调问题。BIM 技术由于其信息集成性，能很好地解决信息不一致和协调的问题。

2.1　深化设计的类型

深化设计分为专业性和综合性深化设计，专业性深化设计一般包括土建、机电（水暖电）、钢结构、幕墙、精装修、景观园林等，这种深化设计是在单专业 BIM 模型上进行，综合性深化设计一般是对各专业深化设计初步成果进行集成、协调、修订与校核，形成综合深化图，这种深化设计一般是在综合的 BIM 模型上进行。

2.2　深化设计的目标

采用 BIM 技术进行深化设计一般要实现以下功能目标：（1）能够反映深化设计的特殊需求，包括进行深化设计复核、末端定位与空洞预留；（2）能够对施工工艺、重难点进行交底与模拟，有效指导现场施工；（3）能够基于 BIM 模型自动统计工程量，输出节点图。

3　深化设计的组织架构

深化设计涉及建设单位、设计单位、施工总承包单位与专业分包单位，其中施工总承包单位就本项目全部深化设计工作对建设单位负全责，深化设计的最终成果是经过设计、监理、施工三方会审后形成的。施工总承包单位应建立符合项目需求，专业覆盖全面，信息传达通畅，深化标准统一的组织架构

【作者简介】黄劲超，男，硕士，工程师。主要研究方向为 BIM 与装配式方向。E-mail：609104377@qq.com

（见图1），负责对深化设计的组织、计划、技术、界面等多方面进行总体管理和统筹协调，对下属分包单位实行集中管理，各分包单位应服从总包单位对公共交叉区域的分工协调，确保深化设计在整个项目层次上的协调一致。

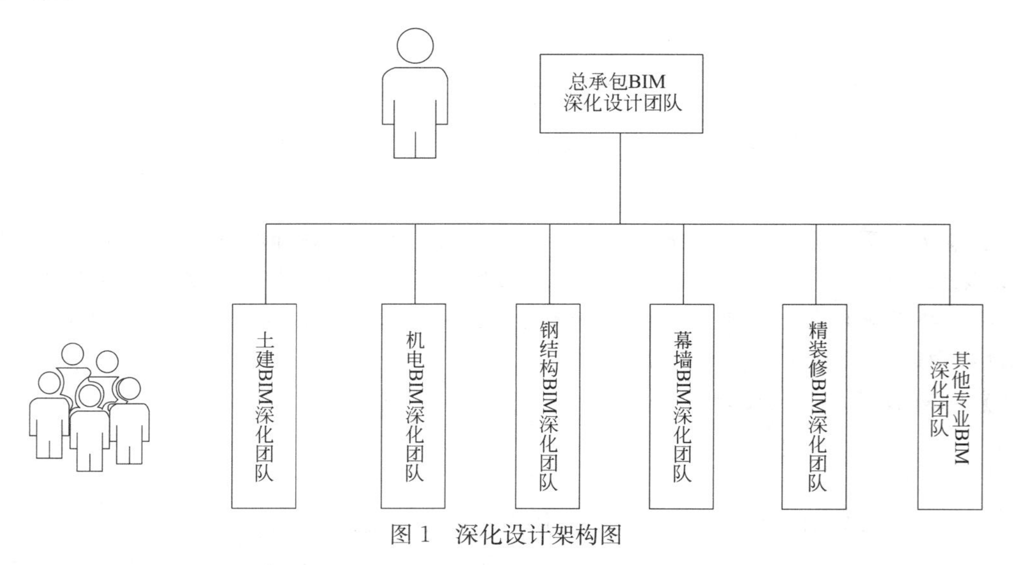

图1　深化设计架构图

4　深化设计的实施流程

BIM技术在深化设计中的应用，改变了传统深化设计的工作流程。基于BIM的深化设计流程不能脱离现有的项目管理流程，但必须符合BIM技术特征，特别是对流程中的每一个环节设计BIM的数据都要尽可能地做详尽规定（见图2）。总包单位需制定深化设计实施方案和细则，经建设单位批准后执行，用于指导和规范深化设计管理工作。深化设计开始前，总包单位应就深化设计实施方案和细则对分包单位进行交底，深化设计成果提交建设单位审核前，应组织相关单位进行会签。建设单位会同设计单位、BIM

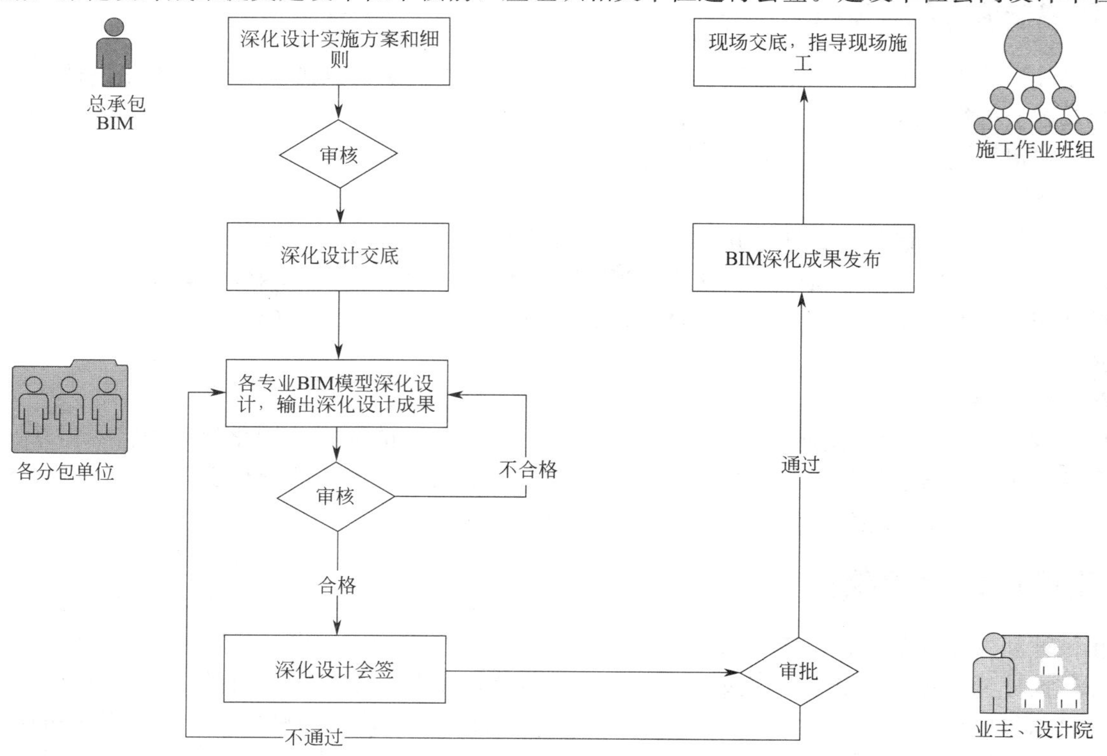

图2　深化设计流程图

顾问对深化成果进行审核，并在规定时间内给予审核意见，经审批通过的深化成果由总包单位向各分包单位统一发布、统一管理，作为现场施工的依据。

5　深化设计标准

总承包单位在深化设计前需对各专业深化的精度（LOD）、命名、配色、属性、出图、版本号等规则作出规定，制定统一的深化设计标准，各分包单位需根据标准进行协同化作业，便于后期模型集成、文件存档。例如土建二次结构深化设计中，对过梁、反坎、门槛等构件进行模型填充进行统一规定（见图 3）。

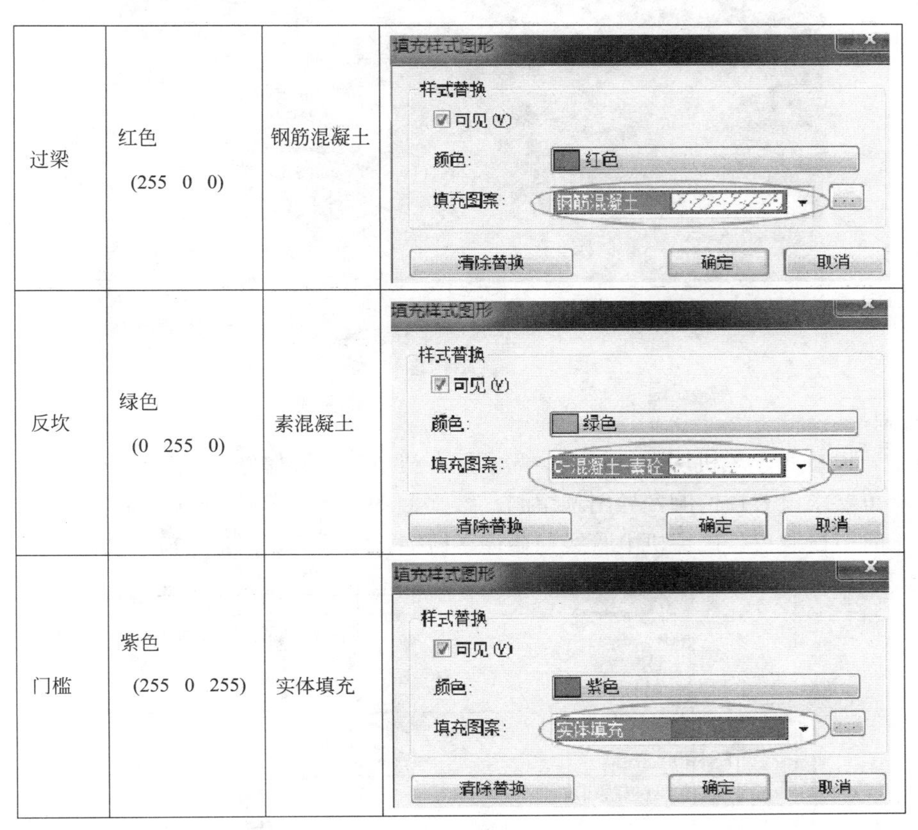

过梁	红色 (255　0　0)	钢筋混凝土	填充样式图形 样式替换 可见(V) 颜色: 红色 填充图案: 钢筋混凝土 清除替换　确定　取消
反坎	绿色 (0　255　0)	素混凝土	填充样式图形 样式替换 可见(V) 颜色: 绿色 填充图案: C-混凝土-素砼 清除替换　确定　取消
门槛	紫色 (255　0　255)	实体填充	填充样式图形 样式替换 可见(V) 颜色: 紫色 填充图案: 实体填充 清除替换　确定　取消

图 3　深化设计标准

6　深化设计应用案例

6.1　土建深化设计

1. 砌体排砖及二次结构

利用 Revit 软件创建砌体排砖模型，包含反坎、灰砂砖导墙、构造柱马牙槎、拉墙钢筋、门窗洞口过梁、圈梁钢筋、顶砖斜砌等细部节点（见图 4），模型精度高，准确性强。同时根据建筑设计说明，砌体

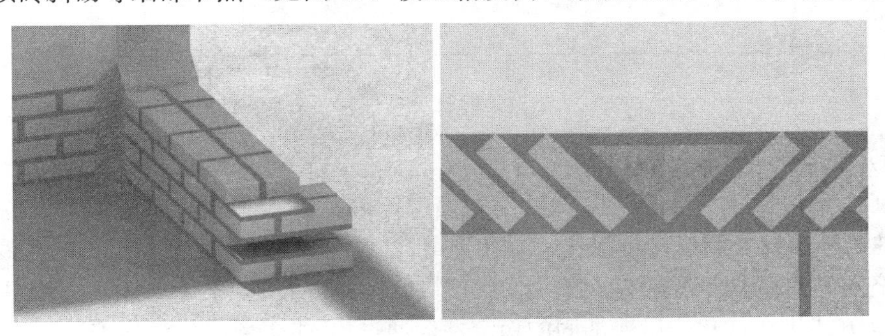

图 4　导墙、顶砖节点深化

施工规范要求创建构造柱、圈梁、反坎等二次构件模型，按BIM建筑深化设计标准对构件进行填充、标注（见图5）、交底。可导出二维平立剖面深化施工图，指导现场砌体样板施工，精确统计不同类别、不同规格的材料用量，减少因传统深化设计二次构件表达不明确造成的返工，提高砌体施工效率及质量。

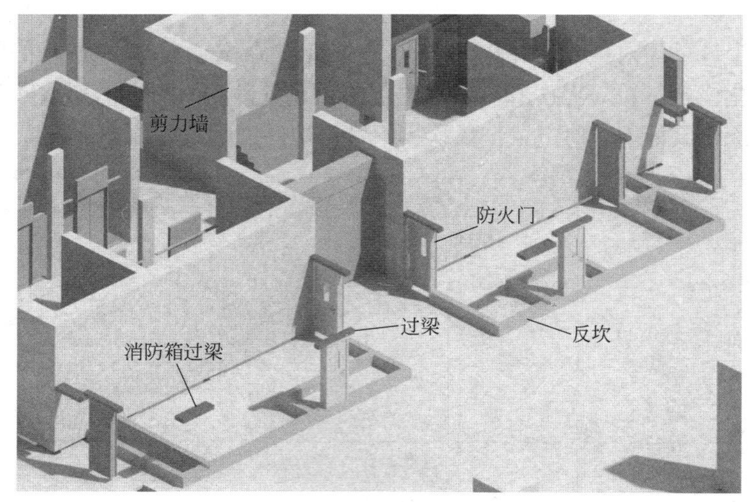

图5　二次结构深化标注

2. 砌体预留洞

机电管线复杂，设备房、风机房数量较多，为了配合机电管线穿墙施工，避免在墙体上打凿开洞，提前在建筑模型上按规范要求设置预留洞，导出预留洞二维平面图（见图6），对预留洞图进行尺寸及定位标注，指导现场砌体施工时留设洞口，确保机电管线与墙体零碰撞，零返工，保证了施工质量，降低了施工成本。

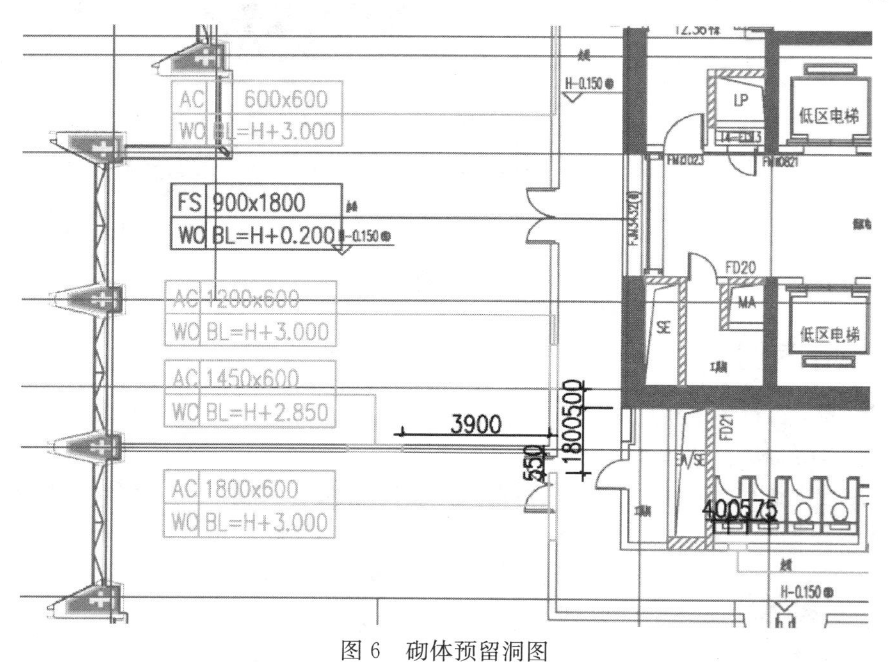

图6　砌体预留洞图

3. 模板安装方案深化

根据模板施工方案，创建标准层结构模板安装模型，包括模板、木枋、型钢、对拉螺杆等细部构件（见图7），对墙柱梁连接处及洞口进行深化，可实现最佳的模板组合，减少模板切割，最大限度地利用整板，可精确统计各种构件的用量并制定材料计划。同时对墙柱阳角、梁下口阴角、墙柱根部等易出现尺寸偏差部位的加固方式进行优化，确保加固的稳定性。通过BIM模型深化模板安装方案（见图8），指导工人现场安装，可降低材料损耗率和提高混凝土实测质量。

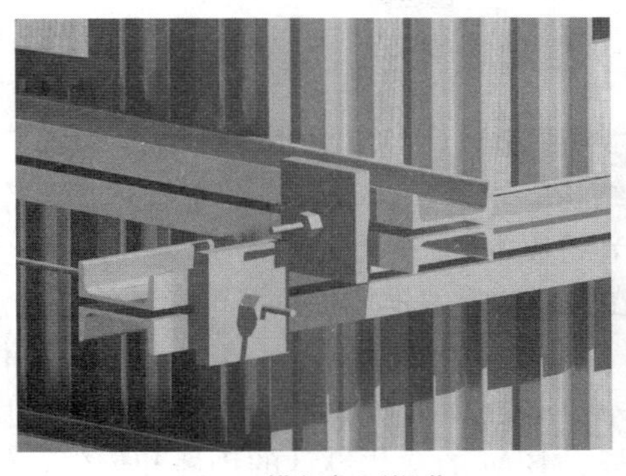

图 7　模板加固深化

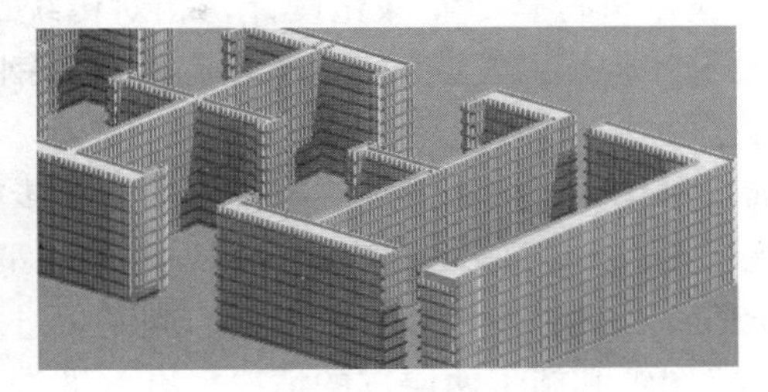

图 8　模板安装模型

6.2　机电深化设计

针对公司超高层、综合体建筑空间小、净空要求高机电管线复杂新颖的特征，在施工前，需采用 BIM 技术进行碰撞检测（见图 9）、净空检测、管线排布优化，尽早发现施工过程中可能存在的冲突，提前优化调整（见图 10），减少施工过程中的设计变更，避免现场因错漏碰缺导致的打砸拆改，大大提高施工现场的生产效率，缩短工期提升质量，同时有利于成本控制和现场安全文明施工的保持。

图 9　水管与风管碰撞调整前

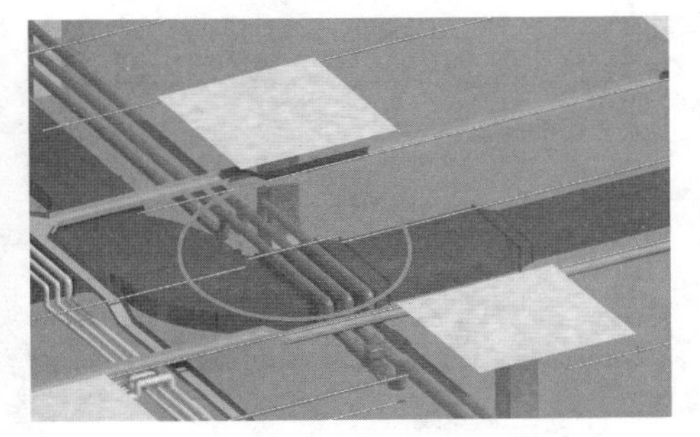

图 10　水管与风管碰撞调整后

6.3　钢结构深化设计

钢结构深化设计是指依据建筑设计和结构设计施工图绘制用于加工和安装施工的图纸资料，使钢结构构件的制造变得简易和具有操作性。深化设计人员需要把每个构件的详细信息表达在图纸上，包括材质、截面、数量、重量、形状、主次零件相对应位置、开孔位置及焊缝位置等。深化设计的主要步骤是根据结构设计施工图进行放样，以确定钢构件之间是否有碰撞（见图 11），如果使用 CAD 进行放样，工作效率低、劳动强度大。而且，对于复杂的空间曲线和曲面，CAD 难以完成。采用 BIM 技术准确绘制三维模型，仿真模拟建筑物所具有的真实信息，便于检查出各种碰撞，并能更好地提出相应的优化建议，提前对大型孔洞位置进行预留（见图 12），避免后期管线绕弯影响净空，同时输出精确的加工图纸和安装图纸。

图 11　钢柱与钢筋碰撞检测

图 12　钢梁深化预留洞

7 结　语

采用 BIM 技术进行全专业深化设计，相对传统二维平面设计效率更快、准确性更高、指导性更强。目前在华润万象天地项目已全面实施土建、机电、钢结构等专业深化设计，其中砌体损耗率降低 1.2%，机电预留洞准确性达 96%，节约安装工期约 21 天，节约成本约 61 万元，形成了一套深化设计流程表、深化设计标准、深化图纸模板等体系文件，为下一步在其他项目的推广提供了可参考的借鉴意义。

随着建筑行业对 BIM 技术的广泛应用，各项政策和标准的相继出台，对 BIM 技术在深化设计阶段的标准统一、价值计算提供了可参考的依据。同时，进一步加强 BIM 深化设计成果在现场应用的深度，通过管理手段杜绝图纸和施工两层皮的情况，有效推进基于 BIM 的深化设计的创新和创效，保证工程高品质的实现。

参考文献

[1] 王志珑，彭飞，梅晓丽，等．利用 BIM 技术进行二次结构深化设计［J］．施工技术，2016，45（6）：49-52.
[2] 王陈远．基于 BIM 的深化设计管理研究［J］．工程管理学报，2012，26（4）：12-16.
[3] 周春波．BIM 技术在施工中的应用研究［J］．青岛理工大学学报，2013，34（1）：51-54.

BIM+三维激光扫描技术在工程质量管控中的应用

陈滨津，姚守俨，苗冬梅，邓明胜

（中国建筑第八工程局有限公司，上海 200120）

【摘　要】 三维激光扫描技术是近年来工程测控领域中的又一全新技术突破。本文以三维激光扫描技术为支撑，针对工程质量管控中的重点和难点，从预管控和过程管控的角度，通过对已完成工序的实体进行精准测量，并在BIM技术的辅助下，以“虚实匹配”的方式，为后序工序的施工提供可靠的依据。经工程实践验证：三维激光扫描技术尤其适合于复杂结构、复杂环境下的大型工程的精准质量管控。

【关键词】 BIM技术；三维激光扫描技术；工程质量管控

1　引　言

近年来，随着工程建造水平的不断提升，BIM技术的普及程度也愈加广泛。大量工程实践显示：BIM技术为工程建造赋予了全新的科技生命力。但也应看到，BIM技术的应用深度依然亟待深入。

近年来，愈来愈多的学术界和企业界开始将研究目标，聚焦于BIM技术在工程质量管控中。要实现BIM技术对工程质量进行有效管控，必须以精准、可靠的测量方式作为技术支撑。

现阶段，国内工程建设行业在工程质量管控中的BIM技术应用，依然以计算机仿真为主。也就是说，BIM技术在工程质量管控中的应用，更多集中于“事先管控”阶段。如何将BIM技术和工程质量管控切实结合，实现工程建造阶段潜在的质量问题、质量隐患的全过程、动态管控，依然是一个亟待解决的难题。

在这一背景下，三维激光扫描技术的诞生，为上述技术难题提供了一条全新的解决途径。三维激光扫描技术（3D Laser Scanning Technology），也称“实景复制技术”，是近年来工程测控领域中的又一全新技术突破。

三维激光扫描技术使得工程人员能够快速、自动地获取待测目标的三维激光扫描数据。目前，三维激光扫描技术已经成功应用于文物保护、工业和制造业等领域。将三维激光扫描技术应用于工程质量管控是一项全新的应用，有着巨大的实践价值和引领示范作用。

2　BIM+三维激光扫描技术在工程质量“预管控”中的应用

通过三维激光扫描技术，对现场实景进行数据采集和三维重建。在此基础上，通过和BIM技术相结合，以“虚实匹配”的方式，指导复杂环境下的专项方案的编制和审核是BIM+三维激光扫描技术在工程质量“预管控”中的创新应用。

这里，以“重庆来福士广场”工程为例，就古建筑遗址和结构冲突状态下的BIM+三维激光扫描技术在工程质量“预管控”中的应用进行介绍。

在现场发现古建筑遗址，将对施工的连续性造成极大的破坏。同时，也对工程质量管控提出了更苛刻的要求。在“重庆来福士广场”工程土方开挖中，在现场西北侧发现了古建筑遗址。经文物部门多次

【基金项目】国家重点研发计划项目“绿色施工与智慧建造关键技术”（2016YFC0702100）

【作者简介】陈滨津（1978-），男，中建八局BIM工作站副站长，工学博士，高级工程师。主要研究方向为BIM技术、三维激光扫描技术。
E-mail：061021085@fudan.edu.cn

挖掘、鉴定，古建筑遗址不仅包括明代城墙，还包括部分南宋时期城墙。同时，古城墙贯穿“重庆来福士广场”工程的深基坑，古城墙和地下室结构之间存在严重的空间冲突。考虑到古城墙在文化传承中的重要性，在地下室结构施工中，如何对古城墙的完整性进行保护，成了施工中不可回避的突发性技术难题。

经文物部门多次挖掘、鉴定，文物专家要求对古城墙进行整体保护，不能拆除。针对这一突发性技术难题，原定采用在古城墙外部搭设部门脚手架，再利用水准仪、经纬仪、皮尺对古城墙进行整体测绘。由于古城墙和地下室结构之间交错重叠，采用传统的测量技术和测量方式，不能精准地反映古城墙和地下室结构之间的空间关系。同时，“重庆来福士广场”工程紧邻长江和嘉陵江堤岸，堤岸凹凸不平且和江水之间的落差很大，又正值重庆的雨季，采用传统的测量技术和测量方式，工程人员的安全性也难以保障。

针对这一现状，工程人员决定基于三维激光扫描技术，对古城墙进行整体式扫描，通过三维重建得到古城墙逆向BIM，进而对比古城墙逆向BIM和地下室结构设计BIM之间的空间冲突，形成满足文物部门要求的专项方案。具体应用过程如下所示：

数据采集前，首先进行现场踏勘。在全站仪的配合下，获取控制点的空间坐标。结合控制点和古城墙的空间分布。确定具体的三维激光扫描站点（图1、图2）。

图1　控制点分布、数据采集

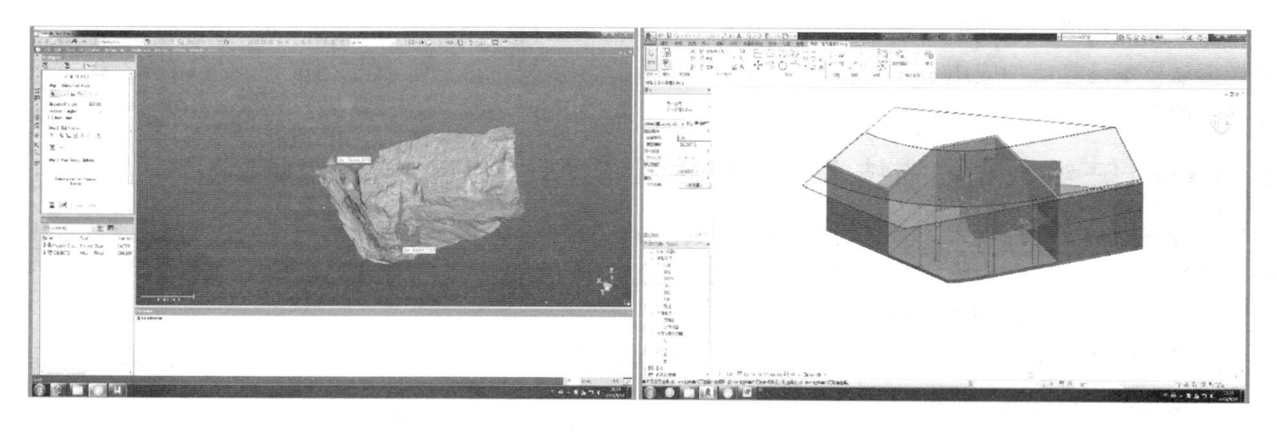

图2　三维重建得到的逆向BIM、虚实匹配后的逆向BIM和设计BIM

基于以上成果，编制形成了如下的专项方案：在地下室结构的外部，做一个切角。将靠近古城墙的结构柱整体移动，并增设连系梁。同时，切角外侧增设结构柱，用以承托上层的道路。最后，将地上区域和地下室结构相脱离，预留为古城墙参观平台。具体应用效果如图3所示。

目前，这一专项方案已经得到顺利实施，得到政府部门、文物部门、业主单位的一致肯定。

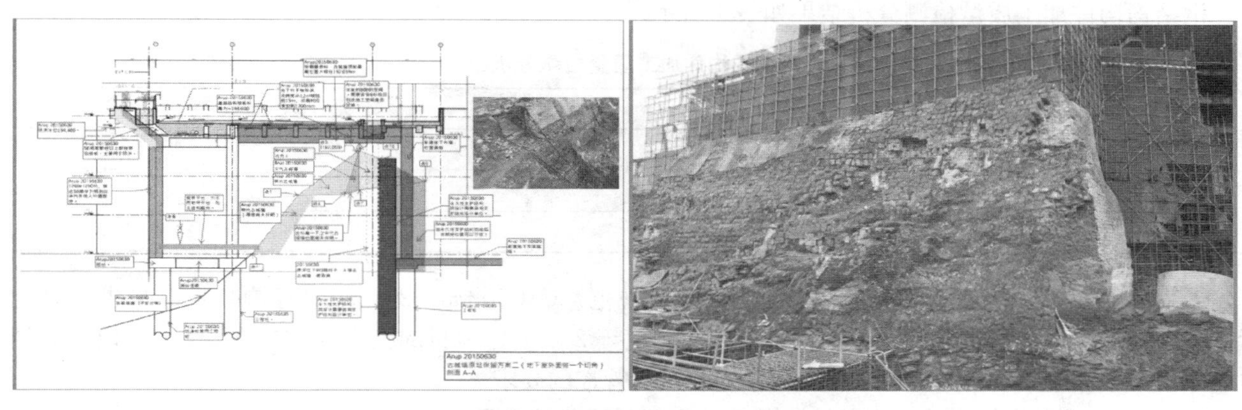

图3　修改后的专项方案及现场现状

3　BIM＋三维激光扫描技术在工程质量检测分析中的应用

这里，以成形实体检验分析为例，对BIM＋三维激光扫描技术在工程质量检测分析中的应用进行介绍。

3.1　BIM＋三维激光扫描技术在钢结构构件加工质量检测分析中的应用

钢结构构件加工质量对钢结构安装过程起着至关重要的意义。这里，以“天津周大福”工程为例，对BIM＋三维激光扫描技术在钢结构构件加工质量检测分析中的应用进行介绍。

在“天津周大福”工程中，基于三维激光扫描技术，在工厂中对加工好的钢结构构件进行扫描，并结合BIM技术，进行构件加工质量的分析，将潜在的质量问题、质量隐患，在施工前就予以减少乃至消除，避免返厂对工程质量和进度的影响。具体应用过程如图4、图5所示。

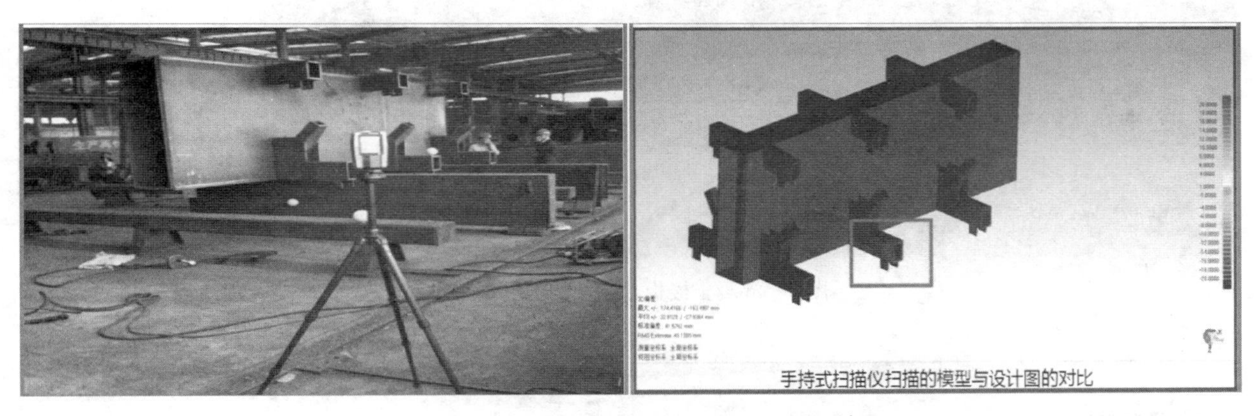

图4　数据采集、虚实匹配后的逆向BIM和设计BIM

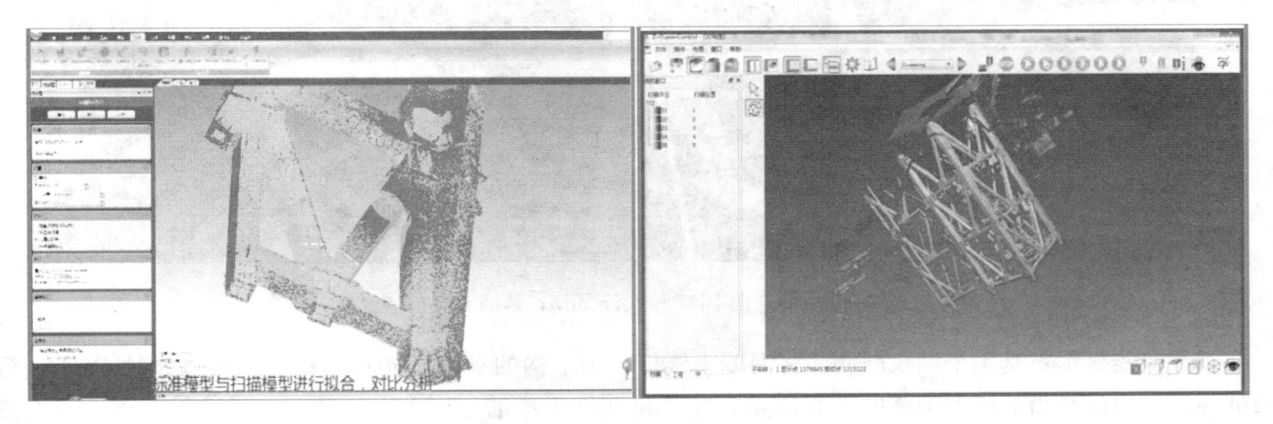

图5　虚实匹配后的逆向BIM和设计BIM

钢结构构件加工质量检测分析结果如表1所示。

钢结构构件加工质量检测分析结果　表1

主控项目	允许偏差(mm)
零件宽度、长度	3
检测分析结果的极大值	3
对规范的整体满足率	100%

工程实践中，依据《钢结构工程施工质量验收规范》GB 50205—2001，对检测分析结果进行量化分析。结果显示：该批次钢结构构件在零件宽度、长度等2个主控项目的极大值控制在3mm以内，对规范的整体满足率达到100%，满足加工及后序安装质量管控的要求。

3.2　BIM+三维激光扫描技术在幕墙安装前的工程质量复核应用

对当前成形实体的工程质量进行精准测量，为后序工序工程质量的有效管控夯实基础是BIM+三维激光扫描技术在工程质量检测分析中的又一创新应用。这里，还是以"天津周大福"工程为例，对BIM+三维激光扫描技术在幕墙安装前的工程质量复核应用进行介绍。

在"天津周大福"工程中，在幕墙安装前基于混凝土楼板、钢结构的三维激光扫描结果去复核幕墙设计BIM，通过对当前成形实体的工程质量进行复核，减少乃至消除后序安装中的误差，为后序工序工程质量的有效管控夯实基础。具体应用过程如图6、图7所示。

图6　混凝土楼板、钢结构的数据采集

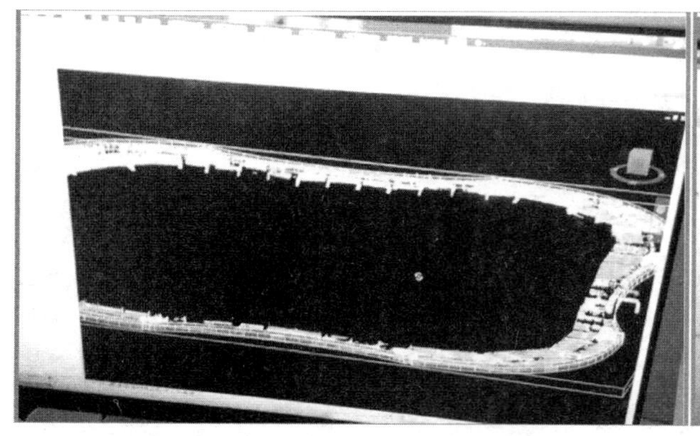
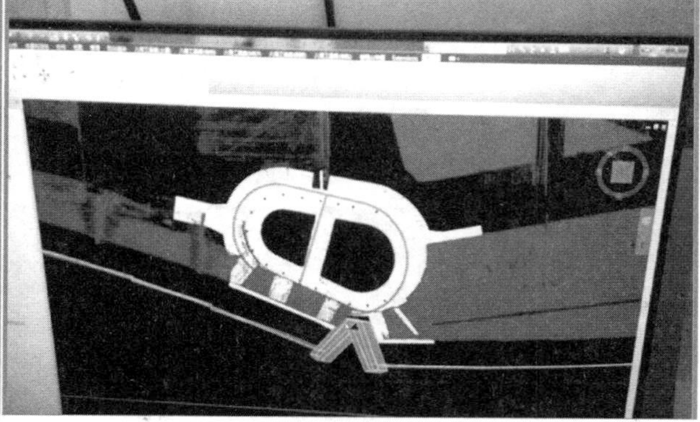

图7　虚实匹配后的逆向BIM和设计BIM；幕墙安装前的复核分析

工程实践显示：基于全站仪联测，将混凝土楼板、钢结构的三维激光扫描结果和幕墙设计BIM进行精准匹配。通过对当前成形实体的工程质量，尤其是前序工序的垂直度、平整度、尺寸偏差进行精准测量，有助于异形幕墙安装质量的精准管控。

3.3 BIM＋三维激光扫描技术在曲面结构工程质量检测分析中的应用

这里，以“大连国际会议中心”工程为例，对 BIM＋三维激光扫描技术在曲面结构工程质量检测分析中的应用进行介绍。

在“大连国际会议中心”工程中，内装饰铝板为复杂曲面结构，铝板的龙骨也为曲面结构。同时，铝板是在国外加工完成，再运送至国内穿孔，整体周期较长。因此，铝板安装前，需要先获取龙骨的表面尺寸，再下料并订购铝板。由于施工工艺复杂等客观因素，实际完工的龙骨的表面尺寸不会和最初的设计完全一致，故无法直接使用设计图纸作为铝板的下料依据。

当时，现场已经搭设了脚手架，脚手架需要一个 5 人团队至少 3 周的工作量，人工测量还需要至少 10 天，且又很难保证数据的精准程度。在这一背景下，使用三维激光扫描技术，用时 3 天，完成了所有成形龙骨的三维激光扫描数据的采集。具体应用过程如图 8、图 9 所示。

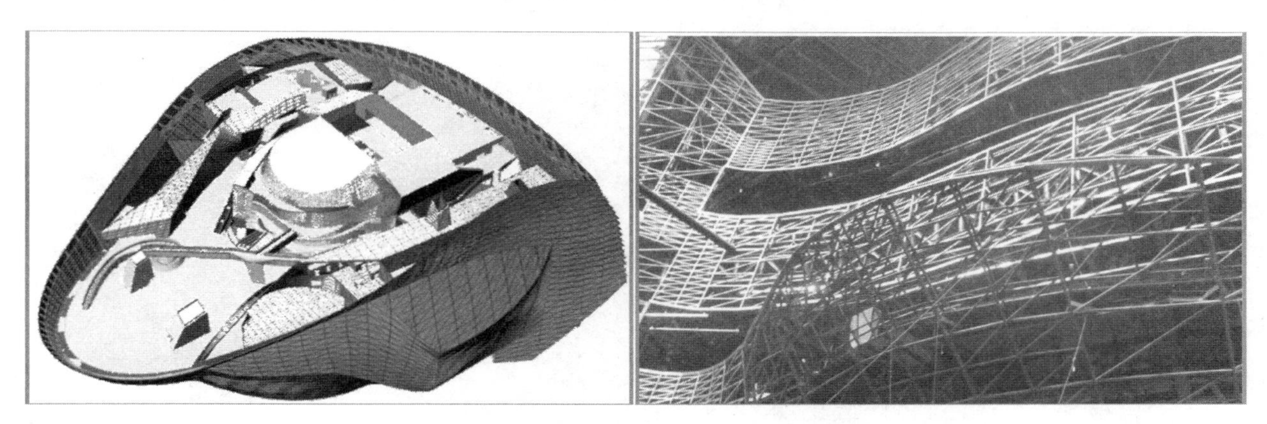

图 8　内装饰铝板设计 BIM、现场的成形龙骨

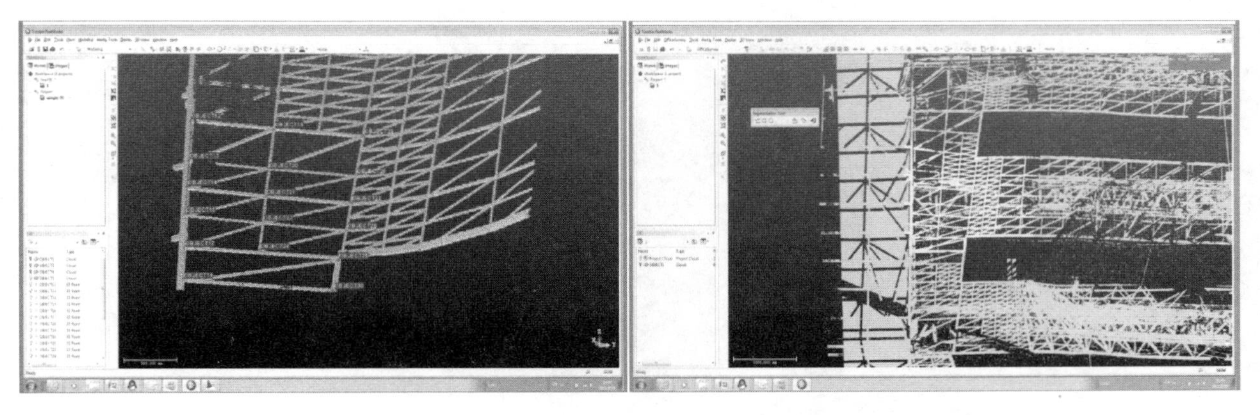

图 9　三维重建后的成形龙骨、虚实匹配后的逆向 BIM 和设计 BIM

通过对干扰数据进行筛选、剔除。对需要下料区域进行三维重建，并将三维重建结果导入 CAD，指导铝板下料。

最后，将三维重建结果导入 CAD，即可获得下料所需要的尺寸依据，确保了工程质量和进度的顺利进行。

4　结　语

三维激光扫描技术基于激光测量原理，能够对各种“大型、复杂、不规则、非标准”的待测目标进行“非接触、精准、实时”的采集。在此基础上，借助后处理平台，三维激光扫描技术能够对待测目标进行“检测分析”。同时，通过和 BIM 技术相结合，能够以“虚实匹配”的方式辅助工程质量的精准管控。因此，BIM＋三维激光扫描技术必将成为工程质量控制领域极具生命力的研究热点和应用趋势。

参考文献

[1] 张克存. 基于三维激光扫描仪的青藏铁路风沙工程效益评价 [J]. 地球科学进展, 2014, 29 (10): 1197-1203.

[2] 李霖. 基于激光扫描的室内环境三维重建系统 [D]. 哈尔滨: 哈尔滨工业大学, 2015.

[3] 王方建. 地面激光扫描数据在建筑物重建中的研究进展 [J]. 遥感信息, 2014, 29 (6): 118-124.

[4] 王俊豪. 基于激光扫描的三维模型的偏差分析 [D]. 上海: 上海交通大学, 2010.

[5] 欧阳俊华. 近距离三维激光扫描技术 [J]. 红外, 2006, 27 (3): 1-7.

[6] 万怡平. TLS技术在表面复杂文物三维重建中的应用研究 [J]. 测绘通报, 2014 (11): 57-59.

BIM 协同交互平台网络架构方案研究与探索

孟玲霄，陈　泉，王强强，邹治超，张　伟

（浙江精工钢结构集团有限公司，浙江 绍兴 312030）

【摘　要】随着“互联网＋”与建筑信息化建设的快速发展，BIM 平台的开发与应用成为行业关注的焦点，本文主要从体系结构和网络架构两方面对比分析不同部署方案，结合云计算、大数据应用实例进行探究，旨在通过研究探索高效便捷处理 BIM 平台业务的方案，为 BIM 平台开发环境的部署提供指导作用。

【关键词】BIM 协同平台；网络架构；云计算；桌面虚拟化

1　研究背景

目前，随着“互联网＋”与建筑信息化建设的全面推进与广泛流通，同时为响应国家“十三五规划”（规划提出：“实施‘互联网＋’行动，加强信息化与执行深度融合的重大战略部署”）、“十二五规划”（规划提出：“促进具有自主知识产权软件的产业化，形成一批信息技术应用达到国际先进水平的建筑企业”）等的政策要求，作为建筑信息化推行的重要工具与产物，建筑信息模型（Building Information Modeling）技术（以下简称 BIM 技术），成为“互联网＋”建筑行业必不可少的工具，其实现方式也决定我国建筑行业实现“互联网＋”的社会经济效益。

为此，如何在 BIM 技术快速发展的今天开发一个功能全面、性能良好、安全高效的 BIM 协同设计平台显得尤为重要。本文通过对 BIM 协同平台体系结构及网络架构搭建进行了研究，探索采用目前先进的平台开发模式，对比不同规模应用、不同部署方案的平台开发在 BIM 中应用的可行性及差异。

2　BIM 协同交互平台需求分析

从信息应用的本质来说，BIM 应用的目的是把建筑模型中隐含的信息利用 BIM 技术以某种方式表现出来，供使用者浏览、共享与交互。BIM 技术在于以建筑模型为中心，实现建筑全生命周期过程中的信息的共享和转换。

①信息共享与无损转换。BIM 各专业建模软件非常之多，包含 Autodesk、Bentley、Dassault 等，使平台能够在建筑对象的工业基础类（Industry Foundation Class）数据模型标准的支持下完成多种模型文件无损转换[1]是开发 BIM 平台的首要条件。

②功能完善与安全保障。一个完善的 BIM 的协同平台功能包含：大数据显示与交互技术（实时模型信息交互、多平台协同机制、精准数据核算）、物联网管理技术（实时物流发送及反馈、基于施工过程与运行维护的进度管理机制）、网络安全技术（数据安全保障机制、进程管理）等。随着互联网技术的不断发展，未来 BIM 将会不断融入基于混合现实的全息镜像、分布式制造等新技术。

③高效性能与实时交互。BIM 平台包含 4D 进度管理功能、全生命周期的资料管理功能以及模型实时交互与物流跟踪功能，兼具数据量庞大、构建环境复杂的特点，要求用户在使用 BIM 平台时需具备高性能的硬件设备、配置多层级复杂运行环境。

为解决以上弊端，BIM 协同平台应能支持文件无损转换（IFC/NWD/DWG 等格式模型之间无损转换）、轻便式浏览模型（用户无需配置复杂环境）、快捷协同（多地多用例协同）办公的要求。即实现全

【作者简介】孟玲霄（1991-），女，兰州理工大学信息管理与信息系统学士学位。主要从事建筑信息模型与企业信息化建设相关研究。
E-mail：mlxkl1314@163.com

专业模型数据无损与高效浏览、传输及协同实时交互。经分析不难发现开发一个高效可持续的 BIM 平台体系结构选择与网络架构搭建方案是关键。

3　BIM 协同平台体系结构方案探索

BIM 协同平台需要解决面对不同角色用户需求、不同层次客户端配置、异构的网络环境、复杂的项目施工及众多项目的资源配置等问题[2]，在此基础上，用户能够以一种宏观到微观的效果使维护人员能够更清楚地了解建筑信息，同时以三维视图的方式展现建筑及其指导维护人员的工作。目前用于建筑运维管理的 BIM 平台系统主要有 3 类：①直接用商业软件产品；②基于商业软件进行二次开发；③研发具有自主知识产权的平台系统[3]。本文主要就 BIM 平台常用的 C/S 和 B/S 架构搭建方案进行对比分析（图 1、图 2）。

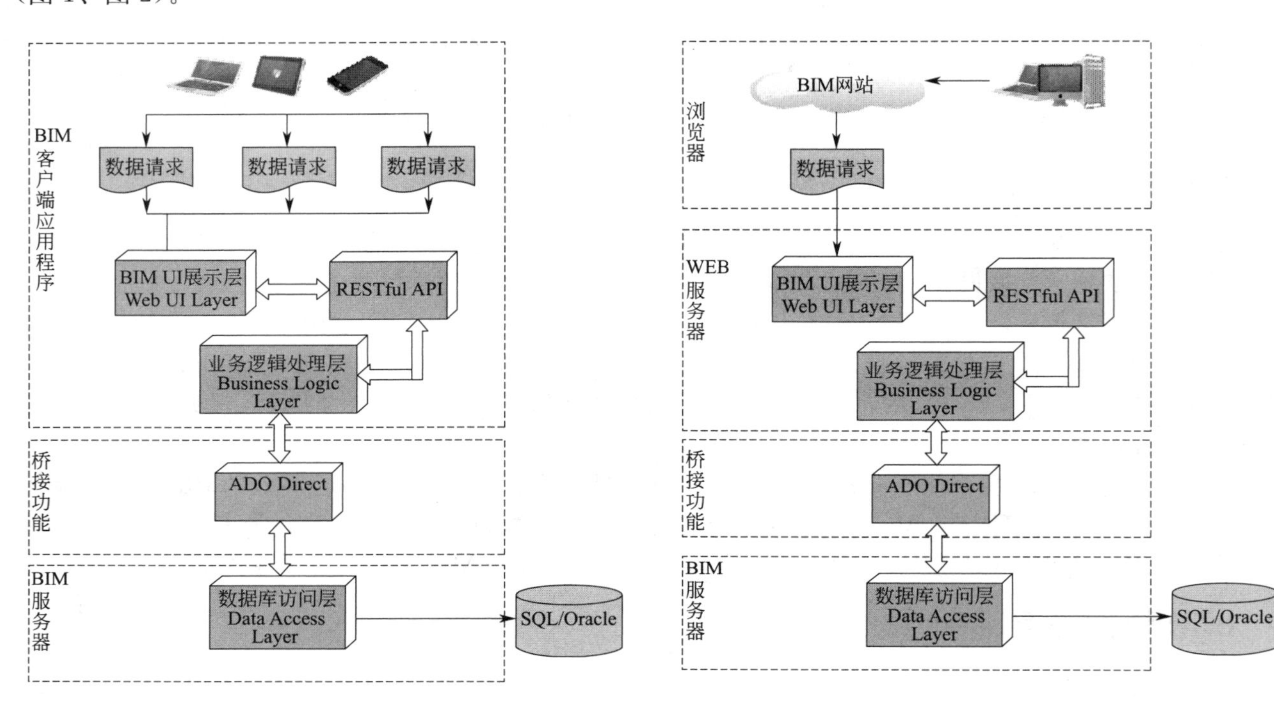

图 1　C/S 架构图　　　　图 2　B/S 架构图

采用 C/S 结构（Client/Server）部署平台，用户只需在本地安装应用程序即可点对点体验所有功能。如图 1 所示，系统功能的核心部分集中在服务器端实现，客户机分担处理部分逻辑事务，服务器端主要进行独立的数据存储，服务器配置要求较低[4]。当运行 BIM 系统浏览模型时，系统可充分利用客户端显卡及硬件设施，加快响应速度。但由于 BIM 系统涉及众多软件并行操作，采用该架构，客户端需提前部署复杂环境，安装各类软件；同时，由于客户端难以实现即时数据更新，BIM 所依赖的实时管理系统也难以落实。开发方面，由于客户端应用环境不一，开发人员需同时开发及维护 Windows、Android、IOS 等多种系统以满足用户需要，将导致开发成本的直线上升。

诸如众多 BIM 应用软件客户端，软件需在客户端进行安装，软件运行需调用客户端配置，利用用户显卡、CPU 等运行软件，并依赖用户显卡处理器加速模型处理，占用用户内存。但由于客户端硬件设备层次参差不齐，大部分用户硬件图形处理能力较低，因此 C/S 架构的软件，往往会因为用户硬件缺陷而难以挥发其作用，出现模型浏览不畅，大模型上传与交互困难等问题。

采用 B/S 结构（Browser/Server，浏览器/服务器模式），客户端只需具备浏览器，即可多地协同、即时访问系统、更新数据。利用 WebGL 技术以 OpenGL 接口实现 HTML5 的 canvas 标签调用[5]，以统一的 OpenGL 标准，从 Web 脚本生成利用硬件加速功能的 Web 交互式 3D 动画的图形渲染。可使模型浏览及交互轻便快捷。同时开发人员开发 BIM 系统，只需开发及维护一套系统，用户通过 WebServer 可即时访问，从一定程度上节省了开发时间及维护成本。但由于 BIM 系统模型容量较大，即使采用 WebGL 流媒体的形式进行模型加载及数据交互，当用户访问并发数较大时，仍然会导致服务器负荷加重，访问速度降低等问题。

各类 BIIM 模型浏览网站，用户无需安装复杂环境，只需打开浏览器相应网站便可访问系统，查看模型，处理业务。但以 WebGL 为核心的模型交互技术的成熟度仍然是制约 B/S 架构的 BIM 软件运行和发展的关键。另外，采用此方法的系统，由于难以实现模型实时交互，因此项目的实时进度管理与模型可视化交互也成为其面临的一大问题（表 1）。

C/S、B/S 架构对比表　　表 1

类型名称	C/S 架构	B/S 架构
开发运维成本	高(开发多种语言系统,以支持不同操作系统需要)	低(网页版系统)
环境部署成本	复杂(模型 Autodesk 等处理软件)	简易(浏览器)
终端配置要求	高(极度依赖用户计算机配置,硬件更新成本极高)	低(对用户计算配置无特殊要求,硬件更新成本较低)
适用项目类型	适用各种类型项目	模型容量不宜过大
业务处理速度	取决于客户端硬件设备	后台服务器端处理
组织结构改造要求	无	无

4　BIM 平台部署方案探索

考虑 BIM 平台模型浏览、大数据数量、实时交互的特性，选择一个合适的部署方案是平台安全高效运行的关键。这里选择两种可行性较高的方案进行平台部署分析：①通过互联网来提供动态易扩展的虚拟化资源的云计算技术；②支持企业级，实现桌面系统的远程动态访问与数据中心统一托管的桌面虚拟化技术。以下针对两种方式进行平台部署方案的设计与分析。

4.1　云计算技术

BIM 协同平台包含项目全生命周期的数据资源，要求数据的安全性较高，平台依托大数据环境拟实现高度灵活性、扩展性和自治性，企业必须在一个同时提供存储和计算节点的私有云环境中运行它。以 OpenStack 云计算管理平台为例，企业可使用 Swift、Nova、Glance 等建立私有云[6]，在向其中添加大数据，并用控制器节点来管理和维护环境，同时组合并行计算编程模型作业调度机制（Hadoop Map Reduce）实现分布式存储功能[7]。同时为满足 BIM 平台的运行效果和扩展性的需要，企业可以集中精力开发一个仅用于计算处理的私有云计算节点，并利用公共存储云作为数据存储，具体架构如图 3 所示。通过使用这种私有云+公有云组合的混合云，企业可以专注于计算处理功能的核心能力，由第三方负责实现存储[8]。此外，根据 BIM 平台的业务需求，企业在搭建架构时需配备图形处理工作站（Graphic Workstation）、配套预警服务器（Early Warnning Server），以满足模型快速浏览及平台预警的需要。同时，根据数据的敏感性，企业需要使用数据保护机制，比如模糊处理（obfuscation）、解除匿名

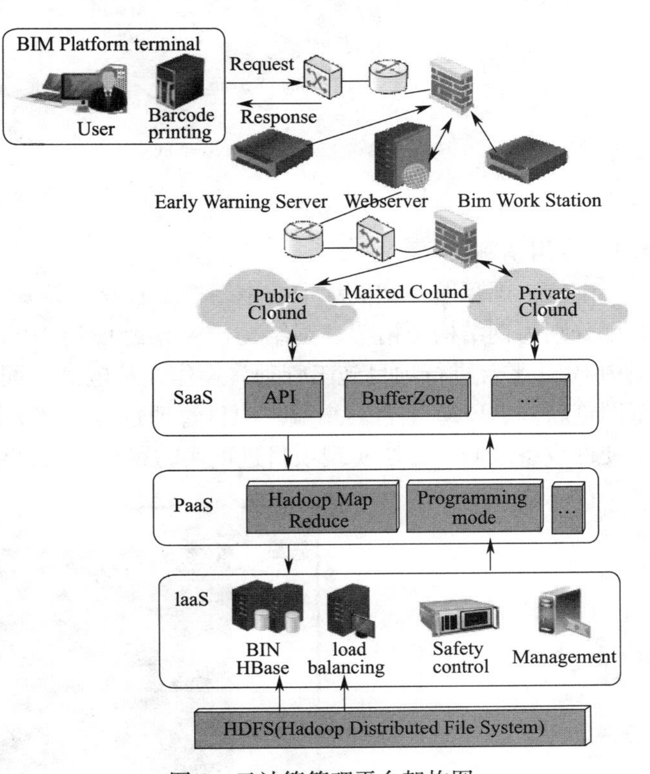

图 3　云计算管理平台架构图

化、加密或散列等。

4.2 桌面虚拟化技术

简单来说，虚拟桌面是指：支持企业级实现桌面系统的远程动态访问与数据中心统一托管的技术。使用虚拟桌面技术，平台可以充分利用本地物理机显卡进行图形优化及加速，提高模型访问的质量和速度；同时由于虚拟桌面技术数据集中存储于服务器，系统操作也在服务器端运行，数据安全性较高，集控能力与管理较为便捷，客户端配置要求较低，用户体验度较好。但 BIM 协同平台实现桌面虚拟化需至少配置一台 AD 服务器、应用程序部署服务器、数据库服务器，以满足模型浏览的需要，因此初始成本较高。以精工 BIM 管理平台为例，该平台即为采用虚拟桌面技术进行部署，客户端无需安装复杂的程序和环境，即可实现平台访问与交互。平台运行完全依赖后台服务器，大大提高了模型访问的质量和速度，同时也提高可数据的安全性和管理的便捷性。但由于虚拟化技术是将运行在服务器上的程序按需显示在客户端，这对客户端及服务器端网速要求较高，容易产生网络延迟。以 VMWare View 桌面虚拟为例，其部署方式如图 4 所示。

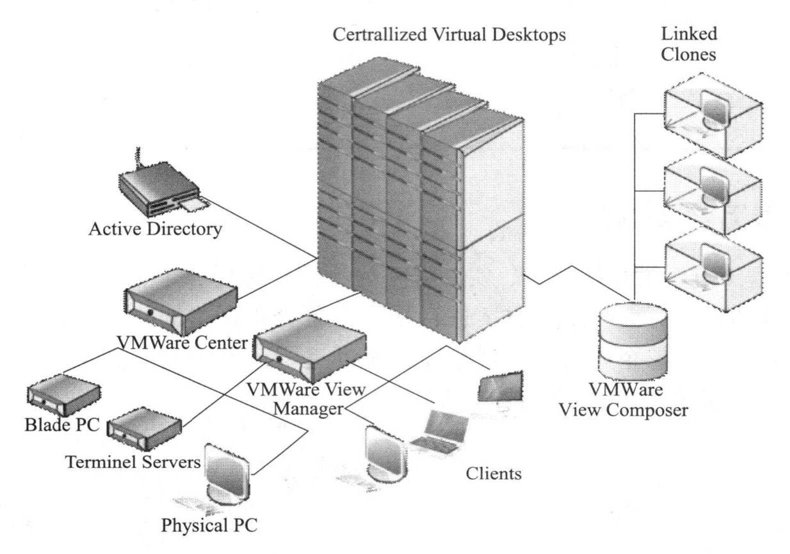

图 4　VMWare View 桌面虚拟网络拓扑图

4.3 应用案例

中航・国际航空城展示中心钢结构工程总建筑面积 11471m² （图 5），由北楼和南楼组成，建筑结构类型分别为钢结构＋桁架、钢结构＋网架跨度约 40m，全专业轻量化模型容量 70M。应用私有云＋C/S 架构 BIM 平台进行项目施工管理，操作人员电脑需配置内存 4GB 及以上，安装 Revit、Navisworks 等模型浏览软件、BIM 平台客户端。项目管理过程中部分用户电脑需做升级处理，且由于项目现场网络环境及硬件设备限制，无法实现项目进度实时跟踪，项目现场施工 BIM 管理出现障碍。

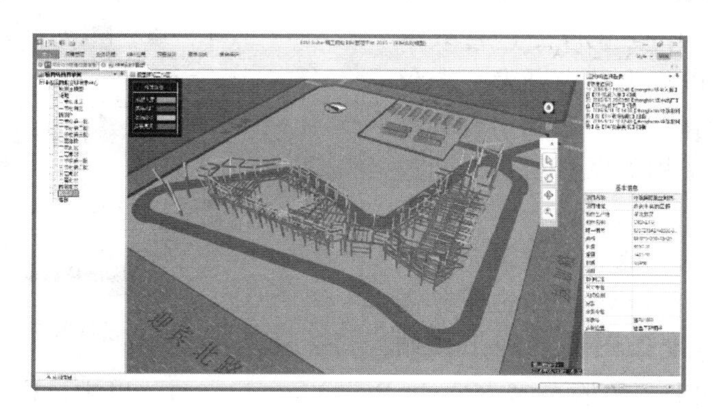

图 5　中航・国际航空城展示中心 BIM 应用效果图

绍兴市梅山江商务楼项目 BIM 运维为例（图 6），该项目浙江省绍兴市，为二级公共建筑工程。工程总建筑面积 109996.15㎡，由 5 栋 2～6 层塔楼组成，主体结构为钢结构，采用预制钢结构集成建筑体系。本项目是浙江省首个推行 BIM 技术与项目施工管理相结合的试点工程，是绍兴市建筑工业化推行的一个重点项目。该项目轻量化全专业三维模型容量 89M，该项目采用混合云（阿里云＋企业私有云）＋虚拟桌面技术 BIM 信息化管理平台进行方案设计及施工阶段进度跟踪。项目运营过程中，用户电脑及设备无需变更，模型浏览顺畅，工程进度可实时跟踪，项目管理实现线上线下无缝对接。

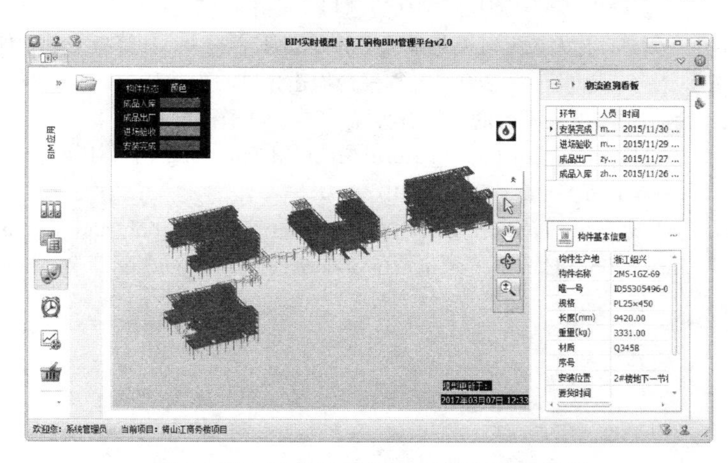

图 6　梅山江商务楼项目 BIM 应用效果图

4.4　方案讨论及探索

采用桌面虚拟化技术，建设基于 C/S 架构的混合云托管（如：采用阿里云图形处理服务器部署虚拟桌面程序的精工钢构 BIM 管理平台）＋B/S 架构（如协助、大象云平台等）的方式，企业集中精力开发一个具备计算处理能力的私有云计算节点，利用私有云的异步计算能力，结合公有云进行分布式数据存储及负债均衡处理；同时部署图形处理工作站提高模型浏览的效率，利用 WebGL 技术实现模型浏览器端浏览与实时交互[9]，最终将 C/S 和 B/S 架构的 BIM 协同平台部署到混合云内，并通过虚拟桌面技术将服务器端的 BIM 平台按需映射到客户终端，实现平台的共享与使用。

使用此种方式优势：（1）可以将 C/S 架构、B/S 架构、混合云、虚拟桌面四者的优势有机结合起来，在不依赖客户端配置，无需部署环境的条件下，用户既可以通过浏览器便捷的访问系统，又可以通过虚拟桌面实时模型交互，更新数据，能够保障平台的即时性操作，实现真正意义上的 BIM 模型交互、进度管理；（2）能够充分利用混合云特性，提高平台大数据计算的效率及数据存储的安全性和高效性；（3）能够利用图形工作站进行图形优化及加速，提高模型访问速度和质量；（4）能够解决 BIM 平台模型浏览与转换软件之间的兼容性问题，基本保证模型无损转换；（5）避免用户客户端环境的部署，打造轻量级应用（用户只需安装＜5M 的虚拟桌面程序即可完成所有操作）；（6）增加系统升级及维护的便捷性；（7）能够对计算资源的规模进行实时调整以满足 BIM 平台不断变化的需求。

5　结　论

近年来业界对 BIM 运维的关注度不断提高，建筑企业为更好地实现建筑设计、安装、运维等全生命周期的智能化管理，进行商业 BIM 平台的引进或自主知识产品 BIM 平台的开发。本文考察了多种 BIM 平台搭建的体系结构和网络架构，通过对多种应用的剖析，同时结合云计算、大数据运营等应用实例探索一种适用的 BIM 协同交互平台网络架构解决方案。基于上述探索与研究，可以认为 BIM 协同交互平台的开发核心与基础在于选择合适的体系结构及网络架构以满足平台对于三维模型浏览、数据存储、实时交互、使用流畅性及安全性的要求。采用桌面虚拟化技术，建设基于 C/S 架构的混合云托管＋B/S 架构的方式，作为 BIM 协同交互平台网络架构解决方案，在项目智能化全生命周期的管理过程中必将发挥更大的作用。

参考文献

[1] 李犁，邓雪源．基于IFC标准BIM数据库的构建与应用［J］．四川建筑科学研究，2013，39（3）：296-301.

[2] 尹志杰，童维勤，支晓莉．基于.NET的通用软件开发平台的研究与实现［J］．计算机应用软件，2007，5（7）：36-38.

[3] 胡振中，彭阳，田佩龙．基于BIM的运维管理研究与应用综述［J］．图学学报，2015，36（5）：802-810.

[4] 黄琢华．基于BIM的分布式协同设计平台底层框架研究［J］．土木建筑工程信息技术，2014，6（1）：67-70.

[5] 朱向雷，唐兰文，邵学彬．WebGL在大数据可视化系统中的方法研究［J］．计算机光盘软件与应用，2013，5：74-76.

[6] 姜毅，王伟军，曹丽，等．基于开源软件的私有云计算平台构建［J］．电信科学，2013，6（1）：34-36.

[7] 冯彦清．面向虚拟资源自适应的私有云平台的研究与实现［D］．电子科技大学，2013.

[8] Ramgoving Eloff，M. Smith. The managemengt of security in cloud conputing［J］. Processdings of Information Security for South Africa（ISSA）. Sandton. South Africa，2010，1-7.

[9] C Carter，A El Rhalibi，M Merabti. Homura and Net-Homura：The creation and web-based deployment of cross-platform 3D games［J］. InternationalConferenceonUltraModernTelecommunications Workshops，2009.

电建项目BIM应用前景分析

徐启航

（中国能源建设集团浙江火电建设有限公司，浙江 杭州 310016）

【摘　要】 随着一批国内电力建设企业"走出去"，电建企业需要将国内的建设经验转化为自身的核心竞争力，来应对国际市场残酷的竞争。而BIM技术作为目前在国际上日渐普及的技术，其丰富的功能在电建项目中的运用，能够把电建从业者从繁重信息处理工作中解放出来。将更多的精力放在深层次的质量、工期、成本控制中去，提升功能，降低成本，项目价值得以增加。本文通过介绍BIM技术在电建项目中的应用，来展示如何通过应用BIM技术提升管理效率。

【关键词】 BIM；电力建设；信息化；项目管理；信息模型

1　电建企业现状分析

1.1　电建企业现状

近20年以来，我国的电力发展迅猛，在2002年以后的电力改革中，新成立的五大发电集团快速扩张产能，每年新增装机几十万甚至一百万GW。在2013年，我国发电装机总量超过美国位居世界第一。[1]而从2011年至今，由于经济形势的变化，电力增长放缓，根据中电联数据显示，2016年6000kW及以上电厂发电设备利用小时较2015年下降199～4165h[2]，产能过剩凸显。

产能过剩引发电时间下降、电厂新建速度暂缓。电建企业面临着残酷的市场竞争。近年来，响应国家"走出去"的号召，一些电建企业已经开展国际电力建设市场的开拓。我国电建企业在"走出去"的途中，传统的管理方法在国际市场竞争中，出现了"水土不服"的情况。因此探索全行业的改革升级，提高国际市场核心竞争力势在必行。BIM技术作为当下建筑行业流行的理论，将在未来成为提高电建工程管理水平的重要理论基础。

1.2　BIM的含义与应用价值

BIM具有三层含义。首先，BIM通常理解的全称为Building Information Model，根据我国建筑工业行业标准[3]，将其称为建筑信息模型，Model即建筑信息的数字化表达。其第二层含义应是在统一、开放的交互标准下，根据建筑过程所产生的信息对建筑信息模型进行创建、修改、插入、更新等完善操作，即Modelling，建筑信息建模。而由于BIM是基于网络应用的信息技术，其特性应是协同工作、信息共享，通过大范围信息覆盖与资料互通，满足现代大型工程管理需求，提高工程效率，是BIM的第三层含义，即Management，建筑信息的管理。[4]

BIM技术丰富的内涵使得它能够应用到工程领域中的多个方面。该技术的应用价值主要体现在三个方面：首先是质量控制。通过三维建模，减少设计失误，优化设计与现场管理，加强细节质量把控，提高施工工艺、施工组织的执行效率与准确性。其次是进度控制。BIM的多维管理功能，将建筑信息通过空间与时间组合起来，改变了以往枯燥的平面图纸加上文字报告的管理方式，通过直观的进度展示，让进度管理工作的重心从反复调整校对、重复计算转移到将更多的精力投入到全局把控与细节推敲。最后一点是成本控制。BIM技术可以实现成本预算、过程统计、快速变更计算、竣工汇总统计，项目经营管理人员能够获得更为准确的经营管理数据，大大提升了管理的针对性。同时，电力建设项目作为大型的综合性工程，较一般建筑项目又具有独特的应用优势。

【作者简介】 徐启航（1993-），男，预算员。主要研究方向为火电建设土建造价预算。E-mail：15158335151@163.com

1.3 电建行业应用 BIM 的优势

1.3.1 行业经验丰富

我国对于电建施工已经有了丰富的施工、管理经验，拥有大量的企业定额、技术专利等。通过 BIM 技术将这些优势转化为可视化、交互式的信息资料，在市场竞争中增强自身的核心竞争力，在项目管理中提高施工组织的有效性。

1.3.2 项目综合性强

电力建设项目工期紧凑、投资巨大、实施复杂，涵盖了建筑、结构、管道、电气、调试等等专业，对于项目管理与决策来说都是一个不小的考验。BIM 作为涵盖多个专业的管理模式，对于综合型项目拥有极好的适应性。通过不同的专业软件和信息管理系统，将各专业信息集中起来，帮助决策，减少由于信息获取困难引发的决策、管理失误，提高工作效率。

1.3.3 效率提升回报高

在保证工程质量的前提下，通过运用 BIM 技术使得施工、管理效率提升，所带来的回报率是比较大的。尤其对印尼等东南亚发展中国家来说，更早地投产发电，意味着更高的投资回报。印尼在 2016—2025 年 RUPTL 规划中，需在 10 年内新增装机 80538MW，预计总投资为 1537 亿美元，市场总规模相当大。[5]在这种形式下，效率提升使得机组更早投产，得到的收益也就越高。

1.3.4 全寿命周期应用

发电厂作为一个国家重要的建设项目，全寿命周期的管理都有严格的管控机制。而 BIM 正是可以应用于建设项目全寿命周期的技术，从设计、施工到运营阶段，都可以依靠建筑信息模型对建设项目进行管理。我国电力行业发展至今已经拥有了完善的设计、施工、造价、检修、运营标准。行业拥有统一的管理标准，有利于形成业内各方认可的 BIM 信息标准。这对于电力 BIM 实施标准、交付标准的编制来说，是一种莫大的优势。

2 BIM 项目实施

2.1 设计优化

设计阶段是建设项目成本控制的关键，经济上合理的设计可以降低工程造价的 5%～10%，甚至可达 10%～25%。[6]因此，在施工之前及时更正设计错误，可以有效地控制成本。由于电力建设较强的综合性，BIM 技术在设计优化上的作用凸显。

以电力建设项目的管道安装为例，在一个两台 1000MW 机组项目中，仅安装部分管道初设设计量可达约两万五千吨量，相当于一个电厂的“血管”，涉及如此庞大复杂的多专业分系统管道设计，难免会产生疏漏，若是在施工阶段才发现，轻则耗时变更，严重的可能造成质量问题。而运用 BIM 冲突检测（图 1）功能，选择需要参与检测的不同系统，设定碰撞条件，系统自动展示发生碰撞的部分，并且出具碰撞检测报告，结合漫游功能展示问题所在，在施工前就可以及时修改方案，节省成本，确保工期。

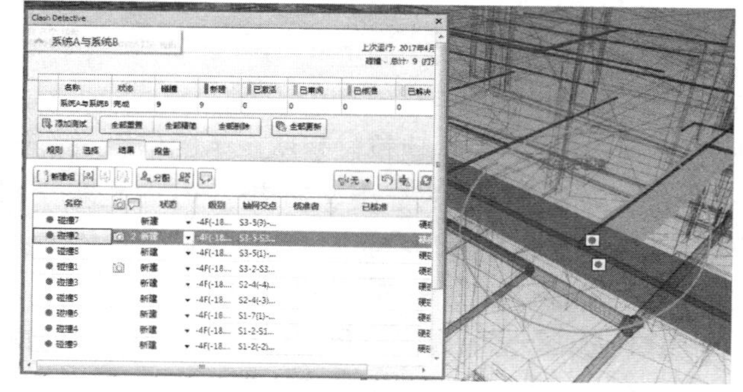

图 1　冲突检测

不仅于此，BIM 技术为电建项目众多的异形建构筑物在计量、出图上提供了较大便利，其能耗分析、排放分析功能也会提升建成电厂运行的效率。

2.2 资料管理

运用 BIM 进行工程项目资料管理。工程资料主要由图档、视档、文档三方面构成。其中图档由图纸及相关图形资料组成。视档以图片、视频等多媒体的资料组成。文档则是由报价、合同等文字档案组成。BIM 资料管理通过时间与空间将资料与项目模型紧密结合，增加了资料分类的合理性，通过制定严谨的权限等级，资料的安全性也得以保障。

电力建设项目对于后期运营维护的要求较高，这不仅包括对建构筑物的维护，更包含对设备、管路等系统的维护。而在建设过程中产生的施工、调试、验收在不同时期的历史记录信息，对于后期运维来说都是重要的第一手资料。参建各方在过程中就将信息按照不同区域、不同系统记录到 BIM 模型中，以使用说明或维护手册的方式向业主移交资料，提高资料移交效率。

2.3　场地管理

电建项目场地，除去永久性建筑与灰场场地外，都将在建设过程中成为生产、生活的临时场地。临时场地以功能分类可以分成包括施工、办公、堆放、物资、生活等 20 余个功能区块。在长达数月时间的高峰期内，土建、钢结构吊装、管道安装、设备安装等施工同步进行，现场可达两三千人，多队伍共同施工，是对场地管理的一大考验。

通过 BIM 技术对电建现场进行场地管理，使用临建模型中搭载的特性，建立管理模型（图 2）。例如原本需要手工抄表的流程，现在通过扫码上传至模型，每月可以按照不同的分包单位、不同区域要求自动导出水电明细。同样的，利用临建模型对于临建分配信息自动查询，房租结算、入住人员登记等功能都可以直接在模型中进行开发、操作。在这种管理模式下，项目管理人员对于场地布置、力能供应等方面拥有更深层次的把控。

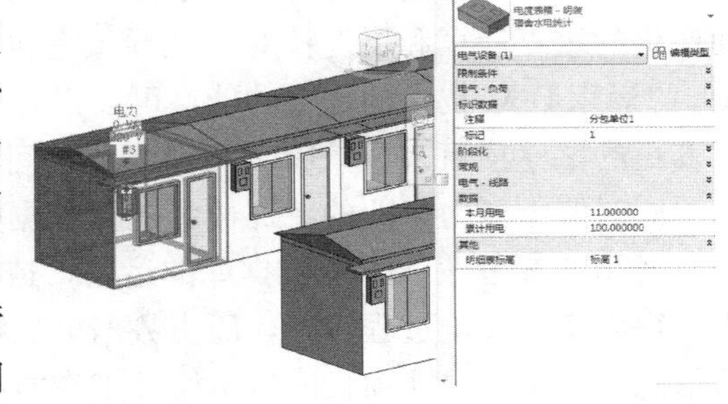

图 2　场地管理

另外，电建项目不同于一般建设的另一大特点是，现场有大量的钢结构需求。钢结构不论从质量还是价值上来说，一直都是现场管理的重点。利用物联网技术结合 BIM 数据库对钢结构进行管理，从原料在组合场地堆放、制作到构件吊装，每一块材料都会拥有独一无二的编号，其存储、加工、损耗、验收状态会被记录在案，施工时也可以按照构件编号设计吊装方案，管理人员可以直接在 BIM 模型中查询到某块构件的生产、安装状态。这提高了钢结构与现场协调的效率。

2.4　施工组织

基于 BIM 技术进行的施工组织设计，可以将传统文字形式的施工组织设计转化为关联时间信息的 4D 模型。行业内常见的工程管理软件如 P6 等，进度计划可以直接在 BIM 软件中使用。现场端实时更新现场工作进度，反馈到信息模型中，提前或滞后于进度的流程都会被标注在模型上，再由管理部门进行相应的施工调整，保证总体进度。项目部还可以根据现场实际建立可视化模型，使用 Revit 等 BIM 软件添加现场机械、临建族，模拟现场的真实环境（图 3），实现可视化管理。

BIM 为施工组织带来便利。其在电建项目吊装方案中的运用就是一个很好的例子。电建项目仅大型机械，从卷扬机到履带吊就有 30 余种类型的需求，出于质量、安全考虑，现场施工时根本无法做到“一台塔吊走天下”，项目部必须设计多台大型机械协作的方案。通过 BIM 建模，将大型机械臂长、质量、工况等参数输入其中，利用三维模型模拟出机械安全运行的转动、受力极限状态，为方案编制提供可靠的数据，形成可视化的吊装方案。通过动画演示，施工人员能够更好地了解该施工的重点难点，提高施工质量。尤其对于面临属地化用工问题的电建项目来说，这种交底方式可以大大减少因为语言不通造成的困难。

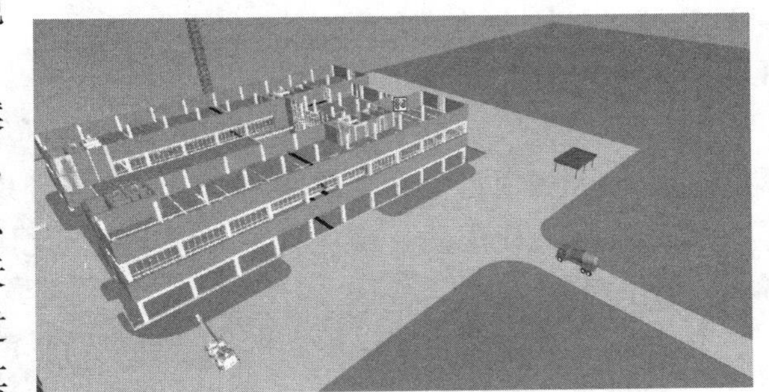

图 3　场地模拟

2.5　质量安全控制

传统的视频监控系统依旧依赖人力进行，难免出现遗漏情况。同时对多个摄像头收集到的监控画面也难以做到同时监控，监控视频的画面与场景位置之间没有直接联系，方位感和全局感差，仍有很大的改进空间。[7]配合使用RFID、二维码等物联网技术，可以直接对构件、设备的实时状态进行收集，将质量安全情况上传至BIM信息中心，施行集中管理。

电厂进入到调试阶段时，非常注重各个系统之间的配合。随着三维模型的建立，现场调试获取的信息都会及时汇总到整体模型中去，以便管理人员进一步协调。一旦某处监控数据显示异常，管理人员可以通过BIM模型迅速判断该异常可能对全局带来的影响，从而采取应对措施，这对于电力建设工程质量、安全控制来说具有较大的意义。

2.6 造价管理

造价是项目管理的重要指标。建设项目至少需要进行招标清单和控制价、工程预算（审核）、工程结算（审核）等三轮造价计算，除了传统工程量计算和组价方式带来的效率低下问题，由于图纸版本较多而产生的重复计算和反复核对，也导致造价计算的精度难以提高，并不利于全过程造价信息的积累和运用。[8]运用BIM技术的算量功能，可以提升项目造价计算效率，尤其对于从项目初设到实际施工间存在较多变更的电建项目来说，BIM模型参数之间的关联性，让变更引起的重复算量、核对的成本得到下降。

同时鉴于电力行业的特殊性，造价数据受设备参数、执行标准等因素的影响，并不像房建项目一样具有通用的参考性。BIM数据库的运用，造价信息比传统的造价记录增加了更多的现场条件信息，管理人员得以实施造价过程管理，历史数据也能够得到有效的积累与共享。以BIM数据库形式保存的电建项目信息，对今后电建项目的造价管理工作能起到参考。

3 BIM实施局限

3.1 前期工作

如果要建立具有实用价值的模型，需要BIM人员在项目建设的前期就进行BIM实施规划与精度较高的建模。而传统的项目往往在规划的前期将精力放在招投标、现场勘查等工作中，在时间、资金和人员上一时难以为BIM的实施提供必要的配置。另外，在电建项目中从提出项目规划到开展施工的过程中，设计都会因条件、标准变化而发生变更，这对于追求精细化建模的BIM模型来说，增加了建模难度。建模人员只能随着项目的进行，按照细化的图纸修改模型，这也需要较大人力投入。

3.2 人员需求

目前的电建行业拥有大量的电力专业人才，这些人才都是各自领域的技术型能手，但不一定能够适应从事BIM管理。其实这也是目前BIM运用中普遍碰到的问题：会建模的不一定懂实务，懂实务的不一定会操作，而能够将BIM技术综合运用到项目中去的BIM管理人才更是少之又少，因此行业内急需培养一批掌握相关技术的复合型人才。

3.3 全过程协同

BIM的理想实施状态应该是全过程全专业的综合协同。但BIM技术在运用初期，可能只是作为一个辅助部门加入到项目中，其职能相当于多媒体处理中心，负责输出动画、三维模型，对决策的影响很小，应用停留在可视化层面，难免有“大材小用”之嫌。

3.4 制作规范

电建项目是结合土建、安装的综合性项目。电力行业缺乏BIM电力实施标准，意味着BIM软件开发商没有软件设计的依据，因此目前电建项目运用BIM技术缺少有适应我国电力行业标准的BIM软件，而将建筑专业的BIM软件运用到电建项目中，不能完全发挥BIM技术的优势。

3.5 信息权限

BIM技术的运用会减少信息孤岛的产生。但鉴于电建行业的特殊性，信息的共享受到了限制。其实科学地设置权限可以保证信息的安全。对于参与项目运作的人来说他可以通过BIM了解自己所需的信息是否能够获取，又应该如何获取，决定其能否浏览信息的只是权限等级，而不是为了保证信息安全，封闭信息，产生“信息孤岛”，这样不但容易发生重复工作，消耗更多的成本，严重的可能会造成信息错误，发生更大的损失。

4 总　结

BIM 的综合性要求全过程全角色的应用，才能最大限度地发挥其实力，是基于全寿命周期的成本缩减。与此同时提高符合我国电力标准的专业 BIM 软件开发能力和普及率，使得个体角色做好利用 BIM 技术在各部门间协作的准备。设计施工相互配合的 BIM 运营，不应仅仅局限于做出一个三维模型，而是能够真正将其投入应用，并且在工程竣工后，作为建筑成果的一部分，一并移交给业主，在运维阶段使用。目前看来，BIM 技术在电力建设中具有非常大的应用潜力，随着技术的普及、软件的开发、标准的制定，不久的将来 BIM 技术将会在电力建设领域中带来一场管理效率的提升。

参 考 文 献

[1] 郭才伟．火电过度投资视角下的电力产能过剩问题研究［J］．经营管理者，2015，(29)：208.

[2] 中国电力企业联合会规划发展部．2016～2017 年度全国电力供需形势分析预测报告［J］．电器工业，2017，(02)：11-16.

[3] JG/T 198-2007，《建筑对象数字化定义》［S］：1-3.

[4] 李建成．BIM 应用・导论［M］．上海：同济大学出版社，2015.

[5] 王树洪，徐庆元．印尼电力投资市场分析［J］．国际工程与劳务，2017，(03)：52-54.

[6] 刘然，孟祥龙，颉建新，等．工程设计变更产生原因及改进建议［J］．建筑经济，2015，(01)：76-79.

[7] 刘阳．基于 3D 建模的动态监控系统［D］．吉林大学，2013.

[8] 林韩涵，周红波，何溪．基于 BIM 设计软件的工程量计算实现方法研究［J］．建筑经济，2015，(04)：59-62.

BIM技术在重力式水运工程施工管理中的应用探索

赫　文，代　浩，刘振山

（中交一航局第三工程有限公司，辽宁 大连 116001）

【摘　要】 本文依托金龙湾E西区填海工程对BIM技术在重力式水运工程施工管理中的应用方法及效果进行了探索，建立了一套较为完整的重力式水运工程施工BIM技术应用体系，探索内容涉及施工中的技术、质量、进度、安全、成本、物资、设备、人工等各方面的管理，主要应用技术包含BIM水深数据处理及分析技术、按里程参数化建模技术及多种BIM软件配合应用技术。通过本次探索，提出了BIM技术在重力式水运工程施工管理中的多个应用方向和应用方法，在实践应用中总结了BIM技术在重力式水运工程施工管理中应用的诸多优点，可为BIM技术在其他类似工程中应用提供借鉴经验。

【关键词】 BIM；重力式水运工程；施工管理

现阶段，在国际学术界和软件开发领域中BIM技术已经得到一致肯定，通过在工程建设行业中应用BIM技术可以节省大量时间和资金，减少返工，提高生产效率[1]。近年来，BIM技术在国内也如雨后春笋般蓬勃发展，在施工领域，多个超高层建筑项目、桥梁项目、铁路项目等通过BIM技术的应用，降低了施工成本，节约了工期，施工管理水平明显提升，但是，在水运工程施工管理方面，BIM技术应用的案例较少，且多集中在高桩码头施工应用上，针对重力式水运工程施工管理的BIM应用案例更是罕见。在水运工程中，高桩码头为透空结构，适用于适合沉桩的各种地基，而重力式码头为依靠自身重力保证结构稳定性的码头结构形式，主要适用于岩石、砂质和坚硬黏土地基，是我国分布较广，使用较多的一种码头结构形式[2]，重力式码头与高桩码头在结构形式上和施工方法上都存在明显差异。

本次应用探索依托的金龙湾E西区填海工程（以下简称泛海项目）虽为人工岛工程，但其护岸结构形式和施工方法与重力式码头相同，而且具有水下地形复杂、结构形式多样等特点，可以作为一个典型的重力式水运工程代表，本次应用探索旨在通过BIM技术在本项目中的应用探寻BIM技术在重力式水运工程施工管理中的应用方法，并积累应用经验。

1　项目简介

泛海项目位于大连市旅顺东部黄金山南侧海岸线，为重力式结构，岸线总长1320m，回填形成陆域约16.95万m^2，主要施工内容包含基槽挖泥、基础换填、水下爆夯、基床抛石、沉箱制安、箱内填石、抛石棱体、护底块石、陆域回填等，工程总造价为3.6亿元，计划总工期33个月。

2　BIM技术应用体系建立

本次BIM技术应用探索分三个部分进行，第一部分为建模方法初步研究和BIM软件功能研究；第二部分为建模方法深入研究和工程管理BIM应用需求调研；第三部分为BIM应用点确定和BIM技术应用体系建立，具体如图1所示。

【作者简介】 赫文，女，信息中心主任/工程师。主要研究方向为BIM技术在施工管理中的应用。E-mail：58956744@qq.com

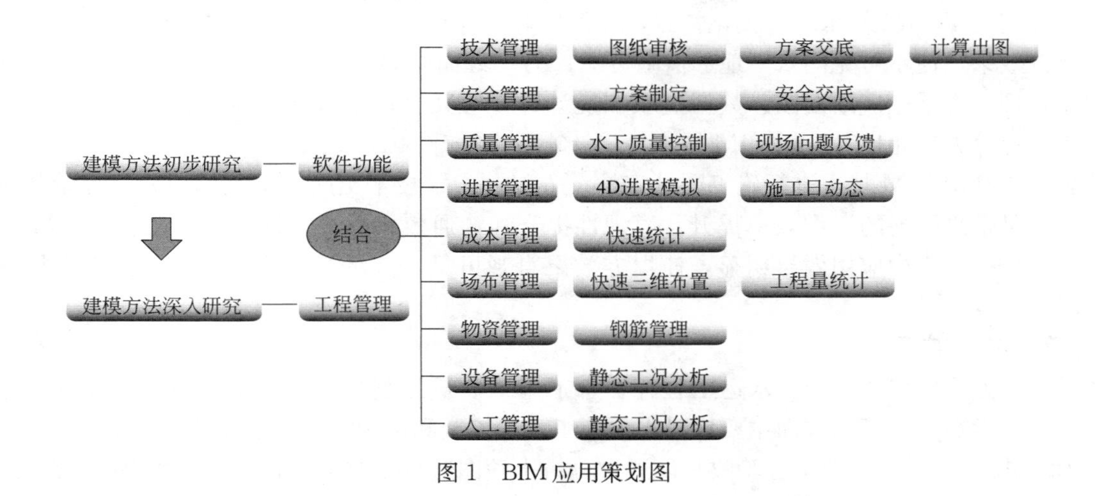

图1　BIM应用策划图

3　BIM技术应用方法探索

3.1　标准与模型

本次应用探索前期，对重力式水运工程建模方法深入地进行了研究，并对泛海项目施工管理团队就“BIM技术在泛海项目施工管理中的应用点及管理方法”问题进行了深入调研，经过对建模方法研究成果和BIM应用点调研结果的细致整理后，编制了项目级BIM建模标准和BIM应用管理办法，并依据建模标准建立了本工程的BIM模型，如图2所示。

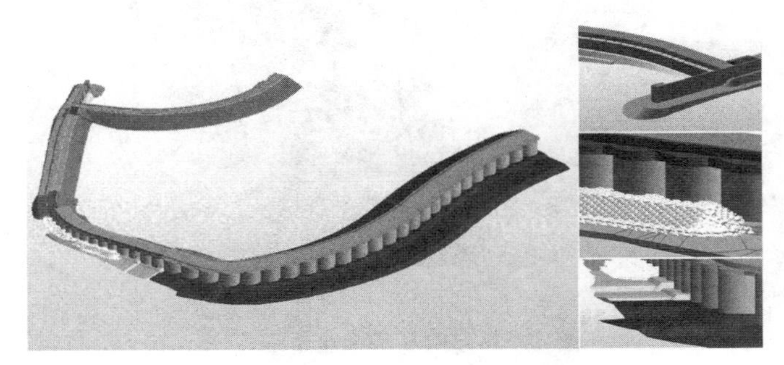

图2　工程模型图

研究和调研成果表明，重力式水运工程与其他专业工程施工不同，具有许多自身的特点，在BIM技术应用上不能照搬其他专业工程的应用方法，在建模方法上，建筑工程以标高和轴网作为模型控制的主要参数，道路工程等以里程作为模型控制的主要参数，而重力式水运工程则需要标高和里程作为模型的主要控制参数；在施工管理应用上，各专业施工管理的方法和特点各不相同，重力式水运工程的特点为水下施工较多，空心方块、沉箱等大型结构浮运安装施工较多，如何降低水对施工管理产生的不利影响，提升大型结构施工质量，降低施工风险成为BIM技术应用要解决的主要问题。

3.2　技术管理与安全管理BIM应用探索

在施工技术管理方面本次应用探索将BIM技术应用于图纸审核、方案制定、技术交底、工艺模拟、工程量计算、爆夯夯沉量计算、施工出图等方面，在施工安全管理方面BIM技术应用点与在技术管理中的应用点类似，主要包含安全方案制定、安全交底等。

在本次应用探索中，BIM技术在图纸审核、方案制定、技术交底、工艺模拟、工程量计算、施工出图等工作中均发挥了重要作用。在本项目施工管理中，通过BIM技术应用，共发现图纸问题16处并在开工前予以解决，有效提升了方案、交底的直观性，为起重吊具启闭系统[3]的设计提供了可靠的工艺模拟信息，大幅提升了工程量计算和施工出图的工作效率。

针对重力式水运工程，在本项目中，BIM技术在基础爆破夯实施工中的数据处理分析中发挥了重要作用，一方面利用了 BIM 技术的可视化特点，在每次爆夯作业后，对水下地形进行快速建模，通过模型直观反映爆夯效果，使不可见的水下地形清晰可见；另一方面是利用 BIM 技术进行爆夯夯沉量计算，经过地形数据处理、批量生成断面图、数据提取和统计计算等几个简单步骤，能够快速得到夯沉量的计算结果，与传统计算方法相比，应用 BIM 技术后，计算效率提升 90%以上。

研究表明，利用 BIM 技术进行施工图纸审核、方案制定、技术交底、工艺模拟、工程量计算、施工出图等工作，可带来明显的工作效率提升、直观性提升和沟通效率提升。针对水运工程，BIM 技术在爆破夯实作业的数据分析中应用效果明显，使爆夯效果直观可见，夯沉量计算的效率得到极大提升，节约了人工和时间成本。

3.3　质量管理 BIM 应用探索

在质量控制方面，传统重力式水运工程存在水下施工质量控制难，现场质量问题反馈及时性差等问题，本次应用探索在质量管理方面主要针对水下施工质量控制和现场质量问题反馈进行了研究。

应用 BIM 技术前，水下的工程验收只能通过分析水深图进行，非常不直观，应用 BIM 技术后，可通过 Civil3D 软件利用水深测量数据建立水下地形模型，利用不同的颜色表示不同的水深，将复杂的数据转化成三维水下地形图，通过设置不同高程范围的显示颜色，便可直观地观察到水下地形的不合格区域，如图 3 所示为一段基床抛石的水下地形模型，其中，基床表面高亮区域为不合格区域。

图 3　部分抛石基床水下地形图

针对现场质量问题反馈及时性差的问题，本项目引入了广联达 BIM5D 软件，该软件的手机端可通过现场拍照片的方式将现场存在的质量问题和安全问题实时传入管理系统，并在相应的图纸中标注存在问题的位置，在管理系统中，检查人还可以通过移动端进行整改人的指定及整改要求描述，整改完成后，管理人员可对该项任务进行验收，形成闭合管理。

研究表明，将 Civil3D 软件用于重力式水运工程水下施工质量的控制效果良好，尤其表现在大大提升了水下施工的直观性，虽然目前利用 BIM 技术进行质量检验的方法还未被列入相关质量检验标准中，但该方法用于辅助验收和企业内部质量控制仍能收到良好的效果。针对现场质量问题反馈，BIM5D 软件的功能能够切实提升远程施工质量管理的沟通效率和管理效果，但在使用过程中发现，BIM5D 软件虽然功能强大，但该软件为针对建筑工程项目开发的软件，在重力式水运工程专业中存在模型类型划分不匹配等问题，应用效果并不理想，因此并没有进行推广应用，尽管如此，该软件的现场质量及安全管控模块也为重力式水运工程现场施工质量及安全管控提供了新的思路和方向。

3.4　进度管理 BIM 应用探索

在进度管理方面，通常的 BIM 技术应用主要是利用 Navisworks 软件（或其他类似软件）的施工进度 4D 模拟功能进行计划施工进度的 4D 模拟、实际施工进度的 4D 模拟以及计划与实际施工进度的对比模拟。

本项目施工进度管理在应用通常的进度管理BIM应用方法基础上，结合重力式水运工程特点，在实际施工进度管控中做了两方面的应用，一方面是利用BIM技术逐日分析设备、人工的工效，制定进度保证措施；另一方面是实现施工日动态的三维展示。两方面的应用均是基于Revit软件进行的拓展应用，应用要点为实现模型的按里程参数化控制。

应用BIM技术进行设备、人工工效逐日分析需要解决的关键问题是每日施工工程量的提取，而工程量提取需要借助模型来完成，因此，如何从总体模型中快速分离出每日的施工模型成为问题的关键。在重力式水运工程施工中，以里程作为定位和进度控制表达的情况较多，基于此特点，在本项目建模过程中，为除沉箱等独立构件外的其他结构层设计了一套里程控制参数组，实现了仅通过调整参数，即可快速得到与实际施工进度相吻合的模型。在实际施工中，施工员每日通过在软件中输入每日计划施工的里程范围，即可快速得到每日的施工模型并准确提取计划施工的工程量，再结合计划投入的设备、人工数量，可准确分析设备、人工的工效，并制定进度保证措施。通过本项应用，施工进度计划的执行得到了有力保障，进度管理水平得到明显提升。

应用上文中提到的按里程参数化的模型，在施工现场，施工管理人员每日按照实际施工情况调整模型参数，使模型与实际施工现场保持一致，并在管理系统中更新模型，实现施工日动态的三维展示，高层管理人员可远程登录管理系统并从任意视角三维观看模型，了解施工现场的最新动态。

研究表明，在重力式水运工程施工管理中，对于用里程来表达进度情况的项目，除通常的利用BIM技术进行施工进度的4D模拟外，可通过模型按里程参数化的方法实现模型动态细分，使模型更加灵活地用于工效分析和实际进度三维展示等，使施工进度管理更精细，进度保证措施更有针对性。

3.5 成本管理BIM应用探索

在成本管理方面，本次应用探索主要针对成本快速统计方法进行了探索。本次探索前期，首先对BIM5D软件中成本统计方面的功能进行了应用尝试，该软件可直接导入项目工程量清单，并实现模型与工程量清单的挂接，同时，该软件也可通过与Navisworks软件类似的方式为模型添加时间信息，最终得到集三维几何信息、时间信息、成本信息为一体的5DBIM模型，通过BIM5D软件，可满足多种成本统计需求，例如，特定时间段的成本统计，特定施工段的成本统计等。但前文中已提到，BIM5D软件针对重力式水运工程存在适用性问题，无法推广使用，因此，本次应用探索又进行了利用RevitAPI进行Revit软件的成本统计插件开发的尝试，并开发了一款名为“统计报表”的Revit插件。“统计报表”插件主要功能为对Revit模型进行工程量、材料及成本的统计计算，在本项目施工中，该插件为工程量、材料及成本的快速统计提供了一定的助力。

研究表明，BIM技术在重力式水运工程成本管理中的应用具有较大发展潜力，本次研究应用的BIM5D软件虽然由于适用性问题未能在本项目中发挥作用，但从该软件的功能来看，BIM技术在施工成本管理中应能取得良好效果。此外，通过本次Revit插件开发发现，目前许多软件都为使用者提供了软件二次开发的端口，在未来BIM发展中，个性化的软件二次开发能够在BIM应用中发挥巨大作用。

3.6 施工场地布置BIM应用探索

在场地布置方面，本次应用探索通过广联达场布软件和Revit软件在场地布置中的应用进行了BIM技术在场地布置中应用效果的研究。

广联达场布软件是一款针对施工场地布置的专业建模软件，该软件内置了大量的临时建筑模型、设备模型等，使用者可以根据自身需求选择需要的模型直接进行场地布置，该软件还具有漫游功能、工程量统计功能、合理性检查功能等。在本次应用探索中，由于广联达场布软件缺少上料码头等水运工程特有的临时建筑模型（此问题在软件版本更新中可能被解决），无法完成本项目的场地布置，在测试中仅利用该软件建立了办公生活区临时建筑模型，如图4所示。

Revit软件是Autodesk公司的BIM核心建模软件，该软件并无针对场地布置的预制模型，使用者需自行建模，但Revit软件建立的模型具有较强的灵活性和通用性，且在网络上有大量的模型资源可供使用者下载使用。

在本次应用中，建模人员根据项目实际需求情况建立了模型库，并完成场地布置，此外，本次 Revit 场地建模还包含大量的室内设施和办公家具等内容，并在工程量统计中进行了细致地统计。在整体观察方面，Revit 软件自身漫游功能并不十分完善，但可利用其他软件进行模型交互并完成漫游，如图 5 所示为 Revit 模型在其他软件中的漫游效果和实拍效果的对比图。

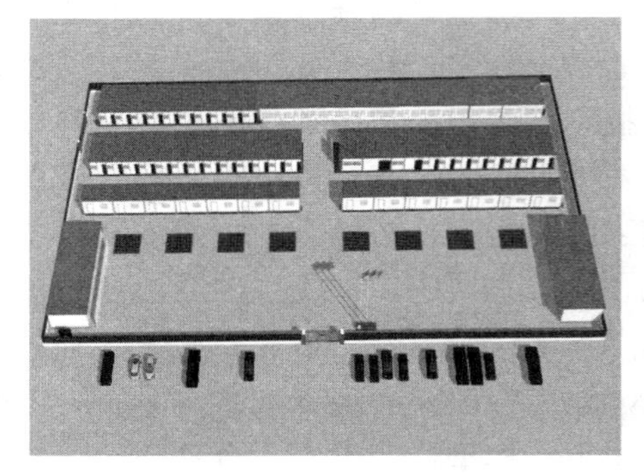

图 4　广联达场布软件建立的办公生活区模型图

图 5　漫游效果和实拍效果的对比图

研究表明，两款软件用于施工场地布置都能实现二维平面向三维空间的转变，为合理布置施工场地提供了极大的便利。在软件功能表现上，广联达场布软件建模速度较快，而且软件自身集成了许多实用的功能，为场地布置方案制定提供了许多便利条件，但该软件与其他建模软件交互性较差，如需定制特殊模型则较为困难，而且其模型的通用性也较差，仅能导出少数其他软件格式，对模型的交互应用较为不利；Revit 软件首次建模时，需要根据自身需求先建立模型库，然后再进行场地布置，因此首次使用效率较低，但后续使用效率会明显提升，且 Revit 强大的建模功能可以满足任意特殊模型的建模需求，其模型的通用性为通过其他软件进行模型拓展应用提供了保证，而且其自身的工程量统计明细表功能也更为优良。

3.7　其他方面的 BIM 应用探索

本次 BIM 技术应用探索除对上文中提到的管理点进行尝试外，在施工物资管理、设备及人工管理中也进行了初步尝试。

本次应用探索在物资管理方面主要进行了钢筋加工管理方面的尝试，主要应用软件为广联达钢筋现场管理软件，利用该软件，可通过钢筋配料单自动生成钢筋提量明细表、钢筋加工明细表和钢筋加工料牌，但由于与其配套的钢筋建模软件无法完成重力式水运工程构件的钢筋建模，钢筋配料单无法自动生成，在应用过程中，通过广联达“云翻样”软件采用手动输入方式获取配料单。

本次应用探索在设备及人工管理方面主要进行了静态工况分析方面的探索。在应用过程中，将设备模型按照真实比例在虚拟三维施工环境中进行摆放，针对重力式水运工程，考虑了施工船舶的吃水深度和锚点位置，并根据不同工况进行用工部署。

研究表明，利用 BIM 技术进行钢筋加工管理一方面减少了钢筋加工管理的工作量，另一方面使钢筋加工管理更加精细化，达到了节省材料的目的。对于复杂的工况，利用 BIM 技术进行三维工况分析可以直观地观察船机之间的干扰情况和工作面情况，确定船机排布方案及人工部署，保证施工顺利进行。

4　BIM 技术应用效果

在本次应用探索中，对工程管理各方面的传统解决办法和 BIM 解决办法做了对比分析，具体如表 1 所示。分析结果显示，BIM 技术在项目管理沟通效率提升、工作效率提升、可视化程度提升、标准化程度提升、精细化程度提升中均能发挥较大作用，具有较大推广应用价值。

BIM 应用价值分析表　　**表 1**

序号	项目	传统方法	BIM 解决方法	应用价值
1	沟通与交流	CAD +PPT+文字	模型+动画+文字	表述更直观,沟通更便捷
2	方案研究	想象+CAD	可视化模拟	方案更符合实际,可行性大幅提升
3	计算与统计	Excel+CAD	模型直接提取并生成统计报表	计算更准确,效率大幅提升
4	施工出图	CAD 绘制	模型生成	图形更准确,效率大幅提升
5	场地布置	CAD 绘制	模型素材摆放	效率大幅提升,场布方案更合理
6	质量管理	定期检查+文字表述	实施反馈+问题照片	问题反映更及时,表述更直观
7	进度管理	横道图+网络图	逐日工效分析+进度可视化	进度更可控,远程可视化管理
8	成本管理	人工计算+绘制图表	模型提取数据并自动生成图表	工作效率明显提升
9	工况分析	想象+CAD 平面分析	三维模型分析	工况表达更直观,问题暴露更明显
10	物资管理	人工记录+Excel 统计	模型统计+自动计算	工作效率大幅提升,管理精细化程度明显提升

5　结　语

本次应用探索是 BIM 技术在重力式水运工程施工管理中应用的一次尝试，为 BIM 技术在重力式水运工程中应用提供了方法参考。在本次应用探索中发现，BIM 技术在重力式水运工程施工管理中可发挥巨大的作用，可使项目施工管理的沟通效率、工作效率、可视化程度、标准化程度、精细化程度明显提升。虽然在本次探索中用到的广联达系列软件存在适用性问题，未能在本项目中发挥实际管理作用，但通过该软件的尝试，也在许多方面为 BIM 技术在重力式水运工程施工中应用提供了思路和方法。

参 考 文 献

[1]　柳娟花．基于 BIM 的虚拟施工技术应用研究［D］．西安：西安建筑科技大学，2012.
[2]　黄伦超．质量控制：第三版［M］．北京：人民交通出版社，2013.
[3]　孙瑞谦，臧义文，潘莹，等．起重吊具启闭系统：CN205346610U［P］．2016-06-29.

基于BIM和倾斜摄影测量的房间街景体验与支付意愿评价

孙韬文[1]，郭　洁[1]，何翠叶[1]，姜山红[1]，许　航[2]，许　镇[1]

（1. 北京科技大学，北京 100083；2. 延庆区第一中学，北京 102100）

【摘　要】 为预先评价房间街景对房地产项目售价的影响，提出了基于BIM和倾斜摄影测量的建筑房间街景虚拟体验及支付意愿评价方法。首先，利用BIM建立目标建筑精细模型，利用倾斜摄影测量技术建立目标建筑的周边环境模型；然后，将BIM模型与倾斜摄影测量模型进行模型融合，形成可体验的虚拟现实场景；最后，提出基于虚拟体验的房间街景支付意愿评价方法。以6层住宅为例，展示了房间街景虚拟体验及定价过程。本文为房间街景定价提供新的技术手段。

【关键词】 BIM；倾斜摄影测量；虚拟现实；房间街景；支付意愿

1　引　言

在房地产项目中，房间街景的好坏程度在一定程度上影响着房屋的定价。通过VR技术，如果可以让用户体预先体验一下房间街景，那么虚拟街景的反馈将成为房间街景定价和设计的重要依据。那么，如何建立具有真实细节的室内环境和具有超高真实感的室外环境就变得非常重要，而BIM（Building Information Modeling）和倾斜摄影的结合恰好可以在这一问题上提供关键技术支持。

建筑信息模型具有详细的建筑构件信息和精细的三维模型，可以用来建立建筑室内的真实感虚拟场景[1]。倾斜摄影测量技术是近些年测绘方面的一项新技术，通过在飞行平台上搭载5台航摄相机，使用五个不同角度的数字地图摄像机对地面进行拍摄来建立高度逼真的城市3D模型[2-4]。国内外学者已经对BIM与倾斜摄影的结合做了一定的研究[5-7]。例如，Skyline软件公司开发了一个名为CityBuilder的软件，它可以将BIM与倾斜摄影测量模型结合形成3D场景[8]。然而，从已有的研究可以看出，BIM和倾斜摄影测量在VR环境中的融合问题还研究较少，有待于更深入研究。

本研究将致力于BIM模型与倾斜摄影在VR环境中的融合，并为房间街景设计及定价提供了先进的情景体验手段。通过将BIM模型与倾斜摄影模型同时加载到OSG场景当中进行融合，设置漫游器，进入到三维场景中进行房间街景的体验，并以虚拟竞价的方式对各房间进行定价。本研究为房间街景定价提供新的思路，并为今后BIM和倾斜摄影在VR环境中融合提供了参考。

2　关键技术

2.1　基于倾斜摄影测量的真实感三维环境建模

倾斜摄影建模软件使用市面上广泛使用的ContextCapture来建立3D模型，该软件的一般建模过程如图1所示。该过程主要由两个步骤组成：（1）使用无人机（UAV）进行倾斜摄影；（2）使用ContextCapture进行后处理。

基于倾斜摄影测量数据的真实感三维模型的一般建模流程如图1所示。

（1）使用无人机进行倾斜摄影。

倾斜摄影建模最主要的原测料就是影像照片，生成三维模型的精度和分辨率与采集的影像精度直接相关。

【基金项目】 北京市自然科学基金（8173057）

【作者简介】 许镇（1986-），男，副教授。主要研究方向为数字综合防灾。E-mail：xuzhen@ustb.edu.cn

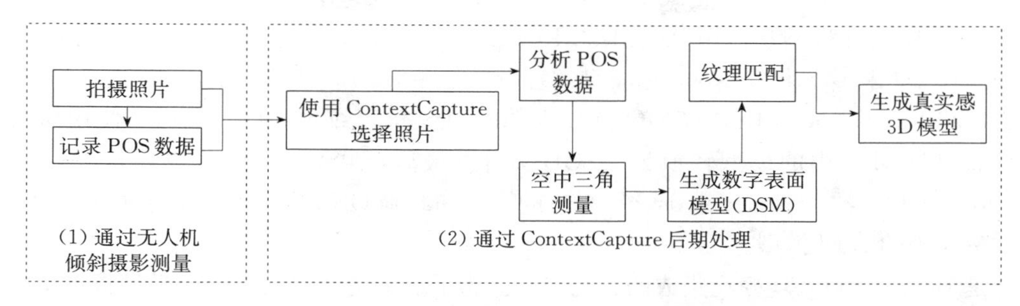

图 1　基于倾斜摄影测量的室外三维环境建模流程

一般来说，连续影像之间的重叠部分应超过 60%。物体的同一部分的不同拍摄点间的分隔应该小于 15°。为了得到较好的影像照片，必须使用正确的焦距及拍摄距离来采集影像。ContextCapture 能直接支持 JPEG 与 TIFF 格式的图像，也能读取一些常见的 RAW 格式，同时也能直接读取影像文件自带的 Exif 元数。据根据上述原则，本研究中使用无人机采集 730 张 JPEG 格式拍摄高清照片，并记录相片的相应定位和定位系统（POS）数据。因此，收集的照片可以直接在 ContextCapture 中处理。

（2）使用 ContextCapture 进行后处理。

步骤 1：分析 POS 数据。导入照片后，在 ContextCapture 中会显示照片的 POS 信息。如果照片缺少 POS 数据，则可以手动添加 POS 的参数（例如经度和纬度坐标），这一点可以辅助空中三角测量。

步骤 2：空中三角测量。空中三角测量是通过计算手段求得加密点的高程和平面位置的测量方法。该过程最终提供得到测量对象点的照片和三维坐标的外部取向参数。空中三角测量的目的是通过改进每张照片的外部取向参数，来提高生成数字表面模型（DSM）时实现所需的精度。在 ContextCapture 中，软件可以自动进行空中三角测量。

步骤 3：生成 DSM。在生成 DSM 的过程中，两个参数非常重要。一个是边框，用于将目标区域划分为某个子区域，以加速生成过程。另一种是瓦片尺寸，这也与生成过程的效率有关。

步骤 4：纹理映射。创建新的 DSM 后，从收集的照片中创建的纹理将自动映射到 ContextCapture 中的 DSM。

步骤 5：生成高真实感的 3D 模型。ContextCapture 可以生成多种格式的 3D 模型，如 S3C，OSGB，OBJ，FBX，DAE，STL 等。在本研究中，生成的 3D 模型保存为 OSGB 格式。经过上述步骤，通过 ContextCapture 建立了一个高真实感的 3D 模型，如图 2 所示。

图 2　生成高真实感的室外环境 3D 模型

2.2　基于 BIM 和倾斜摄影测量的 VR 场景

在本研究中，选择了广泛使用的开源 3D 图形引擎 OpenScenenGraph（OSG）作为 VR 平台。由倾斜摄影测量数据生成的 3D 环境模型以 OSGB 的格式保存，而 OSGB 是 OSG 的默认格式，因此在 OSG 环境下无须任何转换就可以直接加载 3D 模型。

本研究的住宅楼 BIM 模型是使用 Autodesk Revit2016 创建的，模型在 Revit 中可以显示许多详细的组件，如墙壁、柱子和楼梯，但是 Revit 中模型纹理较差，在 BIM 模型加载到 OSG 之前，需要优化模型的纹理。首先，将 Revit 生成的 BIM 模型文件导入 3ds Max 进行纹理映射。然后，使用名为 osgExp 的 3ds Max 插件将 3ds Max 中的模型转换为 OSGB 文件。最后，OSGB 文件可以通过 model->addChild（osgDB：：readNodefile（“.. / model. osgb”））的语句加载到 OSG 中。通过上述步骤，可以在 OSG 中显示具有高质量纹理的 BIM 模型。

空间匹配是 BIM 和 3D 环境模型集成的关键问题。为了解决这个问题，BIM 模型将根据 3D 环境模型的尺寸进行规模调整，并移动到特定位置。OSG 中的 BoundingSphere 类中的 radius（）函数可以测量 OSG 所有模型的半径。PositionAttitudeTransform 这个类可以通过使用 setPosition（）和 setScale（）的函数来调整模型的位置和比例。根据以上命令可以实现 BIM 模型与环境模型的匹配。首先，根据 radius（）命令获得室外环境模型和 BIM 模型直径，并测算 BIM 模型相对环境模型的比例，通过 setScale（）对 BIM 模型进行缩放；然后，获得环境模型中 BIM 模型区域的坐标；最后，通过 setPosition（）就可以将 BIM 模型放置在环境模型中的指定区域。如果通过场景漫游发现 BIM 与目标区域匹配不准确，可以通过 OSG 中的 setPosition（）和 setAttitude（）函数微调位置和角度。

此外，灯光对 VR 场景的逼真效果具有一定影响，因此应在综合模型中添加灯光。OSG 的 Class Light 类可以用于为模型创建灯光。灯光的相应参数（例如，环境、位置和方向）可以在 Class Light 中进行设置，为整个场景模型创建适当的光照。

2.3　基于房间街景的支付意愿评价

本研究使用虚拟竞价的方法来获得房间街景的支付意愿，如图 3 所示，虚拟竞价的整个过程可以分为三个步骤。

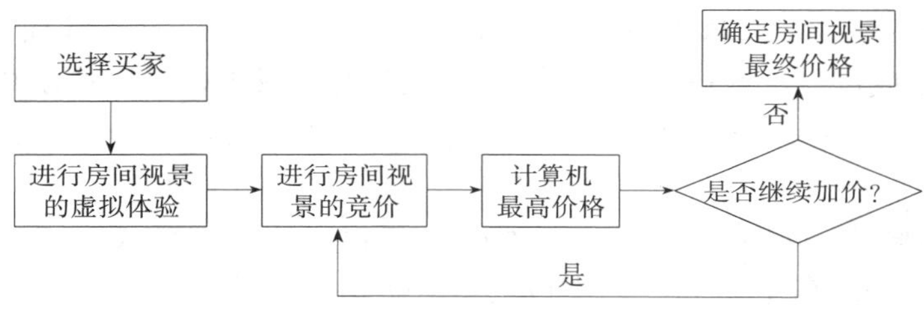

图 3　房间街景的虚拟竞价流程图

当所有买家体验完房间的视景后，根据房间街景的差异给出自己愿意为房间街景多支付多少价格，并计算出每个房间的最高竞价。如果一些买家想要比当前最高的价格出价更高，交易将继续下去。当所有买家停止买卖时，目前房价的最高价格将被视为房价的最终价格。

3　算　例

在本项研究中，选择了一个 6 层住宅楼作为案例研究。该建筑的 BIM 模型由 Revit 创建并在图 4 中展示。该建筑每个楼层中有四个房间，这些房间分别命名为 A，B，C 和 D 室（图 5）。每间房间的总面积为

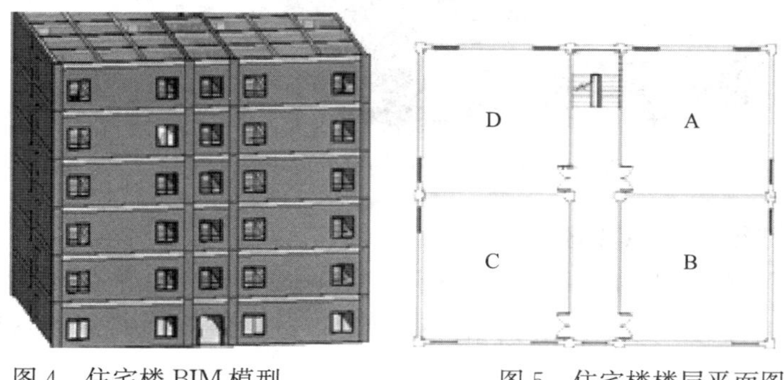

图 4　住宅楼 BIM 模型　　　图 5　住宅楼楼层平面图

81m²。该建筑位于浙江金华市的一个小镇，每平方米的售价约为 3 万元，每间房的总价约为 243 万元。在每个房间里，有三个不同朝向的窗口，所以每层楼四个房间的视景都存在差异。

通过使用无人机对浙江金华市小镇进行倾斜摄影测量，收集了该小镇的高清照片。小城镇的 3D 环境模型（例如建筑物、树木、河流和道路）均由 ContextCapture 创建。通过上述提出的方法将 BIM 模型（图 4）集成到 OSG 的 3D 环境模型中，集成的 VR 场景如图 6 所示。通过使用本研究开发的漫游器，可以在集成的 VR 场景中进行房间街景的虚拟体验。图 7 显示了该楼房第六层四个房间的典型房间街景。

通过邀请 50 位买家参与房间景观的虚拟体验，并给出 6 层所有房间外景视景定价。通过上述基于虚拟体验的虚拟竞价方法，得出了四个房间视图的最终价格如图 8 所示。房间 D 的视景价格最高，而房间 A 和 B 的外观视景价格最低。从图 7 可以发现，在 D 房间可以看到整个城镇，但是在 A 和 B 房间外面的视野被遮挡。因此，根据虚拟竞标得出房价的最终价格是合理的。

图 6　倾斜摄影环境模型与 BIM 模型融合

图 7　6 层典型房间街景图

以房间街景价格最高的房间 D 为例，通过提出的虚拟竞标方法评估不同楼层中的房间价格。不同楼层中 D 房间的最终价格如图 9 所示，表明街景价格随楼层的增加而增加。其中，5 层和 6 层街景定价

（4万和5万）需要比4层街景定价（5千）存在明显突变，这是因为D房间窗口正对一个与4层楼高度近似的树，所以D房间5层以下的街景都被遮挡，定价偏低。但是，整体规律上，1～6层楼随高度增加，街景价格越高。

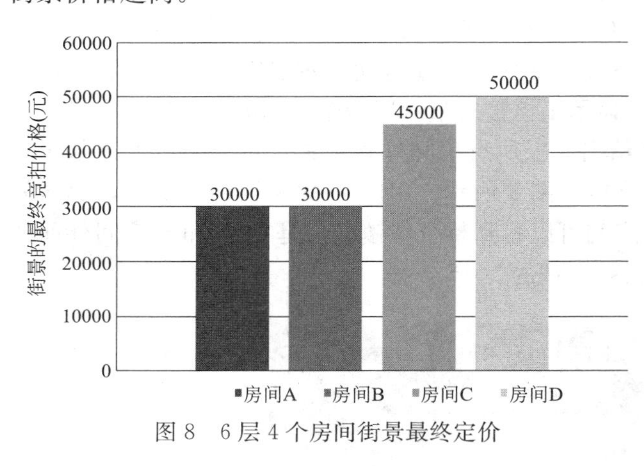

图8　6层4个房间街景最终定价

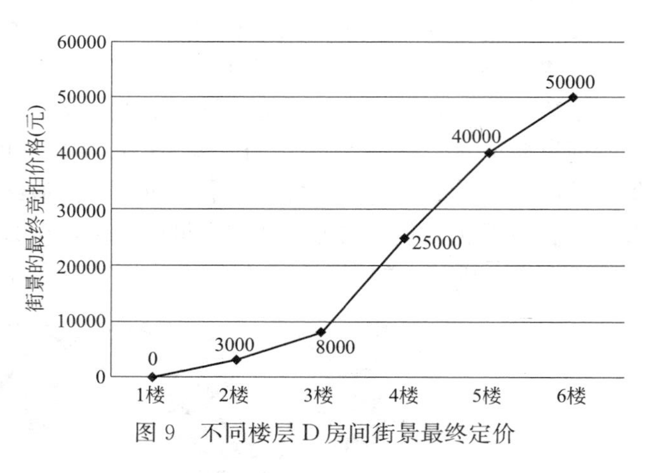

图9　不同楼层D房间街景最终定价

4　结　论

本研究提出了基于BIM和倾斜摄影测量的房间街景虚拟体验方法，并提出了相应的房间街景的支付意愿评价方法，6层住宅楼的案例研究表明本文方法可以给出合理的房间街景支付意愿。本文成果为房间街景的虚拟体验和定价提供了的技术手段。

当前虚拟街景体验未发挥BIM的信息优势。在后续研究中，将进一步发挥信息优势，一方面可以在体验中用户关注的构件信息，另一方面也将根据用户需求动态更换不同构件，充分BIM的信息优势。例如，街景体验中，用户希望更换不同尺寸、不同类型的窗户来欣赏街景，以确定最满意的方案。

参 考 文 献

[1] Guo E W, Qian Y X, Xu G, et al. The application of building information model in the deepen design of prestressed concrete structures [J]. Applied Mechanics & Materials, 2014, 716-717: 299-302.

[2] Grenzdörffer G J, Guretzki M, Friedlander I. Photogrammetric image acquisition and image analysis of oblique imagery [J]. Photogrammetric Record, 2008, 23 (124): 372-386.

[3] Liang J, Shen S, Gong J, et al. Embedding user-generated content into oblique airborne photogrammetry-based 3D city model [J]. International Journal of Geographical Information Science, 2017: 1-16.

[4] 钟耀武，华建新，段佳，等．基于AMC580多视角航空摄影系统的快速真三维数据生产及应用初探［J］．国土资源导刊，2014，(5)：149-152.

[5] James M R, Robson S, Pinkerton H, et al. Oblique photogrammetry with visible and thermal images of active lava flows [J]. Bulletin of Volcanology, 2006, 69 (1): 105-108.

[6] Faltýnová M, Matoušková E, Šedina, J, et al. Building facade documentation using laser scanning and photogrammetry and data implementation into BIM [J]. International Archives of the Photogrammetry Remote Sensing & S, 2016, XLI-B3: 215-220.

[7] Svennevig K, Guarnieri P, Stemmerik L. From oblique photogrammetry to a 3D model-structural modeling of Kilen, eastern North Greenland [J]. Computers & Geosciences, 2015, 83 (C): 120-126.

[8] Skyline. CityBuilder [EB/OL]. (2017-01-03) [2017-03-10]. http://www.skylinesoft.com.

Rhino Grasshopper 软件参数化建模在浦东国际机场卫星厅项目双曲屋面中的创新应用

卢　俊

（上海机施建筑设计咨询有限公司，上海 200072）

【摘　要】 如今建筑项目形体的非线性、不规则性、多样性、方案优化的多变性等需求越来越多，传统的建模方式已经逐渐无法满足建筑项目形体的需要。Grasshopper 是一款在 Rhino 环境下运行的采用程序算法生成模型的插件，其不需要太多程序语言的知识就可以通过一些简单的流程方法达到双曲以及不规则形态模型建立的要求。我们利用此技术，对浦东机场项目中不规则屋面及其带坡度和弧度的异形清水混凝土梁进行参数化建模，精准控制整体结构的定位，并最终利用 Grasshopper 进行任意点的标高等数据输出并提供至现场施工，达到 BIM 的真正作用——辅助施工。

【关键词】 Rhino Grasshopper；异形清水混凝土梁；参数化建模

1　工程概况

上海浦东国际机场是长江三角洲地区的中心机场，是我国三大门户型枢纽机场之一，最终竞争成为世界级枢纽机场。机场远期规划目标为年旅客吞吐量 8000 万人次。经过先后两期的建设，浦东机场已经拥有 T1 和 T2 两座航站楼，并完成三条跑道的建设。

自浦东机场二期扩建完成以来，并且在经历世博会运量激增以后，机场运量增长已经由快速增长转变为高位运行的稳定增长状态。在此状态下，机场需要建设卫星厅，需要实现更多的候机面积和客机位数量，尤其是近机位数量，满足机场未来发展的需要。

机场卫星厅规划范围内用地面积为 486917m²，整体为“工”字形设计，分为上下 S1、S2 两大区。整个卫星厅屋面分为三层，主要屋面系统为双曲弧形屋面，采用钢筋混凝土建造，且所有屋面边梁均为清水混凝土浇筑，对整体的施工误差要求极高（图 1）。

图 1　浦东国际机场卫星厅工程效果图

【基金项目】 国家科技支撑计划课题（2015BAK17B04）；科技部国家重点实验室基础研究资助项目（SLDRCE14A-02）

【作者简介】 卢俊（1987-），男，助理工程师。主要研究方向为 BIM 技术应用。E-mail：lujun@jsdesign.com.cn

2　工程难点

该工程具有以下几个难点：

（1）该项目体量大，整体屋面共有三层，工程进度紧。整体屋面分为 23 个区，模型建立体量巨大，使用常规建模方式无法满足工程要求。

（2）整体屋面为双曲弧形屋面，且平面图纸无法完整表达整个屋面的造型关系，所以对模型建立、模型数据输出要求极高。

（3）屋面分为三层，除最上层中央区域为钢结构屋盖，其余两层屋面均为钢筋混凝土结构，整个屋面涉及钢结构埋件、幕墙结构连接、水管风管等机电管线穿越、装饰吊顶挂板等问题，涉及多专业配合。

（4）上下两层混凝土屋面边梁均为清水混凝土结构，且为不规则形状，容错性极低，所以对相应模型要求极高（图 2）。

图 2　浦东国际机场卫星厅屋面效果图

3　不规则屋面的 BIM 模型创建及应用

3.1　参数化模型建立流程

浦东机场卫星厅工程的屋面建设问题主要集中于项目体量大、屋面为双曲造型、混凝土屋面边梁为不规则清水混凝土梁等主要问题，对模型整体造型、模型精度要求极高，如若使用传统建模方式需要花费较长时间且无法达到如此高的精度要求。

针对此情况，在项目启动初期我们制定了完整的模型建立方案，并放弃传统建模方式，采用 Rhino 软件并利用其软件中的 Grasshopper 插件用参数和程序为主导进行参数化建模（图 3），而且用参数和程序控制三维模型比手工建模进行模糊的调整更加精确，也更具逻辑性[1]。之后再辅以 CAD、Revit、Tekla 等传统主流建模软件，最终整合至 Navisworks 进行合模检测与展示，实现了整个两层混凝土屋面的参数化建模、数据输出、碰撞检测、3D 展示等一系列的 BIM 应用体系（图 4）。

3.2　Rhino Grasshopper 参数化模型建立

3.2.1　设计表皮模型复核

由于项目体量大，形体复杂。根据要求，设计提供施工单位一份两层混凝土屋面的 Rhino 结构面表皮模型。我司根据设计图纸需对表皮模型进行复核。由于整个屋面都是弧形双曲表面，如果利用传统点对点的方式进行人工复核工作量巨大且人工复核容易产生纰漏。我们使用 Rhino Grasshopper 插件进行简

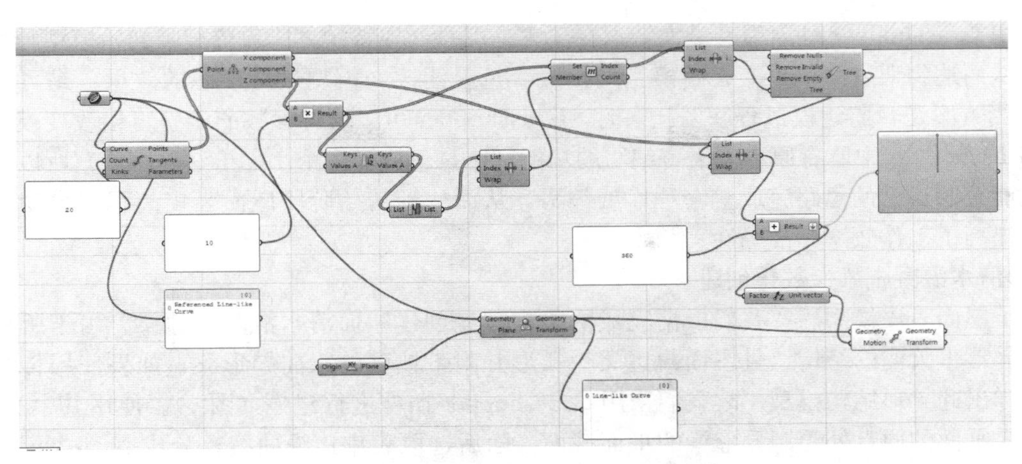

图 3　Grasshopper 程序算法参数化建模

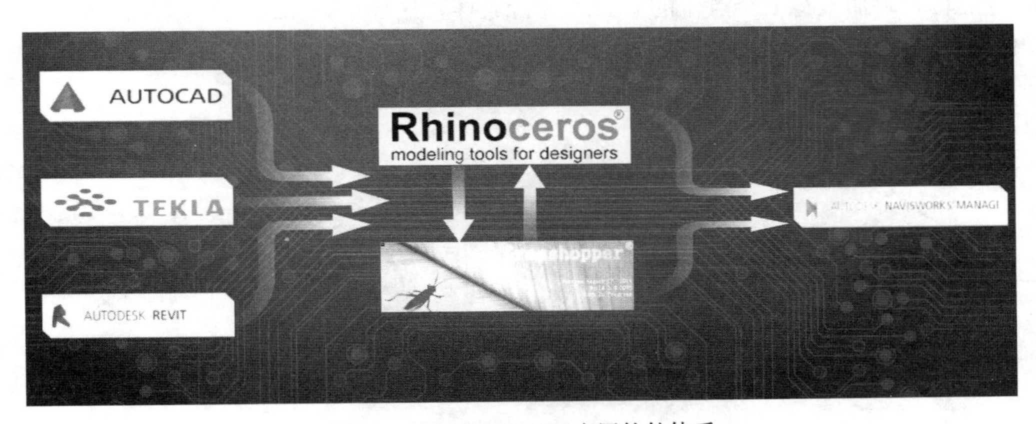

图 4　卫星厅屋面 BIM 应用软件体系

单程序编写，从而达到精确计算模型表皮每个高程点与图纸对应点所示标高的误差值，并通过反馈设计修改，最终确定完整屋面表皮模型定位、标高无误（图 5）。

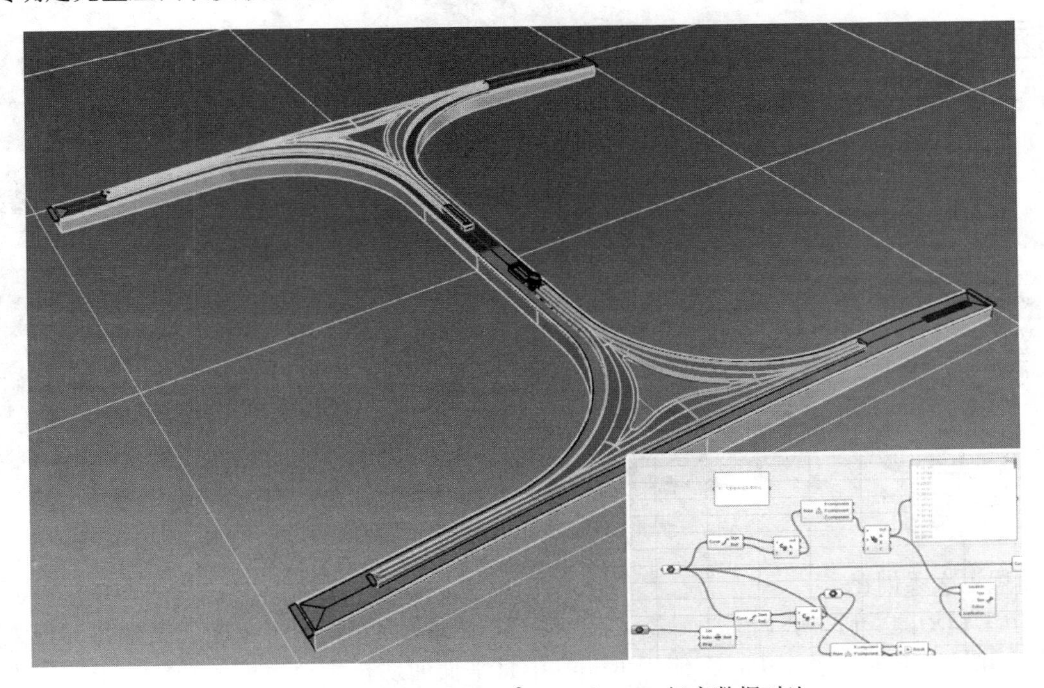

图 5　设计提供表皮模型 &Grasshopper 标高数据对比

我们使用Grasshopper是因为其最大特点在于它是以自己独特的方式完整记录起始模型和最终模型的建模过程，从而达到通过简单改变起始模型或相关变量就能改变模型最终形态的效果，是可视化的节点式编程[2]。当方案逻辑与建模过程联系起来时，Grasshopper可以通过参数的调整直接改变模型形态。并且，因为Grasshopper中所有原本需语言编写的功能都已打包成一个个小盒子（程序块）所以无需太多的语言知识就能按照自己的思路完成整套程序的编写，从而达到初始阶段屋面表皮高程点自动逐一校对的功能，大大提高了工作效率和准确性。

3.2.2　异形清水混凝土梁参数化创建

在确认了屋面表皮模型后，我们根据完成的表皮首先创建屋面清水混凝土边梁。由于所有的清水混凝土边梁为异形带天沟的结构，且屋面封边梁为弧形并附带坡度的双曲异形梁，如果使用传统建模方式无法精准放样出此异形结构模型。故我们采用Grasshopper插件进行建模（图6）。使用其中的loft功能，在软件中世界平面的原点处绘制异形梁的平面截面，随后选取表皮边缘曲线，分成N多个等分，将在世界坐标（0，0，0）的异形梁平面截面线通过Orient功能，翻转并附加至平分后曲线上的N个点位，再利用Loft功能对翻转并附加至每一个点位的截面线进行放样，这样可以精准定位屋面弧段位置的异形梁并且精度可以根据等分数量自行控制（曲线分段点位数量）（图7）。

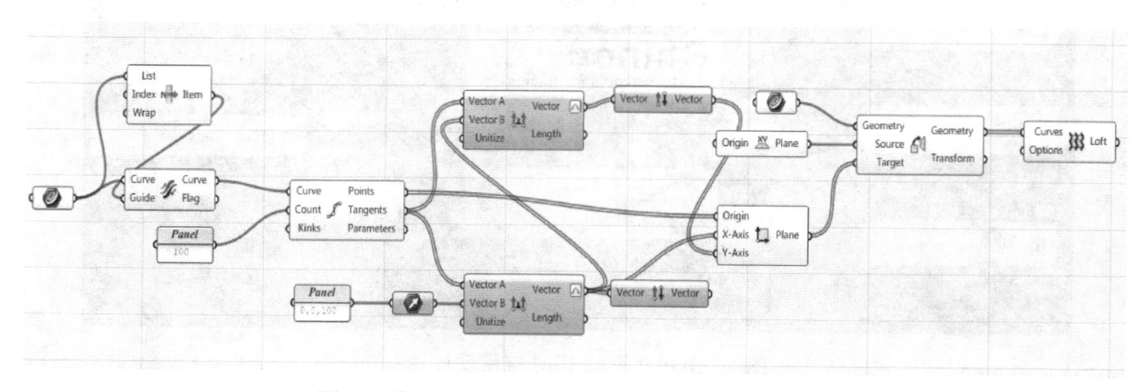

图6　利用Grasshopper算法生成参数化异形弧梁

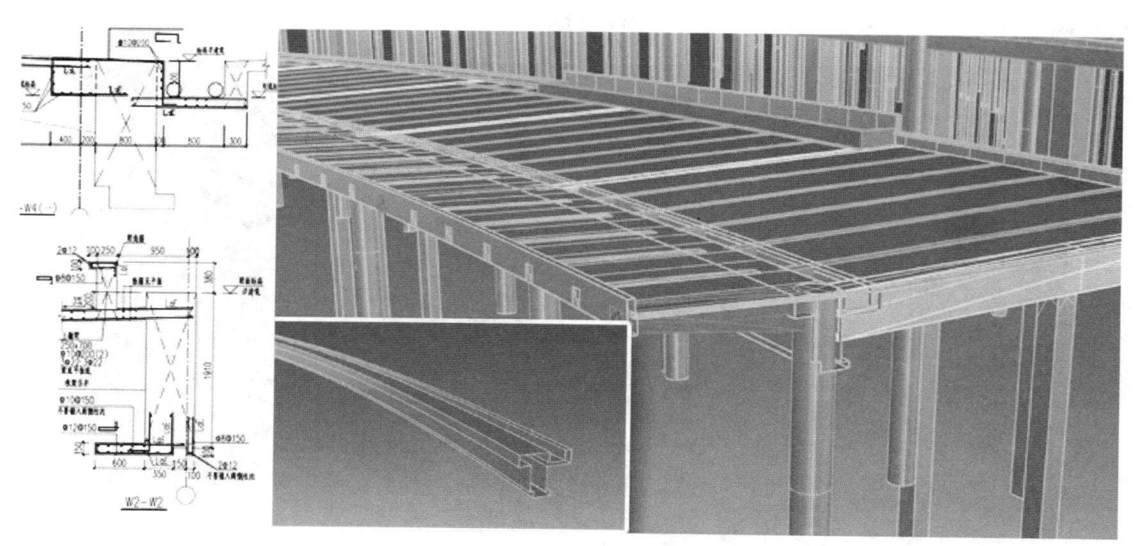

图7　异形带天沟弧段边梁模型创建效果

3.2.3　大面积主次梁创建

在完成边梁模型建立后，我们通过筛选CAD图纸，拾取出CAD图纸中除边梁外每一根主梁以及次梁的梁中线，并导入Rhino模型中，再使用Rhino中将平面曲线投影至表面的功能，把所有平面中的梁中线转换为贴合于屋面表皮的空间曲线。

考虑到主次梁非异形梁且数量较多，我们通过使用传统建模软件 Revit 以及 Tekla，将 Rhino 中导出的梁中线空间曲线导入到传统软件中统一附加截面，从而快速完成主次梁的创建并将创建后的实体导入至 Rhino 中（图 8）。

图 8　Rhino 线模型创建并导入 Tekla 附加截面

通过使用以上方法，创建完成所有 23 个区的双层混凝土屋面，工作效率相较于传统建模方式获得大大提高，节省了“建模”这个环节的时间成本。

3.2.4　梁上开洞（机电套管）模型参数化创建

在主体屋面梁模型创建后，为配合机电专业，需创建机电管线预埋套管。如果使用传统建模方式则需要每根梁逐一添加剖面并逐个创建套管，工作效率无法提升。

我们使用 Grasshopper 参数化建模，利用 CAD 平面图中套管的定位以及标高数据，导入至 Rhino 模型中并投影至屋面表皮，再偏移至对应标高，遂可利用 loft 功能将所有套管中心线的空间线，一次生成所有套管，并且可以通过参数控制套管尺寸（图 9）。

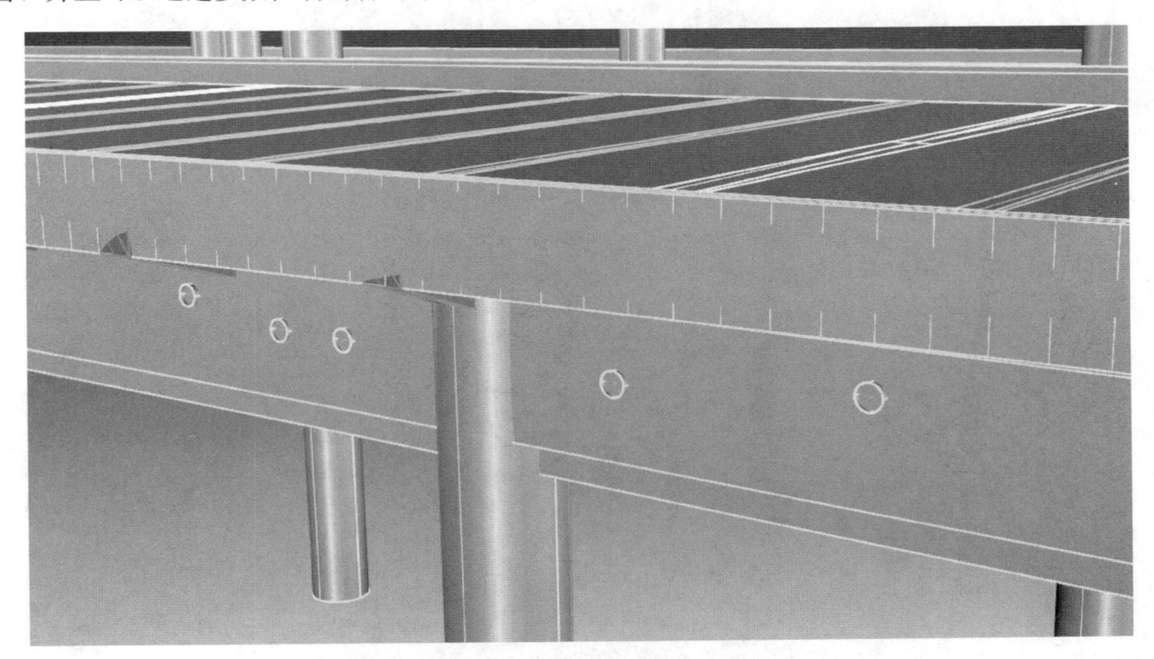

图 9　Grasshopper 参数化创建机电套管效果

3.3　参数化模型数据导出和后续应用

在使用 Rhino Grasshopper 并辅以传统建模软件完成屋面模型的精准建立后，为了达到 BIM 的真正作用——辅助施工，我们使用 Grasshopper 可以导出该模型中任意点的坐标，并可以直接导出至 CAD 格式提供现场施工使用。

通过在 CAD 图纸中标示出所需标高点的点位，导入至 Rhino 模型中，利用 Grasshopper 中的 unitZ 功能在每个点位沿 Z 轴方向，即垂直于地面方向拉伸一根直线，最终得到该直线与所需测量物体间的交点，并利用 deconstruct 直接筛选出该交点的 Z 轴坐标，就可以批量生成所需标高点的所有标高，同时编写简单的 format 公式进行小数点位数的四舍五入。再通过 Grasshopper 可以直接生成标高图标（图 10），并与坐标数据一起导出成 CAD 格式，直接可以完成出图的工作（图 11）。整套标高数据导出只需在 CAD 平面图中标示出所需点位，即可全自动生成该点位投影至曲面上的对应的点坐标，大大节省了人力以及提高了出图的精确度。

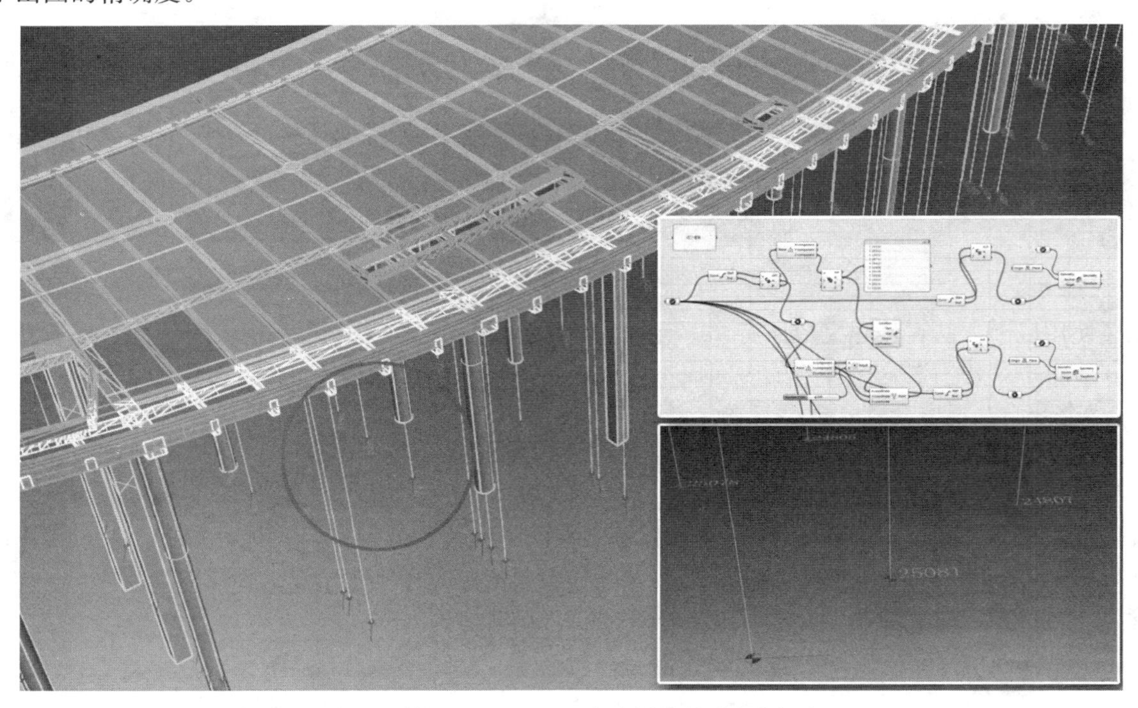

图 10　利用 Grasshopper 自动创建所需点位标高

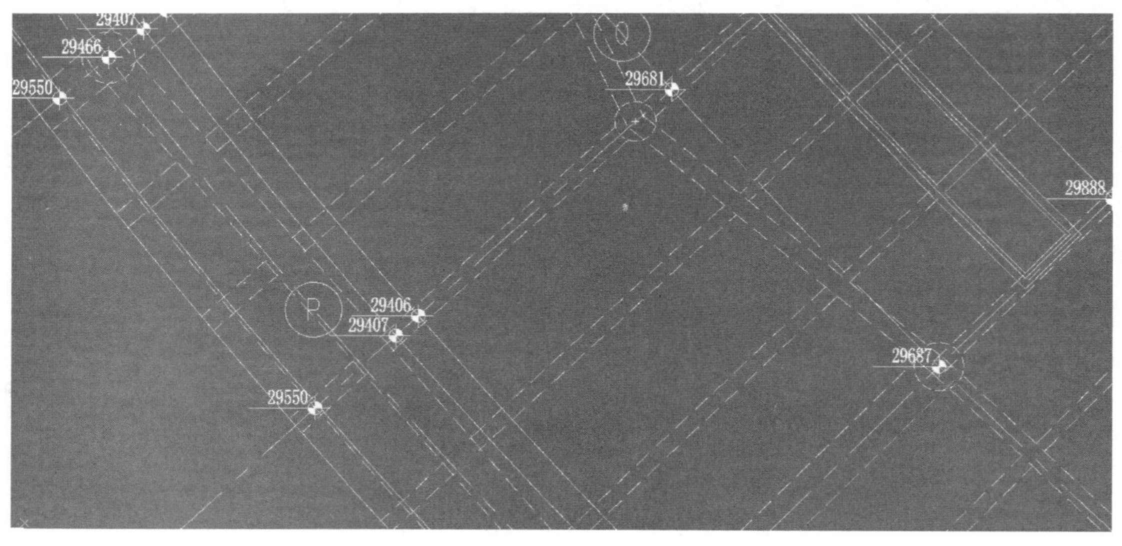

图 11　导出 CAD 图效果

4　结　语

借助 Rhino Grasshopper 软件平台可以快速完成异形双曲的表皮、梁等体量模型的参数化创建，大大节省了人力成本的同时还能精准控制模型误差，使完成后的模型既准确又便于修改。同时，在与其他各个专业对接方面，完全可以通过 Grasshopper 输出任意位置的坐标数据提供至钢结构、幕墙、机电、装饰等各个专业，做到现场安装精度的整体控制以及对现场人力资源、施工进度等得以全过程管控。

现阶段的工程施工已经越来越离不开 BIM 建筑信息模型平台的应用与辅助，我们使用 Rhino Grasshopper 平台提高工作效率和模型准确度并且为施工现场提供最准确的定位数据，将施工单位的“施工靠图纸不靠模型”的理念逐渐转变，最终获得了其他专业单位、总包、业主方的一致好评。

参考文献

[1] 黄越．初探参数化设计在复杂形体建筑工程中的应用 [D]．北京：清华大学，2013.
[2] 曾旭东，王大川，陈辉．Rhinoceros & Grasshopper 参数化建模 [M]．武汉：华中科技大学出版社，2011.

深化设计优化方案结合 BIM 技术在白玉兰广场塔冠中的应用

钱晓村

（上海机施建筑设计咨询有限公司，上海 200000）

【摘　要】由于建筑造型外观为曲线弧形，而本体结构采用了箱型构件作为主体构件，导致了单根构件在构造上形成了双曲的要求，给图纸深化及加工带来不小的挑战。需与外立面幕墙体系密切结合，引入 BIM 技术共同参与。

【关键词】曲线弧形；BIM；三维建模优化

1　工程概况

作为浦西最高楼中最瞩目的亮点——白玉兰塔顶皇冠。塔冠位于办公塔楼 66 层顶上，共计 7 层。塔冠由钢柱及钢梁组成，钢柱钢梁截面均为方形钢管。平面结构方面，将其分为内柱和外柱构件，其中内柱的倾斜角度较小，而外柱的倾斜角度较大，每层平面呈 1/8 对称布置，形成流线型花瓣造型。

2　深化设计对设计图纸的优化体现

（1）我们在深化初期拿到设计院施工图纸时，认为塔冠用箱型截面构件在空间结构中不管深化设计还是制作厂加工都没有圆管有利。当即提出能否用圆管代替箱型梁方案，通过增加圆管外径和壁厚达到箱型梁同等设计强度要求。不过业主在考虑到同外方设计沟通时间上会影响材料采购周期（塔冠结构材质均为 Q345C），我们同设计几番沟通后为最终定下还是沿用原方案，深化单位需进行优化工作。

（2）塔冠结构由于整体造型复杂，原设计方仅提供 CAD 线性模型（图 2）及每层控制点坐标平面及坐标标号参数（图 1、图 3）供深化设计用。结合目前钢结构深化专业应用到犀牛三维曲面建模技术及 Xsteel 异形钢结构建模技术，用 Xsteel 三维建模软件导入线性模型，对三维坐标数据的校核能起到事半功倍的作用。

	[illegible]												
	R1			R2			R3			R4			
	x	y	z	x	y	z	x	y	z	x	y	z	x
1	687.2	18884.2	303201.1	687.2	19394.4	303246.6	687.0	20460.6	303344.4	686.9	21453.1	303439.0	676.6
2	2061.1	18880.1	303209.6	2060.9	19396.6	303255.6	2060.5	20486.2	303355.4	2060.1	21477.4	303449.8	2029.6
3	3666.7	18862.2	303230.0	3666.7	19401.8	303277.3	3666.7	20547.5	303382.0	3430.9	21525.3	303471.3	3382.3
4	4799.7	18841.5	303249.9	4799.4	19409.9	303300.1	4798.7	20609.0	303409.5	4798.2	21594.5	303503.2	4734.8
5	6162.9	18806.8	303281.4	6162.7	19436.2	303336.7	6162.1	20701.0	303451.8	6161.6	21682.2	303544.9	6086.6

图 1　塔冠平面控制点位置及编号

（3）在进行塔冠第一，二道结构深化时就碰到与主楼顶部第二道桁架结构碰撞的情况。由于塔冠为

【基金项目】国家科技支撑计划课题（2015BAK17B04）；科技部国家重点实验室基础研究资助项目（SLDRCE14A-02）

【作者简介】钱晓村（1982-），女，工程师。主要研究方向为钢结构深化设计。E-mail：lily@jsdesign. com. con

图 2　塔冠 CAD 线性模型示意

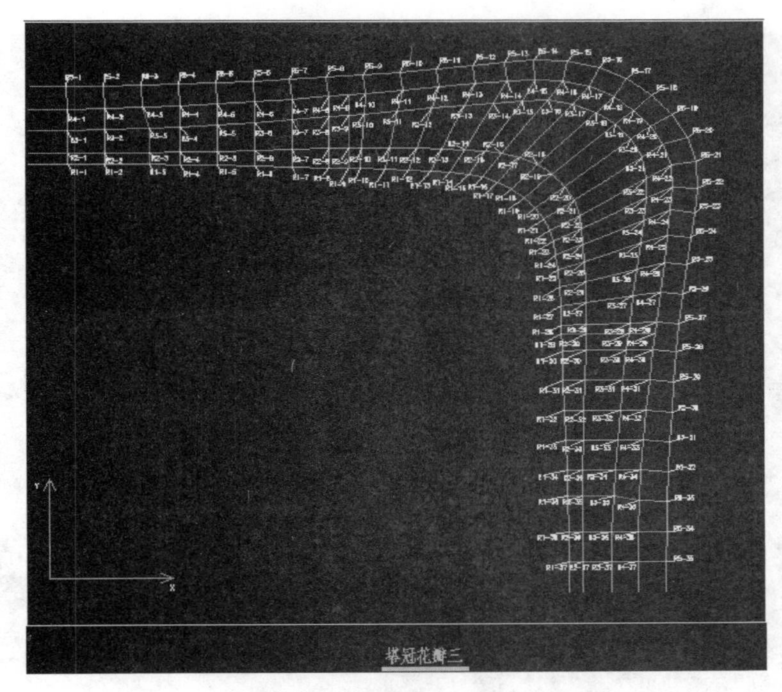

图 3　塔冠平面控制点位置及编号

后期定下的设计方案，初期进行桁架深化中塔冠结构都没有反映。在这种空间结构中，连设计方都不能很精准地提出碰撞解决方案，这时就能凸显出我们深化设计的特点了。

①为达到塔冠结构建筑边线要求，桁架柱在两个平面标高处有空间位移也有角度变化，图 4 中圆圈处绿色杆件由于存在平面空间角度，柱与柱间连接处会产生翼缘错缝现象。错峰现场首先达不到结构受力要求，在和结构设计讨论解决方案时决定用一段 1.4m 扭转构件作为连接上下段柱的过渡，来达到建筑线性曲线要求（图 4 右图）。

②作为非标准构件，扭转构件出图方式只好以坐标为加工依据。深化在出图时以原点为基准提供上段柱，下段柱中心点控制坐标（X，Y，Z）见图 5 左边“1400”尺寸处两个坐标值。为满足工厂加工及监

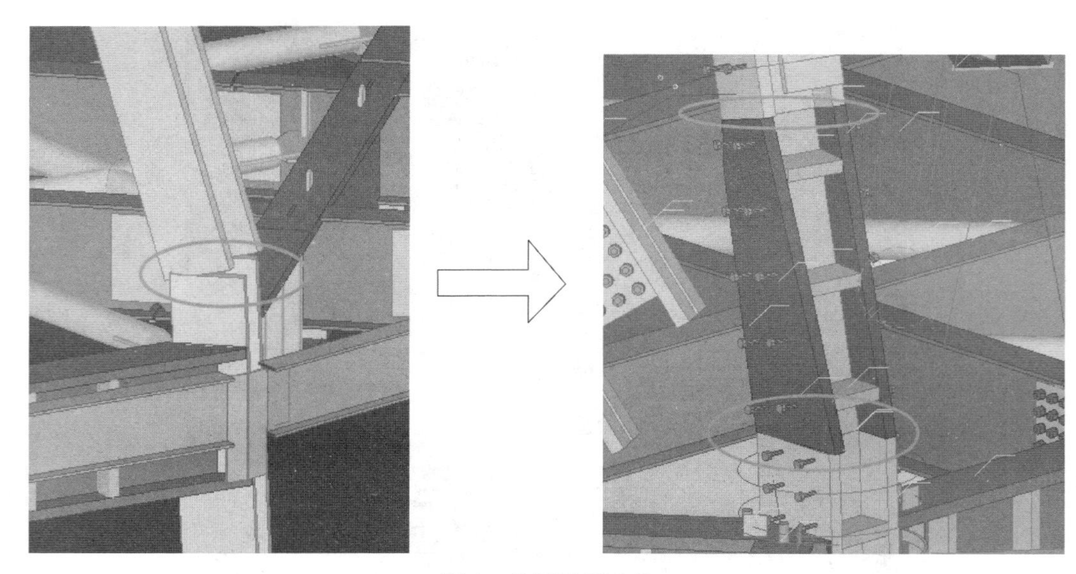

图 4　柱间错缝示意

理检验用，在扭转段“1400”尺寸范围内再增加两段横切面的坐标，Xsteel 三维软件对三维坐标能快捷准确地提取数据。更精细的建模也为 BIM 核模工作带来更精确的指导意义。

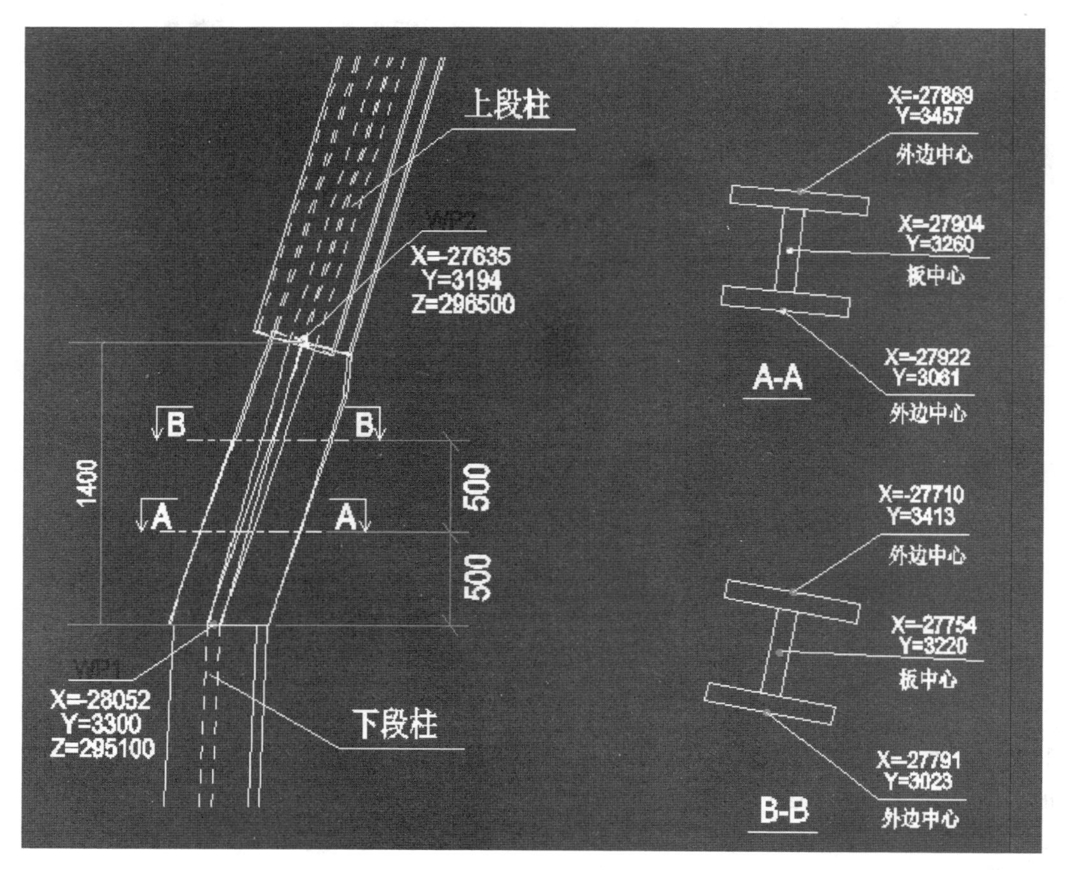

图 5　扭转柱坐标点深化图纸示意

③其次塔冠结构与主楼桁架结构在柱与柱间，有截面重合、截面规格需转换等问题，通过和设计沟通用厚顶板，挑牛腿连接节点等方式解决，在满足建筑外观和幕墙外包尺寸要求前提下，也能保证结构安全，见图 6、图 7。

图6　柱顶转换节点

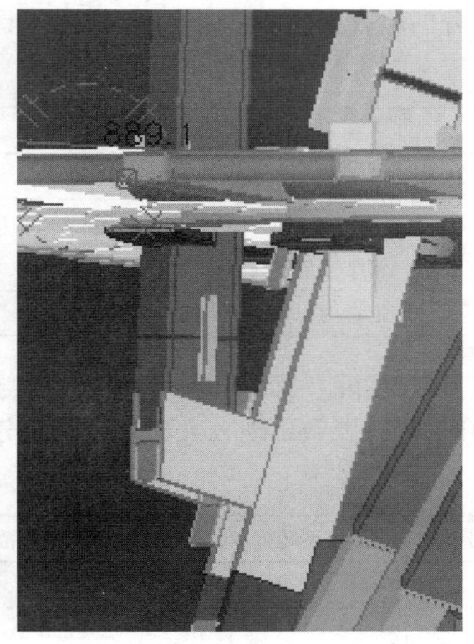

图7　扭转柱深化图纸示意

④塔冠在第一、二道时，流线造型不明显（可参见图2）。设计提供的模型，构件中心点之间有很小的差值，为方便加工厂加工，在满足幕墙尺寸前提下我们对Z方向的差值进行了调整，尽量相邻构件做在一个标高或者在柱间两点工作点间连直线；同样道理，在平面X，Y方向多段折线尽量拟到一直线，在转角处多段折现按最接近圆弧梁修改。通过优化，虽然在前期深化建模阶段花费大量时间，但对提高深化出图效率，加工生产进度起到事半功倍的效果。

3　BIM技术在塔冠结构上的应用

（1）在进行第三～五道桁架深化时还沿用了第一、二道的经验，但在和幕墙核模过程中出现了很大问题，从第三道塔冠开始，明显结构造型起伏增大，优化杆件工作点后很多构件超出了幕墙工作面，传统的Xsteel异形钢结构建模技术不能很直观地反映不同结构界面的碰撞，为解决碰撞问题在此项目中引入了BIM技术。

通过BIM软件Revit，应用软件先设定碰撞容差（50mm），在每块幕墙板上再设定编号，软件自动提供碰撞报告（图8）。

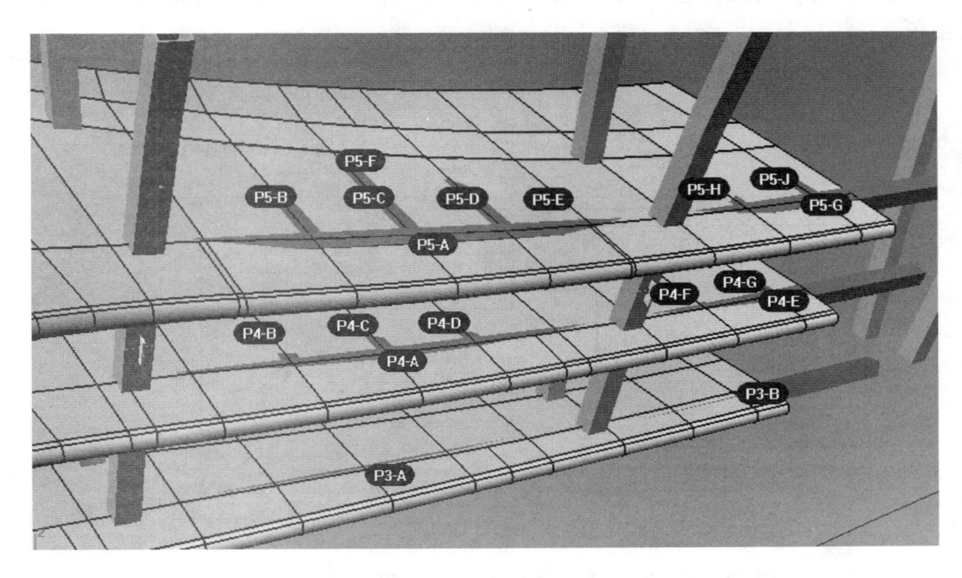

图8　幕墙和塔冠钢结构碰撞示意

此部分的检查找出1764个碰撞情况，具体分布见表1。

碰撞情况具体分布　　表1

情　况	出现次数
1. 钢结构与铝板面空间少于0mm	140(同第一部分结果)
2. 钢结构与铝板面空间少于35mm	265
3. 钢结构与铝板面空间少于50mm	387
4. 钢结构与铝板面空间少于80mm	972

通过BIM核模，发现出现问题的构件与原设计中心线模型有明显偏差（即我们以两端定位点拉直处理调整的部分），以致出现较大偏差，偏差分析数据见表2。

偏差分析数据　　表2

点编号	原模型转折点数量	偏差范围	点编号	原模型转折点数量	偏差范围
P3-A	6	24.2 To 36.6	P4-E	6	44.8 To 63.7
P3-B	6	22.3 To 31.5	P4-F	2	81.4 To 81.4
P4-A	7	33.7 To 61.3	P4-G	2	100.5 To 100.5
P4-B	2	50.4 To 86.3	P5-A	6	0.1 To 100.5
P4-C	2	61.5 To 97.2	P5-B	2	102.0 To 102.0
P4-D	2	56.7 To 91.7			

(2) 找到问题后，对于按多少尺寸的铝板面空间进行钢结构调整开了几次专题会。

①35mm铝板面空间对钢结构深化最有利，调整构件最少；但对于幕墙如要压缩掉30mm会将铝板的吸收误差基本挤压掉，风险很大，此方案还会增加铝板加强筋，增加许多工料成本，现场大量焊接施工难度大增，可以看出此方案可操作性很小。

②80mm铝板面空间对钢结构深化设计最不利，调整构件最多，在工期紧张的工况下业主对深化提出需调整的时间不允许；但此方案对于幕墙可以不作调整。

③50mm铝板面空间仅考虑了铝板安装时须使用的连接件高度（见图9），不考虑工差带来的影响。对于空间结构钢结构在加工和现场安装时一般要考虑20mm的工差。最终考虑工期，成本情况下，业主决定用50mm作为深化调整依据，通过加工厂严格控制加工精度，现场实测数据反馈等各方面把控误差，把工差降低到最低。

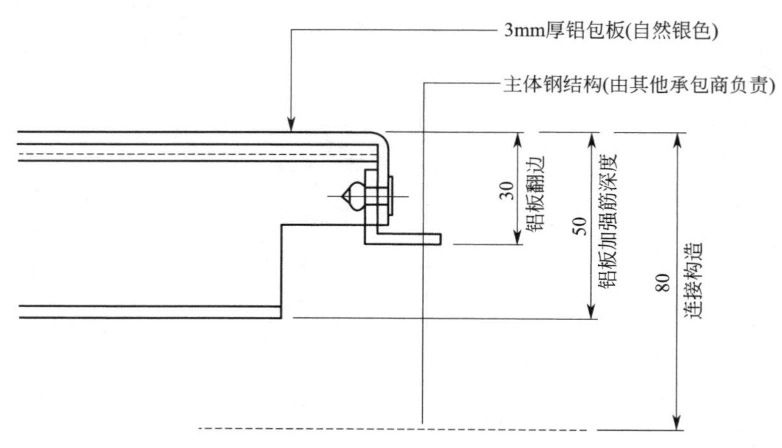

图9　幕墙节点示意

(3) 在后期的钢结构调整中，为满足工厂加工可施工性，几乎每个梁梁、柱梁节点都进行了调整（见图10）。在保证构件中心点不变原则前提下，通过旋转构件角度；柱端缩小牛腿截面（适当增加牛腿板厚）等来进行节点优化（见图 11）顺利完成深化设计工作。

图 10　塔冠钢结构未调整前示意

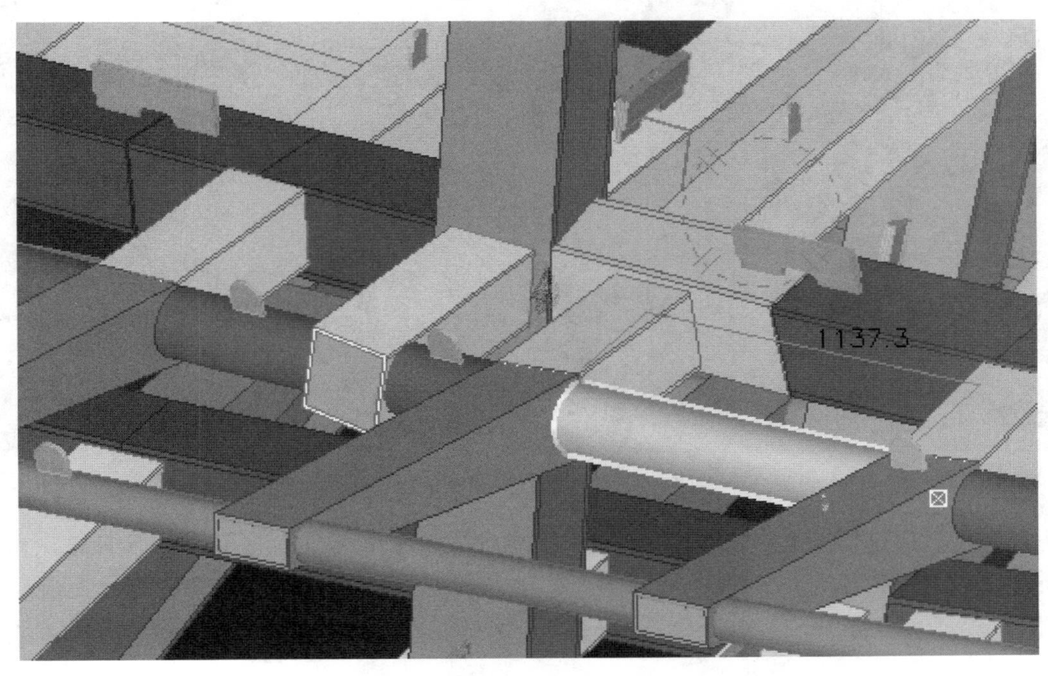

图 11　塔冠钢结构调整后示意

（4）在顶层外侧径向梁与箱形梁连接时碰到了会超出箱形梁焊接范围的问题，应用之前旋转构件及增加箱形梁截面方法都无法解决（见图 12）。通过模型与建筑师交流，让建筑师更直观地看清实际杆件造型效果，能更快地解决问题。这次之前在二维深化设计中无法做到的。最终在建筑师和幕墙设计师确认情况下，外侧径向梁可增加新工作点，但和原工作点距离不大于 30mm（见图 13），此类特殊节点处理办法最终也满足了各方要求。

4　结　语

作为钢结构——幕墙一体化施工，在原施工图所提供节点形式不能满足实际加工情况下，更需要我

图12　顶层外侧径向梁未调整前示意

图13　顶层外侧径向梁调整后示意

们深化多方面考虑，通过软件更直观地进行碰撞校核和节点优化，满足加工可操作性及现场施工进度和安装精度的要求。可以为以今后工程中遇到类似的节点问题及与其他各专业间的配合提供经验及解决思路。

参考文献

［1］ 王婷．全国BIM技能培训教程Revit教程［M］．北京：中国电力出版社，2015.

［2］ 高云河，白云生．参数化建筑设计［M］．武汉：华中科技大学出版社，2016.

［3］ 苏翠兰．钢结构详图设计快速入门：XSteel软件实操指南与技巧［M］．北京：中国建筑工业出版社，2010.

［4］ 夏志斌，姚谏．钢结构—原理与设计［M］．北京：中国建筑工业出版社，2011.

基于 PDCA 周期的桥梁工程 BIM 设计

戴建国

（上海市政工程设计研究总院（集团）有限公司，上海 200092）

【摘　要】结合某桥梁工程的设计，对基于 PDCA 周期的 BIM 设计进行了探索，取得了一些成果。对 BIM 技术用于桥梁设计的各个阶段做了一定的尝试，基于法国达索公司的 3D Experience 软件平台，在策划阶段进行了方案的比选，在设计阶段利用 BIM 模型进行碰撞检查、辅助二维出图、三维缩尺打印和协同平台校审，以上尝试均取得了良好的效果。

【关键词】桥梁；BIM；PDCA；设计；协同

1　概　述

1.1　BIM 技术应用

BIM（Building Information Modeling，即建筑信息模型）技术是一种应用于工程设计、建造、管理的数据化工具，具有可视化、协调性等众多优点，是当前国内外工程领域创新设计手段的应用热点。但与建筑等相关行业相比，国内桥梁工程领域内的应用还相对滞后。

本文介绍了在某桥梁的设计过程中，利用法国达索公司的 CATIA/V6 设计平台，进行了全桥三维全过程设计，涵盖 PDCA 设计周期，主要包括：

（1）在项目策划阶段，建筑师利用软件绘制方案草图，直观、简洁；

（2）设计人员建立从桩基础、下部结构、上部结构到附属设施的全桥三维仿真模型，在同一个项目模型中多人协同设计，生成二维设计图纸，生成材料数量表；

（3）校审人员利用模型进行核对，并对主塔钢结构及钢混结合段进行碰撞检查、优化设计并验证施工可操作性；

（4）设计人员根据校审意见直接修改模型，重新生成设计图纸。

1.2　工程项目概况

本桥梁位于江西省吉水县城，跨越赣江，全长约 1750m，其中特大桥长 1310m，东、西两岸引道长 440m。

全桥分为主桥、西引桥和东引桥。主桥采用独塔双索面斜拉桥，跨径布置 110＋110＝220m。斜拉桥主塔采用“双鱼”的造型。塔身由 3 段相切的圆弧线构成，上塔柱通透、轻盈，下塔柱曲线柔美。主桥设计构思在内在寓意上饱含着传统文化的意蕴，在外在造型上彰显着现代桥梁的技术美，令人过目难忘。

西引桥采用 40m 标准跨径简支变连续小箱梁。东引桥水中段采用 40m 标准跨径简支变连续小箱梁，陆上段采用预应力混凝土大箱梁，分幅布置（图 1）。

2　BIM 设计过程

2.1　方案策划（Plan）

设计工作的起点通常是方案的策划，而大型桥梁的桥型设计是需要最早策划的内容。如何选择一个

【作者简介】戴建国（1973-），男，教授级高工。主要研究方向为桥梁设计技术。E-mail：daijianguo@smedi.com

图 1　桥梁效果图

与环境协调的美观经济的桥梁，是桥梁工程师的首要任务。

利用达索公司的 Natural Sketch 软件进行方案草图的绘制，建筑师在方案阶段主要进行了以下几个方面的工作：

（1）根据地形文件绘制环境场景；

（2）在环境场景内用 sketch 线条绘制桥塔造型（手绘风格）；

（3）简要绘制主桥、引桥、桥墩、路灯；

（4）用线条将确定的桥塔重新描摹（制图风格）并镜像；

（5）描摹主桥、引桥，描摹并阵列桥墩和路灯；

（6）在场景中多视角观察草图，局部调整。

设计师通过在现状地形条件下草绘各种桥型，全方位展示各种桥型的效果，集思广益，从而确定推荐方案。并通过三维的效果展示，也让业主能直观地看到桥梁建成后的大致效果（图 2、图 3）。

图 2　建筑师在进行方案构思与讨论

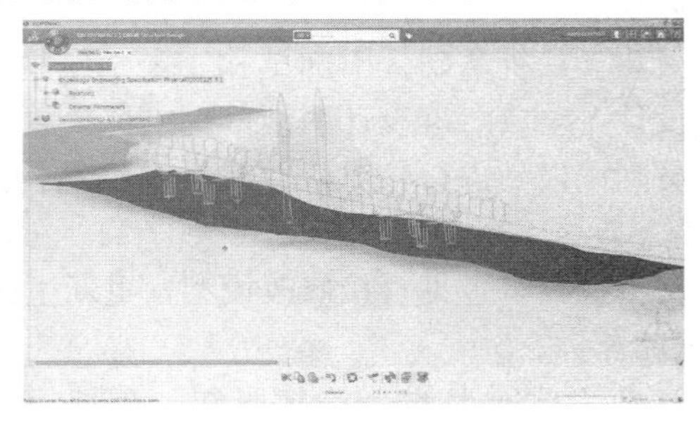

图 3　桥梁方案草图

2.2　BIM 设计（Do 或 Design）

在确定了桥梁方案后，设计师将构思主桥、引桥的结构形式，并进一步细化梁、塔的截面形式。利用 Catia 平台，进行三维设计。主要分为以下几步：

（1）建立构件库

构件库分为下部结构与基础、引桥梁结构、主桥主塔、斜拉索等。主要构件以参数化形式构建（见图 4、图 5）。

（2）建立骨架

从道路设计软件中提取道路设计中心线的（x，y，z）坐标 txt 文件，导入 CATIA 设计平台，拟合生成道路中心线，从而确定桥梁构件的实例化骨架（图 6）。

（3）构件实例化

图4　下部结构及基础构件库

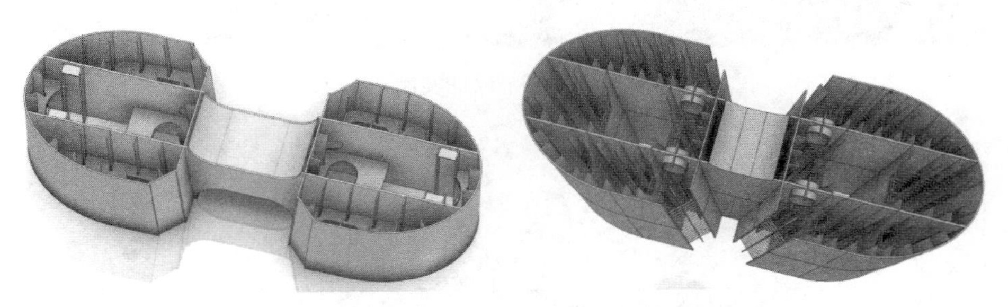

图5　钢塔节段（钢混结合段）模型图

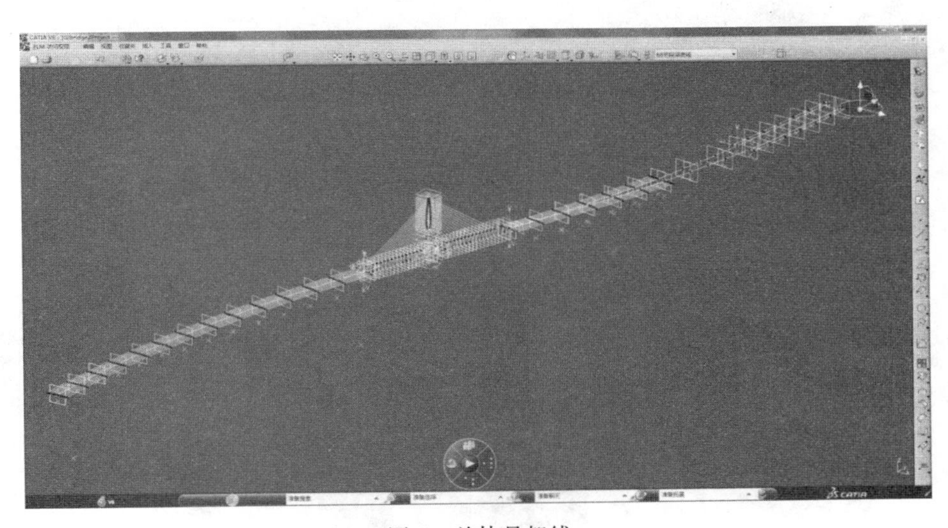

图6　总体骨架线

骨架确定后，运用Excel表格驱动的实例化命令，可以将三维构件按既定规则实例化到骨架上，从而形成全桥三维模型（图7、图8）。

2.3　检查与校对（Check）

利用软件的容差报错功能，校审人员直接在三维模型上进行设计检查，包括碰撞检查、空间复核等（图9）。

2.4　修改与出图（Action）

利用三维BIM模型，可以很方便地进行方案的调整，比如道路线型的微调、桥墩位置的移动等。在根据校审意见完成修改后，可以利用三维模型生成部分二维图纸，并可生成工程量表格（图10）。

2.5　其他应用

利用三维设计成果，我们还尝试进行了其他一些应用，比如：

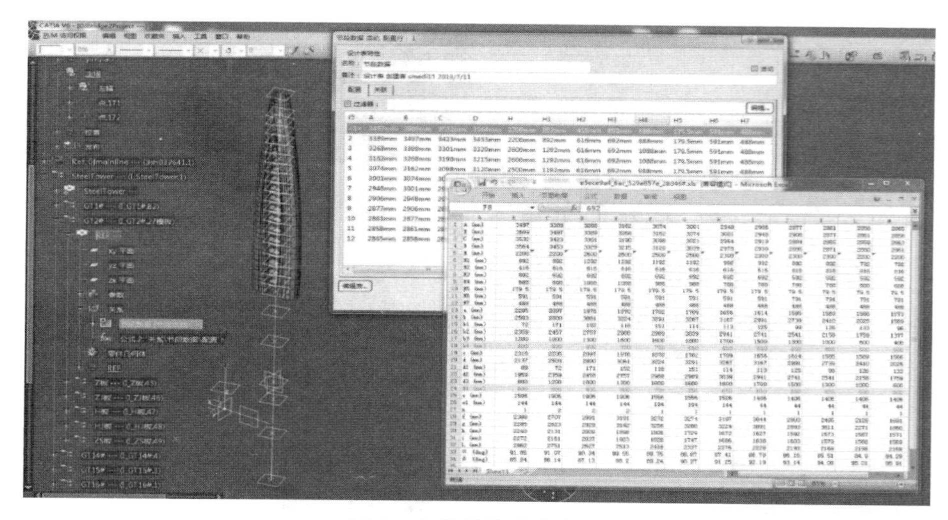

图 7　主塔节段的实例化

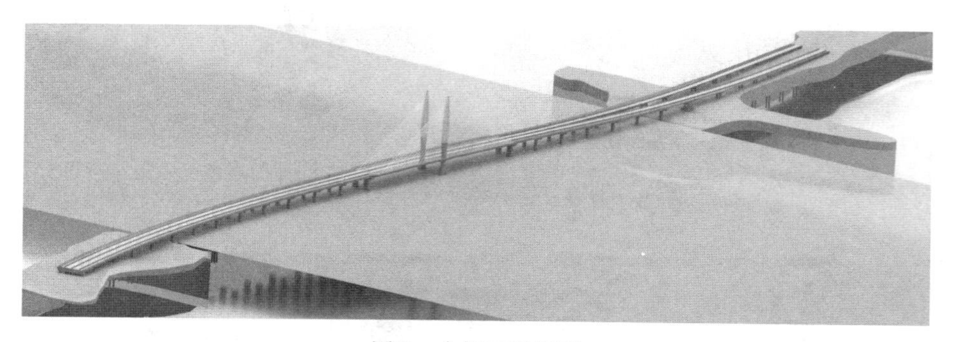

图 8　全桥三维模型

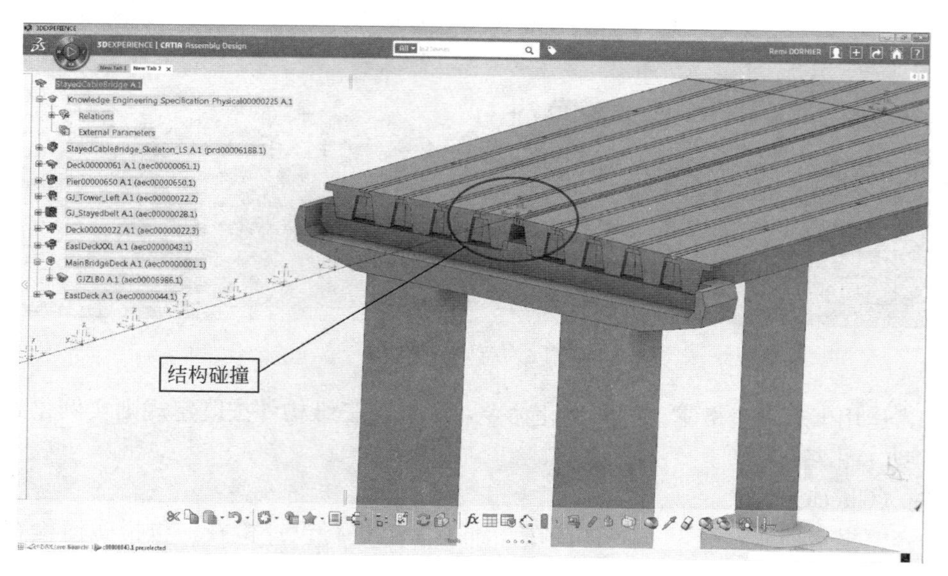

图 9　结构碰撞检查

（1）生成三维打印模型。采用 Dreammaker3D 打印机和 Cura3D 打印软件进行了三维模型的打印。设置好 3D 打印机使其处于可以工作的状态，从 Catia 2015X 中将 BIM 模型导出 stl 格式文件，再由 Cura 软件将 stl 模型文件转成 gcode 文件并拷入 SD 卡，将 SD 卡插入 3D 打印机运行成型（见图 11）。

（2）在施工阶段，利用该 BIM 模型生成了全桥场景漫游动画；生成施工过程模拟动画，应用于施工

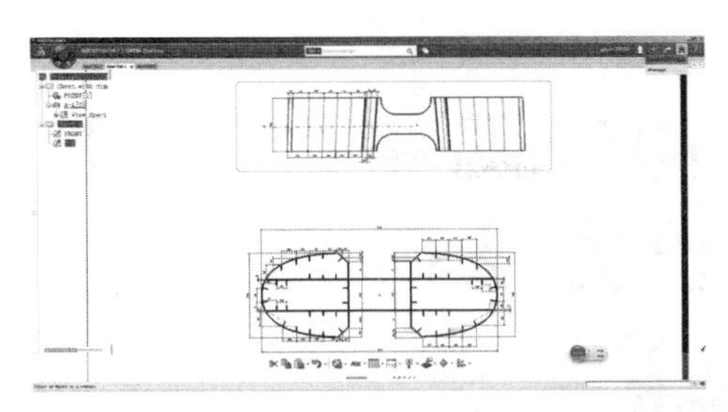
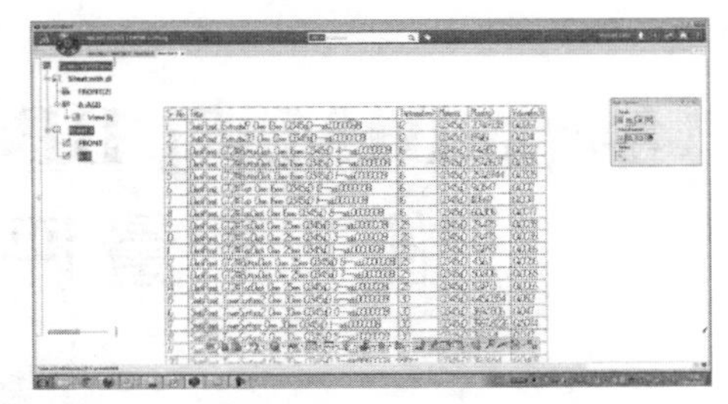

图 10　利用三维模型生成的二维图纸与工程数量表

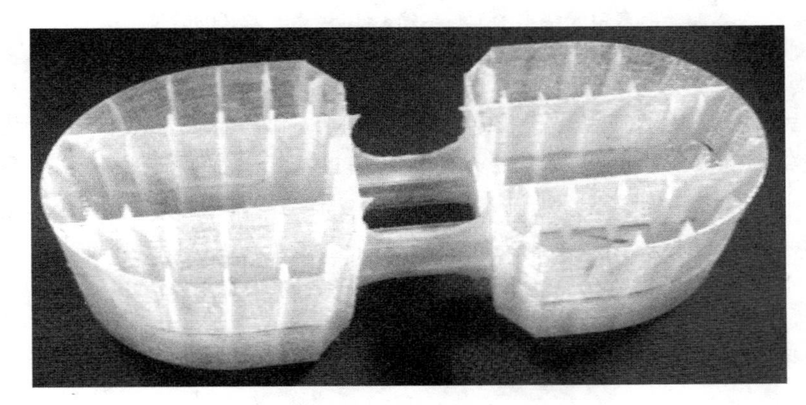

图 11　三维打印的钢塔节段模型

方案设计。

3　小　结

利用 Catia 软件平台，对基于 PDCA 周期的桥梁设计进行了全过程 BIM 模拟，取得了很好的成果。随着大数据时代及智能时代的来临，BIM 的全过程设计对于提高设计效率和质量具有深远的意义；基于 PDCA 循环的管理控制也将对 BIM 设计的流程设置起到积极的引导作用。

参考文献

[1]　李永君，戴建国，卢永成．江西吉水赣江二桥工程总体设计［J］．城市道桥与防洪，2016，01（1）：59-63.

[2]　马成刚．PDCA 循环在工程质量管理中的应用［J］．中国科技信息，2007（8）：34-35.

[3]　达索系统．达索 PLM 解决方案在工程项目中的应用［C］．第三届工程建设计算机应用创新论坛论文集，上海：2011.

结合 BIM 与 BP 神经网络的工程施工质量评价方法研究

徐　照，李柄静，张　星

（东南大学土木工程学院，江苏 南京 210096）

【摘　要】 本文结合 BIM 技术可视化、信息共享、协同工作的特性，结合 BIM 技术研究了施工质量评价的问题。以现浇钢筋混凝土主体结构工程为例，根据现行的施工质量验收规范和评价标准，建立了施工质量评价的 BP 神经网络评价模型，进而基于信息交互标准——IFC 标准对施工质量评价信息（包括评价指标值和评价结果）进行扩展、表达和集成，完成质量信息在 BIM 模型的映射，实现质量信息的可视化。在此基础上集成其他质量相关信息，构建施工质量评价数据库。

【关键词】 BIM；BP 神经网络；施工质量；评价方法

1　引　言

施工质量评价是相关评价主体依据评价标准，结合业主需求和建筑工程目的，通过计算分析相关质量数据，采用适当的评价方法和技术手段对验收合格的工程实体的施工质量状况进行评估认定的过程。施工质量评价是为了反映建筑工程施工质量的客观现状[1]，这样一方面便于施工企业了解现场施工情况，进一步优化施工管理；另一方面能够为工程创优评比活动和建设行政管理部门的质量监督机构提供决策信息和依据，这有利于提高政府部门决策的科学性，促进质量管理工作的有效开展。

本文以现浇钢筋混凝土主体结构工程为例，根据现行的施工质量验收规范和评价标准，建立了施工质量评价的 BP 神经网络评价模型，进而基于 IFC 标准对施工质量评价信息（包括评价指标值和评价结果）进行扩展、表达和集成，完成质量信息在 BIM 模型的映射，实现质量信息的可视化。

2　基于 BP 的施工质量评价及其在 BIM 模型的映射

2.1　基于 BP 神经网络的施工质量评价

1）评价模型结构的设计

本文以现浇钢筋混凝土主体结构工程为例，确定了 16 项施工质量评价指标。这些指标从性能检测、质量记录、允许偏差和观感质量四个方面综合反映了现浇钢筋混凝土主体结构的施工质量[2]。本文采用含有单隐含层的网络，即评价模型包括输入层、单隐含层和输出层三层。将表 1 中确定的 16 项评价指标的指标值作为 BP 神经网络模型的输入参数，即评价模型的输入层节点数为 16。本文需要通过评价模型得到混凝土主体结构的施工质量评分（百分制），因此评价模型的输出层节点数为 1。神经网络的隐含层节点数通常采用公式 $L=\sqrt{m+n}+a$ 来确定[3]。其中，L 为隐含层节点数（正整数），m、n 分别为输入层和输出层节点数，a 为 0～10 之间的常数。根据上述公式，本文 BP 神经网络评价模型的隐含层节点数为

【基金项目】 国家自然科学基金资助项目（71302138）

【作者简介】 徐照（1982-），男，副教授。主要研究方向为 BIM。E-mail：bernardos@163.com

5～14之间的常数。建模计算时需要对该范围内的常数进行试算，并确定训练结果最佳时对应的常数为隐含层节点数。

2）评价模型样本集数据的量化

根据各项指标初始值形式的不同对其进行分类，见表1。

施工质量评价指标的分类　　**表1**

类别	指标	备注
第一类	混凝土强度	性能检测指标
	原材料记录完整性、施工记录完整性、试验记录完整性	质量记录指标
第二类	钢筋保护层厚度偏差、柱截面尺寸偏差、墙厚度偏差、梁高度/宽度偏差、板厚度偏差	性能检测指标
	轴线位置偏差、层高标高偏差、层高垂直度偏差、表面平整度偏差	允许偏差指标
第三类	裂缝、连接部位可靠性、露筋	观感质量指标

第一类的四项指标在工程质量原始记录中没有量化的指标值，本文以十分制评分的形式实现其量化描述。第二类指标可以从现浇结构工程的结构施工检验批质量验收记录表中获取指标值。第三类指标是反映结构实体观感质量的指标，可以从现浇结构工程的观感质量检验批质量验收记录表中获取指标值。施工质量验收时通过观察的方法检查该类指标是否符合规范和设计要求。质量记录表中通常以“好”和“一般”描述检查结果，本文以检查结果为“好”的检查部位数量占所有检查部位数量的百分比实现量化描述。

实现各项指标量化描述的过程中，首先分检验批获取并量化各项指标值，作为BIM模型中构件的质量参数（即区分检验批添加构件参数值）；然后计算主体结构工程包括的全部检验批的各项指标值的均值，作为BP神经网络评价模型的输入参数。BP神经网络样本集中输出参数的期望值可以从单位工程核查评分汇总表（详见附录）中获取，表中的“结构工程评价得分合计”即输出参数的期望值，其初始记录值是百分制评分（数值形式），可被直接用作评价模型参数。

3）评价模型的Matlab实现

本文通过调研搜集到24组样本集数据。本文应用Matlab软件，通过编码建立基于BP神经网络的施工质量评价模型，根据训练情况预测图形输出。神经网络耗时15s，经过10706次训练达到最优，均方误差为9.99*e-9，梯度为3.49*e-5，拟合性达到0.99642，效果理想，可以实现预测，4组检测样本的期望输出为86.15、91.50、89.80和96.30，预测结果为86.33、93.02、93.04和95.60，绝对误差分布在－0.7～3.2范围内，误差率为0.21%、1.66%、3.61%和－0.73%，绝对值均小于5%，结果满足要求。

4）施工质量等级的确定

《建筑工程施工质量评价标准》GB/T 50375—2016（以下简称质量评价标准）中第3.2.5条规定：结构工程、单位工程施工质量评价综合评分达到85分及以上的建筑工程应评为优良工程。建筑工程施工质量评价将单位工程划分为地基与基础工程、主体结构工程、屋面工程、装饰装修工程、安装工程和建筑节能工程六个部分。上文以现浇钢筋混凝土主体结构工程为例介绍了基于BP神经网络的施工质量评分的预测过程，同理可以得出其他五个部分的施工质量评分，将六个部分的评分加权求和（质量评价标准中规定的权重为：地基与基础工程10%、主体结构工程40%、屋面工程5%、装饰装修工程15%、安装工程20%、建筑节能10%），同时计入附加分后得出单位工程施工质量评分，如果评分达到或超过85分，即为优良工程；未达到85分则为合格工程。

2.2　施工质量评价信息在BIM模型的映射

1）基于IFC的施工质量评价信息的扩展

各项施工质量评价指标，以及基于BP神经网络评价模型预测得到的施工质量评分对应于属性。属性的定义包括属性名、属性类型和属性值类型3项，见表2。

IFC 质量属性定义　　　**表 2**

序号	属性名	属性类型	属性值类型
1	Component Concrete Strength	IfcPropertyEnumeratedValue	7.0/7.5/8.0/8.5/9.0/9.5/10
2	Reinforcing Bar Protective Layer Thickness Deviation	IfcPropertySingleValue	IfcReal
3	Column Section Size Deviation	IfcPropertySingleValue	IfcReal
4	Wall Thickness Deviation	IfcPropertySingleValue	IfcReal
5	Beam Height Width Deviation	IfcPropertySingleValue	IfcReal
6	Slab Thickness Deviation	IfcPropertySingleValue	IfcReal
7	Material Record Integrity	IfcPropertyEnumeratedValue	7.0/7.5/8.0/8.5/9.0/9.5/10
8	Construction Record Integrity	IfcPropertyEnumeratedValue	7.0/7.5/8.0/8.5/9.0/9.5/10
9	Test Record Integrity	IfcPropertyEnumeratedValue	7.0/7.5/8.0/8.5/9.0/9.5/10
10	Axis Position Deviation	IfcPropertySingleValue	IfcReal
11	Layer Elevation Deviation	IfcPropertySingleValue	IfcReal
12	Layer Verticality Deviation	IfcPropertySingleValue	IfcReal
13	Surface Flatness Deviation	IfcPropertySingleValue	IfcReal
14	Crack	IfcPropertySingleValue	IfcReal
15	Connection Reliability	IfcPropertySingleValue	IfcReal
16	Reinforcing Bar Exposed	IfcPropertySingleValue	IfcReal
17	Structure Construction Quality Score	IfcPropertySingleValue	IfcReal

2）基于 IFC 的施工质量评价信息的表达

在完成了基于 IFC 的施工质量评价信息的扩展后，需要进一步对质量信息进行描述，实现其基于 IFC 的表达。

本文选用 EXPRESS-G 图对上文扩展的质量信息进行表达，直观清晰，如图 1 所示。图中 IfcProduct、IfcElement、IfcBuildingElement、IfcPropertySetDefinition 和 IfcPropertySet 五类实体当中，相邻两类实体间为继承关系，以加粗实线表达，圆圈指向子类实体。IfcPropertySet 与 IfcEntity 之间通过 IfcPropertySetDdfinition 建立关联关系，这样就可以通过 IfcProperty 包含的施工质量评价信息表达

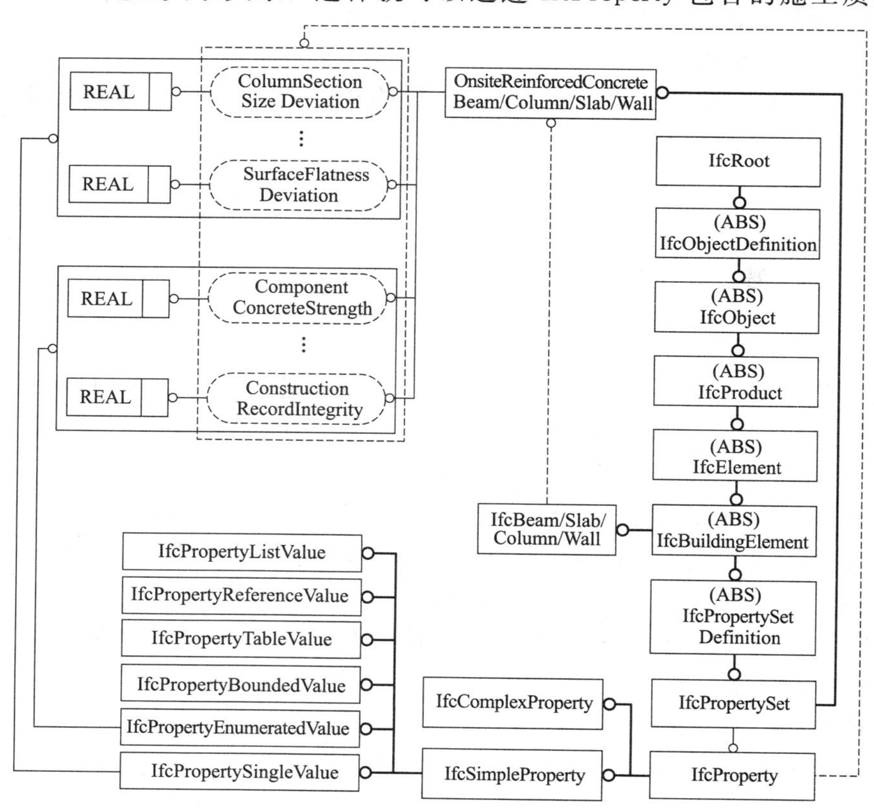

图 1　施工质量评价信息 EXPRESS-G 图

IfcEntity 的施工质量状况。IfcProperty 实体包括 IfcComplexProperty 和 IfcSimpleProperty 两个子类实体，其中 IfcSimpleProperty 又包括六个子类实体。图中椭圆形虚线框中的内容即表 2 中定义的 17 项属性，这些属性是属性集 OnsiteReinforcedConcreteBeam/Column/Slab/Wall 的显式属性，通过细实线与属性集相连。17 项属性的属性值根据类型分为枚举值和简单值，与属性值实体间为强制关联关系，通过细实线连接。

3）基于 Revit 的评价信息在 BIM 模型的映射

本文以新建共享参数并关联到族为例进行介绍，从而实现参数化和可视化。实际工程中，可在绘制完成后输入各质量参数的实际值（即 BP 神经网络初次量化的输入端参数值和预测得出的三项评分值），完成施工质量评价信息在 BIM 模型的映射，如图 2 所示。

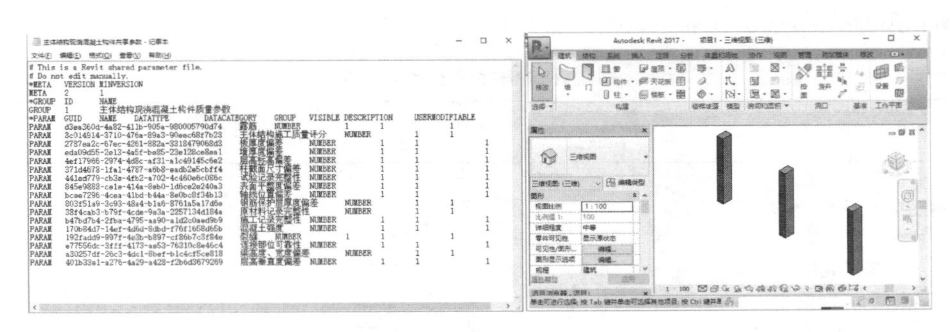

图 2　共享参数文件和族文件

3　施工质量评价数据的数据结构分类

施工质量可视化评价数据组成复杂、来源广泛，包含不同存储结构的数据。在构建施工质量可视化评价数据库的过程中，对于不同存储结构的数据有着不同的组织和管理方式，需要对评价数据的数据结构进行分类。

根据数据存储结构的不同，将其分为结构化数据、非结构化数据和半结构化数据[4]。结构化数据是指具有一定的结构性，能够存储在数据库当中，通过二维关系表结构进行逻辑表达的数据[5]。非结构化数据是指数据结构不固定，无法直接使用关系数据库存储，只能以各种类型的文件形式存放的数据[6]。这种数据只能保存在数据库的一个字段中，必须通过对应的软件打开浏览，不易于理解，无法进行标准化的管理。半结构化数据是介于结构化数据和非结构化数据之间的一种数据形式，它的结构形式变化很大，数据的结构和内容混在一起没有明显的区分，半结构化数据一般是自描述的。

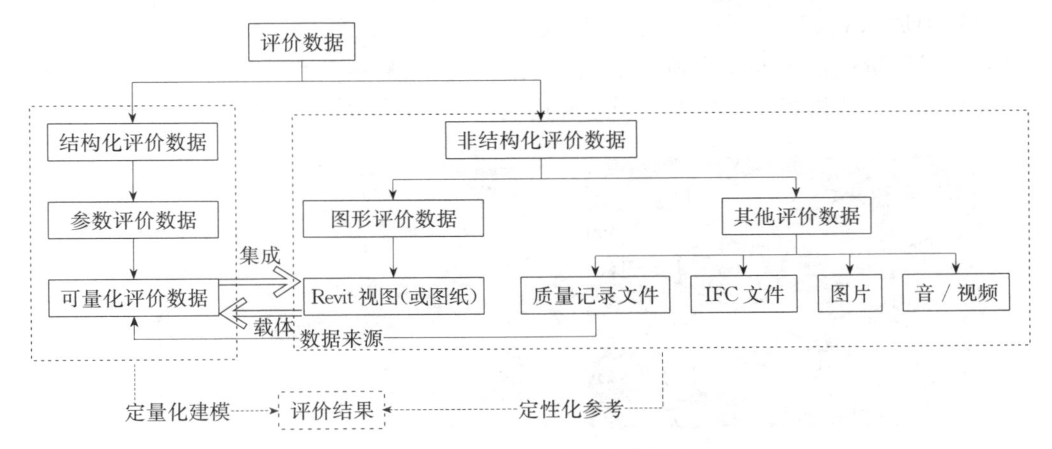

图 3　评价数据的数据结构分类

根据施工质量评价数据存储结构的不同，将其划分为结构化质量评价数据和非结构化质量评价数据（上文提到的施工质量评价数据当中，不存在半结构化质量评价数据），划分情况如图 3 所示。其中，图形评价数据不能以二维关系表的形式存储到数据库当中，属于非结构化数据；参数评价数据能够通过二维关系表结构进行逻辑表达，属于结构化数据；其他评价数据通常是以文档、图片、音频和视频等形式存储，属于非结构化数据。

4 数据库构建的案例

本文以南京市某别墅项目为实例展示施工质量评价数据库的创建过程。该别墅为钢筋混凝土结构的建筑，地上主体部分共分为三层，轴线划分为五条竖向轴线和七条横向轴线。混凝土主体结构施工质量验收时，每自然楼层设一个检验批。搜集得到别墅主体结构三个检验批的 16 项评价指标值，对指标值进行量化并取三个检验批各项指标值的均值作为 BP 神经网络评价模型的输入参数，应用 BP 神经网络预测得到施工质量评分为 86.65 分，评价指标值和预测结果见表 3。将参数值添加到别墅 Revit 模型的对应参数中，如图 4 所示。

别墅评价指标值及预测结果　　**表 3**

序号	评价指标名称	评价指标值/预测结果			
		检验批 1	检验批 2	检验批 3	均值
1	混凝土强度	9	9	9	9
2	钢筋保护层厚度偏差	3.00	4.52	3.55	3.69
3	柱截面尺寸偏差	6.13	6.13	6.13	6.13
4	墙厚度偏差	6.54	8.26	5.90	6.90
5	梁高度、宽度偏差	6.21	4.94	6.01	5.72
6	板厚度偏差	6.10	5.97	7.32	6.46
7	原材料记录完整性	10	10	10	10
8	施工记录完整性	8.5	8.5	8.5	8.5
9	试验记录完整性	8.5	8.5	8.5	8.5
10	轴线位置偏差	6.80	5.45	5.29	5.85
11	层高标高偏差	6.51	6.04	7.00	6.52
12	层高垂直度偏差	6.40	7.01	5.94	6.45
13	表面平整度偏差	4.33	5.10	5.87	5.10
14	裂缝	0.85	0.85	0.85	0.85
15	连接部位可靠性	0.90	0.90	0.90	0.90
16	露筋	0.88	0.88	0.88	0.88
17	主体结构施工质量评分	86.65			

根据各项指标的平均值可知，该项目混凝土主体结构在性能检测、质量记录、允许偏差和观感质量四个方面的施工质量水平基本相当，没有明显的优劣之分。从四个方面分别来看，性能检测项目中混凝土强度较好，墙厚度偏差相对较大，后续施工中应该从施工人员的技术、态度和施工机具质量等方面改进；质量记录项目中原材料记录完整、真实、有效、手续完备；试验记录和施工记录需要进一步完善；允许偏差项目和观感质量项目中各指标所反映的施工质量状况基本一致，后续施工时应注意提高测量放线精度和施工人员素质，严格控制模板安装质量和内表面清洁度，从而降低尺寸偏差，改善外观质量。

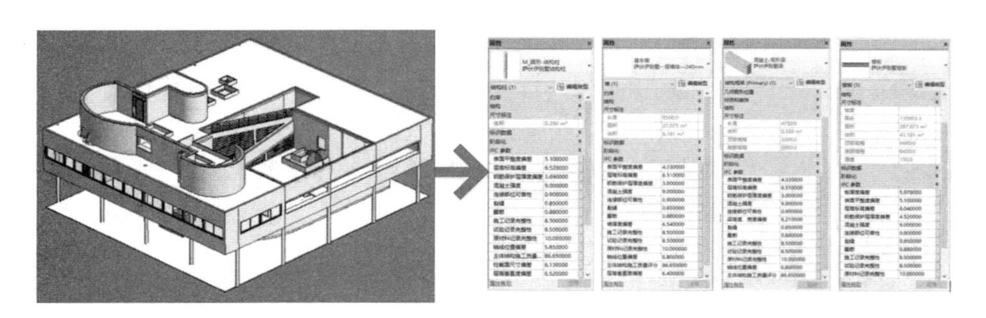

图 4　将质量参数添加到 Revit 模型中

5 结　论

本文分析了 BIM 技术在建筑行业的研究现状和应用情况，提出了将 BIM 技术应用于施工质量评价工作的研究思想，展开了基于BIM的施工质量评价方法的研究，完成了施工质量评价信息在IFC标准中的扩展和表达，实现了基于IFC标准的评价信息的规范化描述和标准化表达。

参考文献

[1] Kalyan T. Sri, Zadeh Puyan A., Staub-French Sheryl, et al. Construction quality assessment using 3D as-built models generated with Project Tango. Procedia Engineering, 2016, 145: 1416-1423.

[2] 中华人民共和国住房和城乡建设部，中华人民共和国国家质量监督检验检疫总局．GB/T 50375-2016. 建筑工程施工质量评价标准［S］．北京：中国建筑工业出版社，2016：5.

[3] 沈花玉，王兆霞，高成耀，等．BP神经网络隐含层单元数的确定［J］．天津理工大学学报，2008，24（5）：13-15.

[4] 张明宝，马静．基于UMA的企业非结构信息资源管理系统研究［J］．计算机系统应用，2008，17（10）：15-19.

[5] 万里鹏．非结构化到结构化数据转换的研究与实现［硕士学位论文］［D］．成都：西南交通大学信息科学与技术学院，2013.

[6] 徐宗本，张讲社．基于认知的非结构化信息处理：现状与趋势［J］．中国基础科学，2007，9（6）：4-8.

附录：单位工程核查评分汇总表

序号		地基与基础工程	主体结构工程	屋面工程	装饰装修工程	安装工程	建筑节能工程	备注
1	性能检测							
2	质量记录							
3	允许偏差							
4	观感质量							
合计								

城市道路工程BIM标准体系框架研究

袁胜强，刘　钊

（上海市政工程设计研究总院（集团）有限公司，上海 200092）

【摘　要】现有的BIM标准基本上局限于建筑行业，在城市道路工程领域的BIM标准还几乎是空白，影响了BIM应用的效果。本文研究了现有国内外的主流BIM标准体系，结合城市道路工程的特殊性，提出了城市道路工程BIM标准体系框架，为后续相关标准的制定提供参考。

【关键词】BIM；标准体系；城市道路工程

1　研究背景

目前BIM技术浪潮已经席卷全球建筑工程领域，BIM技术的应用大幅度提高了建筑工程的集成化程度，促进了建筑业生产方式的转变，提高了投资、设计、施工乃至整个工程生命期的质量和效率，提升了科学决策和管理水平。目前在西方发达国家工程领域得到了较为广泛的应用，为加速和指导BIM技术的应用，相继推出了BIM标准与技术政策。我国建筑行业信息化发展时间并不长，只有十多年时间，在政府的重视和支持下，近几年发展迅速，BIM技术尤其在建筑行业得到越来越广泛的应用。

BIM技术的应用要有BIM标准体系的支撑，否则BIM信息的交换就很难实现。目前国内外的BIM标准体系基本上局限于建筑行业，未能涵盖城市道路交通工程行业领域。城市道路交通工程是典型的线路工程，具有“区域范围广、与周边环境结合紧密”等有别于建筑工程的特点，涵盖专业包括：地理信息、工程地质、道路、桥梁、隧道、市政管线、景观以及附属工程等。在城市道路交通工程领域，由于缺少相关BIM标准，一方面在应用上工程设计人员在建立BIM模型中仍有极大的随意性；另一方面软件开发人员难以利用统一的数据标准进行底层开发，导致从规划、设计到施工和建造全过程中无法实现真正的信息共享。

因此现阶段急需从城市道路工程领域的基础数据和工程应用两个层面来规范和指导BIM应用，从基础数据上解决全生命周期内数据共享的问题，从工程应用上明确全生命周期内各参与方的角色与工作内容的问题，以填补我国城市道路交通工程领域BIM信息化的短板，有效提高本行业的BIM技术的应用效率和水平。

2　国内外BIM标准体系

2.1　NBIMS标准体系

作为BIM技术发源地的美国，在2007年美国发布了BIM应用标准——《NBIMS（National Building Information Model Standard）》第一版，规定了基于IFC数据格式的建筑信息模型在不同行业之间信息交互的要求，2012年发布的NBIMS第二版详细地分为了BIM参考标准、信息交换标准与指南和应用三大部分，2015年发布的NBIMS第三版更是涵盖了建筑工程的整个生命过程（图1）。NBIMS标准体系是目前世界上相对成熟和完善的标准体系，对我国城市道路工程的BIM标准体系框架构建有很强的借鉴

【作者简介】袁胜强（1971-），男，教授级高工。主要研究方向为道路交通设计及BIM开发。E-mail：yuanshengqiang@smedi.com

意义。

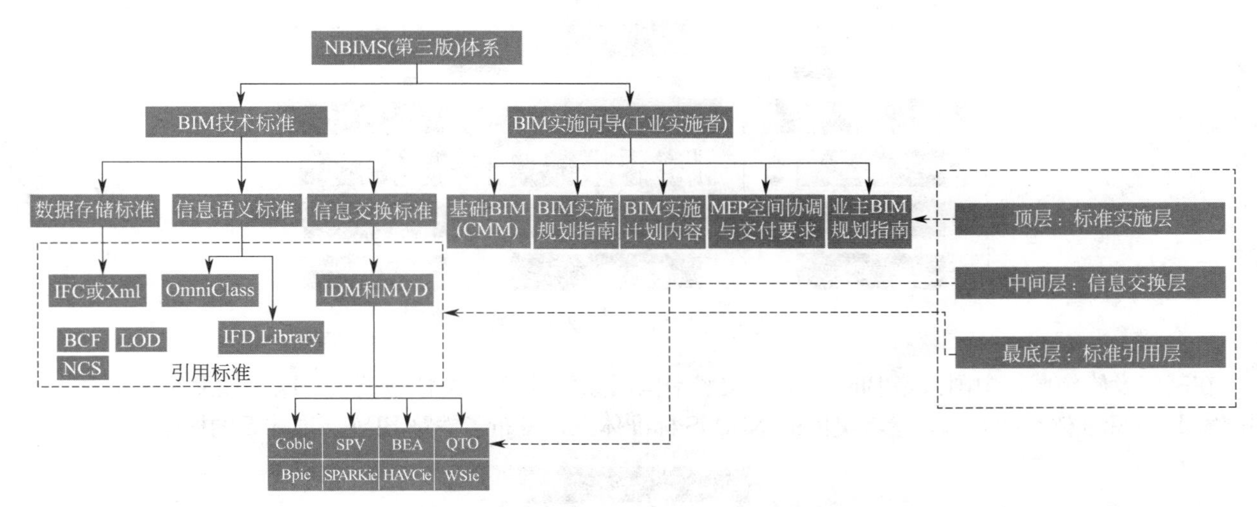

图1　美国NBIMS（第三版）标准体系框架

NBIMS标准体系主要分为“BIM技术标准”和“BIM实施向导”两大部分。“BIM技术标准”包含了针对软件开发人员的“数据存储标准”（主要采纳IFC标准），“信息语义标准”（主要采纳北美地区标准OmniClass）以及用于描述建筑全生命周期各个环节具体任务的过程和交换要求的“信息交换标准”（COBie、SPV、BEA等，也是NBIMS研究的核心内容）；“BIM实施向导”主要是针对AEC行业的使用人员，用于指导数据建模、管理、沟通、项目执行和交付的工作流程。另外，NBIMS标准体系又可分为标准引用层、信息交换层和标准实施层三个层级，这三个层级之间相互引用，相互联系，共同构成了NBIMS标准体系。

2.2　国内BIM标准

2012年住房和城乡建设部正式开始进行国家BIM标准制定项目，提出了中国BIM国家标准体系（图2)。《建筑信息模型应用统一标准》GB/T 51212—2016是最高级别的BIM标准，其他标准的编制应遵循它的规定，将于2017年7月1日正式实施，对建筑信息模型在工程项目全寿命期的各个阶段建立、共享和应用进行了统一规定，包括模型的数据、模型的交换及共享、模型的应用、项目或企业具体实施等。另外还包含了两本基础数据标准，《建筑工程信息模型存储标准》规定了建筑信息模型应采用什么格式进行组织和存储，对应着BuildingSmart标准体系中的IFC标准，《建筑工程设计信息模型分类和编码标准》规定模型该如何分类，对应于IFD标准。而执行标准对设计和施工阶段的模型应用、交付和制图等具体内容进行了规定。

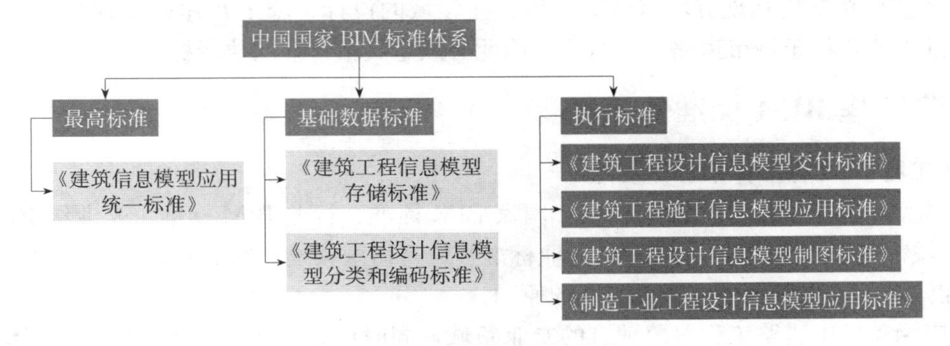

图2　中国国家标准体系框架

2011年清华大学BIM课题组《中国建筑模型标准框架研究》发行，CBIMS分为技术规范、解决方案和应用指导三大类（图3)。从CBIMS标准体系框架来看，CBIMS体系与NBIMS体系有一定的类似性，从基础数据和应用层面均做了相关规定，然而不同的是，CBIMS的应用层面更多强调的是打破BIM的数字化资源瓶颈，将数字化图元的建立和组装标准化。

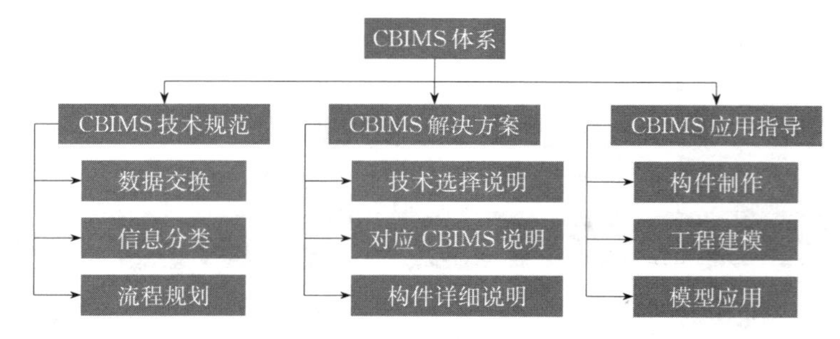

图 3　CBIMS 标准体系框架

在基础设施领域，中国铁路 BIM 联盟，按照中国国家的铁路建设管理模式，既有铁路定额体系以及中国国家 BIM 标准体系的要求，参考美国的 NBIMS 标准体系，发布了铁路 BIM 标准体系的框架（图 4）。

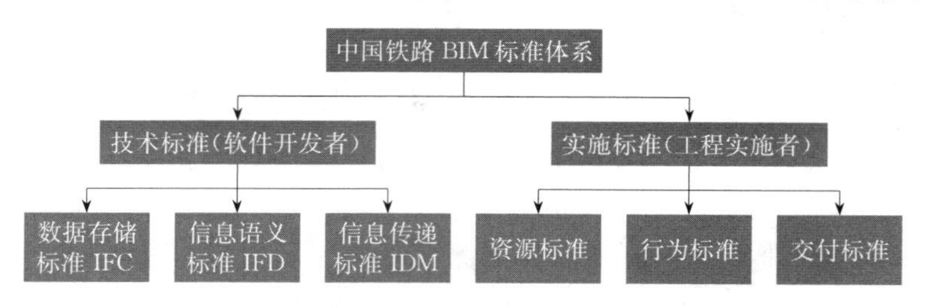

图 4　中国铁路 BIM 标准体系框架

2.3　国内外 BIM 标准在城市道路工程领域适应性分析

国内外目前比较成熟的标准体系均是从技术标准和执行标准两方面对 BIM 的实现提出了指导。技术标准中均提出了对国家层面或者行业内部的数据存储，信息语义和信息传递进行重新定义，而执行标准中均提出了对资源和交付等应用层面的规定；这种分类方法与城市道路工程的 BIM 标准体系框架设想一致。

然而上述标准体系仍无法直接应用于城市道路工程领域，主要原因有：

首先，上述标准体系中引用的基础数据标准不能涵盖城市道路工程领域，即便是同属于基础设施领域的中国铁路 BIM 标准体系和城市道路工程的专业有较大区别，城市道路工程 BIM 标准仍需对这些基础数据标准进行定义和完善。

其次，BIM 标准体系的提出一般与软件的支持密切相关，上述标准配套的 BIM 软件多集中在建筑工程领域，基于复杂线路工程的 BIM 软件目前发展相对滞后，BIM 标准的落地应用需有 BIM 软件厂商的支持，而软件的开发必须要有基础数据标准的支撑。

最后，BIM 实施标准应和现有城市道路工程行业领域的设计、施工及建设管理模式等相适应，其他行业的执行标准无法移植于城市道路工程行业，因此必须定义本行业的执行标准才能满足需求。

3　城市道路工程 BIM 标准体系框架

3.1　城市道路工程 BIM 标准体系总体设想

BIM 标准体系从上至下可分为四个层级，国家 BIM 标准、行业 BIM 标准、企业级 BIM 标准、项目级 BIM 标准。城市道路 BIM 标准作为一种行业标准，应遵循国家统一标准的相关要求和规定。城市道路工程 BIM 标准体系，制定过程中应遵循如下的原则：

完整性：应涵盖城市道路工程对象独有的专业领域，同时应是一个完整的 BIM 标准体系，包括基础数据标准和应用标准。

扩展性：应从 BIM 标准框架体系开始，具有一定的扩展性，能够满足未来新兴专业的数据扩展，同时满足设计、施工和运维等各个阶段，逐步形成一个全面的 BIM 标准。

开放性：BIM 标准体系应能与国际标准体系兼容。

可操作性：基础数据标准能支持软件开发实现，应用标准能支持工程项目的实施应用。

3.2 城市道路工程 BIM 标准框架

城市道路工程 BIM 标准体系包括基础数据标准和应用标准两大部分（图 5）。技术标准应分为城市道路工程数据存储标准、城市道路工程信息语义标准、城市道路工程信息传递标准，这三个标准主要针对软件开发人员，目的是确保项目各参与方基于计算机的互操作性，也是城市道路工程 BIM 体系的核心标准。应用标准包含但不仅限于以下标准：城市道路工程设计信息模型交付标准、城市道路工程设计信息模型应用标准、城市道路工程施工信息模型应用标准和城市道路工程信息模型应用指导手册。

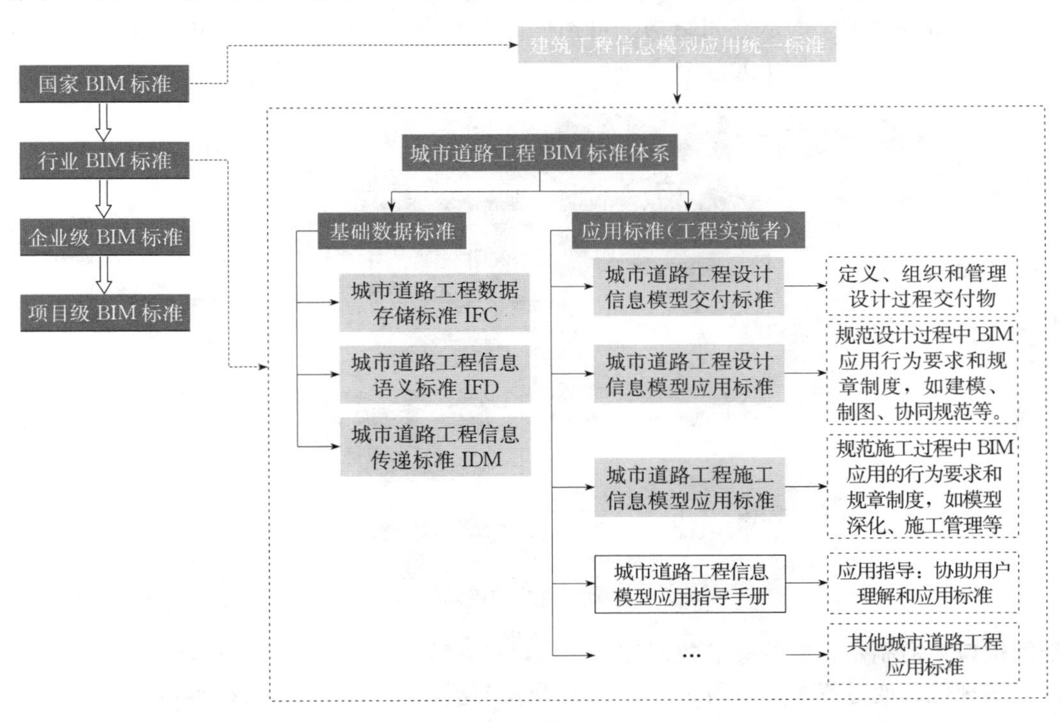

图 5　城市道路工程 BIM 标准框架

3.3 城市道路工程 BIM 基础数据标准

基础数据标准的制定为 BIM 软件开发人员和软件商提供软件需求和开发规范，并为 BIM 应用标准的制定提供必需的技术依据。因此在城市道路工程 BIM 标准体系中，应确保模型中需要共享的数据应能在建设工程全生命周期各个阶段、各项任务和各相关方之间交换和使用，并且共享的模型元素能在建设工程全生命周期内被唯一识别。

基础标准体系（图 6）应满足：语义上是统一的，即传递的信息在语义上被一致的理解；文件是兼容的，组织信息的方式和承载信息的容器应能够互相兼容；沟通是有序的，信息输入输出应规范统一。

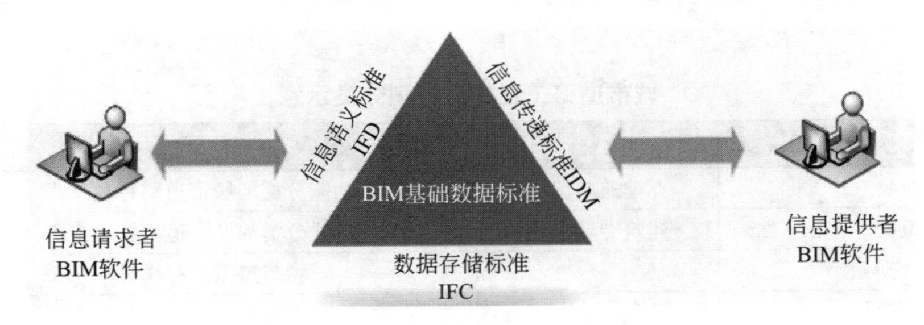

图 6　三大基础数据标准

1）城市道路工程数据存储标准

数据存储标准解决的是数据的存储格式和存取规范，解决信息如何共享的问题。数据存储标准主要需要研究数据格式、语义扩展、数据访问接口和一致性测试规范四个方面的内容。

数据格式：参考 NBIMS，数据格式可采用 IFC 和 XML 作为数据格式，IFC 采用 Express 语言描述数据模型，以 STEP 作为文件编码格式，XML 以 XML Schema 描述数据模型，XML 为文件编码格式。

语义扩展：目前最可行的方案是基于的 IFC4 标准（ISO16739《工业基础类别》）进行拓展，使用 IFC 现有的外部参展关联机制，将城市道路工程 BIM 信息语义关联到 IFC 模型，将目前的 IFC 与城市道路工程语义协调。

以桥梁结构的语义拓展为例（图 7）：可拓展出 IFC Bridge 空间结构单元，进一步细分为拱桥、斜拉桥、悬索桥、梁式桥等类型。而从空间结构上可拓展出 IFC Bridge Part，通过预定义类型属性细分为桥墩、桥台、梁、基础等空间结构单元。

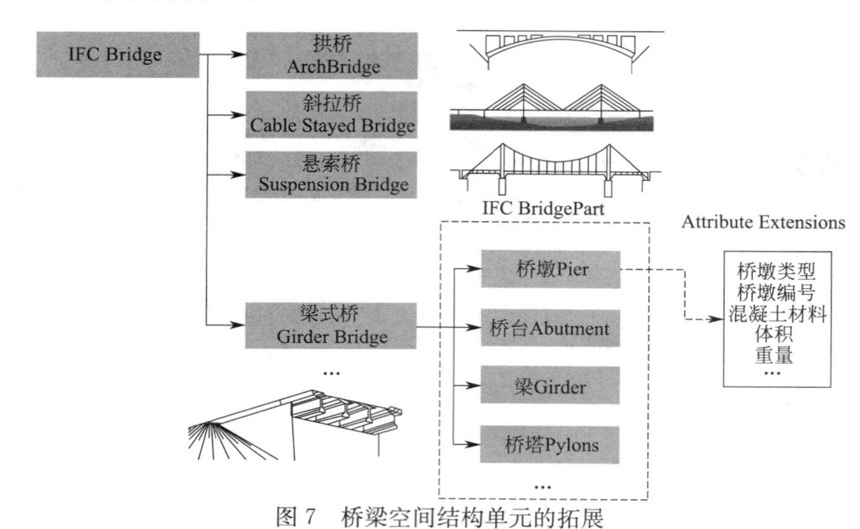

图 7　桥梁空间结构单元的拓展

数据访问接口：需制定相应的标准数据访问接口，良好地支持 BIM 数据访问。

一致性测试规范：通过规范化进行软件层面的开发与测试，保证软件对标准的良好支持性，解决上游系统生成的数据无法有效被下游系统利用的问题。

2）城市道路工程信息语义标准

信息语义标准解决的是语义共享的问题，通过有序的定义和编码才能将存储数据映射为理解唯一的信息。ISO 组织近年来先后颁布了《施工工程的信息组织》ISO 12006、《信息分类框架》ISO 12006-2 和《面向对象的信息框架》ISO 12006-3 等信息分类框架体系，但我国工程领域多年来已经存在多种关于建筑信息分类的体系与标准。在制定信息语义标准上应在与国际现有分类框架兼容的基础上，继承我国现有分类编码工作的成果和思路，对城市道路工程行业特殊的概念语义进行规范化分类和编码。

城市道路工程信息模型分类系统按照基本概念可以将信息模型分为建设资源、建设过程、建设成果和属性这四大类（表 1），而按照城市道路工程的特点又可进一步细分为若干子表，这些子表之间离散，相互之间可以协作使用。

城市道路工程信息模型分类示意　　**表 1**

建筑资源(引用)	建筑过程(引用)	建筑成果(新增)	属性(拓展)
按功能分建筑物	建筑阶段	按功能分类的城市道路单项工程	构件属性
按形态分建筑物	建筑专业领域	按形式分类的城市道路单项工程	GIS 属性
按功能分建筑空间		城市道路工程构件	
按形态分建筑空间		城市道路工程项目阶段	
元素		城市道路工程人员角色	
工作成果		城市道路工程产品	
		...	

3）城市道路工程信息传递标准

信息传递标准需要定义城市道路工程各阶段的信息传递流程和实现信息交换的应用软件及服务规范，信息传递标准主要需要解决流程定义和软件实现两个方面的问题。

流程定义：参考《信息传递规程》ISO-29481，将信息传递标准中的信息交换过程分为两个维度（纵向维度：规划、设计、施工和运维各阶段之间的信息交换；横向维度：业主、设计、施工和运营各参与方之间或参与方内部之间）（图 8），信息交换可分为三个层次（流程图、交换需求和功能部件）。

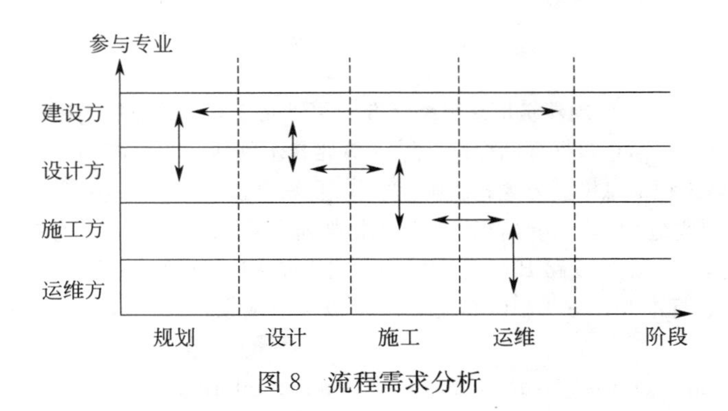

图 8　流程需求分析

软件实现：主要是研究如何利用制定模型视图定义（MVD）的方式将 IDM 与 IFC 数据模式联系起来，交付给软件开发人员实现相应的传递过程与 IFC 兼容的软件，具体来说就是将交换需求和功能部件中的概念翻译成标准化的 IFC/XML 实体和属性，为软件开发人员提供实现信息传递功能的途径。

3.4　城市道路工程 BIM 应用标准

同基础数据标准一样，应用标准也应该是一个涵盖全生命周期各个阶段的标准。向下引用基础数据标准获得软件开发者的技术支持，向上兼容现有城市道路工程规范，针对应用过程各阶段和各专业的建模、制图、协同、交付等具体内容做出的行为要求和规章制度，也可以理解为是对基础数据标准于实际工程中的解读。

在实际项目中，按照实现制定好的标准进行各阶段 BIM 技术的应用（图 9），能够最大化 BIM 的效益，做到有据可寻，有理可依，少走弯路的效果。

应用标准的制定应满足实际项目的 BIM 技术深度应用，并最大化挖掘 BIM 模型在各阶段的拓展应用，在深度上对目前工程项目的 BIM 技术进行指导与规范化，并在广度上进行 BIM 技术的拓展。

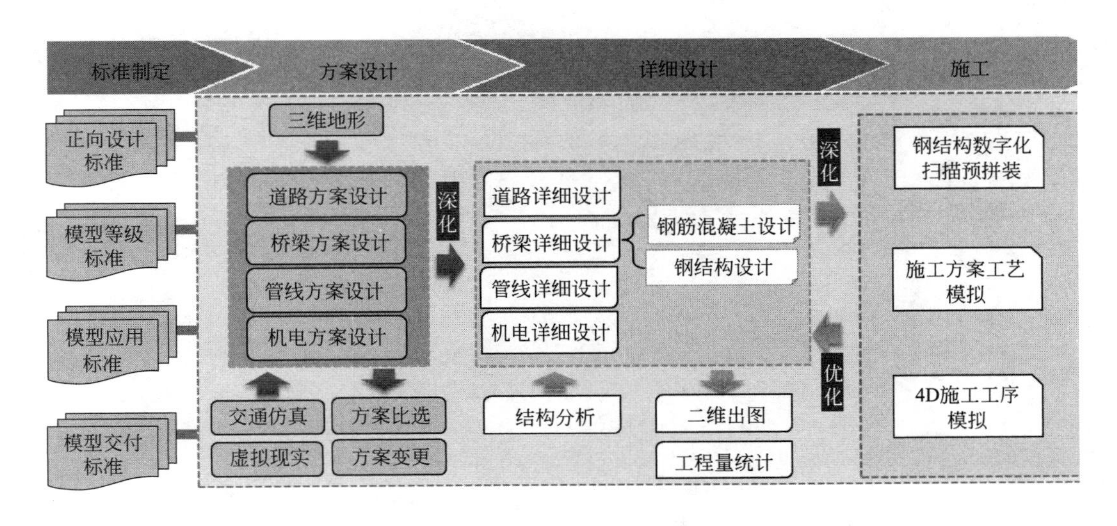

图 9　基于应用标准的实际项目应用流程

4 结　语

本文研究了目前国内外主流BIM标准体系，提出了城市道路工程BIM标准体系框架，并对其组成和相关内容进行了详细的阐述。通过对城市道路工程行业标准化体系建设，指导本领域工程BIM技术应用，可建立更加合理和完善的建筑信息核心数据模型，在BIM模型的完整性、实用性和高效性三者之间找到最佳平衡点，提供设计项目中不同角色之间的信息传递流程，实现设计全过程的数据互通、集成与共享。

参考文献

[1] 清华大学软件学院BIM课题组．中国建筑信息模型标准框架研究［M］．北京：中国建筑工业出版社，2011.

[2] 中国铁路BIM联盟. 铁路工程信息数据存储标准［J］．铁路技术创新，2016，1（1）．

[3] 中国铁路BIM联盟. 铁路工程信息模型分类和编码标准［J］. 铁路技术创新，2015，1（1）.

[4] 清华大学软件学院BIM课题组. 中国建模信息模型标准框架研究［J］. 土木工程信息技术，2010，2（2）：1-5.

[5] 李华良，杨绪坤，王长进，等. 中国铁路BIM标准体系框架研究［J］. 铁路技术创新，2014（2）：12-17.

[6] 陈远，陈治. 建筑信息模型标准开发方法和内容框架分析-以美国国家建筑信息模型标准第三版为例［J］. 建筑经济，2016，37（8）：117-120.

[7] National Institute of Building Services. NBIMS：National Building Information Modeling Standard Version 3［R］. 2015.

上海市 S3 高速公路先期实施段新建工程 BIM 应用

刘　钊，袁胜强，柏雨林

（上海市政工程设计研究总院（集团）有限公司，上海 200092）

【摘　要】上海市 S3 高速公路先期实施段新建工程体量大，涉及专业多，施工工期紧。本工程中采用多专业协同建模，利用 BIM 模型进行了方案优化与设计深化。通过二次开发 Para3D 桥梁智能化设计软件，进行了正向设计，实现了二维三维一体化，大大提高了设计效率。

【关键词】S3 公路；BIM；Para3D

1　项目概况

S3 公路北起 S20 公路与罗山路立交（不含罗山路立交），向西接 S4 公路，全长约 42.3km。高速公路主线建设规模为双向 6 车道，主线共设置 3 座枢纽互通立交，工程总投资约 182 亿元。是构建上海“四个中心”的重要载体；是浦南一体化的核心发展轴；是自贸区陆家嘴、金桥、张江、洋山各片区之间的重要联系通道；是迪士尼、周康航地区的主要交通集散配套设施；可有效分流 S4、林海公路交通，新增临港、奉贤与中心城区的连接通道。

先期实施段为 S20 至周邓公路，路线总长 3.1km，高架采用双向 6 车道，地面道路采用双向 4～6 车道。实施范围内合计 2 对平行匝道。遵循市委尽早为乐园提供交通保障的设想，交通委部署了 S3 公路先期实施段的规划建设工作，力争 2016 年底辟通 S3 先期实施段，为已经开园的迪士尼高峰客流提供必要的疏解通道。

结合国际旅游度假区核心区迪士尼乐园出入口设置以及停车场的布局，先期实施后，可通过交通管理措施引导中心城区交通通过该通道进、出迪士尼南入口，既可缓解申江路高架流量过于集中可能导致拥堵的情况，也可多路径分流进、出乐园交通，避免乐园西出入口处的交通量过于集聚，进一步提高迪士尼乐园正式开园后的交通保障度。

本项目应用 BIM 手段、可形象展示立交节点样式，直观地呈现整体与细部的视觉效果，然而由于工程实施的工期较紧，设计与 BIM 应用同步进行，对正向设计、协同设计、二维三维一体化及 BIM 建模的效率等要求较高。目前市面上主流 BIM 软件对建筑工程支持性较好，而对线路工程还无法做到基于 BIM 的正向设计，因此在本工程中采用整合平台，通过二次开发提高设计效率的任务更加显得迫在眉睫。

2　BIM 应用技术路线

2.1　方案设计阶段

全线方案阶段采用 Autodesk Infraworks 平台进行道路的快速建模，向业主直观展示总体方案效果（图 1）。

【作者简介】刘钊（1990-），男，工程师。主要研究方向为桥梁设计和 BIM 技术研发应用。E-mail：liuzhao@smedi.com

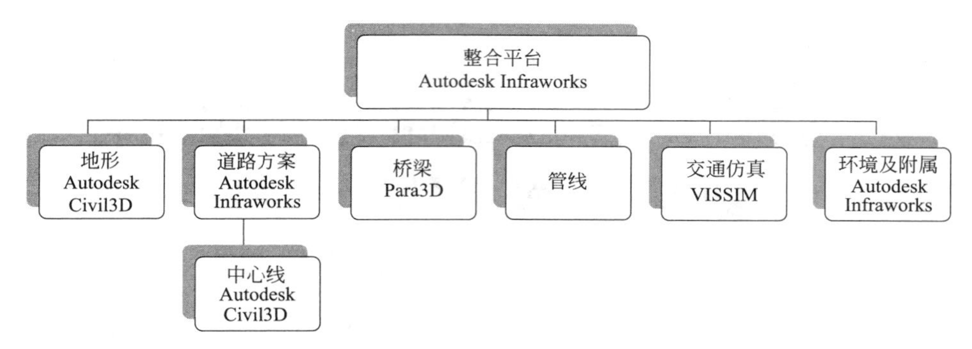

图 1　S3 方案设计阶段技术路线

2.2　先期实施段详细设计阶段

采用多平台多专业软件协同建模，实现正向设计及二维三维一体化，大大提高了设计效率，质量得到更有利的保证（图 2）。

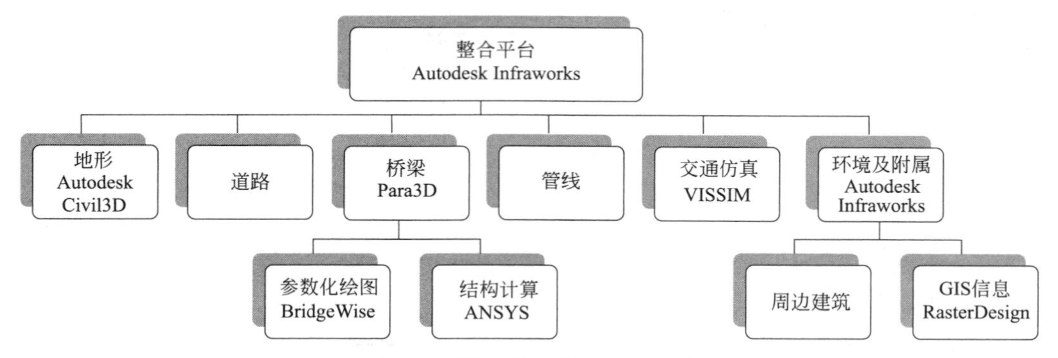

图 2　S3 详细设计阶段技术路线

3　BIM 应用具体内容

3.1　正向设计

本项目自 2016 年伊始，在业主要求下成立 BIM 团队，从方案设计阶段入手，BIM 实施直至详细设计阶段，时间紧张，任务量大，综合考量后选用兼容性更为稳定的 Autodesk Infraworks 平台进行效果整合。

1）方案设计阶段：

方案阶段以 Autodesk 平台为基础，选用具有针对性的土木工程 BIM 软件 AutodeskCivil3D 进行地形点提取，形成地形，并在 Autodesk Civil3D 中进行道路线形设计，以实现在 Autodesk Infraworks 中进行道路快速建模。导入其他专业模型后，最终在 Autodesk Infraworks 平台进行环境附属设施的建模及最终整合（图 3）。

图 3　方案设计阶段节点立交模型图

方案阶段道路专业全线 42km，含 3 座枢纽互通立交，现状工程起点含 1 座枢纽互通立交，体量较大。选用 Autodesk Infraworks＋Autodesk Civil3D 协作方式进行方案快速建模，互通立交形式明确，平台展示效果较为理想。

桥梁专业选用基于 AutodeskAutoCAD 二次开发的 Para3D 桥梁智能化设计软件进行快速建模。该软件按照实际设计流程开发，使用输入简单，输出成果实用，普通设计人员在 AutodeskAutoCAD 中即可快速完成常规桥梁的部分设计和建模，性价比很高，Autodesk 平台可良好的兼容各专业所使用的 BIM 设计软件（图 4）。

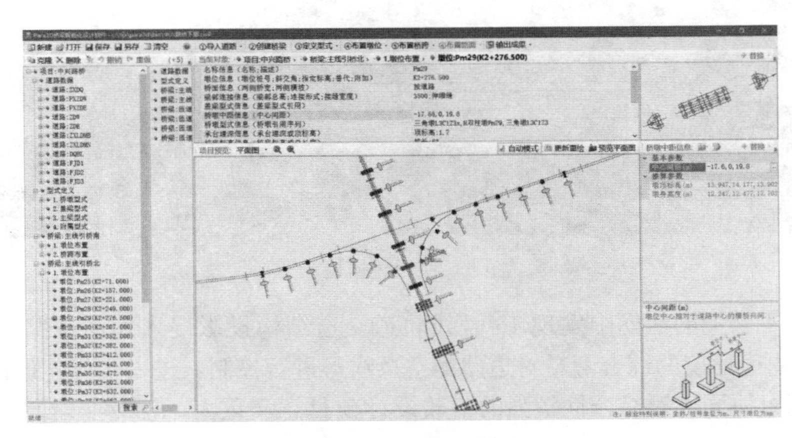

图 4　Para3D 桥梁设计界面

2）详细设计阶段

详细设计阶段道路专业选用基于 Autodesk AutoCAD 的 RADS 软件，旨在为市政道路设计人员和公路设计人员提供一套完整的智能化、自动化、三维化解决方案，比较完整地覆盖了市政道路设计和公路设计的各个层面，能够有效地辅助设计人员进行地形处理、平面设计、纵断设计、横断设计、边坡设计、交叉口设计、立交设计、三维漫游和效果图制作等工作，可以提供更精确的建模内容，同时，可以进行工程量的自动统计和二维出图。

在详细设计阶段，各专业和前期阶段保持一致，进行更为精确的建模，最终在 Autodesk Infraworks 中加入附属及环境，进行效果漫游展示（图 5）。

图 5　项目漫游图

3.2　交通仿真方案比选

方案阶段，使用 Autodeskinfraworks 中的模型导入 VISSIM 交通仿真软件进行交通深化分析，科学的使用 VISSIM 进行方案必选，对于三根匝道和四根匝道方案进行交通仿真分析，对交织长度及通行能力进行影响评价，以数据分析为基础，从而选择最优方案。

在详细设计阶段进行的交通仿真模拟，对设计方案进行反馈，使得设计成果更为精细化，通过仿真分析，测试设计参数、交通条件、交通管理与信号控制等对交通运行效率与安全的影响，优化设计参数。

Autodesk 平台良好的兼容性使模型可以得到更为充分的拓展使用，海纳百川，融合各家所长，使得

BIM应用更为完整。

3.3 特殊节点优化设计

在详细设计中，各专业模型整合至Autodeskinfraworks后发现，既有横向道路管线与新建主线承台桩基础发生碰撞，平台上的协同设计中完成碰撞规避，避免了施工过程中发现问题，设计返工的问题（图6）。

图6　项目碰撞检测

同时，Autodesk平台上的协同中发现16号线轨道交通结构投影侵入地面道路红线，反馈设计人员后，通过道路专业与周边环境的综合考量对道路净空及线形进行控制，进一步优化设计（图7）。

Autodesk平台的可协同性对综合性较强的市政设计项目意义重大，各专业之间的碰撞检测可大大提高工作效率，优化设计（图7）。

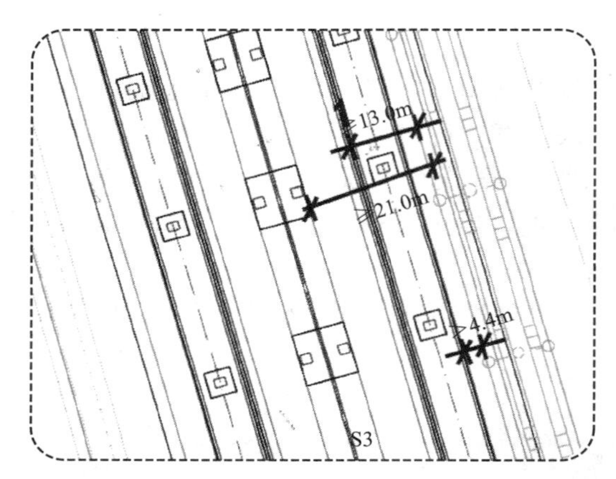

图7　项目协同设计

3.4 工程量统计及二维出图

详细设计阶段，根据AutodeskInfraworks中导出的模型为基础，道路专业采用基于AutodeskAutoCAD的RADS建模和出图，可以实现道路专业的100%CAD出图（图8）。

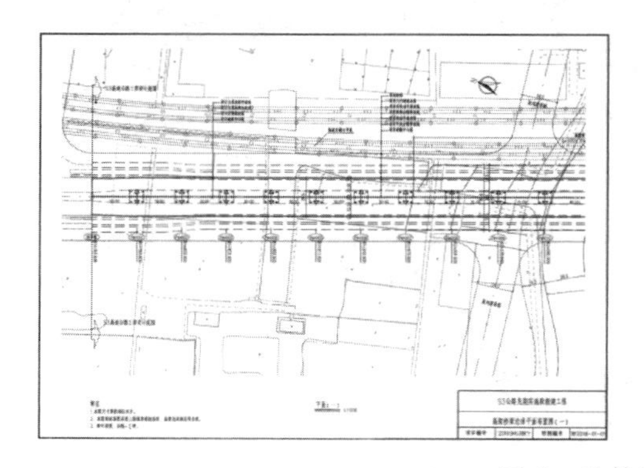

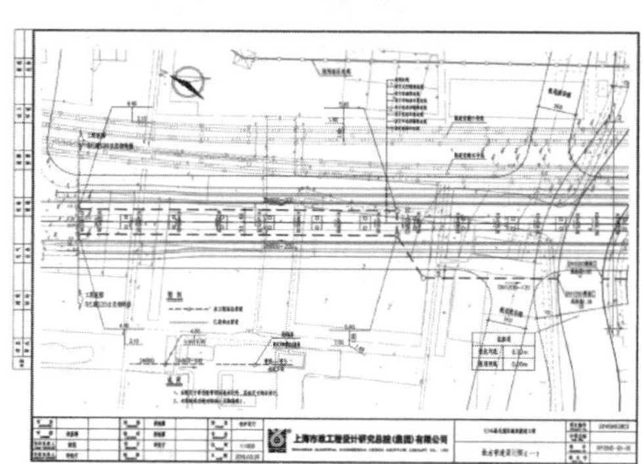

图8　总体平面布置图

3.5　结构受力分析

本项目中，利用 Para 3D 生成的 BIM 模型导入有限元分析软件进行结构计算，得到复杂构造区域的应力分布及截面内力，而后可反交接给设计人员进行深化设计（图 9）。

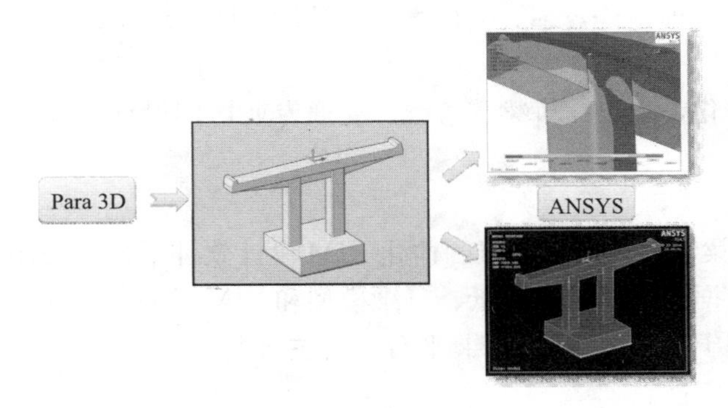

图 9　BIM 模型导入有限元分析

4　自主开发桥梁三维一体化软件 Para3D

得益于 Autodesk 平台开放性、兼容性以及二维三维开发接口的全面性，Para3D 桥梁智能化设计软件是正在独立自主开发中的一套基于 Autodesk AutoCAD 面向桥梁专业的二维三维一体化 BIM 设计软件平台。Para3D 支持按照桥梁专业的实际设计流程，采用符合设计习惯的输入方式，生成满足设计成果要求的数据表格、二维图纸、三维模型和 BIM 信息。其特色是符合桥梁设计流程的二维三维一体化能力（图 10），通过打通道路桥梁数据交接环节，克服参数化软件偏通用化和三维软件出图难的问题。

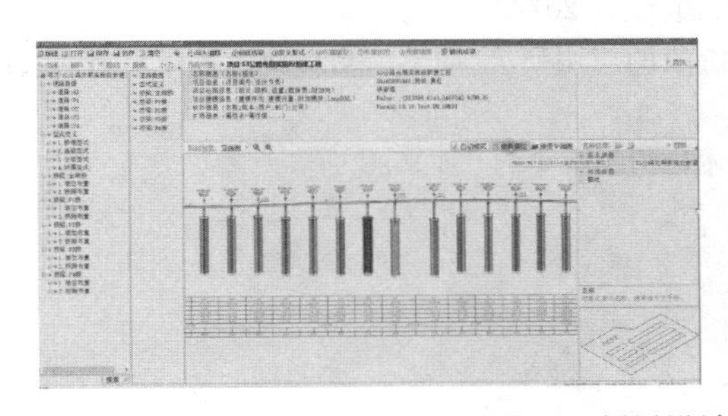

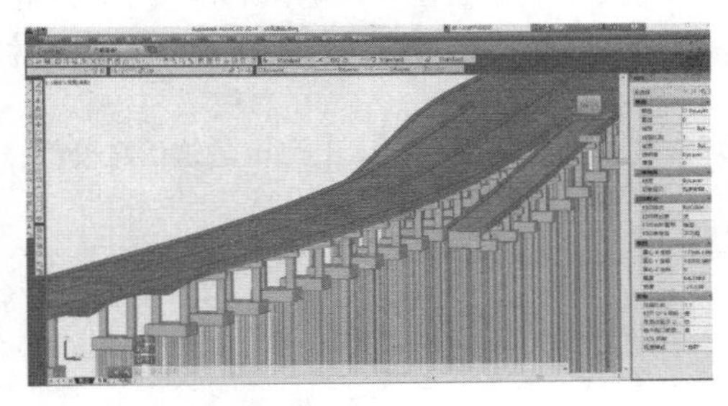

图 10　桥梁设计二维三维一体化

Para3D 桥梁智能化设计软件按照实际设计流程开发，使用输入简单，输出成果实用，普通设计人员在 Autodesk AutoCAD 中即可快速完成常规桥梁的部分设计和建模，性价高，具有以下特点：

（1）可批量导入道路设计文件，支持正向设计和同步设计。能够实现道路与桥梁专业的无缝交接和联动更新，确保在后续设计和建模过程中道路平纵横基础数据的一致性和完整性。

（2）灵活定制桥梁构件形式，支持可组合和可替换设计：实现常用的桥梁结构构件库（桩/承台/立柱/桥墩/桥台/盖梁/主梁/附属等），一种形式多处使用，参数修改简单明了。

（3）快速批量布置墩位及桥跨，支持设计校核和变更优化：实现最强最方便的 Excel 批量布墩布跨，输入符合习惯，可输出墩位数据表或同步预览 CAD 平面图，方便比对和调整。

（4）一键输出二维图纸和三维模型，支持专业设计和 BIM 建模一体化：自动生成符合要求的平纵横总图及模型，一套数据多种成果，设计和 BIM 人员均可上手，不再做 BIM 翻模。

（5）同步输出 BIM 信息交换文件，支持模型和信息的后续 BIM 应用：自动生成包含层次结构树、设计信息及模型索引号的 XML 格式文件，便于其他 BIM 软件的模型信息合成。

5　结　语

本工程采用的正向设计、协同设计、自主研发软件等创新应用实现了 BIM 技术与工程设计的有效结合：

（1）正向设计

本项目实行正向设计，BIM 实施内容贯穿方案阶段及详细设计阶段，BIM 应用与设计同步进行，良性协同互动中，相较传统的二维设计效率大大提高，设计质量明显增高。

（2）协同设计

综合市政体现专业多样化，道路、桥梁、管线、交通专业协同设计，同时实现多款软件的协调工作，设计效率显著提高。

（3）自主研发意义重大

基于 AutoCAD 面向桥梁专业的二维三维一体化 BIM 设计软件平台，采用符合设计习惯的输入方式，生成满足设计成果要求的数据表格、二维图纸、三维模型和 BIM 信息。自主开发意义重大，国内 BIM 软件处于百花齐放的时期，基于强大的 Autodesk 平台，自主研发具针对性的 BIM 软件，可更好地适应设计人员习惯，具有更强的可推广性。

（4）Autodesk 平台选用支撑整个设计阶段

现阶段市政项目的 BIM 应用中，平台选用是一大难题。本项目通过比较最终选用 Autodesk 系列软件平台，成功地应用到实际项目中，BIM 与设计同步，取得非常好的效果，事实证明 Autodesk 系列软件具有良好的兼容性，可涵纳市政专业综合性的需求，也证明了这一平台的可发展性。

参考文献

[1] 刘钊，袁胜强，黄虹．上海沿江通道越江隧道工程中的 BIM 技术应用［J］．土木建筑工程信息技术，2016，8（3）：20-25.

[2] 洪磊．BIM 技术在桥梁工程中的应用研究［D］．西南交通大学，2012.

[3] 刘智敏，王英，孙静，等．BIM 技术在桥梁工程设计阶段的应用研究［J］．北京交通大学学报，2015，39（6）：80-84.

[4] 上海市城乡建设和管理委员会．上海市建筑信息模型技术应用指南［S］，2015.

二维三维一体化桥梁 BIM 软件的开发应用

黄俊炫，顾民杰，刘　鑫，蔡梦非，赵　鹏

（上海市政工程设计有限公司，上海 200092）

【摘　要】针对桥梁 BIM 正向设计难点，本文提出“一体信息、多维表达”的一体化 BIM 软件开发思路。根据该思路开发的 Para3D 桥梁软件实现了道路核心算法和一体化计算引擎等关键技术，既可以完成常规桥梁设计任务，也可以获得 BIM 模型和信息，在实际工程项目中得到很好应用。这种一体化开发思路和相关方法不仅可行而且有效，可供其他专业化 BIM 软件参考。

【关键词】BIM；桥梁专业；二维三维一体化；软件开发

1　引　言

随着 BIM 技术在工程建设领域的深入应用，BIM 软件的专业化开发需求也更加迫切。目前普遍情况是国内专业软件完成设计任务能力强，而处理 BIM 模型和信息能力弱，而国外 BIM 软件则正好相反，即所谓“国内软件上不了天，国外软件落不了地”的现状[1]。这就要求国外 BIM 软件针对中国工程实践进行本地化及专业化开发，或者国内专业软件实现基于 BIM 的开发或改造。

就桥梁专业而言，其 BIM 软件的专业化开发或改造的难点主要有以下两方面：

首先，桥梁及其他交通建设工程都依赖于道路，而道路是一条带状的复杂曲面形体，需分解为平面、纵断面和横断面三个二维的问题分别进行处理，即所谓的道路平纵横设计体系，该体系核心是道路中心线设计，包括平曲线和竖曲线设计。由于道路中心线算法比较复杂，通常使用道路 CAD 软件进行设计和计算，因此桥梁专业设计需要道路专业配合提供墩位中心坐标、方位角及桥面标高等设计数据。一旦道路平纵线形出现变更，那么这些数据就要重新交接，容易导致设计过程出现“错漏碰缺”问题。

其次，桥梁又主要是结构工程，具有构件类型多、结构设计复杂等特点。不同桥梁工程的构件类型往往差别比较大，其中下部结构还存在各种基础、立柱以及盖梁等组合形式变化，这就导致构件品种成倍增加，要建立通用的参数化构件库难度非常大。目前比较有效的桥梁 BIM 建模方法是“骨架＋构件模板”[2]，即把道路中心线作为参照骨架，对各种构件按预定义的类型模板进行实例化和空间定位，最终合并成为整体桥梁模型。该方法适用于手动创建模型，而要实现桥梁模型自动生成还需要考虑处理构件类型的组合问题。

针对上述桥梁专业的正向设计难点，本文提出一种二维三维一体化的 BIM 软件开发思路，并按照该思路实施了 Para3D 桥梁软件的开发和应用。

2　二维三维一体化思路

二维三维一体化是指经过系统的精心设计和实现，二维图形和三维模型的输入及输出对外部而言表现为统一协调的整体。注意不同系统的具体实现机制可能差别较大，比如 CAD 系统的一体化[3,4]注重于

【作者简介】黄俊炫（1974-），男，高级工程师。主要研究方向为二维、三维参数化以及 BIM 相关的软件研发与行业应用。E-mail：huangjunxuan@smedi.com

从三维模型生成二维图形、同时二维修改三维联动，而 GIS 系统的一体化[5,6]侧重于把二维图形和三维模型进行整体合成输出。

本文提出了另一种一体化实现机制，即通过唯一的设计信息输入，并行驱动二维图形和三维模型的自动化输出。其核心思想是“一体信息、多维表达”，即把各种专业对象都看作是一个包含设计数据的信息节点，图形或模型只是该信息节点输出的不同表达方式，可以支持也可以不支持。与其他大部分软件在二维图形或三维模型节点上直接附加信息的做法不同，本文的一体化机制强调通过信息、图形和模型的彻底分离，使得三者之间形成松散的耦合关系。这样带来的好处是信息修改灵活，计算更新高效，成果按需自动生成，有利于解决 BIM 软件出图难题。

2.1　BIM 软件出图难题

BIM 软件的三维构件模板通常也能定制二维图纸，主要方法是基于三维生成二维，即先三维建模，再剖切或投影二维轮廓，最后添加标注。该方法在实际工程应用中还存在一些障碍和难点。

BIM 二维出图的主要障碍是工程设计人员潜移默化的二维设计思维表达方式和习惯。设计人员受到的专业训练就是把头脑中的设计模型表达成二维图纸，而施工人员则习惯了把二维图纸在头脑中重现为放样模型，可见设计图纸的表达方式和习惯已成为工程建设行业约定俗成的交流“语言”。要用新的三维模型及其相关表达方式替代二维图纸成为新的交流“语言”，这需要一个较长过程。

三维剖切出的二维轮廓通常是简单的连通区域而且在同一平面内，所以不存在多视图问题，而工程图必须处理多视图问题，并且轮廓线形要复杂得多。另外三维剖切出的二维轮廓用来标注时只与组成该轮廓的对象有关，而工程图的标注尺寸必须能对其他视图的相关对象进行标识控制。

工程图中还有许多特殊画法和习惯画法需专业化处理（如剖面线、截断线、相贯线等），导致通过三维直接生成二维很难自动化实现。例如桥梁纵断面图是沿道路中心线与大地垂直曲面展开后再进行投影绘制，对于斜交的情况还要按照仿射投影绘制，这很难通过三维剖切或投影直接进行表达。还有桥梁构件的钢筋图大都采用示意画法，即要求在局部对钢筋点或线的表达进行特定简化甚至省略等操作，而对钢筋数量表则要求精确统计。

2.2　桥梁 BIM 软件开发思路

综上所述，可以预见未来很长一段时间内还需要二维图纸和 BIM 模型共存的局面。为此笔者提出基于“一体信息、多维表达”机制的一体化桥梁 BIM 软件开发思路（见图 1），即以设计信息为主体，按照桥梁专业设计流程进行输入和计算，自动化生成一到多种二维或三维的设计成果。

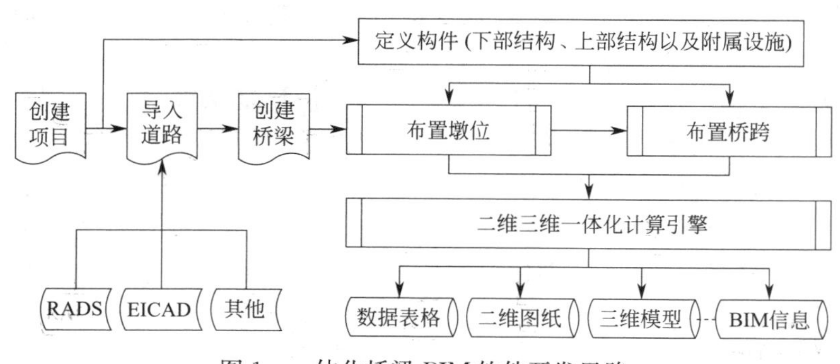

图 1　一体化桥梁 BIM 软件开发思路

3　Para3D 桥梁软件及其关键技术

Para3D 桥梁软件按照上述一体化思路实施开发，采用符合习惯的输入方式，可以自动生成并输出总图平面、总图立面、墩位统计表、桥墩构造图、桥墩投影图、三维模型以及 BIM 信息等。

该软件用户界面比较简洁（见图 2），上部为工具栏，左侧为项目树结构面板，右侧为信息预览和编辑区域，中间为项目图形预览区，默认显示总图平面，也可切换显示其他图形或三维模型。软件较易上手，设计负责人、设计人员以及 BIM 人员都能使用，可以根据分工录入相应设计信息，这也是正向设计

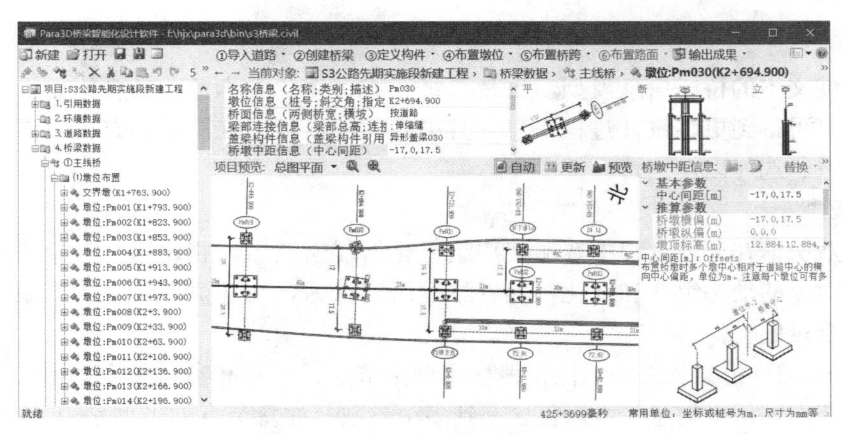

图 2　Para3D 桥梁软件用户界面

的基本要求。

Para3D 桥梁软件通过采用道路核心算法、专业化树结构、组件化编程和一体化引擎等四方面关键开发技术，打通道路与桥梁数据交接环节，解决 BIM 软件出图难题。

3.1　道路中心线核心算法

道路中心线是对平曲线和竖曲线按桩号混合而成的空间曲线，可采用式（1）所示的参数化方程表达。其中 s 为桩号变量，标高 Z 是二次多项式，平面坐标 X，Y 分别是复合三角函数积分式[7]，应在算法收敛情况下采用迭代计算，直到结果符合逼近精度要求。

$$\begin{cases} X(s)=\int\cos(\varphi(s))\mathrm{d}s \\ Y(s)=\int\sin(\varphi(s))\mathrm{d}s \\ \quad Z(s)=h(s) \end{cases} \tag{1}$$

Para3D 桥梁软件与道路 CAD 一样，把道路中心线看作基础对象，使用上述参数方程进行准确计算和定位。只要与道路中心线相关的外部或内部数据产生变化，所有关联的道路及桥梁信息都能得到及时计算并更新，可减少上述道路数据交接环节的错误。

3.2　专业化项目树结构

Para3D 桥梁软件设计了专业化、层级化的项目树结构，树节点既可以包含设计信息也可包含子节点。一个简化的项目树结构文件格式如下：

```
项目(名称="S3 公路先期实施段新建工程" 编号="2016SH038SS"){
 引用数据{
  桥墩构件{
   桥墩(名称="桥墩 A 型"){
    承台(矩形承台="5100x3000x1900" 材料="C30 砼" 垫层="100x100"){
     桩基(灌注桩="1000" 多排布置="1500,1200,1500;2000")}
    立柱(矩形立柱="1500x1200x107" 材料="C40 砼"){
     支座(盆式支座="GPZ1.0SX" 单排布置="单个")}}
   …}}
  盖梁构件{…}
  主梁构件{…}
  附属构件{…}}
 道路数据{…}
 桥梁数据{
  桥梁(名称="P1 匝道" 路线引用="P1"){
   墩位布置{
    墩位(名称="P1-1" 墩位="K0+88.686" 桥墩中距="0" 桥墩构件="桥墩 A 型")
```

…}

桥跨布置{…}}}}

该文件是一个纯文本的桥梁信息模型，也是二维三维一体化的本源。其中原始设计信息加载到内存后，经过一体化计算可得到更多设计过程信息，其中几何信息可以在图形预览区查看和选择，非几何信息则在其他区域查看、选择以及编辑。

3.3 组件化编程模型

近年来各大游戏引擎在开发过程中普遍使用组件化编程模型[8]，相比面向对象编程模型，可以更好地处理游戏中各类对象的动态组合和变化。笔者经过研究认为，借鉴组件化编程模型可以解决上述桥梁构件类型的动态组合难题。

如图 3 所示，Para3D 桥梁软件的组件化编程模型由节点、信息和参数三个类组成，每个节点可包含零到多个信息或子节点，每个信息又可以包含一到多个参数。注意节点的类型是由一个关键信息确定的，替换该信息就改变该节点类型，但不影响节点上其他信息。同样还可以对子节点进行动态组合、修改和替换。例如上面树结构中，矩形立柱＝“1500×1200×107”是立柱的关键信息，对应参数分别为长、宽和倒角，如果改为圆形立柱＝“1000”，参数为直径，该立柱节点类型就会发生改变，相应的二维图形和三维模型也会相应变化，这样动态改变构件就比较容易实现。

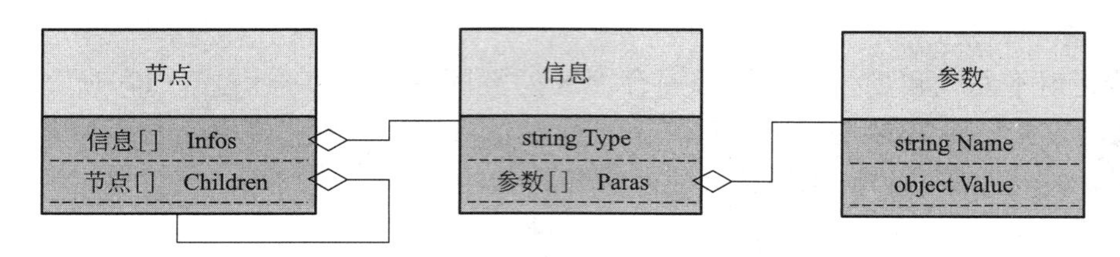

图 3　Para3D 桥梁软件组件化编程模型

3.4 一体化计算引擎

一体化计算引擎先进行全局联动计算，再自动生成局部参数化成果。联动计算是根据桥梁专业算法对整个项目的所有节点及其设计信息进行全局计算，实现“一处修改、处处更新”。计算顺序基本上按照深度优先原则，但一些特殊节点（如墩位和桥跨）存在相互依赖关系时必须采用多轮交错计算方法进行特殊处理。经过全局联动计算后所有设计过程数据如坐标、标高、尺寸等参数就确定下来并发送到相应构件节点，通过驱动这些节点上绑定的参数化图块（可以有多个，分别表达平面、立面和侧面图形）和模型，最终经过拼装组合即可自动生成所需的整体图形或模型。

参数化是一体化计算引擎的底层核心技术。Para3D 桥梁软件采用全公式驱动的参数化技术，是从二维参数化 ParaCAD 软件[9]升级改进而来，可以分别支持二维图形和三维模型的参数化。相对于其他 BIM 软件常用的尺寸及公式混合约束技术，全公式驱动的好处是表达能力更强、可扩展性更好，弊端是可视化交互少、入门要求比较高。

4 Para3D 桥梁软件工程应用

Para3D 桥梁软件采用边开发边应用的模式，在实际项目中的典型使用流程如下。

4.1 导入道路数据文件

道路设计数据是后续桥梁设计的基础资料，导入道路数据后将生成对应的道路节点，该节点可以被后续创建的一到多个桥梁节点所引用。软件支持导入 RADS、EICAD 等道路 CAD 软件的数据文件，并自动记录这些外部文件的链接位置，只要道路数据文件发生更改，那么下次打开或更新项目时就会自动更新所有与该道路数据相关的内容，确保道路平纵横基础数据的一致性和完整性。

4.2 创建桥梁及构件组合

桥梁节点更像是一个容器，包含墩位布置和桥跨布置两个子节点及一系列墩位和桥跨孙节点。软件采用“构件组合套用”的思想，即预先定义桥墩、盖梁或主梁的构件组合形式，然后在墩位或桥跨布置时进行引用。如果构件组合数据有所改变，则所有引用到该构件的墩位或桥跨也将自动进行更新，从而提高结构设计变更效率。软件实现了常用的桥梁结构构件库（包括桩、承台、立柱、桥墩、桥台、盖梁、主梁以及附属等，见图 4），可用于灵活定制桥梁构件组合，参数修改简单明了，支持可组合和可替换设计。

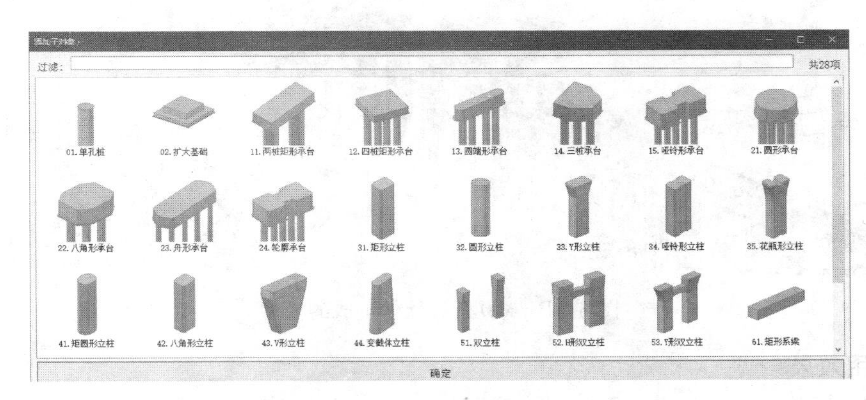

图 4　Para3D 桥梁软件构件库

4.3　批量布置墩位和桥跨

在桥梁设计中布置墩跨是一件重要而又繁复的工作，需要综合考虑近远期设计需求以及周边环境等构筑物空间位置关系等，布置过程经常会产生设计变更。软件提供了几种比较便捷的墩跨布置和修改方法，包括比较符合设计人员习惯的 Excel 批量布墩布跨功能，提升了批量修改效率，也方便与已有或其他软件的设计数据进行校对或复核。

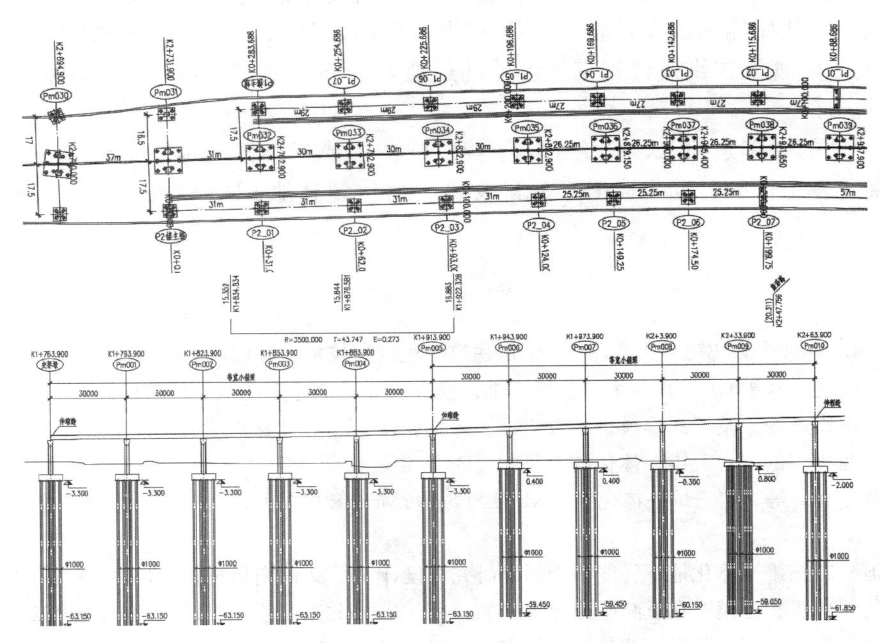

图 5　Para3D 桥梁软件生成的图纸

4.4　按需生成设计成果

按前述输入设计信息并修改到位后，经过二维三维一体化计算，即可自动生成各类设计成果，达到“一次输入、多种输出”目的，设计和 BIM 人员各取所需，不用额外翻模。为更好支持正向设计，软件基于 ObjectARX. NET[10] 开发并嵌在 AutoCAD 内运行，能直接生成各种二维图纸内容（见图 5）和三维模型（见图 6），还能输出 XML 格式信息交换文件（包含项目树信息及模型索引号），支持模型和信息的后续 BIM 应用。

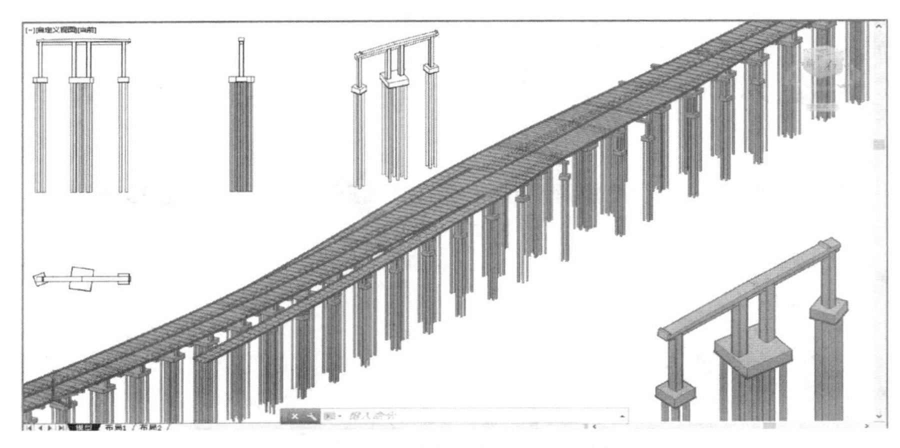

图 6　Para3D 桥梁软件生成的模型

4.5　实际工程应用效果

Para3D 桥梁软件已在部分实际工程项目中进行了应用，总体使用效果比较好。如图 6 所示的上海 S3 公路工程某高架道路项目，主线约 3.14 km 共有 101 个桥墩，还有四条匝道各有 8 个桥墩。在基本熟悉软件情况下，1 名设计负责人输入总体数据约需 1 天，1 名桥梁设计人员输入详细构造数据约需 2 天，就可以得到该桥梁的总图、构造图和相关模型，其中总图出图完整率可达 90%以上，构造图可达 80%以上。

5　结　语

本文提出了"一体信息、多维表达"的一体化 BIM 软件开发思路，按照该思路开发的 Para3D 桥梁软件符合实际设计流程，使用输入简单，输出成果实用，普通设计人员可以快速完成常规桥梁的专业设计和 BIM 建模，有助于实现从二维设计到三维设计的过渡，最终达成"一次输入、多种输出"的正向设计目标。

一体化 BIM 软件的关键是信息，理论上不依赖二维图形或三维模型也能进行联动计算和修改，因此后续还可以做很多研发工作如自动生成 IFC 标准文件、移植到其他 BIM 软件、应用云平台进行分布式计算等。

参 考 文 献

[1]　何关培．中国 BIM 标准个人思考（二）[J]．土木建筑工程信息技术，2013，(02)：107-112.

[2]　黄俊炫，张磊，叶艺．基于 CATIA 的大型桥梁三维建模方法 [J]．土木建筑工程信息技术，2012，(04)：51-55.

[3]　袁波，周昀，胡事民，等．基于三维模型的二三维一体化设计 [J]．计算机辅助设计与制造，1998，(06)：45-47.

[4]　陈雪颂．基于三维模型的二、三维一体化技术研究 [D]．浙江大学，2004.

[5]　陈鹏，林鸿，张鹏程，等．二三维一体化在 Skyline 与 SuperMap6R 中的实现对比 [J]．地理空间信息，2011，(03)：65-68+189.

[6]　吴颖斌，徐启恒．二三维一体化地下管线管理系统研究与设计 [J]．河南科技，2015，(18)：39-41.

[7]　李文科，敖亭芝．曲线积分模型在道路坐标计算中的应用 [J]．北京测绘，2013，(04)：59-62.

[8]　余小华，钟绍勇．组件式游戏开发框架的研究与实现 [J]．计算机工程与设计，2015，(07)：1981-1986.

[9]　黄俊炫．二维参数化设计软件 ParaCAD 的开发及应用 [J]．计算机应用与软件，2014，(03)：217-220+227.

[10]　于萧榕，郭昌言，陈刚．结合 Objectarx 和 C#进行 AutoCAD 二次开发框架的研究 [J]．科学技术与工程，2010，(20)：5085-5091.

基于 3D Experience 平台的市政交通 BIM 系统的研发及应用

袁胜强，欧阳君涛，刘　钊

（上海市政工程设计研究总院（集团）有限公司，上海 200092）

【摘　要】在市政交通领域，基于 BIM 技术的三维正向设计手段缺乏，效率低下。本文分析了市政交通领域的设计软件现状和业务需求，提出了满足正向设计的市政交通工程的 BIM 系统框架，研究了基于 IFC 准则的市政交通工程的对象模型和组件模型，开发出基于 3D Experience 平台的 SMEDI-RDBIM 系统，并成功应用于实际工程。

【关键词】市政交通；正向设计；SMEDI-RDBIM；3D Experience 平台

1　前　言

近年来，在住建部、国家发改委及地方政府的大力推动下，BIM 技术的工程应用及研发取得了长足的进步。目前，BIM 技术在国内建筑设计行业的应用较为成功，但在市政交通设计领域仅处于起步阶段，主要原因是缺乏专业性强且 BIM 能力突出的市政交通 BIM 软件。国内的市政交通 BIM 软件主要基于 Autodesk 平台，如 RoadLeader、EICAD、Hint 等，这些软件专业能力强，但其基础平台在三维设计、协同设计方面存在明显不足，并且在城市道路交通的设计及表达方面需要进一步完善。国内不少用户也尝试在 Revit 平台和 CATIA 平台进行 BIM 应用，虽然这些平台三维建模及信息表达能力突出，但专业性不足，BIM 设计效率低下。

达索公司的 3D Experience 平台在复杂造型、曲面建模功能及参数化能力实力出众，我院从 2010 年开始与达索公司进行合作，进行市政工程项目的 BIM 的应用和研发，基于 3D Experience 平台完成了十几个项目 BIM 设计。针对市政交通工程设计项目的特点，我院经过近 2 年的研发，初步完成了 SMEDI-RDBIM 系统的开发，并在几个项目中得到成功的应用。

2　市政交通的 BIM 系统框架

2.1　业务需求

目前市政交通设计项目是在二维设计软件上完成设计，然后在三维模型软件上完成翻模工作，再使用三维模型进行碰撞检查、漫游、施工仿真等 BIM 应用。这种模式虽然在早期取得了一定的应用成果，但没有实现 BIM 设计在所见即所得、优化设计、协同设计、信息共享等方面的真正价值，同时将设计人员和 BIM 人员进行了分离，增加了设计过程中的沟通成本。

SMEDI-RDBIM 系统要求主要解决市政交通领域的正向设计问题，从而使各个专业的设计人员真正使用同一款软件进行 BIM 设计，实时进行碰撞检查、漫游，并在道路、桥梁、管线等多专业间进行数据的实时共享，真正地实现设计协同。

2.2　基于正向设计的 BIM 系统框架

根据市政交通项目的自身特点及业务流程的需求，依托达索公司的 3D Experience 平台（以下简称平

【作者简介】袁胜强（1971-），教授级高工。主要研究方向为道路交通设计及 BIM 开发。E-mail：yuanshengqiang@smedi.com

台），提出面向正向设计需求的 SMEDI-RDBIM 协同工作流程（图 1）。其中，SMEDI-RDBIM 系统结合平台本身的三维设计模块，主要完成专业设计和应用，而平台又为系统提供数据管理、协同工作的基础环境。

根据城市道路设计和公路设计的相关规范[1,2,3,4]，并参考以往研究[6,7,8]对道路设计流程的描述，并结合设计过程，提出市政交通工程项目的三维正向设计的 BIM 系统框架（图 2）。包括四大模块：地形建模、设计建模、BIM 模型应用、方案评估。市政交通项目的设计是在三维环境下，基于三维地形和三维中心线进行的空间布局设计。地形建模：输入由多种方法（航测、无人机倾斜摄影、车载激光扫描等）获得的地形数据，对地形数据进行网格化处理得到三维地模。设计建模：在三维地模基础上，根据地模和周边建筑物、构筑物及设计控制条件等情况进行线形设计（包括平面设计、纵断面设计），再根据平纵设计结果合成得到三维中心线。然后，在三维中心线的基础上，进行道路、桥梁、隧道、管线及其他附属设施的设计；道路专业主要基于三维中心线和三维地模进行道路横断面、交叉口、出入口等的布置，在此基础上完成路基路面、交通安全等附属设施等内容；桥梁专业在道路专业的总体布置基础上，进行桥梁布跨、布墩，并完成桥墩、桥台与地面的锥坡设计；管线专业则根据道路横断面的布置进行管线布设，或根据桥梁设计结果和现状管线对管线进行迁改。BIM 模型应用：在所有专业部分或全部完成后，对模型进行实时的碰撞检查、工作量统计、三维漫游、二维出图，还可对设计进行优化。方案评估：设计方案确定后，可对空间线形、交通服务水平、桥梁结构、隧道结构等进行评估。

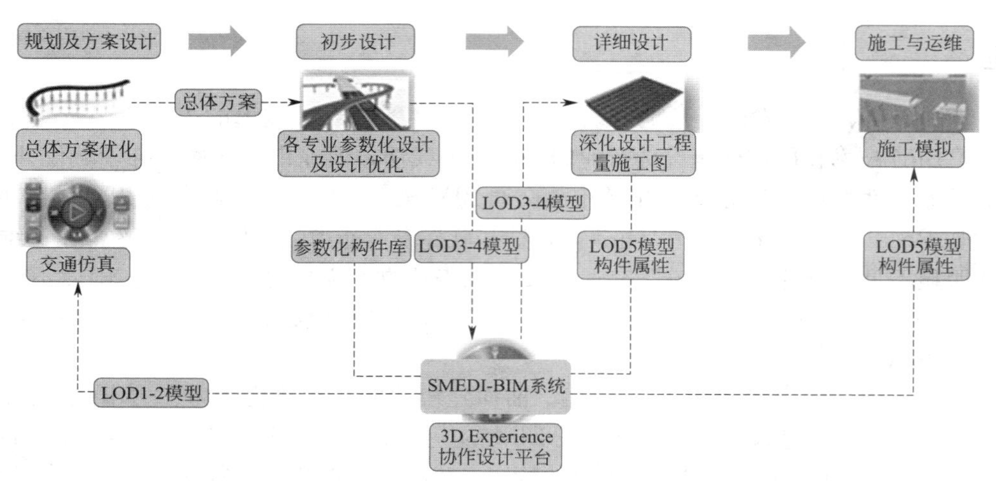

图 1　SMEDI-RDBIM 协同工作流程

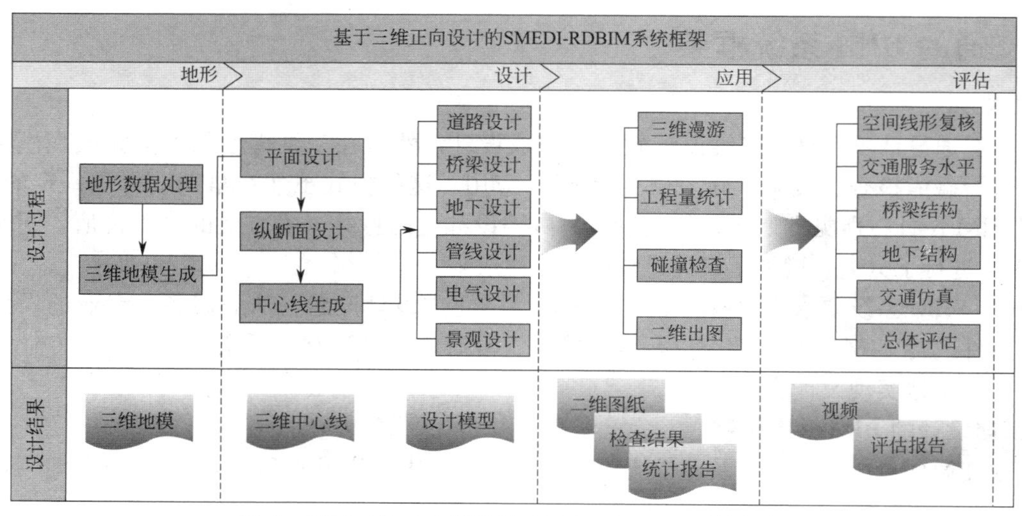

图 2　基于三维正向设计的 SMEDI-RDBIM 系统框架

3　市政交通 BIM 模型

3.1　BIM 项目结构

根据业务流程，结合平台的特点，提出市政交通工程的项目结构（图 3），项目中所有的工程对象共享一个地形文件和一个中心线文件（可包含多条道路的中心线），每个项目可包括多条道路，每条道路有且只有一套自己的子结构，每条道路的道路、桥梁、管线模型文件放置到该道路对象的子结构的相应节点中。

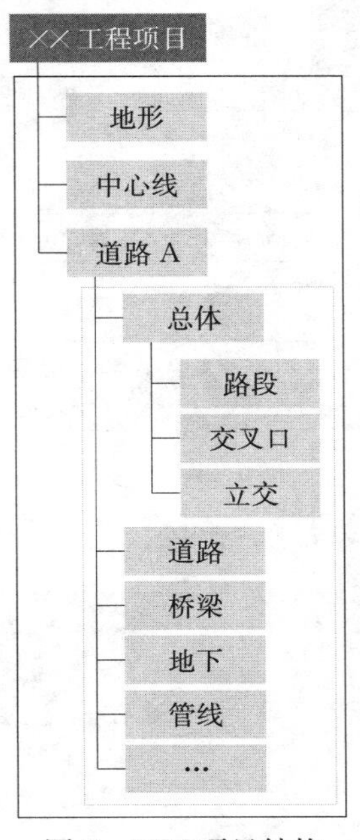

图 3　BIM 项目结构

3.2　基于 IFC 准则的对象模型

IFC 标准是一个类似面向对象的建筑数据模型，基于 IFC 准则的 BIM 模型是目前对建筑物信息描述

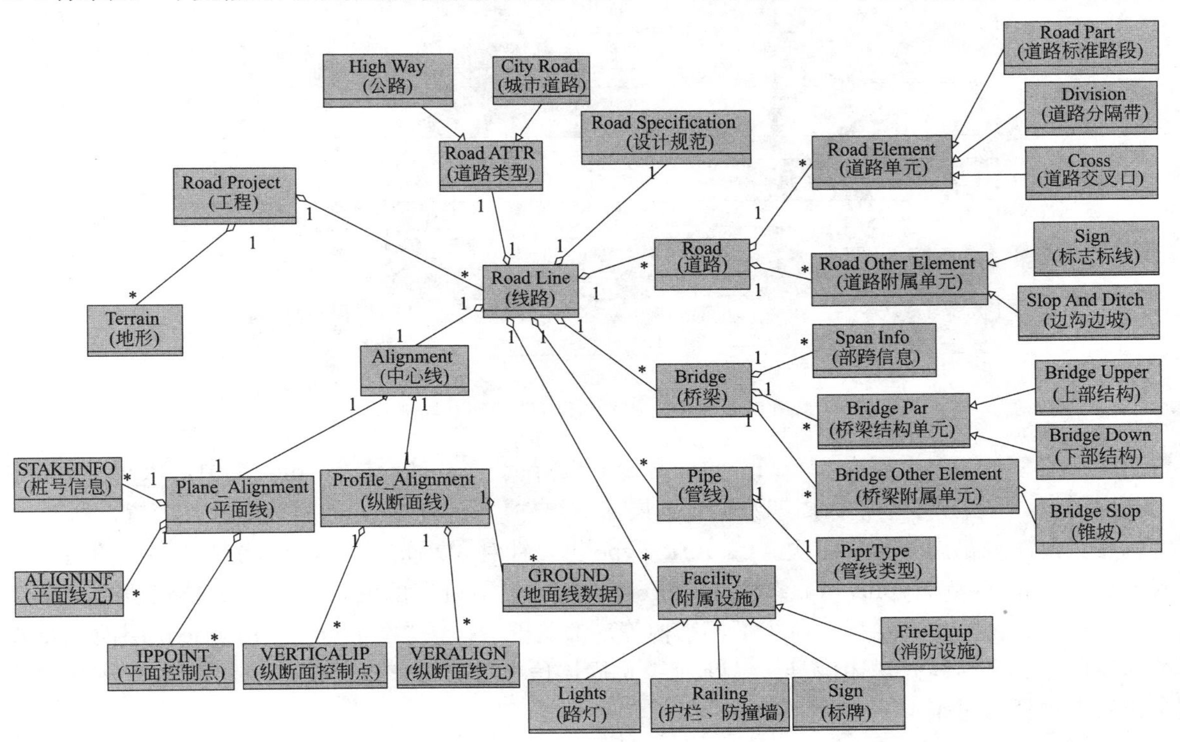

图 4　基于 IFC 准则的 SMEDI-RDBIM 对象模型（局部）

最全面、最详细的规范，是建筑工业和设备制造工业之间的数据模型交换的最好方法。根据市政交通项目的特点，提出基于 IFC 准则的 SMEDI-RDBIM 对象模型（图 4）。

3.3　SMEDI-RDBIM 的组件模型

根据基于 IFC 准则的对象模型，并结合 3D Experience 平台的特性，设计了相关组件模型（图 5）。

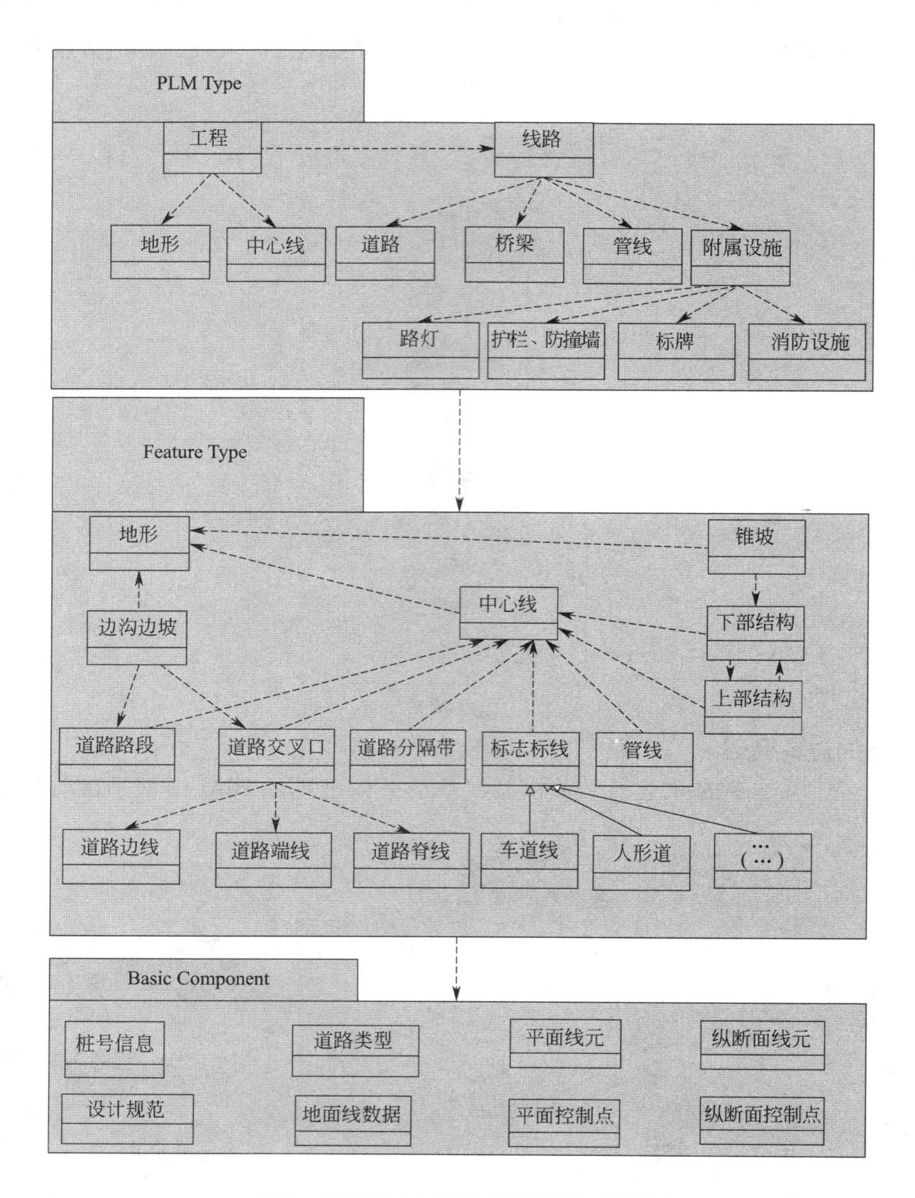

图 5　SMEDI-RDBIM 组件模型（局部）

整个开发模型分为三个层次：PLMType、FeatureType、Basic Component。其中：PLM Type 主要针对 3D Experience 平台用于全生命周期数据管理层面的组件，需要在平台的服务端进行配置。所有的 BIM 项目结构相关的对象都属于这一层次。Feature Type 主要针对 3D Experience 平台特征层次的组件，需要基于 CAA（Component Application Architecture）进行开发。所有的图形对象（标准路段、交叉口、分隔带、标识标线、桥梁上部结构、桥梁下部结构等）都属于这一层次。Basic Component 层面主要包括设计规范描述信息、平面线元描述信息、纵断面线元描述信息等组件，这部分组件可以从以往开发的二维市政交通软件中迁移过来。

4　系统开发及应用

4.1　系统开发

基于市政交通 BIM 模型开发的 SMEDI-RDBIM 系统，包括地形建模、设计建模、BIM 模型应用、方案评估等四大模块功能，还与外部系统之间存在数据接口，包括：与二维道路设计软件 RADS 系统、EICAD、Civil 3D、RoadLeadder 的数据读写接口，实现无缝集成，以及将设计结果导出到蓝色星球、DELMIA、Naviswoks、Para3D 等系统进行 BIM 应用的数据输出接口。

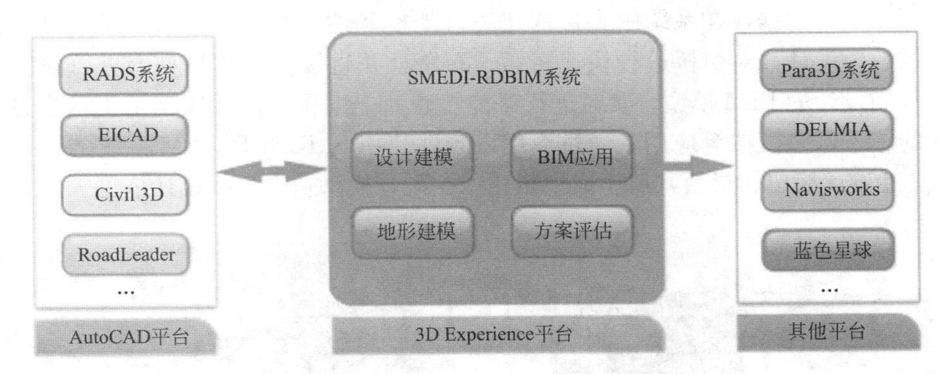

图 6　SMEDI-RDBIM 系统框图

其中，地形建模是整个设计过程的基础，该模块能自动读取原始地形数据，经过滤、调整、分块等操作，将原始地形数据处理成满足要求的、分块大小合适的中间数据，然后将中间数据生成分块网格，最终组合生成完整的三维地模。

设计建模是系统的核心，包括线形设计、专业设计两部分。线形设计是专业设计的基础，系统采用交互式交点设计方法（图 7），并在 3D Experience 平台的草图设计模块中实现。用户可通过拖曳交点，并根据系统输出的各设计线元参数对交点参数进行设置和调整，从而生成平面中心线和纵断面中心线，并最终在系统中合成三维的道路中心线。

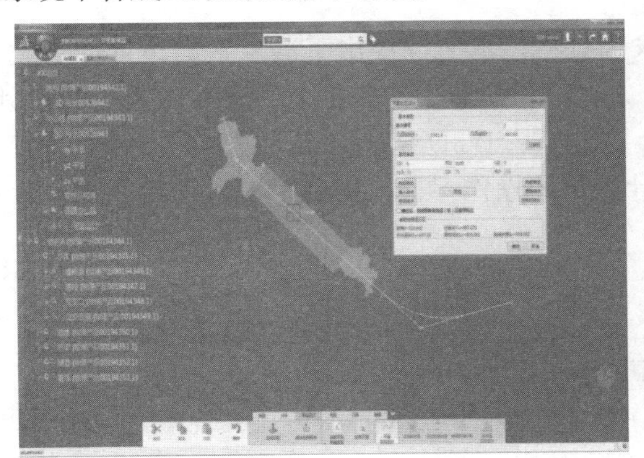

图 7　SMEDI-RDBIM 中心线设计

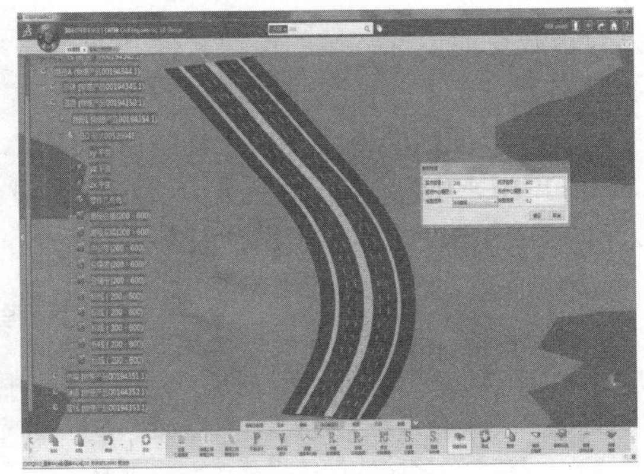

图 8　SMEDI-RDBIM 的道路设计

专业设计以中心线为基础进行设计，包括道路设计、桥梁设计、管线、附属设施等子模块。以道路设计为例进行说明（图 8），道路模型的构建包括两种模式：直接建模法和特征建模法。道路分段路面采用直接建模法，系统基于横断面生成草图，并根据用户设置的桩号生成引导线，通过扫略的方式生成道路分段路段；交叉口采用特征建模法，系统定义了交叉口特征，支持根据用户设置的道路边线、端线、横坡、脊线高程等参数快速生成模型。

通过设计建模完成道路工程整体模型后，用户可进行多种 BIM 应用。一方面，用户可基于 3D Experience 平台的特性直接进行模型的碰撞检查和漫游；另一方面，系统也提供了多种 BIM 应用功能，既可根据模型类型对工作量进行分别统计，也可通过数据接口将设计数据导出到 RADS 系统中进行二维出图。

在方案评估模块，系统提供了数据导出接口，用户可将设计数据导出到 VISSIM 中进行交通服务水平仿真，也可将设计模型导出到 Ansys 或 Midas 中进行桥梁结构、隧道结构分析。

此外，SMEDI-RDBIM 系统提供一键式安装，且对环境的要求与 3D Experience 平台对客户端环境的要求一致，因此无需另外购置软、硬件即可支持系统运行。

4.2　系统应用

我院已用 SMEDI-RDBIM 系统在多个项目中完成正向设计。以宁波市中兴大桥项目为例（图 9），采用倾斜摄影技术获取地形数据，在系统中直接构建三维地模和地物，交互进行三维线形设计，基于三维中心线进行主桥的建模设计，对引桥进行快速布墩、布跨，并直接在实体模型上进行路面标志标线等附属设施的设计。利用设计的 BIM 模型，实时进行碰撞检查、方案预览，并实现了工程量自动统计、交通仿真、重要工序的施工工艺模拟等应用。通过应用发现，使用 SMEDI-RDBIM 系统的设计效率比传统方法提高 300%，交互设计简单、灵活，所生成模型比以往设计模型包含更多设计信息。

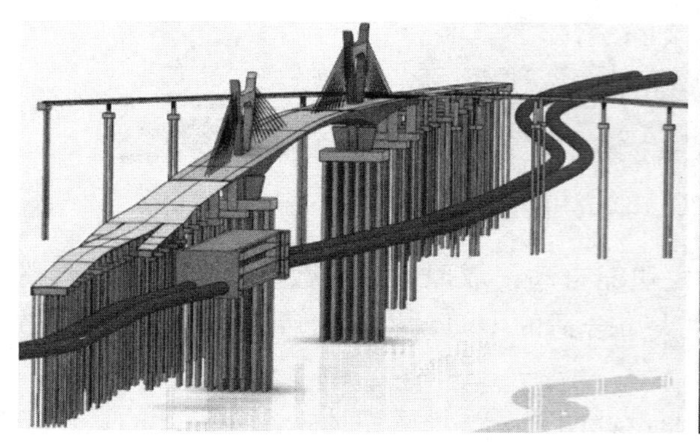

图 9　SMEDI-RDBIM 系统应用

5　总　结

通过对市政交通设计领域的设计软件和业务需求的分析，本研究提出了满足正向设计的市政交通工程的系统框架，建立了一种纯三维正向设计的模式，以替代目前“二维设计＋三维建模”的设计模式。通过研究基于 IFC 准则的市政交通工程的对象模型，提出了基于 3D Experience 平台的组件开发模型，并开发了 SMEDI-RDBIM 系统。系统充分考虑专业设计人员的操作习惯，提高了平台的专业性，从而降低了设计人员的工作难度，提供了设计效率。

参 考 文 献

[1]　CJJ 37—2012. 城市道路工程设计规范［S］. 北京：中国建筑工业出版社，2012.

[2]　GB 50220—95. 城市道路交通规划设计规范［S］. 北京：中国计划出版社，1995.

[3]　JTG D20—2006. 公路路线设计规范［S］. 北京：人民交通出版社，2006.

[4]　CJJ 193—2012. 城市道路路线设计规范［S］. 北京：中国建筑工业出版社，2013.

[5]　CRBIM 1002—2015. 铁路工程信息模型数据存储标准［S］. 中国铁路 BIM 联盟，2015.

[6]　吴海俊，胡松，朱胜跃，等. 城市道路设计思路与技术要点［J］. 城市交通，2011，9（6）：5-13，49.

[7]　曹建新. 浅谈城市道路设计［J］. 城市道桥与防洪，2008（8）：1-5.

[8]　周豪. BIM 在城市道路设计中的应用研究［D］. 南京：南京林业大学，2015.

基于 BIM 模型的机电工程进度管理方法探讨

刘　平

（上海建工集团工程研究总院，上海 201114）

【摘　要】工程现场对机电工程的常规进度控制手法是通过施工组织进度计划进行前期的规划，最后形成周报等形式来进行模糊控制。不能实现动态的进度控制，是传统进度管理方法最大的局限。如果一方面利用 BIM 模型和软件形成三维可视化管理和信息管理的基础，一方面利用二维码等技术解决构件和设备信息收集的问题，就可以实现机电工程构件级别的实际进度管理。

【关键词】进度管理；BIM；二维码

1　机电工程项目进度管理的现状

现代建设工程的大型化、复杂化趋势愈发明显，对机电工程的进度管理提出了更高的要求。现在工程现场对机电工程的常规进度控制手法是通过施工组织进度计划进行前期的规划，而实施的结果往往需要通过不同分包商及其次级分包商以报表的形式进行层层汇总及提交，最后形成周报等形式来进行模糊控制。对项目管理团队而言，管理者往往是在进度偏差发生之后，才制定出纠偏措施，而且传达、执行措施指令也需要一定时间，所以，不能及时发现问题、解决问题，从而实现动态的进度控制，是传统进度管理方法最大的局限（图 1）。

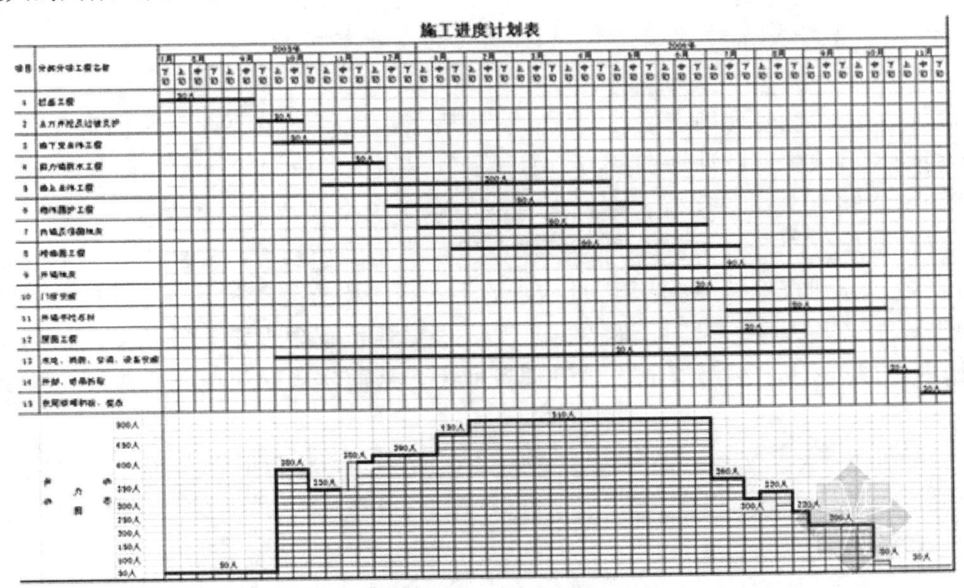

图 1　传统施工进度计划表对进度的事前控制

【基金项目】上海市国资委企业技术创新和能级提升项目“建筑工程绿色化改造关键技术研究和持续化发展基地建设及其工程示范”（2015009 号）

【作者简介】刘平（1975-），男，硕士，高级工程师。E-mail：1346844607@qq.com

目前，随着BIM（Building Information Modeling）技术的广泛应用，已经可以做到对机电工程的进度计划进行可视化管理。欧特克公司、达索公司等国外软件企业已经开发了相应的施工管理软件，能够利用BIM模型和横道图来模拟施工进度，以不同颜色来显示构件的工作状态。国内软件企业如鲁班和广联达也具备了类似功能。但是这些解决方案都没有解决一个关键问题，那就是实际工程的进度不能自动进行匹配。如果没有有力的手段，仅仅依靠上文所述的人力层层提交汇总的方式来收集施工信息，那么机电工程的进度管理就无法实现动态控制的目标。

2　解决机电工程实际进度管理问题的思路

鉴于以上这种情况，是否具备这样一种可能：如果一方面利用BIM模型和软件形成三维可视化管理和信息管理的基础，另一方面利用二维码等技术解决构件和设备信息收集的问题，是不是就能够实现机电工程构件级别的实际进度管理？这种构思具备一定可行性，但要将它实现还需要解决很多问题。

第一个要解决的问题，就是保证BIM模型上的构件能够和实际构件上的二维码一一对应。换句话说，就是你扫描到构件上的二维码时，就能够在BIM模型上显示这个构件。实际上这个功能已经在部分BIM云平台上实现了。

第二个问题，就是二维码要达到什么目的，依据什么标准来生成。要实现对实际进度的管理，必须包含时间因素；要实现对人员的管理，必须包含角色权限管理；有必要的话，还可以加入地图因素实现对场地的管理。对于二维码本身携带的信息，则需要保证其辨识性，如尺寸、材质、位置、类型等，最重要的是必须具备唯一辨识码。

第三个问题，唯一辨识码该如何生成。在现有的BIM软件中，如欧特克公司的Revit，其在内存中生成的码在同一模型中具备临时的唯一性，但在不同模型中就不能保证了。作为模型的使用者来说，需要一种能进行自动编码的工具，能根据实际项目的具体情况来主动进行分类与编码，并考虑在最后进行数据处理时能用上这些分类和编码。比如，在机电管线编码时考虑按分区、楼层、系统等分类，最后进行进度统计时也能分类统计或合并统计。设计时已经废弃的构件，其编码不得再重新利用。国家标准《建筑工程设计信息模型分类和编码标准》可以作为项目自动编码的基准。

第四个问题，如何实现对现场进度的管理。目前现场进度管理主要存在着信息化程度低、不支持可视化、循环周期长、缺少末位计划者参与、不利于目标优化和协同等缺点，而基于BIM模型和二维码的进度管理系统能够解决这些问题。在机电管线的施工模型完成后，根据自动编码工具进行编码，然后生成二维码，接着生产厂家在系统平台上根据BIM模型生产构件，并贴上二维码，接着在运输到现场安装的过程中，分别根据构件出厂、进入现场、安装、检查等工序用手机扫描二维码进行确认，同时自动向数据库中录入人员、时间、地点、工况（根据角色权限设定）等信息，最后根据数据库中的信息进行处理，导出图表、模型等成果供管理者使用，从而实现对机电工程施工进度的构件级精益化管理。

除了上述主要问题外，其实还有很多问题，如二维码是否可以由条形码或RFID芯片取代，现场信息收集系统是采用C/S架构还是B/S架构等。这些问题没有标准答案，但至少是在技术上提供了一种精益化管理的思路。

在这条道路上，其实已经有部分承包商进行了尝试。如在一些预制化住宅或装配式项目上，目前可通过BIM技术和二维码技术可以将施工实施计划在BIM模型中动态的展示出来，但对现场验收应用的局限性在于并不能有效地将实施的对象——构件本身的状态和BIM模型及计划任务进行有效的关联、比较。也就是说，每一个构件本身的安装状态虽然能够通过BIM技术进行展示，但它们是互相割裂的，并不能进行动态可视化展示和汇总分析，对于施工管理来说效率很低（图2）。

图 2　对二维码验收的实施尝试

3　实现机电工程实际进度管理的总体构想和技术路线

3.1　实际应用场景预测

施工承包企业或分包商基于施工深化模型，生成工程材料清单，并基于工程统一的项目标准对构件进行编码；分包商项目经理拿着生成的材料清单到工厂下单或进行现场的加工，加工的同时，分包工程师在现场会将每个构件的信息以二维码的形式进行打印，并贴在构件上；构件出厂后进行扫描确认，构件进入工地现场后进行扫描确认，构件安装后进行扫描确认；所有扫描确认的信息均能动态地反映到项目的数据库中，并能按照工艺、分包体系等指定的分类体系进行总结、分析出具相关的报告。相关的构件生命周期状态可按照验收的结果反映在项目的可视化模型中，并可以按照构件的状态进行分类过滤显示（图 3）。

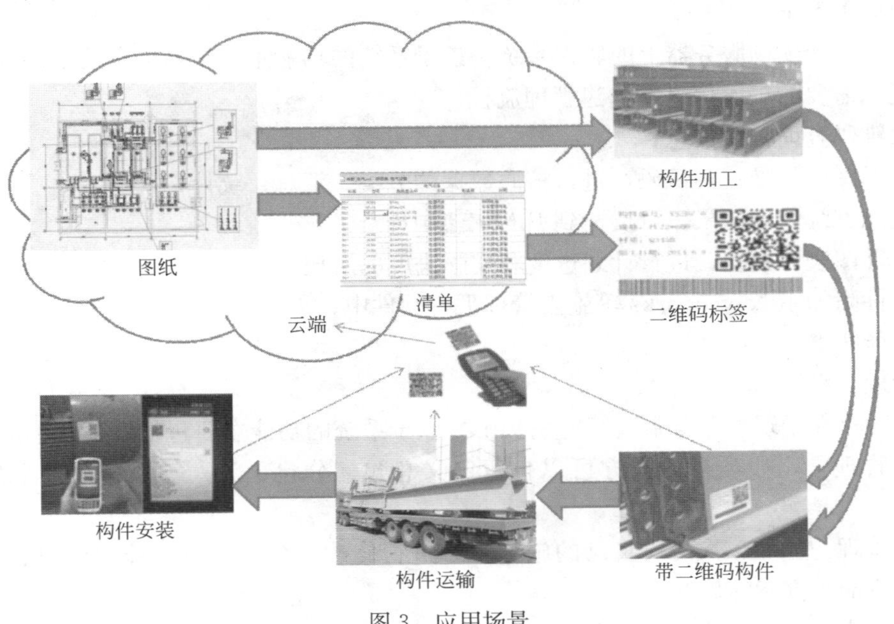

图 3　应用场景

3.2 主要研发构想

在实际工程中，特别是大型工程中，总承包方和业主对机电施工进度精益化管理有最为急切的需求。要实现对机电工程构件级的进度管理，就需要一个机电工程施工信息管理系统。该系统包含以下几个子系统。

（1）信息收集子系统

该子系统的载体为智能手机（或IPAD）上的应用（APP）。其具体实现方式为：结合权限管理功能，通过手机扫描二维码的方式，实时记录构件的工况（施工状态、时间、对应人员等），并上传到共享的数据库。

该子系统的功能主要包括以下几个部分：

➢ 账号登录注册功能，无账号的可使用游客版本，可浏览模型，但无法修改数据。该功能可用于角色权限管理。

➢ 初步项目管理功能。可用于查询项目信息。

➢ 信息输入功能。手机扫描二维码后能自动赋值构件状态信息，如人员、时间、工况（到货、安装、单机调试、遗留问题整改）、地点等。可自动剔除重复信息。

➢ 信息共享功能。手机APP扫描信息可直接共享到数据库，现场无网络条件下，可临时存储在手机中，回到有网络处再同步到数据库。

➢ 三维浏览功能（依赖于网络服务）。三维模型可轻量化，可查看模型信息，并具备文件管理、模型选择集显示（隐藏）、视点设置等功能。用户可通过APP直接浏览施工进度模型随时间变化的过程。

➢ 工作信息记录功能。手机APP能自动生成施工日志，现场工作人员可以根据权限进行查询和修改。

➢ 其他如消息推送等常用功能。

（2）信息整合子系统

该子系统的载体为数据库。以Revit、Navisworks软件（或与此类软件功能相当的平台软件）的BIM模型为基础平台，以合模完成碰撞检查的模型为依据，自动生成核心数据库，并与BIM模型形成映射；应具备信息查询、检索、备份、辨识与同步等功能；数据库的核心数据为BIM模型中的信息，除此之外还应包括：唯一辨识码、二维码、产品编号、人员、时间、地点、工况等信息。数据库同时保存在现场服务器和网络平台上，保持同步。网络平台可以有C/S和B/S两种架构，推荐使用B/S架构的公有云平台，编程与维护难度低，适用性好，可扩展空间大，适合施工企业使用。

（3）信息处理子系统

该子系统的载体为现场服务器上的软件系统。该子系统的功能主要包括以下几个部分：

➢ 可自行定制需要的工况信息，构建管理流程；

➢ 可根据二维码查询构件信息；

➢ 可根据数据库中的唯一辨识码，进行核心数据的分类、汇总、统计；

➢ 分类、汇总、统计的结果，可反馈到BIM模型中；

➢ 可定制统计图表、模型，进行计划进度和实际进度的对比；

➢ 可作为插件附加于Navisworks等施工管理平台软件中；

➢ 可进行功能拓展。

（4）权限管理子系统

该子系统同时存在于现场服务器和智能手机中。该子系统的功能主要包括以下几个部分：

➢ 功能权限管理。比如项目总包方可以自行定义总包、分包、工人等角色，每个角色赋予一定权限等。

➢ 数据权限管理。比如工人可对自己的施工日志进行修改，分包和总包能对汇总、统计的结果进行修正，其他角色只能查询不能修改等。

最后需要着重指出的是，该系统中现场工人使用手机扫描二维码不是为了查看信息，而是提交工作成绩和生成施工日志；二维码扫描同步的信息包含时间信息、人员信息与预先设定的工况信息（角色）、唯一辨识码和地点信息等；通过对二维码扫描信息的整理，可以在 BIM 平台软件（如 Navisworks）上直接展示计划进度和实际进度的比较结果，从而实现机电工程构件级的进度管理。

3.3 技术路线

机电工程施工信息管理系统是针对总包来进行开发的，基本目标就是为了便于总包进行进度控制，因而搭建数字化综合管理平台，实现安装材料透明化管理、安装任务数字化管理，从而实现安装工程的精益化管理。其研发技术路线见表 1。

系统研发技术路线　　**表 1**

序号	实施内容	技术路线
1	模型标准	根据实施应用需要确定模型信息标准与编码
2	清单	模型转换为数据库或表单，以 Revit 软件为主
3	编码与信息封装	在数据库或 Revit 模型中添加相关的参数
4	二维码生成	采用公开的二维码引擎
5	移动平台开发/信息采集	基于 iOS、Android 平台开发，能够读取二维码，放到移动端数据库里、能离线操作、能在有无线网络时和云端/服务器端同步
6	云端/服务器端开发	确定路线：公有云、私有云或服务器； 确定信息接口的 API； 开发与部署
7	工作流的开发	模型到清单，模型轻量化到云端、模型和数据库关联、数据库和采样关联、数据库动态更新
8	界面的开发	按照任务的要求完成移动端和管理端的界面

4 机电工程施工信息管理系统的应用拓展

机电工程施工信息管理系统的主要优点在于管理上的革新。现场工人用扫描二维码的方式提交施工成果，其包含的时间信息可以减少现场施工的懈怠状态，达成计件付酬的效果。这对提高工作效率、缩短施工工期有十分明显的效果。只要施工计划安排得当，估计能有 10%的工期节约。

除此之外，构件级的信息管理还能为将来的功能拓展留下空间。这些功能主要包括：

- 现场监理进行二维码扫描检查和复查。
- 构件级工程算量的数据管理。
- 配合实现劳动力管理。
- 绿色建筑评价（包括国标三星和美标 LEED 等）的数据提取。
- 配合性能分析，如结构分析、节能分析、经济分析等。
- 二维码信息与监管链（COC）连接。

5 结　论

当前对机电工程进度管理的手段主要靠事前计划和事后控制，不能实现事中控制，具有很大的局限性。如果一方面利用 BIM 模型和软件形成三维可视化管理和信息管理的基础，一方面利用二维码等技术解决构件和设备信息收集的问题，就能够实现机电工程构件级别的实际进度管理，提高工效、缩短工期，创造巨大的经济效益和社会效益。

参 考 文 献

[1] 何清华，韩翔宇．基于 BIM 的进度管理系统框架构建和流程设计［J］．项目管理技术，2011，09：96-99.
[2] 何晨探，王晓鸣，吴晶霞，等．基于 BIM 的建设项目进度控制研究［J］．建筑经济，2015，36（2）：33-35.
[3] 程雨婷，滕丽，喻钢，等．基于 BIM 的市政工程施工进度管理研究［J］．施工技术，2016，06：768-771.

基于无人机与BIM技术强化高架线轨道交通施工现场管理

马　良

（上海市机械施工集团有限公司 上海 200072）

【摘　要】对于工程线路长、工期紧的高架市政项目的管理，通过应用BIM技术提高现场施工技术水平，结合无人机技术快速了解施工现场情况，实现了通过新技术强化项目一线的总承包管理能力。

【关键词】无人机；BIM技术；轨道交通；现场施工；进度管理

1　项目概述

1.1　工程概况

上海市轨道交通八号线三期工程，又名“轨道交通浦江线”，位于浦东新区沈杜公路至汇臻路，建安总投资达6.5亿元。线路自现已运行的八号线沈杜公路站引出，后先沿既有八号线区间东侧向南走行，后转向东并沿浦江镇停车场北侧走行，至三鲁路后转向南，在穿越S32高速公路后沿三鲁路走行，至鲁南路再转向，直至终点汇臻路站。

本工程全线路均为高架，全长约6.7km，共设六座车站，分别为沈杜公路、三鲁公路、闵瑞路、浦航路、东城一路和汇臻路站。工程含车辆基地一座，基地由检修联合库、洗车库，变电所、雨水泵房、污水处理站、物资仓库，共计六处单体建筑组成，基地选址于现八号线浦江镇停车场西北角。本项目为上海市机械施工集团有限公司总承包，2016年末已完成区间全线结构贯通，计划于2017年末全面竣工并投放运营。

1.2　项目特点

本工程具有工程线路长、工期短、管理难度大的主要特点。轨道交通八号线三期的区间线路长，沿线河流、道路、管线纵横交错，施工难度高；此外，区间线路跨越多条道路施工，交通组织难度高；本工程全面应用预制装配技术，预制U形轨道梁运输、吊装工况限制条件多，对吊装施工也提出了较高的要求；本工程的施工专业多、界面多，总承包管理要求高，同时对现场的文明施工、防台防汛都提出了较高的要求。

1.3　BIM技术与无人机技术应用背景

机施集团自上海中心工程起应用BIM技术，BIM技术是一项先进的信息技术和管理理念，可服务于建筑的全生命周期，并提供可信赖的信息共享知识资源。能集成BIM的施工总承包，不仅可以解决设计图纸的矛盾和问题，也可以解决施工技术和管理上的难题[1]。而本工程由于工期特别紧，因此施工现场不得不“多点开花”同步作业，又由于工程线路特别长，靠核心管理人员去现场巡查，把控现场进度和质量与安全容易顾此失彼，原计划为增加人力资源投入（如增配施工员、质量员、安全员）以强化现场管理，机施集团着眼于未来的信息化与精细化施工发展方向，在本项目大力推行BIM技术，以达到强化施工现场管理的目标。

【作者简介】马良（1988-），男。上海市机械施工集团有限公司工程研究院BIM工作室主任/助理工程师。主要研究方向为BIM技术在施工企业及项目一线的管理与应用。E-mail：maliang0813@vip.qq.com

无人机技术近年来较为引人注目，其在BIM领域的应用热点即为低空倾斜摄影技术，这些技术由于以无人机作为平台，快速高效地获取高质量、高分辨率的地形影像，丰富的纹理信息，辅助设计和施工人员生产出高精度高分辨率的三维模型，避免了传统BIM建模中的依靠人力建模，拍照获得纹理再贴图的过程[2]。然而即便是如此，通过既有实践案例，无人机建模技术仍需要耗费一定的时间，同时对处理影像数据的电脑配置往往较高。八号线三期项目部着眼于项目施工进度紧的实际需求，同时考虑到项目成本，认为“回归无人机航拍”的原点，即仅使用无人机获得图片或视频资料辅助于项目管理。

1.4 BIM技术的意义

机施集团作为施工企业，明白只有将BIM运用和现场管理紧密结合，才可真正实现施工全生命周期的BIM应用。因此，本项目的BIM小组完成了以下工作：从获得招标图后开始的建模、标准和BIM计划的订立、设计资料管理；深化设计阶段的场布模拟、净空间距分析、碰撞检测、预留预埋检测、节点模拟；施工阶段的方案模拟、进度计划4D管理、造价5D分析、质量与安全管理、模型现场联动等。对于施工工艺和方案的模拟，对车辆六站五区间和车辆检修基地的施工均完成了模拟，对于有难度的专项施工，如下穿S32架梁施工、跨姚家浜段现浇U梁排架施工等，进行针对性的分析，并通过多方案的技术模拟，比较施工工艺的优劣，为最终施工方案的选择，提供了可靠的参考依据。

而使用无人机技术进行施工现场管理，是取决于本工程的线路长、工期短、管理难度大的特点，通过定期无人机飞行，获得的影像数据，对比模型文件，结合工程经验进行分析，从而把控整体工程进度，管理现场安全与质量，在BIM例会或是进度专项会议上，研究分析解决这些发现的问题。

2 BIM技术应用情况

2.1 BIM建模

BIM小组进驻八号线三期项目部，在项目部内完成六个车站及五段区间及一座车辆段基地的建模，模型深度在设计单位下发的施工图基础上完成深化，使用Revit建模与更新，使得模型进度达到LOD350，并使用Navisworks进行总体整合与运用（图1）。

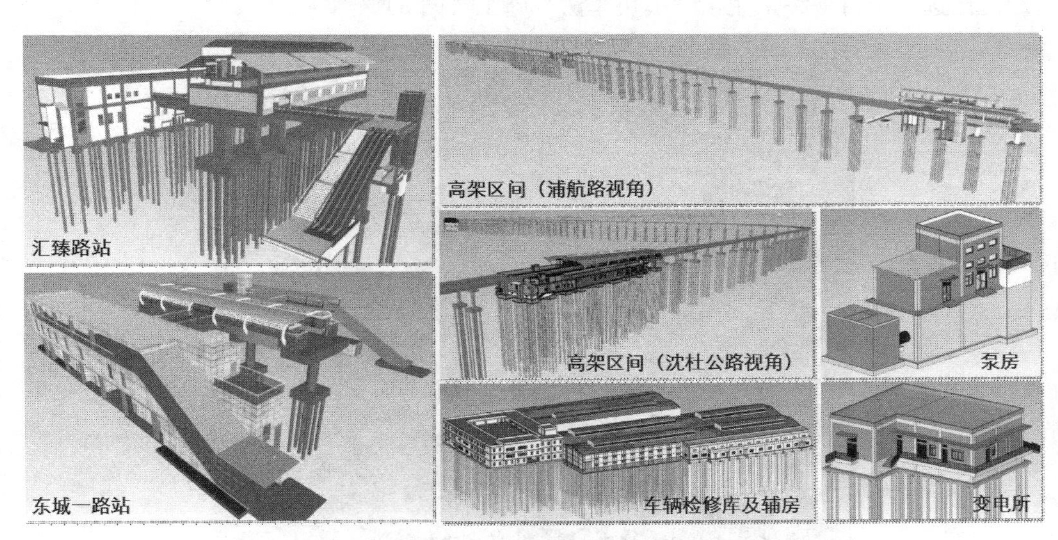

图1　轨道交通八号线三期部分单体模型示意

为了进一步将BIM技术在项目部内部推广，考虑到大部分项目部的同事对BIM了解甚少，也没有安装过相应的软件。BIM小组使用Fuzor软件输出模型的EXE格式文件，可使计算机在不安装模型软件下打开BIM模型，通过常见的游戏操作控制人物移动，通过降低BIM门槛的方法，提高了项目部人员的BIM应用积极性（图2）。

图 2　软件 Fuzor 输出的 EXE 格式文件可在不安装任何 BIM 软件下自主浏览模型

2.2　专项方案模拟与多方案比较

本工程中，由三鲁公路站出发的高架区间，下穿 S32 高速，是本工程的重大难点之一。通过进行现场勘测、项目经理组织技术人员、施工专家与 BIM 设计团队共同组会协调，全面考虑施工因素及交通组织，首先进了多方案的比较，随后进行专项方案的施工模拟。

S32 申嘉湖高速跨度近 30m，且下部净空较低，无法使用传统的履带吊或汽车吊，项目部对此段的 U 形梁架梁工艺，拟采用“滑移法”和“模块车法”，为此 BIM 小组根据策划内容，进行了两种方法的专项模拟，通过分析，在技术上，“模块车法”架梁效率高，对交通影响小。虽然经济上“滑移法”施工成本更低。通过最优比选，项目最终采用了“模块车法”施工（图 3）。

图 3　下穿 S32 高速拟采用的滑移法（上图）与模块车法（下图）的对比示意

在决定采用“模块车法”后，项目部对该方案不断优化，通过 BIM 技术分析车辆与设备的进出场路线和时间，模块车走向和时间测算、顶升高度等等，结合道路交通情况规划最合理的道路围挡范围，实现了使用 BIM 技术指导施工（图 4）。

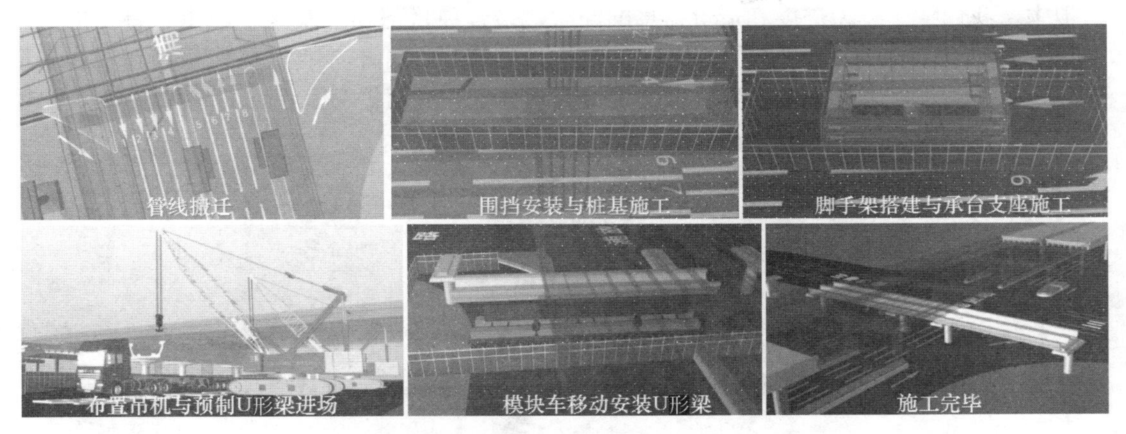

图 4　下穿 S32 高架交通组织专项 BIM 施工模拟

2.3　BIM 模拟经济分析与实际工程造价联动

在完成了建模工作后，BIM 小组将模型输入至 Navisworks，赋予了工程进度与对应工序的造价数额。通过此方法，完成了最基本的 5D 管理（图 5）。

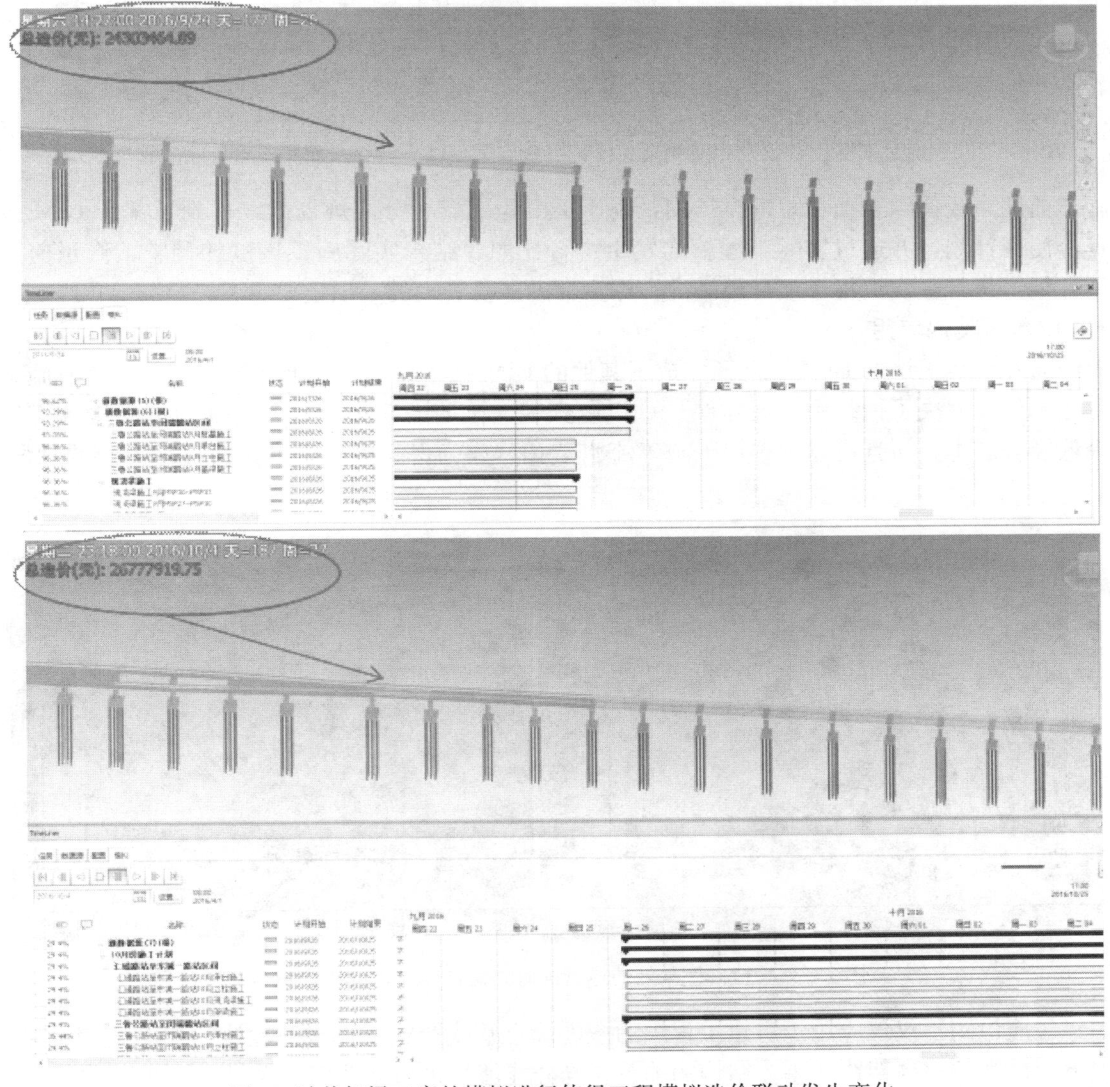

图 5　随着架梁工序的模拟进行使得工程模拟造价联动发生变化

5D 模拟中，我们赋予模型进度和造价信息的同时，结合项目部预算及成本力量，将各项清单报价中的单价，组合为模型中每块模型的“价格”，虽然现阶段这样做，并不能真正取代预结算工作，但通过实际造价和 BIM 的联动，可以使得本项目资金实现最合理分配，进而提高工程款的时间价值（图 6）。

序号	部位	类别	月份	工程量	工程款(元)
1	汇臻路站至东城一路站区间	桩基施工	4	229	2256176.7
			7	118	1162571.4
			8	4	39409.2
		承台施工	4	13	1061145.28
			5	4	326506.24
			6	4	326506.24
			9	6	489759.36
			10	12	979518.72
		立柱施工	4	12	1056753.6
			5	6	528376.8
			6	3	264188.4
			10	12	1056753.6
		盖梁施工	6	10	524990
			7	8	419992
			8	3	157497
		架梁施工	9	3	243651
			10	25	2030425
2	汇臻路站前段	桩基施工	4	56	551728.8
		承台施工	5	2	81626.56
			6	5	408132.8
		立柱施工	5	2	176125.6
			6	5	440314
		盖梁施工	5	2	104998
			6	3	157497
			8	2	104998

部位	还剩下	工序	10	9	8	7	6	5	4	截止到11月完成
汇臻路站至东城一路站区间	0	桩基施工	0	0	4	118	0	0	229	351
	1	承台施工	12	6	0	[illegible]	4	4	13	39
	7	立柱施工	12	0	0	0	3	6	12	33
	18	盖梁施工	0	0	3	8	10	0	0	21
	0.4	现浇梁施工	0.1	0.25	0.25	0	0	0	0	0.6
	30	架梁施工	25	3	0	0	0	0	0	28
汇臻路站前段	0	桩基施工	0	0	0	0	0	0	0	83
	0	承台施工	0	0	0	0	5	2	0	7
	0	立柱施工	0	0	0	0	5	2	0	7
	0	盖梁施工	0	0	2	0	3	2	0	7
	0	现浇梁施工	0	0.4	0.6	0	0	0	0	1
	8	架梁施工	0	0	0	0	0	0	0	0

图 6　通过实际工程款发生及剩余工作量分析和模型结合调整从而实现造价联动管理

在施工前期，我们结合项目总进度计划，制作了工程款资金分配规划后，得到了基于 BIM 技术分析的理论资金使用计划，并通过实际工程款的发生进行比照、结合实际施工进度的调整，修正前期制定的资金使用计划，每月一次汇报于项目经理部，作为辅助造价管理的一项重要参考。

2.4　BIM 技术的其他应用

轨道交通八号线三期的 BIM 团队还完成了其他的 BIM 技术应用，在上海中心工程中，机施集团作为钢结构专业单位，解决了钢结构和土建结构、机电安装、幕墙的碰撞问题，精细的碰撞检查不仅可以避免返工降低经济成本，而且可以大大加工施工流水节拍，成为保障施工进度按时完成的重要手段（图 7、图 8）。

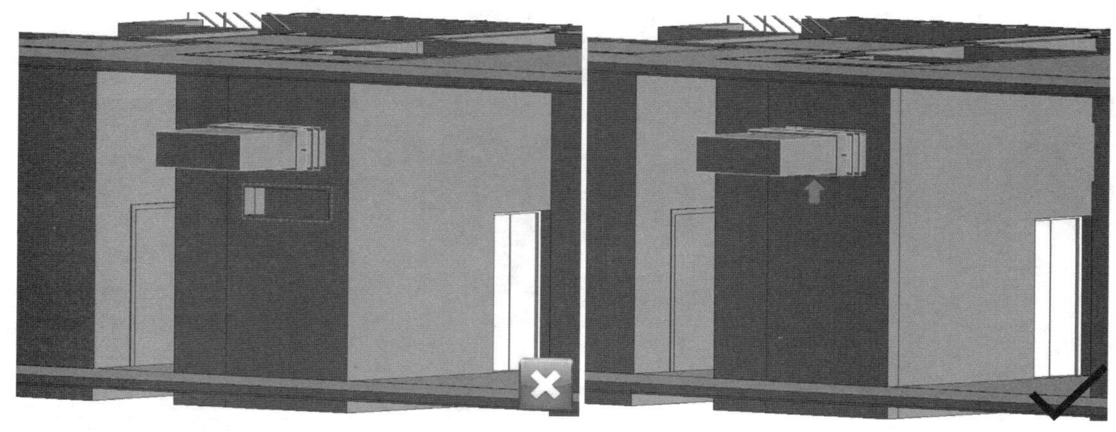

图 7　列车检修库某处的风管的管路走向与预埋套管未重合

我们将碰撞检测不仅仅应用于房建工程中的室内综合管线分析，将碰撞检测的概念应用在室外总体，如分析地下管线和新建高架线的主体结构的关系，同样能够带来事半功倍的效果（图 9）。

项目建立了良好的 BIM 例会制度，会议将现场的实际施工情况和 BIM 模型进行联动分析，主要工作

图 8　测绘院提供的管线模型和新建桩基承台 BIM 模型重合需搬迁

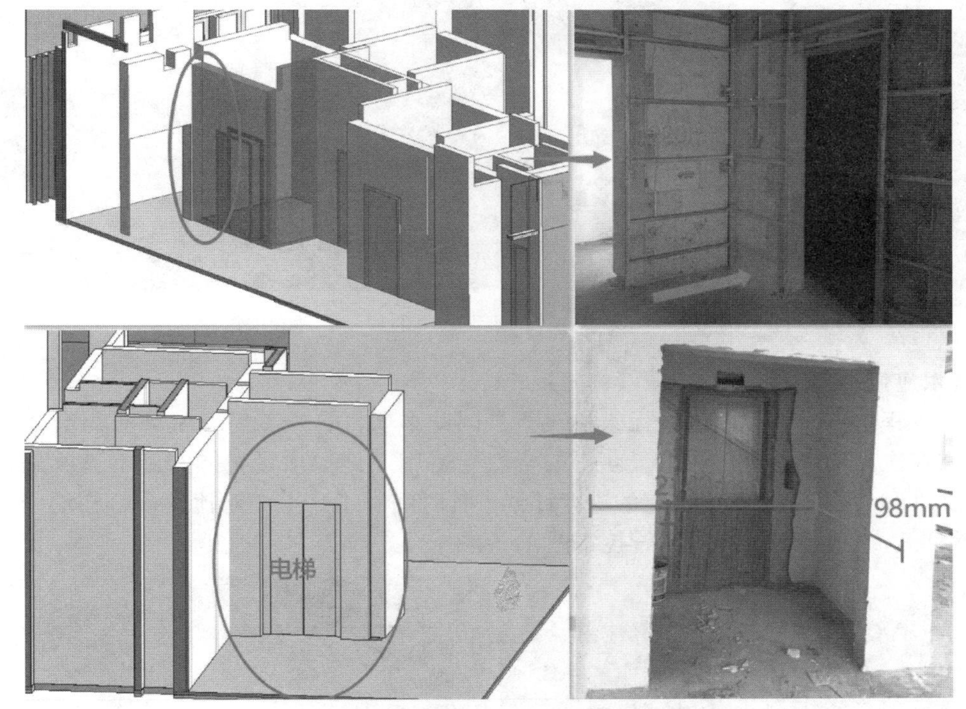

图 9　项目部的 BIM 驻场团队不断进行模型和现场实建情况的联动对比

有以下两点：一、判断现场施工满足设计与否；二、施工无法调整时进行设计复核；图 9 中的上图，侧墙的距离和模型不一致，需调整侧墙施工；而下图，根据物业招商的要求，电梯前应设置前室，需调整模型。此外，BIM 团队还完成了场布模拟、净空分析、质量安全模拟等 BIM 应用，这些工作都更好地协助项目部在施工过程的管控。

3　无人机技术应用情况

3.1　无人机技术最合理选择

无人机技术发展至今，越来越多的设计与施工单位开始采用无人机倾斜摄影技术建模，通过照片获得的三维的场地模型进行应用。然而这种技术对飞行质量要求高，后期处理与加工时间长，得到三维模型往往需要二至三周时间，对于工期紧张，工程线路长的本项目并不适用。项目部综合多方面因素，考虑到项目最需要的，是天空中的一双“眼睛”，能快速把控整个工程施工现场情况，因此 BIM 小组在本项目中，使用无人机仅获得影像与图片资料。

3.2　无人机技术应用路线

使用无人机的影像资料来强化现场的施工管理，尤其是在进度、安全、质量方面加强管理的效果，具体的应用步骤如下：

①准备工作：熟悉工程图纸与无人机性能，提前进行规划交通路线，研究飞行高度及航线规划等，制定出详细的无人机方案。根据天气情况选取晴朗的天气进行无人机的工作，并在当地执法部门完成飞行登记备案。

②现场拍摄：根据既定交通路线实行飞行方案实施，在安全的前提下完成飞行拍摄。

③数据比照：根据影像资料比照模型文件、进度计划文件，进行数据录入和输出分析，重点比较进度、安全、质量内容。

④专项例会：根据所得分析内容，在BIM例会中对内容进行讨论，通过影像资料，数据分析报告采取下一步有针对性的措施（图10）。

图10　BIM例会中进行基于无人机的现场管理专项讨论

3.3　无人机技术应用内容

本项目根据工程特点需要定期进行无人机飞行。因此本项目自开工后，BIM小组会在每周末进行一次飞行工作，并在次周的例会上作讨论。获得的资料主要用于把控项目整体的施工进度是否符合计划要求，通过视频文件和Navisworks中绑定的进度计划进行时间和工序上的对比发现存在的问题，并对现场的安全及质量情况、绿色施工情况进行管控（图11～图13）。

图11　区间段施工进度现场情况（左图）和模型文件（右图）的对比

图12　物资仓库脚手架与绿网的现场安装情况（左图）和模型文件（右图）的对比

图 13　定期进行无人机飞行拍摄得到的各车站的影像

4　结　语

机施集团高度重视 BIM 技术的施工应用，为了将 BIM 技术真正落地指导施工，作为八号线三期项目的施工总承包方，不断创新，加强 BIM 应用的深度与广度。

BIM 小组高效率高质量地完成 BIM 建模工作，并通过无人机技术不断修正与更新模型信息。下穿 S32 敷设 U 形梁是本工程中的重大难点之一，通过编制专项施工方案及交通组织做好技术准备，结合 BIM 模拟施工，分析搭接工序，确定进度节点，加强对安全与质量的管理，尽可能将对交通的影响降到最低。通过 BIM 技术与无人机的结合应用，大幅减轻施工管理难度，提高管理效率，降低施工成本，保障施工质量，加强现场安全。

参 考 文 献

［1］ 贾宝荣．BIM 技术在上海中心大厦工程中的探索应用［C］//张可文．第五届全国钢结构工程技术交流会论文集．北京：施工技术杂志社，2014-07-25 ：254-258.

［2］ 臧伟，曲腾腾，李伟伟，等．高分辨率低空无人机倾斜摄影测量辅助 BIM 技术的应用研究［C］//全国高校建筑学学科专业指导委员会．信息 • 模型 • 创作——2016 年全国建筑院系建筑数字技术教学研讨会论文集．北京：中国建筑工业出版社，2016-09 ：141-145.

基于 BIM 的医院建筑智慧运维管理研究与开发

许璟琳

（上海建工四建集团有限公司，上海 201103）

【摘　要】针对目前医院建筑智能化运维管理水平难以满足后勤管理高要求的问题，本文提出采用 BIM 技术将医院建筑基础数据与后勤运维管理数据进行有效集成与联动的方法。首先剖析了医院运维管理的特点、医院运维信息化现状、应用 BIM 技术辅助医院精细化管理的必要性，探讨了 BIM 运维模型建模精度、基于 BIM 的运维数据集成和运维模型交互操作等关键技术；提出了基于 BIM 的医院智慧运维管理系统架构及系统功能，最后总结并展望医院 BIM 运维的发展方向。

【关键词】建筑信息模型；医院建筑；BIM 运维；智慧运维管理系统

1　概　述

医院运维管理既具备与其他公共建筑运维管理共性的需求，又具有医疗行业独有的特点[1]。医院内病员、家属、探视、医护、行政等人员密集且繁杂，运维服务难度大；公共区域、专用区域、特殊区域等不同区域对温度、室压、排风、排污、换气等要求各异，运维品质要求高；能源形式多样，包括电、水、燃气、蒸汽，运维保障要求高；机电系统繁多，包括冷热源、给水排水、变配电、医用气体系统等，运维专业要求高。然而，目前大部分医院运维工作多委托外包团队完成，水平参数不齐。传统的运维管理模式难以满足实际应用需求，解决医院医疗对后勤管理的高要求与目前相对落后的医院建筑运维管理水平之间的矛盾是医院管理的急迫需求。

1.1　医院运维信息化水平现状

调研表明，医院运维信息化主要集中在工程管理、机电设备管理、资产管理和安全保卫信息化四个方面，后勤部、资产管理部、保卫部、工程部等多部门参与医院运维。总体而言，医院积极推进后勤智能化管理建设，然而，已有的运维信息化系统普遍较为分散，建筑数据与运维数据交叉分散在各处，难以充分发挥价值，具体表现为：

①医院建筑的设计、竣工图纸等工程信息主要由工程部及档案室管理，经常存在工程部持有的建筑图纸与归档的竣工图纸不匹配的现象，已有基于 BIM 的建设项目文档管理方法以提高工程资料的存储及搜索效率[2]；②机电设备管理信息化程度相对较高，目前上海市市级医院基本采用后勤智能化系统实现对医院建筑设备系统（空调、锅炉、照明、电梯、医用气体、空压等）的实时运行监测、设备运行和能源消耗数据的汇总分析[3]；③较为先进的资产管理方式是采用医院资源管理系统（Hospital Resource Planning，HRP）科学管理院区内设备、房间、基础设施等资产，以准确核算资产的数量及价值；④国内领先的大型综合医院一般具备较为成熟的消防报警系统、视频监控系统和电子巡更系统，已有医院已经开始实行消防物联网试点，通过实时采集供水管网和自动喷淋末端的水压数值，对消防安全进行监控管理。

【基金项目】2017 年上海市生产性服务业发展专项资金（总集成总承包）项目

【作者简介】许璟琳（1989-），女，福建漳州人。主要研究方向为 CAD/BIM 软件研发及应用。E-mail：xujinglin510@163. com

1.2 BIM运维应用

建筑信息模型（Building Information Modeling，BIM）是采用三维数字技术对建筑项目的物理特性和功能特性进行数字化表达，集成建筑项目各种信息的数字化模型[4]。在医院运维中引入BIM技术，可以提升与促进现有医院后勤管理系统，实现设计、施工和运维的信息共享，为参与后勤各方人员提供一个便捷、准确的管理平台（图1），以提高建筑运维管理效率[5]。

近年来，BIM得到越来越多的关注，国外关于BIM运维的文献相对较多，但是主要集中在基于BIM的设备管理[6]、BIM与计算机维修管理系统（Computer Maintenance Manage System，CMMS）的结合应用[7]，既有建筑的数据采集技术[8]和能耗监控；国内主要集中在整合资产信息、对建筑空间进行维护管理、建筑安全、集成GIS与BIM进行运维等[9]。目前国内医院BIM运维仍限制在单个阶段或局部应用点，缺乏将BIM存储的医院基础建筑信息与后勤管理数据的有效集成与联动，尚难带来真正的BIM运维效益，因此，基于BIM的医院智慧运维管理仍需多方面的探索与应用。

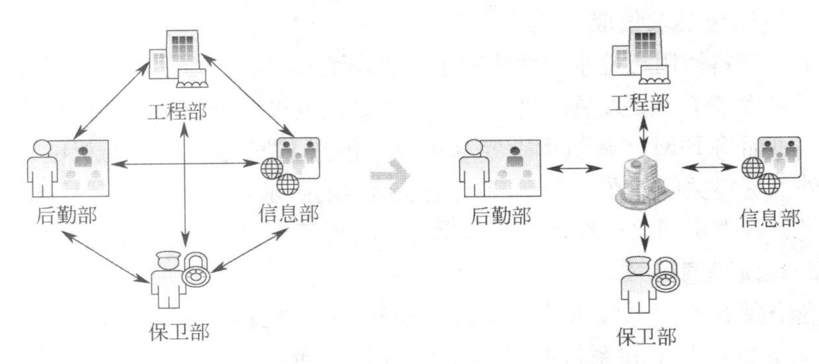

图1　BIM在医院运维数据传递中的应用价值

2　BIM运维模型构建关键技术

BIM运维模型是集成建筑基础信息，关联设计、施工、运维过程中产生的工程文档资料，整合建筑运行过程中监测数据的载体，通过提供易于操作和检索的三维可视化表现方法并支持运维模型数据的导入与导出，实现建筑的运维管理。因而，广义的运维模型M由模型造型P、运维数据D及交互操作O组成，即：$M=\{P, D, O\}$。本文探讨的BIM运维模型需要具备必要的模型建模精度、充分的运维数据和友好的交互操作。

2.1　BIM运维模型建模精度

BIM运维模型根据竣工图纸、运维模型深度要求和设施设备编码规则创建，模型应如实展现实体医院建筑的空间形态（建筑形状、结构、尺寸）、机电系统逻辑结构、空间定位关系。针对不同的构件类型采用不同的建模深度，并记录构件必要的几何和非几何参数信息，以保证模型创建及运维系统运行效率。当建筑空间或机电系统的几何形态出现较大变化时，需完成空间、机电设备、楼宇自动化测点的几何和位置信息更新。考虑到BIM运维的应用场景，项目建模时应采用IFC、Cobie等建筑行业统一交换标准存储。创建多层次模型，模型应包含粗略、中等和精细三种精度的几何模型表现方式；在发布电脑端应用时主要采用精细模型，发布为PAD和web端模型时主要采用中等模型。

2.2　基于BIM的运维数据集成

面向医院的运维数据由静态运维数据和实时运行数据构成，静态运维数据包括工程资料和建筑运维要求，图2展示了BIM运维数据的集成流程。

1）基于BIM的工程资料集成

建筑工程资料包括房屋建设依据性材料、设计图纸、竣工图纸、房屋移交文件、房屋维修手册等与医院建筑全生命期紧密关联的资料，以文档、图纸、图片等多种形式存在，是BIM运维模型中建筑基础数据的重要来源。基于BIM的工程资料集成，将建筑工程资料与BIM中相应构件建立准确关联关系，实

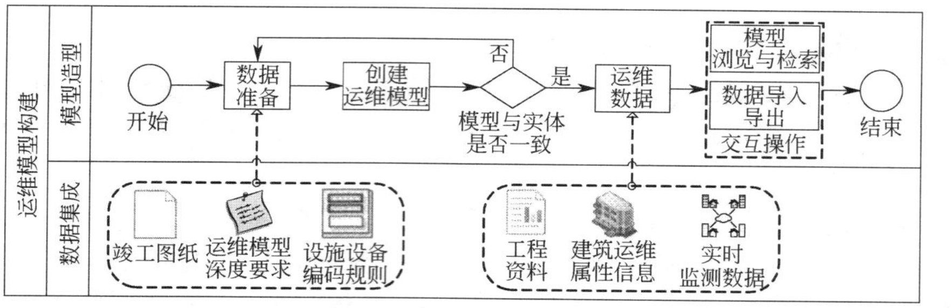

图 2　BIM 运维模型数据集成

现建筑工程资料的有序存储与快速检索，当工程资料有修改或更新时，通过在 BIM 运维系统上相应的更新或升级操作，为房屋装修、改造提供准确、权威的参考信息，并为资料使用提供追溯管理。

2）基于 BIM 的建筑运维要求集成

传统医院运维在工程资料使用和检索方面依赖于二维图纸和各种机电设备操作手册，使用时由专业人员查找与理解图纸信息，然后基于专业人员的决策对建筑物或机电设备采取相应动作。使用 BIM 模型可降低建筑维护对专业的要求，进而将 BIM 与建筑运维要求集成：包括 BIM 运维模型与机电设备生产厂商、联系方式、维护维修手册等外部资料关联；在 BIM 构件上记录运维的要求，例如房屋的大修时间、设备的维护保养日期、设备的电器容量、各类房间居住性能要求数据等，实现基于 BIM 的建筑运维要求集成。

3）基于 BIM 的跨系统信息集成

现有医院后勤智能化系统包括设备监控系统、报修系统、视频监控系统、巡更系统和医院资产管理系统，跨系统信息集成的数据共享和系统联动接口包括 BACnet、RESTfulAPI、OPC 等动态接口，以及 XML、Excel 格式文件等静态数据接口，支撑现在及未来建设的运维系统按照统一的标准和规范接入到 BIM 运维平台，表 1 示例了现有系统在接入 BIM 运维系统时所需提供的数据清单。

医院后勤系统接入数据清单　　**表 1**

系统类型	数 据 要 求
设备监控系统	登录验证接口，机电设备监测点位图，获取设备历史数据的接口
报修系统	登录验证接口，自动报修的接口，获取维修任务数据的接口
视频监控系统	登录验证接口，摄像头实时数据与历史数据访问接口
巡更系统	登录验证接口，巡更系统点位布置，巡更时间、人员等数据的接口
医院资产管理系统	提供医院资产清单数据

按照技术实现可行性，通过数据集成、应用集成、用户集成和界面集成进行系统整合，如图 3 所示，一方面，将现有后勤智能化系统接入 BIM 运维平台，实现后勤管理数据的三维可视化显示与统一平台管理。例如，通过设备监控系统采集实时运行数据并在 BIM 运维模型中显示，可实现对机电设备的参数监测和能源计量管理；另一方面，既有后勤管理系统可从 BIM 运维系统获取建筑基础数据，实现对现有系统功能的提升与强化。

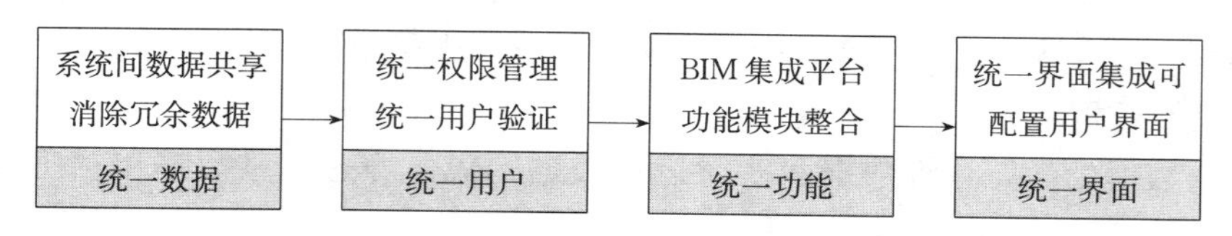

图 3　基于 BIM 的跨系统信息集成路线

2.3　基于 BIM 的医院运维模型操作

为充分发挥 BIM 运维的价值，需考虑 BIM 运维用户的使用习惯、使用场景，将 BIM 运维使用人员与专业的 BIM 应用人员区分开，为 BIM 运维使用人员提供简便、友好的运维模型交互操作，以满足不同层次的运维管理用户对医院建筑管理的需求。BIM运维模型操作至少应包括：1）BIM运维模型的浏览、操作、检索与更新；2）BIM运维模型与数据列表的切换与跳转；3）运行状态显示与预警告知；4）数据导入与导出。通过基于BIM的医院智慧运维管理系统设计及开发实现对BIM运维模型的操作要求。

3　基于BIM的医院智慧运维管理系统架构设计

如图4所示为基于BIM的医院智慧运维管理系统分层架构。最底层为数据层，包括数据中心、文件存储和楼宇自动化监测数据采集；业务层包括系统功能模块、服务组件和外部对接系统；最顶层为表现层，提供多种接入渠道和统一门户访问。

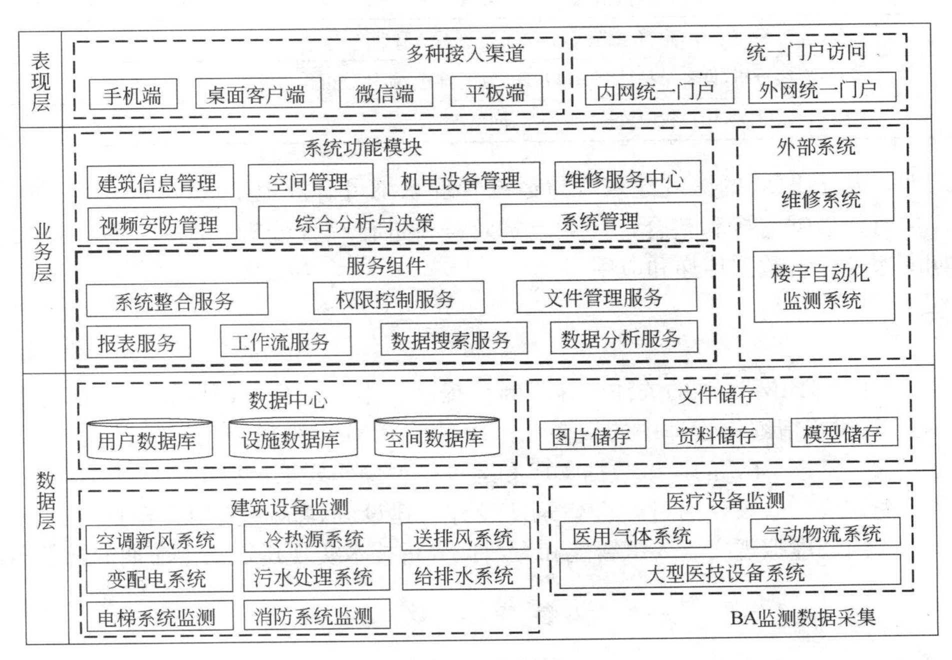

图4　系统架构

4　实例应用验证

本文以上海市某医院新建大楼运维模型构建和系统开发为例，阐述采用本文所提技术的应用效果。该大楼单体总建筑面积83161.97m²，包括地上24层、地下2层，主要服务于重大保障和高端医疗，具有一定的代表性，可用于验证本文提出的技术。

本项目构建的局部BIM运维模型如图5所示，对于机电、医疗设备等运维重点管理对象，采用LOD500精度建模，包含准确的外形尺寸、形状、材质、参数信息；对于装饰、结构等与运维关系较小的构件，采用LOD300精度建模，保留外轮廓，省略细节。

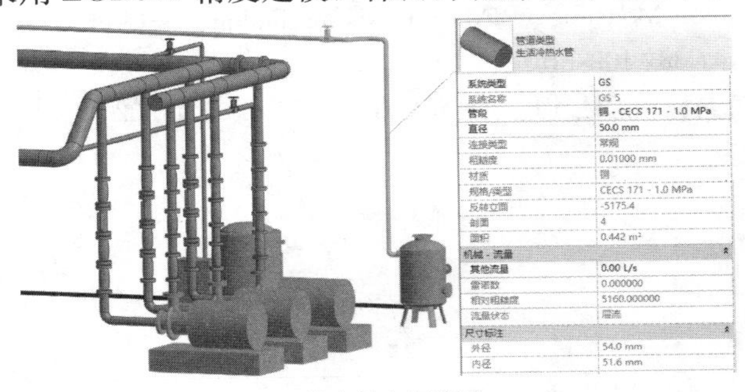

（1）采用LOD500精度的空调管道

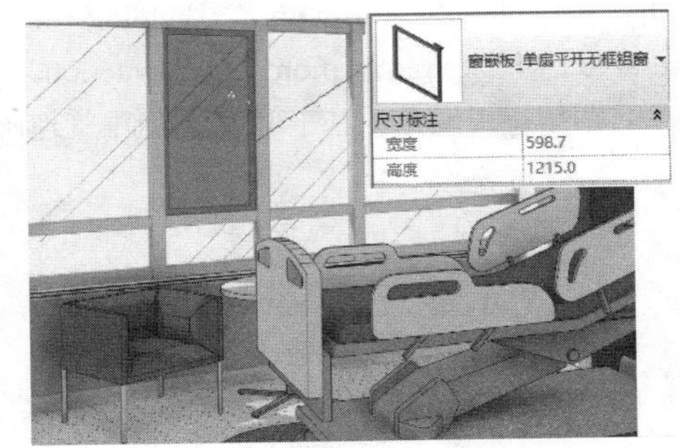

（2）采用LOD300精度的病房门窗

图5　模型建模精度

本项目基于系统架构开发系统功能如表2所示，包括建筑信息管理、空间管理、机电设备管理、维修服务中心、视频安防管理、综合分析与决策和系统管理等7个功能模块。

BIM运维系统功能模块　　**表2**

功能项	功能描述
建筑信息管理	建筑模型浏览与管理，数据导入与导出，工程资料分类存储与检索
空间管理	空间模型管理，空间运维数据显示，空间使用分配与统计
机电设备管理	设备台账，机电逻辑结构查看，监测数据可视化，设备预警
维修服务中心	一站式报修流程处理，报修信息与BIM集成
视频安防管理	视频监控系统联动，报警系统联动，电子巡更系统联动
综合分析与决策	设备升级分析，设备维护计划智能决策，预警推送，能耗分析与决策支持
系统管理	用户信息维护，用户权限管理，服务器、网络配置

应用验证表明，基于BIM的医院建筑智慧运维管理系统可有效地集成设计、施工阶段的工程资料，实现各管理部门的有效数据衔接和整合，针对建筑及设备进行综合分析、评价、预测及规划，支持面向建筑全生命周期的医院建筑数据传递和应用。

5　总结与展望

近年来业界对于医院BIM运维的关注度在不断地提高。本文剖析了医院运维信息化水平的现状，总结了BIM运维在医院建筑精细化管理中的重要性；探讨了BIM运维模型构建的关键技术，包括BIM运维模型建模精度要求、基于BIM的运维数据集成和运维模型操作要求；提出了基于BIM的医院智慧运维管理系统架构及功能模块。未来，通过整合建筑从设计、建设到建成、使用直至拆除的建筑基础数据和运维数据，结合物联网、虚拟现实、人工智能和大数据分析技术实现建筑全生命期的智慧运维管理。

参考文献

[1] 曹荣桂．医院管理学［M］．北京：人民卫生出版社，2011：130-134.

[2] 姜韶华，李倩．基于BIM的建设项目文档管理系统设计［J］．工程管理学报，2012（1）：59-63.

[3] 朱永松，陈方，魏建军，等．后勤智能化管理平台在医院安全管理中的应用［J］．中国卫生资源，2014，17（5）：375-376.

[4] 余芳强，张建平．一种分阶段递进式BIM构建方法［J］．图学学报，2017，38（1）：97-101.

[5] 苏元颖．BIM在医院建设和运营中的作用及实施［J］．中国医院建筑与装备，2014，(01)：27-35.

[6] Becerik-Gerber B，Jazizadeh F，Li N，et al. Application areas and data requirements for BIM-enabled facilities management［J］．Journal of construction engineering and management，2011，138（3）：431-442.

[7] Motamedi A，Hammad A，Asen Y. Knowledge-assisted BIM-based visual analytics for failure root cause detection in facilities management［J］．Automation in construction，2014，43：73-83.

[8] Volk R，Stengel J，Schultmann F. Building Information Modeling（BIM）for existing buildings—Literature review and future needs［J］．Automation in construction，2014，38：109-127.

[9] 胡振中，彭阳，田佩龙．基于BIM的运维管理研究与应用综述［J］．图学学报，2015，(05)：802-810.

BIM系统在援越南越中友谊宫项目的实际应用

陈　志，焦云川，周　夏

（云南省建设投资控股集团有限公司，云南 昆明 650051）

【摘　要】 BIM（Building Information Modeling）即建筑信息模型，是以三维数字技术为基础，集成建筑工程项目全生命周期（设计、施工和运维）各种相关信息的工程数据模型。在施工过程中可用于碰撞检测、管线综合布置、3D漫游、施工模拟、4D模拟、技术交底、施工方案优化、质量验收、工程量统计等，通过BIM技术的施工应用，解决专业间冲突、纠正和弥补设计缺陷、优化施工方案、加强质量控制，从而达到节约工期、降低成本的目的。本文根据援越南越中友谊宫项目施工过程中的BIM技术应用，探讨BIM技术在施工过程中所起的作用，分析通过BIM技术应用获得的效果，最后阐述结论。

【关键词】 BIM；施工应用；援外成套项目

1　引　言

BIM（Building Information Modeling）全称为建筑信息模型，以建筑工程项目的各项相关信息数据作为基础，建立起三维的建筑模型，通过数字信息仿真模拟建筑物所具有的真实信息。它具有信息完备性、信息关联性、信息一致性、可视化、协调性、模拟性、优化性和可出图性八大特点。

1975年，佐治亚理工大学Chuck Eastman教授创建了BIM理念，在其研究课题“Building Description System”中提出“a computer based description of a building”，以便于实现建筑工程的可视化和量化分析，提高工程建设效率。随着计算机软硬件水平的迅速发展，BIM研究和应用得到突破性进展。欧美、日本、新加坡等发达国家对BIM的应用已较为成熟，其应用领域自设计阶段、施工阶段一直延伸至维护和管理阶段。是否具有BIM应用技术在这些发达国家已成为设计和施工企业承接项目的必要能力。

中国的BIM应用近几年发展速度很快，许多企业有了非常强烈的BIM意识，发展也逐渐得到了政府的大力推动。2011年住房和城乡建设部印发的《2011—2015年建筑业信息化发展纲要》提出加快推广BIM、协同设计、移动通讯、无线射频、虚拟现实、4D项目管理等技术在勘察设计、施工和工程项目管理中的应用，改进传统的生产与管理模式，提升企业的生产效率和管理水平。

援越南越中友谊宫项目的BIM主要运用于施工阶段，利用BIM技术进行了碰撞检测解决了各专业设计图间的冲突，通过管线综合优化排布纠正和弥补了部分设计缺陷，利用3D漫游、施工模拟进行了技术交底和质量验收，使用4D模拟对施工进度进行直观控制等。有效避免了返工，提高工作效率，降低施工成本，节约了工期。

2　项目简介

援越南越中友谊宫项目是中国商务部无偿援助越南的以满足大型综合类演出，兼顾大型音乐会、会议使用需求，作为重要庆典、外事礼仪、文化交流的标志性、示范性综合建筑。主建筑被圆形钢结构外环廊包围，中央为剧院区域（A区）、两侧分别为文化交流和综合管理区域（B、C区）。中央剧院区域有主会堂大厅、1500座观众厅（池座1005，楼座495）和舞台区域；B、C区分别为文化交流区和行政管理

【作者简介】 陈志（1970-），男，高级工程师。主要研究方向为国际工程管理及项目投融资。E-mail：171768521@qq.com

区，设有代表中国文化的茶文化、中医理疗、中文学习、书法室和行政办公用房。

越中友谊宫占地3.3公顷，地下一层、地上三层，总建筑面积13966m²，地上10415m²，地下3551m²，主建筑为框架剪力墙结构，观众厅检修马道、舞台葡萄架和室外环廊为钢结构。结构复杂，标高繁多，中央剧院区域为高大空间结构，净高为9.8～33.9m。设有南北两个地下室，南侧地下室深度4.1m，北侧地下室最深处（升降舞台区域）7.6m，B、C区屋面结构高度14.35m，A区主会堂大厅和观众厅屋面结构高度20.37m，舞台区域屋面结构高度26.5m（图1）。

图1　援越南越中友谊宫全景效果图

越中友谊宫装饰装修档次较高，外墙为陶板幕墙和玻璃幕墙。内装修观众厅墙面、顶棚为玻镁板和GRG板贴木纹膜，地面为强化木地板和地毯；其他区域墙面多为石材、铝板，部分内墙漆，顶棚为埃特板吊顶，地面主要为石材和地砖。

越中友谊宫机电专业有电气、智能、通风及空调、给水排水及消防四大系统，有自发电、太阳能供电；舞台专业设有四块升降舞台和一块旋转升降舞台，有机械、音响和灯光三大系统。各系统管线错综复杂、设备数量繁多，对室内空间和各功能用房利用率要求较高。

3　项目BIM概述

援越南越中友谊宫项目设计企业未进行BIM模型建立，由施工总承包企业根据设计施工图建模并在施工过程中辅助施工。建模软件使用Autodesk Revit 2014，应用软件使用Autodesk Navisworks 2014，辅助软件有AutoCAD、Project（2007版本以上）。

施工总承包企业设立BIM小组，下设结构组、建筑组、机电组，每个专业组配置数名施工技术人员，分别负责结构、建筑与装饰装修、机电系统模型的建立和施工过程中的应用。BIM应用由项目技术负责人牵头，BIM小组各成员参与。

施工过程中，使用BIM模型进行了专业间碰撞检测、综合管线布置、3D漫游、施工方案模拟和4D模拟。

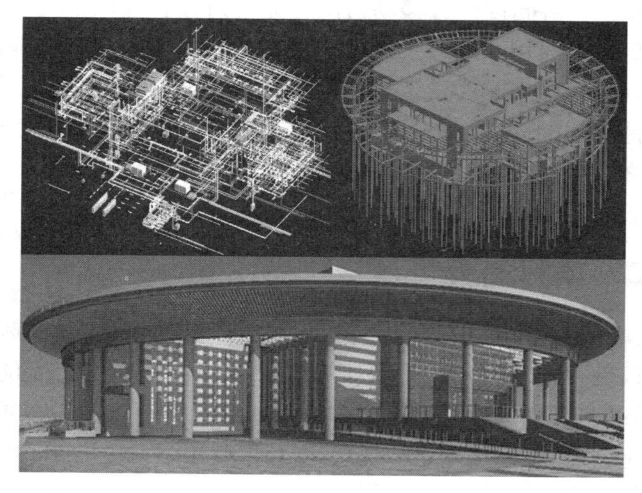

图2　援越南越中友谊宫BIM结构、建筑、机电模型

4　BIM模型建立

本项目建立了结构、建筑（含装饰装修）、电气、暖通、给水排水、消防六个专业模型（图2）。因项目结构特殊，没有明显的设计结构留缝和统一

的层高，难以按结构留缝或楼层进行分块建模，所以模型仅只是按专业分开独立建模，各专业内模型未进行分解。分析项目特点，确定模型各构件命名规则（表 1），以便在施工过程中利用 BIM 模型准确查阅构件编号、位置、材质，方便选取对应构件，方便碰撞检测应用，减小 4D 模拟应用制作的工作量等。

BIM 构件命名规则　　**表 1**

	专业	构件名称	命名规则
1	结构	桩	桩类别-桩长-桩径-是否后注浆
		基础承台	编号-材质-尺寸
		梁(含基础梁)	编号-梁顶标高-材质-截面尺寸
		结构柱	编号-材质-截面尺寸
		楼板	板顶标高-材质-厚度
		混凝土墙	编号-材质-厚度
2	建筑	砌体墙	材质-厚度
		门、窗/幕墙	按设计图纸
		吊顶	吊顶类别-标高-材质-吊顶板尺寸
		墙、地面	类别-材质-饰面材料尺寸
3	电气	桥架	系统-标高-规格-材质-桥架内敷设回路编号
		母线	系统-标高-规格-材质
		设备	系统-名称(施工图设备材料表名称)
4	暖通	风管	系统-标高-规格-材质
		设备	系统-名称(施工图设备材料表名称)
5	给水排水、消防	管线	系统-标高-规格-材质
		设备	系统-名称(施工图设备材料表名称)

各专业模型建立的过程相当于对各专业施工图纸进行一次全面细致复核，发现的设计图纸问题进行记录并在模型内标记，请设计人员解答后形成答疑文件。

5　施工中的应用

本项目编制了《BIM 技术实施方案》，明确施工过程中进行碰撞检测、综合管线布置、3D 漫游、施工方案模拟、现场检查验收、4D 模拟等 BIM 应用，达到解决专业间冲突、有效辅助工程施工、减少工程返工、指导重点方案实施、提供施工技术支持、协助质量安全管理，降低项目成本、节约工期、培养 BIM 应用技术人员的目的。

5.1　碰撞检测

BIM 技术的三维可视化最为直观，利用 BIM 的三维技术进行碰撞检测，可以优化设计方案，减少施工中可能出现的错误，有效避免返工，节约工期并降低施工成本。使用 Navisworks 软件导入各专业模型，可整体或分楼层和部位随时进行碰撞检测。软件能够智能的计算出碰撞冲突构件位置、编号等，生成碰撞检测报告（图 3）。

	A	B
1	结构基础 : 承台-矩形 : CT-1b-混凝土-1200x1200x2700mm : ID 286637	中越友谊宫-机电模型.rvt : 管道 : 管道类型 : B1-空调回水 - 标记 9555 : ID 1346264
2	结构基础 : 承台-矩形 : CT-1b-混凝土-1200x1200x2700mm : ID 286637	中越友谊宫-机电模型.rvt : 管件 : 弯头 - 常规 : 标准 - 标记 11155 : ID 1826089
3	结构基础 : 承台-矩形 : CT-1b-混凝土-1200x1200x2700mm : ID 286637	中越友谊宫-机电模型.rvt : 管道 : 管道类型 : B1-空调回水 - 标记 18393 : ID 1829165
4	结构基础 : 承台-矩形 : CT1-混凝土-1200x1200x900mm : ID 295320	中越友谊宫-机电模型.rvt : 管道 : 管道类型 : B1-雨淋系统 - 标记 19648 : ID 2047475
5	结构基础 : 承台-矩形 : CT1-混凝土-1200x1200x900mm : ID 302188	中越友谊宫-机电模型.rvt : 电缆桥架 : 带配件的电缆桥架 : 梯级式电缆桥架 - 标记 360 : ID 1612459
6	结构基础 : 承台-矩形 : CT1-混凝土-1200x1200x900mm : ID 302188	中越友谊宫-机电模型.rvt : 电缆桥架配件 : MC 梯式垂直弯头 : Standard 10mm - 标记 1210 : ID 1612460
7	结构基础 : 承台-矩形 : CT2-混凝土-3200x1200x1500mm : ID 303616	中越友谊宫-机电模型.rvt : 风管 : 矩形风管 : B1-新风系统 - 标记 9130 : ID 1445856
8	结构基础 : 承台-矩形 : CT1-混凝土-1200x1200x900mm : ID 308550	中越友谊宫-机电模型.rvt : 管道 : 管道类型 : B1-雨水管 - 标记 16890 : ID 1700755
9	结构基础 : 承台-矩形 : CTL1(1)-混凝土-8300x900x900mm : ID 333480	中越友谊宫-机电模型.rvt : 管道 : 管道类型 : B1-消火栓管道 - 标记 13578 : ID 1547894
10	结构柱 : YDZ8 : YDZ8 : ID 356085	中越友谊宫-机电模型.rvt : 管道 : 管道类型 : B1-喷淋管 - 标记 16386 : ID 1594226
11	结构柱 : YDZ10 : YDZ10 : ID 373691	中越友谊宫-机电模型.rvt : 管道 : 管道类型 : 标准 - 标记 12079 : ID 1438351
12	结构柱 : 混凝土-矩形-柱 : YAZ3-混凝土-400x350mm : ID 376206	中越友谊宫-机电模型.rvt : 管道 : 管道类型 : B1-压力排水 - 标记 13244 : ID 1523095
13	结构柱 : 混凝土-矩形-柱 : KZ4-混凝土-700x700mm : ID 395030	中越友谊宫-机电模型.rvt : 管道 : 管道类型 : 标准 - 标记 13629 : ID 1548116
14	结构柱 : 混凝土-矩形-柱 : KZ5a-混凝土-700x700mm : ID 403997	中越友谊宫-机电模型.rvt : 管道 : 管道类型 : F1-雨淋系统 - 标记 13620 : ID 1548062
15	结构柱 : 混凝土-矩形-柱 : KZ5a-混凝土-700x700mm : ID 403997	中越友谊宫-机电模型.rvt : 管件 : 过渡件 - 常规 : 标准 - 标记 16204 : ID 1548065
16	结构柱 : 混凝土-矩形-柱 : YAZ4-混凝土-400x350mm : ID 420082	中越友谊宫-机电模型.rvt : 风管 : 矩形风管 : B1-送风系统 - 标记 7459 : ID 1292205
17	结构柱 : 混凝土-矩形-柱 : YAZ4-混凝土-400x350mm : ID 420084	中越友谊宫-机电模型.rvt : 风管 : 矩形风管 : F1-回风系统 - 标记 9452 : ID 2050205

图 3　援越南越中友谊宫碰撞检测报告

施工技术人员可在 Navisworks 软件中直接阅读碰撞检测报告，并直观调看碰撞部位的三维模型，以确定是否属于设计错误，如属于设计错误则提交设计人员进行处理。如本项目对建筑与结构、结构与机电进行碰撞检测后，发现有较多机电管线与混凝土构件碰撞冲突部位，核对图纸明确问题确实存在后，在设计交底时请设计人员进行了处理。

当发生设计变更，按照变更文件完成相应专业模型文件的调整后，及时进行各专业间的碰撞检测，查找设计变更是否造成专业间冲突，提前在虚拟三维模型中处理冲突问题，保证正式施工的顺利。

本项目在进行结构碰撞检测时，发现地下混凝土风道、检修沟与桩基础、承台多处发生碰撞，在图纸会审阶段向设计人员提出，通过调整风道、检修沟走向和标高解决了碰撞问题（图 4）。

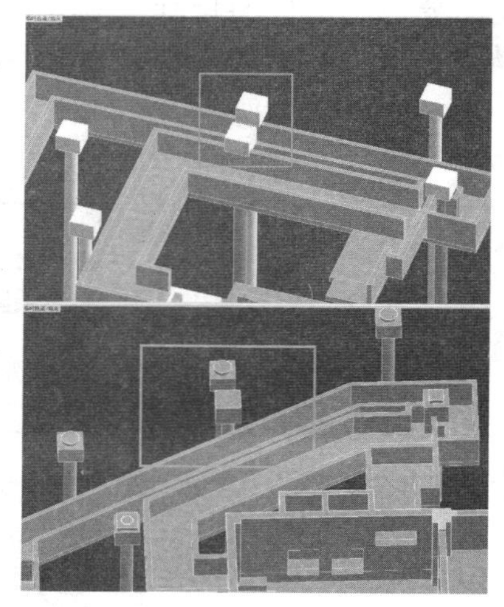

图 4　援越南越中友谊宫结构碰撞及处理

5.2　综合管线布置

传统 CAD 二维设计，通常电气、智能、通风与空调、给水排水及消防等专业设计师根据结构和建筑设计图进行各自专业的管线布置、设备设置。在二维设计图上标注各管线、设备标高和大致平面位置，在设计过程中和完成各自专业设计后进行核对。因二维设计图的抽象性，核对工作量大且容易造成疏漏，各专业管线、设备空间位置碰撞冲突现象无法避免。在选用设备时，设计企业通过咨询一、两家设备厂家后确定设备参数和尺寸并在设计图上示意，但施工企业在实际采购时可能选择其他满足设计参数要求的产品，造成设备用房空间布置偏差。因此，对机电专业综合管线优化排布是施工企业在机电安装综合布线前必须完成的工作。

应用 BIM 模型的碰撞检测，可以极为方便地检查出机电专业各系统管线、设备是否有空间碰撞冲突，对碰撞部位处理还需考虑建筑空间使用要求，而不能简单地将管线上下错位或者设备的左右挪动避让。如本项目南侧主会堂大厅地下室，集中了高低压配电设备、备用发电机、主会堂大厅和观众厅的空调设备等，室内主消防管、主风管、主电缆桥架及母线等均从该地下室接出至上部各房间，内部管线、设备布置极为复杂。使用 BIM 碰撞检测和 1.8m 高人物模拟漫游，发现电缆桥架、消防管和风管空间位置严重冲突，且走道高度被压缩至模拟人物无法通过，无法满足房间功能要求。技术人员用 Revit 对室内管线、设备进行优化布置，将空调水管、喷淋管和占据空间位置较大的主风管等移入空调机房室内贴梁底并排安装，电气桥架从低压配电室出来后斜向进入设备井，过道顶棚仅安装消防管等措施，保证了各房间的空间和功能要求。

在机电管线施工前，通过 BIM 综合布线（图 5），优化了管线位置和走向，满足了空间和功能要求，避免了返工，降低了施工成本，节约了工期。

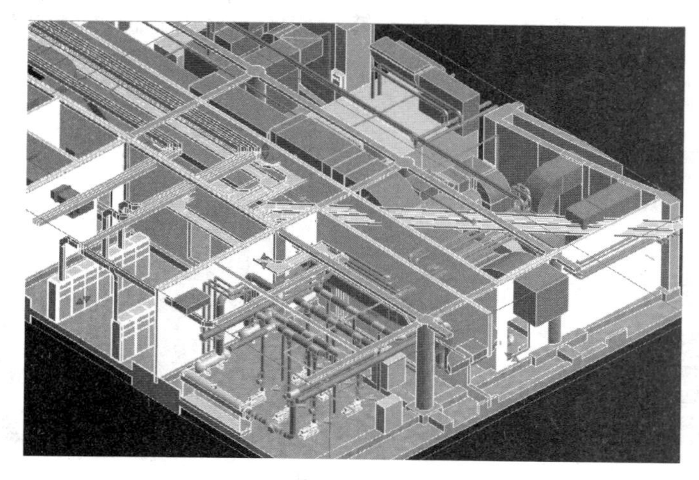

图 5　援越南越中友谊宫地下室综合布线

5.3 3D 漫游

Navisworks 软件中的漫游命令，可以第一视角、第三人视角在模型内部进行漫游。漫游功能可用于设计合理性判断、现场质量检查、施工交底等。Navisworks 软件可以对单模型如结构模型进行漫游，也可以综合专业模型如附加所有专业模型后进行漫游。第一视角漫游可以无障碍浏览模型各部位情况，宛如亲身走在建筑内部。第三人视角漫游，可以设置模拟人物的身高、体重等参数，浏览过程中可以直观发现诸如楼层高度不足、管线位置错误等问题，用以发现二维设计图所不容易发现的设计缺陷。

本项目使用第一视角漫游用于现场质量检查和验收，使用 Navisworks 软件将单专业模型或者综合专业模型保存为 NWD 格式模型文件。NWD 模型文件导入 iPad mini2 后，质量管理人员在现场实物对照模型可以直观地进行质量检查和验收。

第三人视角漫游主要用于设计合理性检查，设置模拟人物身高 1.8m，控制模拟人物在综合专业模型内部行走浏览，检查是否存在无门房间、高低错层无台阶、管线布置位置不合理、建筑空间不足、高处临边未设计围护结构等问题，及时通知设计企业给予解决。

5.4 方案模拟

专项施工方案是每个建筑工程项目必有的施工指导文件，大多通过文字配以图片、表格用于说明一个施工工艺的做法、质量安全要求等。一个施工工艺需要编制数十页的方案才能表述清楚，方案阅读人员也需要花较多精力去读懂枯燥的文字，透过文字来想象具体的工艺做法。因为文字方案的抽象性，对一个方案是否具有可行性、针对性，也需要技术人员花费大量精力推算、核对。

本项目利用 BIM 技术，在施工过程中对地下室综合管线安装、陶板幕墙安装等关键分部分项工程进行 3D 方案模拟，用 Revit 软件建立施工环境、施工材料、施工机械的 3D 模型，通过 Navisworks 软件将模型附加组合，按照施工工序模拟出整个实施过程动画。审核施工环境是否满足施工方案的实施，施工机械、材料配置是否合理，是否可以进一步优化等（图 6）。

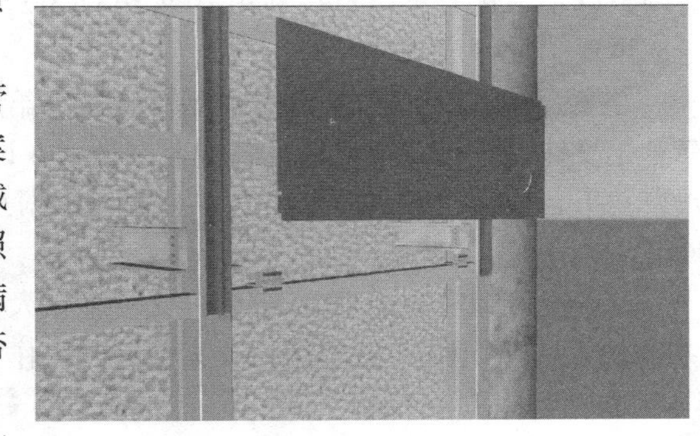

图 6　援越南越中友谊宫陶板幕墙方案模拟

方案模拟可以形象地表达出目前的施工状态和施工方法，有利于技术人员对整个工序的把握。在模拟过程中发现一些问题，有利于施工前对施工方案及时调整。通过对关键工程进行模拟，以验证施工方案的合理性、可行性，便于指导施工和制定出最佳施工方案，从而加强可控性管理，提高工程质量、降低施工成本和工期损耗，在最大范围内实现资源合理利用。

将整个方案模拟过程制作成视频动画，向施工人员进行技术交底，可以直观地让接受交底人了解施工方法、施工目的、成品效果，播放时配以讲解，较传统的读文字技术交底可取得更好的效果。

5.5 4D 模拟

编制好的施工进度与 BIM 模型链接，在 3D 可视化环境中根据时间信息将模型构件按次序装配成整体建筑的过程即是 4D 模拟过程。可用于进度可视化、设备定位、现场空间分析、施工流水冲突识别、资源分配等，本项目利用 4D 模拟主要用于进度可视化和识别施工流水冲突。

在本项目正式开工前，施工企业用 Project2007 编制了项目的总进度计划，在 Navisworks 软件内将总进度计划与 Revit 模型链接，制作整个项目建设过程视频动画，用于向来访者展示项目的建设过程、完成效果等。在实际施工中，对总进度计划进行分解至年度计划、月计划、周计划。把各分解计划在 Navisworks 软件内与模型链接，根据时间进程观察模拟建设情况，分析所编制计划是否有工序碰撞、流水冲突情况，根据分析结果调整进度计划。

因 BIM 具有可视性的优势特点，使用 4D 模拟视频动画向施工人员进行交底，可以使施工人员直观的了解每天、每周、每月的工作任务和完成的进度形象。有利于施工管理人员合理安排每天工作，科学调配施工机械，按时组织材料进场，避免流水冲突、减少窝工。

6 BIM应用的思考

援越南越中友谊宫项目BIM应用是由施工企业根据设计企业的施工图进行建模，在施工过程中用于辅助施工。施工企业是本项目BIM应用主体，未向监理企业、设计企业延伸，BIM应用在本项目虽然取了一定的社会、经济效益，但其所发挥的价值有限。同时，BIM作为国内新兴事物，技术含量较高，人们对其认知不足，普及率较低，实际应用也存在较多困难。针对商务部援外成套项目的实施特点，对BIM应用有以下思考：

6.1 BIM应用的起点

援越南越中友谊宫项目管理模式为监理企业负责项目监督管理，设计企业负责方案设计、施工图设计，施工企业负责项目组织实施、参与部分深化设计。2016年1月，商务部发布了援外成套项目的最新管理模式，由项目管理企业负责勘查、方案设计、招标文件编制和项目实施管理，由工程总承包企业负责施工详图设计和项目实施。但无论管理模式如何变化，BIM的应用应从方案设计就全面进入才有较高的使用价值。

在方案设计阶段建立BIM建筑模型，根据地形测量成果对建筑进行3D模拟布置、室外景观设计。根据考察时收集的数据模拟日照、通风、热能环境、人流疏散等，直观了解各因素对建筑的影响，通过不断调整确定最优方案。直接利用BIM进行3D出图报审，也减少了CAD制图的工序，全数字化模拟，更好地再现了设计成果。

方案设计阶段审定的BIM模型可直接交给建筑、结构、给水排水与消费、电气、智能、通风与空调等专业设计师进行专业设计。各专业设计师在设计过程中通过BIM的碰撞检测、3D漫游审阅解决专业间冲突和不合理性，尤其对施工承包企业，根据全数字化模型的细化和使用管理，可更准确地把握组织各环节。

专业设计师完成的BIM模型再交由施工人员辅助施工，竣工验收后形成竣工模型交运营人员进行后期的维保。整个BIM的应用由方案设计阶段作为起点一直抵达运营阶段末端，信息、协调更为方便、合理，更能体现应用价值。

6.2 BIM的局限

6.2.1 BIM标准难以统一

建筑业具有产业结构分散、工程对象唯一、工程信息复杂等特性，难以制定统一的BIM标准[1]。即将发行的《建筑信息模型应用统一标准》GB/T 51212—2016，根据其讨论稿来看，仅只明确了BIM的理论性标准，但无法具体的指导BIM应用。仅从模型构件命名来说，各企业均有各自的规定和要求，无法做到统一。如何制定和由谁制定具有操作性的BIM标准，制约着BIM技术的发展。

6.2.2 BIM模型版权

现阶段市场上对BIM模型是根据建模精度按专业和建筑面积收费，完整的全专业模型价格都较为昂贵，由此造成BIM模型拥有企业不愿意将模型交给其他项目参建方使用，导致BIM应用多为阶段性应用，而非整个项目周期应用。所以BIM模型数据的版权保护是软件开发者考虑的问题。

6.2.3 BIM的技术要求

BIM作为建筑项目全周期的信息应用系统，具有可视化、协调性、模拟性、优化、可出图及终端应用、数据集成和信息同步等特性，同时也决定了BIM的技术要求极高[2]。模型建立、专业协调、外部环境模拟等均需要熟悉工程项目且精通操作和使用BIM建模、应用软件技术人员来完成。BIM的建模和应用数据录入量极大，一个普通建设项目全专业BIM建模和应用，每个专业至少配置两人以上才能完成，大型重点难点项目人员需求将更多。用于项目全过程管理的BIM建模在搭建阶段需要对施工组织特别熟悉的人员，而现阶段同时具备懂工程技术和BIM应用的技术人员数量极少，难以满足BIM技术的发展，需要大力加大BIM技术人员的培养。

6.2.4　BIM 的推广

BIM 是高效、精确、协同的高科技信息系统，现阶段国内很多企业正在大力推行，但实际 BIM 的普及率和推广程度却很低，原因是多方面的。如 BIM 技术的推广会引发行业模式的转型，推广前期工作效率降低、软硬件配置、人才培训及选择项目进行试点等需要投入较高的成本；建筑行业工业化水平的低下、BIM 缺少相关国家规范和标准也制约了 BIM 技术的发展；中国式项目变更频繁导致“计划施工”与虚拟指导现实的作业方式难以实现；设计企业与施工企业的长期割裂导致设计企业的 BIM 模型无法满足施工应用，在施工阶段需要根据施工图重新建模用于施工阶段的 BIM 应用，加大施工企业负担等因素制约了 BIM 应用的普及和推广。[1]

7　结　论

援越南越中友谊宫项目施工阶段 BIM 应用，通过碰撞检测在图纸会审、工序施工前解决了大部分专业间冲突；通对地下室综合线路优化排布解决了建筑空间不足的问题；通过 3D 模拟漫游对机电系统管线、设备布置合理性及现场施工质量进行了检验；利用 BIM 的方案模拟直观论证了施工方案的可行性及合理性，清晰通俗地进行了重要节点施工技术交底；利用 4D 模拟解决施工工序和流水冲突等。BIM 技术的应用使施工管理、施工组织模式上升到一个新的层次，充分利用好其可视化、协调性、模拟性、优化、可出图及终端应用、数据集成和信息同步的特性，可以有效降低返工率、精确控制材料使用和损耗、科学优化施工组织、降低施工成本，通过完整的全过程直观再现与让外方直接体验了项目实施的过程，非常有利于两双沟通和交流。BIM 的出现和使用，必将最终替代建筑业传统的二维计算机辅助，使建筑业全面进入 3D 时代。

参　考　文　献

[1]　杨吉清．BIM 推广现状分析及总结 [OL]. 2015. BIM 中国网．

[2]　王剑非. BIM 的研究与应用 [Z]. 昆明：云南建工集团有限公司，2016.

基于BIM的单目相机室内定位技术

洪　灏，邓逸川，邓　晖

（华南理工大学，广东 广州 510000）

【摘　要】近年来，室内定位越来越受到人们的重视。本文独创性地提出一种基于BIM的单目相机室内定位方法。该方法利用单个固定安置在室内的单目相机获取现场图像，改进的角点识别算法被用于识别图像中的地面瓷砖角点，结合BIM提供的几何信息，完成图像像素坐标向室内地面实际坐标的转换，最终根据相机在BIM中的位置信息实现实际室内目标在BIM中的精确定位。

【关键词】室内定位；BIM；图像识别

1　引　言

人或物体三维位置信息的实时获取成为近年来研究与应用的热点，实时定位技术不仅能够极大地方便人们的生活，促进交通、测绘领域技术进步[1]，更是建筑业走向信息化的重要推手。施工人员与机械的三维位置信息在施工现场的管理中具有广阔的应用前景，包括进度管理、质量管理、安全管理及操作分析等[2]。

此前已有部分学者研究出了几种施工现场人或机械设备的定位与追踪方法。其中，J. Yang[3]等用训练好的分类器识别出了现场图像中的人与特定机械，并实现了动作追踪，该方法结合图像识别与模式识别在施工现场目标识别与追踪方面有良好的表现，但无法获得目标的位置信息。Y. Fang[4]等利用无人机搭载高清相机从空中各角度获取图像信息，生成点云模型，对实时拍摄的新图像以特征点匹配的方式得到目标物实时的位置信息，该方法虽实现了建筑场地内施工车辆的位置追踪，但无法适用于建筑物内部，且存在着无准确坐标信息，易受现场复杂环境干扰等缺陷。相比于室外，建筑物室内的环境更为复杂多变，单一的技术手段无法完成室内定位工作，经研究大量文献后，笔者认为，计算机视觉所具有的类似人眼的识别能力与BIM（建筑信息模型，Building Information Modeling）包含的海量建筑物有关几何、位置、材质信息相辅相成，因此，为解决上述问题，实现室内目标的实时定位，本文提出一种基于BIM的单目相机实时标定与定位方法。所谓单目相机，即是日常生活中常见的仅有单一镜头的图像拍摄设备，与之相对应的是具有双镜头的双目相机。基于双目标定的室内定位技术已取得了一定的发展，然而双目定位需保证双镜头匹配同一特征点，建筑室内环境复杂，光线多变，且目标物常受到局部遮挡，特征点匹配不易实现。本文以单目相机识别目标物，无须匹配特征点，有效地弥补了建筑室内双目定位的不足。

2　室内定位技术研究现状及方案提出

2.1　研究现状

GPS（全球定位系统，Global Positioning System）定位是如今最为常见的定位技术，它利用不同卫星与GPS接收装置之间的信号传递与几何关系计算接收装置的三维坐标信息，具有覆盖范围广、成本低廉、技术成熟等优点，然而民用的GPS定位精度仅为10m[5]，且GPS信号易受建筑物干扰，无法满足室内定位的精度要求。RFID（射频识别技术，Radio Frequenery Identification）是一种可以通过无线电信号

【作者简介】洪灏（1993-），男，硕士研究生。主要研究方向为BIM与计算机视觉。E-mail：h. hong0619@foxmail. com

识别特定目标并读写相关数据的无线通信技术，Aaron Costin[6] 等将 BIM 与 RFID 结合，将 RFID 标签预先植入目标设备，通过现场的 RFID 读取装置与 BIM 提供的读取器位置信息，成功实现了目标设备的定位与追踪并可视化。UWB（超宽带技术，Ultra Wide-Band）定位是另一种专门用于室内的高精度定位，这种技术需预先设置已知坐标信息的基站，用接收器读取目标物携带的标签计算相对位置，精度可达到厘米级。尽管基于 RFID 与 UWB 的定位技术在室内定位中都有良好的表现，但是它们都需依赖于预先植入到目标物中的标签，建筑物组成复杂，内部包含机械设备、器材众多，人员来往流动频繁，无标签的目标物无法被定位。此外，UWB 因其超高的传输能力，基站信号覆盖半径仅为 10m 左右，且成本近 1000 元/m^2 [7]。为解决上述问题，实现无标签的室内定位，Guo-Shing Huang[8] 等利用一个装有两个摄像头的硬件设施同时获取图像信息，经 RGB 图像向 HSV 空间转换后，设置阈值生成二值化图像，识别出图像中的餐盘，并根据双目标定和立体成像原理计算出了餐盘边缘特征点的三维坐标。可以看出，这种基于双目标定与图像识别的方法能够实现对任意无标签目标物的定位，但是它同样非常依赖于特征点的成功匹配，而室内的复杂环境极易造成无法提取目标物特征点或特征点难以匹配的问题。

2.2　方案提出

综上所述，为实现对无标签目标物的室内定位，且不受遮挡物影响，本文独创性地提出一种基于 BIM 的单目相机实时标定与定位方法。

相机标定是一个求解相机成像模型参数的过程，成像模型代表着空间物体中某点与图像中相应点的对应关系。相机标定时需预先获得几个像素点所对应的真实世界坐标及点之间的真实距离。BIM 是设施物理和功能特性的数字表达，是一个共享的知识资源[9]，它不仅仅是一个三维可视化的建筑几何模型，更是一个包含了建设项目进度、成本等所有语义信息的信息模型。由此可以看出，BIM 在相机标定阶段恰好能够为相机标定提供其所需的几何信息，即特定点之间的真实距离；在相机标定完成后，BIM 又能够为准确的室内定位提供必需的位置信息。基于上述理由，本文所提出的定位技术研究流程如图 1 所示。

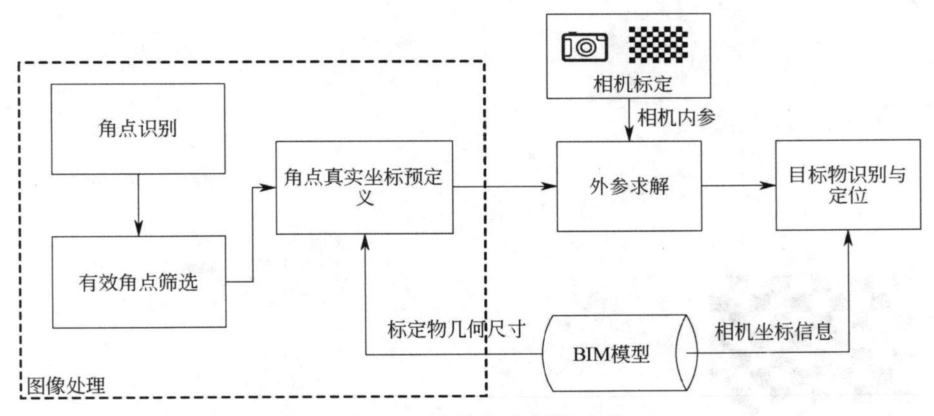

图 1　室内定位技术研究流程

3　方案详解

3.1　相机标定

如上文所述，相机标定的作用是求得图像中点的像素坐标与现实场景中相应点的真实坐标之间的对应关系，这一对应关系可以用矩阵形式表示如下：

$$\begin{bmatrix} x \\ y \\ 1 \end{bmatrix} = sMW \begin{bmatrix} X \\ Y \\ Z \\ 1 \end{bmatrix} = sM[RT] \begin{bmatrix} X \\ Y \\ Z \\ 1 \end{bmatrix} \tag{1}$$

其中：x、y 分别表示图像中点的横、纵坐标；

X、Y、Z 分别表示点在现实场景中的真实坐标；

M 表示相机的内参，是一个 3×3 的矩阵；

W 表示相机的外参，是一个 3×4 的矩阵；

R、T 分别表示旋转矩阵和平移向量，R 为 3×3 矩阵，T 为 3×1 的向量；

s 为任意尺度比例；

由公式(1) 可以看出，相机标定的过程实际上就是求解相机内参与外参的计算过程。值得一提的是，相机内参是相机本身所固有的一些参数（如焦距、成像仪与光轴的交点同成像仪中心的偏移量等），并不随图像拍摄角度、清晰度等外部因素的影响而改变。若在已知相机内参的情况下，求解图像中点的像素坐标与真实坐标对应关系则转变为了求解相机的外参矩阵。相机外参是表示相机自身与世界坐标系位置关系的参数，包括旋转矩阵 R 与平移向量 T，旋转矩阵代表着相机坐标系与世界坐标系的角度关系，平移向量代表着相机与目标点的空间距离关系。

如今单目相机标定多采用张正友于 1998 年提出的单平面棋盘格标定法[10]。这种标定法以具有已知固定大小方格的棋盘格平面为标定目标，通过识别多角度下各棋盘格角点推算出相机内参与各图像中的相机外参。在标定过程中，角点数与方格尺寸需预先输入，且棋盘格平面角点的行列排列方式也必须严格定义。该方法计算高效且标定精度高，然而对于本文所提出的定位需求，标定时总是需使用棋盘格标定板是不现实的，且棋盘格标定板尺寸相比于整个室内空间过于微小，不利于标定。经调查研究发现，建筑室内地面多铺设具有统一尺寸的正方形或矩形瓷砖，瓷砖接缝交点具有较为明显的角点特征，因此，本文首先在张正友标定法的理论基础上进行改进，利用建筑室内瓷砖特征角点实现无标定板标定。

3.2　角点提取

如上文所提到的，相机标定的基础是标定目标物的正确识别，即角点的准确识别。现存基于张正友标定法的角点识别算法仅在识别如图 2 所示的黑白棋盘格角点时有良好的表现，对于一般室内地面角点无法正确识别。为了解决上述问题，本文编写了更具有通用性的室内地面瓷砖角点识别算法，算法流程如图 3 所示。

图 2　黑白棋盘格标定板

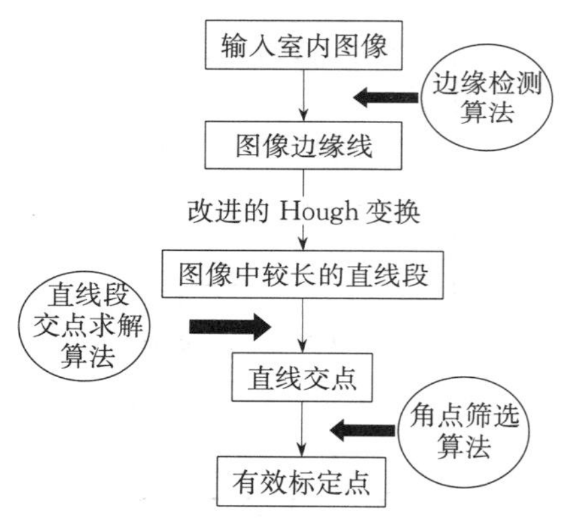

图 3　标定点提取流程

如图 4(a) 所示，室内瓷砖在接缝处具有较为明显的直线特征，针对这一属性，本文首先利用直线检测算法提取图像中所有较长的直线段，如图 4(b) 所示，角点多存在于两条直线相交处，因此求解两线段交点的算法被用于上一步中提取出的所有直线段。不可避免的是，建筑现场图像受光照、杂物等影响，易产生对瓷砖角点提取有干扰的直线段与其余角点，另外正确识别的瓷砖角点因图像的拍摄角度问题无法保证同属于一块瓷砖，难以如棋盘格一样按固定的行列排列顺序。实际在标定时，标定点的真实纵坐标 Z 常常人为设置为 0，结合式(1) 可以看出，要保证求解外参的精确解只需要 4 个标定点。因此本文编写了用于筛选角点的算法寻找同属于一块瓷砖的四个角点，算法分为以下几个步骤：

(1) 除去相距太近的杂点。循环选取每一个交点，以该点为圆心，20 个像素为半径，去除该范围内的其余交点。此步骤是为了消除一些杂物和强光引起的局部无效交点。

（2）对剩下的点按横坐标从小到大排序，从第一个点开始，计算点 i 与点 $i+1$ 的距离，将这些距离按一定区间间隔（本文案例以 150 个像素长度为区间）做统计直方图，找出数量最多的区间，取区间的上限作为阈值 d。此步骤是为了找到瓷砖边长在图像中大致的值，并以此作为后一步的筛选指标。

（3）从第一个点开始循环：若点 i 与点 $i+1$ 间的距离小于 d 且大于 $d/2$，并且点 i 的纵坐标大于点 $i+1$ 的纵坐标，计算点 i 与点 $i+2$ 的距离，若仍小于 d，则计算点 $i+2$ 与点 $i+3$ 的距离，若仍小于 d，则选定四个点 i、$i+1$、$i+2$、$i+3$（整个过程有任何一步不满足，都跳到下一个点开始重新判断，一旦找到四个点，就跳出循环不再继续）。将这四个角点作为最终的标定点，如图 4(c) 所示。

(a) 原室内图像

(b) 直线段交点

(c) 有效标定点

图 4　标定角点

3.3　BIM 信息获取

完成相机标定的一个重要环节是为目标标定点赋予预定义的真实坐标，在张正友标定法中，预定义真实坐标由人工根据已知棋盘格尺寸预先输入决定。本文在正确提取瓷砖四个角点的基础上，直接引用 BIM 模型所提供的几何信息，无需人工输入坐标。

BIM 模型包含了整个建筑所有构件的几何、位置信息，在本文中，BIM 模型将提供瓷砖的几何信息，即长和宽的数值，相机标定算法可自动读取瓷砖的长和宽，为有效标定点自动生成相应的真实三维坐标，这一过程解决了传统标定法必须人工预先输入棋盘格尺寸的繁琐，实现了整个标定流程的全自动化。标定完成后，图像中定位目标的三维真实坐标将由求解出来的坐标转换矩阵确定。需要注意的是，此时求解出来的三维坐标是以四个标定点建立的坐标系为参考的，为了获得目标物相对于整栋建筑的实际坐标，BIM 模型还将提供相机所在位置的坐标信息，此时相机坐标以 BIM 模型自身坐标系为参考，经过简单的坐标变换，将得到定位目标点在 BIM 模型坐标系中的真实三维坐标，即实现目标准确定位。

4　案例展示

本文将上述室内定位技术应用于一栋教学楼建筑中，该教学楼共六层，包含了会议室、实验室、教室、办公室等上百个子空间。现将一图像拍摄设备固定于 4 层一实验室内，相机内参事先已通过常规相机标定方法获得。

随机选取该相机拍摄的图像，如图 5(a) 所示，现以图中蓝色圆凳为定位目标验证算法可行性。首先经直线检测算法检测后发现，图像中一方面瓷砖接缝处直线数量过少，另一方面图像中其余位置出现了大量具有干扰性的无效直线。对比原图可以发现，出现这种现象主要有三种原因：（1）该图像因左侧光线过于强烈，使得左侧偏下的地面反光严重，产生了许多细碎的小直线段；（2）目标物自身结构具有直线特性；（3）该实验室地面瓷砖因施工质量不佳或时日较长，接缝处宽度不均匀，过小处在图像中显示

(a) 相机拍摄原图像

(b) 直线段交点识别

(c) 有效标定点提取

图 5　案例展示

的色彩较淡，不易形成直线特征。在此基础上检测出的直线段交点如图 5(*b*) 所示，可以看出，在具有干扰性的直线处都产生了非有效角点。然而经最后的角点筛选算法筛选后，结果如图 5(*c*) 所示，有效的四个角点依然被成功选定，这表明本文编写的有效标定点识别算法具有较好的抵抗室内光照变化与物体干扰的能力。

有效标定点提取完成后，从 BIM 模型中自动获取瓷砖的几何信息（瓷砖几何信息如图 6 所示），在本例中，瓷砖尺寸为 39.5cm×39.5cm，则在以最左侧有效标定点为原点的坐标系中，四个有效点的初始实际坐标（单位：mm）相应为（0，0，0）、（0，395，0）、（395，0，0）和（395，395，0），其中因四个点都处在同一平面，Z 轴方向坐标值统一设定为 0，方便后续标定算法的运行，四点各自对应的像素坐标为（415，1945）、（1162，1375）、（1283，2401）和（1944、1648）。

根据已知的相机内参及有效标定点坐标信息，接下来本文利用计算机视觉开源库 OpenCV 中的外参求解函数得到了相机外参，从而获得了图像像素点与其对应真实点的坐标转换矩阵。现在为了对图中蓝色圆凳进行定位，即获取其真实三维坐标，本文以简单的算法选择三个凳脚围成三角形的形心作为定位点，定位点在图中的坐标为（2277，1137），位置如图 7 所示。由之前所得矩阵换算求得该定位点的真实三维坐标为（256.3，590.5，0），该坐标建立在以图 5(*c*) 中左下角为原点的基础上。为了实现目标物在整栋建筑中的定位，读取 BIM 模型中相机的位置信息，本例相机位于 4 层楼面上空 75cm 处，以整栋建筑左下角为原点，相机坐标为（4220，2377.5，11550），图 5(*c*) 中左下角圆点相对于相机的坐标为（－945，790，－750），由此，求得的目标物真实坐标为（3531.3，3758，10800）。求得的目标物坐标与人工现场实际测量结果对比情况见表 1。

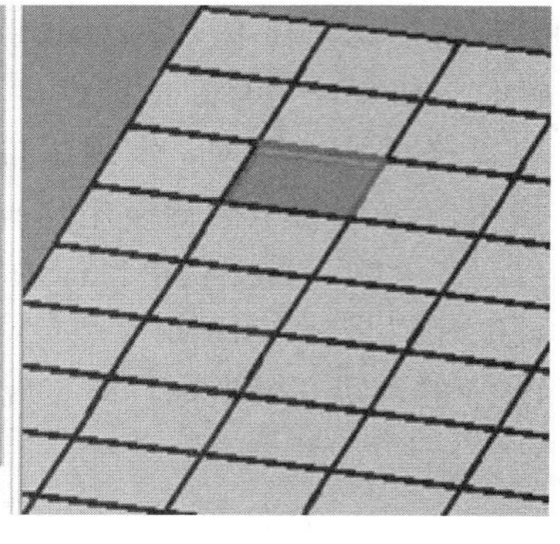

图 6　BIM 模型中的几何信息

图 7　目标物定位点

定位坐标与实际坐标对比表　　**表 1**

方向	*X*	*Y*	*Z*
定位坐标(mm)	3531.3	3758	10800
实际坐标(mm)	3580	3917.5	10800
准确度(%)	98.64%	95.93%	100%

从表 1 中可以看出，本文提出的这种单目相机与 BIM 结合的室内定位方法具有较高的精度，且高度信息因 BIM 的介入，能够保证 100%准确。但 *X* 和 *Y* 方向的误差仍然达到了 10cm 左右，经过分析，主要有两方面的原因：一方面是标定时选用有效标定点数目过少，求得的转换矩阵未必是最优的解；另一方面是目标定位点的选择本身具有较大的误差。

5　结论与展望

5.1　结　论

本文在对比分析了 GPS、UWB 等定位技术后，针对它们在室内定位中的一些不足之处，创新性地提出了一种将单目相机标定与 BIM 相结合的室内定位方法，主要成果如下：

（1）提出利用室内瓷砖与BIM模型提供的几何信息进行相机标定，成功摆脱了常规标定方法所必需的棋盘格标定板；

（2）独创性地将直线检测算法与线段交点算法相结合，形成了全新的角点识别算法，并编写了角点筛选算法实现了有效标定角点的提取；

（3）利用BIM提供的相机位置信息，结合相机标定所得坐标转换关系，建立了完整的室内定位流程；

（4）该室内定位方法被应用于一栋六层教学楼的四层实验室内，很好地实现了图像中目标物的定位，BIM保证了Z方向坐标的100%准确，X、Y方向坐标的准确度也都达到了95%以上。

5.2 展　望

本文所提出的这种室内定位方法也存在着一些不足，有待后续进一步研究改进。例如在第4部分末尾提到的目标定位点选择误差较大的问题，本文采用的是以圆凳三个脚所围成三角形形心作为定位点，然而圆凳每个脚在图中都包含了大量像素点，这影响了定位点的准确性；另外，因图像成像原理导致的圆凳自身变形也给定位点选择造成了困难。

参 考 文 献

[1] 翟鸿雁．物联网几种定位技术的分析比较［J］．软件工程师，2014（10）：32-34.

[2] 刘文平．基于BIM与定位技术的施工事故预警机制研究［D］．清华大学，2015.

[3] Yang，J.，et al.，Construction performance monitoring via still images，time-lapse photos，and video streams：Now，tomorrow，and the future［J］．Advanced Engineering Informatics，2015. 29（2）：211-224.

[4] Fang，Y.，et al. A point cloud-vision hybrid approach for 3D location tracking of mobile construction assets［J］．2016. Auburn，AL，United states：International Association for Automation and Robotics in Construction I. A. A. R. C.

[5] 杨杰，张凡．高精度GPS差分定位技术比较研究［J］．移动通信，2014（02）：54-58+64.

[6] Costin，A. M.，J. Teizer and B. Schoner，RFID and bim-enabled worker location tracking to support real-time building protocol control and data visualization［J］．Journal of Information Technology in Construction，2015. 20：495-517.

[7] 张杰．超宽带定位与其他无线定位技术比较［C］// 中国煤矿信息化与自动化高层论坛．2012.

[8] Huang，G. and W. Zhang. Recognizing and locating of objects using binocular vision system［J］．2013. Tainan，Taiwan：IEEE Computer Society.

[9] 何清华，钱丽丽，段运峰，等．BIM在国内外应用的现状及障碍研究［J］．工程管理学报，2012，26（1）：12-16.

[10] Zhang Z. A Flexible New Technique for Camera Calibration［J］. IEEE Transactions on Pattern Analysis & Machine Intelligence，2000，22（11）：1330-1334.

BIM和SuperMap三维GIS融合的技术探索

冯振华，王　博，蔡文文

（北京超图软件股份有限公司，北京 100015）

【摘　要】“BIM+GIS”是BIM多维度应用的一个重要方向，两者的融合和应用已经成为学术界和产业界研究热点。SuperMap GIS作为北京超图软件股份有限公司研发的专业GIS软件平台，已在数十个行业得到应用，与BIM融合有助于拓展两者的应用空间。本文针对BIM模型数据的特点，开发了适用于BIM模型数据导入SuperMap GIS系统的专用插件，同时利用实例化技术、模型轻量化技术和缓存技术，保证了BIM模型数据在GIS中浏览性能，并进一步探讨了两者结合后的业务能力。本文研究有助于拓展BIM和SuperMap GIS的应用空间，深化各自的领域。

【关键词】BIM；GIS；融合

1　引　言

建筑信息模型（Building Information Modeling，BIM），目前国内并没有官方定义，根据美国国家BIM标准（National Building Information Modeling Standard），BIM是创建与管理设施物理与功能特性的数字化三维表达过程，是关于设施的共享知识资源，从最早期的概念阶段到最终的拆除阶段，为设施全生命周期的决策制定提供可靠的信息支持[1]。BIM目前在建筑以及一些设计领域应用越来越普遍。

“BIM+GIS”是BIM多维度应用的一个重要方向，GIS提供的专业空间查询分析能力及宏观地理环境基础，可深度挖掘BIM的应用价值[2]。一方面，BIM弥补了三维GIS缺乏精准建筑模型的空白，是三维GIS的一个重要的数据来源，能够让其从宏观走向微观，从室外进入室内，同时可以实现精细化管理。另一方面，GIS独有的空间分析功能拓展了BIM的应用领域，BIM与GIS融合将满足查询与分析宏观微观一体化、室内外一体化的地理空间信息的需求，发挥GIS的位置服务与空间分析特长，并与BIM融合产生无限应用可能。

BIM与GIS数据融合与应用拓展成为学术界和产业界研究热点。但BIM与GIS应用领域不同，遵循的标准各异，BIM模型数据不能直接与GIS数据融合。为解决这一问题，本文在SuperMap GIS软件的技术基础上，针对BIM模型数据的特点，探索了BIM和三维GIS的融合技术。SuperMap GIS是一款专业的大型地理信息系统软件平台，具备大数据、跨平台、三维、云端一体化等关键技术，支持各类信息系统建设，在国内各个GIS行业中深入应用。为实现SuperMap GIS与BIM领域的结合，进行了此项研究。

2　BIM模型数据与三维GIS的融合

从GIS的角度，BIM模型的数据结构可以分为空间数据（模型）及属性数据（参数）两部分，其中空间数据包含空间位置、表现纹理、几何形状等，属性数据包含设计参数、施工参数、运维参数等，两者通过ID相关联（图1）。这与三维GIS数据结构类似。因此三维GIS理论上可以支持BIM的数据结构（空间数据和属性数据），支持BIM的数据表现形式（三维模型），支持BIM数据对象（如建筑物对象

【基金项目】国家重点研发计划（2016YFB0502004），朝阳区高新技术产业发展引导资金支持项目

【作者简介】冯振华（1982-），男，硕士。主要研究方向为三维地理信息技术。E-mail：fengzhenhua@supermap.com

等)。同时BIM和GIS各有独特的功能,“BIM+GIS”将拓展各自的应用领域。

基于对BIM模型数据结构的分解,本文探讨了BIM模型数据与SuperMap GIS融合的方法。该方法概括为三个方面,分别是BIM模型与GIS系统的对接,大体量BIM精模在GIS中的高性能渲染,BIM模型与GIS融合后的空间分析。这也是目前BIM模型与GIS系统融合需要解决的主要问题(即数据如何对接,性能如何保证,具备哪些能力)。

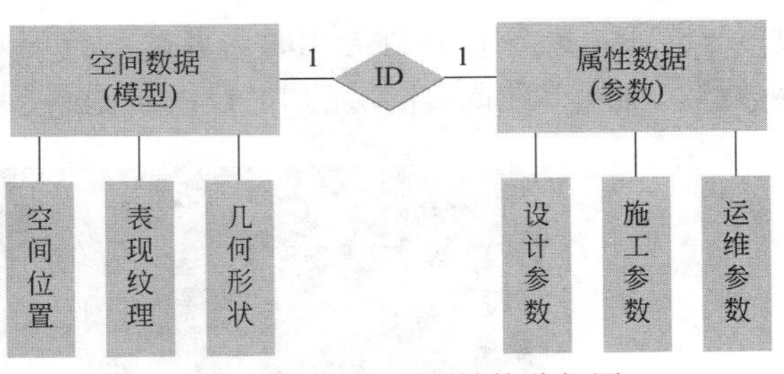

图1　BIM模型数据结构分解图

2.1　BIM模型数据导入GIS系统

国内外BIM软件很多,文件格式各不相同,如Autodesk Revit的RVT、RFA、ADSK格式,CATIA的CATPart、CATProduct、CATdrawing格式,Bentley的DGN格式等。格式的不统一,增加了BIM数据导入GIS系统的难度。

我们的做法是开发SuperMap Export插件,从各类BIM软件中将不同格式的BIM数据导出为SuperMap GIS软件直接支持的模型数据格式。目前该插件只适用于Revit软件,后续将支持更多的软件(图2)。对于CATIA等其他软件,暂时采用3ds Max插件导出为SuperMap GIS支持的中转格式。

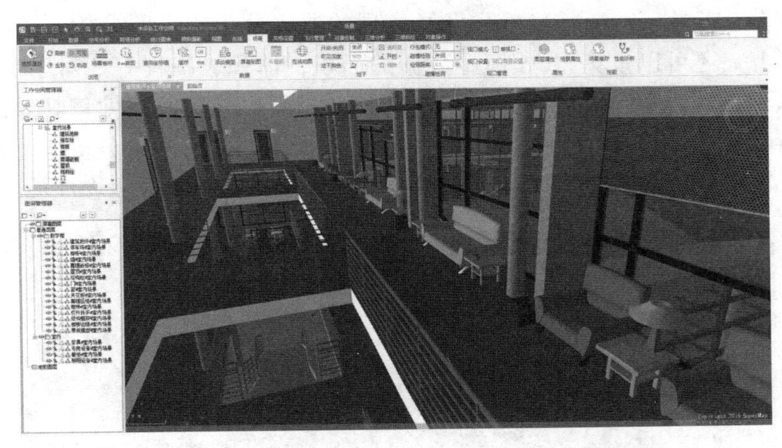

图2　SuperMap Export插件导出BIM模型的效果图

BIM模式数据导入GIS系统时,需要具备投影信息才能与GIS中的其他数据匹配[3]。因此SuperMap Export插件在研发的时候设置了两种导出模式:插入点模式和投影模式。插入点模式可以选择BIM模型待插入位置的信息,并设置为球面坐标或平面坐标。投影模式支持自定义投影。

2.2　高性能渲染

以一栋建筑数据为例,其图元类别有6600多个,每个图元又包含诸多属性数据,如此大体量的数据同时渲染会给显卡带来很大压力。目前我们采用了一些性能优化的技术来满足大体量数据对性能的需求[4-6]。

第一个技术是实例化,这种技术适用于重复模型较多的情况,可以实现对相同的几何模型只绘制一次,降低显卡等硬件设备的压力[4,5]。

另一个技术是模型轻量化,将模型的某些骨架进行删除或者简化。以图3中的门对象为例,单独一个门对象,顶点个数980个,三角面片920个,其中门把手、锁芯等占据80%~90%的数据量,从中可以推断整栋大楼的数据情况(图3)。对于非精细设施管理类的GIS应用,这类部件缺乏实用价值,可以采用删除或简化这些子对象来达到模型轻量化的目的(图3)。

第三个技术是生成BIM缓存,在SuperMap GIS软件中有相应的缓存设置选项(如缓存格式、LOD层级等)。缓存是GIS系统中普遍采用的一种图形显示手段,可以提高数据的浏览速度[4,6]。同时,在通过 SuperMap Export 插件导出时，可按照 BIM 模型的族进行分类，分别存储在数据集中，再通过生成缓存数据，实现单独调整图层的 LOD 缩放比例系数，保证大场景的渲染性能。

图 3　一个门对象的数据量（顶点个数 980 个，三角面片 920 个）

2.3　BIM 与 GIS 融合后空间查询与分析

通过 BIM 与 GIS 的融合，GIS 可以为 BIM 添加空间查询和空间分析等 GIS 独有的功能。空间查询可细分为图查属性（如点击 BIM 模型部件查看其属性）和属性查图（如根据某一类型的元素查询该类型对应的所有部件）。空间分析是将 SuperMap GIS 已经实现的通视分析、日照分析、可视域分析等功能添加到 BIM 的分析能力之上，还可以量算 BIM 模型数据的面积、体积、高程等。对于 BIM 数据中的管线类数据（如风管、电缆、管道等），空间分析还包括通过 SuperMap Export 插件将其导出为三维点、线数据集，再通过 SuperMap GIS 的拓扑构网功能构建三维网络数据集，进行网络分析。此外，在大规模工程应用中，还需要将 BIM 模型数据与地形数据进行匹配，以了解其所处的宏观地理环境（图 4）。

图 4　BIM 模型数据与大规模地形数据的匹配

3　结束语

地理信息系统作为存储、管理和分析空间信息的技术，本质上可以充分利用 BIM 包含的建筑几何和语义信息。本文通过将 BIM 模式数据分解为三维 GIS 数据结构类似的几何和属性两部分，探索了其与 SuperMap 3D GIS 的融合技术，包括实例化、模型轻量化、缓存技术等，并以功能模块的形式，包括 SuperMap Export 插件、模型轻量化功能项、空间查询与分析功能项等实现 BIM 模型数据导入 SuperMap GIS 以及在 SuperMap GIS 中的高性能加渲染、空间分析与可视化。

“BIM＋GIS” 拥有无限可能。一方面，“BIM＋GIS” 可以为建设过程提供查询、空间分析的工具，支持施工进度模拟，施工质量管理，施工安全管理，重点结构监测，人员管理，材料管理，大型工程的建设与维护等实际应用。目前已有研究将 “BIM＋GIS” 技术用于整个建筑供应链各个过程的可视化监控，在不同阶段利用 BIM 和 GIS 解决不同的问题，减少供应链运行成本，提高整体竞争力[7]。

另一方面，“BIM+GIS”也为GIS从室外走向室内，从城市宏观走向建筑物微观提供了丰富的数据源，扩展GIS的应用空间。如有研究将原始铁路设计的中线数据导入3D可视化平台，自动生成铁路路基、桥梁、隧道、接触网、护坡等横断面模型，进行土方量分析与量测、纵断面信息采集等；或者将地下管廊BIM数据用于解决城市内涝、反复开挖路面、架空线网密集等问题。

我们的工作仍有很多需要改进的地方。包括：SuperMap Export插件目前支持Revit软件的BIM模型导出，后续将进行改进使其支持更多的BIM软件的模型导出到GIS，并对数据导出时的信息有无损失进行评估；在模型轻量化方面，目前只是通过删除子对象的方式实现，后续将开发模型简化、子对象简化等功能，以满足不同的应用需求。

参考文献

[1] National BIM Standard. Frequently Asked Questions About the National BIM Standard [EB/OL]. [2014-10-16] (2017-06-12) http://www.nationalbimstandard.org.

[2] 覃健. 浅谈GIS与BIM的联系与未来 [J]. 工程技术：文摘版，2016，0 (10)：27.

[3] 倪苇，王玮. BIM与3DGIS集成中视点统一探讨 [J]. 铁路技术创新，2015，0 (3)：69-72.

[4] Cozzi P，Ring K. 3D Engine Design for Virtual Globes [M]. BocaRaton，Florida，USA：Crc Press，2011.

[5] 范一峰，孙晓勇. 实例化技术在植物仿真中的应用 [J]. 黑龙江科技信息，2008，0 (4)：66.

[6] LI J，WU H，YANG C，et al. Visualizing dynamic geosciences phenomena using an octree-based view-dependent LOD strategy within virtual globes [J]. Computers & geosciences，2011，37 (9)：1295－1302.

[7] 郑云，苏振民，金少军. BIM-GIS技术在建筑供应链可视化中的应用研究 [J]. 施工技术，2015，44 (6)：59-63.

基于SuperMap BIM-GIS技术的三维地下管线场景的构建

左　尧，冯振华，蔡文文

（北京超图软件股份有限公司，北京 100015）

【摘　要】 随着三维GIS与BIM技术的不断发展，许多研究不仅探讨了BIM与GIS的结合方式，而且将该技术应用于各行各业，构建了以三维地理模型构建、三维空间分析为主的种类丰富的三维GIS系统。而其中，城市地下管线系统作为最复杂的三维GIS系统之一，其包含的地上地下各类管网、管线数据不仅规模大、范围广、种类多，而且空间分布复杂、变化大，给系统构建带来很大难度，一整套完整的三维BIM管线GIS系统，不仅要能够流畅管理庞大的管线数据，还要具备对数据的三维空间分析能力。因此，本文基于超图软件SuperMap GIS 8C产品，利用二三维一体化技术，研究构建了三维地下管线系统，并以山东潍坊市地下管线系统为例进行了实践。实践表明该系统资源占用率减少，且数据承载力得到了大幅提升。

【关键词】 BIM；GIS；三维地下管线；三维GIS

1　引　言

随着GIS技术的不断发展前进，传统二维GIS已经越来越难以满足地理空间展示与分析的需求。越来越多的企业与公司将GIS的应用场景由二维转向三维。国外的GIS企业如ESRI推出三维GIS平台ArcGIS Earth，并在其其他产品中内置了三维功能。国内的GIS企业如超图软件、武大吉奥等也纷纷推出了各自的三维产品[1-3]，其中，率先提出二三维一体化的SuperMap GIS软件最为功能全面和高效[4,5]。

BIM指的是建筑信息模型（Building Information Modeling），随着BIM技术的发展，它已逐渐成为建筑领域通用的数据表达方式，是建设项目或者设施物理和功能特性三维模型；同时也是一个共享的知识资源，为项目或设施全生命周期的管理提供决策依据，在生命周期的不同阶段，不同利益相关方通过BIM修改信息，协调作业。对于三维GIS来说，BIM数据是三维GIS的一个重要的数据来源，能够让三维GIS从宏观走向微观，同时可以实现精细化管理[6,7]。

2　研究现状

GIS和BIM本处在两个不同的行业领域，但其二者融合起来，BIM提供数据基础，GIS则提供空间参考，从而实现了完美的结合。目前，已有许多研究将BIM与GIS的结合应用到城市规划、水利工程、铁路信息化、地下管网信息、古建筑等领域[8-12]。如王俊彦运用了组件式GIS开发技术和BIM的概念，开发了基于GIS和BIM的铁路信号设备数据管理及维护系统，该系统主要包括可视平台、系统管理、计划及任务等八个子功能系统，经过验证，铁路信号设备数据管理及维护系统的投入使用后取得了良好的预期效果[9]。刘金岩，刘云锋等探讨了BIM和GIS集成系统在水利工程全生命周期中的应用和前景[13]。还有较多研究关注于地上地下管线系统的建设。

随着我国城镇化进程的不断深入，传统的二维管理模式已经根本无法满足对管网、管线大数据信息

【基金项目】 国家重点研发计划（2016YFB0502004），朝阳区高新技术产业发展引导资金支持项目

【作者简介】 冯振华（1982-），男，硕士。主要研究方向为三维地理信息技术。E-mail：fengzhenhua@supermap.com

分析、表达、应用的实际需要，三维管线管理逐渐替代二维模式。由于地上地下各类管网、管线数据规模大、范围广、种类多，而且空间分布复杂、变化大，因此更加需要投入精力去研究。如张春黎基于 SuperMap GIS 6R 构建了三维地下管线系统，但存在着管线、管点的建模优化不足的问题[4]。还有徐卫星、周悦在探讨了 BIM 与 GIS 结合的模型后，构建了校园地下管网三维可视化系统，同样存在管网内部介质可视化不足的问题[11]。还有许多研究构建了不同地区的三维地下管线系统，但大都存在着管点、管线要素建模可视化不足，模型构建优化不足的问题[5,6,8,12]。

基于此，本文基于超图软件 SuperMap GIS 8C 版本新增的基于二三维一体化技术的自适应符号系统，实现了三维地下管线场景的构建和优化。该场景符号系统支持由二维的点、线数据集生成三维网络数据集，并根据管网走向、管线截面自动实时放样出管点管线符号模型，在快速构建三维场景的同时，大幅降低三维管网场景的建设成本，提高三维管点、管线的显示性能，并对三维管点、管线模型进行优化。随后本文以山东潍坊市地下管线系统为例，测试了三维地下管线系统的效率。实验发现，系统资源占用减少、模型构建完整、高效，且数据承载力得到了大幅提升。

3　BIM-GIS 三维地下管线场景的构建

BIM 数据结构包括空间数据模型及属性数据，空间数据模型又包含空间位置、外观形状等，属性数据包含了设计参数、施工参数及运维参数等。而三维 GIS 涵盖了 BIM 的数据结构（空间数据＋属性数据），涵盖了 BIM 的数据表现形式（三维模型），涵盖了 BIM 数据对象（BIM 针对建筑对象，GIS 涵盖较广，包括建筑对象），与 BIM 功能有重叠（信息管理、空间分析等），因此可较好地将两者结合起来。基于 BIM-GIS 的三维地下管线场景由三维管点和三维管线两类组成，三维管线包括圆管、方沟、管块、竖管等。三维管点包括特征点、井和附属设施三大类：特征点如括弯头、直通、三通、盖堵、管帽等，井如方井、圆井、雨篦等，附属设施包括阀门、水表等。基于 BIM 技术，本文采用线型符号构建三维管线、自适应管点符号构建三维管点，部分特殊特征点、井和附属设施采用模型符号展示（图 1）。

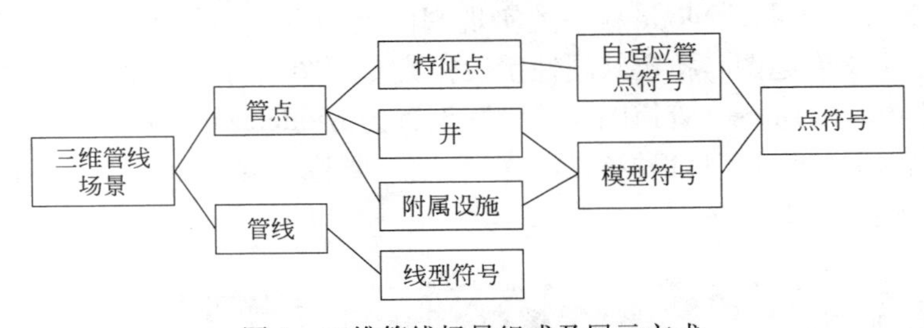

图 1　三维管线场景组成及展示方式

3.1　三维网络数据集的构建与加载

传统的以二维平面展现网络数据的方式，在一定程度上限制了信息的表达，尤其是在复杂的空间位置关系上，从而不可避免地影响了网络分析的准确性和可用性。三维网络是对现实中的网络的真实模拟，因此能够全方位的展现信息，同时是三维网络分析的数据基础。

我们首先基于 SuperMapiObjects 8C 组件产品构建三维网络数据集，主要使用产品中的 NetworkBuilder3D 类的 BuildNetwork（）方法重载建立三维网络数据集。该方法的输入参数包括用于构建三维网络数据集的三维点/线数据集，线数据集中表示弧段 ID 的字段，以及用于存储三维网络数据集结果的数据源；输出（返回）一个三维网络矢量数据集，该数据集需要设置线与线、点与线的打断模型。

然后，通过 SuperMapiObjects8C 中的 GeoStyle3D. AltitudeMode 属性将数据集的高度模式设置为 AbsoluteUnderGround 模式，再设置 Scene. Underground 属性和 GlobalImage. Transparency 属性来开启地下和设置透明度，即可完成三维网络数据集的加载。

3.2　三维管线和管点符号的设计

针对三维管线场景中的不同元素，采用不同方式实现三维管线场景的构建。基于 BIM 技术，本文采用三维线型符号和自适应管点符号分别构建三维管线和三维管点，部分特殊的特征点、井和附属设施采用三维点符号构建。

在 SuperMapiobjects 8C 组件产品中，用于管点和管线符号设计的类有 SymbolPipeNode 和 SymbolPipeNodeSetting。前者继承于 Symbol，用于改变自适应管点符号的样式。后者包含管点符号的参数名称、参数值、取值范围等，是描述参数的元信息。最后基于 BIM 模型完成符号的建模。

在 3.1 节的工作中，我们已经为三维网络数据集保存了结点与弧段相连的拓扑信息。根据这些拓扑信息，利用 SymbolPipeNode 类，结点可以自动生成与管线相接的弯头、三通、四通等管点符号；再通过设置 SymbolPipeNodeSetting 类的“CoverLength”、“SliceNum”参数，定义管点符号的箍的长度和号弯头的平滑度。

3.3　三维地下管线的构建

针对管线数据，利用 SuperMapiObjects 8C 的 Theme3DCustom 类（三维自定义专题图）和 BIM 技术，可以设置不同类型的线型符号，如通过 LineSymbolIDExpression、LineColorExpression 和 LineWidthExpression 字段分别设置线型符号、线型颜色和线型宽度，从而可以构建线型符号、颜色和线宽均不同的三维管线场景。针对管点符号，使用 Theme3DCustom 类，可为专题图层指定若干字段，利用图层中每个对象的字段值来表示这个对象的显示特征，设置其模型符号、旋转、缩放、颜色等属性。管点和管线图层的拓扑构建通过 Layer3D. SetParentLayer（）实现，只需设置管点图层的父图层为对应的管线图层即可。

3.4　特殊符号的自适应

对于某些具有复杂外形结构的管点，如阀门等，可采用 BIM 模型符号来表示。但是模型符号在三维场景中不能根据管线在 X、Y、Z 三个方向的走向来自适应地调整角度，即由于模型角度的影响，造成管点与场景背离，如阀门底部管道不能与管线衔接，阀门开关被管道覆盖等。

为解决这一问题，本文结合 BIM 模型的数据结构和三维 GIS 的空间结构特征，设计研发了 PipeLayerSettings 类和 ModelSymbolMatchMode 枚举类实现阀门类的管点与管道的自适应衔接。在应用时，首先将管点图层制作成自定义专题图，指定某属性字段作为专题图的符号风格；然后将 Layer3Ddataset（管点专题图层）的 PipeLayerSettings（管道图层参数）设置为 ModelSymbolMatchMode. AlignPipeLine（模型匹配管线模式），设置后模型符号将根据管线走向自适应调整角度，即阀门底部管道沿管线方向，而阀门开关则垂直于管线方向（图 2）。

图 2　三维管线场景中特殊符号的自适应显示

3.5　山东潍坊地下管线系统

根据 3.1～3.3 提出的关键步骤，我们利用超图软件 SuperMap GIS 8C 版本的自适应符号系统，并基于 BIM 技术，构建了山东潍坊地下管线系统，对地下管道系统实现了工艺级重建仿真，实现了地下管线装置的结构、属性信息、工程建设阶段信息、运营维护信息、风险等级、预警信息等的集成（图 3）。该 BIM-GIS 系统弥补了传统 GIS 系统模型优化不足、效率低的问题，而且系统资源占用减少，数据承载力得到了提升。

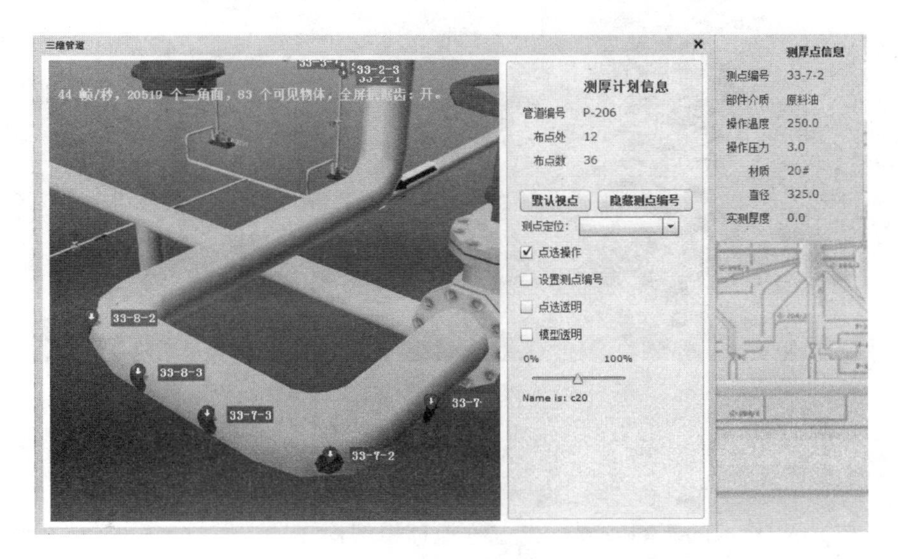

图 3　山东潍坊地下管线系统管线模型构建及属性信息

同时，基于三维地下管线场景构建系统，本研究在 GTX650 显卡、i5-3340CPU 和 8G 内存环境下，测试了潍坊 0.9 平方公里的地下管线管理系统的数据读取、显示性能（图 4）。研究发现，相较于基于模型符号的地下管线系统，基于自适应符号的系统具有更高的显示效率和更低的资源占用（图 5）。具体来讲，基于自适应符号的系统再显示帧数方面，较基于模型符号的系统提高了 98%（图 4*a*），而在 CPU 占用率方面降低了 60%（图 4*b*），具有更高的性能。

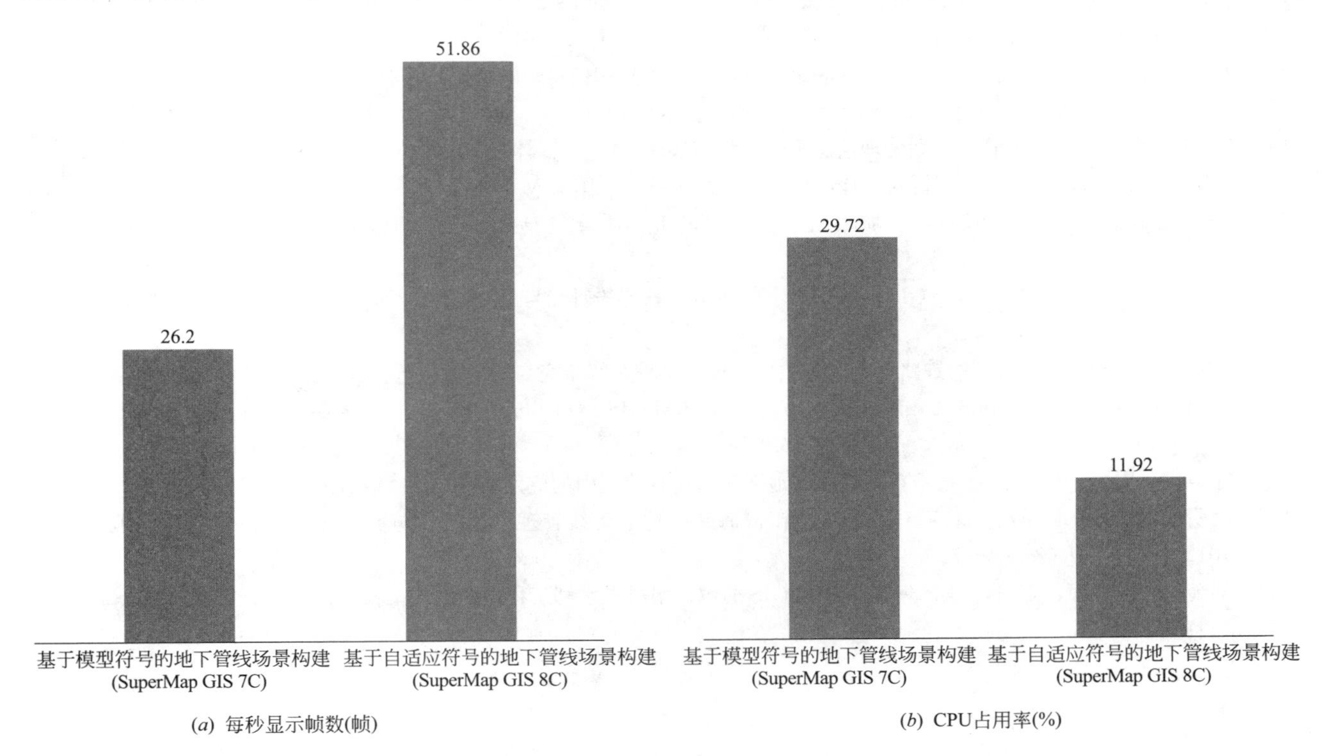

(*a*) 每秒显示帧数(帧)　　(*b*) CPU占用率(%)

图 4　基于模型符号和自适应符号的地下管线系统性能对比

图5　山东潍坊地下管线系统效果图

4　结　论

随着三维GIS与BIM技术的不断发展，以三维地理模型构建、三维空间分析为主的三维GIS与BIM结合的技术变得成熟起来，并逐渐应用到各行各业。本文基于超图软件SuperMap GIS 8C版本的二三维一体化技术和自适应符号系统，构建了三维地下管线系统，并以山东潍坊市地下管线系统为例进行了实践，大幅降低三维管网场景的建设成本，提高了三维管线、三维管点的显示性能。

参考文献

[1] 郑艳宁．城市三维地下管线管理系统的设计与实现［D］．吉林大学，2015.

[2] Irizarry J，Karan E P，Jalaei F. Integrating BIM and GIS to improve the visual monitoring of construction supply chain management［J］．Automation in Construction，2013，31（5）：241-254.

[3] 基于语义映射的BIM与3D GIS集成方法研究［J］．测绘地理信息，2016，41（3）：16-19.

[4] 张春黎．基于三维GIS的地下管线信息管理系统研究与实现［D］．安徽大学，2015.

[5] 姜露露．城市三维地下管线规划管理信息系统设计与实现［D］．吉林大学，2013.

[6] 李雄炳．基于BIM在地下空间孔洞预留的规划探讨［C］//全国BIM学术会议，2016.

[7] 陈前，张伟忠，王玮．BIM技术在城市轨道交通建设工程质量与安全管理中的落地应用［C］//全国bim学术会议．2016.

[8] 李宇新，刘楠，柴红梅．基于GIS的城市地下管线信息系统的研究与设计［J］．测绘与空间地理信息，2009，（04）：70-72.

[9] 王俊彦．基于GIS和BIM的铁路信号设备数据管理及维护系统研究与实现［D］．兰州交通大学，2014.

[10] Boguslawski P，Mahdjoubi L，Zverovich V，et al. BIM-GIS modelling in support of emergency response applications［C］//Building Information Modelling. 2015.

[11] 徐卫星，周悦．BIM+GIS技术在高校校园地下管网信息管理中的应用研究［J］．施工技术，2017（6）．

[12] 李明云，闵星，吴洪涛．基于GIS的天津市滨海新区地下管线管理系统设计与实现［J］．测绘与空间地理信息，2012，（04）：61-62+66+72.

[13] 刘金岩，刘云锋，李浩，等．基于BIM和GIS的数据集成在水利工程中的应用框架［J］．工程管理学报，2016，30（4）：95-99.

BIM技术在中国移动（甘肃）数据中心工程的综合应用

寇巍巍[1]，陈长流[1]，张　昆[2]，杨智明[3]

（1. 中国移动通信集团甘肃有限公司，甘肃 兰州 730070；2. 甘肃莱贝姆工程咨询有限公司，甘肃 兰州 730030；
3. 甘肃第六建设集团股份有限公司，甘肃 兰州 730030）

【摘　要】 结合中国移动（甘肃）数据中心工程复杂性、专业性及安全性等特点，制定了适用于本工程的BIM技术路线及实施方案，设计阶段精心策划，施工阶段严格执行，最终通过物联网、大数据及可视化运维管理平台实现对项目运营维护进行管理，取得了良好的经济、时间和管理效果。

【关键词】 BIM技术；数据中心；大数据；物联网；可视化运维管理

1　工程概况

1.1　项目简介

中国移动（甘肃）数据中心位于第五个国家级新区-兰州新区，占地面积约7.9万m^2，一期总建筑面积3.2万m^2，主体为数据中心及配套的制冷机房，是甘肃省第一个可用机架数最大，达到国际和国家相关标准的数据中心，绿色环保，目前能源效率PUE值为1.28，处于国内领先水平。

本工程有制冷机房、IDC机房、油机房、高低压配电室、电力电池室共计50间；动力环境（含温度、湿度、烟感、气体（二氧化碳、硫化氢）、漏水、蓄电池、UPS、配电柜、油机、变压器、电流、油罐油位）、视频、报警及门禁监测点共计5538处；2000冷吨高压启动冷水机组、冷却塔、蓄冷罐等制冷设备9台（座）；水冷列间空调、热管背板、水冷精密空调等空调末端566套；还有配套的900m室外综合管廊、1092m综合支吊架、4184m冷却供回水管路及约2000个电磁阀门。

1.2　工程特点及难点

本工程具有设备管线、监控点数量众多，系统运行复杂，对外服务要求的专业性及安全性较高等特点，如何使数据中心能安全可靠的运行、维护及管理成了亟待解决的问题。

为解决上述问题，满足最终使用需求，结合BIM技术的共享性、可视化、协调性、模拟性、优化性、可出图等特点[1-6]，在前期就制定了适用于本工程的BIM技术路线及实施方案，设计阶段精心策划，施工阶段严格执行，最终通过物联网、大数据及可视化运维管理平台实现对项目运营维护进行管理。

2　BIM技术的综合应用

2.1　BIM技术路线及实施方案

根据前期各方面确认的需求，为达到项目可视化运维管理的目的，BIM团队在项目实施前就对设计、施工及运维阶段制定了切实可行的BIM技术路线及实施方案。设计阶段，通过对各专业模型的建立，优化完善了管线、设备布放及监测点的设计；施工阶段，严格按照相关设计进行施工，做到图纸和现场一致；运维阶段，通过物联网对各监测点数据进行采集，经管理平台的汇总和分析，实现对项目的可视化运维管理，具体的内容如图1所示。

【作者简介】 寇巍巍（1983-），男，工程师。主要研究方向为建筑信息化、建设项目管理及BIM技术综合应用。E-mail：13893424981@139.com

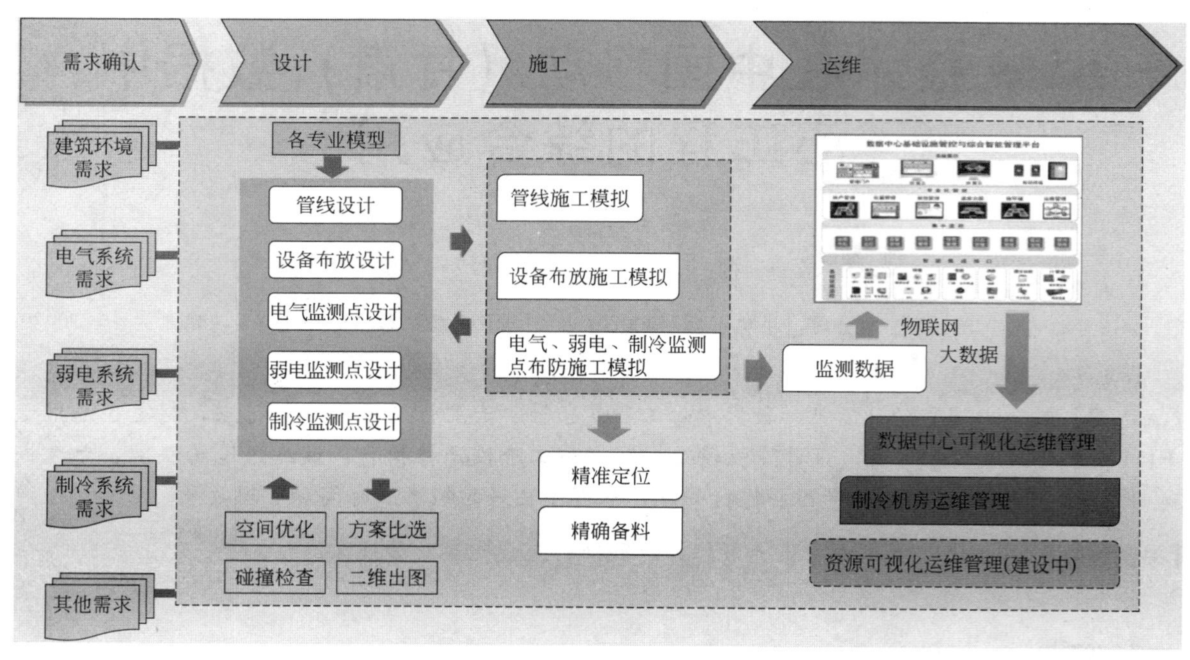

图 1　BIM 技术路线及实施方案

2.2　BIM 技术在实施阶段的应用

根据制定了 BIM 技术路线及实施方案，在设计阶段首先建立了各专业的 BIM 模型，尤其对各监测点的模型也进行了详细的建立，详见图 2～图 5 所示，其中图 4 为机电模型（含设备），图 5 为监控模型，图 6 为温湿度监测点模型，图 7 为电源监测点模型。

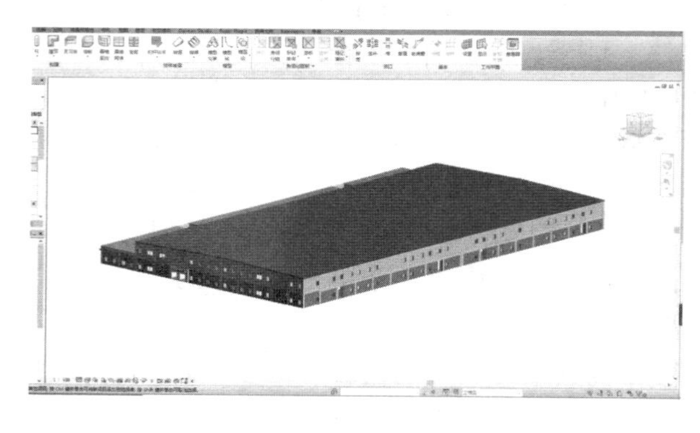

图 2　建筑模型

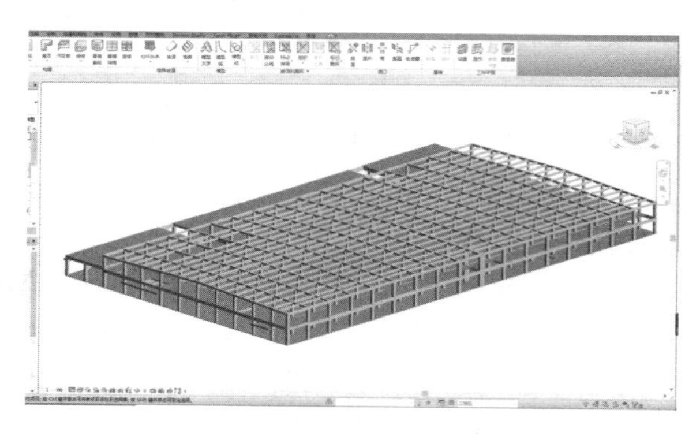

图 3　结构模型

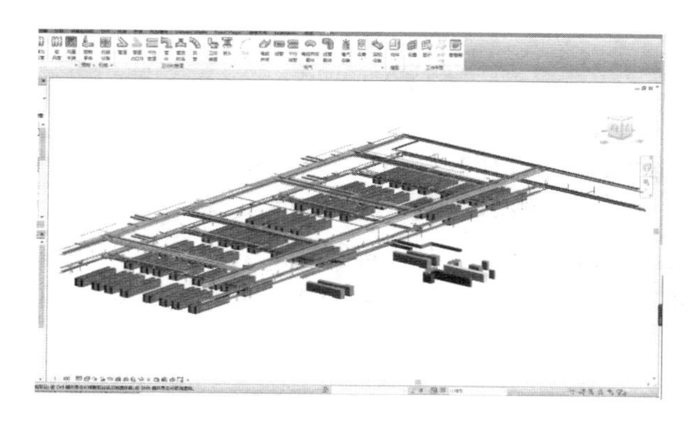

图 4　机电模型

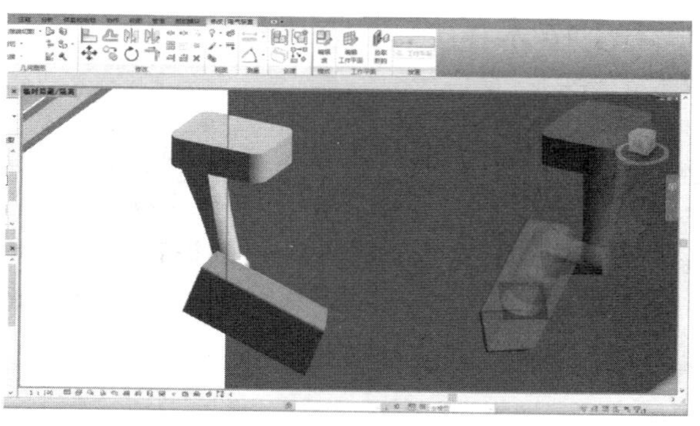

图 5　监控模型

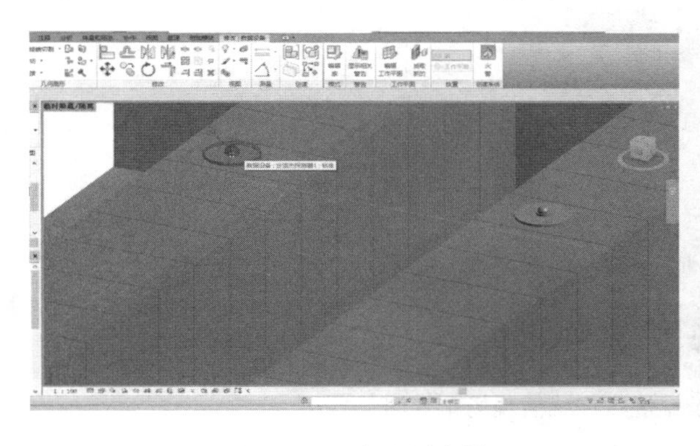

图 6　温湿度监测点模型

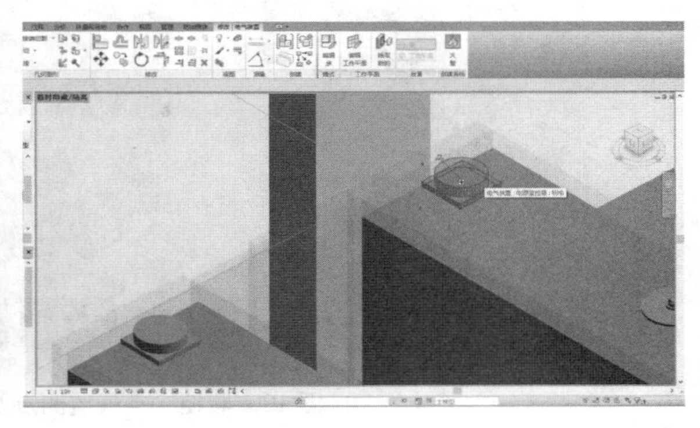

图 7　电源监测点模型

其次，将各专业模型导入 Navisworks 进行碰撞检查，提前发现设计中存在的问题，共计消除潜在碰撞 2760 处（图 8、图 9）。

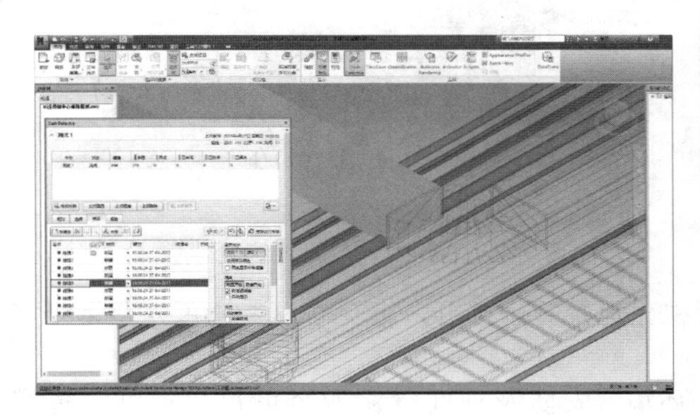

图 8　碰撞检查

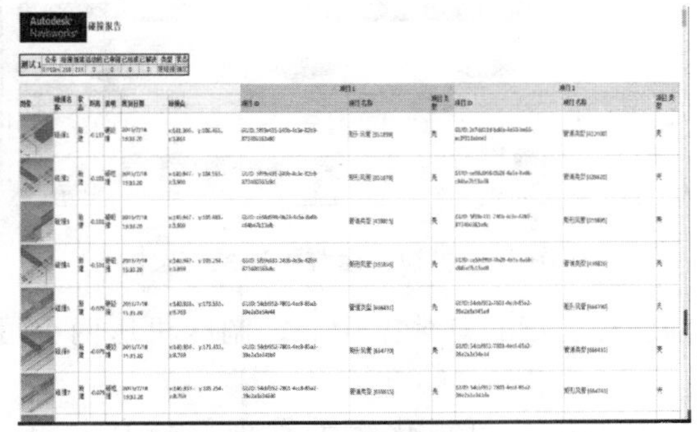

图 9　碰撞检测报告

再次，通过可视化图纸会审，对走廊、机房等管线集中区域进行综合优化排布，实现净高控制和工序协调，避免返工，确保一次成优，并且对各类管线、设备做到精准定位、精确备料，并根据模型进行可视化施工，保障了工期和质量，避免了浪费（图 10、图 11）。

图 10　制冷机房效果图

图 11　制冷机房现场图

最后，根据模型上各类监测点的精准定位，施工阶段严格布线安装，布放位置及路由清晰，数据采集准确（图 12）。

2.3　BIM 技术在运维阶段的应用

将各监测点采集的数据通过物联网，收集汇总至开发的可视化运维管理系统，经过对数据的整理、分析及反馈，并在基于 BIM 技术的项目模型对应位置进行实时显示，实现对项目进行可视化运维管理（图 13、图 14）。

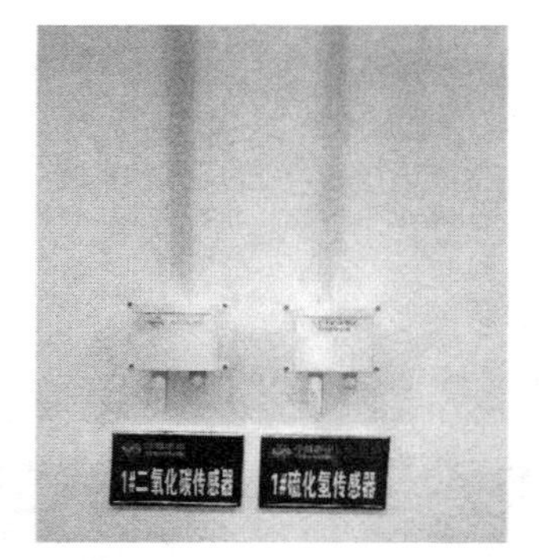

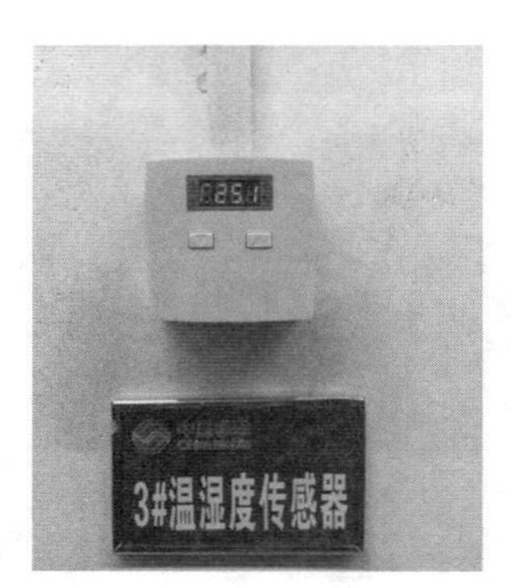

图 12　监控、空气监测点及温湿度传感器现场布置图

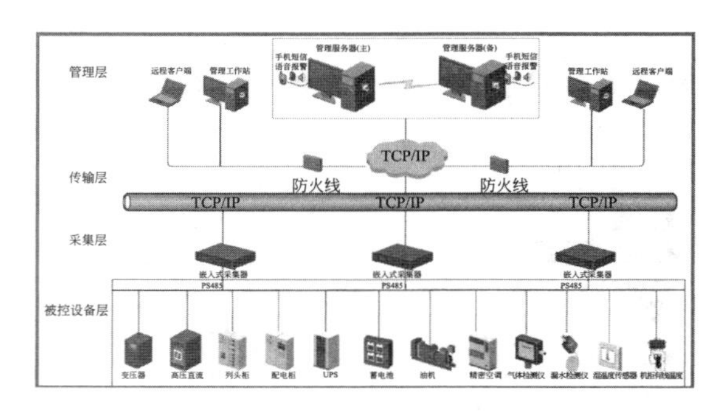

图 13　可视化运维管理系统架构

图 14　可视化运维管理系统主界面

目前已经运行的有数据中心、制冷机房两个可视化运维管理部分，正在建设资源可视化运维管理部分。

（1）数据中心可视化运维管理部分有电源、环境、安防及列间空调四个可视化运维管理模块（图 15～图 18）。

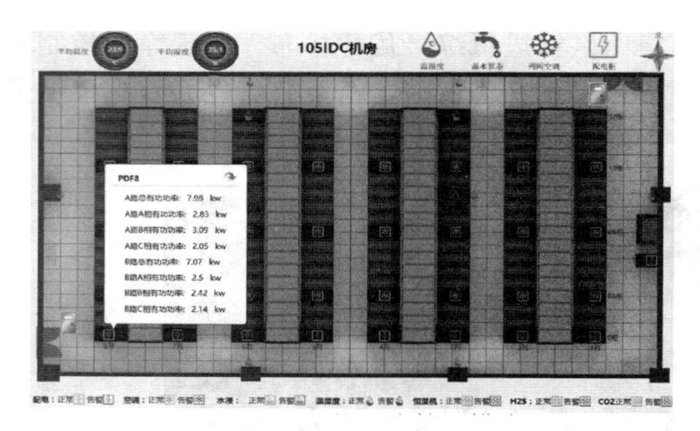

图 15　电源可视化运维管理模块

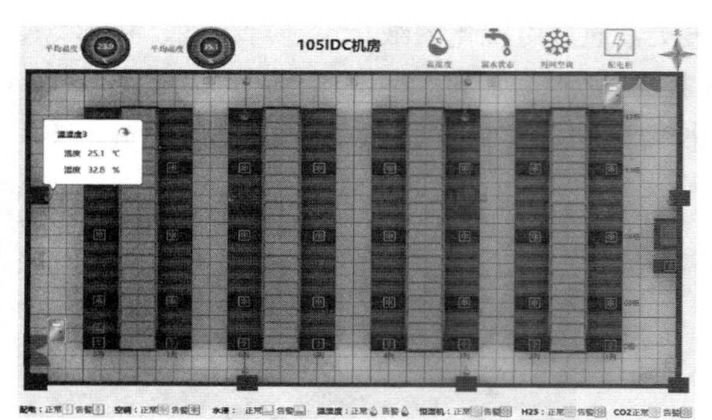

图 16　环境可视化运维管理模块

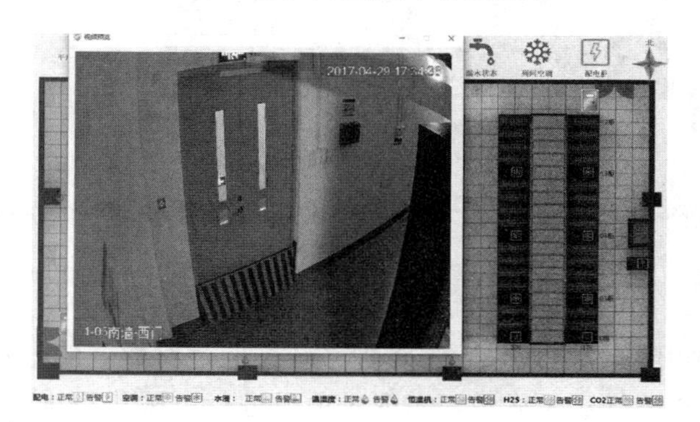

图 17　安防可视化运维管理模块

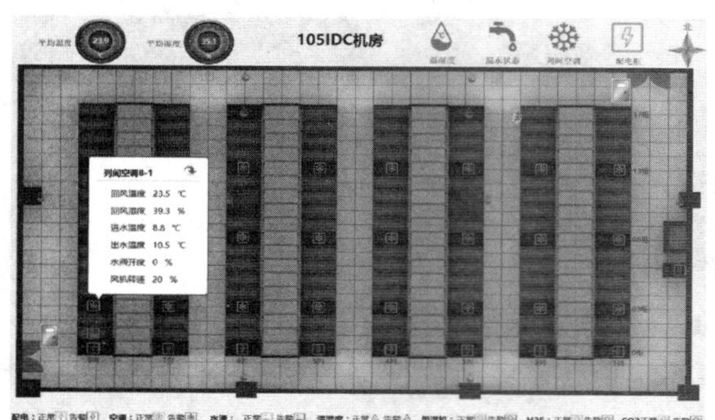

图 18　列间空调可视化运维管理模块

以上模块均可对监控内容实现可视化展示，对数据进行采集、整理和分析，也可对监控内容出现问题按分级进行告警呈现、告警推送和告警处理，也可进行报表管理、日志管理和用户管理等工作，告警可通过弹幕、语音、短信等方式进行。

（2）制冷机房可视化运维管理部分有集分水器、冷冻机组、冷却水塔和螺杆机组四个运维管理模块（图 19～图 22）。

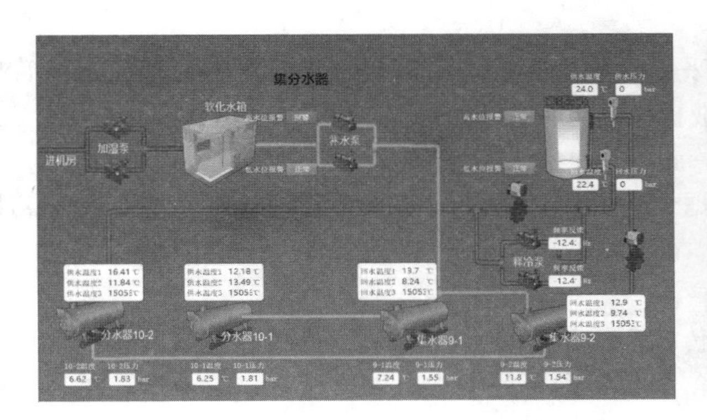

图 19　集分水器运维管理模块

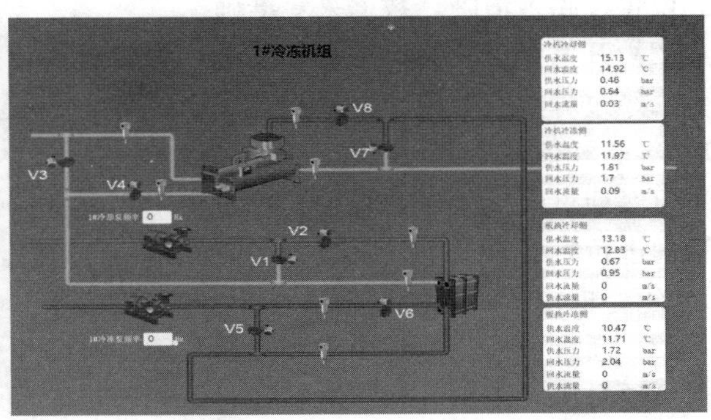

图 20　冷冻机组运维管理模块

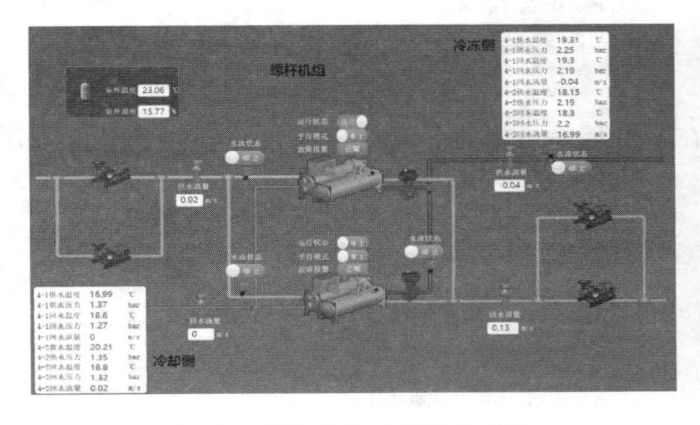

图 21　螺杆机组运维管理模块

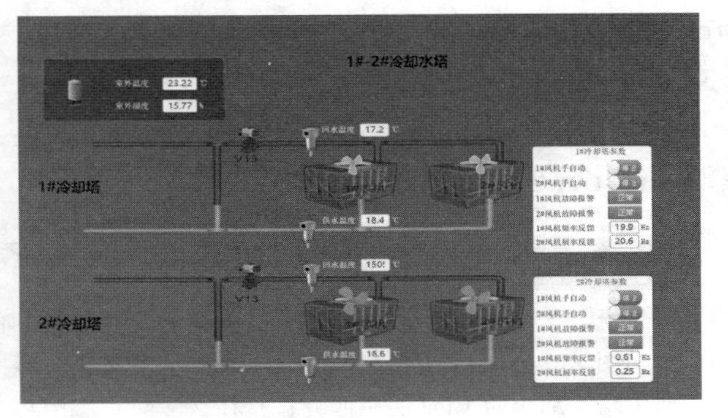

图 22　冷却水塔运维管理模块

以上模块可对室外温度和湿度，供回水温度、压力、流量，以及运行和水流状态等参数进行监控，可对故障监控和报警，也可进行手动和自动进行控制。

（3）正在建设中的资源可视化运维管理部分包括资产可视化和容量可视化运维管理模块（图 23、图 24）。

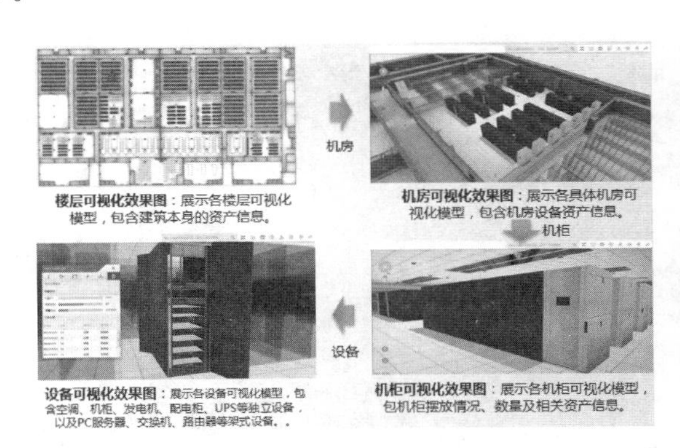

图 23　资产可视化运维管理模块设想图

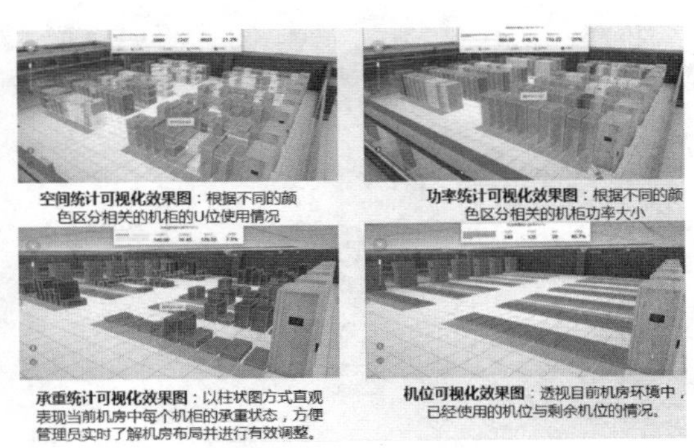

图 24　容量可视化运维管理模块设想图

资产可视化运维管理模块打破传统的表格式管理方式，以可视化的方式对楼层、机房、机柜和设备中不同的资产做到可查看、可管理以及可搜索定位。容量可视化运维管理模块改变以前对机房容量查看困难、利用率不高、准确性差的现状，以可视化的方式对机房空间、功率、承重以及机位进行查询、定位及安排上架等操作。

3 总　结

3.1 创新点

（1）本工程将监测点模型与其他专业模型有效结合，精准设计，施工时精确定位，严格布线安装，布放位置及路由清晰，数据采集准确。

（2）开发了可视化运维管理系统，将各监测点采集的数据通过物联网，收集汇总至可视化运维管理系统，经过对数据的整理、分析及反馈，实现对专业模块的可视化运维管理。

3.2 经验和效益

（1）通过可视化运维管理平台的应用，可将数据中心的管理由传统的靠人管理向现在的靠系统和技术管理进行转变，最大程度减少运维管理人员数量，本工程可减少人员10人/年，可节省人工成本约100万元/年，取得了良好的经济效益。

（2）通过可视化运维管理平台的应用，可减少传统运维管理模式受频率、范围等因素的影响，可有效减少项目各系统运行问题的发现时间和解决时间，大大提升了数据中心的安全性、专业性，提高了项目运维管理上的时间效益。

（3）通过BIM技术在本工程各阶段的应用，为可视化运维管理提供了有效支撑，也为后期不断完善的可视化运维管理系统奠定了基础。

3.3 展　望

基于BIM技术的可视化运维管理平台开发，将在园区环境可视化、管线可视化、设备上架自动分配资源可视化管理等方面进行工作。

参 考 文 献

[1] 陈长流，李燕燕，彭毅．谈BIM技术在云计算数据中心中的应用［J］．山西建筑．2016，42（13）：257-258
[2] 中国图学学会．第二届全国BIM学术会议论文集［M］．北京：中国建筑工业出版社，2016.
[3] 何关培．那个叫BIM的东西究竟是什么［M］．北京：中国建筑工业出版社，2011.
[4] 何关培．那个叫BIM的东西究竟是什么2［M］．北京：中国建筑工业出版社，2012.
[5] 何关培．如何让BIM成为生产力［M］．北京：中国建筑工业出版社，2015.
[6] 黄强．论BIM［M］．北京：中国建筑工业出版社，2016.

BIM在大底板深化设计及施工中的应用

倪天祺，仇春华

（上海建工四建集团，上海 201103）

【摘　要】上海国际金融中心项目基坑底板多坑嵌套，顺逆作交错施工，难以通过传统方法有效地解决这些难点，故采用BIM技术对大底板进行深化设计工作。通过三维深化设计、复杂节点可视化交底、工程量统计以及现场与模型的比对控制等应用，弥补了传统方法在复杂节点深化设计的弊端，提高了工程效能，为以后的精细化管理提供了有效的支撑。

【关键词】底板深化设计；BIM技术；施工优化；工程量统计；精细化管理

1　工程概述

上海国际金融中心项目总用地面积55287.2m²，地下5层，地上22～32层，建筑总高度143～200m，总建筑面积516808 m²。本工程地面以上为3幢独立的超高层办公楼，呈“品”字形布置，无裙房，3幢塔楼在七层至八层设有“T”字形连廊将3幢塔楼连成整体。地面以下为五层连通的地下室。

本工程基坑总面积约为48860 m²，总延长950m，共分为塔楼顺作区、纯地下室逆作区以及金融剧院区三个部分，如图1所示。其中塔楼顺作区与逆作区之间设置了分隔用地下连续墙。

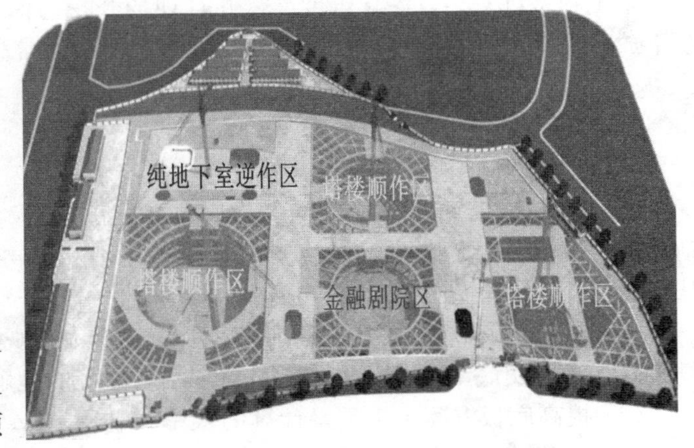

图1　上海国际金融中心基坑分块示意图

本工程基础底板标高为－26.250m，底板厚度为2800、1400mm两种，局部电梯井、集水井处基础底板厚度为3500～7100mm。塔楼基坑落深区域另外设置了钢支撑及混凝土围檩加固。

2　大底板深化设计难点

2.1　底板复杂深坑形式多

本工程深坑标高种类多且有8种深坑互相嵌套的情况，局部深坑处还设置钢支撑及混凝土围檩，见图2，导致整个底板的开挖形状非常复杂，仅仅通过二维图纸，难以确定各个深坑的放坡形状以及坑中坑钢支撑与混凝土围檩的相对关系。

2.2　顺逆作中隔墙传力带节点复杂

本工程采用顺逆结合的施工工艺，在顺逆作区之间设置了分隔用地下连续墙。由于在底板施工中，顺作区与逆作区存在时间差，所以中隔墙处设置传力带作为错开施工的传力体系。而传力带节点与常规深坑节点放坡角度不一，仅仅通过图纸交底无法满足现场施工要求，见图3。

【作者简介】倪天祺（1992-），男，BIM工程师/助理工程师。E-mail：tqparadise@126.com

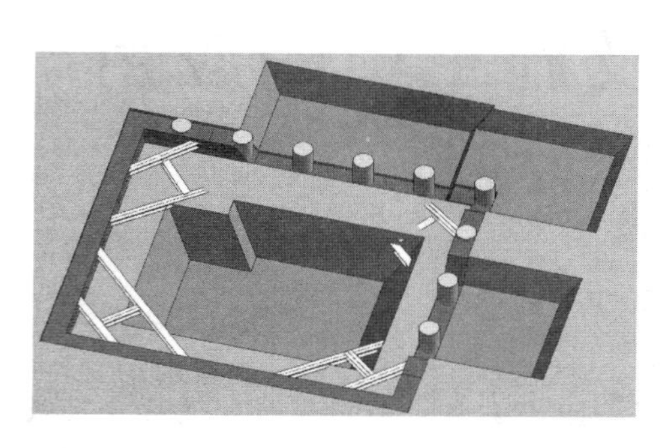

图 2　深坑互相嵌套及钢支撑与混凝土围檩

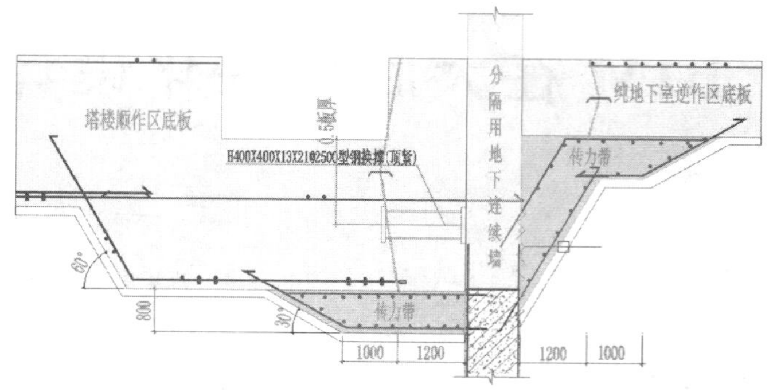

图 3　顺逆作分隔墙传力带节点

2.3　底板混凝土的工程量统计难

本工程基坑开挖形状复杂，坑中坑挖土优化情况多，仅仅通过传统的算量方法，利用二维图纸测算体积效率非常低，且容易疏忽超挖位置的混凝土方量，难以有效控制底板混凝土的工程量。

2.4　大底板开挖的施工控制要求高

本工程基坑复杂，深化难度高，并且现场开挖与深化图纸又必须保持一致，否则定加工的钢筋就无法下放，需大量返工。因此对现场施工控制的要求非常高。

3　采用 BIM 技术的原因

通过上述难点分析，本项目中采用 BIM 技术的原因主要有以下几点：

(1) 提高底板深化的准确性：利用 BIM 技术构建复杂深坑模型，通过三维模型的互相剪切功能，自动生成深坑嵌套、复杂节点等位置的开挖理论形状，再结合现场情况进行调整与优化以满足施工合理，从而保证深化的准确性。

(2) 辅助复杂节点的方案交底：运用 BIM 技术直观可视化的特点，辅助钢翻、木翻及关砌部门针对复杂节点进行交底工作，让施工人员对现场有更好的理解。

(3) 提高底板混凝土工程量计算的效率：利用 BIM 技术自动统计出底板深坑模型的砼方量，并且同步更新由于优化带来的变更量，避免人工算量的重复劳动，提高工程量统计的效率。

(4) 严格控制现场开挖施工：由于底板深坑标高多，放坡形式各异，传统的 CAD 深化图纸交底无法表达清晰，无法提供足够的数据来进行现场开挖。利用 BIM 技术指导现场开挖，保证现场开挖与深化图纸一致，避免返工。

4　基于 BIM 的大底板深化设计技术在工程中的应用

4.1　大底板三维深化

1. 利用 Revit 建立底板深化模型

1) 根据 CAD 设计图纸，如图 4 所示，首先构建集水井、排水沟、高低跨、板厚变化等节点的族文件，见图 5 及图 6，通过参数化来控制各类节点的理论形状[1]。

2) 其次，将 CAD 底板图纸链接进 Revit 中，分顺逆作区域，各自建立底板基础模型，并将各节点族文件放入底板模型中，互相剪切形成底板理论模型[2]，见图 7。

3) 然后，将此文件另存为底板深坑模型，并在文件中通过常规模型拉伸模块，根据不同标高、不同厚度的底板绘制土层。完成后导入上一步构建的底板模型，再次互相剪切形成各个区域的底板深坑模型（挖土放坡形状），见图 8。

4) 最后，整合顺逆作区域底板深坑模型，并在完整模型中补充顺逆作区连接节点，形成整个项目的底板深坑模型，为后续应用奠定基础。

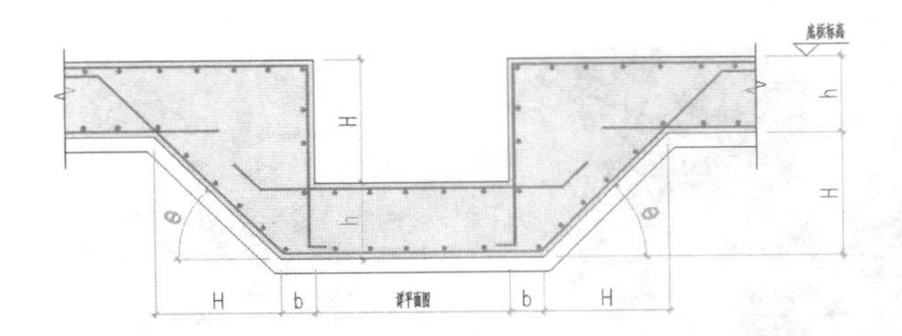

图 4　集水井 CAD 节点图

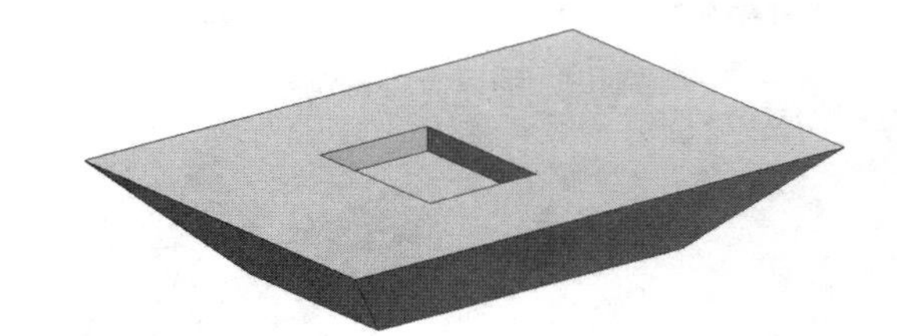

图 5　集水坑三维模型

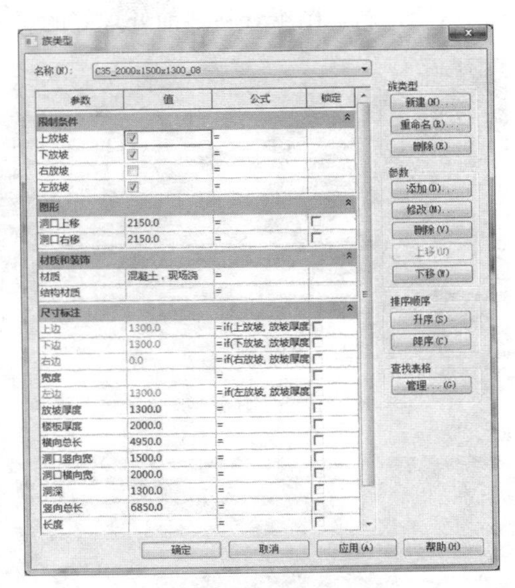

图 6　集水坑族文件控制参数

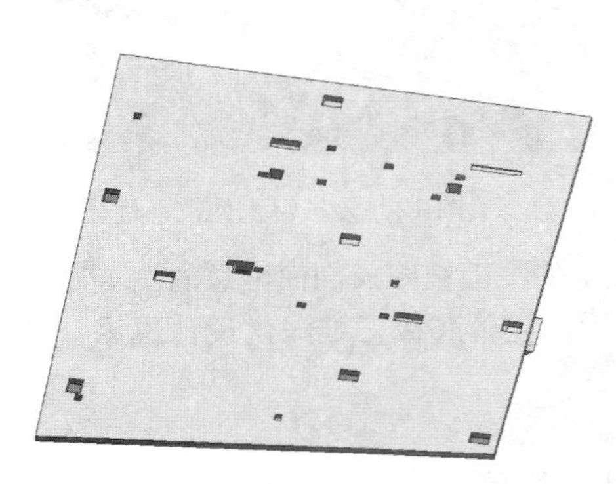

图 7　底板理论模型

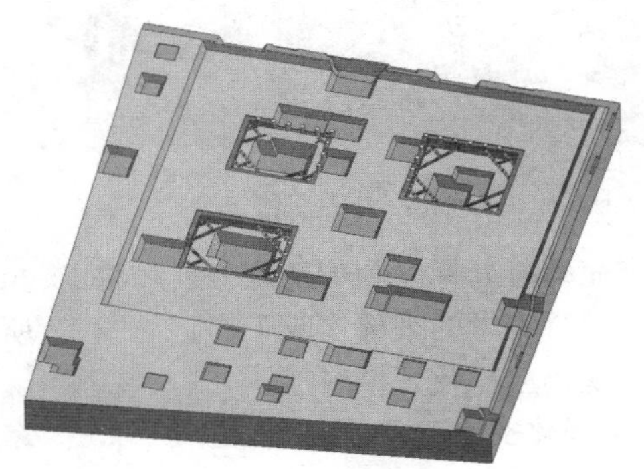

图 8　底板深坑模型

2. 模型调整与优化

基于 BIM 的深化设计技术的核心，就是反复利用 BIM 模型进行讨论和图纸会审[3]。由于本工程深坑嵌套多，局部深坑处另外设置钢支撑与混凝土围檩，导致大底板深化非常复杂。在大底板三维深化模型构建完毕后，通过模型的调整与优化主要解决了以下两类问题：

1）通过模型发现设计图纸的不合理

仅仅通过二维的设计图纸来进行深化设计，会疏忽很多不合理的问题，例如图 9，这是一处深坑嵌套的位置，相邻两个坑的标高不一致，且深坑周围设置了混凝土围檩，如果按照设计图纸的信息，此围檩影响浅坑的底板钢筋穿越，无法进行正常施工。在图纸会审中就此问题经协调后调整为图 10 情况，优化围檩标高变化位置以符合实际情况，并相应修改排桩标高，保证施工可行。

2）模型无法满足实际施工要求

根据设计图纸节点构建的理论模型，由于不考虑施工机械、土质情况、操作效率、经济效益等因素，往往无法满足现场施工。例如图 11，多坑相交处的方框范围根据实际经验，无法留土，如不进行调整，那么势必在未来施工中产生超挖现象，因此经与设计协调后调整为图 12，利用内建模型剪切的办法将此部分土拉平优化，满足实际施工要求。

3. 模型导出 CAD 图纸

经过模型的调整与优化后，形成终版底板深坑模型。接着，在模型的平面视图中将每一处边坡、每一个坑洞都用尺寸标注功能进行标注，并在复杂深坑位置创建 x 向与 y 向剖面，在对应的剖面视图中同样进行标注。然后，新建图纸，将之前处理好的每一个剖面拉进图纸中。

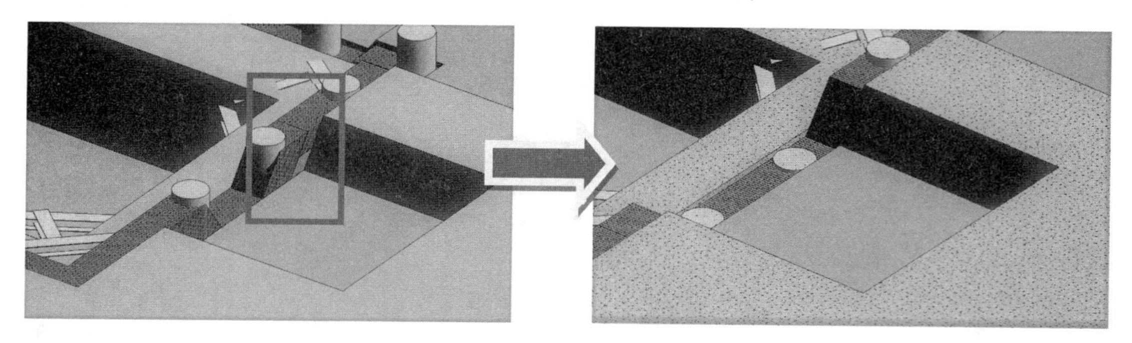

图9　围檩影响深坑钢筋穿越　　　　图10　围檩及排桩调整

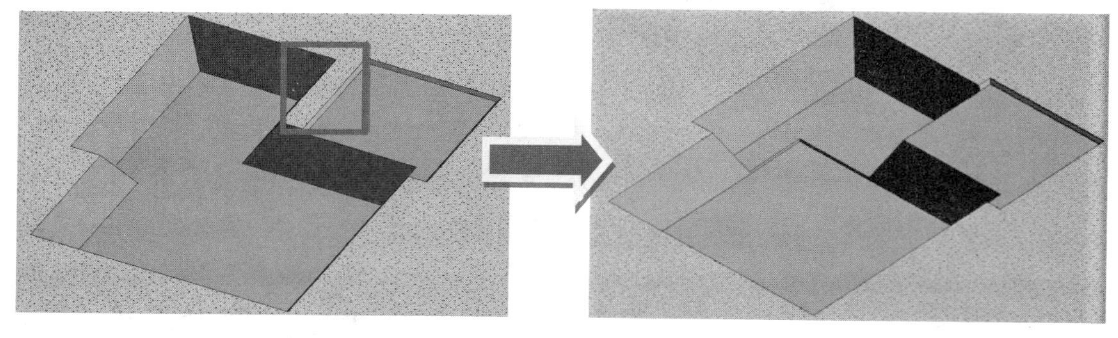

图11　多坑相交处无法留土　　　　图12　无法留土处拉平优化

最后，检查完每一处标注和剖切符号后，将Revit中的平面视图及剖面汇总的图纸导出成CAD格式，并根据图面要求进行少量的细部修改工作，如图13所示，完善底板三维深化设计成果，交由设计确认后进行钢筋下料、现场放样及开挖施工。

4.2　复杂节点可视化交底

本工程在底板施工中，由于顺逆作施工存在时间差，因此在顺逆交接处设置传力体系。但是局部位置的传力带遇深坑，节点放坡角度不一，仅仅通过CAD图纸交底难度很大。因此我们利用BIM技术将复杂节点进行处理，如图14所示，并与项目部成员一同对施工人员进行专题交底，让他们对复杂节点有更好的理解。

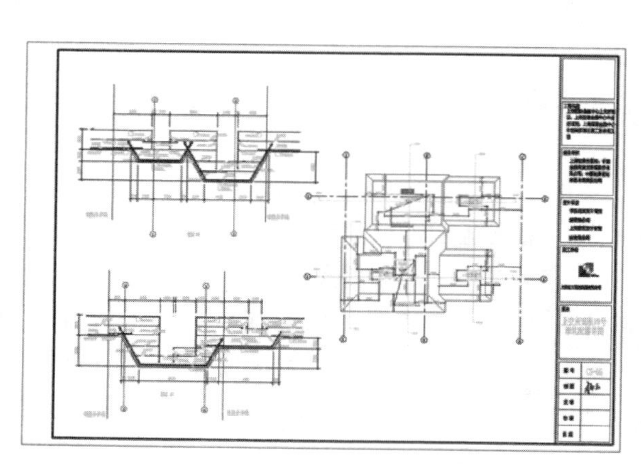

图13　CAD底板深化设计图

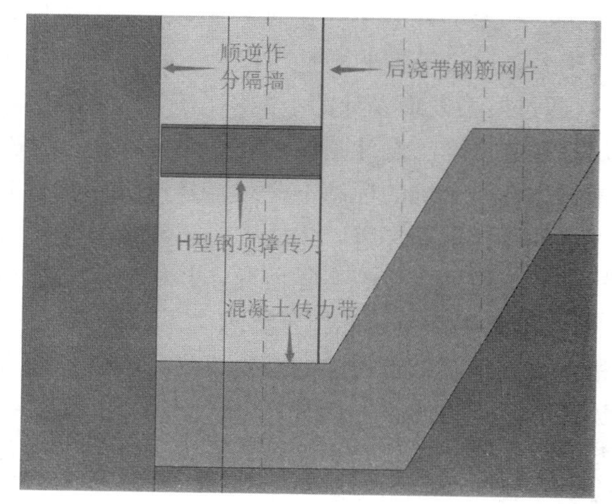

图14　传力带复杂节点

4.3　工程量统计

底板深坑模型调整完毕后，将其中内建的常规模型以及节点族链接并绑定到底板理论模型中，覆盖原先不合理的内容，保存为终版底板理论模型。接着，利用 Revit 的明细表功能添加常规模型明细表与结构基础明细表两类，字段均设置为“族与类型”与“体积”，然后按照“族与类型”进行排序，并勾选总计选项，自动形成含有底板混凝土方量的明细表，如图 15 所示。然后，将模型内的明细表导出为 txt 报告，并利用 Excel 打开，对其进行简单的格式编辑。

最后，将整个底板的 Excel 文件汇总后提交预算部门进行下一步的施工预算与结算工作。若底板需要分块算量，只需对模型进行简单的分块，对应的明细表就会自动更新，有效控制分块施工的底板混凝土量[4]。

4.4 现场与模型的对比

基于 BIM 的底板深化设计完成后，由于深化图纸、技术交底均与模型关联，因此在现场开挖过程中使用模型进行深坑的复核工作。在具体操作中，将模型导入 IPAD 移动端内，通过 Autodesk BIM 360 在施工现场操作模型，如图 16 所示。不仅可以对现场的放线进行复核，而且对开挖形状也能一目了然，保证每个复杂深坑在开挖过程中与深化设计结果一致，避免返工。

<常规模型明细表>

A	B
族与类型	体积
CT6: CT3	6.375 m³
CT7: CT3	1.346 m³
CT8: CT3	1.553 m³
CT9: CT9	1.035 m³
SS-F-1: SS-F-1	412.669 m³
SS-F-3: SS-F-3	569.402 m³
基坑(60°)3: SSE-基坑(60°)	424.010 m³
基坑(60°): SSE-基坑(60°)	51.229 m³
基坑(60°): SSE-基坑(60°)	179.074 m³
基坑(60°): SSE-基坑(60°)	53.632 m³
基坑(60°): SSE-基坑(60°)	94.934 m³
基坑(60°): SSE-基坑(60°)	19.084 m³
基坑(60°): SSE-基坑(60°)	107.756 m³
基础底板1: 基础底板1	206.729 m³
常规模型 1: 常规模型 1	78.500 m³
常规模型 3: 常规模型 3	31.706 m³
常规模型 6: 常规模型 6	11.056 m³
常规模型 7: 常规模型 7	50.297 m³
常规模型 9: 常规模型 9	13.604 m³
常规模型 10: 常规模型 10	247.944 m³
常规模型 13: 常规模型 13	27.691 m³
常规模型 14: 常规模型 14	4.322 m³
常规模型 15: 常规模型 15	8.526 m³
常规模型 16: 常规模型 16	21.361 m³
常规模型 17: 常规模型 17	5.413 m³
常规模型 18: 常规模型 18	115.154 m³
常规模型 23: 常规模型 11	217.436 m³
常规模型 24: 常规模型 12	64.050 m³
常规模型 25: 常规模型 8	69.081 m³
常规模型 26: 常规模型 2	61.563 m³
常规模型 36: 常规模型 19	81.731 m³
常规模型 43: 常规模型 21	72.611 m³
常规模型 44: 常规模型 22	77.464 m³
总计: 37	3388.339 m³

图 15　Revit 族构件明细表

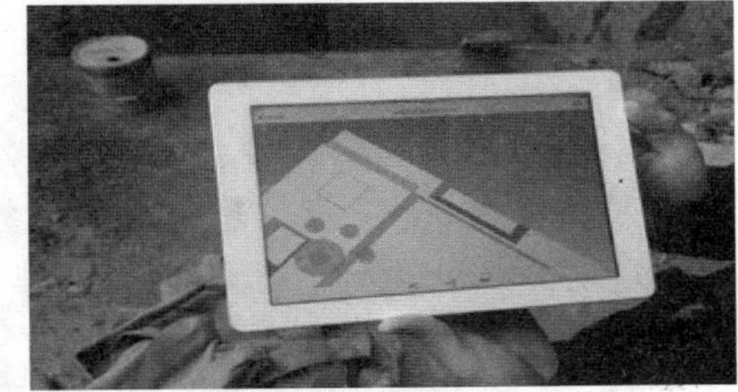

图 16　现场与模型的比对控制

5 结　语

（1）通过使用 BIM 技术，解决了底板深化过程中深坑嵌套、深坑遇传力带等复杂节点难以想象的问题，便捷又精确地完成深化设计工作，为翻样下料及关砌放线提供了有利的技术支撑。

（2）利用 BIM 三维模型进行讨论和交底，让施工人员在虚拟建造过程中对现场有更好的掌握，以此能更好地根据施工经验进行调整和优化不合理部位，极大地减少在实际施工当中的返工，避免浪费。

（3）通过 BIM 技术自动统计和算量，精确每个复杂节点的混凝土方量，并能够根据优化实时更新数据，节约大量人工的同时，又保证了计算数据的准确性。

（4）通过利用三维模型进行指导施工与技术复核，有效控制了现场施工与深化设计的一致性，增加了项目管理团队使用 BIM 技术的信心，为未来精细化项目管理打下基础[5]。

参 考 文 献

[1]　平经纬. Revit 族设计手册［M］. 北京：机械工业出版社，2016.

[2]　廖小峰，王君峰. Revit2013/2014 建筑设计火星课堂［M］. 北京：人民邮电出版社，2013.

[3]　慕冬冬，付晶晶，胡正欢，等. BIM 技术在深基坑工程设计中的应用［J］. 施工技术，2015，44：773-776.

[4]　王昶. 基于 BIM 设计软件的工程量计算实现方法［J］. 建筑建材装饰，2015，(12)：141-142.

[5]　潘多忠. BIM 技术在工程全过程精细化项目管理中的应用［J］. 土木建筑工程信息技术，2014，6 (4)：49-54.

上海国际金融中心项目屋顶施工阶段 BIM 技术的应用

熊存龙，仇春华

（上海建工四建集团有限公司，上海 201103）

【摘　要】在建筑行业大力推进信息化发展的背景下，BIM技术在我国工程领域得到广泛的传播和应用。本文以上海国际金融中心项目屋顶施工阶段为例，分析屋顶施工阶段工程管理的难点，从施工单位角度出发，探讨如何基于BIM技术，结合工程施工中的实际需求，优化传统项目管理中深化设计管理和施工协调管理流程。运用BIM技术改进工程管理中的技术手段，实现对施工质量、进度、安全和成本的精细化管理。

【关键词】BIM；施工阶段；深化设计；施工协调

1　工程概况

上海国际金融中心项目（包括上海证券交易所项目、中国金融期货交易所项目、中国证券登记结算项目，以下简称国金项目）位于浦东新区杨高南路388号，地下5层，地上22～32层，总建筑面积516808m^2。项目地面以上为3幢独立的超高层办公楼，呈“品”字形布置，无裙房，均采用框架-核心筒体系。三个项目通过地下室和地上空中廊桥连为一体（图1）。

图1　上海国际金融中心项目

国金项目屋顶土建结构由大屋面和出屋面核心筒组成，核心筒局部位置有电梯机房。大屋面为上人屋面，玻璃幕墙沿其四周布置形成非临空结构，上部设有钢结构塔冠，用以布置擦窗机设备和泛光照明灯具。出屋面核心筒及小炮楼为非上人屋面，用以安置机电设备，四周以装饰性的金属板网幕墙包络（图2）。

【作者简介】熊存龙（1993-），男，BIM工程师/助理工程师。E-mail：790980834@qq.com

图 2　国金项目屋顶 BIM 模型

2　屋顶施工中的难点

2.1　专业众多、各专业深化设计图纸复杂

国金项目屋顶涉及的专业有土建建筑结构、钢结构、幕墙、机电、泛光照明和擦窗机。其中，机电专业细分之下又有水、暖、通、垃圾厨余、煤气等。传统的二维设计图纸使用平、立、剖等视图表达设计成果，复杂节点另附多个剖面去表现，产生了海量的图纸。国金项目屋顶相关图纸近百张，给总承包深化设计管理带来了巨大的挑战。

2.2　深化设计难度大，难以保证图纸准确性

国金项目屋顶专业众多、空间有限，各专业间联系十分紧密。当某一专业出现变更时，影响的不仅仅是本专业自身，还需要其他专业协同调整才可满足其设计要求。然而，传统以二维图纸作为设计成果的数据之间不具备联动性，每次变更可能带来各专业大量图纸重新修改、重新出图。在这种施工工期紧、设计工期紧、工作量巨大的情况下，设计图纸往往很容易出错。这些错误很可能在现场实际施工或下一道工序施工时才会暴露出来，带来的调整或返工影响了工程施工质量、进度。

2.3　施工工序、措施复杂，沟通协调困难

如何合理统筹安排各专业的施工顺序？采取哪种施工措施最有利于现场实际操作？材料、物资垂直和水平运输如何实现？……现场实际施工不仅需要解决技术问题，实施也是很重要的一块，需要项目部技术、施工等多个部门密切配合。如何高效率、准确地传达信息，提高沟通讨论的质量成了关键。在海量的图纸面前，传统基于 CAD 图纸的演示、讨论势必导致效率低下、沟通困难，协调决策成了一纸空谈。

3　采用 BIM 技术的原因

结合以往施工经验，传统基于 CAD 技术的深化设计管理和施工组织管理在面对屋顶施工阶段的诸多困难时已显得力不从心，更新技术手段、改变管理流程势在必行。

从客观角度来说，国金项目部采用 BIM 技术的原因一方面是对合同中新技术要求的响应，另一方面是为解决以上项目管理中的难点，利用 BIM 技术参数化、可视化、协调性、模拟性等特征，保证深化设计阶段和现场实施阶段信息资源协调一致，提高深化设计效率和其结果的准确性[1]；利用 BIM 技术三维建模、碰撞检测、进度模拟、工程量统计、三维交底等应用点[2]，优化施工决策，实现施工组织的精细化管理。从主观角度来讲，利用重难点工程实践的宝贵机会，积累 BIM 技术在施工阶段的应用经验，探索 BIM 与项目管理深度结合的方式，制定并完善企业级 BIM 应用标准，为 BIM 技术今后在施工阶段的推广应用作充分的技术研究和准备[3]。

4　BIM 技术应用的实例分析

4.1　基于 BIM 技术的图纸审核和深化

屋顶结构施工前，施工总承包及土建分包项目部（以下简称项目部）收到升版结构图纸和因钢结构

提资相关的设计变更。如按传统项目部流程，图纸应交付两翻部门深化出图后移交现场实施。此流程的弊端在于两翻部门关注的多是结构专业，其对设计图纸的审核局限于结构构件尺寸、空间布置的合理性和钢筋布置的合理性，缺乏全局视野（图 3）。

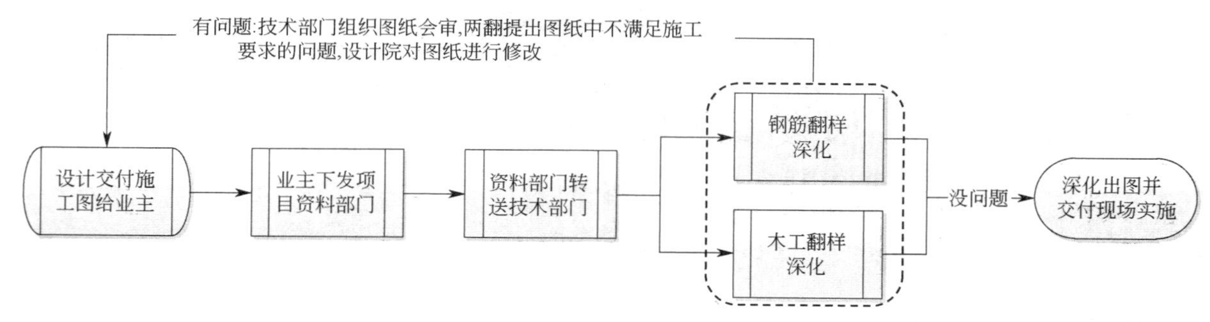

图 3　传统图纸审核深化流程

国金项目部在图纸交付两翻部门前，先由 BIM 部门依据新版图纸建模。建模过程中不但可以审核结构构件布置的合理性，还可以复核结构与建筑构件是否干涉。另外，利用 Navisworks 软件将土建模型与钢结构模型整合，更为直观、精细地去了解设计意图。对设计变更的理解从浅层的知道进行了哪些变更、现场如何实施上升到从源头上理解和掌握设计意图并对其设计成果进行复核，实现了对传统两翻工作的优化（图 4）。

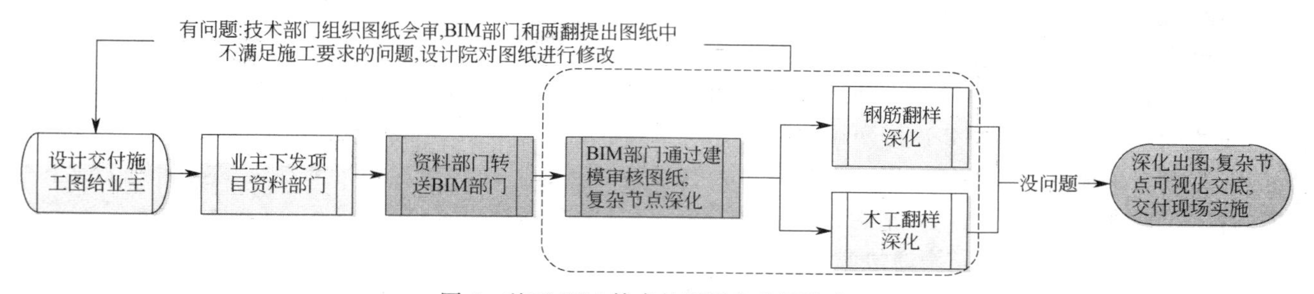

图 4　基于 BIM 技术的图纸审核深化流程

BIM 部门在拿到 dwg 格式的结构升版图纸后，先使用 CAD 软件对图纸进行轻量化处理，删除图纸中建模过程不需要的信息，以保证图纸导入 Revit 软件后的流畅运行。使用 Revit 软件完成建筑和结构模型的建模，找出图纸中不满足施工要求的节点，整理成图纸审核报告。审核报告中附有图纸信息和 BIM 模型截图，为图纸会审做准备。针对图纸中的复杂节点，制作汇总了相关信息的 BIM 模型文件，组织技术部门和两翻部门基于 BIM 模型进行深化设计讨论，配合两翻部门深化出图。

在实施过程中，国金项目 BIM 部门对内辅助两翻深化设计图纸出图，解决复杂节点深化问题；对外配合设计院进行施工图纸变更，解决图纸审核问题。典型案例有：为满足钢结构塔冠的巨型埋件搁置需要，出屋面核心筒剪力墙顶增设混凝土柱墩。BIM 工程师依据结构修改单建模后发现混凝土柱墩部分配筋受巨型埋件影响无法布置；将土建模型与钢结构模型合模后发现部分巨型埋件外露空中、部分混凝土柱墩与其他钢结构横梁干涉。BIM 工程师随即组织技术和钢翻部门召开深化设计专题讨论会，会中决定如下：巨型埋件上翼缘增设水平向连接板，用于焊接被埋件割断的剪力墙纵筋；下翼缘底部增设竖向连接板，用于焊接被埋件割断的混凝土柱墩箍筋和剪力墙竖向主筋。BIM 部门会后整理出基于 BIM 的图纸审核报告发送设计院。设计院同意钢筋布置调整并重新出图，增大局部混凝土柱墩尺寸以包络外露埋件，减短与钢结构横梁干涉的混凝土柱墩长度（图 5～图 8）。

4.2　基于 BIM 技术的总承包多专业深化设计管理

国金项目屋顶涉及专业众多、形式复杂，如何做好总承包深化设计管理是保证屋顶施工质量的关键。传统基于 CAD 二维图纸的工作模式，在面对如此大量的图纸与变更单时，无论是从时间、人力、成本角度衡量，都难以实现精细化管理[4]。实际实施过程中很可能变为边施工边深化，设计人员“现场拍脑袋”。这种情境下，各专业深化设计人员迫于生产进度的压力，解决问题往往仅顾眼前事，忽视了对后续深化设计的影响，导致产生链式反应。

图 5　混凝土柱墩与钢横梁干涉和外露埋件

图 6　混凝土柱墩尺寸调整

图 7　钢结构塔冠的巨型埋件

图 8　巨型埋件增设连接板

基于 BIM 技术的总承包多专业深化设计管理很好地解决了这一困境。屋顶施工前的深化设计阶段，总承包 BIM 部门要求各专业提交其施工范围内的 BIM 模型，明确规定模型深度满足施工决策要求（即完整且准确地反映其深化图纸上的信息），严格把控各专业模型建模质量。各专业模型提交完成后，总承包 BIM 部门利用 Navisworks 软件整合各专业模型，进行深化设计成果可行性综合分析。分析方法主要有两种：碰撞检测和漫游检测。碰撞检测是利用 Navisworks 软件的 Clash Detective 功能，自动、高效地发现各专业在空间上的干涉。软件对空间干涉部位进行高亮显示并生成视点，BIM 工程师仅需要逐个审阅视点便可以整理出各专业碰撞问题。漫游检测是对整合好的 BIM 模型进行漫游浏览，旨在发现软件 Clash Detective 功能检测不出的其他设计问题。此项检测需要 BIM 工程师一定的工程经验，然而相比于传统基于 CAD 的图纸整合，基于 BIM 模型的浏览利用 BIM 技术参数化和可视化的特性，为工程师节省了大量的时间和精力去理解各专业图纸，可以更好地集中资源在检测干涉问题上，提高检测的效率及准确性[5]。

可行性综合分析完成后，总包 BIM 部门出具模型检测报告和问题解决情况追踪表并召开基于 BIM 的设计协调会，用以协调各专业单位设计问题的沟通和调整，真正将解决问题落到实处（图 9、图 10）。

4.3　基于 BIM 技术的施工组织协调

传统的施工组织协调一般由总承包单位技术部门汇总各专业屋顶施工方案，编制屋顶施工组织策划初稿后，召集施工部门人员，召开施工组织策划讨论会。会中技术员以基于 CAD 的工况流程图向与会人员汇报策划方案，与会人员进行讨论，技术部门会后结合讨论结果完成定稿。然而屋顶施工涉及专业广、涉及图纸多、各专业施工工序间互有交涉，错综复杂，仅凭二维图纸加口头叙述的形式难以向各与会人员传达完整、准确的信息。或者会中讨论问题的解决方案需要多张图纸结合验证，难以有效、高效地进行可行性论证，影响决策，导致讨论会效率低下或流于形式，不能切实解决问题。

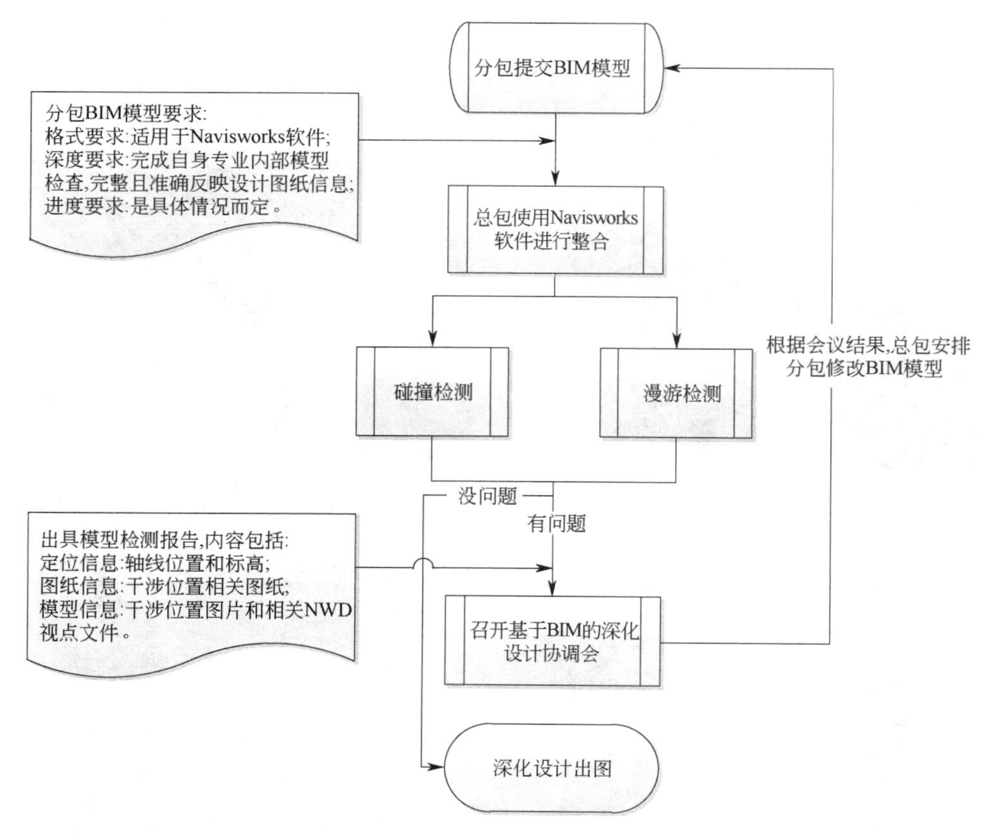

图 9　基于 BIM 的总承包多专业深化设计管理流程

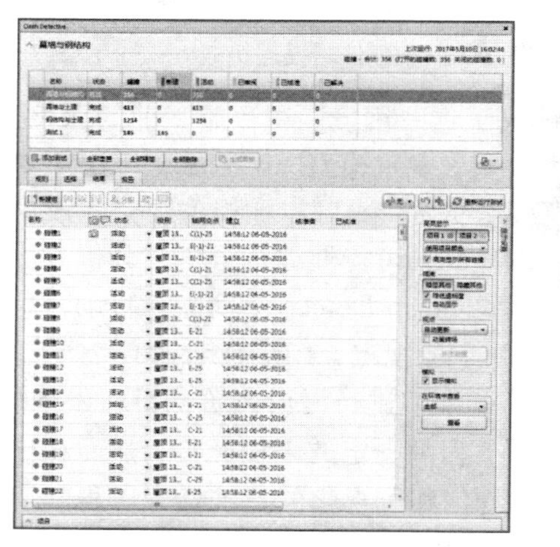

图 10　碰撞检测界面和高亮显示的干涉构件

然而，基于 BIM 技术的施工组织协调能有效解决以上难点。利用 Navisworks 软件的 TimeLiner 功能，对屋顶施工进行 4D 进度模拟。制作模拟文件的同时，也完成了对各专业施工方案的审阅和预演，各专业交错工序、工艺上的矛盾点被一一暴露出来。4D 进度模拟成果为进度模拟视频和制作了各工况视点的 NWD 文件（包括问题视点）。讨论会中进行策划方案汇报时，视频文件可以方便各与会人员形象直观且快速地了解策划方案，工况视点文件可以便于对策划的细节和问题进行汇报和讨论。信息是决策的关键，一个 BIM 文件就集成了各专业所有的施工图纸信息[6]，便于信息查阅的同时，也可以快速地对临时性决策进行可行性模拟，极大地提高了讨论会的开展效果。

在国金项目召开的屋顶策划方案讨论会上，项目工程师基于4D工况模拟视频文件对施工组织策划进行汇报后，利用NWD视点文件准确、高效地解决了与会人员提出的疑点问题，代表性问题有：

1）施工人员对顶部钢管柱混凝土浇捣提出质疑，认为钢管柱侧身开浇捣孔势必导致浇捣孔以上部分混凝土空洞，不满足施工质量要求，建议顶部直接浇捣后焊盖板。会议现场，BIM工程师直接查阅钢结构模型，表明其顶端为盖板加一道加劲板的结构形式，且为工厂内加工完成，否定了顶端浇捣混凝土后焊盖板的提议。项目总工程师提出工厂加工时在顶部盖板和加劲板上预留浇捣孔。整合的模型中看出与钢管柱顶部相关专业仅有幕墙结构短钢柱，且短钢柱尺寸大于浇捣孔尺寸，遂拟定浇捣完成后焊接短钢柱。会后钢结构施工单位对其深化图纸进行了调整（图11）。

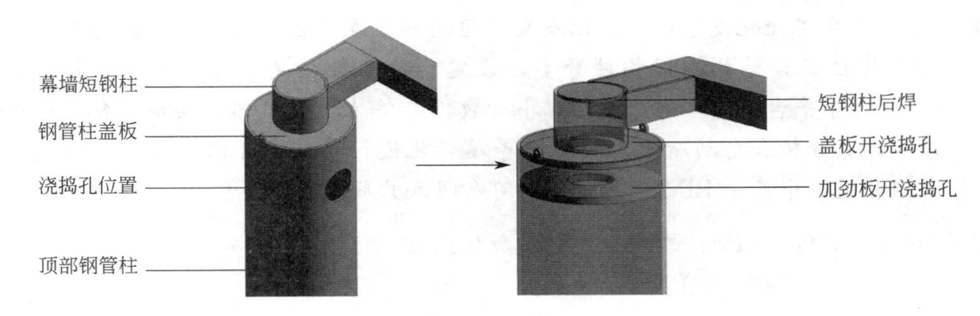

图11　钢管柱混凝土浇捣孔位置优化

2）施工人员提出策划方案中未考虑屋顶施工所需物资的堆放和垂直运输。BIM工程师基于整合好的BIM模型进行垂直运输模拟，根据动臂吊半径和钢梁布置情况，选出垂直运输沿途干涉次梁最少处开设吊装洞。吊装洞区域钢结构次梁缓吊，压型钢板后铺。会后，土建深化设计出图时在相关位置预留洞口，钢结构深化出图标明缓吊次梁。实现了设计与施工联动，深化设计服务施工，施工指导深化设计（图12）。

图12　缓吊次梁与后铺压型钢板（图中黄色区域）

5　小　结

随着社会生产力的发展，“高、大、难”项目正在不断涌现，传统建筑行业使用的CAD技术已无法满足工程管理的实际需求。BIM技术作为新兴的技术解决方案，以其可视化、参数化、协同性、模拟性等特征，实现了对传统工程管理中技术手段的革新。然而，仅作为技术手段是远远不够的，施工阶段BIM技术应用的核心是建立一套基于BIM的工程管理体系，建立完善的实施标准和BIM应用流程。本文结合上海国际金融中心项目屋顶施工阶段的实际应用情况，探讨BIM技术对传统深化设计管理和施工协调管理流程的优化，为解决传统粗放式工程管理模式中的弊端提供可行思路。

参 考 文 献

[1]　纪凡荣，罗能钧，侣同光．总承包中的深化设计管理研究［J］．建筑经济，2007，(5)：49-51.

[2]　马文卓，董娜．BIM在施工管理中的应用研究［J］．工程经济，2017，(1)：53-55.

[3]　宋爱苹．BIM技术在施工阶段的应用策略研究［J］．价值工程，2017，(1)：82-83.

[4]　王陈远．基于BIM的深化设计管理研究［J］．工程管理学报，2012，(4)：12-16.

[5]　何中华．BIM技术对建筑工程施工技术造成的影响研究［J］．建设科技，2017，(6)：92-93.

[6]　何清华，钱丽丽，段运峰，等．BIM在国内外应用的现状及障碍研究［J］．工程管理学报，2012，(1)：12-16.

基于 BIM 技术的钢混组合梁桥参数化设计研究

李聪磊，王瑞雪，于文韬

（同济大学，上海 200092）

【摘　要】为迎合桥梁工业化发展趋势，以及交通运输部下发的在全国交通系统推广应用钢桥及组合桥的意见[1]，对中小跨径组合结构桥梁构件分类，设定构件参数信息。采用 C# 计算机语言对 Revit、AutoCAD、Midas Civil 等平台上的二次开发，以中心数据文件为传输载体，实现了钢混组合梁桥的快速建立三维模型、结构计算分析和自动输出二维图纸等参数化设计功能。并以江西省抚河大桥工程的实际应用，揭示了钢混组合梁桥中基于 BIM 设计流程的可行性和广阔前景。

【关键词】钢混组合梁桥；BIM；二次开发；参数化设计

1　前　言

公路桥梁工业化与参数化是当今桥梁发展的重要课题，BIM 技术为其带来了可能性，因此，桥梁设计中采用 BIM 技术成为行业发展的必然趋势。随着钢混组合梁桥的推广，组合梁桥以其自身的诸多优势与传统公路混凝土梁桥形成强有力的竞争，同样将是未来公路桥梁的潮流[2]。为了使其标准构件进行有效组织，存储结构化，需要对中小跨径组合梁桥根据截面形式、跨径等参数信息进行分类，并通过对 BIM 软件的二次开发，形成一套构件的参数化管理系统，从而可以提高设计人员的效率。

2　BIM 在桥梁设计中的应用价值

桥梁设计目前除了结构分析采用三维模型进行分析，大多数工作还是采用二维的设计模式[3]。但是，在某些项目上，会经常碰到传统二维设计无法解决的问题，如大型项目的协同设计、异形复杂的结构形体、配套的功能分析需求等。而 BIM 技术可以较好地解决这些问题。桥梁设计应用 BIM 技术改变了传统二维设计的设计方法，带来了新的设计理念，拥有其特点。

而目前基于二维图纸 CAD 系统的设计模式，如果出现修改需要反复更改图纸和模型，工作繁琐、效率低下且容易出错[3]。BIM 的思想是以参数化的数字模型为基础，通过中心数据文件来打通三维模型、二维图纸及结构计算三者之间的关系，采用修改数据文件的方式来不断完善各个模型来完成设计工作，同时信息模型的平台也为设计方与业主和施工方搭建起一个有效的沟通平台。

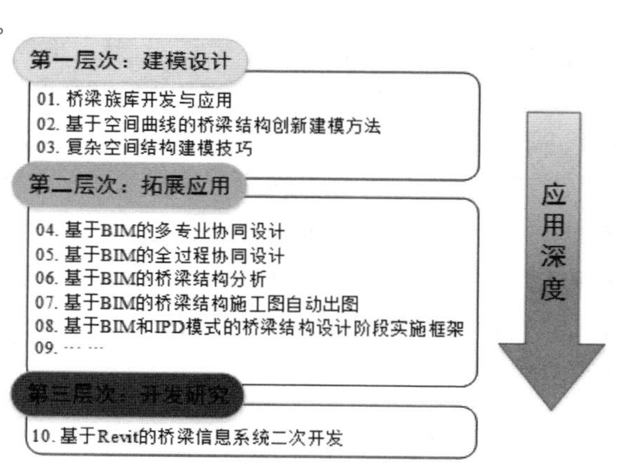

图 1　BIM 技术在桥梁工程设计阶段应用的三个层次

根据调研，BIM 技术在桥梁设计阶段应用分为三个层次（图 1）。第一层次主要研究桥梁模型的建模技巧，在现阶段软件支持水平不足的情况下，充分挖掘现有功能，可以达到桥梁设计的基本要求。第二层次主要研究 BIM 在桥梁设计上的拓展应用，涉及桥梁模型的应用问题，让 BIM 模型发挥最大的价值。第三层次主要研究 BIM 软件的开发应用，满足企业定制化的需求，进

【作者简介】李聪磊（1995-），男，硕士研究生。主要研究方向为钢桥与组合结构桥梁、BIM 技术。E-mail：13262935908@163.com

一步提高设计效率（本文以 Revit 软件为例）。

3　国内外桥梁 BIM 研究现状

在工程界，新技术的诞生应用往往沿着这样一条轨迹：最开始机械制造业发明了一个新的工具或方法，然后逐渐扩散到建筑行业，最后才会应用到基础设施行业。换言之，BIM 技术在桥梁工程领域的研究和应用更是刚刚起步。

2003 年，芬兰工程师成功利用 3D 建模的方法设计了一座简支板桥，并利用 3D 激光技术控制施工精度[4]。

2011 年，韩国的研究人员利用 BIM 软件建立了一座斜拉桥模型，提出了一套可拓展的桥梁工程设计施工一体化实施框架，指导了 BIM 在桥梁工程上的应用路线[5]。

2014 年，同济大学建筑设计研究院市政工程设计院在南宁市城市东西南北向快速路立交工程中应用了 BIM 技术，提出了一套适用于基础设施（道桥）项目的全过程全专业 BIM 设计解决方案。在交通仿真、交通安全分析、净高优化、动迁范围规划、周边管道优化等方面做了一定的研究。

2015 年，四川省交通院在攀枝花至盐源县高速公路工程中应用了 BIM 技术，基本实现了道桥项目从规划、设计、施工的全过程 BIM 应用，产生了实际的应用价值。

由此可知，国内外已经意识到 BIM 技术在道桥工程中的重大作用，正在积极将 BIM 应用到实际工程实践中。但是我国基础设施 BIM 应用存在缺乏理论研究的问题，大量的工程实践是各大机构自行探索，企业内部进行经验总结交流，而没有形成全行业的沟通。

4　钢混组合梁桥 BIM 设计平台研发

4.1　BIM 设计平台介绍

本文采用 Revit 平台搭建三维模型，为了使其更适合桥梁工程的应用，需要对其进行二次“改造”，开发出更符合桥梁工程实际的功能模块。Revit 和 AutoCAD 平台一样，都具有开放、通用、稳定的特征[6]。系统为应用程序的第三方开发人员预留了调用接口，即 API。本文利用 API 工具在 Revit、AutoCAD 和 Midas Civil 平台上进行二次开发，通过中心数据文件的传输，实现了快速 BIM 建模、自动生成二维图纸和结构分析模型等功能，达到了设计、计算、绘图一体化（图 2）。

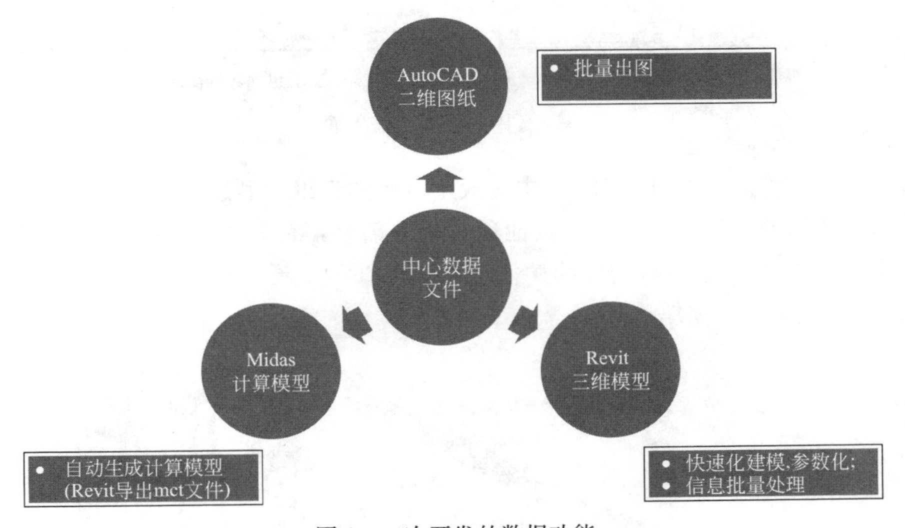

图 2　二次开发的数据功能

在该 BIM 设计系统中的中心数据文件处于核心枢纽的地位，其为采用二进制编码的 *.lcl 格式，是对钢混组合梁桥的参数信息描述，主要包括以下钢混组合梁桥的数据信息：

（1）桥梁整体：跨径信息、桩位号、道路平纵曲线、主梁斜交角度等；

（2）钢梁整体：钢梁上下翼缘及腹板的变化、钢梁翼缘板对其方式、钢梁高度、加劲肋与横梁位置、加劲肋变化数据、剪力钉布置数据等；

（3）钢梁局部：横梁形式、横梁上下翼缘及腹板、节点板、过焊孔、支垫板、人孔等；

（4）桥面板：板厚、滴水构造、夹腋信息、横坡、挑臂等。

该种文件格式可以被基于三种平台开发的系统分别读取，从而变将其有机的连接成一体，形成了钢混组合梁桥的BIM设计系统。

4.2 BIM模型参数化建立

本文通过基于C＃计算机汇编语言对Revit软件进行了二次开发。在界面用户数据层面，用户通过Windows. Form窗体对模型中心数据文件进行读写。根据该BIM平台的数据结构组织形式，主要分为如下四个窗体模块：细节信息窗体模块、标准截面数据窗体模块、横梁数据窗体模块和纵向数据窗体模块（图3(*a*)～(*d*)）。

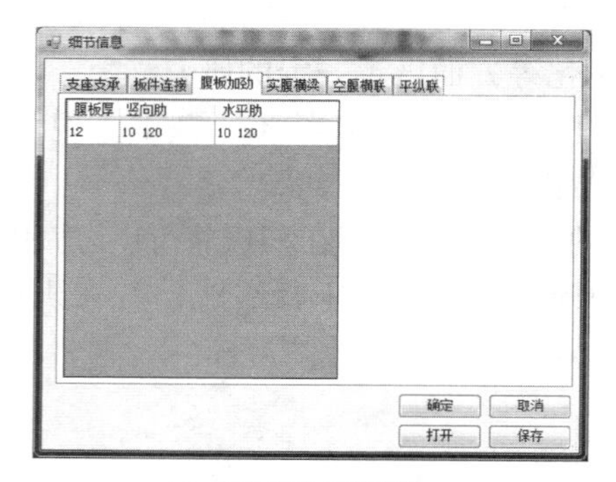

(*a*) 细节信息窗体模块

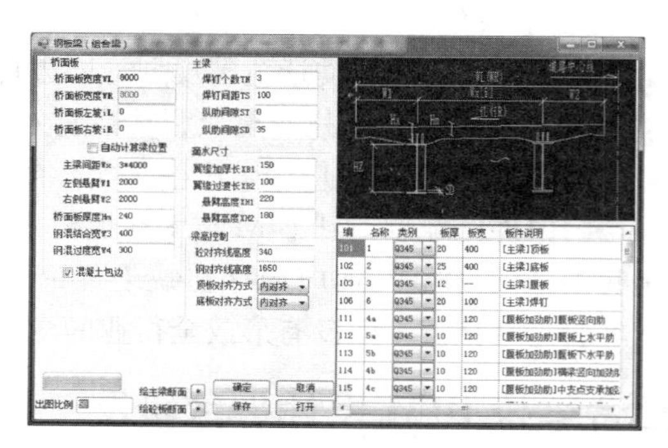

(*b*) 标准截面数据窗体模块

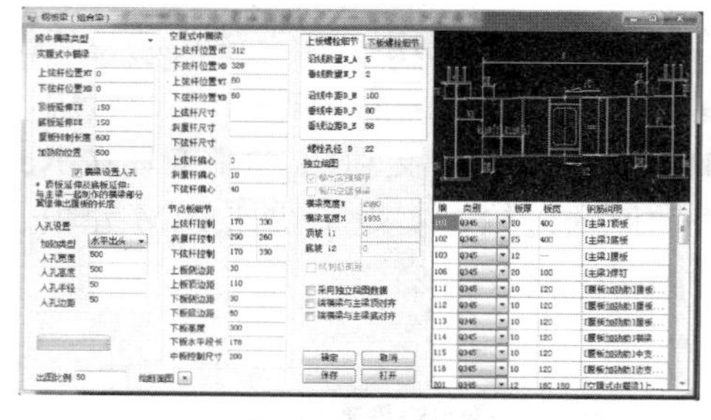

(*c*) 横梁数据窗体模块

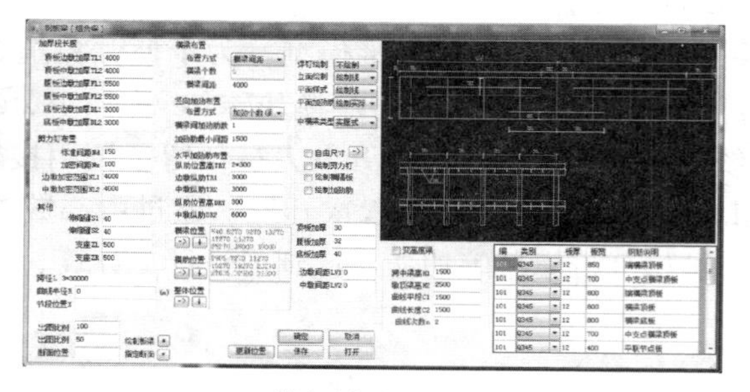

(*d*) 纵向数据窗体模块

图3　用户数据交互界面

通过上述参数信息的输入，即可在Revit中完成组合梁的三维模型建立。该模型除了构件的几何信息之外，还包含了构件的物理、材料、力学等其他项目相关信息，是真正的BIM模型（图4）。除此之外，该BIM平台还可以完成桥梁下部结构构件的参数化建立（图5），通过将各个构件像“搭积木”一样的拼接组合，便可完成整个三维数字模型。

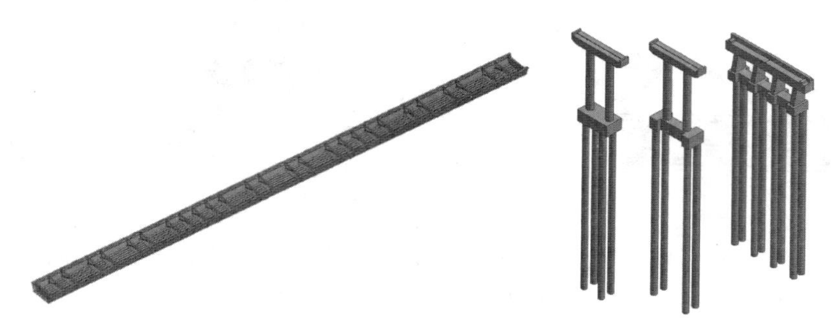

图4　组合梁数字模型　　图5　下部结构数字模型

通过将该 BIM 模型的建立，实现了桥梁信息模型在设计阶段中的实施框架，其具有如下特点及优势。

（1）可视化设计：可以解决了如今三维现实、二位图纸的脱节问题，以及设计图纸中潜在的冲突碰撞等，让设计方案更容易被业主理解。

（2）参数化设计：将结构构件的真实属性参数化，通过调整参数驱动构件形体的变化，实现了关联修改，一处改动处处自动更新，从而提高了设计效率，可以推动设计和建造标准化。

（3）工程量自动统计：工程量的即时性，设计变化对项目成本的影响可以实时计算出来。

（4）模拟与仿真：实现 2D 设计无法进行性能分析模拟，提高了对设计方案性能分析的准确性，更利于寻找最优化设计方案。

（5）协同设计：减少了专业间、参建各方之间信息传递差错造成的返工、工程浪费，从而提高了工程建设的整体效率。

4.3　二维图纸参数化输出

目前，二维图纸是我国建筑行业的主要交付文件，因此现在桥梁建设的所有流程都围绕“图纸”进行[3]，故钢混组合梁桥还需要二维图纸的输出。通过采用面向对象的 C# 计算机语言对 AutoCAD 进行二次开发，实现了组合梁桥参数化智能。数据在 AutoCAD 平台上二次开发的程序中主要存在于三个层次：用户界面层、内部信息层和图纸图块层。用户通过界面窗体将中心数据文件输入，界面上的数据传入内部信息层后，通过数据类对数据进行组织，最后，经过整合的数据再传入图形图块。将经过数据整合过的图块添加入图纸中，再将图纸添加到图纸组中，通过一定规则的布置，便能够形成组合梁图纸（图 6、图 7）。

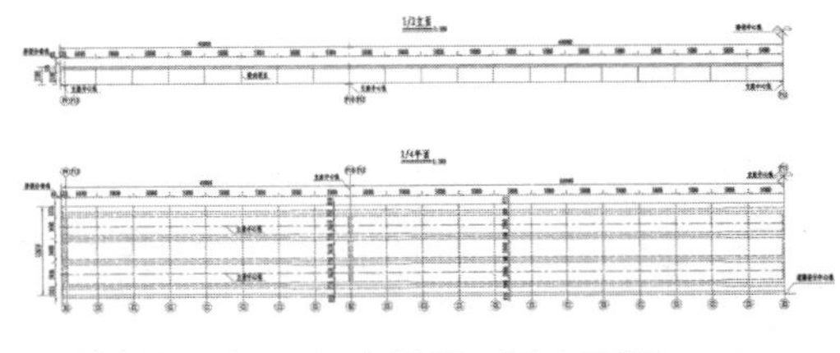

图 6　组合梁平面及立面图

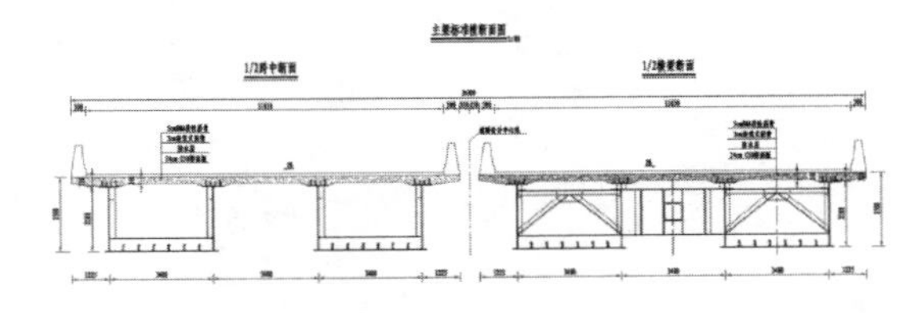

图 7　组合梁断面图

4.4　计算模型参数化生成

虑到 Midas Civil 具备较完备的三维空间静、动力学分析功能，普遍为设计院工作人员采用、受众面广等特点，因此本文选择 Midas Civil 作为结构分析计算软件。通过深入研究并掌握了 Midas Civil 脚本文件的语法构成，总结了实际工程中常用的组合钢板梁模型，用户在界面输入结构几何与荷载参数后，可以参数化快速生成完整的 Midas Civil 模型脚本。

在用户界面中（图 8），需要输入一期恒载、二期恒载、汽车荷载、梯度温度、支座不均匀沉降等荷载信息，然后选择模型种类即可导出相应的 mct 脚本文件，用户将脚本手动导入 Midas Civil 中，便可以完成组合梁桥计算模型的建立（图 9）。

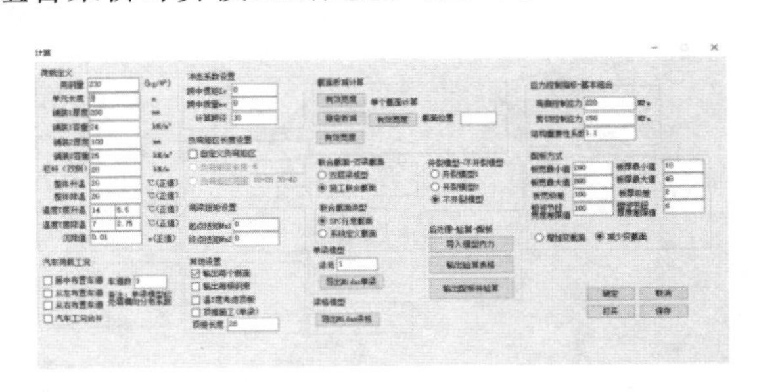

图 8　计算模型用户输入界面

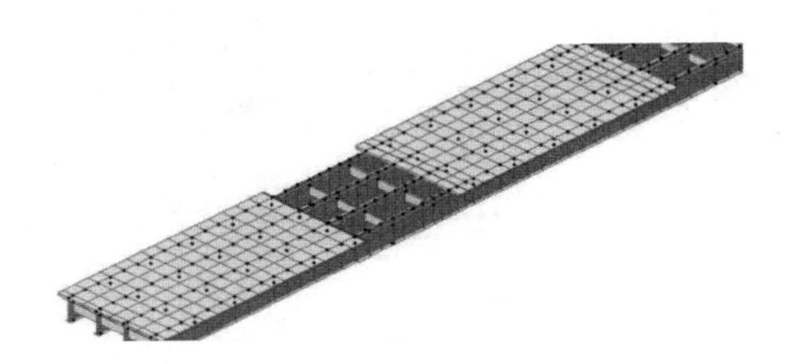

图 9　组合梁桥计算模型

5　总　结

本文通过分析钢混组合梁桥的结构特点，以组合梁桥构件为单元，对标准构件库拟定参数信息，在

Revit、AutoCAD 以及 Midas Civil 平台上进行二次开发，研发具有实际应用价值的桥梁信息模型 BIM 软件。该 BIM 软件生成的三维模型，具有可视化设计、参数化设计、工程量自动统计、协同设计等特点。同时在现阶段仍以二维图纸为主要交付手段的时代下，可以参数生输出图纸及计算模型，大大提高了设计效率，并且将图纸中的设计冲突及错误降到了最低。

最后本文以江西省抚河大桥工程为背景，采用该 BIM 系统实现了钢混组合梁桥的快速建立三维模型、结构计算分析和自动输出二维图纸等参数化设计功能，从而不仅填补了当前 BIM 技术应用于桥梁上的空白，对于推动 BIM 技术在桥梁设计中的应用具有重要价值，同时更对促进组合梁桥的标准化、工业化以及智能化建造，对推动中小跨径组合结构桥梁的应用具有重要意义。

参考文献

[1] 交通运输部关于推进公路钢结构桥梁建设的指导意见 [J]. 公路，2016 (8)：271-272.

[2] 邵长宇. 组合结构桥梁的发展与应用前景 [J]. 城市道桥与防洪，2016 (9)：11-15.

[3] 邹阳. 桥梁信息模型 (BrIM) 在设计与施工阶段的实施框架研究 [D]. 重庆交通大学，2014.

[4] Rauno HeikkiläM J. Connecting 3-D Concrete Bridge Design to 3-D Site Measurements [C]. The International Symposium on Automation and Robotics in Construction and Mining (ISARC)，2003. 259-264.

[5] Shim C S，Yun N R，Song H H. Application of 3D bridge information modeling to design and construction of bridges [J]. Procedia Engineering. 2011，14：95-99.

[6] 林友强，曾明根，马天乐，等. 桥梁工程设计 BIM 技术应用探索 [J]. 结构工程师，2016，32 (4)：7-12.

对施工各阶段BIM模型转换的研究

胡弘毅

（上海建工集团股份有限公司总承包部，上海 200080）

【摘　要】本文从施工总承包的角度，通过实际案例说明施工单位从接手BIM设计模型开始，经历施工图设计、施工准备、施工实施、竣工交付等阶段，为了更好地运用BIM技术，针对BIM模型在不同阶段的转换思路与要点。

【关键词】BIM；施工模型；施工应用；模型转换

1　概　述

随着BIM技术在国内逐步推广，BIM的应用广度与运用深度一直在被不断拓展，各类软件如雨后春笋一般涌现，可以说整个行业一片欣欣向荣。

但是随之一个问题越来越凸显：各阶段间的模型都难以满足下一阶段的使用需求，往往模型在进入下一阶段后都需要大改。

目前，BIM技术的责任方一般是与当下的工程主要责任方互相重合的，即：设计阶段由设计院负责，施工阶段由施工方负责，形成这种模式的原因主要是由于BIM技术刚起步时主力便是原来就在行当里比较有实力的施工、设计单位，结合自身原先的优势发展出对应阶段的BIM工作模式。但是缺点也很明显，各方的着眼点不同：设计关注设计的整体性以及性能是否满足需要；施工单位更关注如何将设计意图拆解转换为可以施工的形式；运维则专注于实际使用过程中使用的设备器械，维修通道以及空间管理。三者虽然在工程中是前后衔接关系，但是关注的信息其实并不完全相同，各有侧重，就导致各阶段的模型拆分方法以及包含信息也都不一样。

其次，由于现在市面上BIM软件种类众多，不同软件对于模型的架构、绘制方法、格式都不一致，却又缺少整合性的平台或是格式转换工具，通用格式IFC本身数据结构并不出众，导致了在进行不同的应用时也需要对模型进行多次处理。

因此，本文准备就各阶段的模型处理方式与侧重方向，结合实际案例进行探讨。

2　对BIM模型信息的理解

从BIM技术本身的定义来说，BIM技术强调的是通过一个建筑模型，承载建筑从设计到施工，再到交付使用，最终被拆除整个过程中的所有信息。这就要求BIM模型从头传承至尾，并且信息不断叠加。

但是正如前文所言：首先，现在电脑水平还无法承载一个信息含量如此高的模型，这类模型一旦进入下一阶段之后会直接占用大量电脑内存；其次，各阶段的信息侧重不同，盲目地堆砌所有信息，只会在实际使用时更难以找到关键信息，因此，对于信息的修正是必要的（图1）。

此外，笔者认为BIM所包含的信息可以大致分为两类：模型和信息。模型特指各类建模软件中所生成的具有三维实体的模型构件本身；而信息特指在建模软件中直接输入的各类信息、4D模拟时的进度时间等需要额外添加，且无法显示为实体的信息。这两者看似紧密连接，但是在处理时应当分别对待，才能更好地梳理各阶段的信息密度。

【作者简介】胡弘毅（1992-），男，BIM工程师/助理工程师。主要研究方向为土木工程BIM技术。E-mail：Scgzcbbim _ hhy@163. com

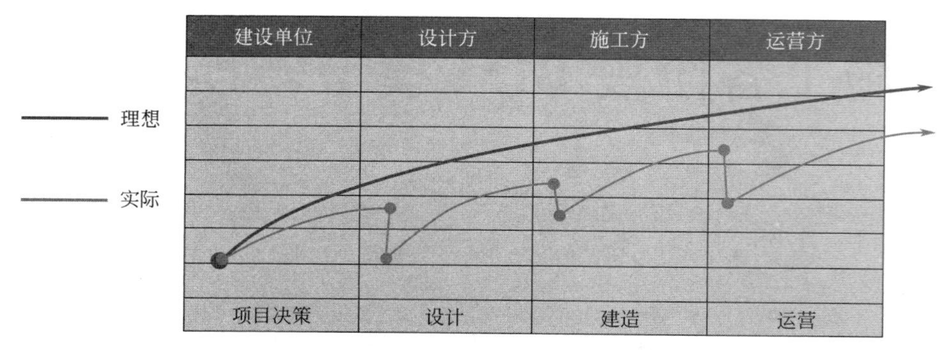

图 1　BIM 模型信息含量对比图

3　各阶段模型转换

基于以上认知，笔者认为更贴合实际的方法是“一模到底，旁逸斜出”。“一模”指的是基础模型，反映的就是以后会保留下来的永久物以及相关信息，其本身按照一定的标准逐层细化；“旁逸斜出”指的是各阶段中，按照不同的需求，在基础模型的基础上单独细化某一方面而生成的细化模型，或是针对需求而产生的临时构件模型，这些模型本身可能是另一个模型文件，也可能是另一种数据格式。特点是只会在特定时间内使用，并非永久保留，但是部分细化模型的使用时间可能会很长，因此会单独另存为一类模型保存使用。

而信息也是对应的，有基础信息及细化信息两大类。其中基础信息是指定下后不再会改变，并一直延续到后续使用，如构件几何信息（尺寸、形状、颜色），技术信息（材料材质、技术参数、生产厂家）等；细化信息是指随工程进展逐渐出现，并会随工程动态改变的细化信息，如建造信息（安装施工日期、责任单位），更改信息（设计变更、技术核定）等[2]。前者会一直延续到运维阶段，而后者往往只是出现在某一阶段。

因此，在实际使用过程中，会出现两类模型：基础模型及细化模型。

按照《上海市建筑信息模型技术应用指南》BIM 的应用阶段总共有 6 个，本文主要讨论施工图设计阶段、施工准备阶段、施工实施阶段、运营阶段。

3.1　施工图设计阶段

虽然在传统概念中施工图设计阶段是归属于设计院负责的阶段，但是现在施工单位在招标阶段往往就会开始 BIM 工作，甚至在分期项目上，二期、三期施工单位可能就在设计阶段一同参与讨论。此时设计院提供的也就是这一阶段还未完成的设计蓝图及对应模型。

在这一阶段，施工方的 BIM 工作主要是配合工程投标工作：整体 BIM 工作策划、初步的方案模拟展示、各阶段场布场况、大节点进度模拟等。

因此，对于模型的处理主要在于三点：1. 细化设计模型；2. 补充施工措施模型；3. 查漏补缺。

细化设计模型，主要在于将模型拆分得更细，将设计阶段的模型按照施工顺序、工法进行拆分，逐步转换为施工模型，这样才能更好地满足该阶段的应用。这一部分主要属于细化模型。

以某工程中的地下连续墙模型细化为例。地下连续墙，在设计中一般考虑的是其长度、厚度、混凝土强度、配筋等问题，而在模型中反映的，往往也就只有其形体信息。但是，这样的模型精度无法满足施工需求。首先，在实际施工中，地下连续墙会进行分幅，一般都为六米一幅，到了转弯或是节点处单独设计。其次，针对两幅地墙的中间部位，需要止水节点，不同区域的结点形式不同，包括刚性、柔性结点。然后，在地下连续墙的实际施工中，为了确保定位准确以及承受施工荷载，会先制作一段导墙。这些内容都需要在模型上细化、补充绘制。

细化完毕的地连墙模型，才能满足施工需求——地墙施工模拟，检测地墙接缝处是否与钢支撑埋件重合（无法预埋），地墙施工顺序及堆场布置分析等。这一类就是细化模型，在地下室施工阶段中会非常重视，但是在后期就不再使用。一般会在地下连续墙施工完成后留档保存，以供责任追踪，地下室整体完成后不再保存到下一阶段（图 2）。

补充建模，主要是由施工单位自行补充的内容。这一阶段的 BIM 工作主要就是配合工程招投标完成整体策划并进行可视化展示，可以说是这一阶段最重要的工作。主要包含场地布置及土方开挖两大部分，其中场地布置主要包含各类施工设备及施工企业的标准化内容，主要依靠形成标准模块族库以供快速布置场地；而土方开挖的重点则是需要绘制土块分区模型，按照开挖计划分区、放坡等。这一部分主要属于细化模型。

以某一大型综合体项目为例，在投标阶段，先通过业主提供的招标资料与模型，确定出关键施工节点，按开挖前、第一块大底板开始浇筑时、全面开挖时、第一块±0.000 板浇筑时、全面出±0.000 板时、各期交付节点等重要节点先完成当时的场况布置，然后以各节点为时间节点，选取各节点间出现较大场况改动的节点，按照前后节点场况进行调整，最终得到场况 23 个。土方部分，先完成大块划分，然后按照对称开挖原则划分小块，并与场况协同考虑确定出土点、运输路线、换场时间。最终得到大分区 4 块，小分区 10 块（图 3）。

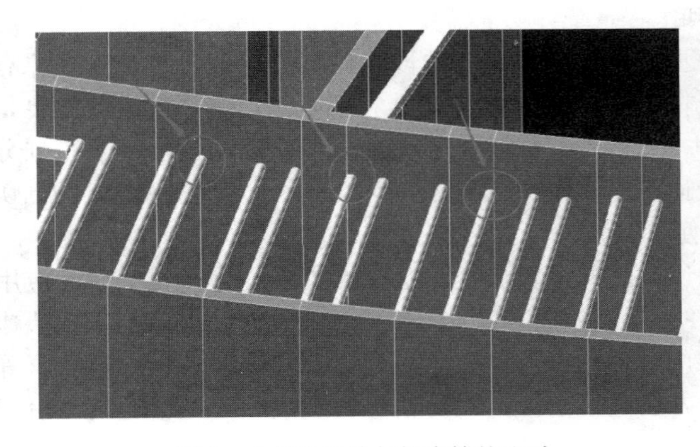

图 2　分幅地连墙与钢支撑的比对

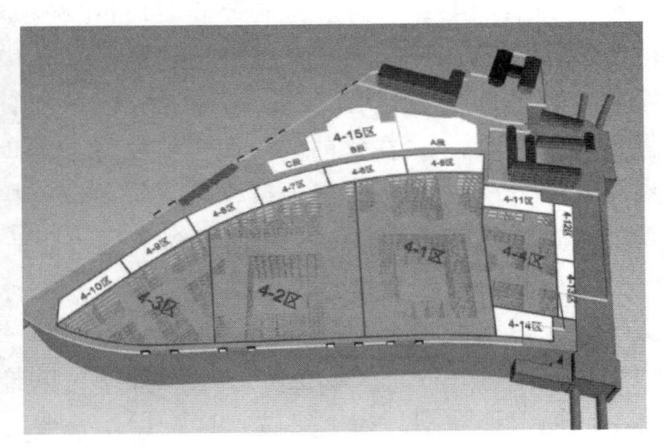

图 3　某一阶段场布及挖土分区示意图

设计资料的查漏补缺，分为两类：一类是项目已有设计模型，通过核查图模一致性来确定模型的准确性；若是未提供设计模型，则是通过招标图纸完成模型的构建。在此过程中，进行初步的图纸梳理，以确定是否有模糊不清，或者明显不合理的设计表达。最终形成多份图纸核查报告，用以答疑与设计协调。作为对基础模型的完善，此项工作一直会贯穿整个项目的实施阶段，属于常规性工作，在这就不再多加阐述。这一部分主要属于基础模型。

3.2　施工准备阶段

施工准备阶段从广义上是指从建设单位与施工单位签订工程承包合同开始到工程开工为止。在实际项目中，每个分部分项工程并非同时进行，因此在很多时候，施工准备阶段贯穿整个项目施工阶段[1]。在这一阶段，BIM 工作已完全由施工单位接手，主要工作内容为深化设计、方案模拟。

这一阶段模型处理主要问题有两个：1. 细化模型；2. 信息添加。

细化模型：针对不同需求进行各种细化，主要分为深化工作与方案模拟。其中深化工作是将模型整体精度更进一层，直接反映在基础模型上，在此不多加赘述；而方案模拟，则是需要制作细化模型来满足不同细节的展示需求。这一阶段会出现多方面的方案模拟，而不同方案的模拟要求细化展现的对象也各不相同，但是这一阶段的细化内容更多的是方便施工理解或是说明工艺工法，主要属于细化模型。

以某工程中的幕墙的安装模拟为例，其包含两部分的模拟内容：1. 单独一块幕墙板块的安装过程；2. 一片幕墙的安装过程。其中，1 需要着重展现的是幕墙板块的预埋件如何先行处理，幕墙板块自身的结构组成，土建完成后单块板件如何起吊、定位、安装、固定这一流程；而 2 需要着重展现的是该批次幕墙如何运输至现场，现场堆放在何处，从什么位置起吊，周边工序安排是否有冲突。两者一着眼于细节，一着眼于整体规划，自然对模型的需求不一致。针对最后的建筑而言，1 只是幕墙这一物件所包含的细节，2 则是临时出现的工具，将这些模型全部更新至基础模型会导致基础模型过于庞杂。可以将 1 转化为一个细化的幕墙文件，作为基础模型中幕墙板块的详细说明即可。而 2 则是在施工过程中作为方案说明，施工完成后不必保留。

信息添加：到了这一阶段，一部分模型已经是实际完成的构件，因此对应的信息也不再是简单的设计信息，各类工程信息都已产生。对应前文所述，基础信息主要是指会有保留下的信息，如材质、三维形体数据、保温层等，这些都直接添加到基础模型中；而类似施工负责人、施工时间、质量问题等内容，都属于细化信息，只是在施工阶段起到作用，所以最好以不同的方式添加到模型上，如通过平台或是外部信息插件等，方便后期去除。这一部分主要属于基础模型。

3.3　施工实施阶段

施工实施阶段是指自工程开始至竣工的实施过程。本阶段的主要内容是通过科学有效的现场管理完成合同规定的全部施工任务，以达到验收、交付的条件[1]。这一阶段的主要应用有 4D 进度模拟、工程量统计、工程信息管理等。

这一阶段的模型处理主要有 3 个问题：1. 模型分割；2. 分部分项；3. 信息管理。

模型分割：主要指的是为了满足 4D 进度模拟和工程量统计功能需要对模型进行再分割。这一点在之前的阶段中已经有所提及，例如按层划分，细化模型。但是到了这一阶段，模型会按照施工工序在原有的基础上再拆分施工流水段，这一类拆分就更加具体。为了能更好地满足应用需求，该阶段模型主要是要做到以下几点：1. 在之前的阶段中按照标准处理，按层、按设计分段全部拆分，因为往往流水段划分会参考这些分段方法；2. 尽量确保分界线可以直接通过建模软件自带的剖切工具分割，例如 Revit 的剖切框功能。这样能使模型在三维几何概念上尽可能地便于拆分。

分部分项：主要是指各类模型如何通过一类标识方式快速被分类。这一点主要是为了便捷后续应用的实际操作，比如说 4D 模拟时模型需要与计划一一关联，那么通过设定不同标高、系统、组类别以快速地让模型对应上任务；又或是工程量统计中，同样的专业构件，但是可以通过材料、参数、出产厂家等信息不同以快速甄别。为了要做到这一点，一般的方法是提前提出一份信息输入表，或是整理出一份识别码列表。

以某综合体项目为例，在这一阶段之前，先按照实现约定的建模方式对于整体模型的拆分进行约束，在开始进度模拟的工作后，发现流水段绝大多数与后浇带，抗震缝等重合；部分不重合的部分，也可通过剖切框快速分割导出 DWF 文件（图 4）。

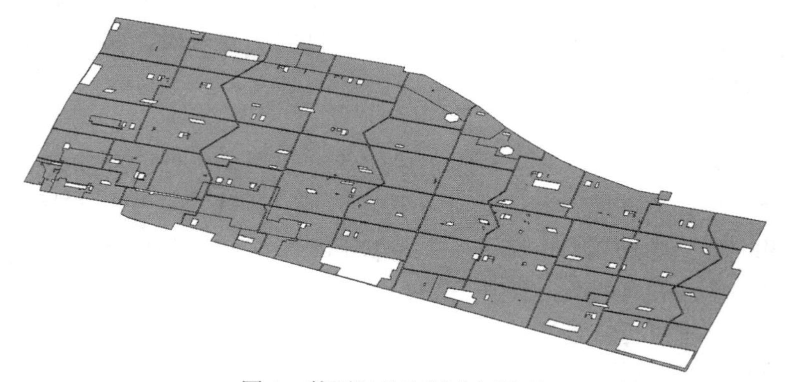

图 4　某项目的底板分割情况

任务的分部分项，基本以楼号-地上地下-专业-系统-楼层-工序的方式划分，为了快捷地找出对应模型，编辑了一套识别码表，在模型信息中加入一个新的字段。模型在导入 4D 软件后，通过 Excel 对应表快速关联，高效地完成了关联工作。

信息管理：主要是指在这一阶段中产生的各类工程信息如何能够管理。如前文所说，信息主要分为两类，基础信息是我们要传递下去的，那自然是直接在基础模型中添加；而细化信息则是根据需求，生成对应的细化模型后专门添加，或是在另一个操作软件中添加。

3.4 竣工验收阶段

这一阶段的主要工作是将竣工验收信息添加到施工作业模型，并根据项目实际情况进行修正，以保证模型与工程实体的一致性，进而形成竣工模型，以满足交付及运营基本要求[1]。

这一阶段的主要问题有两个：1. 竣工模型的完善 2. 信息修改。

竣工模型的完善应当贯穿整个施工阶段，通过在各个过程中的控制，各个单项验收阶段审查。当到了整体竣工验收阶段，模型应当只是小范围的增补，与建筑实体进行比对以完善修改模型。

信息修改的关键在于删减不必要的冗余信息。如前文所述，在工程开始时就将信息分为两类，其中基础信息便是需要转交到业主运维的信息，通过这种方式在信息修改时能够快速清理掉一部分施工信息。

以某综合体项目最后完善的竣工模型为例，一结构、钢结构、幕墙部分的模型随着在施工准备阶段确认完成后基本确定，部分细节在实际安装完成后修改即得到竣工模型。机电专业先是转变为深化模型，之后在机电验收的过程中根据实际施工情况修改细节。二结构先是按照土建图纸，之后随精装专业进行细节修改，与装饰模型一同完成。设备模型随现场实际设备选型及进场后确定，按照厂家提供的图纸信息进行建模、定位。

交付运维的信息，基于基础模型开展，主要分为两类：需要售后维护与不需要维护信息两类。不需要维护信息的模型的包含了土建、钢结构以及装饰专业模型，需要维护信息的模型包含了是机电专业，设备模型以及门窗模型。不需要维护信息的模型保留的信息项主要是材料材质、强度、安全信息（防火等级）；需要维护信息的在前者基础上还需要生产厂商，维护周期，正常使用功率等信息。

4 总 结

综上所述，模型转换的要点在于首先要理清各阶段 BIM 技术主要涉及的工作内容及相关施工资料，明确所需要的模型精度及信息粒度。在此基础上，就能得到在各阶段之间交付转化的时候，需要对模型进行及信息的变更工作量。

如图 5 所示，各阶段的信息涵盖范围基本上是以递进关系发展的，只要在该阶段添加对应的信息即可。但是模型的精度没有一个非常分明的分界线，更多的是要靠积累形成一套与施工单位相匹配的精度控制系统。同时，将与永久建筑关联不大或是形式不同的部分直接归入细化模型中，避免对基础模型的反复修改，也能更好地让 BIM 发挥其效益。在此基础上，可以逐步形成一套编码系统，加强对模型的控制，让模型更替更加直观。

	施工图设计阶段	施工准备阶段	施工实施阶段	竣工阶段
工作内容	初步的方案模拟展示、各阶段场布场况、大节点进度模拟、图纸复查等	深化设计、方案模拟、模拟施工、变更管理等	4D进度管理、工程量统计、工程信息管理等	制作竣工资料，运维准备等
工程资料	招标图、概念设计图、施工策划、技术标等	施工蓝图、深化图纸、设计变更单施组方案、施工计划等	现场工程信息（进度、质量、安全等）、工程清单等	竣工图纸、竣工资料、设备信息等
	对应各阶段模型内容及信息范围			
基础模型	工程主体模型，包含永久建筑的各专业内容（不含设备），主要按区域、楼宇、楼层分割。精度为设计阶段	工程主体模型，包含永久建筑的各专业内容，主要按区域、楼宇、楼层、分割。精度为深化阶段。	工程主体模型，包含永久建筑的各专业内容，主要按区域、楼宇、楼层分割。精度为深化阶段，并按现场实际复核。	工程主体模型，包含永久建筑的各专业内容，主要按区域、楼宇、楼层分割。精度为竣工阶段，与现场一致。
基础模型	三维尺寸、基本材质、外观颜色	三维尺寸、基本材质、外观颜色、生产厂家、技术参数等	三维尺寸、基本材质、外观颜色、生产厂家、技术参数等	三维尺寸、基本材质、外观颜色、生产厂家、技术参数、保修资料、备品数量等等
细化模型	施工措施模型、临时建筑模型、施工设备模型、由于施工工艺出现进一步分割的永久建筑模型	施工措施模型、临时建筑模型、施工设备模型、由于施工工艺出现进一步分割的永久建筑模型	施工措施模型、临时建筑模型、施工设备模型、由于施工工艺出现进一步分割的永久建筑模型	
细化模型	三维尺寸、基本材质、外观颜色、对应工程信息（临时用电用水、住宿人数、塔吊检查报告、地墙幅数等）等	三维尺寸、基本材质、外观颜色、对应工程信息（临时用电用水、住宿人数、塔吊检查报告、临时堆放点等）、责任方、计划进度时间、生产厂家等	三维尺寸、基本材质、外观颜色、对应工程信息（临时用电用水、住宿人数、塔吊检查报告、临时堆放点等）、责任方、计划进度时间、实际施工时间、生产厂家等	

图 5　各阶段 BIM 模型信息涵盖范围划分表

此外，这种对模型的处理方式更加适合现在的 BIM 平台管理模式。由于技术尚未成熟，现在的平台上的数据难以在模型更新后继续保持原有的关系，通用的解决方法是通过 Revit ID 来识别模型。但是这种方式局限性很大，只能识别原有模型，不能删除重建。当由于施工工艺需要分割模型时，这种方法直接失效。因此这种将满足使用需求的模型独立出来的模式便能规避这个问题，同时又能更好地发挥平台的数据管理功能，让 BIM 的应用更灵活多变。

BIM 技术的兴起是建筑行业发展的必然趋势，随着研究深入，对于各阶段的模型转换也会逐渐形成共同认可的方式。本文总结了一些施工阶段的模型转换方式，希望能抛砖引玉，与大家一同讨论。

参 考 文 献

[1] 上海市建筑信息模型技术应用指南（2015 版）[J]．上海建材，2015，(04)：1-11.
[2] 方涛，蔡大伟，沈鹏．BIM 技术应用从设计模型到施工模型的转变 [J]．建设科技，2015，(11)：84-85.

基于 ARCGIS 的城市风貌数字化初探——以酒泉市主城区为例

杨天翔，方　宇

（上海市政工程设计研究总院（集团）有限公司，上海 200092）

【摘　要】 ARCGIS 软件平台具有强大的数据交互、专业工具和开发功能，在尺度大、要素多的城市研究课题中具备独特优势。基于 ARCGIS 10.3 提供的架构和算法，本文将探讨城市风貌的数字化方法。基于片区核心范围，将对地标的可见区域、观察点的视线廊道等进行研究；基于基地范围，将对可视自然景观、确保自然景观可视的视廊等进行探究。本文旨在丰富已有的城市研究技术，为 BIM 向城市课题的拓展提供新视角。

【关键词】 城市尺度；风貌；ARCGIS；景观资源评价；可视性分析

1　项目介绍

1.1　概　述

传统建筑模型的描述对象主要为单体建筑；城市除了单体集合外，还有相互联系的网络。地理信息系统（GIS）的突破点在于能实现城市多要素的系统关联。ARCGIS（ESRI，1982）是目前 GIS 领域比较具有代表性的体系平台，其强大的空间分析及数据建模功能，在空间信息行业已得到广泛的应用[1]。本课题将探索 ARCGIS 和各技术平台的交互，以 GIS 为底板，将传统建筑模型视作元件，实现城市尺度的专题数据挖掘。

本文以 ARCGIS 10.3 为主要平台，以甘肃省酒泉市主城区为研究对象，基于宏、微观不同尺度对城市风貌相关因素进行数字化构建。本课题将统筹自然、人文、城市格局等多方因素探究能凸显出酒泉城市风貌特色的要素，旨在为城市要素的转义提供技术支撑，同时为 BIM 向大尺度空间数字化的拓展提供引导。

1.2　基地和研究范围

酒泉市位于甘肃省西北部，河西走廊西端，东接张掖市和内蒙古自治区，南接青海省，西接新疆维吾尔自治区，北接蒙古国。凭借得天独厚的区位、交通、文化资源和自然资源，酒泉在国家“丝绸之路经济带”建设中发挥重要的节点作用；“一带一路”建设也将带动酒泉城市快速发展，为城市风貌建设提供政策支持。

基地范围西至酒泉市界，东至洪水河，北至规划酒嘉北货运通道，南至兰新铁路，总面积约 $120km^3$；核心范围位于主城区中部，由老城区和新建城区构成，总面积约 $38.3km^3$（图 1）。本研究将以基地范围作为自然景观可视性、自然景观视廊控制等宏观要素分析的边界，以核心范围作为地标可见区域、观察点视线廊道等微观要素分析的边界。

2　数据预处理

本次 BIM 项目的前期数据准备包括场地要素数据构建、建筑数据（核心范围）构建、现状地块数据

【作者简介】 杨天翔（1987-），男，规划设计师。主要研究方向为 BIM 和 GIS 结合应用等。E-mail：yang20102013@163.com

构建、地形数据（周边大区域）构建等。

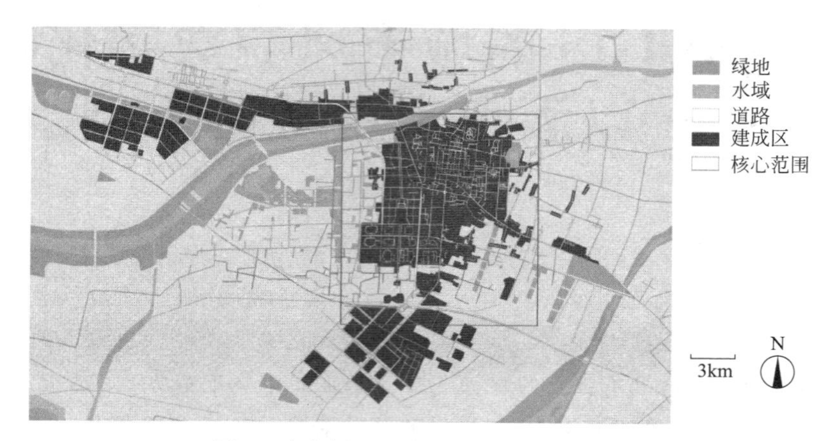

图1　本案例基地范围（包括核心范围）

2.1　场地要素数据

现状水系和绿地主要基于现场实地调研，结合 GOOGLE earth 和百度地图（http：//map. baidu. com）目视解译进行；现状路网和建设区数据主要基于“志愿者地理信息”网站（http：//www. openstreenmap. org）的矢量数据，结合 GOOGLE earth 和百度地图目视解译整理[2]；数据采集范围为基地范围（图1）。

2.2　建筑数据（核心范围）

主要基于现场调研得到的建筑层数整理，结合网络地图校正后的基线投影生成[3]；该数据包括了建筑基线投影格局、建筑高度和建筑基底标高3类参数，共包括约20000栋建筑单体；其中，建筑高度由建筑层数和用地性质（决定层高）相乘确定，并由 GOOGLE earth 投影长度校验；数据采集范围为核心范围。

2.3　现状地块数据

根据20多个街区的控制性详细规划单元格局（由甘肃省酒泉市规划局提供）确定地块基底；基于多数原则和平均原则，由建筑高度确定各地块的现状高度，并由控制性详细规划给出的现状高度校核；数据采集范围为基地范围。

2.4　地形数据（周边大区域）

主要基于“地理空间数据云”网站（中国科学院计算机网络信息中心，http：//www. gscloud. cn）的数字高程模型（DEM），数据的栅格精度为30m；数据采集范围包括基地范围及其周边方圆30～50km的区域。

3　数据挖掘

3.1　地标的可见区域分析

为微观要素研究，分析精度为核心范围，需要的基础数据为场地要素数据和建筑数据。该研究主要基于客体的被感知性，对核心范围内现状的特色景观节点进行评价。

根据调查问卷、实地调研和资料文献，筛选核心范围内景观和风貌价值较高、地标功能较强的节点，以此作为城市体验者的感知对象；隔离单体建筑并在其周围插入三维点集，以地形数据和建筑数据的并集作为地形栅格，对每个三维点依次用“视域工具”分析；输出值为区域可见的点个数（正比于该地标建筑的可见比例）[4-5]。分析结果可反映某景观资源的在地面的被感知区域，揭示所选建筑单体的风貌价值、地标功能等信息（图2）。

3.2　观察点的视线廊道分析

为微观要素研究，分析精度为核心范围，需要的基础数据为场地要素数据和建筑数据（核心范围）。

该研究主要基于主体的感知力，对核心范围内现状的景观体验节点进行评价。

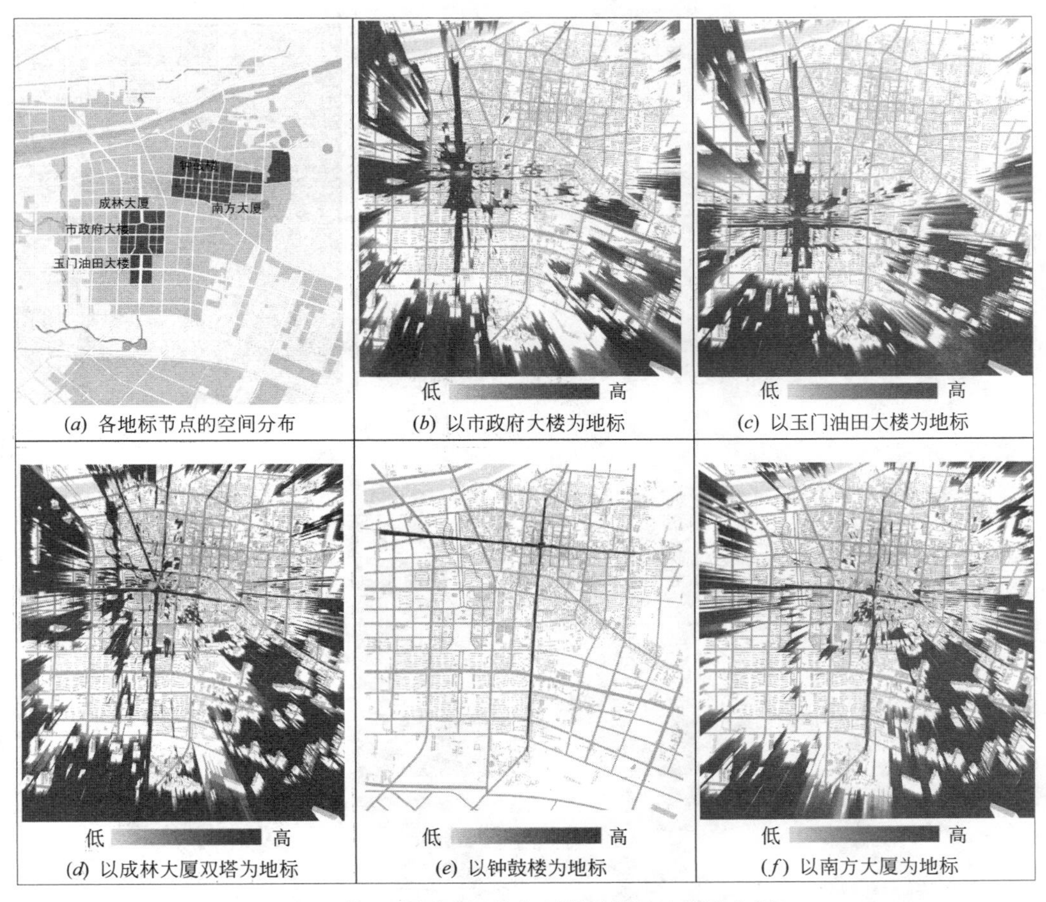

(*a*) 各地标节点的空间分布　(*b*) 以市政府大楼为地标　(*c*) 以玉门油田大楼为地标
(*d*) 以成林大厦双塔为地标　(*e*) 以钟鼓楼为地标　(*f*) 以南方大厦为地标

图 2　核心范围地标节点可视区域及比例分布图

根据调查问卷、实地调研和地方资料，筛选核心范围内使用频率较高、人流活动较密集的场所以及若干高处瞭望点，研究这些观测点所能感知的范围；将观察点概化为三维点，将地形数据和建筑数据合并为地形多面体，用“天际线工具”得到视线廊道分布图，用“天际线图工具”得到视野分布图。分析结果可揭示所选体验场所的空间感知边界，此类信息能反映单体建筑空间在观景方面的开发价值（图 3）。

3.3　可视自然景观分析

为宏观要素研究，分析精度为基地范围，需要的基础数据为现状地块数据和地形数据（周边大区域）。在特定观察点（例如户外活动空间、公园、广场等）通过考察 α（视线仰角）和 β（雪山顶部高度角）之间的关系揭示基地周边雪山地形的可见性及可见比例（图 4）；具体算法：用“视域工具”得到地形栅格作用下的观察点可视范围；用“欧氏距离工具”计算可视范围任一点与观察点的水平距离，将水平距离和该可视点与观察点的相对高差输入“地图计算工具”，得到该可视点对观察点的仰角；统计该可视点所在视角内各可视点对观察点的仰角最大值，得到视廊控制仰角，以进一步筛查不同可见比例的区域。

根据调查问卷、实地调研和地方资料，筛选基地内六大规划开敞空间（莫高湖公园、风光大厦广场、雁荡湖公园、西汉风情森林公园、市政广场、航天公园）；以此为观测点得到周边雪山（分“足够比例可见”和“可见比例有限”两种情况）的现状可视区域。分析结果将揭示基地外围景观价值大的原始地貌区域，为视廊控制等后续工作提供依据（图 5）。

3.4　确保自然景观可视的视廊控制

为宏观要素研究，分析精度为基地范围，需要的基础数据为现状地块数据、地形数据（周边大区域）以及自然景观可视性中间成果数据（“雪山可见”区域）。为确保规划后在六大观测点依然可见雪山景观

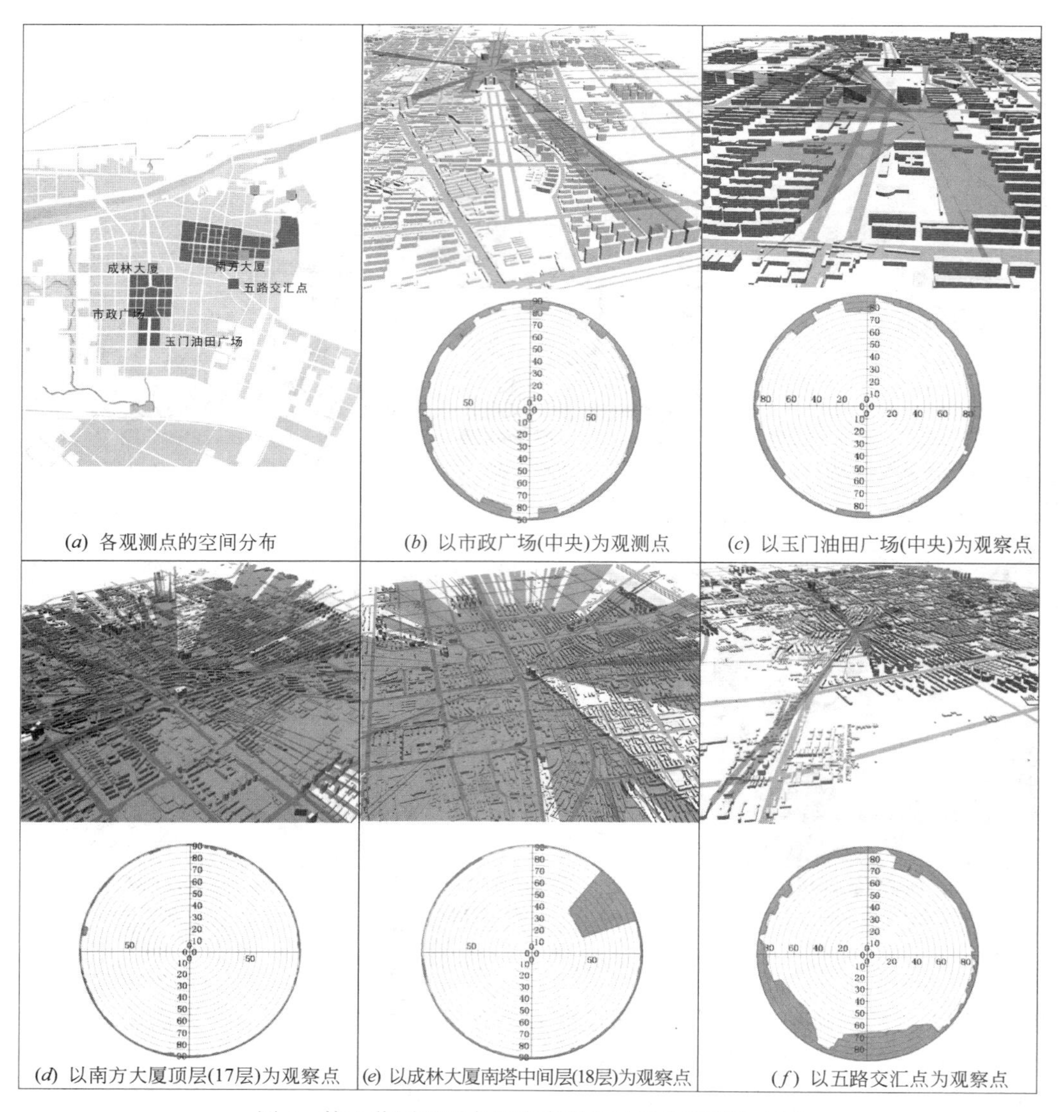

(*a*) 各观测点的空间分布　(*b*) 以市政广场(中央)为观测点　(*c*) 以玉门油田广场(中央)为观察点

(*d*) 以南方大厦顶层(17层)为观察点　(*e*) 以成林大厦南塔中间层(18层)为观察点　(*f*) 以五路交汇点为观察点

图 3　核心范围观测点视线廊道鸟瞰图和视野分布图

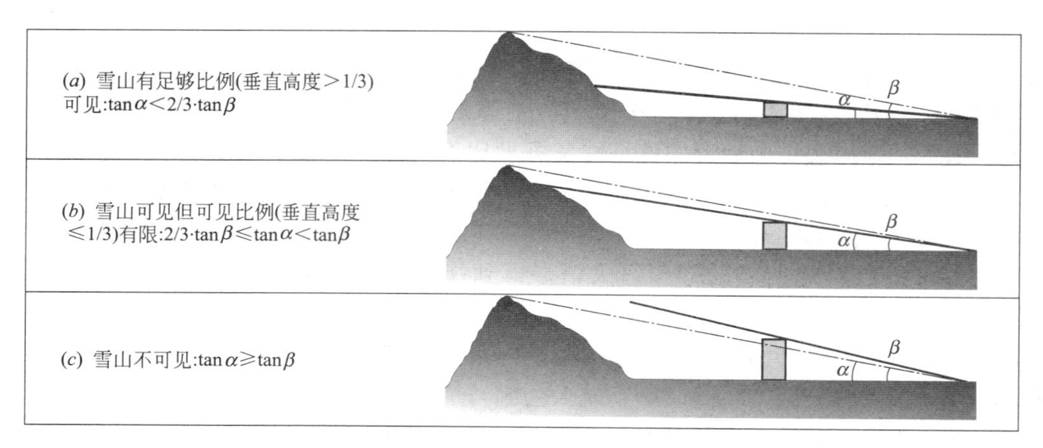

图 4　自然景观可视性的三种情况

($\tan\alpha < \tan\beta$)，将“雪山可见”区域任一点与观察点的水平距离和该可视点的视廊控制仰角输入“地图计算工具”，得到视廊控制高度；考虑到地块某些要素难以在规划后调整，通过进一步排查，将在 360°全景视角满足条件改为在特定视角满足条件（图 6）。

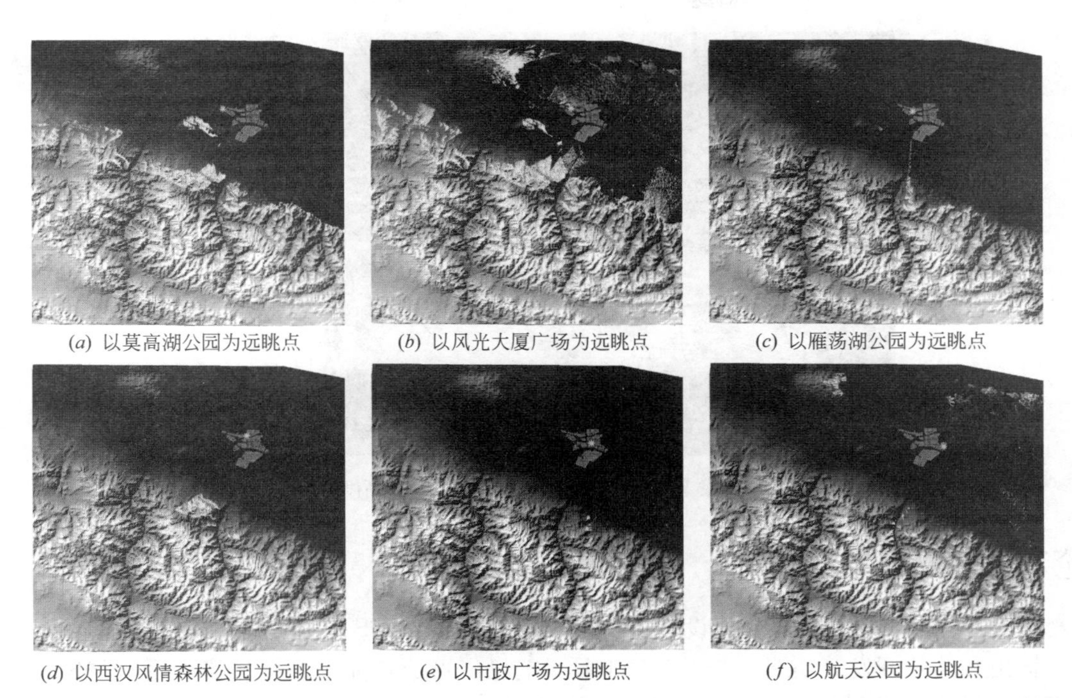

(*a*) 以莫高湖公园为远眺点　(*b*) 以风光大厦广场为远眺点　(*c*) 以雁荡湖公园为远眺点

(*d*) 以西汉风情森林公园为远眺点　(*e*) 以市政广场为远眺点　(*f*) 以航天公园为远眺点

图5　具有不同可视性的自然景观分布图（蓝色：雪山有足够比例可见；紫色：雪山可见但可见比例有限）

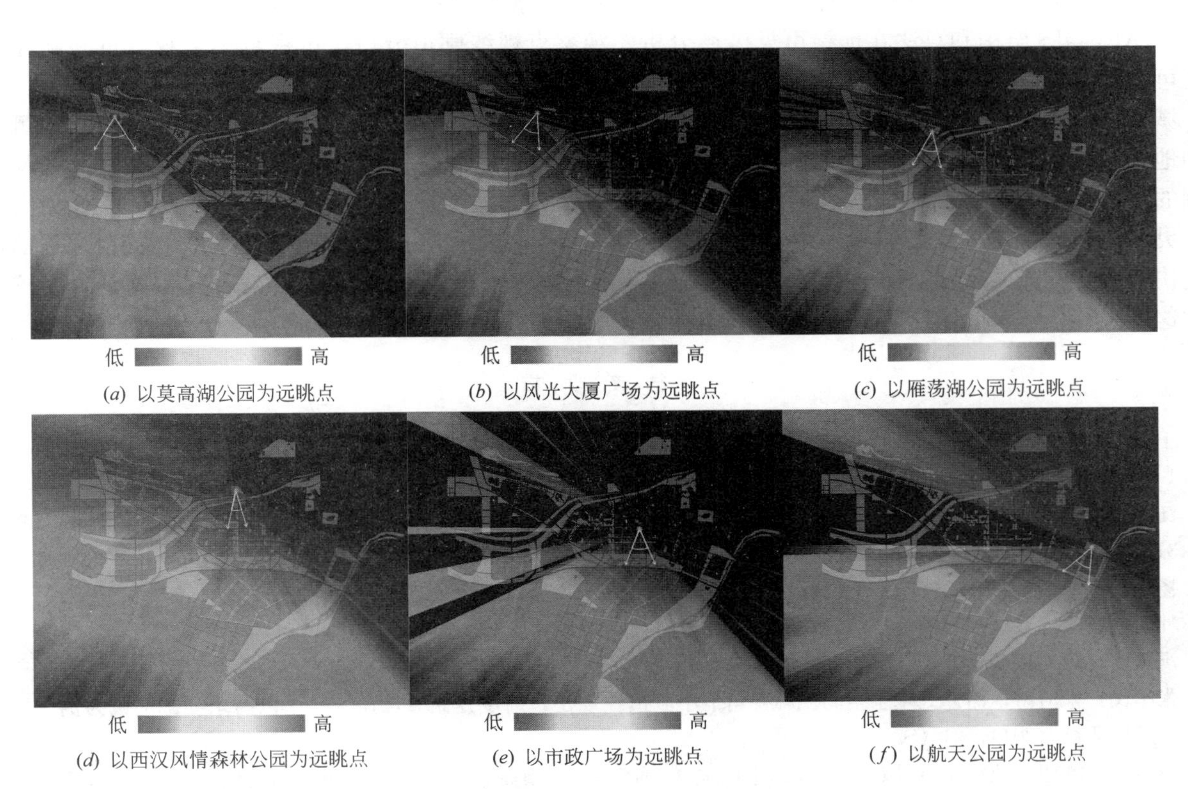

(*a*) 以莫高湖公园为远眺点　(*b*) 以风光大厦广场为远眺点　(*c*) 以雁荡湖公园为远眺点

(*d*) 以西汉风情森林公园为远眺点　(*e*) 以市政广场为远眺点　(*f*) 以航天公园为远眺点

图6　确保雪山可视的视廊高度（即障碍物高度上限）分布图

通过某观测点到各地块的最小距离和地块所属的视廊控制仰角，计算特定视角内雪山的现状可视区域对该观测点可见的地块控制高度（确保地块内任一点都满足条件）；依上述步骤分别研究六大观测点，对分别满足各观测点的地块控制高度取最小值，得到使特定雪山可视区域对所有观测点可见的地块控制高度[6-8]；分析结果可作为控规约束地块内建筑单体限高的导则（图7）。

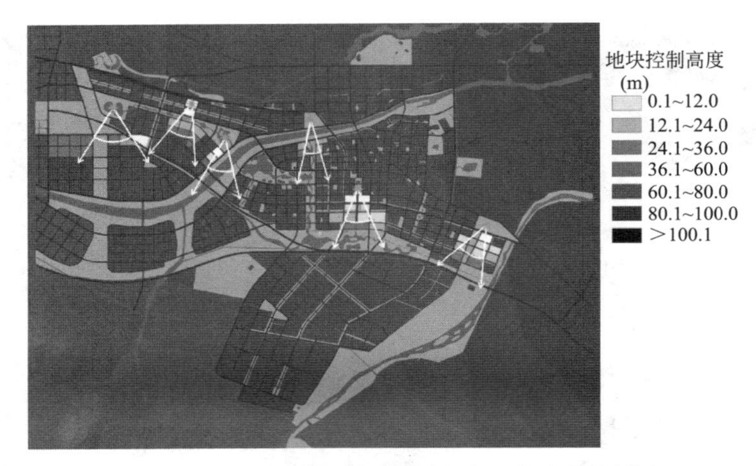

图 7　确保雪山已选区域可视的规划地块高度控制图

4　讨论和展望

GIS 是城市系统数字化、信息化建设的重要组成部分。ARCGIS 具有完备的空间数据输入、存储、处理、分析、输出和高效开发等功能，若干专项工具目前已能形成较完善的操作流程设计与定量分析模式，各领域又不断有新的应用丰富着 ARCGIS 的功能体系[1]。本项目探讨了 ARCGIS 10.3 在视觉感知、景观资源等城市风貌相关因素评价中的应用，并探索了具体要素解读和其他软件、网络平台的数据交互方式，展示了 ARCGIS 架构和算法在地标可见区域分析、观察点视线廊道分析、可视自然景观分析和确保自然景观可视的视廊控制等方面的应用成果，由面到点，为后续的深化方案及单体设计提供技术规范。

城市研究课题具有综合性高、操作性强、专业面广等特点，往往涉及场地、竖向、道路、建筑、地形和地块等多方数据，因此有必要在三维设计过程中探索数据的交互设计、多因素的协同设计以及数据挖掘的技术规范，为提高对现状格局的识别、加深对既有功能的理解提供硬件支持。ARCGIS 提供了丰富、灵活的空间加工和再解读能力，具有强大的空间 2 维（或 2.5 维）数据处理能力，相同情况下的运算速度快于多数传统 BIM 软件，在三维精度要求不高但尺度巨大、要素众多的城市研究和方案阶段较为适用。这些独特优势都为 BIM 技术的深化开发提供了重要的技术支持。

参 考 文 献

[1]　王占全，赵斯思，徐慧．地理信息系统（GIS）开发工程案例精选［M］．第一版．北京：人民邮电出版社，2005：1-26.

[2]　江瑜，周晓光，李志盛，等．基于规则的 OpenStreetMap 数据模型转换［J］．测绘与空间地理信息，2016，39（1）：31-34.

[3]　杨鹏．基于 Android 的校园位置服务系统研究与实现［D］．大连：大连理工大学，2013.

[4]　杜嵘，唐军．景区规划中视域景观结构的量化分析［J］．中国园林，2012（10）：46-49.

[5]　汤国安．ArcGIS 地理信息系统空间分析实验教程［M］．北京：科学出版社，2012.

[6]　张军民，朱清涛，谢艺．基于空间视廊视角下小城镇控规建筑高度控制方法研究——以昌乐县鄌郚镇为例［J］．城市发展研究，2014，21（S2）：1-4.

[7]　林本岳．眺望系统在城市景观风貌规划中的应用初探——以南海金融区景观风貌规划为例［J］．广东园林，2014，36（6）：27-32.

[8]　杜星宇，张建召，丁叶．基于 GIS 视线分析的城市核心景观周边建筑高度控制应用研究——以蒙城县老城片区为例［J］．华中建筑，2016（1）：108-111.

BIM 技术在综合管廊项目设计中的应用

葛　扬

（上海市政工程设计研究总院（集团）有限公司，上海 200092）

【摘　要】当前，设计行业正经历从传统二维 CAD 设计过渡到以 BIM 技术为核心的三维设计的过程，而在这个过程中，市政设计行业应用 BIM 技术起步相对较晚。本文以海口市某综合管廊三维试点工程为例，从三维建模、管线碰撞、工程量统计、场地整合、三维漫游以及二维出图几个 BIM 应用点出发，为 BIM 设计在综合管廊项目乃至市政设计项目提供借鉴与经验。

【关键词】综合管廊；BIM 应用；正向设计；

1　BIM 概述

BIM 的全称是 Building Information Modeling，国内比较通行的翻译为“建筑信息模型”。作为一种新兴的设计方法，BIM 被誉为继 CAD 之后的第二次设计革命。

①与传统的二维图纸不同，BIM 可以说是“三维”、“四维”（空间＋时间）甚至更多“维度”的设计，从设计阶段、施工阶段、销售招商到运营管理，都可以通过 BIM 进行“全生命周期”的模拟和设计；②市政设计中遇到许多节点构筑物往往结构复杂，单凭想象设计十分困难，容易出错，而 BIM 设计中整个过程讲究“所见即所得”，设计、施工、运营的各个方面的设计和讨论，都在可视化的效果下完成；③之前的二维 CAD 设计，常常出现不同部门各自为战而产生的冲突与返工，而 BIM 设计具有“协调性更好”的优势；④使用 BIM 设计还可以进行节能、日照、紧急疏散、施工进度等方面的模拟，在掌握各个方面的信息后，也方便做更多的优化、成本与工期的控制等。

2　BIM 技术在综合管廊设计中的应用

综合管廊，即在城市地下建造一个隧道空间，将电力、通信、燃气、供热、给水排水等各种工程管线集于一体，设有专门的检修口、投料口和检测系统，实施统一规划、统一设计、统一建设和管理的城市地下综合走廊。

综合管廊设计项目既有类似管线平纵布置的特点，又有类似建筑节点设计的特点，传统的二维 CAD 设计在综合管廊项目中往往不能面面俱到，采用 BIM 技术设计综合管廊有如下优势：①三维设计不局限于局部断面，可以实现全面、连续的表达，并根据需要反应局部断面设计和特殊断面设计情况。②在综合管廊 BIM 设计过程中，如发现有碰撞情况，做出设计调整之后，可以即时地反映在三维模型中，以确保调整的合理性，不会造成调整盲点和遗漏。③BIM 设计的三维效果图、漫游视频可以让人身临其境的体验设计成果[1,2]。

目前国内将 BIM 技术参与到综合管廊项目设计已有多项实例，深圳市某综合管廊项目运用 BIM 技术解决了设计、施工及运维过程中地下综合管廊管线布置、重要节点交叉处理、支吊架设计等重点难点问题[1]；另外，海东市城市综合管廊建设项目的道路交口段设计过程中，以 ArchiCAD 为平台，实现了综合管廊结构、管道建模，模型内虚拟漫游等功能[3]。本文在多个实际项目的基础上，针对具体项目的特殊需求性，进行进一步的 BIM 应用探索和研究。

【作者简介】葛扬，男，BIM 工程师/助理工程师。主要研究方向为给水排水、综合管廊。E-mail：geyang@smedi. com

3　综合管廊三维设计实例

3.1　项目概述

本项目为海口市某地下综合管廊试点工程，实施长度2.30km，管廊类型为干支混合，双舱管廊断面。综合舱净尺寸为3.6m×3m，燃气舱为2.4m×2m。本工程建设内容为道路、综合管廊结构、雨污水排管、交通标志标线、信号灯、管廊通风、监控、供配电、建筑、绿化等相关道路附属设施及管线综合工作等（表1）。

本项目采用的三维设计软件　表1

软件	应用内容
Revit	管廊特殊节点建模、管廊拼接、工程量统计、碰撞分析
鸿业综合管廊三维设计软件	管廊平面、横断面、纵断面设计、管廊机电设备添加
Fuzor	管廊内部交互式漫游
Civil 3D	场地、道路建模
Infraworks	场地仿真、模型整合

3.2　模型建立

管廊的建模主要使用Revit和鸿业管立得综合管廊模块。管廊标准段的模型采用鸿业综合管廊模块设计，在确定管廊横断面后，交互定义管廊平面，并在节点处设置管廊标高，生成管廊纵断面图。管廊节点由于结构复杂，内部构件繁多，采用在Revit中单独建模的方式。最后将各个特殊节点模型与管廊标准段模型拼接起来，得到完整的综合管廊三维模型（图1、图2）。

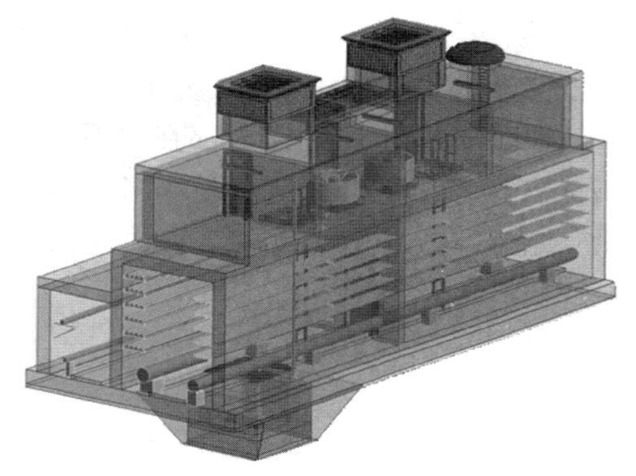

图1　管廊综合舱通风口模型

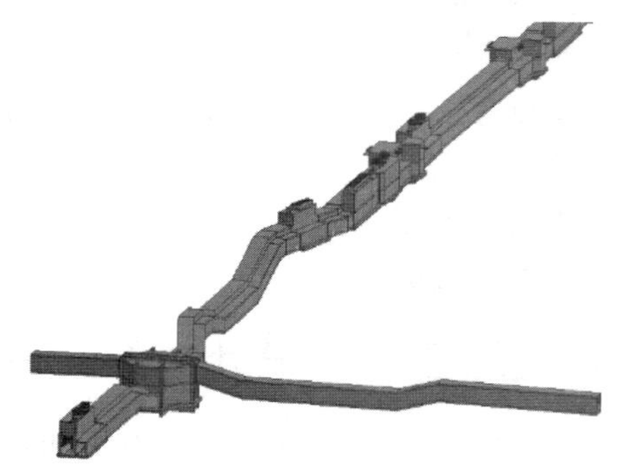

图2　管廊整体三维模型

3.3　管线碰撞检查与工程量统计

管廊内部可以存在电力电缆、电信电缆、给水排水管线、供热管线、燃气管线，各种电缆管线错综复杂，且横立连接、水平交叉经常发生，管线碰撞问题在所难免。传统的二维设计在发现碰撞问题后进行调整，往往又会造成新的问题。而三维设计软件，可以检查整体的三维模型，自动生成碰撞报告，根据碰撞报告，快速定位并高亮显示碰撞的部位。在三维模型中，各种管线相对位置清晰明确，在调整设计方案的过程中，不会造成二次碰撞（图3）。

BIM模型的最大优势在于模型中存储的数据信息，在完成模型后，可以方便快捷地调用各个模型组件的数据。在赋予模型参数信息后，可以选择其中的一项或几项进行统计，生成符合要求的工程量清单表格。

3.4　场地整合与三维漫游

使用Civil 3D和Infraworks协同设计的流程如下：①通过Civil 3D完成场地、道路、边坡等设计和建模；②将场地、高程等信息存入LandXML文件，将道路、管网、建筑物等信息存入SDF文件，将场地范围的真实卫星地图存为光栅文件（tif、jpeg等），将Revit或其他三维设计软件中建立的三维模型（如管廊模型）存为FBX模型文件；③将以上成果分别导入Infraworks，选择合适的坐标系，利用Infraworks模型真实渲染的优势，分析模型设计不合理且需要调整之处；④返回Civil 3D或涉及的其他软件调整三维模型，将调整好的成果导入Infraworks中继续进行整合，反复循环，直至设计成果达到最优[4,5]（图4、图5）。

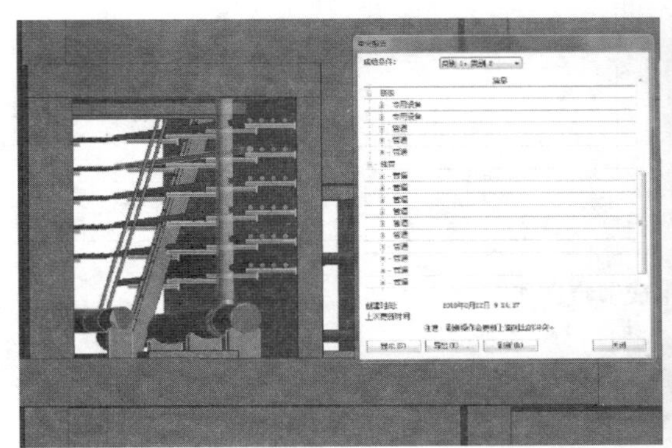
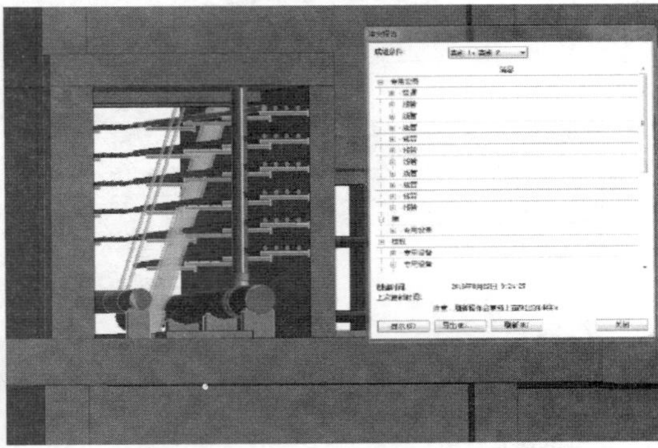

图3　立管与电力管线、爬梯碰撞问题

图4　管廊与场地模型整合

图5　模型近景

3.5　二维出图

制作的三维管廊节点可以直接剖切生成二维图纸，但目前由于与传统CAD设计表达方式的不统一以及三维建模整体工时远大于二维作图等因素，三维转二维出图仍存在较大的难度，这也是目前BIM设计待解决的主要问题（图6）。

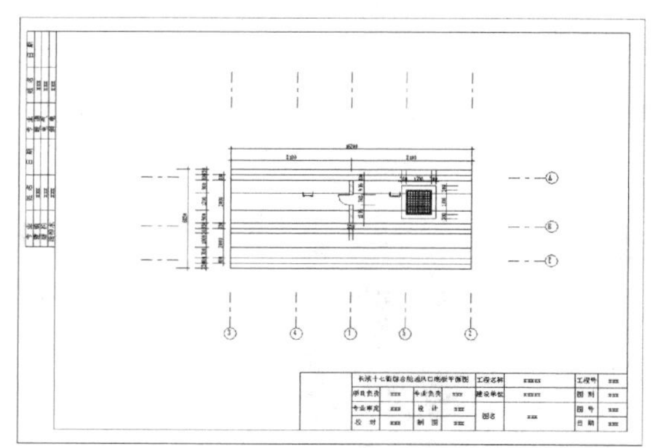
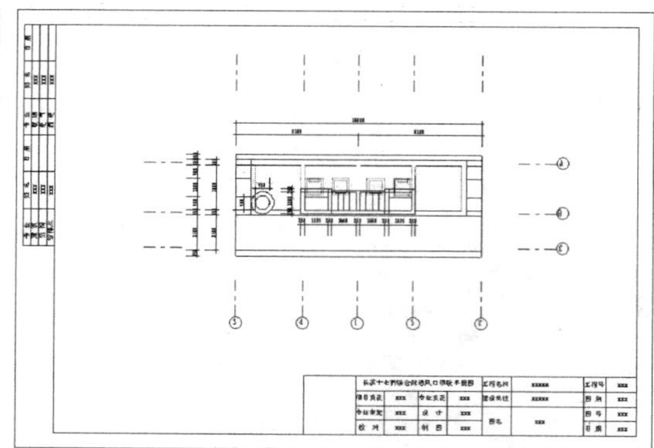

图6　Revit生成节点图纸

4　总　结

BIM作为一种崭新的设计手段，在市政设计行业中拥有广阔的前景，目前看来，仍有许多方面有待加强：

①BIM设计软件有待完善。Revit等软件应最初开发是面向建筑、机械等行业，在市政设计中使用有诸多不便。需要设计机构与软件开发商协作研发二次开发软件，协助市政BIM设计。目前我国市场上，例如鸿业BIM、杰图软件等都在不断进步，相信将来会越来越完善。

②不同三维设计软件之间的兼容性有待提高。Autodesk公司旗下的各大三维设计软件不能百分百地传递模型信息，BIM设计的建模、场地整合、施工模拟等工作需要在不同的软件中完成，设计成果在不同的软件导入导出的过程中往往存在模型信息丢失的情况。需要各个软件，甚至各个软件开发商统一文件格式，确保BIM信息的传递。

③BIM设计标准有待完善。CAD设计中各个行业都有自己的标准图集，三维设计也需要有标准的构建图集。目前网络上的自建族参差不齐，有一个BIM标准可以大大提高设计效率和一致性。

中国市政设计领域已实现从纸笔到电脑2D的飞跃。目前，2D向3D的过渡和升级已成为该领域新的发展趋势，基于BIM技术无法比拟的优势，现今BIM已被越来越多的专家学者应用在各式各样的项目中，虽然BIM在发展推广过程中还存在很多问题，但在政府、行业协会、软件开发企业、设计院和开发商等共同参与、大力推动下，BIM将为中国的工程建设行业及相关企业带来更大的价值，市政设计企业的BIM推广应用也会得到快速发展。

参 考 文 献

[1] 姜天凌. BIM在市政综合管廊设计中的应用[J]. 中国给水排水，2015，(12)：65-67.

[2] 尚江山. BIM在市政综合管廊设计中的应用[J]. 科技与企业，2016，09：159.

[3] 阮江平，郭昌奇，黄飞. BIM技术在香港中文大学（深圳）项目地下综合管廊中的应用[C]//全国智慧结构学术会议. 2016.

[4] 李震，张帆，吴明帅，等. Civil 3D与Infraworks三维协同设计在总图专业中的应用[J]. 油气储运，2016，06：648-652.

[5] 郭阳洋. Civil 3D软件在场地平整设计中的应用[J]. 中国市政工程，2013，04：60-61+95.

洁净厂房工程BIM技术应用

李天舒

（北京世源希达工程技术公司，北京 100840）

【摘　要】随着BIM技术的不断发展，BIM技术在工业工程中的应用越来越受到重视，尤其在大型微电子洁净厂房工程中的应用效果更为突出。本文结合洁净工程实例，从工程的投标阶段的算量及方案编制，到工程实施阶段的气流分析、优化设计、配合采购、施工可视化、非标件预制加工、技术交底，以及工程后期的竣工交付阶段的信息完善，论述BIM技术在洁净工程施工中的重点应用。

【关键词】BIM技术；洁净室工程；工程施工

1　引　言

随着科学技术的发展，各种工业产品特别是微电子产品的精密度越来越高，对生产环境的洁净度要求也越来越高，控制的对象主要为空气中悬浮微粒。微电子行业是现代工业洁净室应用的代表，主要产品是大规模集成电路、半导体和平板显示器等[1]。

鉴于电子产品生产快速发展；对化学污染物的严格要求；面积大（单层面积数万 m^2）、体量大、跨距大、投资大、多层洁净厂房；气流组织复杂、微粒控制非常严格；工艺管线及其他管道系统繁多复杂，对空间管理要求高；对静电、微振控制非常严格；工艺管线包商多等特点，建设过程中稍有不慎，就有可能造成施工质量隐患、工程延误、成本增加甚至导致安全事故。为了有效减少此类问题的发生，以运用BIM技术为核心，为洁净工程的施工提供信息化、标准化、智能化、科学化的工程管理，为提高生产效率、节约成本、质量控制、降低风险起到重要的指导意义。

2　BIM技术在洁净工程实施的应用

2.1　工程投标阶段

（1）BIM与商务标

在拿到招标文件资料后，根据描述的工程范围及图纸内容，进行投标工程量预算，预算结果清单的各项费用为最终投标报价起到重要作用。所以，在有限的时间内，准确、全面的工程量清单是十分关键的。BIM技术是集成了工程信息的数据库，可以真实地提供预算所需的工程量信息。计算机可以通过这些信息快速准确地对各种构件的尺寸、数量、类型等进行统计分析，从而有效减少人工依据图纸统计工程量的繁琐过程，及各种人工错误，在准确性和效率上得到显著提高。

（2）BIM与技术标

想要中标，技术标十分关键，尤其像大型洁净厂房工程，业主对技术标的要求非常苛刻，技术标的1分相当于商务标的上百万[2]。应用BIM技术的特点，编制以下方案：

在优化方案的编制上，对洁净厂房进行空间查阅、管线综合排布查阅、碰撞检查、洁净空间气流组织模拟，提前发现其中问题，并制定空间管理、图纸优化、气流优化方案。

在施工方案编制上，结合优化方案，进行4D施工模拟、施工工序模拟、节点安装模拟等。将施工模

【作者简介】李天舒（1988-），男，BIM技术总监/工程师。主要研究方向为BIM技术在工程中的项目管理、企业BIM建设。E-mail：litianshu@ceedi.cn

拟方案的过程及结果制作成动画，在述标过程中，展现给评标专家，使他们对施工方案的情况了如指掌[2]。

将采用BIM技术编制的优化方案、施工方案呈现给业主，争取得到业主的认可，可以增加技术标分数，提高中标概率，给业主带来了BIM增值服务[2]。

2.2　准备阶段

准备阶段主要是在项目实施开始前，制定相关的方案、流程、标准、规则等，为项目的实施提供更好的方法和方式，从而提高工作效率和质量。根据工程特点，吸收业内BIM应用经验，为工程制定性价比最优的BIM应用解决方案。方案内容主要有：制定项目BIM目标；确定BIM应用范围和具体内容；制定工程各参与方在BIM实施中的角色、责任和工作界面；在已有的业务分工和流程基础上设计BIM实施流程；制定BIM信息交换标准；制定项目交付成果标准；制定BIM技术基础设施标准。

2.3　工程实施阶段

（1）气流组织模拟

根据洁净室布局，利用CFD软件进行洁净室的气流分析。针对最初方案存在的问题，提出优化方案，为设计提供依据，最终达到洁净空间内的洁净度及气流能够满足生产需求（图1）。

（2）BIM优化设计

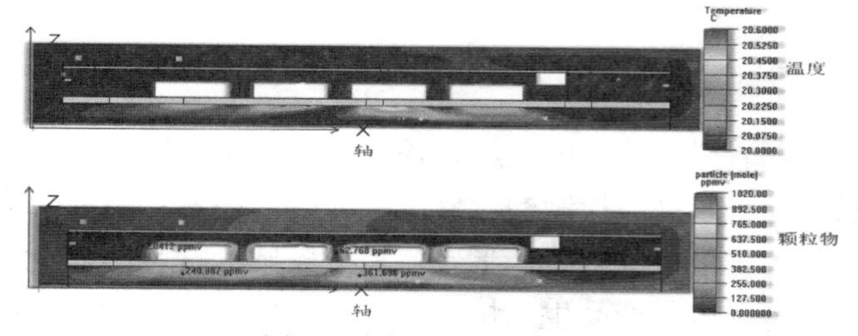

图1　动态工况模拟结果

优化设计是以业主或设计方提供的条件或图纸为前提，结合施工现场踏勘的实际情况，查找出图纸中出现的问题，从而进行细化、补充和完善的过程[3]。洁净厂房的工艺系统管道极多，主要为化学性气体，大多数有毒，对人体有害，要求气体纯度非常高。在管线空间排布上要避免翻弯，如果翻弯过多会导致生菌，严重会导致纯度降低、泄露等发生危险，在施工上不能出现管路角度不正、倾斜、歪曲，对空间管理非常严格。

传统的二维CAD的优化设计沟通是通过平面图交换意见，洁净厂房的管线空间排布是要靠工程师的想象、知识和经验的积累，管线聚集的管廊、复杂点等位置，需要单独绘制剖面图或详图，设计效果不能直观地展现在人们眼前，对沟通造成障碍，很多遗留问题也不能及时发现[4]。通过运用BIM技术进行优化设计，各个专业工程师通过BIM模型来沟通，在三维可视化状态下，对洁净厂房进行空间管理，可直观地发现遗留问题及盲点所在。在优化过程中，实现模型、图纸一处修改，处处更新，提高优化设计的准确性。

通过BIM技术的实际应用，结合洁净厂房施工经验，总结出注意事项：确定工艺设备位置，满足工艺要求；管线综合布置要合理、经济、不影响系统功能；管线综合布置要和内装修施工充分配合；考虑设备搬运的净空需求；考虑管道、阀组、阀门、设备等施工、检修及更换的操作空间；避让TRUSS层的钢结构、天车支撑结构等；有避振要求的管道，要考虑其避震管架；除遵循常规管线避让、布置原则外，化学性、特殊性、危险性等类型的管道布置前，要充分了解布置要求。

管线综合优化思路：面→线→点。

面：空间层面。管线综合按系统高程分层。首先，做出空间规划二维剖面，整体考虑空间布置的合理性。然后，根据空间示意剖面中定义的高程分布，在模型中做出空间层面的调整，查阅空间层面上的问题，再次做出优化（图2）。

线：路由路径。考虑主、支管道及排管的排序或路径位置，在充分满足系统功能使用及工艺条件的情况下，同一包商、同一系统的管道尽量集中布置，满足打共用管架条件的，考虑共用管架。避免管道过于分散，提高空间利用率，同时考虑整体效果的美观；马道线路优化，要满足维修人员通行及设备检修维护的目的；设备搬运的线路优化，要满足大型设备从室外搬入至洁净室目的地的路径上无阻碍（图3～图5）。

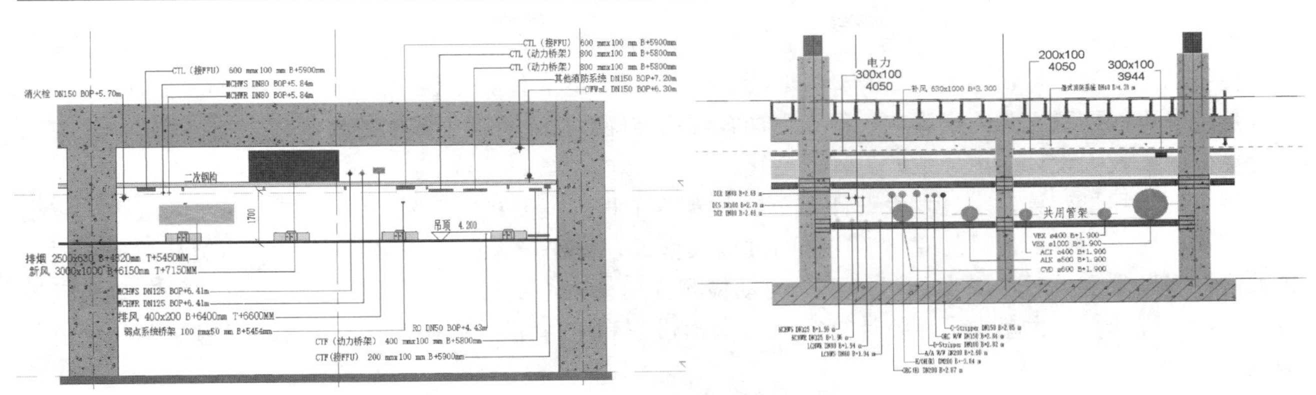

图 2　空间规划剖面示意图

图 3　管线集中排布　　　　图 4　马道优化　　　　图 5　设备搬运路线优化

优化过程进行记录，实际上就是一种记载过程状态和过程结果的文件，为我们的审核，改进和完善提供证据；通过对整体优化全过程的记录，一旦发现问题时，可以通过检查完整的记录，迅速发现并分析问题原因，为空间管理过程的改进提供可靠的依据。调整记录为纠正、预防措施的制定提供了可靠的参考。

在管线高程和路由确定之后，大部分碰撞可以算是基本解决，在接下来解决局部碰撞的同时，可以先进行放线，打支吊架、主管线分区域的安装等，管线复杂或交叉区域做出预留。

点：局部碰撞。利用已经优化完成的模型和碰撞检查软件，对全专业 BIM 模型进行各种错漏碰缺的检查，找出局部问题，提出调整方案，避免在后期施工过程中出现各类返工引起的工期延误和投资浪费。

施工过程中的所有问题，是不可能 100%在虚拟上解决的，还有很多不可预估的因素，像安装误差、安装错误、没有按图施工以及其他不可逆的问题，这就需要现场发现问题，及时反馈给 BIM 团队，实现现场和虚拟双向相互支持，相互推进的目的。

优化设计完成后，通过 Revit 进行施工图设计，输出二维图纸进行交底及送审（图 6、图 7）。

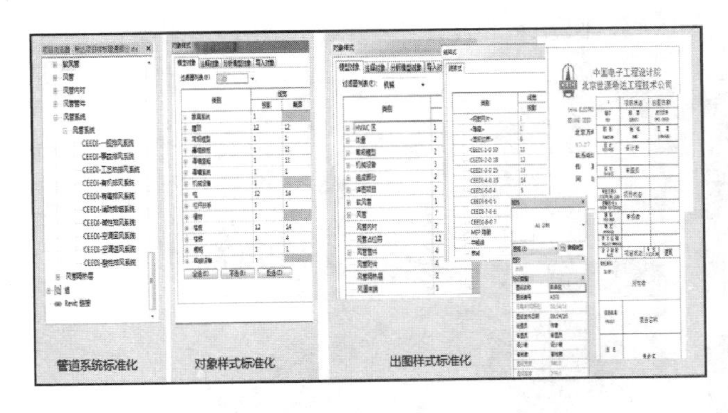

图 6　施工图设计图

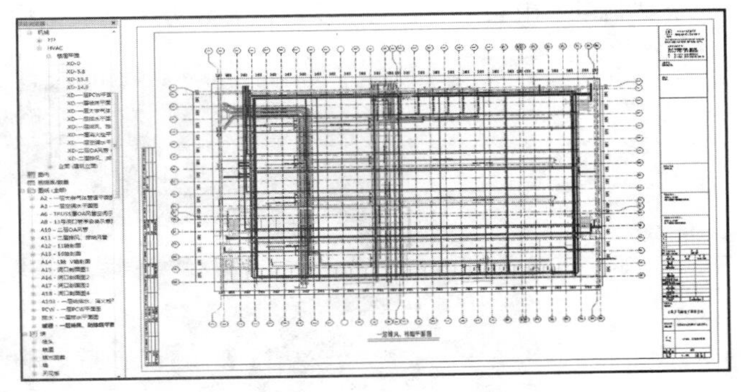

图 7　Revit 施工图实例

（3）配合采购

利用优化后的 BIM 模型进行工程量统计，配合现场采购的价值如下：

提高准确性和工作效率：

传统的工程量计算，过程非常繁琐，容易因人为因素造成计算错误，影响后续计算的准确性，BIM 工程量统计可以摆脱人为因素影响，得到更加客观的准确数据，有利于成本的控制[4]。

更好地查找因设计变更导致的工程量变化：

传统的工程量计算，一旦发生设计变更，各专业工程师就要进行手动计算检查，并在图纸中确定变更内容和位置，核算工程量的变化。这样的过程效率低，工作量大。运用 BIM 技术，模型与数据实时一致关联，当发生变更时，修改 BIM 模型，自动检测变更位置，明细表自动更新。将统计出的工程量反馈给各专业工程师，大大减少了传统计算方法的繁琐过程和工作量，提高效率，及时对材料采购的量进行增减[4]。

（4）施工可视化

可视化配合现场协调：

洁净厂房施工现场协调工作涉及诸多项目参与方，有业主方、设计方、管理公司、洁净包、平行包等。现场协调的重要环节，就是通过 BIM 空间管理会议，组织项目参与方，采用 BIM 三维可视化对管线综合、施工进度、实施方案等进行协调、讨论、决策等。发现问题需要包商整改时，提供更为可靠的依据，同样，使业主对施工情况了如指掌。使得众多平行包商同时施工的情况下，提高了包商间的沟通协调的效率，在保障工程质量的同时加快了施工进度，最大程度避免了因协调不成导致停工的现象（图 8、图 9）。

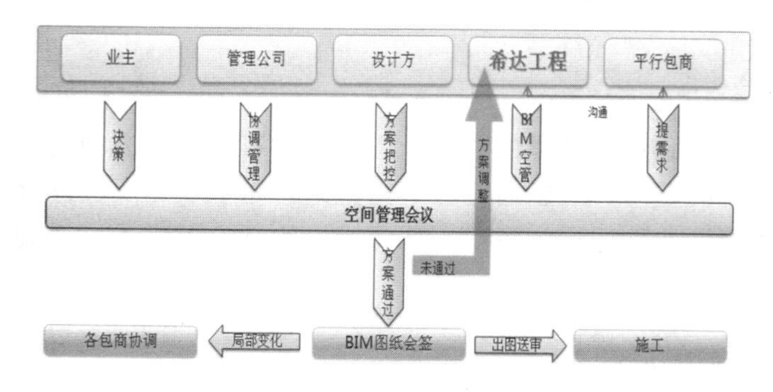

图 8　协调流程

图 9　空间管理协调会议

现场物流规划：

施工现场是一个涉及多种需求的复杂场地，洁净工程涉及各种材料，有半成品和成品，不同的材料也有不同的要求，有的材料对洁净度要求较高。材料进场前应提前规划。对不同用途的材料，必须根据其实际施工情况安排储存场地[4]。

通过 BIM 可视化方式，能更直观地配合业主进行规划现场加工区、材料堆放区、人员动线、物料动线、洁净室管制口、吊装口、临时加工区、临建办公室、生活区等区域，使方案更为合理和清晰（图 10、图 11）。

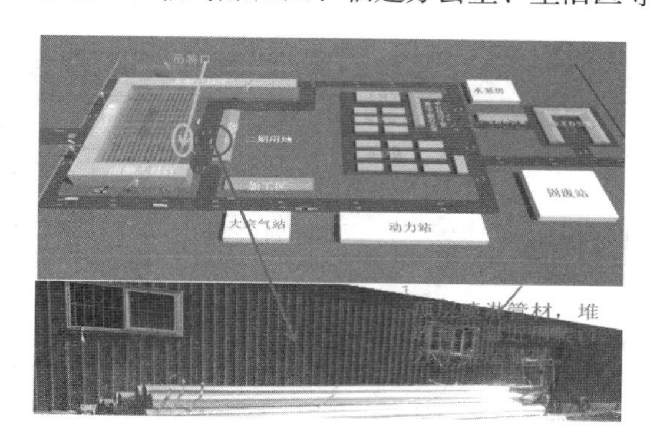

图 10　现场物料堆放

图 11　人员出入口及吊装口

安全防护策略方案：

考虑施工区域，再结合人员动线规划结果，采用BIM三维模型进行模拟、查阅，形成动画演示报告。通过模拟软件，在模拟过程中发现安全隐患问题、记录问题、解决问题[4]（图12）。

图12　洁净楼梯及电梯安全防护

施工进度管理：

传统的进度管理过程中，二维CAD设计图形象性差；网络计划抽象，往往难以理解和执行；二维图纸不方便各专业之间的协调沟通；不利于规范化和精细化管理。施工过程中的进度计划表示常用甘特图，由于专业性强，施工进度的可视化程度低，无法描述其复杂关系，变化过程难以表达[3]。

采用BIM技术，突破了二维限制，给施工进度管理带来不同体验，将BIM模型与进度计划结合，形成4D模型（3D+时间），进行施工进度模拟，不仅可以直观精确的反映施工过程，还能实时追踪进度状态，进行偏差分析，进行纠偏，以缩短工期、降低成本、提高质量[3]（图13、图14）。

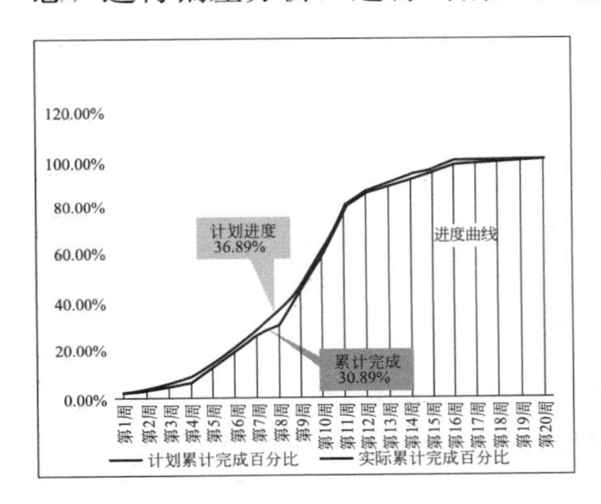

图13　进度曲线

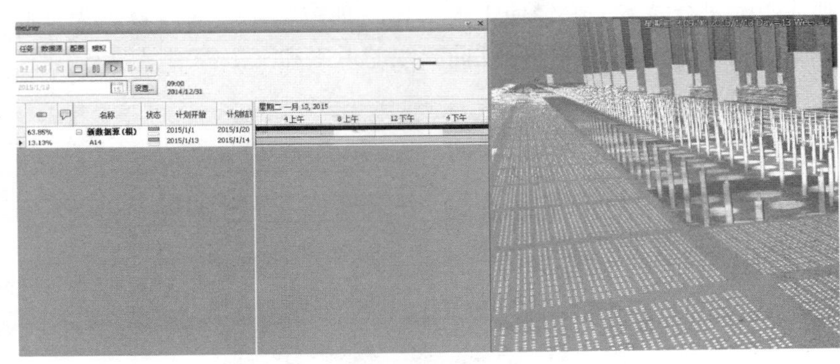

图14　高架地板施工进度模拟

指导施工：

随着BIM空间管理会议的进行，确定的方案落实到BIM模型中随时更新，并设计综合图纸、复杂位置剖面图、洞口定位图等，进行现场施工指导，使洞口定位更精确，避免了洁净厂房的特殊墙体结构在后期开洞造成的结构破坏。实现Autodesk 360云端查阅指导，使得查阅、指导施工的过程更直观、更高效（图15、图16）。

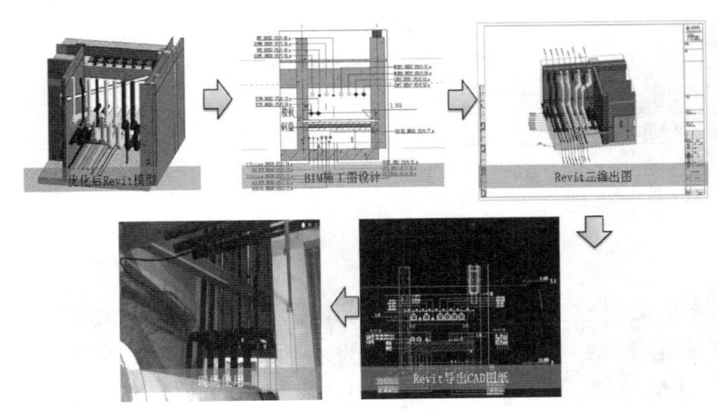

图15　管线定位指导洞口预留

图16　IPAD查阅指导施工

（5）非标预制加工

现场施工常出现空间紧张或管线繁多复杂位置的管线无法连接的情况，这是由于现场材料大多是常规标准尺寸，当发现安装问题时，需要在现场进行管道切割、非标构件的采购等。由于洁净室洁净管制后对洁净度有要求，加工区需要搭临时加工棚，保障周围环境洁净度。随着施工的进行，洁净管制等级也越来越高，对切割、动火会有很高的限制。这样，大大降低工作效率，影响施工进度；增加了问题区域整改的难度；切割后剩余的材料利用率低，造成材料浪费，不利于成本控制。

采用 BIM 技术配合配合预制加工，首先要确保 BIM 模型中的管材、壁厚、类型等参数要与施工所需的一致。其次，根据施工现场实际情况进行优化调整。再次，针对空间利用紧张、管线复杂的位置，将管材、壁厚、类型、长度和非标构件等信息导成一张完成的预制加工图，提供给加工厂进行预制加工[4]。最后，将预制加工好的管道及构件进行编号，送到现场安装。这样，既加快了施工进度、降低施工难度，又能对成本有效控制，同时，间接保护了洁净室内的环境。

（6）技术交底

传统的施工项目管理中的技术交底是以文字描述、二维图纸为主，工程师口头讲解的方式对工人进行交底。这种方式存在较大弊端，不同的工程师对工序有不同的理解，口头对工人交底时没有唯一标准，再加上一些抽象的技术术语，导致工人在理解时存在较大困难，交流过程中容易出现误解。这样，在施工过程中存在较大质量问题和安全隐患[5]。

采用 BIM 技术对复杂节点进行施工工序优化及模拟，通过交底会议，进行三维可视化演示，对工程师或工人进行技术交底，使工人更容易理解，交底的内容更为彻底。这样，既保证了工程质量，又避免了施工过程中容易出现的问题而导致的返工和窝工等情况的发生[5]（图 17）。

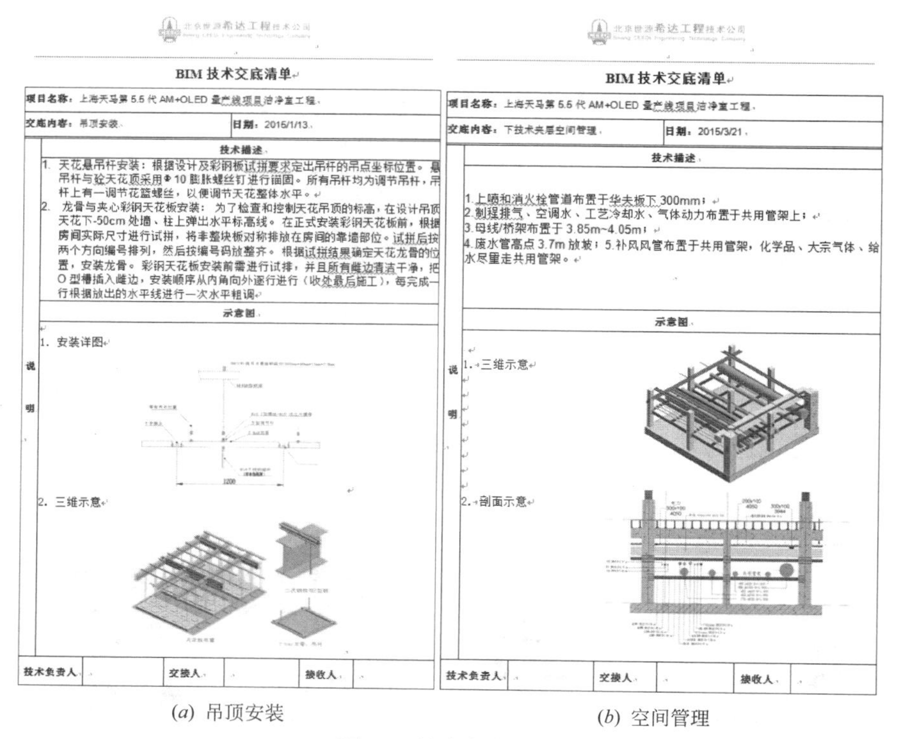

BIM 技术交底清单

项目名称：上海天马第 5.5 代 AM+OLED 量产线项目洁净室工程	
交底内容：吊顶安装	日期：2015/1/13
技术描述	
1. 天花悬吊杆安装：根据设计及彩钢板试拼要求定出吊杆的吊点坐标位置。悬吊杆与砼天花顶采用Φ10 膨胀螺丝钉进行锚固。所有吊杆均为调节吊杆，吊杆上有一调节花篮螺丝，以便调节天花整体水平。 2. 龙骨与夹心彩钢天花板安装：为了检查和控制天花吊顶的标高，在设计吊顶天花下-50cm 处墙、柱上弹出水平标高线。在正式安装彩钢天花板前，根据房间实际尺寸进行试拼，将非整块板对称排放在房间的靠墙部位。试拼后按两个方向编号排列，然后按编号码放整齐。根据试拼结果确定天花龙骨的位置，安装龙骨。彩钢天花板安装前需进行试排，并且所有雌边清洁干净，把 O 型槽插入雌边，安装顺序从内角向外逐行进行（收处最后施工），每完成一行根据放出的水平线进行一次水平粗调	
示意图	
说明	1. 安装详图 2. 三维示意
技术负责人：	交接人：　接收人：

BIM 技术交底清单

项目名称：上海天马第 5.5 代 AM+OLED 量产线项目洁净室工程	
交底内容：下技术夹层空间管理	日期：2015/3/21
技术描述	
1. 上喷和消火栓管道布置于华夫板下 300mm； 2. 制程排气、空调水、工艺冷却水、气体动力布置于共用管架上； 3. 母线/桥架布置于 3.85m~4.05m； 4. 废水管高点 3.7m 放坡；5. 补风风管布置于共用管架，化学品、大宗气体、给水尽量走共用管架。	
示意图	
说明	1. 三维示意 2. 剖面示意
技术负责人：	交接人：　接收人：

(*a*) 吊顶安装　　(*b*) 空间管理

图 17　技术交底清单

2.4　竣工交付阶段

工程施工的全阶段所积累的 BIM 数据，最终是要交付业主，依据业主需求，为业主提供增值服务，为后期的运营维护阶段提供基础。在交付前，对施工 BIM 模型进行与现场的一致性复合，并交付业主、管理公司核查验收。通过后，将所需的非几何信息添加至施工模型中进行完善，最终得到竣工模型。

除模型交付外，还包括前期准备阶段资料交付、工程视图交付、文档表格类交付、分析报告类交付、多媒体等（图 18、图 19）。

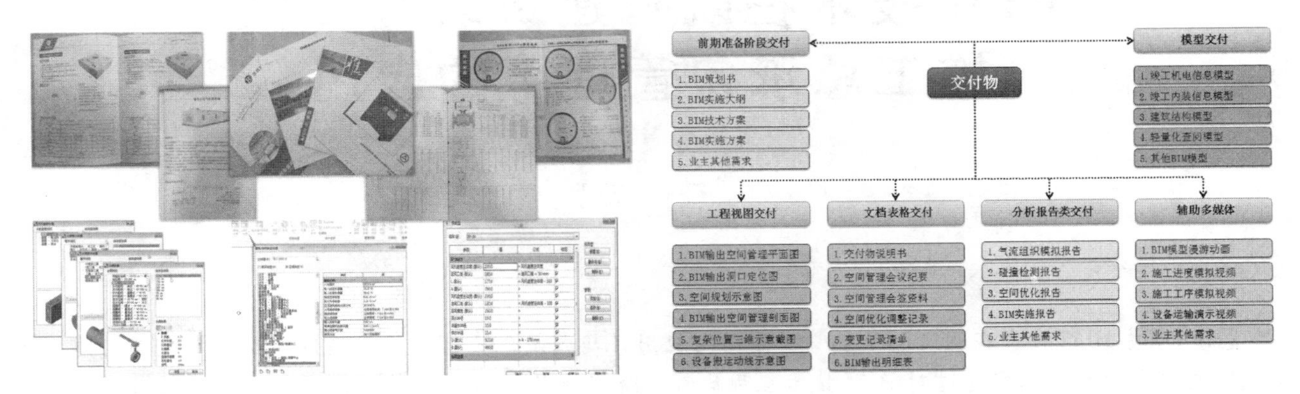

图 18　厂家设备信息录入至 BIM 模型

图 19　交付物

3　总　结

通过上海天马第 5.5 代 AM+OLED 量产线、厦门天马第 6 代 LTPS TFT-LCD 及 CF 生产线、武汉华星第 6 代 LTPS、合肥京东方第 10.5 代 TFT-LCD 等洁净厂房建设项目的 BIM 技术应用，总结带来的核心价值如下：

（1）BIM 招投标应用，提高中标率：采用 BIM 技术优化技术方案，提高了方案的含金量。同时，给业主带来了 BIM 增值服务，大大提高了竞争优势。

（2）快速算量，精度提升：BIM 数据库的创建，可以准确快速计算工程量，提升施工预算的精度与效率，使现场采购更为准确，对控制成本有很大帮助。

（3）3D 渲染，直观展示：真实数据更为直观的体现在人们眼前，工程施工的全过程都在可视化状态下进行，提高了各包商间的交流、沟通、协调的效率。

（4）提高工程质量、降低成本、加快施工进度：减少施工阶段的错误损失和返工的可能性，减少材料浪费，对控制成本的效果明显。利用优化方案，进行施工交底，提高施工质量，有效降低安全隐患。同时也提高了与业主沟通的能力。

（5）气流分析，保障洁净度要求：气流模拟，分析出影响洁净室洁净度的问题，优化气流，保障洁净度。

创建模式上，通过工程施工的实践，结合洁净厂房的特点，探索出一套符合洁净工程的 BIM 施工周期的流程与方法，并在原先基础上加强了软件间的数据交互，深化了各方协作。优化细节上，对于项目中 BIM 在施工周期应用的关键环节、需要分析的内容、数据交互格式、多方协作模式进行了深入的探索，确定了目前技术条件下基于 BIM 技术的项目全生命周期管理的方法和步骤。

参 考 文 献

[1]　上海市室内环境净化行业协会组织编写. 洁净工程应用技术［M］. 北京：中国劳动社会保障出版社，2012.

[2]　吴忠良. 为什么要用 BIM 来工程投标?［EB/OL］.［2016-01-13］. 建筑工程鲁班联盟.

[3]　刘占省，赵雪峰. BIM 技术与施工项目管理［M］. 北京：中国电力出版社，2015.

[4]　丁烈云. BIM 应用 · 施工［M］. 上海：同济大学出版社，2015.

[5]　於可佳，刘国峰，张辉. BIM 技术在施工进度管理及施工技术交底中的应用［J］. 施工技术，2015，5（19）.

BIM 技术在既有建筑改造工程施工总承包管理中的应用

王　天

（上海建工集团股份有限公司总承包部，上海 200433）

【摘　要】BIM 技术在施工总承包管理方面的应用日趋成熟，既有建筑改造是当前城市更新与建筑再生领域的热点问题。本文通过对 BIM 技术应用优势及既有建筑改造施工总承包管理需求的关注，分析将 BIM 技术应用于既有建筑改造工程施工总承包管理的必要性。结合上海某改建工程项目特点，为既有建筑改造工程的施工总承包方案策划、进度及质量管理提供应用参考。

【关键词】既有建筑改造；BIM 技术；方案策划；进度管理；三维扫描

1　既有建筑改造工程的施工总承包管理现状

既有建筑是指迄今为止仍然还在使用的旧建筑，是原建筑或改造后具有社会价值、经济价值且可免于拆除的居住建筑、商业建筑、工业建筑和公共建筑等的总称。我国存在大量既有建筑，不同时代的既有建筑存在不同的特点和不同的改造需求。对既有建筑进行合理改造，既可以延长原建筑的使用寿命、提高安全性、改善节能性，又可以继承和保护历史风貌、促进改造建筑与本土文化及周边环境的融合。

1.1　既有建筑改造工程的施工类别

我国既有建筑改造的发展历程从以上海新天地石库门建筑改造为例的危旧历史房屋改造到以东三省棚户区安居改造为例的普通既有建筑的更新再利用，再到以北京 798 工厂为例的建筑性能转型升级，改造需求逐渐从单一的结构安全加固，扩展到建筑单体乃至区域空间的综合改造。针对不同的改造目的，需要对既有建筑进行体量改变、功能改变或性能改变，改造工程的施工类别大致可分为安全性改造、功能性改造和节能改造三类（图 1）。

1.2　既有建筑改造工程的施工总承包管理特点

既有建筑改造工程的施工环境不同于新建建筑，所以对施工总承包管理提出了更高的要求和挑战，主要体现在：

（1）施工空间影响。施工时既有建筑的结构构件和设备管道已经存在或正在使用，施工现场空间受到限制，部分施工工艺可能难以按照常规方式实施，施工总承包单位需要制定合理可行的改造施工方案。

（2）施工时间影响。改造施工过程中，建筑物内或附近区域可能仍处于正常生产生活状态，施工总承包单位必须尽量减少改造施工对周边环境的影响。

（3）施工安全影响。施工前原建筑本身存在一定安全隐患，既有构件的修整面临加速构件破坏的风险，这对施工总承包单位的安全保障措施提出更严格的要求。

（4）施工资料影响。除了进行常规的水文地质勘察，既有建筑的原始信息收集和结构可靠度检测也是施工前不可或缺的重要准备工作。然而由于年代久远或保存不善，原始资料往往不够精确和完整，施工总承包单位需要消耗大量人力物力进行建筑信息的调查和补充。

（5）施工组织影响。相比于新建建筑的施工流程，既有建筑改造工程施工增加了原始资料收集、建

【作者简介】王天（1993-），女，BIM 工程师。主要研究方向为 BIM 技术在施工总承包管理中的应用。E-mail：18217164846@163.com

筑现状测量、沉降观测、结构安全性检测、结构加固与拆除、配套系统改造等特殊环节，同时既有建筑在施工过程中可能出现各种不确定状况，要求施工总承包单位必须实现周密的资源组织和高效的工程管理。

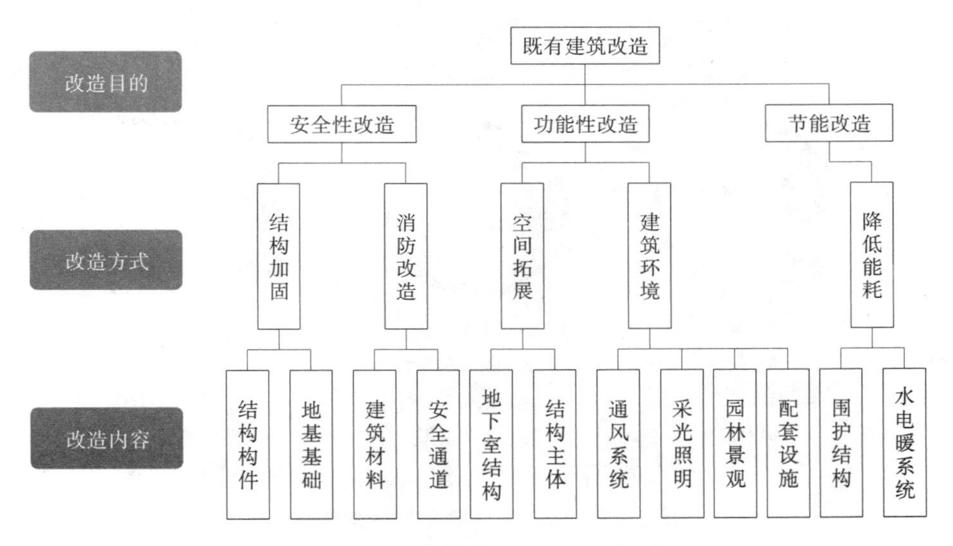

图 1　既有建筑改造工程施工类别

2　应用 BIM 技术的必要性

在施工总承包管理中，应用 BIM 技术对既有建筑建立三维模型，整合既有建筑的原始信息和新增信息，能够实现对既有建筑的直观展示和建筑信息的电子化综合管理；将既有建筑和新增建筑模型进行碰撞检查和施工模拟，可以提前预见施工时的作业空间和冲突问题，从而合理安排施工方案和进度计划；利用 BIM 技术集成各参建方、各专业、各阶段的工程信息，根据现场实际情况及时调整施工组织计划和资源配置，能够减少由于施工管理问题造成的质量、进度、安全、成本等影响；基于 BIM 技术的竣工数据模型，能够作为竣工资料提交给业主，为运维阶段提供精确的建造数据及相关技术信息。

3　案例工程

3.1　项目简介

某音乐文化中心项目位于上海市浦东陆家嘴滨江金融城，对现存 1982 年上海船厂老厂房进行改扩建。在保留厂房主框架及外立面风格的前提下，新增地上五层、地下一层结构，占地面积 11340m^2，总建筑面积 31626m^2。既有厂房是高低跨钢筋混凝土排架结构，根据最新抗震要求进行拆除和加固施工；新增建筑地下结构采用钢筋混凝土框架剪力墙结构形式，地上结构采用钢结构框架支撑结构形式（图 2）。

图 2　案例项目既有建筑实拍照片及改造后效果图

3.2　BIM 应用概述

该项目位于上海市建设管理委员会要求全面应用 BIM 技术的六大重点功能区域之一，施工总承包单位自项目初期就组建 BIM 团队开展工作。通过制定项目实施过程的 BIM 应用方案，协调各专业分包单位整合标准化 BIM 成果，基于 BIM 模型实现设计管理、策划先行、技术交底、进度模拟、方案演示、质量检查等，在技术、进度、质量、安全、成本等方面提高了施工总承包管理效率（图 3）。

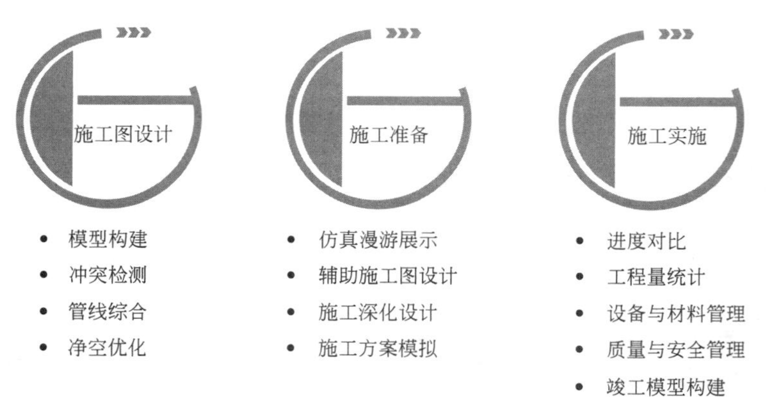

图 3　案例项目施工阶段 BIM 应用概览

4　基于 BIM 技术的总承包施工方案策划

4.1　工程难点

本项目既有厂房为由基础梁、排架柱、抗风柱、吊车梁、托梁、屋架及天窗架等构件组成的排架结构，构件之间存在众多水平支撑或垂直支撑体系。排布紧密的既有结构构件严重限制了施工空间，交错重叠的支撑体系使得无法通过搭设塔吊实现垂直运输。如何在有限的施工空间、利用有限的施工设施，合理安排拆除构件及新增构件、设备的运输方案，是施工总承包方面临的巨大挑战。

4.2　方案策划应用

将 BIM 技术手段引入运输方案的策划过程，在模型中查看构件、设备进出施工现场的三维空间，为不同型号、不同位置的构件及设备制定合理的运输方案。通过动画的形式演示运输方案模拟，进一步验证方案的可行性并及时作出调整，从而为每个在既有建筑中具有运输难度的大型构件或设备策划最优运输路径（表 1）。

案例项目部分大型排风管运输方案（示例）　**表 1**

序号	编号	尺寸	位置	入口
1	EA-501	1400×1200	5F-17～18/F～G	N3
2	SEA-505	2000×750	5F-19～20/H～J	E2
3	OA-402	1500×800	4F-3～4/H～J	W2

5　基于 BIM 技术的总承包施工进度管理

5.1　工程难点

本项目新建钢结构吊装施工受到既有厂房结构限制，吊装作业空间狭小、安装位置要求精确、施工工序关系复杂，合理安排施工流程难度较大。传统的进度计划横道图和资源计划直方图已不能满足改造工程施工总承包管理对计划优化和进度管控的需求。

5.2　进度管控应用

BIM 技术在三维模型的基础上附加时间，根据时间参数模拟实际建造的过程，为满足既有建筑改造工程施工总承包进度管控要求提供了两种途径：一是施工进度模拟，二是实际进度与计划进度对比（图 4）。

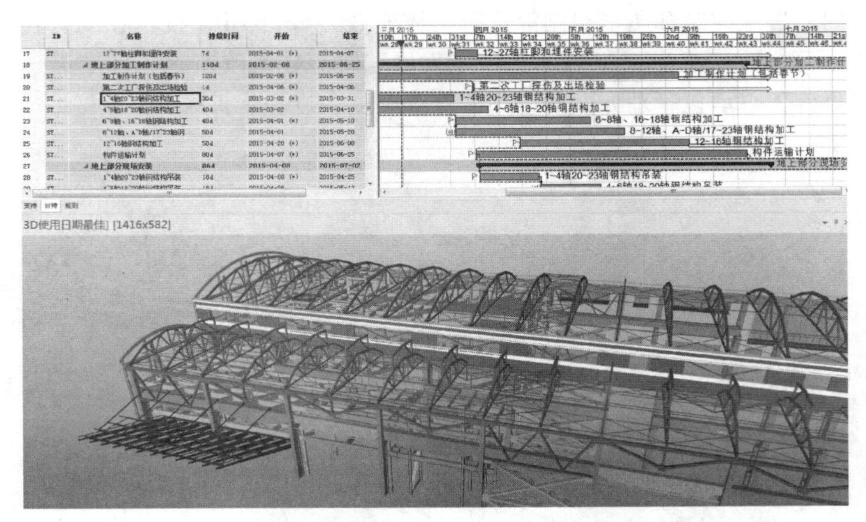

图 4　案例项目新建钢结构吊装进度模拟（计算机截图）

将三维模型按照施工流水段和施工工序细致拆分，在 BIM 软件中赋予建筑构件、施工机械、设备设施以时间信息，并与项目进度计划文件关联，即可采用动画的形式表现施工过程的动态变化，查看每个时间点施工现场作业区间、场地布置、资源需求等情况。在虚拟环境下发现施工过程存在的问题和风险，可以迅速对模型和计划进行修改，从而优化施工进度管理。

在根据原有计划完成施工进度模拟的基础上，导入现场实际施工的进度文件并与模型关联，BIM 软件自动对比分析两版进度的差异，并在模型中以不同颜色加以区分，直观展示施工过程进度提前或滞后的工序，有利于施工总承包方及时发现问题、加强施工进度管控。

6　基于 BIM 和三维扫描技术的总承包施工质量控制

6.1　BIM 和三维扫描技术集成

三维激光扫描技术被称为“实景复制技术”，采用非接触式高速激光测量方式，快速获得被测目标的测绘数据和影像数据，通过后处理软件对采集的点云数据和影像数据进行分析处理，最终完整、高精度地重建实体。

三维激光扫描生成的点云数据经过软件处理，可以转化成 BIM 模型。将三维扫描模型与进度模拟 BIM 模型进行比对，能够快速反映施工现场实际工况，分析施工进度偏差进而加强进度控制。将反映施工现场的实际模型与设计 BIM 模型进行比对，精确实测关键施工验收部位，能够准确地发现出现施工质量问题的部位和工序，实现施工质量的实时控制和监管。

6.2　质量管控应用

项目开工前，BIM 团队利用三维激光扫描设备获取既有厂房建筑的外立面和内部点云数据。在专业软件中处理点云模型后，基于点云数据对老厂房结构 BIM 建模，从而获得既有厂房建筑模型和数据信息（图 5）。

项目施工期间，BIM 团队多次对施工现场进行三维激光扫描，查看现场新建钢结构是否存在施工偏差（如整体平整度、柱子偏位、梁的平整度、开洞洞口位置等），检查施工质量，提前发现尺寸偏差并修改模型，提醒后续进场施工单位进行图纸调整，避免造成后续施工工序延误，导致拖延工期的情况发生（图 6）。

7　结　语

BIM 技术在新建项目施工总承包管理的应用已经引起建筑施工行业管理模式和管理效率的变革，而 BIM 技术在既有建筑改造项目中的应用尚处于起步阶段。本文基于既有厂房改造项目案例，对施工总承包管理中的方案策划、进度控制和质量控制等进行具体实践，分析 BIM 技术在既有建筑改造项目施工总承包管理中的优势和可行性。随着 BIM 技术进一步发展，既有建筑改造施工标准进一步完善，BIM 技术在既有建筑改造项目施工总承包管理方面的应用深度和广度会进一步扩大。

图 5　案例项目既有建筑模型

图 6　BIM 团队三维扫描操作及点云模型（计算机截图）

参 考 文 献

[1] 上海市住房和城乡建设管理委员会 . 2017 上海市建筑信息模型技术应用与发展报告 [EB/OL] . [2017-06-01] . 上海建筑信息模型技术应用推广中心 .

[2] 王清勤，陈乐端 .《既有建筑改造年鉴》（2012 卷）编制 [J] . 建设科技，2013，(13)：33.

[3] 张红歌 . BIM 技术在既有建筑改造中的应用探究 [D] . 西南交通大学，2016.

[4] 杨震卿，郭友良，张强，等 . BIM（4D）方案模拟在总承包施工进度管理中的应用 [J] . 建筑技术，2016，(08)：686-688.

[5] 张俊，张宇贝，李伟勤 . 3D 激光扫描技术与 BIM 集成应用现状与发展趋势 [J] . 价值工程，2016，(14)：202-204.

倾斜摄影、虚拟现实与 BIM 融合技术在中兴大桥及接线工程中的应用

刘　辉，袁胜强，顾民杰，何武超

（上海市政工程设计研究总院（集团）有限公司，上海 200092）

【摘　要】 宁波中兴大桥为当今全球最大跨径的单索面矮塔斜拉桥，大桥建设条件苛刻、桥梁构造复杂、施工场地有限，从方案阶段开始使用 BIM 进行正向设计，并引入倾斜摄影、虚拟现实等新技术，在国内大型市政桥梁工程中第一次实现了倾斜摄影与 BIM 技术的融合。

【关键词】 倾斜摄影；虚拟现实；BIM 融合技术；大型桥梁工程

1　工程概况

中兴大桥及接线工程起于宁波市中兴路-江南路口，沿中兴北路跨越甬江，止于青云路，全长约 2.62km，是通途路与世纪大道间跨甬江重要的交通主干道。工程总投资 22.6 亿元，主桥采用上层机动车、下层非机动车的双层布置，主跨 400m，V 形桥塔桥面以上高度 37m，为当今全球最大跨径的单索面矮塔斜拉桥（图 1）。

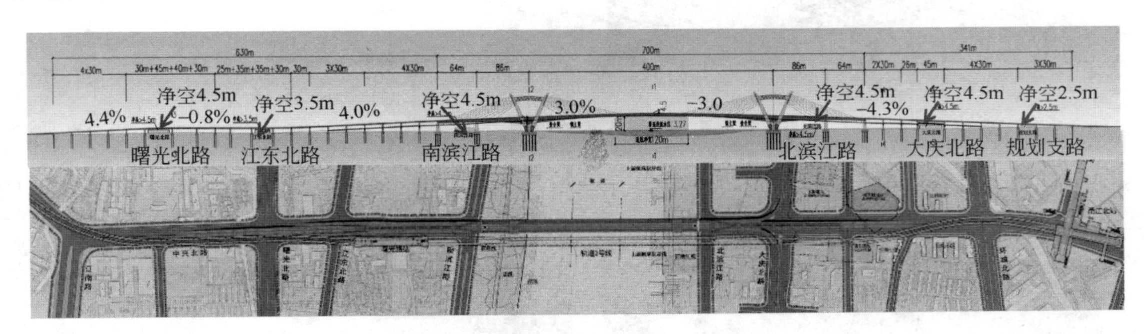

图 1　工程概况

工程不仅设计难度高，而且周边环境复杂，地铁 3 号线边缘距桩基最近距离为 2m，沿线拆迁建筑超过 12 万 m^2，同时地下管线迁改工作量大。项目从方案阶段开始使用 BIM 进行正向设计，并积极引入倾斜摄影、虚拟现实等新技术，实现与 BIM 的融合应用。

2　倾斜摄影技术

倾斜摄影测量技术是近年来发展起来的一项新的测量技术。它改变了以往航测遥感影像只能从垂直方向拍摄的局限性，通过在同一飞行平台上搭载多台传感器，同时从垂直、倾斜不同的角度采集影像，同时记录航高、航速、坐标等参数，然后通过专业程序对倾斜影像进行自动分析和整理，从而获得真实三维影像（图 2）。

倾斜摄影具有很多技术优势。它通过快速的影像数据采集、自动化的三维建模实现外业、内业的高效率工作，测绘精度达厘米级，构建的三维场景真实反映地物的外观、位置、高度等属性，并且影像数

【作者简介】 刘辉（1985-），男，工程师。从事桥梁工程设计及 BIM 应用工作。E-mail：liuhui@smedi.com

据可量测，同时输出 DSM、DOM、三维网格模型、点云数据模型等多种数据成果。

(a) 正射影像获取示意

(b) 同一地物四个倾斜摄影影像

图 2　正射摄影与倾斜摄影影像获取

本项目在方案阶段引入倾斜摄影技术，利用 1 台旋翼摄影相机，2 个工作人员花 2 天时间即完成 3.0 平方公里的现场拍摄，再利用 2 天时间完成自动建模。无论是外业影像拍摄还是内业数据处理效率都大大提高（图 3）。

(a) 倾斜摄影现场拍摄

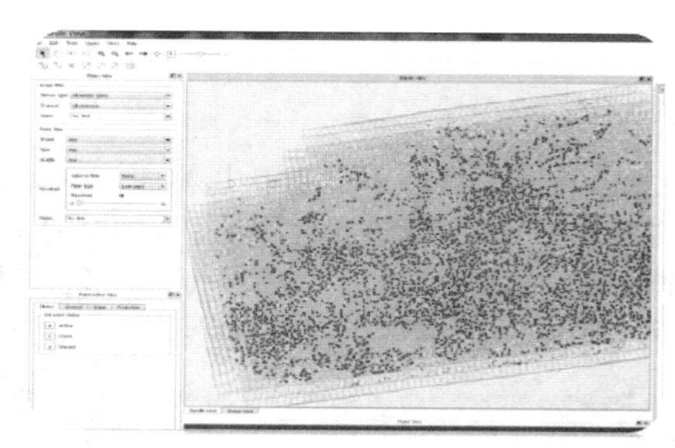

(b) 自动空三匹配

图 3　倾斜摄影外业拍摄与内业数据处理

通过倾斜摄影可以构建工程的真实三维场景，输出的点云数据格式可与达索、欧特克等多种 BIM 平台兼容，直接应用于三维场景设计（图 4）。

图 4　倾斜摄影构建真实三维场景

基于倾斜摄影数据的可量测性，结合项目的规划条件，可准确计算场地平整方量，且可用于明确可征范围土地的物理属性，了解地区内河道、城市道路、市政配套设施及动迁房分布情况等基础信息，通过多次拍摄掌握场地在动拆迁期间的动态变化，辅助土地征用决算（图 5）。

图 5　倾斜摄影数据测量土地方量

3　SMEDI-RDBIM

我院自主研发了基于 CATIA、面向道路交通设计的 SMEDI-RDBIM 系统，该系统分为地形建模、设计建模、BIM 模型应用和设计方案评估等 4 个模块，如图 6 所示。

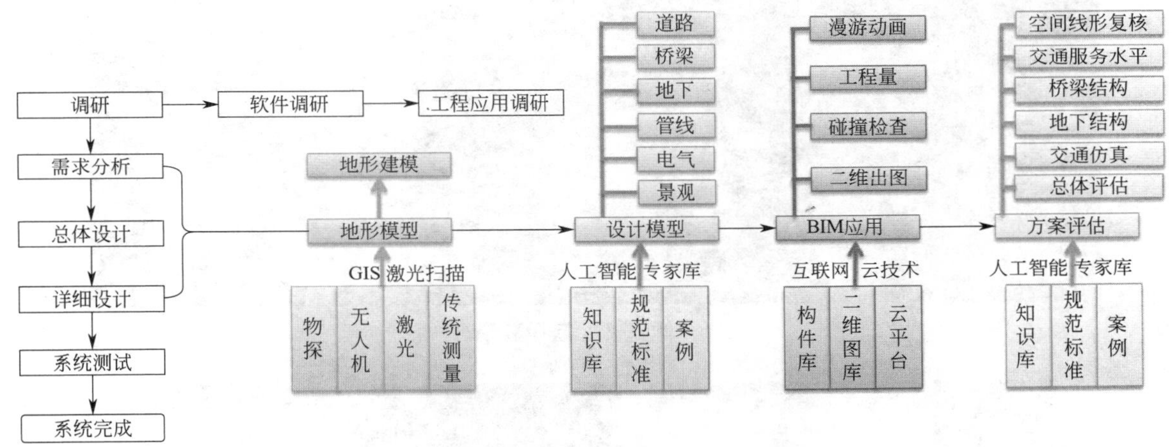

图 6　自主研发 SMEDI-RDBIM 系统

软件可进行道路中心线平、纵设计，快速生成三维中心线；基于中心线、横断面等信息进行道路模型的快速创建；一键式完成桥梁布跨设计以及管线和附属设施的设计。

相比 CATIA 直接建模，SMEDI-RDBIM 系统将道路桥梁及管线的建模效率提高了近 10 倍（图 7）。

4　倾斜摄影与 BIM 融合及虚拟现实

将倾斜摄影真实三维场景与桥梁工程 BIM 精确模型分别导出 .fbx 格式，在 3ds max 平台进行融合，并将融合后的模型导入 Unreal 虚拟现实引擎，通过分析项目建设对周边环境的影响确定桥梁方案。经分析，矮塔斜拉桥与周边环境融合良好，V 形主塔象征“积极向上、正能量”，和横梁一起，共建“面向世界、展望未来”的“未来之窗”。该项应用在国内大型市政桥梁工程中第一次实现了倾斜摄影与 BIM 技术的融合，并利用虚拟现实技术进行方案比选（图 8）。

借助虚拟现实统一的可视化协同平台，有效解决了不同设计专业之间的界面协同问题，同时运用虚拟决策优选各方意见，综合景观效果、工程造价及实施条件等多种因素，确定设计内容。通过设计师和专家的虚拟代入式体验，从合理性和人性化的角度，对项目进行设计优化，完善交通标志、景观及灯带等细节设计（图 9）。

图 7　利用 SMEDI-RDBIM 系统快速建模

图 8　倾斜摄影与 BIM 融合

图 9　虚拟现实代入体验优化细节设计

5 总　结

中兴大桥建设条件苛刻、桥梁构造复杂、施工场地有限、施工工艺先进，为攻克项目的多项建设难题，从项目方案阶段开始使用BIM进行正向设计，并积极引入倾斜摄影、虚拟现实先进技术，结合我院自主研发的基于CATIA、面向道路交通设计的SMEDI-RDBIM快速建模系统，在国内大型市政桥梁工程中第一次实现了倾斜摄影与BIM技术的融合，并运用虚拟现实技术的带入体验，确定桥型方案，优化桥梁景观等细节设计。

参考文献

[1] 杨国东，王民水．倾斜摄影测量技术应用及展望［J］．测绘与空间地理信息，2016，39（1）：13-18.

[2] 王庆栋．新型倾斜航空摄影技术在城市建模中的应用研究［D］．兰州：兰州交通大学，2013.

[3] 李镇洲，张学之．基于倾斜摄影测量技术快速建立城市3维模型研究［J］．测绘与空间地理信息，2012，35（4）：117-119.

[4] 王伟，黄雯雯，镇姣．Pictometry倾斜摄影技术及其在3维城市建模中的应用［J］．测绘与空间地理信息，2011，34（3）：181-183.

BIM＋二维码技术在项目管理中的探索应用

李晓婷

（上海建工集团股份有限公司总承包部，上海 200080）

【摘　要】BIM技术在工程建设项目管理过程中已能够发挥巨大作用，通过数字化手段将项目各阶段统一联系起来，通过可视化、模拟化、协同化等功能，更有效地协调各参建方，形成一种以BIM模型为基础，以BIM应用为重点的新型项目管理模式。现将BIM与二维码技术相结合，二维码的唯一性使模型与现场紧密联系在一起，使其成为信息追溯的存储载体，BIM＋二维码技术的创新，简化工作流程，辅助现场施工，明显提高项目管理的整体水平。

【关键词】BIM技术；二维码技术；项目管理

1　BIM＋二维码技术应用介绍

1.1　BIM技术应用简介

在建筑行业领域，BIM技术已不再是新鲜词汇，政府在规划中也曾提出要全面提高行业信息化水平，重点推进建筑企业管理与核心业务信息化建设和专项信息技术的应用目标。BIM技术与项目管理的结合不仅是政府的导向要求，也是建筑业信息化发展的必然趋势。基于BIM技术的项目管理模式，目的在于以数字化方式创建、管理及共享信息。在总承包项目管理原有模式下，基于BIM技术在可视化、协调性、模拟性及优化性等方面特性优势，能够在技术、质量、进度、安全等各个条线充分发掘传统技术的潜在能力，使其更充分、更有效地为工程项目管理工作服务。

1.2　二维码技术简介

二维码是由某种特定的几何图形按一定规律在平面（二维方向上）分布的黑白相间的图形记录数据符号信息的；使用几何形体来表示文字数值信息，通过图像输入设备或光电扫描设备自动识读以实现信息自动处理。

美国、德国、日本等国家，不仅已将二维码技术应用于公安、外交、军事等部门对各类证件的管理，而且也将二维码应用于海关、税务等部门对各类报表和票据的管理，商业、交通运输等部门对商品及货物运输的管理、邮政部门对邮政包裹的管理、工业生产领域对工业生产线的自动化管理。随着我国市场经济的不断完善和信息技术的迅速发展，国内对二维码这一新技术的需求与日俱增。

1.3　二维码技术应用特点

二维码应用范围越来越广泛，其应用变得越来越普及，二维条码具有储存量大、保密性高、追踪性高、抗损性强、备援性大、成本便宜等特性，这些特性特别适用于表单、安全保密、追踪、证照、存货盘点、资料备援等方面。

在移动互联业务模式下，人们的经营活动范围更加宽泛，也因此更需要适时的进行信息的交互和分享，作为物联网产业中的一个环节，二维码的应用不再受到时空和硬件设备的局限，在建筑工程施工过程中，可以通过物联网与BIM技术，实现施工现场物料流通的适时跟踪和进度责任追溯；辅助现场管理人员对整个项目的把控，以进一步提高项目管理手段，将项目资料信息与BIM模型结合，通过唯一的二维码实现与施工现场的信息传递。

【作者简介】李晓婷（1988-），女，项目管理/助理工程师。主要研究方向为BIM技术与项目管理。E-mail：scg_linda@163.com

2　BIM十二维码在项目管理中的应用探索

2.1　BIM十二维码之施工技术交底

施工技术交底实为一种施工方法，由相关专业技术人员向参与施工的人员进行的技术性交待，其目的是使施工人员对工程特点、技术质量要求、施工方法与措施和安全等方面有一个较详细的了解，以便于科学地组织施工，避免技术质量等事故的发生。各项技术交底记录也是工程技术档案资料中不可缺少的部分。

基于 BIM 模型＋二维码的技术交底，是利用三维建模软件对分项工程的内容构件进行建模，例如钢筋绑扎、排架模板搭设等内容，均可利用三维模型所见即所得的可视化优势，进行基于 BIM 技术的施工技术交底。将相关三维模型及技术交底相关资料文档链接制作成二维码，二维码的唯一性确保文件与模型的一一对应，可将二维码进行打印并粘贴在施工区域，供施工班组人员进行查阅。工人在施工过程中，遇到问题，仅需通过二维码扫一扫的方式就能知道正确的施工方法，无需再去寻找相关的纸质文档。不仅为施工人员提供便利，项目管理人员也能通过整理二维码来整理工程技术档案资料。

2.2　BIM十二维码之质量管理追溯

施工企业要保证工程质量，必须全面、全员、全过程地进行质量管理，工程质量是各施工单位各部门、各环节及各项工作的综合体现。作为施工单位必须建立施工现场质量管控体系，其重心是建立项目工程的质量责任制。质量责任制要明确目标，职责分明，权责一致，避免互不负责、互相推诿，影响施工质量等问题。

基于 BIM 模型＋二维码的质量管理追溯，是将施工过程中需记录包括产品信息、检验信息、安装信息、质量检查及验收信息等添加至三维模型中。例如大底板混凝土浇筑过程，在三维软件中添加大底板构件信息、尺寸信息、混凝土强度等级、设计单位、混凝土厂商、施工分包、施工班组负责人、质量检查验收等信息。要保证整个质量管控系统中各个环节均不脱节，对施工质量从产品源头到检查验收全过程都建立基于 BIM 模型的信息数据库，并生成唯一的二维码，将二维码贴至现场。在施工现场通过二维码扫一扫的方式，能够让项目质量管理人员对施工现场各个环节的资料信息及时了解和监督，对发现的质量问题能够进行过程追踪，确保质量问题有人认领，确保施工质量安全可靠。

2.3　BIM十二维码之进度计划管控

在施工项目进度管理中，制定出一个科学、合理的项目进度计划，为项目进度的科学管理提供了可靠的前提和依据，其方法是必须以项目进度计划为依据，在实施过程中对实施情况不断进行跟踪检查，收集有关实际进度的信息，比较和分析实际进度与计划进度的偏差，找出偏差产生的原因和解决办法，确定调整措施，对原进度计划进行修改后再予以实施。

基于 BIM 模型＋二维码的进度计划管控，将建立施工阶段三维模型，并按照进度计划任务和施工区域将模型进行合理的拆分。将进度计划任务与模型进行一一关联，按照每月进度计划制作 4D 进度模拟月进度计划方案，对进度计划实时跟踪管理，对实际进度的原始数据进行收集、整理、统计和分析，将实际进度信息附加或关联到进度计划模型中，与实际进度进行对比，输出项目的进度时差，提前指定进度预警规则，明确预警节点及提前量，根据进度分析信息，对应规则生成醒目进度预警信息。将相应进度分析结果和预警信息，调整后续进度计划，将其制作成进度管理二维码，辅助项目进度管理人员对项目进度计划进行实时管控。

2.4　BIM十二维码之安全管理预警

安全管理是施工生产中重要的组成部分，目的是预防和消灭事故，防止或消除事故伤害，保护劳动者的安全与健康。施工安全管理不是处理事故，而是针对施工生产的特点，对生产因素采取有效管理措施，预防控制不安全因素的发展和扩大，把可能发生的事故隐患消灭在萌芽状态，以保证施工生产活动正常有序进行及其人员的安全与健康。作为项目管理方能够针对项目的特点进行安全策划，规划安全作业目标，确定安全技术措施，对现场的安全问题进行提前预警。

基于BIM模型＋二维码的安全管理预警，建立符合现场的安全管理模型，利用此模型向有关人员进行安全技术交底，辅助识别风险源，将安全检查信息、风险源信息、事故易发信息等与模型进行关联。并制作安全管理措施文件二维码，项目人员拿出手机扫一扫就能知道此阶段容易发生何种安全事故及安全防范措施，提前进行安全管理预警，提升施工人员自己对自己行为管理的能力，项目管理人员也可通过BIM模型及二维码信息针对特定安全问题提前进行环境管理，从而辅助现场进行安全管理。

3　BIM＋二维码技术项目管理应用实例

某工程高铁站房项目，站房建筑面积约5万m^2，东西长约268m，南北面宽约96～188m，建筑高度38.3m，整体平面呈工字形。站台雨棚面积约3万m^2，南北长度450m、550m，建筑高度5.68m，断面呈Y字形。

在以往项目建造过程中，很多现场信息（比如重要设备）的采集无法及时反馈至项目管理者，很容易造成因信息的滞后以及不对称而导致决策错误和资源浪费。BIM＋二维码技术是当前解决现场信息采集不及时的方案之一。现场人员操作简单，与BIM模型同步方便，管理层获取数据无延迟（图1）。

图1　BIM＋二维码技术路线

通过BIM＋二维码技术的介入，使得传统的现场物料管理更清晰，更高效，信息的采集与汇总更加及时与准确。在项目的实施过程中，只是将二维码与BIM平台作为工作工具，不会也不必改变现有工作流程，有所改变的是部分工作方式。通过二维码，可以快速地做到BIM构件定位，查询构件属性及关联资料。二维码所关联信息能够在PC端进行更新，移动设备扫描二维码获取最新资料信息（图2）。

图2　BIM＋二维码质量管理流程

通过将质量管理文件与BIM模型构件关联起来，可以通过同一批次整理验收，现场工程师通过扫码关联验收表单，对设备构件的受损、质检合格做实际监管，提高构件进场验收的及时性与协调性。项目管理者现场发现一个质量问题或安全隐患，在现场用移动端即可创建问题、拍照，然后发送给责任人要求限期解决，责任人解决后，现场拍照并上传。整个过程，是将原来低效的线下操作模式改为线上，保证问题解决的速度及可追溯性，项目部及分公司全程可知可控。平台集成照片、表单资料、PDF、CAD 等各类文档在线查看预览功能，详细的文件夹分类、权限设置，满足项目现场实际资料需求，解决了现场查看各类资料不方便的情况；项目管理人员可将图纸、工艺视频等上传到平台，方便现场对工人进行施工交底查看预览资料（图 3）。

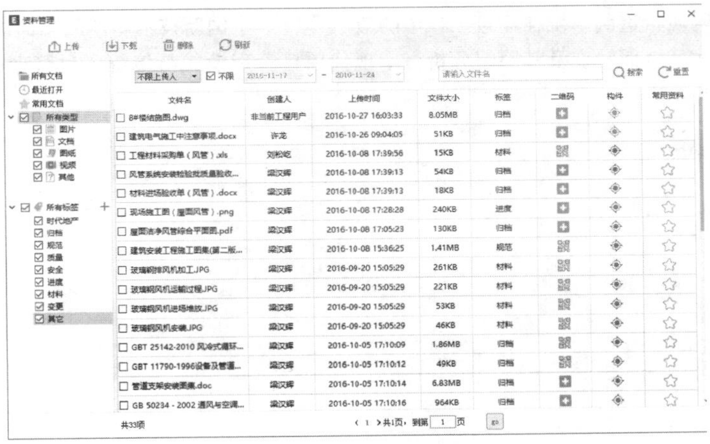

图 3　BIM＋二维码资料整理

项目管理者导入现场施工 project 计划，根据计划与模型进行关联，并将材料跟踪流程步骤与计划绑定，用 PC 端将任务分配不同的责任人；责任人收到任务后，将任务发布到现场施工相关解决人员移动端，现场人员通过移动端实时反馈任务完成情况与现场详细信息（包括现场照片、完成百分比和现场问题备注），责任人根据现场反馈信息进行任务结束划分，后续形成计划进度动画模拟（计划与实际对比进度动画模拟、实际进度模拟和实际与计划对比进度模拟）；项目管理者可根据现场收集的数据进行统计查看，实际追踪现场进度情况（图 4）。

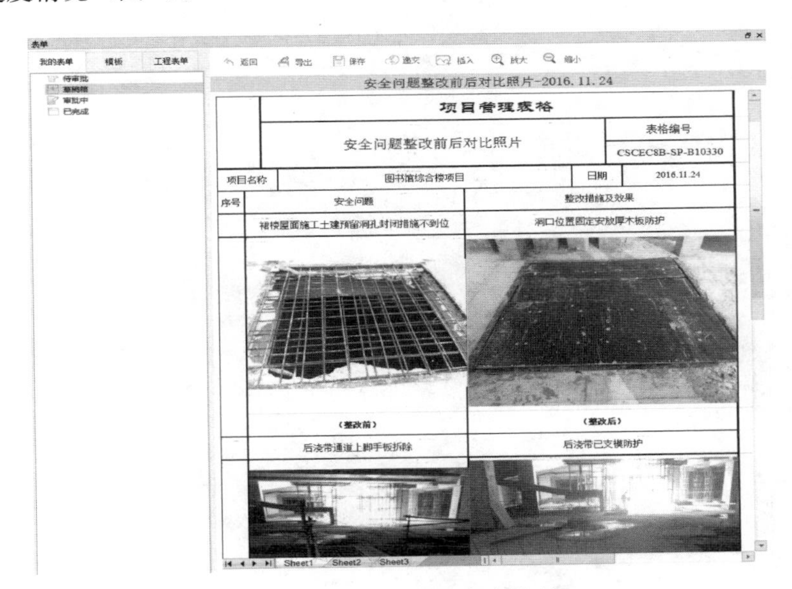

图 4　BIM＋二维码安全管理

4　结束语

建筑施工领域对项目管理提出了更高的要求，如何与国际先进建筑企业接轨，如何在施工领域中发挥基于 BIM＋二维码技术提高项目管理者的水平，项目管理人员要与时俱进，与各方各业都保持紧密联系，这样才能使建筑行业处于进步上升的状态。

参考文献

[1] 李鸿举．二维码技术在变电工程施工现场管理中的应用［J］．科技创新导报，2016，(07)：113-116.

[2] 丁立欢，窦市鹏．二维码在建筑工程物资管理过程中的应用［C］//工业建筑2016年增刊Ⅱ.2016.

[3] 梁贵才，潘伦发，代广伟，等．创新型二维码技术在项目施工管理中的应用［J］．建筑技术，2015，(S1)：159-160.

[4] 李力．可视化的二维码质量追溯系统在建筑工程中的应用［J］．中国新技术新产品，2014，(14)：12-13.

[5] 戚安邦．项目管理范式的全面转变及其原因分析——现代项目管理模式与传统项目管理模式的比较研究［J］．项目管理技术，2004，(03)：1-4.

简介 BIM 技术在幕墙工程深化设计阶段的应用

蒋泽南

（上海市建筑装饰工程集团有限公司工程研究院，上海 200040）

【摘　要】 BIM 行业直接促使建筑各个领域的变革和发展，颠覆传统幕墙行业的思维模式，改变现有的流程产生模式。作者以上海大宁星光耀项目幕墙的 BIM 应用分析，包括钢架的建模、出图和材料清单，探讨 BIM 技术在幕墙领域的应用及发展。

【关键词】 异形幕墙；钢结构深化；加工图

1　项目概况幕墙 BIM 应用简介

在 BIM 技术已经日趋成熟的今天，项目设计、施工方的各专业已陆续使用 BIM 技术在其各自领域中进行实践和应用，但是我国 BIM 技术在建筑幕墙的应用还处于起步阶段，仅仅是对几个地标性幕墙项目进行探索和尝试。本文通过上海大宁星光耀项目幕墙施工项目的 BIM 实际应用，介绍 BIM 技术在对幕墙项目深化设计过程的帮助。

2　项目简介及 BIM 应用点分析

上海大宁星光耀商场的幕墙总面积 27091.55m^2，其中玻璃幕墙 8300.65m^2，铝板幕墙 15409.39m^2，采光顶 528.34m^2，外门窗 2327.93m^2，栏杆 474.05m^2，百叶门窗 51.19m^2。此大楼定位于多功能的商业休闲综合体，在整个项目中以 1 号楼的造型最是特殊。土建整体造型以多曲面圆弧为设计构思，摒弃传统建筑物中的突出棱角，带给圆弧曲面的视觉体验。造型的优美，必定少不了能工巧匠的精心建设。

此项目的幕墙系统对深化设计及施工提出了极大的挑战：（1）大量非标准单元板块，节点无法重复使用；（2）大量幕墙面板无法用常规尺寸标准；（3）安装定位困难；（4）大量双曲面面板需要优化。

上述问题让工程公司的团队意识到，现有的幕墙深化方法、实施流程、加工工艺及安装方法无法满足此项目幕墙建造的需求，因此决定引入 BIM 技术到此项目的设计管理体系中。

在大宁星光耀幕墙施工阶段中主要遇到两大难点：（1）通过钢架修正土建浇筑带来的误差，为面板的吊挂提供基层；（2）建筑物曲面造型，面板种类繁多，尺寸参差不一，极大提升了加工及安装难度。

根据遇到的各类深化设计及施工问题，BIM 团队与项目部积极沟通，在项目开展前期明确了 BIM 配合方向，并确定了项目部 BIM 应用需求及集团 BIM 应用需求（表 1）。

大宁星光耀项目 BIM 应用点汇总表　　**表 1**

阶段	应用点	项目部需求	集团需求
深化设计	钢结构深化设计	√	√
	幕墙深化设计	√	√
	专业 BIM 建模	√	√
	各专业碰撞检查	√	√
	模型出加工图及料单	√	√

【作者简介】 蒋泽南（1989-），男，高级 BIM 工程师。主要研究方向为钢结构专业 BIM 设计。E-mail：460186104@qq.com

续表

阶段	应用点	项目部需求	集团需求
深化设计	计算分析		√
	施工质量控制		√
	施工安全控制		√
竣工验收	决算对量	√	√
	辅助运维	√	√
运维阶段	模型维护		√

3　项目应用点分析

本幕墙项目施工阶段中主要遇到两大难点：（1）通过钢架修正土建浇筑带来的误差，为面板的吊挂提供基层；（2）建筑物曲面造型，面板种类繁多，尺寸参差不一，极大提升了加工及安装难度。

基于项目出现的问题，BIM 小组成员通过 BIM 模型的建立，先确定现场钢架埋件位置各个平面控制点，通过现场测量数据与设计图纸数据的比对，确定土建基层完成面，为各个铝板大面、阳台玻璃面板、广告牌斜面玻璃、主入口曲面玻璃吊顶等钢架悬挑提供依据。为了给项目现场提供完备、直观的数据，BIM 的信息化概念针对性地为工厂和现场提供完全不一样的两套图纸，不仅仅为工厂提供曲面板展开后的尺寸，还为现场整体安装提供竖向定位标高和板面布置图。

3.1　钢结构深化设计

一个钢结构专业的完整 BIM 模型，它包含整个钢结构建筑的 3D 造型、组成的各个构件的详细信息和高强螺栓、焊缝等细部节点信息，可以导出用钢量、高强螺栓数量等材料清单，使工程造价一目了然。在钢结构施工中，BIM 实现了场外预加工，场内拼装的功能，而场内场外信息能准确流通的关键，就在于都通过 BIM 模型获取构件信息。

而实际上，建立模型的过程，是一次非常细致且全面的图纸会审过程。设计院发出的图纸中，往往没有考虑到专业交叉、现场施工等问题，错漏碰缺较多，在模型的建立过程中，我们需要读取图纸中的所有信息，反映到模型中，并结合自身经验，判定模型中的节点是否合理，现场施工是否能实现。将图纸问题和施工难题在建模阶段就予以解决，使后期施工的流畅性和经济性得到有效保证（图 1）。

在钢结构深化过程中解决的问题：

（1）针对现场已浇筑土建：根据设计土建结构图纸建立模型，通过施工现场实际土建测量和设计图纸中的对比，发现误差，调整钢架出图，以确保完成面。

（2）BIM 提前在模型中模拟土建、钢架、铝板三者之间的关系。

针对现场已浇筑土建：通过模型整合复核幕墙装饰完成面，针对现场已完土建，发现土建不能满足装饰完成面的位置，联系设计院或者业主方提出解决方案（图 2）。

针对现场未浇筑土建：通过模型整合复核幕墙装饰完成面，针对现场已完土建，发现土建不能满足装饰完成面的位置，联系业主方和设计方，提出建议。

3.2　钢结构加工图设计

为现场的钢架生产安装和面板生产安装提供清晰的数据统计，为施工材料进场计划、施工成本进度、项目成本测算等提供可靠依据（图 3～图 5）。

3.3　幕墙深化设计及加工图设计

本项目幕墙基于 BIM 技术的三维虚拟设计环境将设计信息、模拟信息快速地传递给项目协作伙伴，提高了协作方的沟通效率，实现了所见即所得，减少了因设计返工带来的经济损失。可视化可用于诸如幕墙边角、洞口、交界处、梁底收边等细部构造节点的设计交底，此外，通过可视化的展示，可以快速发现各专业之间的矛盾，有助于提高设计的质量。

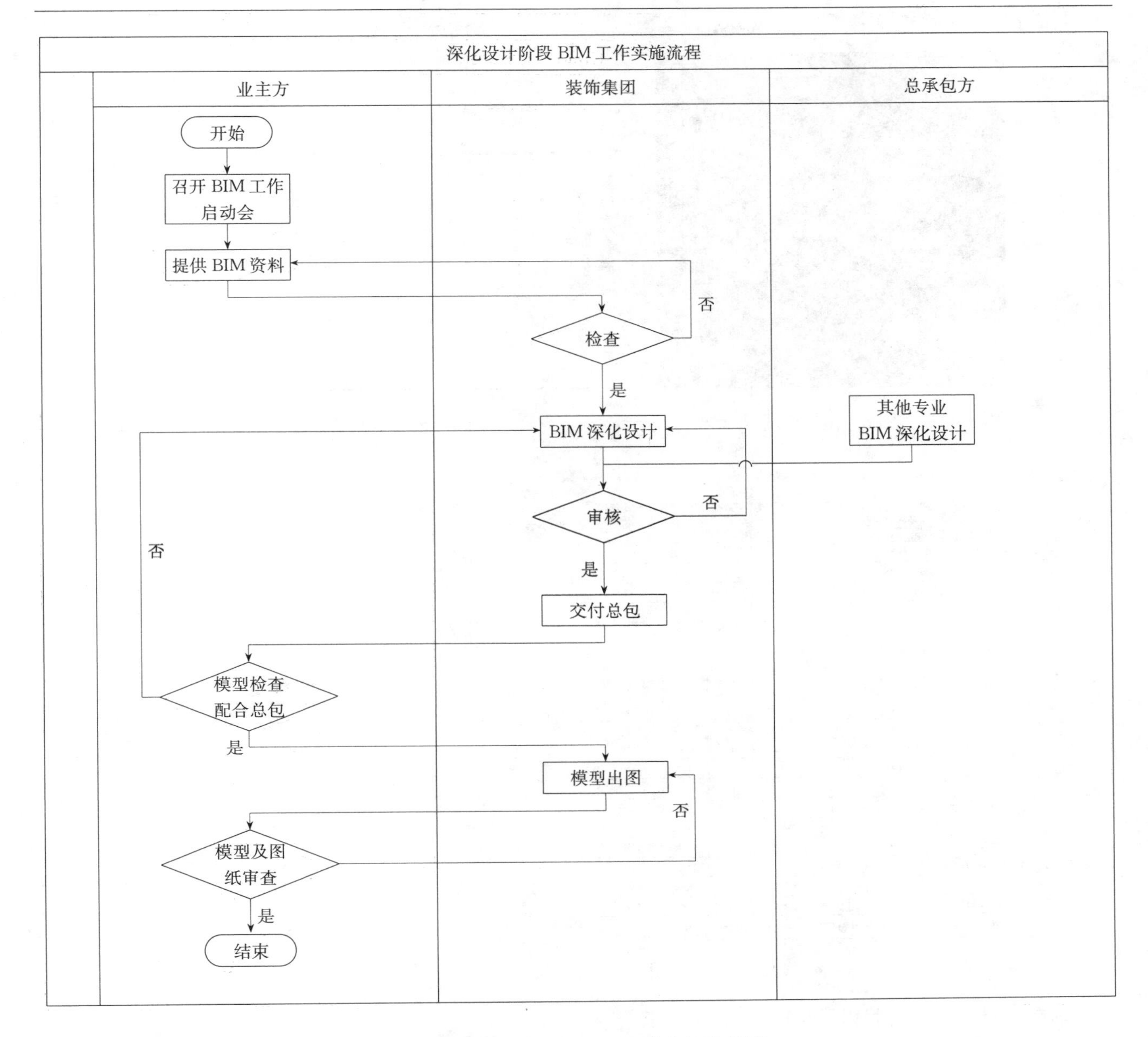

图1　深化设计阶段BIM工作实施流程图

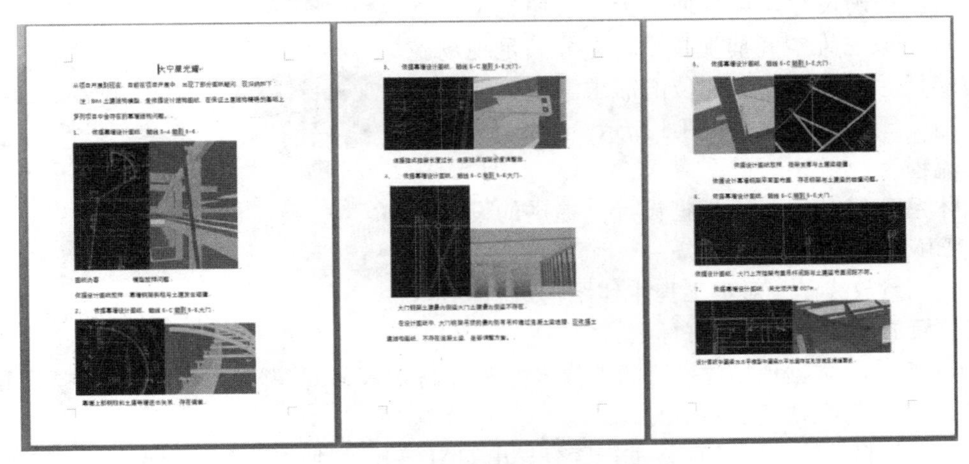

图2　大宁星光耀项目问题检查报告

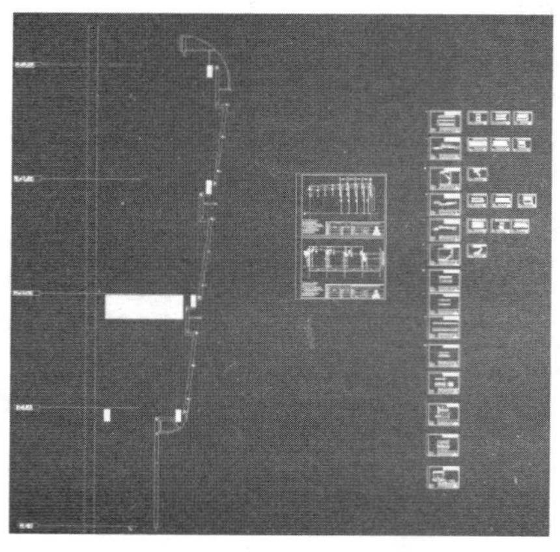

图3　钢架出图

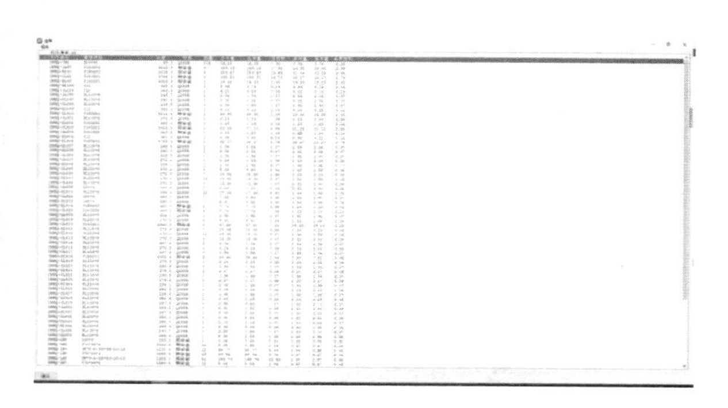

图4　模型中原始文件

大宁星光耀标准段零件清单

钢架列数	81	适用钢架位置		标准段	日期		2016.06.07	
零件编号	型材	数量	材质	长度	总数量	总长度	备注	钢架列数
DNMQ-P9	TUB140*60*5	1	Q235B	1825	81	147825	方管	81
DNMQ-P10	TUB140*60*5	1	Q235B	1240	81	100440	方管	81
DNMQ-P11	TUB140*60*5	1	Q235B	1275	81	103275	方管	81
DNMQ-P18	L50*4	1	Q235B	2347	81	190107		81
DNMQ-P37	L50*4	1	Q235B	85	81	6885		81
DNMQ-P42	TUB140*60*5	1	Q235B	3899	81	315819	方管	81
DNMQ-P43	TUB140*60*5	2	Q235B	3904	162	632448	方管	81
DNMQ-P52	L50*4	1	Q235B	670	81	54270		81
DNMQ-P87	TUB140*60*5	1	Q235B	757	81	61317	方管	81
DNMQ-P990	TUB140*60*5	2	Q235B	411	162	66582	方管	81
DNMQ-P991	TUB140*60*5	1	Q235B	745	81	60345	方管	81
DNMQ-P993	TUB140*60*5	1	Q235B	411	81	33291	方管	81
DNMQ-P1013	L50*4	1	Q235B	705	81	57105		81
DNMQ-P1022	L50*4	18	Q235B	50	1458	72900		81
DNMQ-P1035	TUB60*60*4	1	Q235B	3802	81	307962	方管	81
DNMQ-P1036	TUB60*60*4	1	Q235B	675	81	54675	方管	81
DNMQ-P1038	TUB60*60*4	1	Q235B	1375	81	111375	方管	81
DNMQ-P1052	PL250*10	1	Q235B	200	81	16200	钢板	81
DNMQ-P1055	TUB50*4	1	Q235B	592	81	47952	方管	81
注明：该钢架材料清单为标准钢架的单品钢架清单，适用于1区北立面轴标准段位置。								81

合计	数量	总长度
TUB140*60*5	891	1521342
L50*4	1782	381267
TUB60*60*4	243	474012
PL250*10	81	16200
TUB50*4	81	47952

图5　面板钢架清单

本在项目中，广告牌以及LED屏位置，都存在着斜面玻璃面板以及整体大面曲率较大处，在传统的施工概念中，设计图纸无法给出准确尺寸，导致玻璃无法按照施工计划加工完成。BIM采取三维空间捕捉技术，充分满足现场施工中对斜面玻璃尺寸分片和安装定位的需求。该项目BIM辅助幕墙加工图设计工作流程图如图6所示。

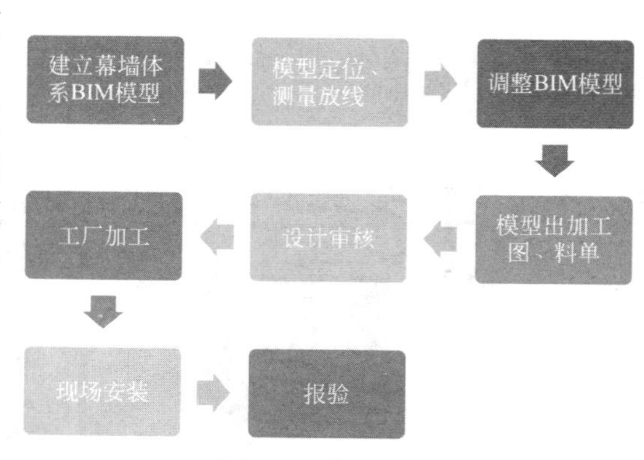

图6　工作流程图

具体工作流程为：

建立幕墙体系BIM模型——根据设计方提供的设计图纸，精确建立BIM模型。

模型定位、测量放线——对本工程主体结构进行测量，按照模型中的位置放出主线，并做好标记。

调整BIM模型——根据现场放样测的点位坐标和标高导入BIM模型，调整BIM模型和原始模型进行对比，使BIM模型符合现场实际情况。

模型出加工图、料单——BIM面板进行区分导出CAD和面板加工数据，大大提高了面板和料单的精确度，并为加工工期提供了充足的时间（图7）。

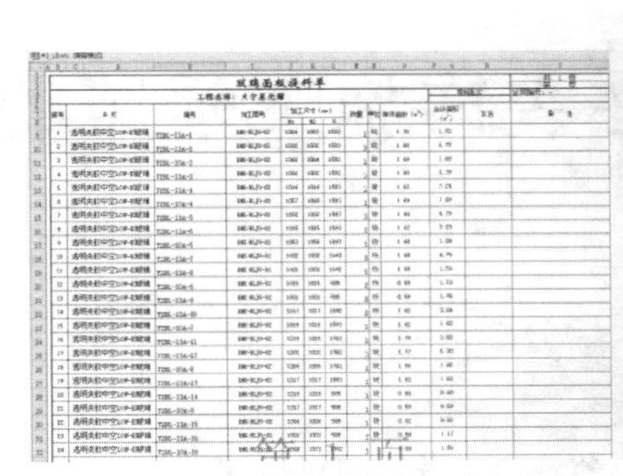
玻璃面板提料单

工程名称：大宁星光耀

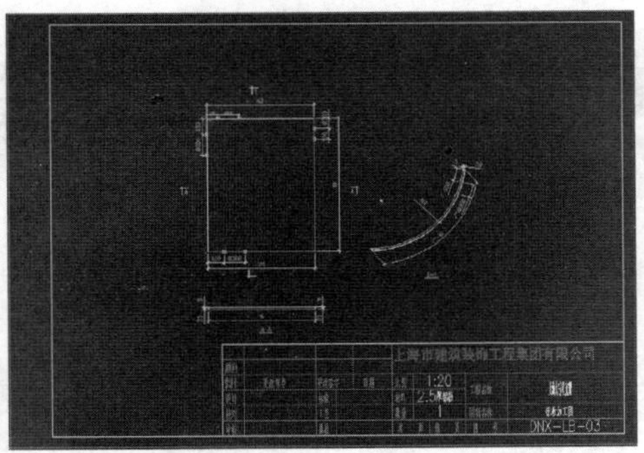

图 7　BIM 模型出图

设计审核——提供从 BIM 模型导出加工图和料单给设计方的设计师审核。

工厂加工——工厂根据料单和加工图进行对面板的加工。

现场安装——根据现场放线调整的 BIM 模型，和模型提供的点位数据精确进行现状安装。

报验——根据现场安装情况和 BIM 模型进行报验。

与普通幕墙生产相比，复杂幕墙单元的型材长短不一、面板呈非标准几何形状，给构件加工和管理带来困难，导致成本上升，以传统的流程需要增加大量的额外非标准产生的成本，且时间上无法保证。BIM 的工作模式改变了这一流程，具体工作流程为：

（1）建模的时候对单元面板这类构件依据数据规划进行唯一的编码；

（2）计算机根据几何条件自动计算输入参数，装配出整体建筑的幕墙模型；

（3）通过程序提取数据产生料单。

4　项目总结

通过对上海大宁星光耀幕墙项目的 BIM 应用实施分析，作者发现 BIM 在幕墙方案设计、施工设计、成本管理、材料采购等方面有着明显的辅助作用，BIM 不仅是一类软件，更是一种新的思维方式。幕墙行业的发展趋势是信息化程度更高、更加透明化，未来的设计趋势是由二维走向三维，达到一个新的阶段。相信随着我国幕墙行和的日趋成熟以及人们对建筑美学的更高追求，BIM 软件在异形幕墙上的应用更加广泛，在传统幕墙上的应用将更加成熟。

参 考 文 献

［1］ 丁烈云 . BIM 应用 · 施工［M］. 上海：同济大学出版社，2015.

［2］ 张芹 . 玻璃幕墙工程技术规范理解与应用［M］. 北京：中国建筑工业出版社，2004.

浅谈 BIM 可视化技术在装饰施工领域的应用

蔡晟旻

（上海市建筑装饰工程集团有限公司工程研究院，上海 200040）

【摘　要】 随着现代建筑的发展与数字化建设技术的持续推进，BIM 技术在工程上的应用也逐渐丰富，其中 BIM 可视化技术作为其中的一项分支也逐渐在项目工程上得到广泛应用，从早期的设计效果图到现在的三维施工模拟，BIM 可视化技术也逐渐从设计阶段为主发展到现今的全面应用，本文着重阐述装饰施工领域的 BIM 可视化技术应用。

【关键词】 装饰施工；BIM 可视化；可视化软件

1　建筑 BIM 可视化技术的概念

BIM 技术的可视化应用是一种利用 CG 技术（即计算机图形图像技术 Computer Graphics）与 BIM 技术（Building Information Modeling），通过在软件的三维空间中，以坐标、点、线、面等三维空间数据表达三维空间和物体，并能在形成的模型上附加其他信息数据，最终以视觉为主的表达交流形式。而建筑三维可视化则是对建筑进行三维模型建立，并在三维视图呈现的一种表达方式；以及附加材质、灯光、环境等信息，对建筑进趋于真实的表现或再现的一种技术的总称。

2　BIM 可视化技术的优势

一个建筑师说他想建造一个平房，长宽高各 3m，墙厚 0.3m，门高 2m、宽 1m 位于北立面正中，这时由于建筑信息简单，即使没有图纸，工人也能准确地建出建筑师想要的建筑结构。而当建筑本身所包含的数据非常庞大，人脑无法处理这些抽象的数据时，就需要把数据转换成图形图像以表达更复杂的数据内容，这就是可视化技术的基础目的。

建筑图纸从千百年前的单张手绘图到现今动辄几个 G 的成套 CAD 图纸，建筑信息量随着建筑结构和建筑功能的日趋复杂而变得非常庞大，慢慢出现了平面的图纸难以表述清楚的建筑设计（图 1），于是出现了 BIM 技术和三维模型，相较于传统平面图纸从各个立面、平面、剖面进行正投影，三维模型则可以更直观地表达更复杂建筑结构，进出关系，甚至是空间体量、材质、光照等转换为直观的图像表达方式。本质上来说，这是更深一步地挖掘了人类视觉系统的信息处理能力，弥补了人脑对抽象数据处理能力的不足。

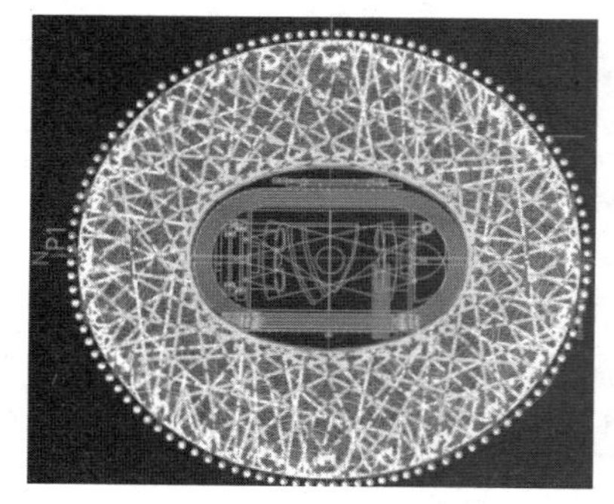

图 1　鸟巢体育馆 CAD 平面图与三维模型

【作者简介】 蔡晟旻（1984-），男，高级 BIM 工程师。主要研究方向为 BIM 的可视化设计。E-mail：178483064@qq.com

有时当出现单幅图像和画面也难以表达的情况，我们则会采用动态图像的方式来表现，这本质上是在三维的基础上增加了时间这个维度，理论上来说这已经有了四维的概念，但现阶段我们把它统一归纳为建筑 BIM 可视化技术。在一些复杂的建筑结构和技术节点的表达上，这种技术的优势尤为明显。

3　BIM 可视化技术在装饰工程中的应用

3.1　装饰工程 BIM 可视化技术的分类

BIM 可视化技术按照结果分类可以分为两大类别，一是静态图像，二是动态视频，两种方式各有侧重，应按照实际使用需求来进行选择。

一般来说以建筑装饰的样式、结构、材料选型为沟通交流对象的，应该选择静态图像的方式，由于大多施工中用到的可视化图像都以 Word 或 PPT 为载体，或直接使用图片，很少用于大尺寸的打印，故一般输出尺寸应选择 720×480 到 1920×1080P 之间的分辨率，格式则使用最常用的 jpg，这种方法的图像质量较为清晰，文件尺寸较小便于保存和传输，如果需要将图像进行后期处理，或图像需要带有透明通道信息的，则可以选择 PNG、TGA、TIFF 等格式。

另一种类别是动态视频，选择这种形式的目的一般是为了表达施工中重要节点的详细施工方案、工艺技术或是大型构建的吊装方案。一般将摄像机的路径设置模拟真人的实际行动方式观察建筑，如行走、驾驶、飞行过程中的视觉感受，给用户带来强烈、逼真的感官冲击，获得身临其境的体验。原始的视频输出文件一般选择高清（1080p）、标清（720p）或电视分辨率（720×576），也可根据需求设定特殊尺寸。由于视频输出的所需时间远远大于静态图像，10s 的视频的渲染时间为同等分辨率单幅静态图像的 250 倍，所以应谨慎合理选择使用动态视频作为三维可视化表达手段的范围。若是一些可以反复利用的视频动画，则可在条件允许的情况下，视频输出应尽可能地选择较大的分辨率，再根据发布渠道进行压缩。

3.2　装饰工程 BIM 可视化技术成果的具体使用

BIM 可视化技术所得到的结果，即图像和视频，在实际装饰工程中多数起到辅助沟通交流的作用，它相较于传统的 CAD 图纸，可以使用户获得更直观的视觉效果，不仅能够准确地体现出建筑结构的三维体量、进出关系，还能表现出图纸上难以表达的饰面材质纹理、光泽度，甚至能够模拟出接近实际现场环境的灯光照明效果。利用这些优势而转化成大量传统表达形式无法实现的应用点。

（1）施工方案比选

在遇到一些重要施工节点时，利用 BIM 可视化技术在软件中对施工方案进行模拟，并输出各节点图像，或可增加注释后做横向对比，虽然影响施工方案选择的因素很多，但更直观的表达方式能帮助工程师迅速准确地选定最优方案（图 2）。

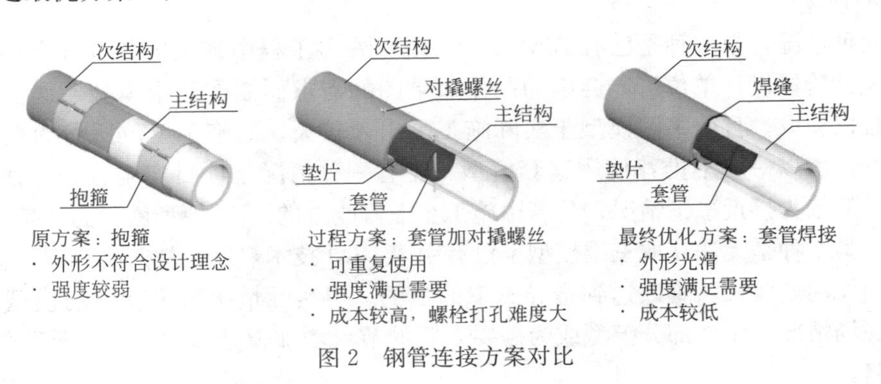

图 2　钢管连接方案对比

（2）材料选定

不同于土建和机电专业，装饰专业的选材较为复杂，材料种类繁多，且许多材料带有图案纹理，也有像镜子、金属、玻璃那样对反射和折射效果需要特别表现的材料，可视化技术在这方面优势更为明显（图 3 为幕墙材质比选）。

图 3　幕墙材质比选

（3）光照模拟

很多时候照明及环境很大程度上影响了装饰面的最终效果，不同于设计阶段的光照模拟考虑的是整体采光和节能环保，施工阶段的光照模拟侧重于不同的照度下材料颜色质感的体现及建筑结构的光影关系，这为工程师做出正确判断提供了充分的“数据”支撑，这也是装饰专业特有的应用之一（图 4）。

图 4　某商场大堂吊顶光照模拟

（4）施工方案模拟

施工方案模拟包含整体的施工流程，重要的工艺节点，大型构件及设备的吊装模拟等，通常这些内容都难以以单张静态图片表达，有条件的情况下建议使用视频表现，这将对整体施工、工艺和吊装的整体流程做细致的梳理和更准确更落地的表达，以便在施工前发现问题，优化施工方案从而提高施工质量。

3.3　装饰工程三维可视化技术的实施流程

目前实现三维可视化，并对施工产生实质性的帮助，至少要经过三个部分，一是三维模型的建立，二是工艺流程的确立，三是视频或图像的渲染。

（1）BIM 模型建立

这里要分为两种情况，第一种是已有 BIM 模型。现在许多工程中施工准备阶段会有两个机会获取三维模型，一是在设计阶段设计单位可能会因为制作效果图的需求而制作三维模型，这里所产生的三维模型一般施工单位难以获取，且效果图模型于实际施工图出入较大，而施工单位所需的是与现场情况尽可能一致的三维模型，所以一般不推荐使用这套模型。还有一种情况是项目实施过程中使用了 BIM 技术，这里产生的模型一般较为接近事情情况，且若由施工企业修改过的 BIM 模型就更为“接地气”，一般推荐使用这样的模型。第二种是无法获取三维模型也没有引入 BIM 技术，这是就需要自行建立一套三维模型，这样成本较高且制作周期较长，难以达到指导施工的目的。但实际情况来说获取的模型一般需要进行适当的修改来匹配现场情况，添加部分模型或为需要表现的节点增加模型深度，尤其是我们装饰施工企业，这种情况尤为普遍。

（2）模型的转换

简单渲染可直接在 Revit 或 Navisworks 等非专业软件中完成，其优点是不用转换模型，容易制作切剖面，减少工作流程，但专业 BIM 软件的渲染功能尚处于开发阶段，虽然外挂了同是欧特克旗下的渲染器，但渲染效果不理想且非常耗时，所以当渲染要求较高或者需制作动画时就必须根据不同软件使用 ifc、 fbx、dwg 等通用三维文件格式进行转换后导入 3dmax、Lumion 或 Fuzor 等软件进行下一步工作。

（3）数据参数的设定

与 Revit 等 BIM 软件不同，3dmax 等专业渲染软件的参数设定并不等同于数据录入，最终输出图像视频也不具有数据信息，但却能在视觉上给予直接的感官。需要表现材质的则要确定材质类型、纹理图案等信息，有样品最佳；需模型灯光阴影的要确定现场采光环境、光源位置、亮度颜色等信息；需模拟工艺节点的需提供完整的工艺流程等，设定完成后的纹理、反射、折射、光影、施工工艺流程等方面都远优于制图软件。

（4）渲染与输出

将 BIM 模型通过图像处理引擎输出为图片或视频的过程即称之为渲染，理论上渲染输出也如同建模具有深度，但由于难以界定其等级故没有统一的深度标准，根据图像视频的实际用途，有许多选择余地。考虑到部分施工中部分图像视频资料的需要及时更新，但视频渲染又非常费时，许多情况下未必要加入所有的参数细节，应按需选择（图 5）。

图 5　模型渲染

考虑到视频文件有时需要在 Windows、苹果、安卓等不同的系统中使用，应需充分考虑视频格式通用性，一般会选择 mp4 或者 mov 格式达到文件小而清晰的效果。

（5）虚拟漫游与 VR 技术

虚拟漫游是指将 BIM 模型及材质灯光等信息导入专业的三维实时渲染引擎，无需渲染而直接在设定好的场景中自由移动观察的三维可视化方案。所谓三维实时渲染引擎一般指的是针对专门 BIM 开发的漫游软件 Fuzor 或类似 UDK、UE4、CE3 等一些专业游戏开发引擎。Fuzor 软件的优势在于能在 Revit 与 Navisworks 等 BIM 软件一键转换无缝交接，使用非常方便，但相较专业游戏引擎，功能较为简单，视觉效果也一般，但使用专业游戏引擎需要的建筑专业人才稀少，很难推广。

VR 技术是近年兴起的技术，可以作为三维可视化技术的一种表达形式，原理上是基于虚拟漫游的基础上，增加两个特征，一是使用头戴式显示设备，二是 360°全景显示。使用 VR 技术制作的三维建筑场景，使用者能借助头戴式显示设备全方位环视观察场景，给予观察者身临其境的真实感受，根据需求还可加入与场景互动功能与 3D 立体显示的功能，许多功能与建筑装饰设计非常契合，对施工方快速理解设计意图有很大的帮助。

4　小结

通过 BIM 可视化技术的发展，缩短了现实世界和计算机虚拟世界的差距，并且拓宽了人们的视野，对建筑行业及带来很大帮助，某种意义上来说属于建筑行业信息化进程上的产物，相对土建机电等其他建筑专业，装饰行业可视化的意义更大。随着技术的不断发展，可视化技术将逐渐成熟，业主方、设计方与施工方的距离将因这项技术而进一步缩短，或许有一天能真正达到“所见即所得”。

参考文献

[1]　丁烈云 . BIM 应用·施工 [M]. 上海：同济大学出版社，2015.

以上海建工党校多功能厅精装修项目为例简介BIM技术在室内精装修项目中的应用

李　骋

（上海市建筑装饰工程集团有限公司工程研究院，上海 200040）

【摘　要】BIM行业直接促使建筑各个领域的变革和发展，颠覆传统建筑装饰行业的设计及施工思维模式，改变现有的流程产生模式。作者以上海建工党校多功能厅项目装修阶段的BIM应用分析，探讨BIM技术在装饰领域的应用及发展，着重体现了深化设计、施工进度模拟、VR演示等实际工程中的运用。

【关键词】装饰；BIM深化设计；进度模拟

1　简介

随着计算机技术飞速发展，BIM（建筑信息模型）技术的出现为设计、施工、装修、维护等建筑生命周期的各个阶段带来了极大的便利和效益。BIM（建筑信息模型），通过计算机建立一个集合了设计到施工的所有项目信息的建筑三维模型，能有效避免和解决目前用CAD绘制二维图纸存在的效率低下、图纸错漏不易发现、重复出图、各专业冲突待到施工时才发现的一系列矛盾，具有可视化、协同性和信息可提取性等特点。

室内装修设计过程处于建筑生命周期的后期阶段，也属于整个BIM设计的一部分。针对BIM（建筑信息模型）能集合设计（造型）、材料（施工）、结构和水电等信息，最大化模拟现实状态的特点和优势，作者通过上海建工党校多功能厅装修阶段的BIM应实际应用，简介BIM技术在室内精装修项目中的各类应用。

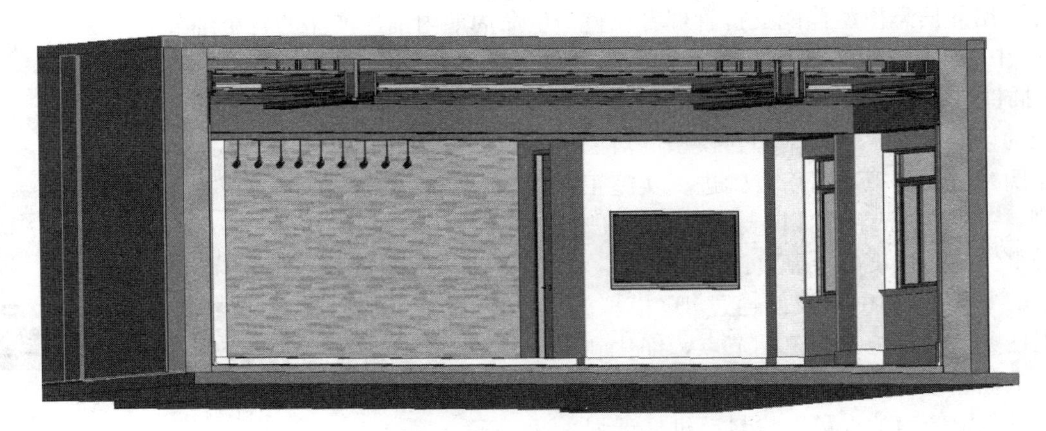

图1　BIM模型展示

上海建工党校多功能厅位于武夷路建工党校内，属于二次改造项目，采用了先进的施工材料、工艺技术、并且配合BIM技术进行全程管控，体现了建筑全生命周期的管理理念。其中：室内顶棚运用了在

【作者简介】李骋（1991-），男，BIM工程师。主要研究方向为装饰专业的BIM技术应用。E-mail：397489432@qq.com

上海中心采用的软膜顶棚以及在上海迪士尼梦幻世界中采用的 GRP 仿木梁；墙面采用了上海迪士尼的艺术涂料、主题抹灰雕刻柱以及 GRC 仿石材窗套；地坪采用了上海中心 B2 连廊处采用的环氧水磨石。该工程造型大气美观，并综合当今各类优秀建筑中技术及工艺的使用，体现了上海建工一贯的求真务实，追求卓越品质的工匠精神（图 1）。

由于本项目装饰材料种类繁多，装饰工艺复杂，质量要求较高，上海建工装饰集团决定应用 BIM 技术辅助本项目的设计及施工过程，BIM 应用的主要目标为：通过建立土建、机电、装饰专业 BIM 模型，并对机电管道与龙骨架、支撑、表皮等装饰构件进行碰撞分析，优化设计方案，同时运用虚拟现实技术表达设计方案，运用 4D 技术模拟施工工作顺序，有效提升项目的设计与施工质量，减少材料损耗。

2　深化设计——室内精装修深化设计

在本项目中，BIM 技术运用在装饰的深化设计中，首先结合施工现场实际情况，建立 BIM 模型，其次通过装饰 BIM 模型对方案图纸及施工设计图纸进行细化，补充和完善等工作，数字化的建筑深化设计。基于装饰 BIM 模型，综合考虑装饰的“点线面”关系，并加以合理利用，从而妥善处理现场装饰的“收口”问题。本项目在深化设计过程中 BIM 应用的另一大应用在于协调配合其他专业，保证本专业施工的可实施性，同时保证设计意图的最终实现，深化设计工作强度发现问题，反映问题，并提出建设性的解决方法，协助主体单位迅速有效解决问题，加快推进项目的进度。

本项目的 GRP 假梁原设计节点为全 40 角钢框架，在实际运用中有两个致命缺陷，首先经济性降低，全钢架结构用材过大，人工成本增加，GRP 为轻质材料，会造成材料浪费；其次，钢架基层表面的平整度较差，对于饰面质量存在隐患。通过方案比选后，BIM 工程师建议采用阻燃多层板基层预制假梁盒，局部使用 600 间距的角铁加以固定。

3　方案及进度模拟——施工进度模拟

传统的施工进度管理主要存在几点不足，（1）项目信息丢失严重；（2）无法有效地发现施工进度中的潜在冲突；（3）工程施工中进度跟踪分析困难；（4）在处理施工进度偏差时缺乏整体性；上述几点本质上是因为施工项目进度管理主体信息获取不足和处理效率低下所导致的，随着 BIM 技术的发展，可以支持全生命周期内有效的管理产品的物理属性、几何属性、管理属性等，简而言之 BIM 是包含产品组成、功能和行为数据的信息模型，能支持管理者在整个生命周期内描述产品的各个细节（图 2）。

本项目中通过 Navisworks Management 中的 TimeLiner 插件进行工程项目的四维进度模拟，它可以支持传统的计划软件导入模型中与模型的对象进行连接，创建四维进度模拟，可以看到进度实施正在模型上的表现，并将施工计划日期与实际日期进行比较，方便对整体施工进度的控制（图 3）。

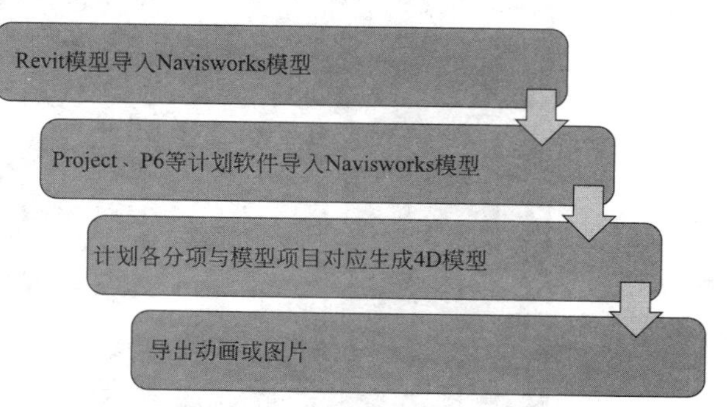

图 2　施工进度模拟工作流程

在完整的 BIM 模型中，我们通过 4D 模拟施工，精确的分割任务，将未施工的工期节点，细化到每天需要完成的工程量，很直观地看出计划是否合理，并根据该工程量制定精确的人员、材料、机械计划去达成该目标，避免出现人材机不足影响施工计划实施。在模型中排定的计划与传统的靠经验制定的计划有非常大的区别，它具有很强的可执行性。因为制定计划时获得的信息均比较全面，施工过程中遇到的问题往往能提前暴露。一旦开始施工，管理人员的重心将由传统的协调解决问题向执行计划转移，使计划从制定到实施均具有较强的执行力。在计划制定后，参与工程的各方均从该模型中读取信息，加工制作厂可以清晰地从模型中获得当天需要完成的工作量。

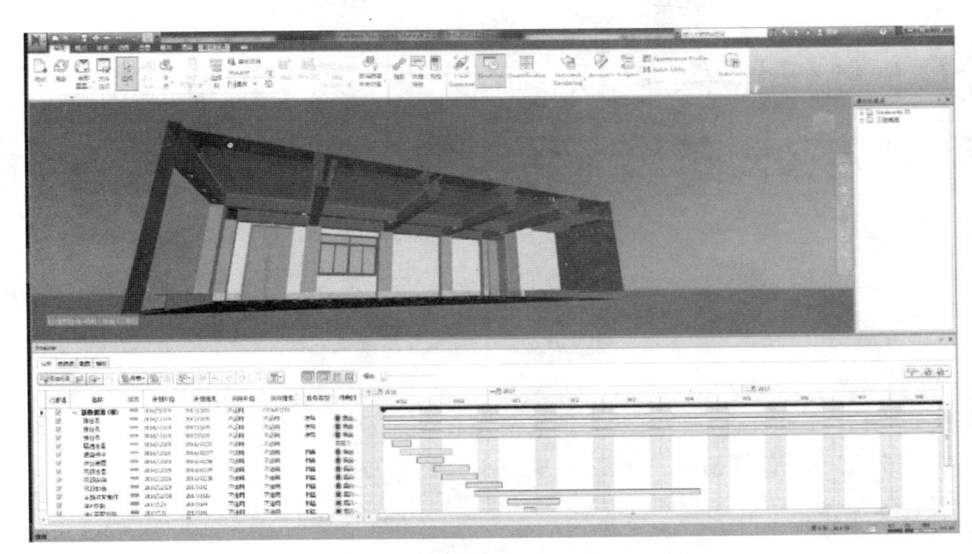

图3　党校多功能厅施工进度模拟文件

4　VR演示

VR即虚拟现实，是综合利用计算机图形系统配以各种现实操控设备，生成可交互的三维沉浸感的技术，在本项目设计前期利用BIM模型进行虚拟现实演示，帮助项目在设计阶段方案效果、设计细节有个形象的认识，并且对最终的项目成果做到提前演示作用，通过将建模软件建立的模型导入3DMAX中进行分析优化，得到360°的全景仿真效果的图片，配合VR眼镜的使用，得到整个党校的仿真实景将整个项目的最终成果尽收眼底，VR技术的参与本项目上对BIM可视化的优势发挥得更上一层楼（图4）。

图4　VR演示渲染图片

VR模拟分成动态、静态2种：动态虚拟现实表现得更真实，但工作周期及成本要求较高，静态的VR模拟在模型完成后1～2天就能做出来，可用于招投标阶段。本项目为静态的虚拟现实展示，BIM工程师在完成建筑、结构、装饰模型后仅仅画了2天时间就通过BIM软件导出了多张虚拟VR图片，用于设计师快速掌握设计细节，优化设计方案。

5　项目总结

本项目通过BIM技术的实施应用，考虑装饰工程各阶段对BIM模型的合理需求，运用BIM软件进行室内装修参数化设计（三维建模）、虚拟现实展示、碰撞检测和材料统计等一体化设计，大大提高了室内装修设计的效率，减少了错漏风险。

以上海种子·远景之丘项目为例简介BIM技术在展示展览类项目中的应用

管文超

（上海市建筑装饰工程集团有限公司工程研究院，上海 200040）

【摘　要】使用BIM技术解决室外展览艺术装置深化设计，从设计师构想到实际建造无缝衔接，通过分析项目BIM技术应用，讨论BIM技术在同类项目中的使用与推广。

【关键词】钢结构深化；幕墙出图；方案优化

1　简介

随着BIM技术在建筑各专业中的高速发展，越来越多的项目已开始使用BIM技术辅助设计与施工。各类酒店、办公楼乃至主题乐园、桥梁隧道等项目也已逐步运用BIM技术。而对于一些用于临时使用的具有功能性的展示展览类项目，则很少运用BIM技术去优化项目的实施。作者通过在上海种子·远景之丘项目上BIM的深入应用，简述BIM技术在展示展览类项目中的各种应用。

日本建筑师藤本壮介为“上海种子”设计户外建筑“远景之丘”是首期项目的重要场地。该建筑位于喜马拉雅美术馆正门处，建筑长76m、宽6～11m、高23m，占地面积达600m^{2}以上，其外形呈“山”状，表面由白色涂料的脚手架搭建而成，空间内部与顶部漂浮着60棵绿植，远远望去宛若庞大的室内森林。“远景之丘”作为新增空间，主要承担举办讲座、论坛、艺术展的功能，另外还设立独立咖啡区域。

项目难点在于，设计方仅提供Sketch up粗模，没有完整的CAD图纸，设计方案也有许多地方尚未完善，后期多次改变方案，其次该类项目无同类项目参考，也无明确的目标规范可参照，同时工期极短，需要在一个月内完成所有专业深化设计及施工工作。

2　BIM小组组织架构

本项目由集团BIM部门与项目部合作建立项目BIM小组，项目组成员由双方工程师共同组成，此工作模式保证了在项目实施过程中双方工程师进行BIM技术与幕墙设计技术的互补，提高BIM在该项目实施过程中工作效率，同时也保证了该项目的工作质量（图1）。

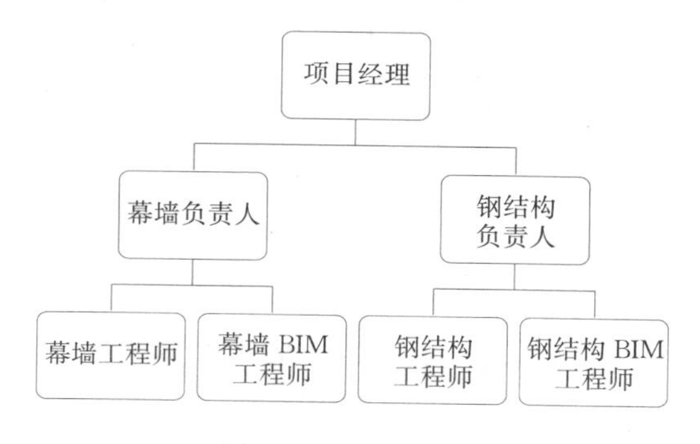

图1　项目组织架构

【作者简介】管文超（1986-），男，数字化建造研究所副所长。主要研究方向为BIM各专业协同设计。E-mail：382194713@qq.com

3　项目BIM应用

3.1　BIM钢结构深化设计

在日方的沟通文件中，日本建筑设计师以SU的模型作为主要载体，并没有提供布置图或者剖面图纸，业主对现场的施工工期异常严格，为了满足现场第一榀钢架的顺利进场，依据SU模型先对钢架模型做整体建模（图2）。

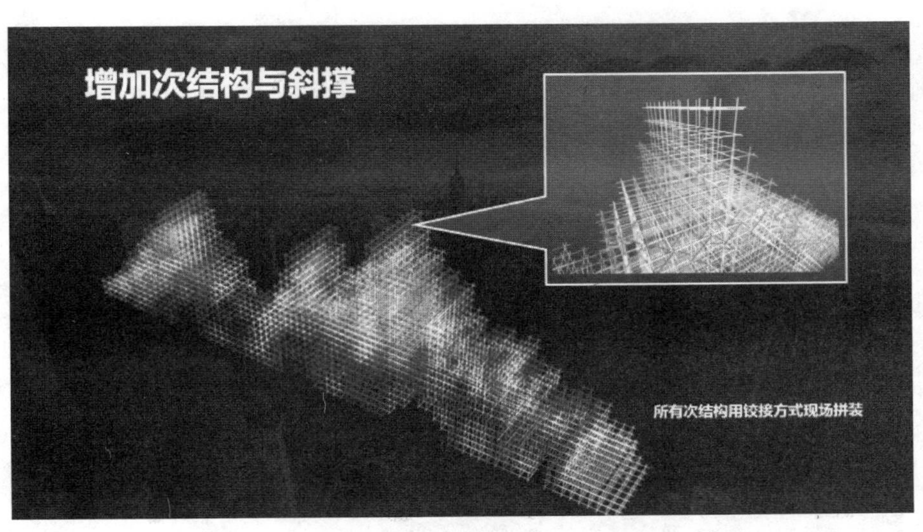

图2　项目结构分析

整体建模中为了现场尽早进场安装，我方与现场沟通后将钢架的生产分成两个主要阶段——主结构和次结构。

主结构要求全部在工厂焊接，并且要满足运输的要求。次结构和主结构的焊缝、斜撑的焊接避免高空仰焊。

3.2　BIM幕墙深化设计及出图

现场钢架安装完毕后，幕墙爪件需安装在主结构圆管上，所以幕墙接缝应对应主结构进行分割，需要做好整体的分缝，利用BIM模型进行深化设计（图3）。

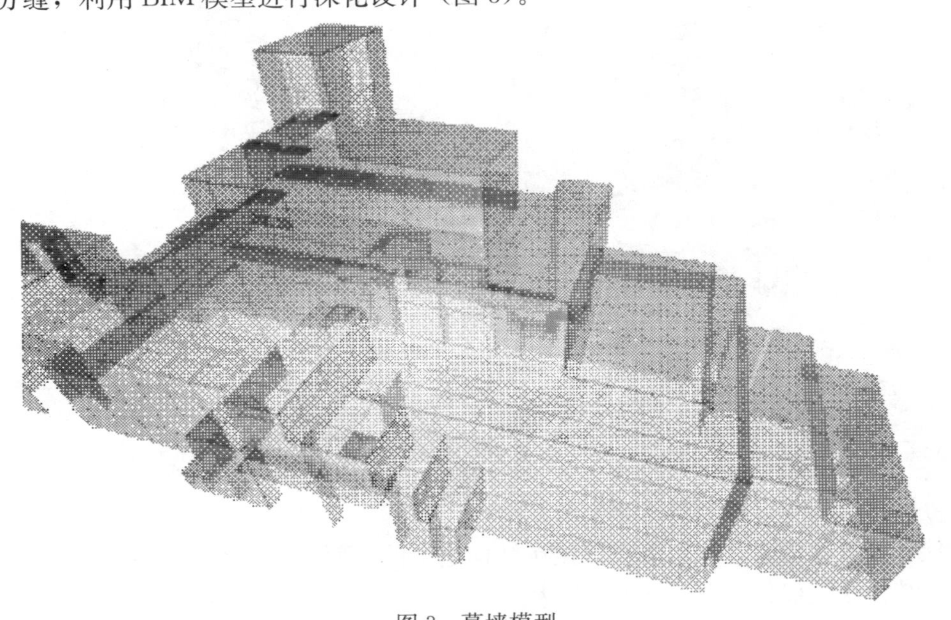

图3　幕墙模型

在软件中将幕墙玻璃进行分类分件，建立模型包括所有孔位，并对所有不同板块单独出图。图纸直接发往工厂加工，每一块玻璃都有相应的编号，通过编号下放材料加工、管理材料堆放，按标准单元模板图快速拼装单元。根据型材几何特点，与下游材料供应商沟通，以数据表 CAD 文件、三维模型的形式下发生产料单。料单中的编号在材料出厂时要求厂家写在面板背面，这两年大型企业已经开始用条形码、二维码等标识单元，这样有利于材料进场时就近码放，安装前按排版图顺序摆放在地面上，对进场材料进行验收，也有利于安装时对号就位。

3.3　受力分析

由于钢架造型存在高细比，局部有树的集中荷载，导致钢架局部位移变形比较大，斜撑的后置需要充分考虑整体刚度的情况下，尽量减少斜撑的数量，进而减少自重，利用 BIM 技术将 Tekla 模型导入迈达斯软件进行整体受力分析，分析受力薄弱环节（图 4）。

图 4　项目位移变形分析模型

原设计受力整体较为合理，并没有产生太大的位移形变，但是一些细部节点例如树池挂载、空中步道、幕墙承重等节点，斜撑或连接节点仍有不合理处（图 5）。

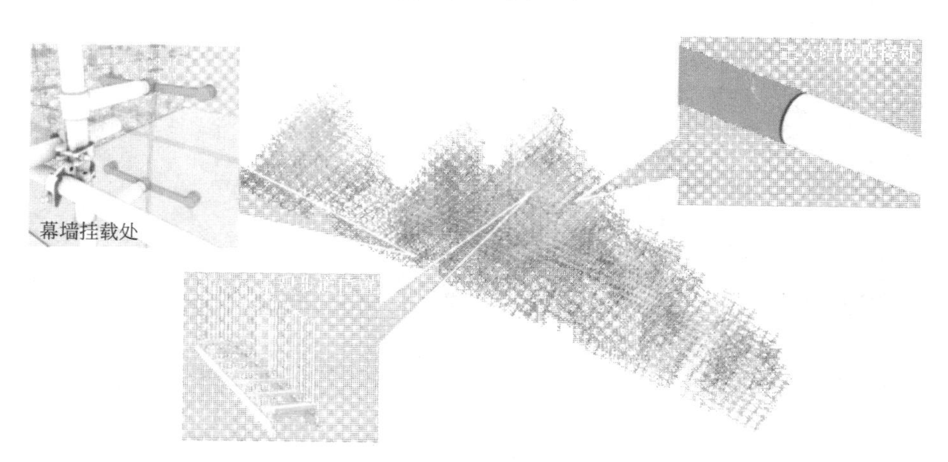

图 5　幕墙连接节点分析

根据图 5 分析出结构受力较为薄弱的节点为：

（1）幕墙挂载位置，幕墙整体是相当于挂在结构之上的，而幕墙挂载的位置又正好是结构镂空的位置，所以在整个结构镂空部分个别节点受力较大。

（2）景观步道，包括树池，考虑人员在步道上行走，在计算时额外加入了一定的均布荷载和点荷载。

（3）主次结构连接处原设计中没有“敲定”，由于主次结构钢管内径不同，连接处的强度要特别注意。

3.4　方案比选

主次结构优化方案比选，考虑到受力、安装、美观三个方面对主次结构连接提出多个实施方案，以供比选，方案二对于螺丝打孔的精准性有很高的要求，施工难度太大，其次日方设计师更倾向于外观更“平滑”的方案三，使用套管加少量焊接的方法（图6）。

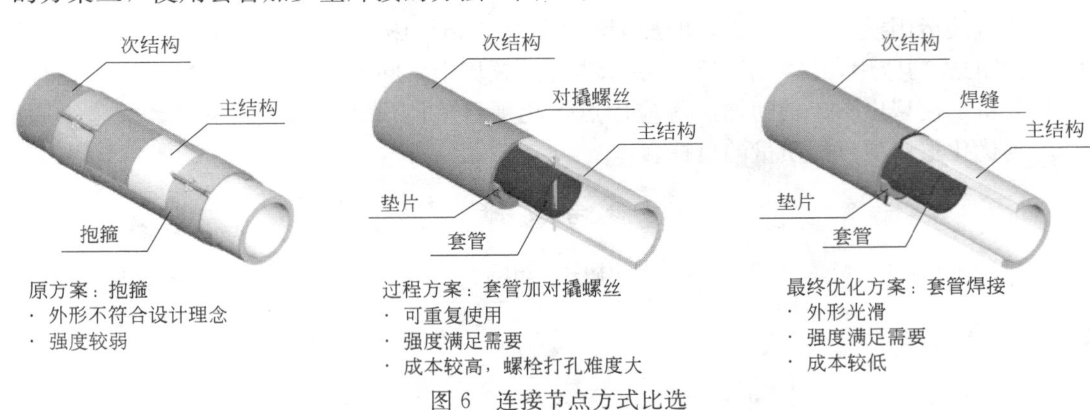

图6　连接节点方式比选

扣件选择，主结构基本都使用特制“三通”作为连接方式，强度满足需要（虽然普通构件也符合强度要求，但有形变风险，考虑到玻璃幕墙，最后决定使用更稳定的定制构件）（图7）。

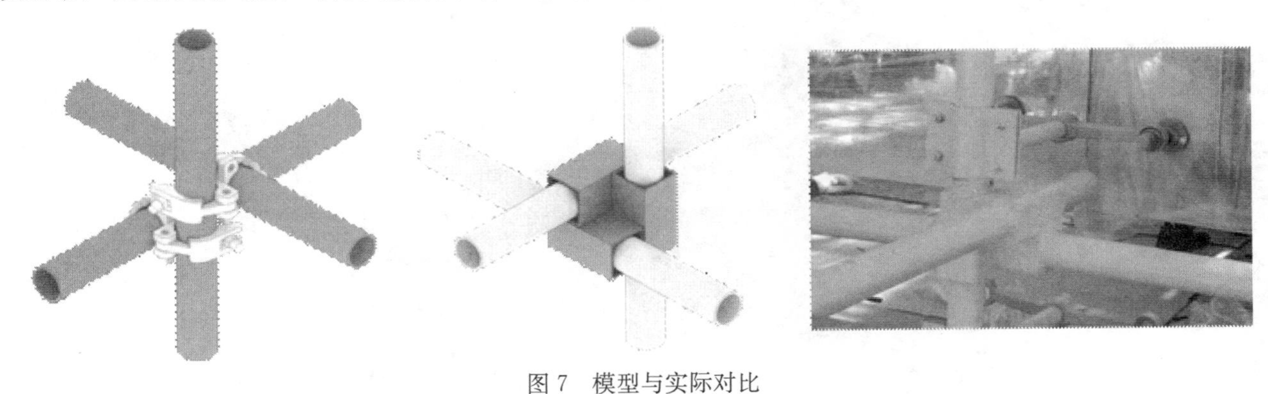

图7　模型与实际对比

3.5　优化物流方案

根据材料的运输，安装等具体需求，优化结构分割方案，事先把主结构焊接成适当的大小，运输至现场安装，将现场焊接减少55%，减少材料浪费近8%，将运主材及连接件的车次减少了近33%，节约成本同时缩短了工期（图8）。

图8　钢管模型与实际对比分析

4　项目小结

与传统建筑项目不同的是，上海种子远景之丘项目为展览展示类建筑，在此项目中运用 BIM 技术进行深化设计工作，能在业主方不断调整设计方案的情况下，减少自身变更工作量，并能够同步进行力学计算、碰撞分析及视觉优化，大大提高了设计效率与质量。运用 BIM 技术使得复杂节点的施工工作变得更易理解，现场直接运用模型指导施工，增加了沟通效率，指导施工也变得更加简单，提升了管理水平。本项目 BIM 技术的成功应用，说明了在展览展示类建筑领域中，同样可以应用 BIM 技术碰撞检查、优化设计、可视化分析、模型出图、辅助加工等应用点优化项目整体设计质量，减少设计及施工周期，提高施工效率，起到优化整体项目的质量的目标。

参考文献

[1]　丁烈云 . BIM 应用・施工［M］. 上海：同济大学出版社，2015.

装饰工程深化设计阶段 BIM 出图的深入分析

马宇哲

（上海市建筑装饰工程集团有限公司工程研究院，上海 200040）

【摘　要】随着建筑行业信息化的高速发展，BIM 技术已经运用到了项目不同专业的不同阶段中。装饰作为建筑施工的最后一道工序，起着相当重要的作用，而 BIM 模型导出二维图纸则作为 BIM 技术在装饰深化设计过程中的一个重点和难点。作者通过 BIM 技术在上海国际旅游度假区玩具总动员项目装饰深化设计中的应用，简述 BIM 技术在装饰深化设计阶段模型出图的应用。

【关键词】BIM 出图；深化设计；模型出图；图纸深度

1　装饰工程出图工作简介

BIM 技术已越来越多地应用到了各类建筑项目中，包括除了土建、安装承包商外，装饰承包商也开始在项目的不同阶段运用 BIM 技术优化施工质量，提高施工效率。但目前装饰行业 BIM 技术大都仍然在建模、碰撞检查等基础应用点上，很少真正应用到模型导出施工深化图、加工图上，一方面是国内没有成熟的此类项目案例以提供技术借鉴，一方面也是因为软件、硬件、出图标准等客观方面因素去制约项目工程师运用 BIM 模型出图。

在上海某国际旅游度假区玩具总公园项目装饰施工工程中，上海建筑装饰工程集团有限公司作为装饰分包首次对 BIM 出图进行尝试并取得了一定的成果，得到了业主、总包的一致好评。因此，作者通过在本项目中运用 BIM 技术出图情况对装饰 BIM 出图进行简单介绍及分析。

2　BIM 出图的前期工作准备

对于需要或想要尝试 BIM 模型出图的项目，必须首先将 BIM 技术作为工程深化、技术与协调工作中最重要的一环。模型出图工作对基础模型、人员以及时间要求有着一定的特殊性：

（1）业主或设计单位提供的模型至少应为 LOD 400 标准，即已经正确反映了各专业的构件的位置、大小、材质等信息；

（2）深化人员必须掌握基本的 BIM 模型出图技巧；

（3）深化人员能够自行判断模型出图中图纸的缺陷并在 CAD 中进行微调；

在前期准备阶段，需要与业主、总包方及项目部沟通，根据项目实际情况以及自身技术水平选择 BIM 模型出图的适用范围，如在本项目中，虽然业主方没有明确次钢排布需要 BIM 出图，但根据项目经验，对于这部分内容我们仍将通过 BIM 来进行出图（图 1）。

最后，必须对传统的组织架构进行调整，将 BIM 工作与深化设计进行一定程度上的整合，要达到直接通过模型出图的目的，必须一改传统的组织结构模式将 BIM 与深化两个团队整合起来形成一个整体。

在管理模式上，以项目经理为负责人，深化设计主管与 BIM 主管为实施者，采用类矩阵式管理方式（图 2），对深化设计师以及 BIM 工程师进行管理。

在工作流程上深化设计师与 BIM 工程师需要紧密结合，更要求深化设计师有基于模型出图的能力，从工作流程图（图 3）中我们可以发现如果深化设计师同时具备模型修改能力，则可以减少工作流程环

【作者简介】马宇哲（1990-），男，高级 BIM 工程师。主要研究方向为装饰专业的 BIM 技术应用。E-mail：690518704@qq.com

TSL-装饰图纸清单

351单体

序号	图纸包名称	图纸名称	暂估图纸数量	BIM要求	计算要求	专业厂家深化	计划上传时间	计划批复时间
1	六面体图纸	平面布置图	1	√			2017.3.15	2017.3.30
2		隔墙平面图	1	√				
3		综合天花图	1	√				
4		机电布置图	1	√				
5		立面图	6	√				
6		次钢排布图	3		√	√		
7		节点详图	2		√	√		
8	清洁间图纸	平面布置图	1	√			2017.3.20	2017.4.5
9		隔墙平面图	1	√				
10		综合天花图	1	√				
11		机电布置图	1	√				
12			1	√				
13		立面图	2	√				
14		次钢排布图	1		√	√		
15		节点详图	2		√	√		
16	上下客区操作亭　控制室图纸	平面布置图	1	√			2017.3.25	2017.4.10
17		隔墙平面图	1	√				
18		综合天花图	1	√				
19		机电布置图	1	√				
20			1	√				
21		立面图	4	√				
22		次钢排布图	2		√	√		
23		节点详图	2		√	√		
24	天花吊顶图纸（金属穿孔板吊顶）	平面布置图	1	√		√	2017.4.10	2017.4.25
25		节点详图（标准板）	1		√	√		
26		节点详图（阴角位置）	1		√	√		
27		节点详图（灯带位置）	3		√	√		
28	格栅及格栅门	平面布置图（总体）	1	√		√	2017.4.30	2017.5.15
29		平面分区图	3	√		√		
30		立面图	7			√		

第 1 页

图 1　BIM 模型出图清单

节，节约一定的成本。

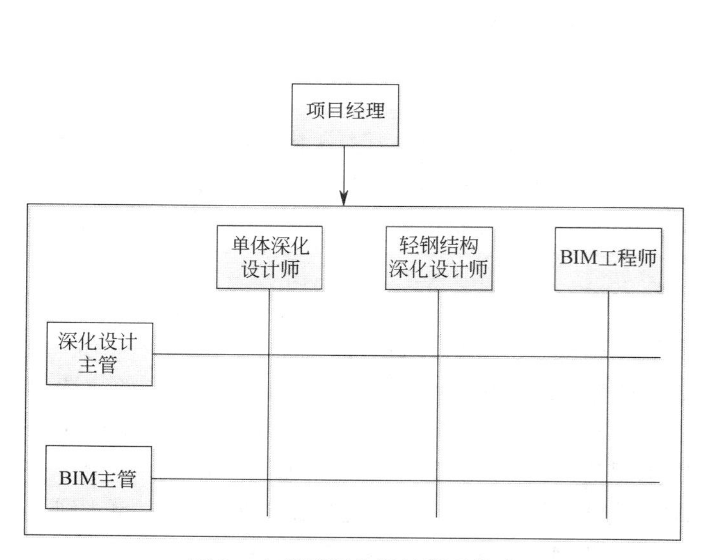

图 2　本项目深化设计管理模式

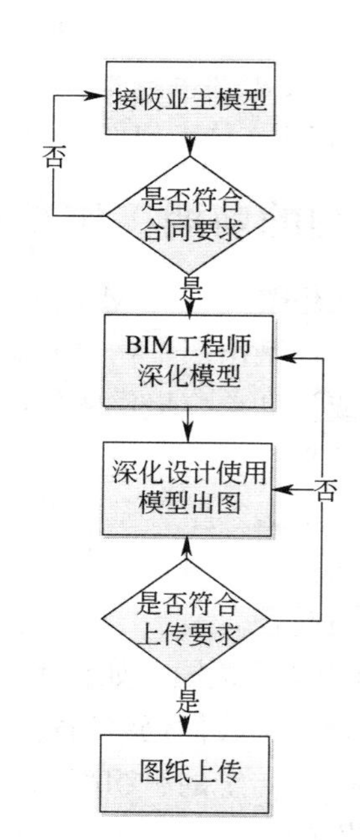

图 3　BIM 出图工作流程

3　BIM 出图项目部内部工作处理方法

3.1　软硬件需求

根据 BIM 软件不同版本间无法通用的特性，在 BIM 工作开始前就需要业主或总包规定软件及版本。

硬件方面，由于需要操作 BIM 软件，因此应将对项目部的计算机进行小幅度升级，以满足 BIM 软件使用性能需求，在这里不多赘述。

3.2　深化工作安排

在完成前期准备工作后，BIM 部门开始配合完成深化设计工作。在此，作为 BIM 实施负责人需要从以下三个方面进行工作安排：

(1) 深化工作进度计划调整，以本项目为例，本项目共包含 351、352、353 三个单体，353 单体“六面体”图纸原定计划应于 2017.02.20 上传，但在确定使用 BIM 出图后实际图纸上传时间为 2017.03.08，比原定计划拖慢 16 天，这 16 天中实际使用 BIM 软件出图和 CAD 微调的工作占 9 天，其余 7 天时间为研究业主出图设置及技术交流，同时本次参与深化设计的人员从未使用过 BIM 软件，为深化设计人员进行模型出图指导也包含在这 7 天之中。

在之后的 351 单体“六面体”出图工作中则有了较大进步，熟悉出图设置与软件操作后，出图工作明显加快，原定计划 2017.03.15 上传，实际上传时间为 2017.03.14，较原定计划提前一天，实际出图工作时间为 7 天。

在做深化工作总结时，通过与传统二维出图方式进行对比，得到以下结论：按照传统方式，一套类似本项目单体的“六面体”图纸，使用 CAD 进行出图一般需要 4～5 天时间，而使用 BIM 出图则会增加近 50%的工作时间，同时还需要考虑研究基础模型和深化人员适应与学习的 7 天时间，如果使用有 BIM 软件操作能力的深化设计人员，则可以在前期省去 3 天左右的学习时间，出图速度也会有较为明显的提高，但仍略慢于直接使用 CAD 出图。但从项目整体的工作进度来看，BIM 出图会减少图纸调整，工程量统计、返工误工等工作，加快整个深化设计工作的工作进度计划。

(2) 深化人员将碰撞检测作为 BIM 的最基本功能，在模型出图时也会体现，相比较传统 CAD 出图，使用 BIM 模型出图时更容易检查出更多的技术问题，因此可以发现，运用模型出图能够降低项目对深化设计人员的技术水平要求。

人员数量方面，以本项目为例，原定三个单体“六面体”图纸 2 名深化设计师和 2 名 BIM 人员即可胜任，但在业主提出由 BIM 出图这一要求后，出图速度将无法满足进度计划要求，故项目部又增加了 2 名全职深化设计师。参考其他单位，在收到必须 BIM 出图这一指令后，各家单位深化设计及 BIM 人员增加数量基本在 30%左右。

(3) 应用 BIM 的项目，其沟通协调模式与传统项目会有较大差别，往往需要深化设计师查找模型，发现、协调、解决问题，参与或接触过 BIM 项目的深化设计师更容易接受这样的工作模式，在项目中更快找到自身的定位。

3.3　出图工作

(1) 对于模型出图工作，业主、施工总承包、分包商应明确有一个统一的出图标准。在本项目中提供了一个关于 Revit 出图线型及图层设置的文档，但在实际使用时我们发现，文档中的内容和“美国建筑师学会标准（AIA）”十分相近，即 Revit 默认出图标准，经过与业主 BIM 团队协调，我方 BIM 团队在此基础上进行调整，改为更加适合装饰项目的设置。

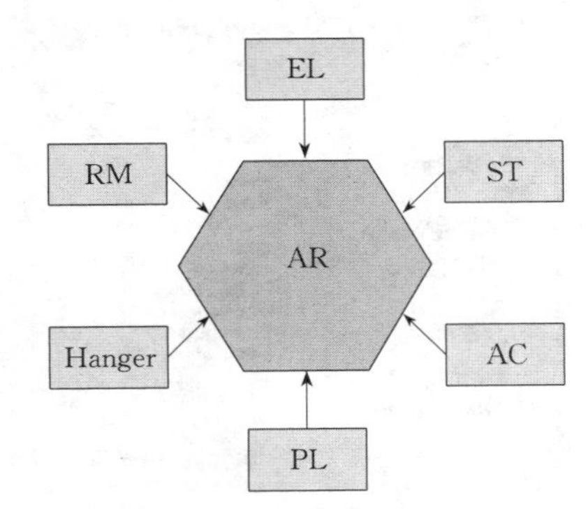

图 4　将其他专业链接进 AR 模型中

(2) 实际出图工作流程，为了便于管理与查找我们在 Revit 中单独创建了装饰的图纸选择集，以及各种装饰顶棚、详图选择集。

由装饰项目部负责深化修改的装饰 AR 模型无法囊括“六面体”图纸中的全部内容，对于其他专业相关的模型我们采用模型链接方式，通过这种方式我们可以在不修改其他专业模型的前提下，将其内容体现在装饰模型中（图 4）。

在出图设置以及链接文件工作完成后即可开始模型出图工作，其主要工作流程（图 5）为：①设置图框；②通过模型生成平、立面图；③在平面图中框选详图分区；④标注工作；⑤图纸导出；⑥CAD 微调；

⑦图纸上传。

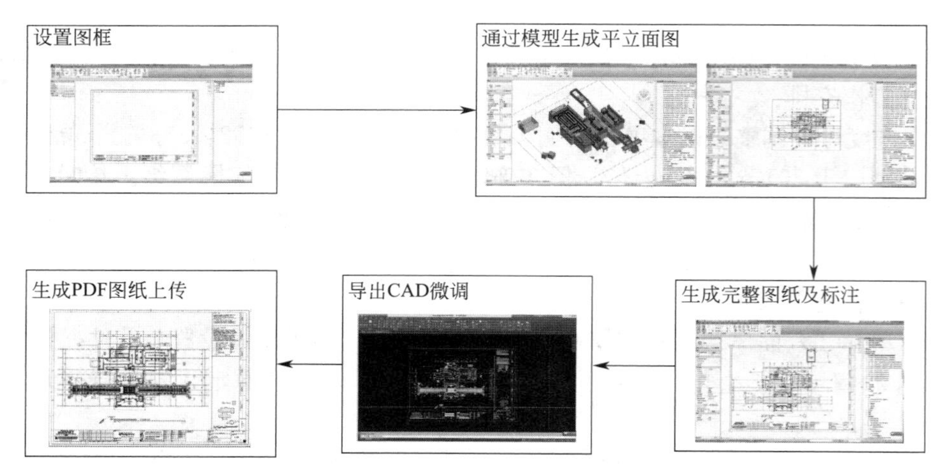

图 5　模型出图工作流程

（3）模型出图的技术性分析，在使用 Revit 出图过程中，将每张图纸分别调整视图属性十分繁琐，所以我们使用了视图样板（图 6）功能，设置好一个样板后将之应用于其他同属性的图纸中，可以提高出图工作效率。

而对于材质及构件编号的标注则要方便得多，建模时如果添加了相应的属性，可以通过“全部标记”（图 7）功能一次性添加所有同类构件的标注。

（4）实际施工误差的消化，在实际施工中必然存在误差的问题，但在现在的技术条件下却不可能将施工误差全部整合进模型中，这就导致部分模型出的图纸在实际施工中无法使用，目前尚未找到更好的方法避免此问题，只能在节点设计时考虑调节范围。

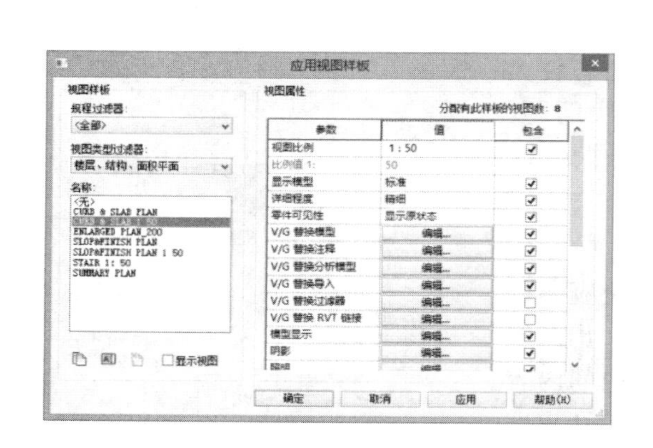

图 6　视图样板

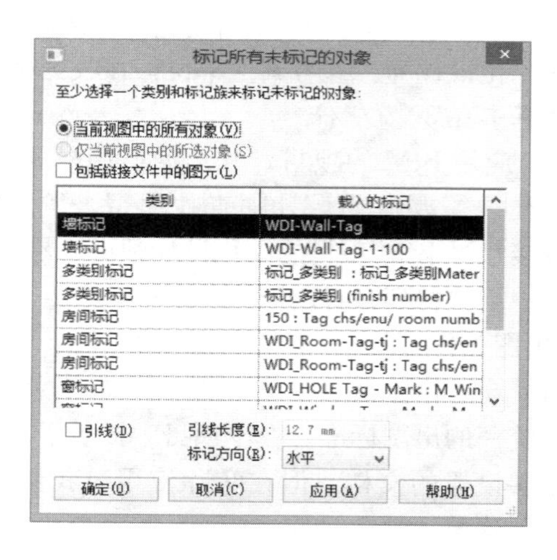

图 7　全部标记功能

4　BIM 出图的项目部对外协调

在结构方面，土建部门几乎不会对混凝土模型进行大的改动，而钢结构部门一般都是使用 BIM 出图的工作模式，所以在本项目中，钢结构与土建一直与装饰 BIM 合作较为顺利。而对于甲供的产品及甲方负责安装的构件，业主有着自己的 BIM 团队，对于此类模型我们也需要与之进行协调。

装饰深化设计阶段的主要难点是与机电专业的协调工作，对于“六面体”图纸来说主要协调的就是安装点位问题，在常规模式下由装饰分包方将安装点位以 CAD 的形式提资给机电分包，以供他们对这些点位进行复核与调整，但在本项目中，为了实现直接 BIM 模型出图，则需要安装提前调好模型中的点位，于是在先提资还是先调整的问题上产生分歧。经过协调后装饰BIM团队在模型出图之后重新调整点位，再提资给机电BIM部门，因此我们发现：只有通过项目各承包方共同使用BIM技术进行工程深化与项目管理的时候，才能让BIM工作在项目实施过程中进行更加顺利。

5 项目总结

BIM技术在工程项目的运用过程，历经了“从二维到三维”的阶段，又到了“从三维到数据”的阶段，现在又有了“从三维到二维”的需求，每个阶段都需要经过思考、讨论、尝试等步骤，传统意义上的“三维辅助出图”正是处于思考阶段，考虑三维出图的可行性，而在本项目中更需要通过业主、设计、总包、其他专业分包的BIM部门讨论后共同商讨出了一个三维出图的方案，并且对其进行归纳总结，最后形成有体系的项目BIM计划实施方案，才能够在BIM出施工深化图中有所突破，达到优化出图效率、提高图纸质量的目的。

基于 BIM 技术的送电线路大跨越高塔工程施工应用

高来先，张永炘，李佳祺，黄伟文

（广东创成建设监理咨询有限公司，广东 广州 510075）

【摘　要】电力系统送电线路大跨越高塔工程因受停电时间的限制，施工工期特别紧张，同时施工组织复杂、安全风险大，本文应用 BIM 技术，通过重大施工方案模拟、施工工序的搭接模拟及 4D 进度模拟，与施工单位共同按时按质安全完成了送电线路大跨越高塔工程施工。

【关键词】送电线路；大跨越；高塔；BIM 技术

1　引　言

送电线路大跨越高塔工程施工存在工期紧张、施工环境受限、施工组织复杂、安全风险点多且大等难点，施工过程还常涉及线路停电等关乎群众用电的民生问题，如何缩短停电时间、加快施工进度、确保被跨越线路安全运行是工程施工面临的巨大挑战。

BIM 技术作为目前最先进的信息化管理手段，给电力工程管理提供了新的思路。笔者曾经对 BIM 技术在电力工程应用中的落地进行思考，也进行了多个电力工程的应用[1]，但尚未涉及送电线路工程。项目 BIM 团队结合之前项目应用经验，将 BIM 技术应用到送电线路大跨越高塔施工中，开展了基于 BIM 技术的精细化模型创建与优化、重大施工方案模拟、施工工序的搭接模拟及 4D 进度模拟等应用，与施工单位共同按时按质安全完成了送电线路大跨越高塔工程施工。

2　应用环境分析

本标段工程共 4 基塔设计为大跨越直线塔（图 1），塔型为 ZKC3701，全高最高 188.8m，重量最大 477583kg，共跨越 500kV 带电线路 2 条，220kV 带电线路 2 条（500kV 和 220kV 同塔四回路）（图 2），大跨越档档距最大 593m，放线段长度最长 6300m，施工难度较大，具有较高的 BIM 技术应用价值。项目 BIM 团队进行工程实地调研后，根据现场自然条件、运输条件、施工技术条件以及工程相关设计人员、管理人员的建议，确定了 BIM 技术应用目标，制定了 BIM 应用方案。

在建模工作开始之前，项目 BIM 团队根据应用方案所确定的应用深度，建立相应的建模规则，确定建模原则及范围、模型颗粒度及表达颜色、模型构件编码原则、模型文件命名规则等内容，为后续建模及模型应用提供指引。

3　精细化模型创建与优化

传统的送电线路工程建模效率低，特别对于复杂设备族的细部结构修改不够便捷，而大跨越高塔的组立涉及线路停电的问题，在有限的停电时间内必须完成高塔的组立，工期特别紧张，因此对建模速度要求特别高。项目 BIM 团队为了提高建模效率，选用针对线路工程开发的专业建模软件进行参数化建模，有效缩短建模周期，保证模型能够及时应用到现场管理中去；参数化建模只需输入所需构件的属性信息即可完成构件的创建，避免了大量建模操作引起的输入失误，提高了建模的准确性，满足加工生产的要

【作者简介】高来先（1964-），男，高级工程师。主要研究方向为电力工程 BIM 技术应用。E-mail：gaolx3333@163.com

求，可直接移交生产厂家进行生产。

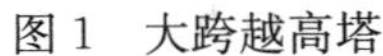

图 1　大跨越高塔

图 2　跨越带电线路

另外，为了实现大跨越高塔的精细化管理，项目 BIM 团队根据施工蓝图，使用专业的线路工程建模软件进行精细化建模，模型包含构件的数量、大小、形状、位置以及方向信息，模型单元满足生产厂家加工、放样要求，可以直接用于生产制造，每个零件都达到可拆卸级别，颗粒度达到 LOD500 级别。精细化建模不单是外形尺寸的精细化，还包括构件信息的精细化。塔材的信息包括本身的属性信息，比如规格、型号、重量、长度、材质、生产日期、生产厂家等，以及塔材由生产、进场、安装、验收的过程信息，比如构件的造价、安装人员、施工顺序等，方便管理人员快速查询构件信息，提高工作效率。

目前送电线路高塔是基于二维平面来设计的（图 3），难以校核构件之间错综复杂空间位置关系，导致在制造及安装过程中存在大量的碰撞及安装位置不合理问题，影响现场施工进度。以往仅凭借设计人员的个人经验进行校核，或者直接将设计图纸加工成实物，通过试组装进行校核，如果存在拼接问题需要重新修改设计，而且通过这种方式也不能完全避免碰撞及安装不合理问题，导致材料的浪费，增加生产时间，影响施工进度。项目 BIM 团队为了有效解决碰撞及安装不合理问题，利用高塔精细化模型进行模拟放样及预拼装（图 4），通过软件自动检测发现硬碰撞问题共 21 个，并结合三维漫游进行软碰撞检查，精确计算出跳线和高塔各杆件、铁帽、重锤等之间的距离，优化后得出最佳的跳线长度，保证各部分的安全距离符合规范要求。项目 BIM 团队通过设计优化有效地发现并解决塔材之间的设计冲突，避免返工，缩短安装时间。

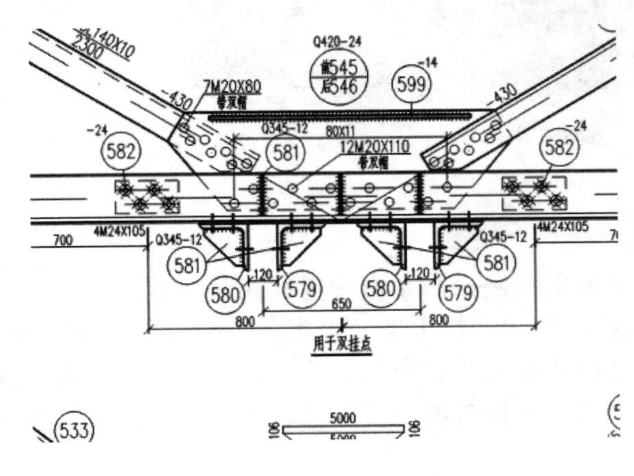

图 3　大跨越高塔二维设计图纸

图 4　高塔精细化模型

4 重大施工方案模拟及交底

4.1 高塔组立施工方案模拟

本项目施工现场自然条件恶劣，六级以上大风天气十分频繁，高塔周围存在其他在运行带电线路，各种环境限制所带来的不稳定因素给塔材吊装带来极大困难，对施工安全构成极大威胁，因此需要结合工程特点针对组塔过程中危险性较大的分部分项工程制定详细的施工方案。

项目 BIM 团队在已建立的高塔精细化 BIM 模型的基础上，根据施工方案添加施工过程中所使用到的临时构件及机械设备模型，进一步建立临时 BIM 模型比如高塔组立所使用的起重机、汽车吊以及 T2T100 型座地双平臂抱杆模型等，然后进行高塔组立施工方案模拟（图 5），复核了施工方案的可行性和有效性，特别是组立过程中与带电线路的安全距离是否足够等安全风险点，保证了高塔组立施工的顺利进行。

4.2 抱杆拆除施工方案模拟

高塔组立完成后需要对抱杆进行拆除，施工安全风险大。项目 BIM 团队在高塔组立模拟的基础上对抱杆拆除过程也进行了模拟，将抱杆拆除过程中的载重小车的位置、起升钢丝绳的固定、起升机构的运作以及拆除抱杆过程中的注意事项等细节都详细展示，验证施工方案是否符合相关标准、规范的要求，预知、预判未来施工过程中的安全隐患并解决，明确施工过程的质量关注点以及安全风险点，确保施工的质量和安全。

4.3 重大施工方案交底

传统的施工交底方式都是基于纸质版方案，施工人员对施工方案的理解大多凭经验以及想象，难免产生理解的偏差，影响施工质量。项目 BIM 团队针对以上情况，与施工单位配合，将高塔组立以及抱杆拆除的施工模拟动画用于施工交底，详细展示作业步骤，明确作业过程危险点，改变了传统的交底方式，将复杂的重大施工方案三维可视化，使施工交底更加直观、形象，易于施工人员理解。

图 5　高塔组立施工方案模拟

5 施工工序的搭接模拟及 4D 进度模拟

本送电线路工程中，大跨越高塔在架线过程中需跨越带电线路，必须对带电线路进行停电处理，停电时间一旦确定将不能更改，现场施工管理人员将根据停电时间倒排工期，确定各个节点的完成时间，合理安排与进度相对应的人、机、料，确保在关门时间之前完成大跨越高塔的施工，因此对停电期间高塔的组立的进度安排有很高的要求。如何缩短停电时间，加快工程进度，是现场施工管理人员面对的一大挑战。

针对以上难点，项目 BIM 团队使用 Naviswork 软件中的 Animator 工具将施工工序与模型关联，制作施工工序的搭接模拟，发现搭接顺序是否有误，保证施工工序的准确性。另外，项目 BIM 团队依照 WBS

划分标准将施工进度计划进一步细化，让每一步施工工序所涉及的每一个塔材构件都与时间轴关联，将高塔精细化 BIM 模型与进度计划导入 Naviswork 软件中完成模型与时间轴的关联，实现了施工过程的可视化管理，通过 TimeLiner 工具对高塔整体组立过程进行 4D 进度模拟（图 6），验证高塔组立进度安排的合理性，排出最优进度计划，缩短停电时间，将因停电导致的损失最小化。

另外，通过软件导出施工工序的搭接模拟及 4D 施工进度模拟视频用于讲解、介绍，让现场人员特别是施工作业人员以 3D 可视化的形式快速、准确地理解施工进度及工序安排的要求。在后期施工过程中，根据现场施工的实际情况调整 4D 进度模型，实现进度模型与现场实际联动，动态地呈现工程进度情况，使管理人员有效掌握、调整现场的施工进度。

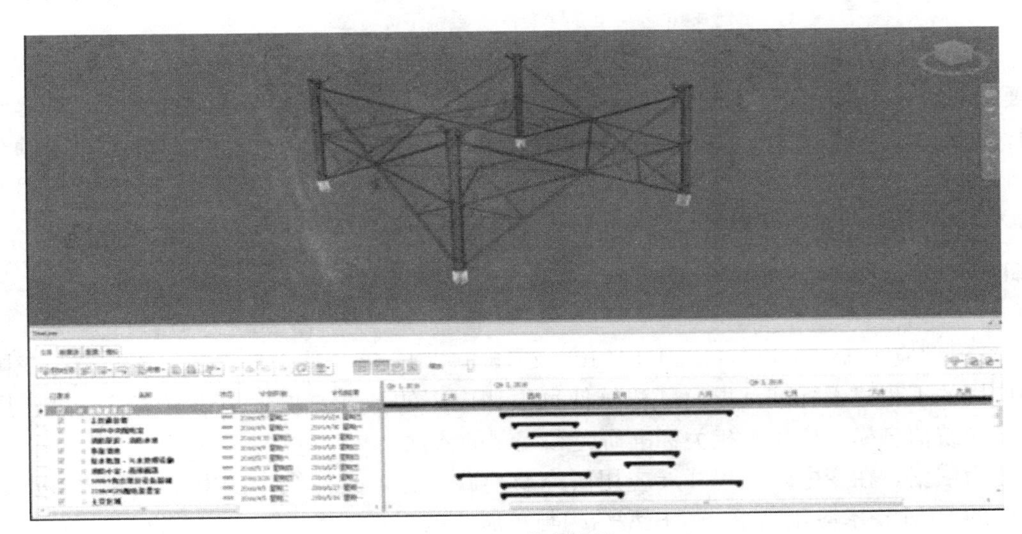

图 6　4D 进度模拟

6　结语

通过 BIM 技术在送电线路大跨越高塔工程施工的应用，完成了高塔的精细化建模与设计优化，复核了危险性较大的分部分项工程方案的合理性，验证了施工工序的合理性，优化了进度计划安排，按时完成了高塔的组立施工，保证了安全、保证了质量。

参 考 文 献

[1] 高来先，张永炘，张建宁，等．关于 BIM 技术在电力工程应用落地的思考［C］．//中国图学学会 BIM 专业委员会．第二届全国 BIM 学术会议论文集．北京：中国建筑工业出版社，2016：110-114.

[2] 高来先，张永炘，黄伟文，等．基于 BIM 技术的变电站工程项目管理应用实践［J］．中国建设监理与咨询，2016（11）．

[3] 高来先，张帆，黄伟文，等．基于 BIM 技术的变电站工程建设过程精细化管理［J］．中国建设监理与咨询，2016（12）．

变电站工程基于《建筑信息模型应用统一标准》的应用研究

高来先，张永炘，黄伟文，李佳祺

（广东创成建设监理咨询有限公司，广东 广州 510075）

【摘　要】本文根据变电站工程的特点以及与变电站工程相适应的 BIM 技术应用需求，基于《建筑信息模型应用统一标准》，对其应用进行实践及研究，找出该标准应用到变电站工程需要深入细化、加以改进的地方，以期通过几个变电站工程的实践应用研究，积累形成变电站工程的专业 BIM 应用标准，以至将来形成电力工程的 BIM 应用标准。

【关键词】建筑信息模型应用统一标准；变电站工程；BIM 技术

《建筑信息模型应用统一标准》GB/T 51212—2016 于 2017 年 7 月 1 日实施，该标准是我国第一部建筑信息模型应用的工程建设标准，提出了建筑信息模型应用的基本要求，是建筑信息模型应用的基础标准，作为我国建筑信息模型应用及相关标准研究和编制的依据。

本文以此为依据，在变电站工程开展应用研究及实践工作，具体结合变电站工程的特点以及与变电站工程相适应的 BIM 技术应用需求，对模型结构与扩展、数据互用、模型应用等方面进行了深入的探讨，通过近期的应用实践，并结合此前的 BIM 技术应用于项目管理实践的经验[1]和应用 BIM 技术进行变电站工程建设过程精细化管理的经验[2]，总结了该标准在变电站工程需特别考虑的技术问题，提出标准在变电站工程 BIM 应用中需细化规定的内容。

1　标准在变电站工程应用实践与研究

电力系统中变电站按照建筑形式和电气设备布置方式可分为户内变电站和户外变电站，户内变电站主变压器、配电装置均为户内布置，设备采用 GIS 形式，结构紧凑，如图 1 所示；户外变电站主变压器、配电装置均为户外布置，设备占地面积较大，如图 2 所示。

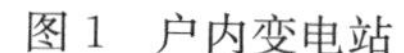

图 1　户内变电站

图 2　户外变电站

本文将标准在变电站工程中进行应用实践，结合实例建立了变电站工程全专业模型（如图 3、图 4 所示）并进行应用，以下主要从三个方面进行分析。

【作者简介】高来先（1964-），男，高级工程师。主要研究方向为电力工程 BIM 技术应用。E-mail：gaolx3333@163.com

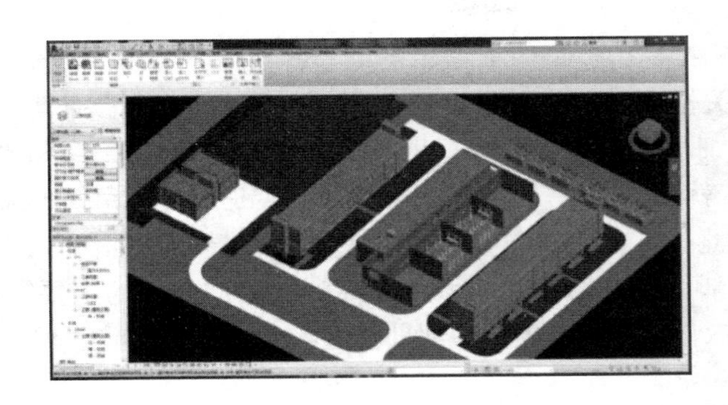

图 3　220kV 户内 GIS 变电站工程整体模型

图 4　模型文件

1.1　模型结构与扩展

1.1.1　数据唯一性

标准中规定模型中的数据应具有唯一性，用于共享的模型元素在项目全生命周期内能够被唯一识别。因此文中在建立项目模型时对模型数据来源进行了唯一性确认，建立模型前对数据来源的进行了专题探讨，同一数据的不同数据来源进行筛选确认，形成唯一的数据来源清单（如图 5 所示），以确保共享的模型数据唯一。采用不同表达方式的模型数据不一致也会破坏数据的唯一性，不同建模人员对同一数据的表达形式可能不尽相同，如同一材质表达可能不同人员采用的贴图不同，对此，本文在建模之前制定了详细的建模规则（如图 6 所示），对同一数据信息表达形式进行统一规定。此外，模型文字信息与外观表现也可能不一致，比如外墙面文字信息表述为白色油漆，模型中表现为瓷砖墙面，因此本文设立了专门的模型审核组，审核模型内容，确保数据的唯一性。

专业	卷册号		卷册名称	卷册检索号
电气部分	第一卷	第一册	总的部分	449-BA12099E01S-D0101A
		第二册	220kV配电装置	449-BA12099E01S-D0102A
		第三册	110kV配电装置	449-BA12099E01S-D0103A
		第四册	10kV配电装置及电容器组、接地变、站用变安装	449-BA12099E01S-D0104
		第五册	主变及10kV母线桥安装	449-BA12099E01S-D0105
		第六册	照明及动力	449-BA12099E01S-D0106A
		第七册	防雷接地	449-BA12099E01S-D0107A
		第八册	电缆敷设	449-BA12099E01S-D0108A
		第九册	防火封堵	449-BA12099E01S-D0109A
土建部分	第一卷	第一册	总平面部分	449-BA12099E01S-T0101A
		第二册	配电装置楼建筑部分	449-BA12099E01S-T0102
		第三册	配电装置楼结构部分	449-BA12099E01S-T0103
		第四册	配电装置楼室内外装修部分	449-BA12099E01S-T0104
		第五册	户外主变、电容器部分	449-BA12099E01S-T0105
		第六册	220kV配电装置部分	449-BA12099E01S-T0106A

图 5　定版图纸卷册目录清单

目录

图 6　建模规则目录

1.1.2　模型结构

根据标准规定，模型结构由资源数据、共享元素、专业元素组成[3]。资源数据即是模型信息，包括几何资源、材料资源、日期时间资源、角色资源、成本资源、荷载资源、度量资源、模型表达资源及其他资源。本文的变电站模型结构也是依照上述标准进行，建模之前提前进行了规划和划分，将几何信息、材料及材质信息、关联时间进度信息、构件成本清单信息、工程量等归类为变电站资源信息（如图 7 所示）；将 Revit 的基本族，如墙、管道等基础组成构件归类为共享元素，使用同类型族的构件共享同一信息，如改变某管道族类型属性信息，对应类型的管道信息将全部同步更改，模型构件之间已经形成了内部数据组织关联，可以同步共享数据[4]；将变电站工程电气专业所用到的变压器、绝缘子、开关柜、金具、母线灯设备设施族归类为电气专业元素，其他专业亦如此。

1.1.3　模型颗粒度

明确了模型构成，还应考虑模型的颗粒度。标准提出模型应根据建设工程各项任务的进展逐步细化，其详细程度宜根据建设工程各项任务的需要和有关标准确定[3]。项目的各项任务是随项目进展不断丰富、细化的，因此不同的阶段需求会有不同的模型详细程度需求，本文根据不同阶段的需求建立了不同深度的模型。比如主变压器，在施工阶段是整体安装就位的，厂家运输至现场时已经是整体组装完成状态，施工只需要它的整体模型就能满足应用需求，因此本文在施工阶段只建立了其整体模型（如图 8 所示），但是在运行维护阶段，就需要定期检查维护其内部的主要部件，模型需要细到变压器内部的主要零部件和控件，因此本文将在竣工后继续对模型进行了深化，建立其内部零部件模型。

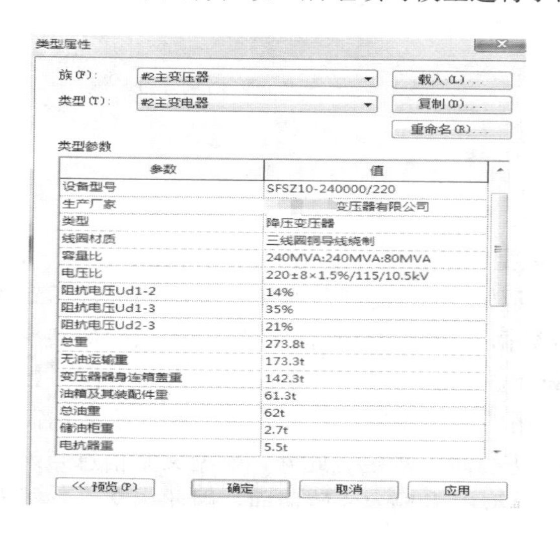
类型属性

族 (F):　#2主变压器　　载入 (L)...

类型 (T):　#2主变电器　　复制 (D)...

重命名 (R)...

类型参数

参数	值
设备型号	SFSZ10-240000/220
生产厂家	变压器有限公司
类型	降压变压器
线圈材质	三线圈铜导线绕制
容量比	240MVA:240MVA:80MVA
电压比	220±8×1.5%/115/10.5kV
阻抗电压Ud1-2	14%
阻抗电压Ud1-3	35%
阻抗电压Ud2-3	21%
总重	273.8t
无油运输重	173.3t
变压器器身连箱盖重	142.3t
油箱及其装配件重	61.3t
总油重	62t
储油柜重	2.7t
电抗器重	5.5t

<< 预览 (P)　确定　取消　应用

图 7　#2 主变压器资源数据

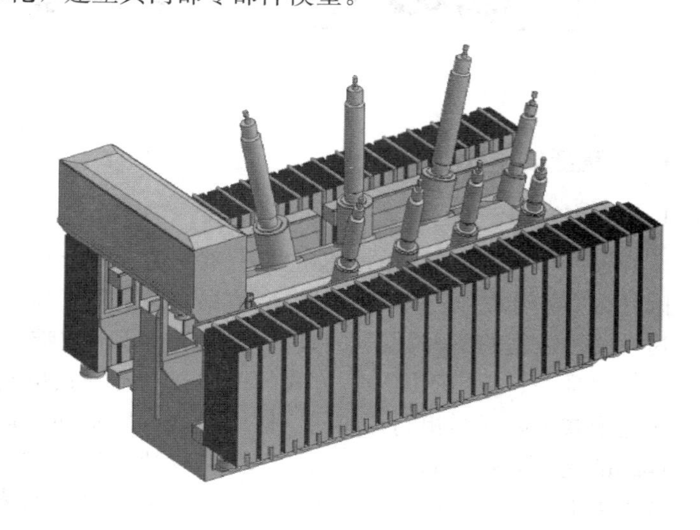

图 8　施工阶段主变压器模型

1.1.4　变电站工程需特别考虑问题分析

标准在应用到变电站工程时，因并非针对电力行业而制定，部分内容仍有待补充。电气设备在变电站工程中尤为重要，是变电站实现生产功能的主体，建筑结构的设计都是为满足各种电气设备正常运行服务，因此在标准中未突出提及的电气设备，在变电站工程却需要重点考虑。笔者曾将 BIM 技术运用于项目管理实践[1]，对此有深刻体会。电气设备由专业的生产厂家设计制造，其内部结构大多非常复杂，设备信息需要服务于后期运行维护管理。结合变电站工程特点，本文对电气设备的应用思路进行了思考。如果要使用 BIM 模型表达其内部的每一个零部件，模型的数据量将会非常巨大，大型设备如变压器的建模工作量也会非常巨大，计算机要查看运转也会存在问题，实际可执行度不大，可能导致难以落地。根据变电站工程的运行维护的实际情况，基于设备模型主要是为运行维护服务的理念，变电站在运行检修时发现设备故障问题，对于一些小型设备厂家是不提供零件更换的，只能整体换新，那么 BIM 模型也只需要整体模型的精度，对于大型设备维修时可提供元器件更换的，BIM 模型就做到可更换零部件的精度。

除电气设备外，电力电缆等模型信息在变电站 BIM 应用中也是非常重要。标准中并未对电力电缆等作详细规定，根据本文的应用实践，变电站工程 BIM 应用应尽量细化电力电缆及其外围建筑相关要求。电力电缆的布置以及其外围的建筑结构（隧道、工井、沟、管等）模型对后期运维都重要，建模时需建立其详细的电缆信息、内部电缆支架信息以及外围隧道或管沟等信息。运行检修时，查阅三维模型信息可以帮助提高检修效率，减少操作错误，运维过程再将运维信息加载至模型，又可以辅助运维的长期管理。将来做技改工程时，调用三维模型，在此基础上进行设计、施工等，能够大幅提高工作效率，在变电站扩建或加敷设其他管线时，电缆沟的内部电缆敷设状态也能第一时间提供决策依据。

1.2　数据互用

1.2.1　信息共享与协同

标准规定模型应满足项目全生命周期协同工作的需要，支持各阶段、各参与方获取、更新、管理信息，数据互用是解决信息孤岛、实现信息共享[5]和协同工作的基本条件和具体工作，为满足数据互用要求，模型必须考虑其他阶段、其他相关方的需要[3]。这要求模型能够提供开放的数据提取、调用、编辑、更新并分类管理的数据接口，本文采用 Revit 软件建立模型，模型数据可编辑更改、可添加删除、可提取调用，且软件自带有数据分类提取并导出统计报表的功能，软件可导出多种数据格式，包括 IFC 格式，可与多种软件实现数据互导，已经满足了上述数据互用的要求。

1.2.2　数据交付与交换

标准关于交付与交换规定，数据内容、格式应符合数据互用标准或数据互用协议。IFC 格式是国际标准化组织 ISO 采纳的格式，美国的国家 BIM 标准就是基于 IFC 格式编制，本标准也在条文说明中也提到可采用 IFC 等开放的数据交换格式，本文采用的 Revit 软件正是基于 IFC 数据标准，是符合数据互用标准，可支持数据交付与交换的。

1.2.3　在变电站工程中需进一步补充的技术要求分析

笔者曾将 BIM 技术运用于变电站工程建设过程精细化管理[2]，BIM 应用管理平台对其应用效果起着关键作用。此次应用实践中发现标准尚未对应用管理平台提出相关的标准要求，标准中提到需要满足建设工程全生命周期协同工作的需要，支持各相关方获取、更新、管理信息，而脱离管理平台的支持将难以实现该标准要求，因此，建议进一步补充对应用管理平台的相关要求。

1.3　模型应用

标准规定项目全生命周期内，应根据各阶段、各项任务需求创建、使用和管理模型，并根据项目实际条件，选择合适的模型应用方式。本文考虑变电站模型的应用目的主要是服务于施工建设阶段和运行维护阶段，在建立模型之初，就根据应用的实际需求，确定模型的精度、信息等。为适应施工管理的应用，模型的需要按照施工段的划分建立，一个可拆分的施工段为一个独立的图元，如墙体施工时为按楼层施工，建立模型时亦需要按楼层分别建立（如图 9 所示），方可选中单层楼的墙体。为便于模型信息管理，建模之前需做好信息规划。首先是要确定命名原则，变电站单位工程、分部工程、分项工程名称等宜参照电网工程项目划分标准命名，这样在信息筛选、调用之时，方可保持一致（如本项目 220kV 配电装置楼、110kV 配电装置楼、巡检综合楼）。其次是进行系统划分，不同系统的模型赋予相应的系统名称，在三维中赋予不同的颜色表达进行可视化区分。本变电站工程分为消防水系统、给水排水系统、通风空调系统、照明及动力系统、防雷接地系统。

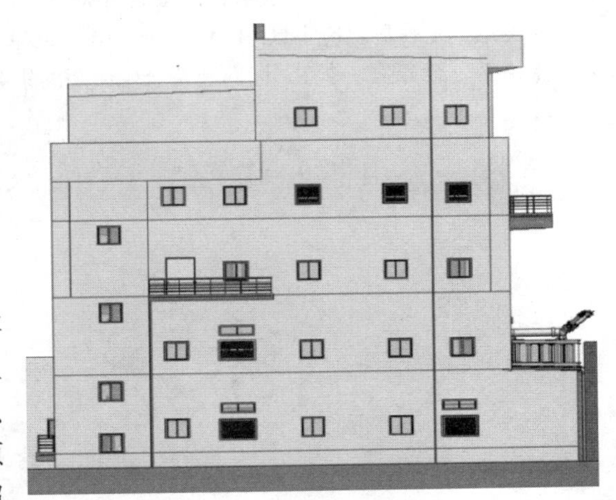

图 9　模型按楼层分段

2　标准在变电站工程的应用思考与总结

通过上述应用实践发现，标准在变电站工程中具有重要的指导性作用。标准中的很多规定能让 BIM 应用少走很多弯路。笔者在实践中重点关注了标准对数据唯一性的要求，有针对性地对多渠道数据来源进行专业的审查，大幅减少了数据来源不一导致的模型错误，另外高度重视标准中对模型交付的审查要求，对模型数据在交付前进行多专业的联合审模，确保交付模型的准确性。

然而本文在变电站工程的实践中也发现，对于电力工程 BIM 应用而言，该标准因为只提了一些基本要求，在电力设备、电力电缆、协同平台等方面仍然缺少规范要求，还不能满足电力工程应用的深度要求，要想应用到电力行业作为指导标准，还需对标准做电力专业方面的补充，对电力专业方面做出更详细的规定，尤其是对电力系统的运行维护管理方面，结合电力设备台账内容有效管理，才能更切合电力行业是应用实际需求。

3 展望

本文对《建筑信息模型应用统一标准》在变电站工程进行实践应用，分析了标准模型结构与扩展、数据互用、模型应用等具体要求的应用情况，体会了到标准的指导价值。同时考虑到变电站工程实际需求特点，也发现了标准在变电站工程应用中一些细节的规定不是特别适合的地方，并提出了自己的思考、总结及分析，进而通过积累可以作为变电站工程信息模型应用标准的基础。

期望通过在变电站工程的不断实践、分析、总结，在《建筑信息模型应用统一标准》的基础上逐步积累形成变电站工程的专业 BIM 应用标准。将来再结合输电线路工程、火电厂、风力发电厂等工程的 BIM 应用经验成果，编制形成电力工程的 BIM 应用标准。

参考文献

[1] 高来先，张永炘，黄伟文，等．基于 BIM 技术的变电站工程项目管理应用实践［J］．中国建设监理与咨询，2016（11）．

[2] 高来先，张帆，黄伟文，等．基于 BIM 技术的变电站工程建设过程精细化管理［J］．中国建设监理与咨询，2016（12）．

[3] GB/T 51212—2016，建筑信息模型应用统一标准［S］. 北京：中国建筑工业出版社，2016.

[4] 何关培，王轶群，应宇垦. BIM 总论［M］. 北京：中国建筑工业出版社，2011.

[5] 张建平，余芳强，李丁. 面向建筑全生命期的集成 BIM 建模技术研究［J］. 土木建筑工程信息技术，2012（1）．

BIM 技术在流水施工中的应用

付　伟

（中天建设集团东北公司，辽宁 沈阳 110011）

【摘　要】分析了传统流水施工进度计划特点和 BIM 技术模拟流水施工优势，并结合工程实例介绍运用 BIM 技术模拟流水施工的步骤和实施过程。应用结果表明，BIM 技术更加直观地展示了流水施工进度及人材机周转过程，可以综合考虑现场各种因素进行方案比选和优化，有助于增强精细化管理能力，减少资源浪费，提高施工效率。

【关键词】BIM 技术；流水施工；人材机周转；可视化模拟；精细化管理

1　引　言

近年来，随着建筑工程市场竞争的日益加剧，并且伴随着工期紧张、施工组织困难、施工效率低、资源浪费大、安全隐患多等问题，许多企业开始逐步抛弃以往粗放式的管理模式，而改为顺应时代发展的精细化管理模式。合理地组织流水施工是建筑企业进行精细化管理的手段之一。流水施工是一种科学的施工组织管理技术，能够极大地提高生产效率，在保证施工质量的同时，有效利用资源和降低成本[1]。

目前，建筑企业主要采用二维的进度计划描述流水施工过程，而随着 BIM 技术在我国的快速发展，国内的研究团队在三维可视化的建筑虚拟施工和场地布置及动态管理方面取得了显著的研究成果，其应用价值已得到政府的高度关注和行业的普遍认可。BIM 技术能够对施工进度情况进行可视化模拟，通过关联施工进度计划，直观地展示建筑物的虚拟建造过程[2-4]。虽然 BIM 技术被广泛应用在施工进度模拟中，但运用 BIM 技术模拟流水施工过程的研究很少，相关的案例也很缺乏。

本文主要阐述运用 BIM 技术对流水施工进行动态模拟，通过模拟木模板周转、劳动力部署以及综合考虑施工机具、材料堆放位置等情况，全面展示流水施工的人材机周转过程，探讨了 BIM 技术模拟流水施工的优越性。

2　传统流水施工进度计划

传统的流水施工进度计划一般采用横道图或网络图进行编制，进度计划图比较简洁且容易上手，它可以把单项工程中有关的工作组成一个有逻辑关系的整体，能表达出各项工作之间相互制约、相互依赖的关系；进度计划图还可以体现工程工期和资源使用量等方面的信息，所以在建筑工程中运用较为广泛[5]。然而，虽然进度计划图可以表达工作间的逻辑关系，但是表达不够直观，尤其是当进度计划中加入了人材机等信息时，由于信息种类多，想通过进度计划清楚地表达多种逻辑关系比较困难（如图 1 所示）。并且，在进行流水施工时，需要考虑现场塔吊的使用、材料的堆放、施工机具的周转等情况，通过综合考虑各种因素来最终确定流水计划，但目前进度计划图还无法综合考虑以上因素对进度计划的影响。

【作者简介】付伟（1985-），男，工程师，国家一级建造师。主要研究方向为 BIM 技术在施工中应用。E-mail：174076900@qq. com

A工区	42 工作日	2016年6月1日	2016年7月12日
19#一层	6 工作日	2016年6月1日	2016年6月6日
19#二层	6 工作日	2016年6月7日	2016年6月12日
23#一层	6 工作日	2016年6月7日	2016年6月12日
23#二层	6 工作日	2016年6月13日	2016年6月18日
28#一层	6 工作日	2016年6月13日	2016年6月18日
28#二层	6 工作日	2016年6月19日	2016年6月24日
19#三层	6 工作日	2016年6月19日	2016年6月24日
23#三层	6 工作日	2016年6月25日	2016年6月30日
28#三层	6 工作日	2016年6月25日	2016年6月30日
19#斜屋面	6 工作日	2016年7月1日	2016年7月6日
23#斜屋面	6 工作日	2016年7月1日	2016年7月6日
28#斜屋面	6 工作日	2016年7月7日	2016年7月12日

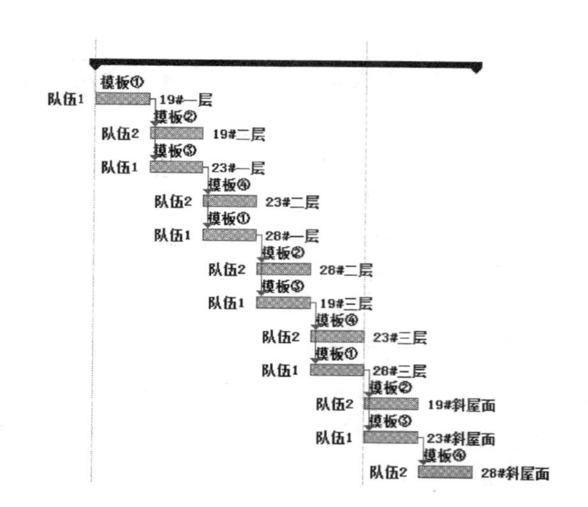

图 1　流水施工计划（横道图）

3　BIM 技术应用于流水施工模拟

3.1　模拟步骤

（1）首先采用 Revit 软件创建流水施工模拟所用的模型。本次模拟所用模型主要有主体结构模型、木模板模型、文字注释模型、塔吊、材料加工场及堆场、临时道路等现场平面布置模型。采用 Revit 建模的主要原因有两个：第一，Revit 创建的模型精度高，模型不仅可以用于施工模拟，还可以用于砌体、模板、脚手架等深化设计，工程量统计，进度和成本管理，考虑到一个模型可多次利用的因素，其总体效率比较高；第二，Revit 模型便于根据现场情况进行修改，导入到 Navisworks 中模拟速度快，便于进行方案对比和优化，能够满足指导现场施工、精细化管理的要求。

（2）编辑施工工序和时间节点文件。可以采用 Project 软件编辑流水计划，再将 Project 格式的流水计划文件导入到 Navisworks 软件中，此种方法适合施工工序多，以及已经用 Project 软件将流水计划编制好的项目。还可以采用 Excel 软件编制工序和时间节点，将其另存为 CSV 格式文件，再导入到 Navisworks 软件中，此种方法后续设置较为方便，适用于施工工序和时间节点少的进度计划。

（3）模拟设置。将创建好的模型导入到 Navisworks 中，在数据源中添加施工工序和时间节点文件，将各施工工序与对应模型相互附着，完成彼此的关联。为了达到模拟效果，需要在配置中添加任务，用于设置注释文字、木模板周转及施工机械等模型的开始和结束状态，实现动态模拟，也可以修改木模板的颜色，使模拟过程更加直观。

（4）方案对比和优化。模拟过程中不仅可以体现各套木模板周转的部位和时间安排，还可以体现劳动力周转情况、预算费用、材料和机械设备的使用等信息。通过综合考虑现场各种因素进行流水施工动态模拟，直观全面地进行方案对比，对不合理部位进行优化，最终选出最合理的方案。

3.2　应用案例

本次模拟的是沈阳绿地海域香廷别墅群工程流水施工计划，工程总建筑面积约为 1.5 万 m^2，其效果图如图 2 所示。工程主要特点为工程体量不大，利润点不多，过程中对成本和进度的控制要求比较高；别墅造型别致，对模板的周转利用和劳动力组织的要求也很高；群体别墅工程，施工场地狭小，施工机具、材料加工及堆放位置十分有限，现场施工平面布置难度大。

结合工程特点，将工程划分为 A、B、C、D 四个区段平行施工，每个区段内单独组织流水施工。本次流水施工模拟以 A 区段为例，A 区段有 19＃、23＃、28＃共三栋单体，采用四套木模板，两个施工队伍组织流水作业，在总工期 42 天内完成三栋单体主体结构施工。具体模拟情况见表 1。

图 2　效果图

模拟工况　　**表 1**

内容	模拟工况
2016 年 6 月 2 日： 19＃楼一层施工，采用模板①（红色），劳动力为队伍 1	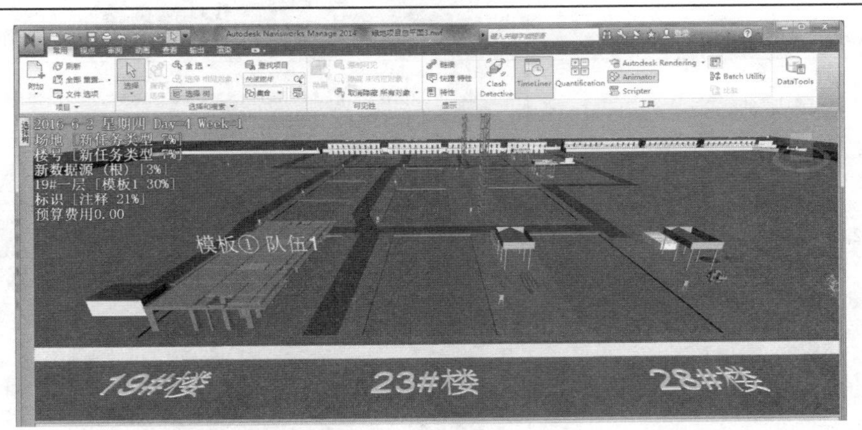
2016 年 6 月 8 日： 19＃楼二层施工，采用模板②（米黄色），劳动力为队伍 2。 23＃楼一层施工，采用模板③（紫色），劳动力为队伍 1	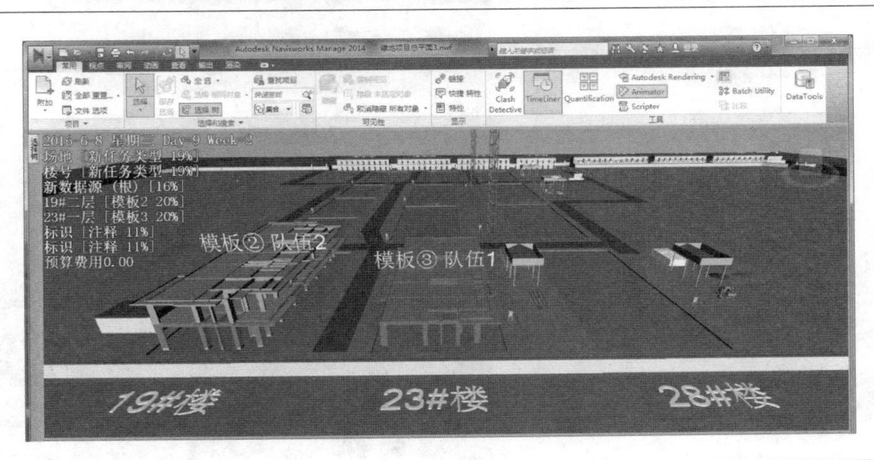

续表

<table>
<tr><th>内容</th><th>模拟工况</th></tr>
<tr><td>2016 年 6 月 14 日：
23＃楼二层施工，采用模板④（黄色），劳动力为队伍 2。
28＃楼一层施工，采用模板①（红色），劳动力为队伍 1</td><td>
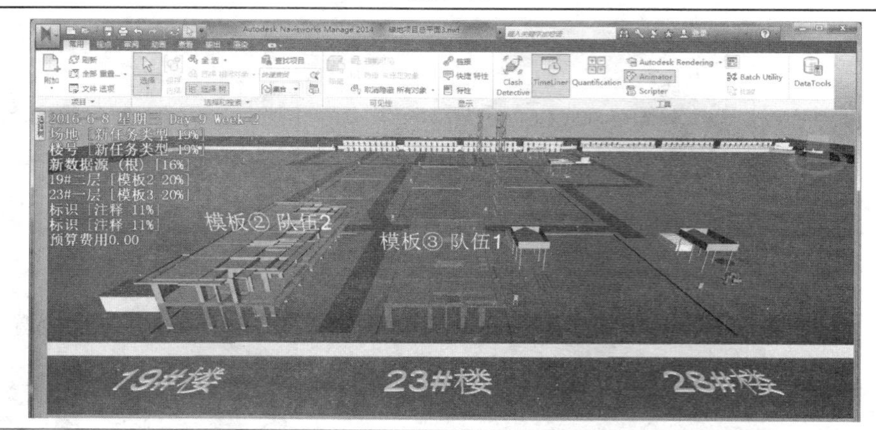

</td></tr>
<tr><td>2016 年 6 月 20 日：
19＃楼三层施工，采用模板③（紫色），劳动力为队伍 1。
28＃楼二层施工，采用模板②（米黄色），劳动力为队伍 2</td><td>
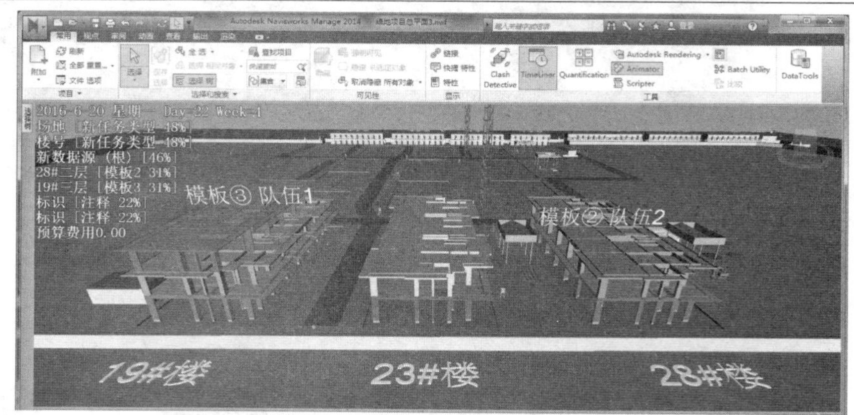

</td></tr>
<tr><td>2016 年 6 月 27 日：
23＃楼三层施工，采用模板④（黄色），劳动力为队伍 2。
28＃楼三层施工，采用模板①（红色），劳动力为队伍 1</td><td>

</td></tr>
<tr><td>2016 年 7 月 2 日：
19＃楼屋面施工，采用模板②（米黄色），劳动力为队伍 2。
23＃楼屋面施工，采用模板③（紫色），劳动力为队伍 1</td><td>

</td></tr>
</table>

续表

内容	模拟工况
2016 年 7 月 9 日： 28# 楼屋面施工，采用模板④（黄色），劳动力为队伍 2	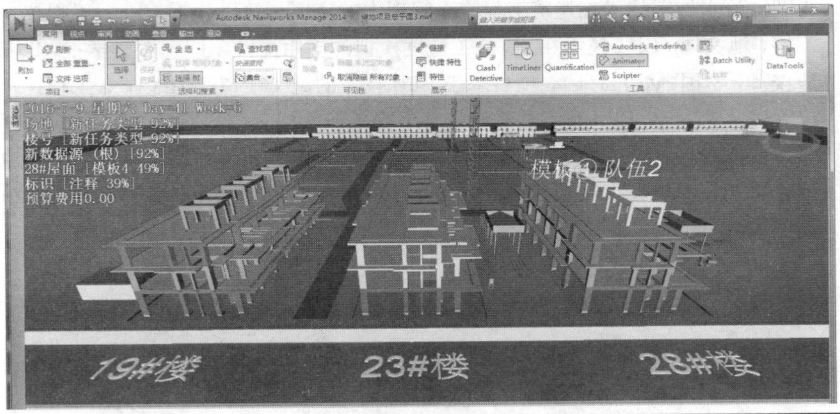

4　BIM 技术优势

与传统流水施工进度计划相比，运用 BIM 技术模拟流水施工的主要优势体现在以下几个方面：

（1）将时间节点与流水施工所涉及的工序模型相关联，直观地模拟出施工计划内某一时刻现场进度情况。进度模拟精度可以精确到“天”，通过模型与现场实际进度情况进行对比，实时、直观地进行施工进度管控。

（2）通过将各套木模板给予不同颜色，可以在模拟过程中直观地体现模板如何周转，还可以通过文字注释等方法，展示劳动力部署情况，用虚拟建造的方式展现流水施工过程，清楚地表达多种信息的逻辑关系。

（3）可以综合考虑现场材料机具使用及堆放、人材机预算费用情况等因素，更全面地分析施工方案，快速优化不合理部位，进行方案比选。

5　现场应用及效益分析

在施工开展前，结合 BIM 技术对各专业队伍进行了流水施工技术交底。通过展示流水施工模拟过程，全面地、直观地讲述了流水施工计划、现场平面布置和施工中应注意的问题，提高了技术交底效率，增强了项目精细化管理能力。

在现场应用过程中，施工人员按照模拟确定的流水施工计划进行施工，避免了各专业队伍在同一施工周期内因材料堆放、施工机械使用等出现的冲突，很大程度上减少了管理人员现场协调工作量，提高了施工效率，确保了施工进度正常进行。

在项目管理例会上，通过将流水施工模拟与现场实际进度进行对比，可以直观地发现计划进度和实际进度的差异，并通过综合分析，快速找到影响施工进度的因素，增强了项目施工管理能力。

6　结语

流水施工技术是一种高效科学的施工管理技术，该项目通过合理的组织流水施工，提高了施工效率，降低了资源消耗，有效缩短了工期。而利用 BIM 技术更加直观地展示了流水施工进度及人材机周转的实施过程，综合考虑了现场各种因素，进行了方案比选和优化，对现场进度、成本进行管控，提升了项目精细化管理能力。

随着 BIM 技术的不断进步，其带来的经济效益必将会越来越大，相信 BIM 技术会被更广泛地应用在建筑施工中。如何利用 BIM 技术推动项目精细化管理，全面提高企业的管理水平和管理质量，使其更有效地为项目服务将是建筑施工单位重点研究的课题。

参考文献

[1]　王莉．流水施工技术在建筑工程施工管理中的应用与效果分析［J］．工程技术，2016（11）：00101-00101.
[2]　王婷，池文婷．BIM 技术在 4D 施工进度模拟的应用探讨［J］．图学学报，2015，36（2）：306-311.
[3]　詹俊卿，李国强，郭海瑞．项目基于 BIM 技术的施工模拟应用［J］．工程技术，2015，23：150-150.
[4]　冯为民，胡靖轩．BIM 技术在超高层住宅穿插流水施工中的应用［J］．施工技术，2016，45（6）：68-73.
[5]　张赫威．流水施工技术在建筑工程中应用［J］．建筑工程技术与设计，2014，(34)．
[6]　韩克勇．NavisWorks 在项目设计和施工中的应用［J］．城市建设理论研究，2013，(11)．

三维激光扫描技术在 CRTS Ⅲ型无砟轨道板检测中的应用

杨　铭，沈　翔

（中国中铁四局集团管理研究院，安徽 合肥 230023）

【摘　要】CRTS Ⅲ型板式无砟轨道是具有我国完全自主知识产权的新型板式无砟轨道，从预制到现场完成安装主要施工工艺有“轨道板预制、底座板施工、轨道板铺设、轨道板精调、自密实混凝土浇筑”五大部分，需经历“成品检测、出厂检测、轨道板精调、灌浆后复测、线路平顺性检测”等多道测量检测工序。探索三维激光扫描这种自动化的前端感知技术，提高无砟轨道板施工中的测量效率，促进高速铁路无砟轨道施工向信息化、智能化方向发展，具有十分重要的现实意义。

【关键词】板式无砟轨道；三维激光扫描技术；信息化

1　引　言

“十二五”期间，我国自主研发了具有完全自主知识产权的 CRTS Ⅲ型板式无砟轨道，在成灌线、武汉城际圈、成绵乐客专、盘营客专、沈丹客专、京沈客专等客运专线上推广使用。[1]随着我国高速铁路技术的不断发展，CRTS Ⅲ型板式无砟轨道在高铁、地铁上的应用将更加广泛。

目前针对 CRTS Ⅲ型板式无砟轨道施工，已形成了一套完整的“轨道板预制、底座板施工、轨道板铺设、轨道板精调、自密实混凝土浇筑”施工工艺。[1]在传统测量方式的基础上，探索一种自动化的前端感知技术，将轨道板在各个阶段的状态数据真实、完整、及时地存储下来，对其进行综合分析、应用，为无砟轨道板施工信息化管理平台提供自动化的数据支持，具有极大的施工指导价值和技术研究价值。

2　三维激光扫描技术介绍

2.1　三维激光扫描技术简介

三维激光扫描技术（3D Laser Scanning Technology），又称为“实景复制技术”，是一种先进的全自动高精度立体扫描技术，它通过高速激光扫描测量的方法，可以大面积、高分辨率地快速获取被测对象表面的三维坐标数据。

传统测量概念里，所测的数据最终输出的都是二维结果（点、线）。三维激光扫描仪则是对确定目标的整体或局部进行完整的三维坐标数据测量，进而得到完整、全面、连续、关联的全景点坐标数据，这些密集而连续的点数据也叫作“点云”。通过这些点云数据，三维激光扫描技术可以真实描述目标的整体结构及形态特性，并通过扫描测量点云编织出的“外皮（面）”来逼近目标的完整原形及矢量化数据结构。与传统的正向测量放样方式相比，这种由点云数据经处理构建目标的三维模型过程称为三维模型重建（逆向建模）。[2]

三维激光扫描技术由于其扫描速度快、直接获得数字信息、非接触性、扫描效率高、使用简单方便等优点，在当今工业生产、科技研究、生活等各方面的应用越来越广泛。

2.2　三维激光扫描技术测量原理

三维激光扫描仪基于激光的单色性、方向性、相干性和高亮度等特性，在注重测量速度和操作简便

【作者简介】杨铭（1975-），男，教授级高级工程师。主要研究方向为信息化技术理论和应用。E-mail：196184104@qq.com

的同时，保证了测量的综合精度，其测量原理主要分为测距、测角、扫描、定向四个方面。激光测距作为激光扫描技术的关键组成部分，对于激光扫描的定位、获取空间三维信息具有十分重要的作用。[3]

2.3　三维激光扫描仪技术操作流程

三维激光扫描技术在无砟轨道板施工的各个应用阶段，根据现场施工环境及测量精度要求，一般按下列步骤进行操作：

（1）在轨道板中间位置或衔接位置，架设三脚架，安装、校正三维激光扫描仪；

（2）设置扫描精度（扫描时长、像素、范围、角度以及点云数量等）；

（3）点击开始自动扫描，扫描范围内应无遮挡或振动；

（4）将扫描的数据成果导入到专业软件，进行点云数据处理，输出计算结果；

（5）将求解得到的轨道板模型导出为 dxf 或 dwg，并与原设计模型相比较，得出偏差数据；

（6）将三维点云数据和三维模型数据处理存档，作为电子档案供后期查询和验证；

（7）相差一定间隔（具体间距根据精度要求选择，高精度扫描时一般控制在 5～10m 范围内）启动下一站扫描。

3　无砟轨道板检测应用

3.1　成品板检测

轨道板在厂内预制、养护完成后，在运输至集中存放场地之前需进行成品板检测，检测的项目有：检测预埋套管、承轨台大小钳口、扣件间距等多项指标。按照目前测量方法，轨道板从养护池内竖直起吊后，需水平放置在地面上才能利用“全站仪＋测量工装”进行成品板检测，检测合格后又再次将轨道板竖直起吊，水平放置在运输车上。整个检测过程大约需要半小时，轨道板成品检测严重制约轨道板整个生产进程，而且轨道板经多次竖直、水平搬运，容易产生翘曲变形或发生碰撞损坏。

探索应用三维激光扫描技术后，轨道板成品检测测量过程仅需 3～5min，即可获取单块轨道板完整的顶面点云数据，而且扫描过程轨道板不需要水平放置。在获得轨道板点云数据后，经软件处理生成轨道板面模型，与设计模型进行对比计算，得出实际轨道板检测项目的偏差情况（图 1）。

图 1　成品板传统方法检测与三维激光扫描检测现场

3.2　底座板平整度检测

底座板采用混凝土泵送入模后，人工摊铺均匀，经插入式振捣器捣固后，人工收面整平，最后采用铝合金刮尺刮平，从而确保底座板顶面施工精度。底座外形尺寸检测项目有：高程、宽度、位置及平整度多项指标。常规的测量方法采用“靠尺＋水平尺＋塞尺”的方法进行抽样检查，利用数理统计的方法来综合评价底座板施工质量。

三维激光扫描技术通过扫描底座板获取点云数据，将处理后生成的面模型与设计模型进行对比，可以做到底座板平整度检查 100％覆盖。还可以利用点云数据，统计分析规范偏差范围内，各个区间合格率的占比情况，在合格的基础上，综合反映底座板优良率，更加全面科学合理地反映底座板平整度情况（图 2）。

点数	921573
平均偏差	0.721
标准偏差	1.448
RMS偏差	1.618
最大偏差+	4.000
最大偏差-	-3.999
最大偏差	4.000
最小偏差	-3.999
点在 +/-(1 *标准偏差)	620082 (67.285%)
点在 +/-(2 *标准偏差)	882740 (95.786%)
点在 +/-(3 *标准偏差)	916752 (99.477%)
点在 +/-(4 *标准偏差)	921573 (100.000%)
点在 +/-(5 *标准偏差)	921573 (100.000%)
点在 +/-(6 *标准偏差)	921573 (100.000%)

图 2　底座板偏差分布云图及偏差区间占比报告

3.3　出厂检测与线路平顺性检测

受吊装方式、存放场地条件、存放周期、预应力释放以及混凝土收缩徐变等因素影响，轨道板会发生一定程度的翘曲变形。在轨道板从预制厂内运输至现场安装前以及现场粗铺完成后，均需对轨道板进行翘曲检测，提前获取轨道板翘曲值，可以避免不合格的轨道板流入现场或灌注自密实混凝土。对于翘曲值在规范内的轨道板，通过获取轨道板翘曲参数，在精调阶段进行适当修正，可以大大缩短轨道板精调时间、有效提高线路的平顺性。

目前厂内轨道板翘曲检测是利用棱镜工装，逐个测量承轨台上螺栓孔坐标，然后分析逐孔坐标的相对偏差，得出轨道板的翘曲值。该方法效率低，长时间占用测量仪器设备，不能满足现场生产需要。轨道板安装单位为加快翘曲检测速度，采取了传统的“鱼线＋塞尺”的检测方法，虽然一定程度上提高了检测效率，但是受操作人员素质、塞尺检测点选择等因素影响，难以科学、全面、真实地反映轨道板翘曲情况。

三维激光扫描技术进行轨道板翘曲检测，检测时长与成品板检测时长相同。可以快速获取承轨台顶面螺栓孔的位置，通过真圆匹配算法，求出各个螺栓孔的相对坐标。该方法检测效率高、获取数据可靠性强，而且可以三维可视化反应轨道板翘曲情况（图 3）。

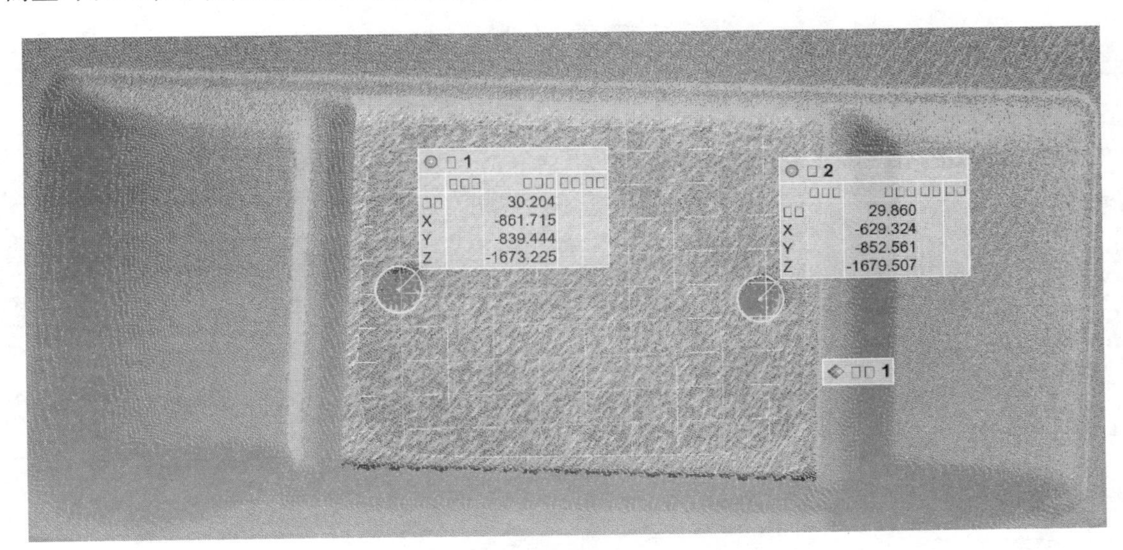

图 3　轨道板单个承轨台螺栓孔三维激光检测点云

4　三维激光扫描技术与BIM融合应用

三维激光扫描技术可以将轨道板的现场实际施工情况，通过点云生成的三维模型真实、精确地反映出来，是设计二维蓝图转换为现实的立体呈现，体现了BIM可视化的特点。

扫描的点云结果可以运用相关软件与设计BIM模型进行对比分析，准确得出施工偏差，进行现场质量检验。结合目前轨道板中预埋的RFID芯片，通过轨道板施工管理平台，可以将整个轨道板各个施工阶段的点云质检数据，以电子档案形式与轨道板设计BIM模型进行关联，体现了BIM信息完备性、关联性和一致性的特点。同时该部分数据还会随着施工验收移交至运维阶段，实现真正意义上的全生命周期管理。

5　总　结

三维激光扫描技术的应用让传统的单点测量转变为可获取海量点云数据的面测量，扫描得到的大量点云数据直接存储到计算机内，用于目标的三维重建。通过重构的模型快速获取目标的点、线、面、体等几何数据，可以与结构物的BIM模型进行对比分析，同时也可以将分析的数据反馈至BIM模型，统一进行数据的后期处理工作。

三维激光扫描技术在高速铁路无砟轨道施工中的探索与应用，一定程度上改变了传统的测量方式，大大提高了部分工序的测量效率，推动了高速铁路无砟轨道板施工的信息化、智能化升级。

但是在三维激光扫描技术的探索与应用过程中，也发现如下几点问题：

（1）在成品板检测、出厂检测时，三维激光扫描仪获取点云数据的效率很高，但是后续数据传输和处理过程相对较慢。如何快速将点云传输至数据终端，并实时计算得出结果，确保测量的时效性，是相关专业配套软件进一步研究的方向；

（2）在底座板检测、线路平顺性检测方面，受仪器设站、引入绝对坐标、相邻测站拼接等因素制约，无法大范围、长距离推广应用。如何利用现有的激光扫描设备和CP Ⅲ测量点，改进扫描、拼接方式，提高长距离带状测量的精度和效率，仍需进一步探索；

（3）扣件配置情况分析一般在长轨精调阶段采用轨检小车来完成，其重点关注的是轨道综合质量指数（TQI），三维激光扫描技术的应用，可尝试将该作业引入灌浆后、长轨铺设前，利用激光扫描设备快速采集承轨台中心坐标，提前分析测算逐枕扣件的类型，提供扣件预配置计划，最大限度地减少长轨精调阶段扣件更换、提高扣件采购计划的准确性和针对性，具有极大的经济效益和实用价值。

参 考 文 献

［1］　邢雪辉. CRTS Ⅲ型板式无砟轨道施工技术［M］. 北京：人民交通出版社，2015：2-7.

［2］　张会霞，朱文博. 三维激光扫描数据处理理论及应用［M］. 北京：电子工业出版社，2012：89-91.

［3］　宋宏. 地面三维激光扫描测量技术及其应用分析［J］. 北京：测绘技术装备，2008，10（2）：40-43.

基于构件的工程算量研究

杨　铭，胡　伟，何兰生

（中铁四局集团有限公司，安徽　合肥 230000）

【摘　要】 BIM技术是一种的新的理念和技术，逐步发展为提高工程项目管理水平的重要手段。基于BIM技术的工程算量模式，虽然在一定程度上提高了工程算量的自动化程度和效率，但专业局限性较大，结果可靠性不足，难以全面应用于工程项目成本管理。基于构件的工程算量提出了一种新的解决方案，能够保证预算和成本管理的全面性、适用性和灵活性，对于提升标准化管理水平具有重要意义。

【关键词】 构件；BIM技术；工程算量

工程算量作为工程造价的基础工作和核心任务，具有工作量大、计算复杂、更新频繁等诸多特点，其计算结果的准确性和速度将直接影响到工程管理的质量和效率。因此，对于工程算量方法的改进和探索一直都在进行，先后经历了手工计算法、表格计算法、平面图形法和三维图形法等几个阶段。随着BIM技术的发展，建设工程中的工程造价工作已发生翻天覆地的变化，各类自动化工程算量软件也随之快速发展，但同时我们也深刻地认识到，工程算量在当前仍面临着较大的技术瓶颈，例如：主流BIM软件（如Revit）工程算量方法与国家规范、地方规则不契合；算量软件（如广联达、鲁班）与BIM技术结合不够紧密，模型数据利用率低，信息传递环节低效；模型构建方法的不同对算量结果产生较大的影响，工作模式与配套软件不匹配[1]。基于构件的工程算量与传统的工程算量方法相比，具有更全面的适用性和灵活性，对于提高成本管理的精度和效率具有重要的意义。

1　基于BIM技术的工程算量现状

当前阶段，国内外各应用方都对基于BIM技术的自动化工程算量进行了研究。首先，BIM建模软件本身能够实现部分工程量的自动计算，但是因为主流BIM软件大多为国外产品，难以和中国的国家规范相匹配，其计算结果自然无法满足工程算量的需求。其次，国内软件厂商基于BIM建模软件研发了算量软件，计算规则虽然符合我国规范，但是对建模软件的选择、模型的构建方式等要求较高，可靠性不足、适用性不广，无法满足众多领域的个性化需求。

2　基于构件的工程算量优势

基于构件的工程算量将传统的工程报价清单与三维可视化技术有机融合，形成了一套完整的工程管理体系，是作者结合多年的工程施工管理经验全新提出的一种研究思路，并自主研发了相关的软件系统，主要针对的是建设工程中的投标报价和施工管理阶段。众所周知，施工管理过程极其复杂，BIM模型不可能面面俱到，涵盖管理过程的每一个细节。因此，在以可视化为核心的BIM技术应用过程中，将一个工程项目通过EBS（Engineering Breakdown Structure）分解划分为若干个构件，形成特定的树状结构，并分别与模型、算量清单进行挂接，保证工程算量的所有结果都能够和一个有形的载体关联，达到信息集成管理的目的。这种以构件为管理对象的基本理念，如图1所示，能够根据不同的技术规范进行算量规则的定义，集中解决了当前BIM技术应用中的存在的瓶颈问题，具有更强的灵活性和适用性。同时，固化的构件树模板和计算规则模板，是企业标准化管理的体现，可有效解决当前存在成本分析智能化不足

【作者简介】 杨铭（1975-），男，教授级高级工程师。主要研究方向为信息化技术理论和应用。E-mail：196184104@qq.com

的问题。

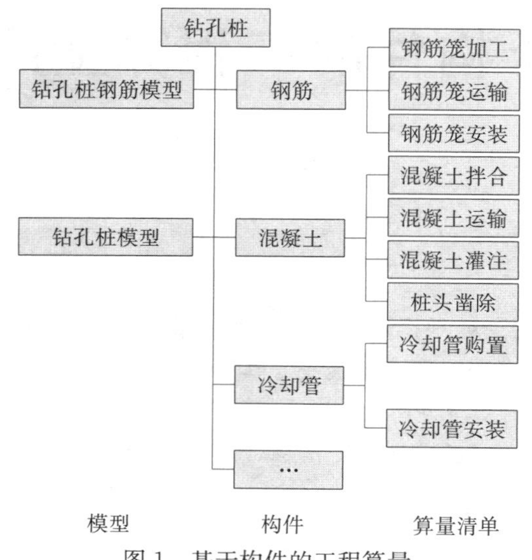

图 1　基于构件的工程算量

3　基于构件的工程算量应用流程及实践

在基于构件的工程算量管理中，我们将应用分为企业级和项目级两个层面，企业级主要负责“构件树”、算量清单及计算规则等模板库的预定义和日常维护，项目级应用时可以调用企业级模板库中的部分或全部内容，形成项目级个性化的工程算量体系。

3.1　构件树定义

传统的工程算量中，技术人员参照施工图纸、工程量清单，确定分部分项的计算顺序，然后按照特定的顺序与计算规则逐步完成工程量的计算。在基于构件的工程算量中，中国铁路总公司发布了《铁路工程实体结构分解指南》[2]，在此基础上根据企业的管理细度和精度进行细化，同时附加构件相关的施工工法等信息，形成施工阶段的“构件树”。在企业级平台管理中，将构件树预定义为模板库，如图 2 所示。

图 2　企业级构件树管理界面

3.2　算量清单定义

自工程建设行业采用工程量清单报价以来，企业定额一直被视为施工企业强有力的竞争力之一，而企业定额与工程算量配套使用方能体现其真正价值。算量清单库的内容以施工工法类型为依据，以满足现场劳务作业分包项目为界限，细分到每一个作业环节。项目在实际运用时，调用相应的构件树并明确对应的施工工法，即可确定构件对应的费用清单，如图 3 所示。

3.3　计算规则定义

在成本管理中，各工程实体结构形式各异，计算规则差异性较大，单一的算量模式将无法实现所有构件的工程量计算。基于构件的工程算量将从以下四种方式实现各类构件的差异性需求：

（1）提取模型自带工程量。目前主流建模软件均支持 IFC 格式，建立的模型自带体积等基本几何属

EBS名称	EBS编码	施工工法	工程量	单位	施工状态	验收状态	添加新列
桥涵专业	03						
特大桥	0301						
复杂特大桥	030101						
建筑工程费	03010101						
下部	0301010101						
1号台	0301010101						
地基及基础	030101010101						
基坑开挖	03010101010101	0-3m有水粘性土围护开挖	60	m3	施工中	未结算	

启用	清单名称	清单编码	单位	计算公式	工程量	调整系数	调整工程量
✓	基坑开挖		m3	(2+1)*(3+1)*(10-5)	60	1.0	12345.60
✓	基坑抽水		m3				
✓	基坑回填		m3				
✓	挖掘机装土		m3				
✓	自卸汽车运土		m3				
✓	围护桩打入		t				
✓	围护桩拔除		t				
☐	钢筋笼	XXX					
☐	制作	XXX01					
☐	运输	XXX02					
☐	安装	XXX03					

图 3　某基坑工程算量清单

性，基于构件的工程算量直接提取该属性，并根据相关规范及标准的定义，生成项目管理需要的三种工程量：一是按行业预算定额计算规则得到的工程数量，用以核查投标工程量清单的准确性；二是按施工图计算规则得到的工程数量，用以核查施工图数量的准确性；三是按企业定额得到的工程数量，用以项目成本内控管理。

（2）依据特定的计算规则计算。部分工程量无法通过模型属性直接获取，但可以通过提取相应的模型特征参数，依据特定的计算规则进行表达，如钻孔桩的钻孔深度，可以通过桩顶标高减桩低标高实现。

（3）基于图形学的复杂异形结构算量。在土石方开挖方量计算中，因原地面形式较为复杂，传统方式通常采用断面法粗略计算，难以精确掌握实际结果，为成本管理增添了较多的不确定因素。基于图形学的复杂异形结构算量，通过计算机对 Mesh 曲面的自动识别及设计断面的叠加，能够快速计算出相应的结果，大大提高了工程算量的准确性和效率。如承台基坑开挖土石方计算中，计算机根据承台的尺寸及边坡开挖工法，自动实现土石方的快速计算。

（4）手工录入工程量。在实际的工程管理过程中，部分工程量通过以上几种方式均无法表达，同时有费用支出的项目，如：临时工程中的各类标识标牌，只能通过手工录入工程量的方式保证成本管理的全面性。

同时，在项目应用过程中，预先完成构件树与模型的挂接，通过拓扑学的原理自动实现模型特征的识别后，可根据需要选择变量录入方式，如图 4 所示，有效地减少了算量规则多次录入造成的错误和工作量，且不受建模软件和建模方式的限制，适用性较高，模型尺寸发生变化，无需再次编辑公式即可实现工程量的自动更新。

变量名称	值	取值方式
承台长	2	模型取值
承台宽	3	模型取值…
原地面标高	10	手工录入
垫层底标高	5	

图 4　变量取值方式

4　基于构件的工程算量研究的结论与思考

基于构件的工程算量是一种全新的管理思路，在成本管理的精度和效率上有所提升，对于提升项目施工管理特别是成本管理的全面性和适用性具有重要意义，通过研究得出以下结论与思考：

（1）各专业领域的工程量计算规则各不相同，在计算机算法层面不具备通用性，需要大量的实践经验去梳理完善预定义的计算规则库，短时间内无法满足施工管理的全面性需求，只能分阶段、分专业实现；

（2）基于图形学的复杂异形结构算量，对 Mesh 曲面的质量要求较高，而主流建模软件的建模精度不一，计算结果的误差率能否满足要求尚有待验证；

（3）合理的建模方式能够有效提高工程算量的自动化程度，建立统一的工程算量建模标准迫在眉睫。

参 考 文 献

［1］ 匡思羽，张家春，邓雪原．基于 IFC 标准的典型梁柱构件工程量自动计算方法研究［C］//中国图学学会 BIM 专业委员会．第二届全国 BIM 学术会议论文集．北京：中国建筑工业出版社，2016.

［2］ 中国铁路 BIM 联盟．铁路工程实体 EBS 分解指南．铁路技术创新，2014（6）．

施工企业BIM管理体系建设与应用研究

翟　超[1]，郑宇宁[2]，张建帮[1]，朱晓川[2]

（1. 上海宾孚建设工程顾问有限公司，上海 200336；
2. 云南城投众和建设集团有限公司，云南 昆明 650200）

【摘　要】 近几年，施工企业对BIM技术的应用和认知呈现跨越式发展，少数企业尝试从项目单点应用向企业一体化管理升级。本文通过研究现阶段我国部分施工企业BIM管理体系建设与应用发展的现状，以云南城投众和建设集团的企业BIM管理体系建设与应用为例，研究以数据为管理核心的施工企业BIM管理体系建设与应用路线，探索施工企业从自身需求出发的BIM管理体系建设、人才梯队培养、标准构件库建立、BIM管理平台搭建的方法。

【关键词】 BIM；管理体系；标准构件库；BIM管理平台

1　引　言

当前，工程建设行业标准化程度低、数据量大、信息孤岛现象严重、管理协同不平衡等制约行业发展。随着施工企业精细化管理需求的升级，以数据为核心的企业级BIM管理应用不断被重视，用数据驱动管理，再次掀起建筑行业信息化革命。

目前，国内大部分的施工企业尚未建立有效的BIM管理体系，企业级BIM落地成为行业发展的重要课题。施工企业BIM管理体系建设需要信息技术与建筑行业深度融合，施工企业须从需求出发，以数据为核心，注重人才梯队培养，才能真正建立BIM管理体系。

2　施工企业BIM管理体系建设现状

建筑信息模型（BIM）作为建筑业革命性技术，已经融入建筑行业技术升级和管理变革中。通过走访和座谈，对21家施工企业进行BIM管理体系建设与应用情况调研（其中特级资质11家，一级7家，专项3家；资产100亿以上6家，10亿～100亿10家，10亿以下5家；房建类17家，市政类4家；访谈调研7家，会议座谈9家，电话采访5家）。经整理得到以下结论。

2.1　施工企业BIM应用推广动因

（1）政策的相关规定

近年来，国家与地方的相关BIM政策不断加码，政策执行日期日渐临近。2017年2月24日，国务院办公厅发布《国务院办公厅关于促进建筑业持续健康发展的意见》，在第十六条中明确指出“加快推进建筑信息模型（BIM）技术在规划、勘察、设计、施工和运营维护全过程的集成应用，实现工程建设项目全生命周期数据共享和信息化管理，为项目方案优化和科学决策提供依据，促进建筑业提质增效。”[1]再次提升BIM应用范围和难度。

（2）上游建设单位相关要求

建设单位在日益加剧的竞争环境中，从自身管理需求出发，改变供方管理思路，创新与供方的一体化协作管理模式，加强供方BIM应用能力和协作能力的要求。万达、碧桂园等大型开发商在施工招标中不断增强BIM要求，倒逼施工企业BIM应用能力和体系建设。

【作者简介】 翟超（1985-），男，注册造价师/工程师/硕士。主要研究方向为基于BIM的信息化项目管理与成本造价管理。E-mail：zhaichao@binfo.net.cn

（3）施工企业精细化管理需求

当前，施工企业面临竞争加剧与行业发展的双重时期。企业为寻求转型升级，强化精细管理，增强项目管理效益，打造以数据为核心、BIM 为载体的企业信息化管理体系。

2.2 施工企业 BIM 管理体系建设与应用困境

随着 BIM 的推广和普及，大多数施工企业已经开展过 BIM 的培训、应用和推广工作，也有很多企业成立了“BIM 中心”，将 BIM 作为公司发展的战略。然而，BIM 中心人数庞大、价值不够、成本过高、BIM 与项目“两层皮”等现象，严重阻碍 BIM 在施工企业的健康发展。部分施工企业在 BIM 管理体系建设和应用的道路上越走越难，其现象集中体现在：

➢ 形式所迫：来自政府和上游业主方对于 BIM 要求的压力，形势所迫，略有强求；

➢ 内部阻力：基层技术人员工作强度增大，工作效率和效益未能改善，BIM 应用过程中，未带来实质性价值和帮助，形成阻力；

➢ 空中楼阁：BIM 中心难以与项目互动，职能定位相对尴尬，项目 BIM 应用需求不强烈，标杆项目未能以点带面；

➢ 单点应用：缺乏基于 BIM 的互操作性，横向和纵向的交互极少，单岗位应用工具，
既不能承接上游的数据，也不能很好输送给下游数据，自身需求亦不明确；

➢ 孤军奋战：集团指派项目 BIM 人员相对孤单，单人完成工作，较难融入项目部中，易出现 BIM 工程、项目部人员的“两层皮”现象；

➢ 降效增本：企业与项目投入巨大，经济效益不见增加，工作效率未能提高；

➢ 彷徨往复：企业 BIM 规划与战略定位不断调整，推倒重来式的整顿成常态。

3 众和建设 BIM 管理体系建设与应用探索

3.1 背景介绍

云南城投众和建设集团有限公司（以下简称“众和建设”），创建于 1956 年，前身为昆明一建建设集团，是云南省首批获得国家壹级资质的施工企业。2013 年，众和建设在云南滇池会展中心项目中开始探索 BIM 技术应用，并取得了一系列成绩。众和建设从管理需求出发，以提升企业管理效率为宗旨，开始探索 BIM 从项目应用向企业管理融合之路，并尝试将 BIM 数据与企业信息管理系统共享融合，建设以数据为核心的 BIM 管理体系。

2016 年，众和建设通过考察学习，最终决定聘请上海宾孚工程顾问作为企业 BIM 管理体系建设的顾问单位，配合众和建设完成 BIM 管理体系建设。双方制定三年行动计划，完成 BIM 的管理体系建设、人才梯队培养、标准构件库建立、BIM 管理平台搭建等相关工作。

3.2 企业 BIM 管理体系建设与人才梯队培养

众和建设在开始构思 BIM 管理体系时就认识到 BIM 与管理的共生关系。为了杜绝“两层皮”的现象出现，众和建设将 BIM 中心设置在集团技术中心下面，由集团总工亲自负责，强调专业技术与信息技术的融合。

首先，众和建设明确以技术为中心，成本为核心，BIM 为载体的架构。重新梳理企业标准体系，并将功能需求以数据、岗位、项目、集团进行分层，明确不同层级工作重点（图 1）。

其次，众和建设明确不同职位人员的 BIM 工作要求，确保各司其职。在体系建设上严格限制 BIM 中心的人数和工作内容，将 BIM 中心定位为职能部门，负责建立集团的标准体系，提供项目部各岗位人员的工作手册、软件工具与模型元素。同时，训练项目上管理人员的 BIM 数据获取和决策能力，强化项目上技术人员的 BIM 操作和应用能力。

最后，众和建设以施工企业成本管控为核心，以三控两管一协调为指导方向，融合进度、人力、材料、设备、成本、安全、质量及施工技术等管控信息数据，尝试按需搭建企业 BIM 管理平台（按需定制，系统瘦身），实现企业 BIM 管理体系的建设和信息化管控。

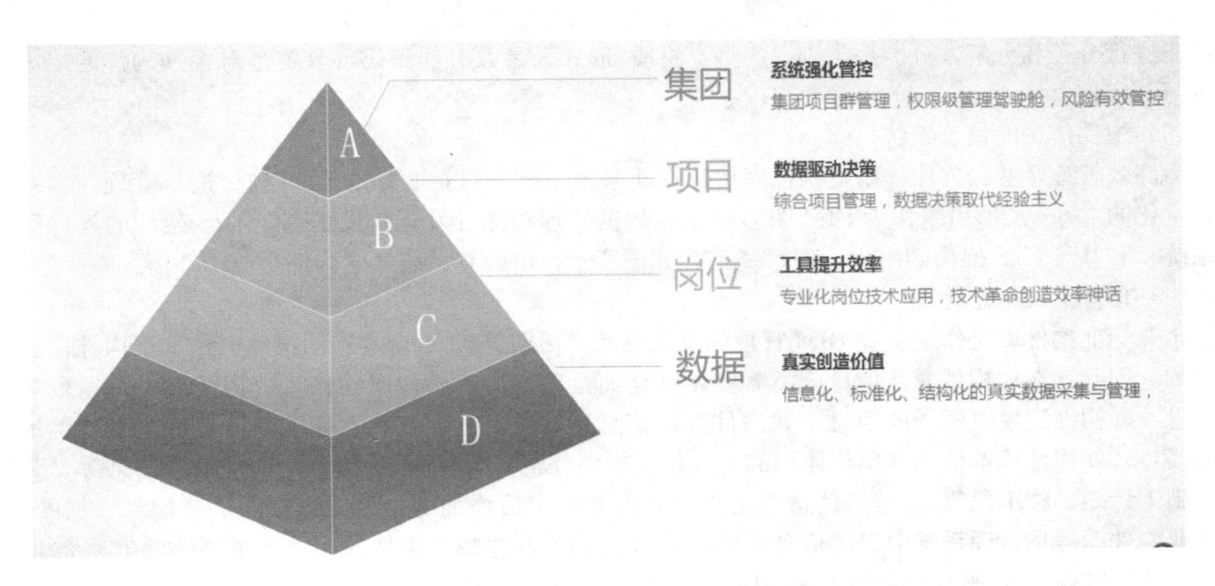

图1　施工企业BIM体系建设功能需求

3.3　企业标准构件库建立

企业标准构件库的搭设必须从企业管控要点入手，针对自身能够固化的标准体系，形成一套完整的BIM标准体系。如企业CI形象标准，企业安全文明措施管理标准，企业标准工艺工法，企业质量、安全验收标准等。针对上述企业标准化工作体系，我们从企业安全文明措施管理入手，将企业安全文明措施构件BIM化，逐步搭建企业标准构件库。

搭建企业安全文明措施构件库的目标不仅是为了建立企业标准构件库，同时也是为了能够实现对各个项目安全文明措施费用的实际管控。因此，在梳理需求时，整理出整个安全文明措施费当中的直接费用的投入分类和归集，将成本、安全、技术、合同、采购五个方面需求结合企业内部标准化手册的要求整合到每一个安全文明临时设施及安全设施构件当中，一个场地方案布置出来后能直接得到整个场地布置方案安全文明施工费直接费的投入情况，同时满足技术、安全、合同、采购以及绿色施工中管控的要点信息（图2）。

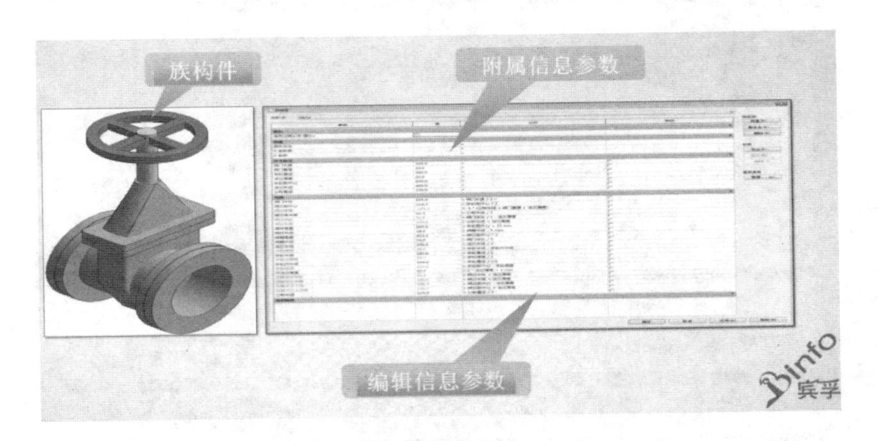

图2　标准构件库建立

（1）合同信息梳理。

企业标准构件库信息的采集，企业就得找到与之相关在安全、技术、合同以及采购的管控要点，最根本的依据就是《劳务分包合同》、《租赁合同》和《购销合同》。在梳理合同条款的过程中去做费用的归集和分类还有构件属性的整理和分类。

（2）构件编码分类。

目前企业现行《安全质量标准化工地实施手册》内所有涉及安全文明施工临时设施、安全设施等设施设备进行分类和分解，分类按类别、类型、材质/形式、参数五项编码，分解是对标准构件的组成和材质进行分解。

（3）构件信息库信息系统搭建。

为高效管理企业构件库，搭建构件库信息管理系统，统一对企业标准BIM构件进行管理。本系统采用轻量化的forge图形引擎作为BIM图形显示及数据处理功能开发，研发了基于B/S架构的构件后台管理系统，和基于C/S架构的用户管理系统[2]，如图所示，由两套系统共同构件企业构件信息库。

（4）构件扩展信息管理。

企业标准构件库是作为企业BIM管理的基础单元，后期BIM平台实施的基础也是基于构件信息进行管理的。因此，在对构件属性信息分类需要做到全面且覆盖广。构件属性信息分为两类，一类是基础构件信息，即构件建模时赋予的信息，如构件几何信息、材质信息、基础性能参数信息等。第二类是构件扩展信息，如构件成本信息（单位体积的人、材、机消耗量），构件租赁信息，构件管理信息等（劳务班组、施工计划、施工段等），这些信息均是在施工模型确定后添加的，为保证构件扩展信息添加的效率，在企业构件库信息管理系统中提供信息管理功能进行赋予，这些新添加的构件信息能够映射至企业BIM平台，从而实现BIM平台的数据处理与应用。

3.4　企业BIM管理平台搭建

在需求分析与调研阶段，对众和建设在建的十个典型项目做了深入了解与分析，调研结果表明企业级BIM管理平台应在系统的宽度和深度两方面满足要求：

（1）系统宽度。系统结构宽度应满足企业自身内控的要求，在调研过程中我们研究企业集团工作流程和项目实施流程，确定了平台项目群管理和项目管理，两种平台管控方向。在项目管理中以项目成本管控为目标，结合项目施工进度，实现对项目成本、质量安全、技术资料等业务的动态管控。

（2）系统深度。作为企业级BIM管理平台，系统功能过深不仅会造成管理的复杂化，增加管理冗余成本，同时也不利于系统在项目实施中推广。因此适中的系统深度，明确的管理要点，配合便捷的交互操作更有利于BIM平台的落地。

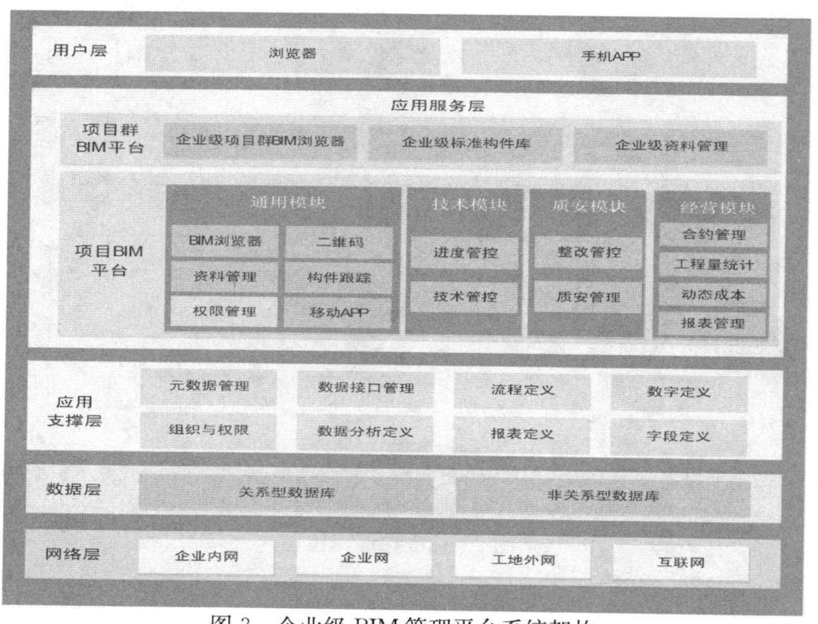

图3　企业级BIM管理平台系统架构

基于上述平台需求特征，研究综合应用云计算、面向服务架构等技术，提出如图3所示的企业级BIM平台逻辑架构[3]。本系统采用基于B/S架构轻量化模型体系，从网络基础层、数据层、应用支撑层、应用服务层和用户层五个层次进行系统架构。

➢ 用户层：用户访问层，支持多种终端设备。
➢ 应用服务层：是平台主要功能交互区，分为企业级 BIM 平台和项目级 BIM 平台。
➢ 应用支撑层：平台运行的基本保障，以及对各功能模块之间数据交互的管理。
➢ 数据层：主要的数据存储层，包括结构化数据和非结构化数据供各模块功能调用。
➢ 网络层：应用架构的网络环境，包括企业内、外网，工地外网等。

建筑施工是一个高度复杂的动态过程，施工工序与工期、成本、资源、场地之间都存在着复杂的动态联系[4]，因此，在搭建施工企业 BIM 管理平台时应以施工进度为管控手段，4D 进度模型作为 BIM 项目管理的依据，管控施工成本及与施工过程有关的业务工作。

在本系统实施中，结合手机移动端采集现场质量安全及其他工况数据。在 4D 施工模型上挂接质量、安全等施工现场数据，在每周、每月的进度数据更新时能实时获取项目目标成本，而现场采集的数据在经过平台的处理可以生成当天的实际成本数据，通过累积即能获得每周、每月实际成本与目标成本的比对，从而依据实际数据对项目进行管控[5]（图 4）。

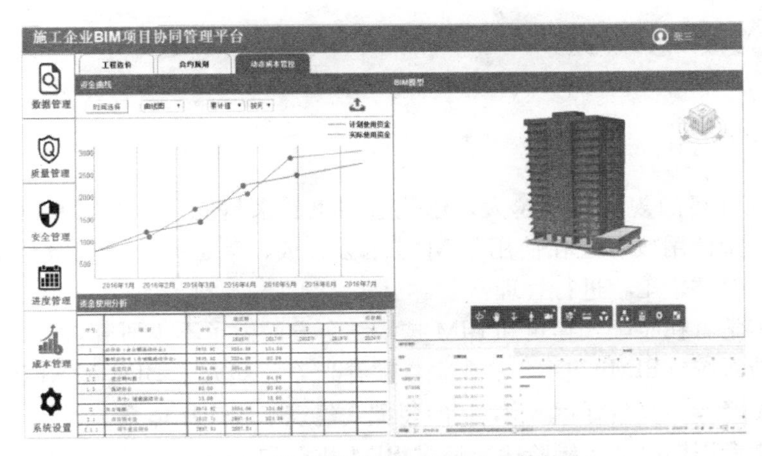

图 4　BIM 管理平台动态成本管控

4　结论

施工企业将 BIM 从单点应用提升至精细化管理的过程，正是实现“智慧建造”，积累工程建设大数据的过程，因此施工企业的 BIM 管理体系建设刻不容缓。

施工企业 BIM 管理体系建设应充分考虑施工企业现有的组织架构及业务模式，以标准业务流程作为基础，逐步打造一套符合企业自身需求的 BIM 管理体系。体系中不仅包含指导运作的规章制度，更重要的是提高一线技术人员工作效率，提升项目精益管控水平，实现项目和企业整体效益的提升。只有符合这种要求的企业 BIM 管理体系才能帮助企业真正实现 BIM 落地，实现施工企业以数据驱动精细化管理的目标。

参考文献

[1]　国务院办公厅．关于促进建筑业持续健康发展的意见［R］．2017.
[2]　马智亮．基于 BIM 的标准部品库管理系统［C］//中国图学学会 BIM 专业委员会．第二届全国 BIM 学术会议论文集．北京：中国建筑工业出版社，2016.
[3]　张建平．企业 BIM 平台架构研究与设计［C］//中国图学学会 BIM 专业委员会．第二届全国 BIM 学术会议论文集．北京：中国建筑工业出版社，2016.
[4]　张建平，梁雄，刘强，等．基于 BIM 的工程项目管理系统及其应用［J］．土木建筑工程信息技术，2012（4）：1-6.
[5]　周亮亮．基于协同管理平台下 BIM 的应用［J］．工业 b，2015（47）：37-37.

BIM 构件空间自组织建模方法研究

刘思铖，张家春，邓雪原

（上海交通大学，上海 200240）

【摘　要】目前 BIM 技术及装配式建筑应用广泛，怎样快速获得能用于竣工交付及运维阶段使用的建筑信息模型成为一个难题，当前普遍使用的根据二维图纸翻模的方式效率低，花费大量人力物力，不能提高整体工作效率及工作质量。本文基于 IFC 标准及 MEMS 传感器，研究装配式建筑构件空间定位及姿态捕捉算法，提出装配式构件自组织建模方法。

【关键词】建筑信息模型（BIM）；IFC 标准；装配式建筑；自动建模

1　前　言

随着土木建筑工程项目的规模越来越大，建筑造型也越来越复杂，不同专业、各方人员协同困难，越来越多的工程项目期望使用或者正在使用 BIM 技术去集成、整合并分析建筑全生命周期的各种信息，加强信息共享，以便于对整个工程进行管理。

目前，国内外许多学者在装配式建筑和 BIM 技术结合方面做了不少研究，于龙飞等[1]提出基于 BIM 的装配式建筑集成建造系统（BIM-CICS）的概念；常春光等[2]研究了 BIM 和 RFID 技术在装配式建筑建造过程中的应用；许杰峰等[3]研究了基于 BIM 的装配式建筑集成应用体系。

在装配式建筑全生命周期中的运维阶段，通过 BIM 数据和运维管理技术相结合，可以实现运维管理可视化，综合评估建筑物现状，提高管理效率及水平。然而由于工程项目在设计、施工阶段经常会出现变更，导致工程项目建设完成后，原有建筑信息模型已经达不到“所见即所得”的要求，无法用于运维阶段来保障结构的安全和持续可用性。

1.1　BIM 竣工模型优势及不足

相比于在项目竣工时提交传统二维图纸，直接将完备的三维建筑信息模型交付给运维方，运维方能够方便地将三维信息模型和运维管理软件结合，实现信息共享和转换。由于三维模型使用基于面向对象的数据格式，运维人员能够更加直观、快速地进行信息检索、查询及交互。且通过专业运维软件的协助，运营人员可以统筹全局，全面管理。

然而目前 BIM 竣工模型还是由建模人员根据设计和施工图文档手动创建，且在建模结束后要根据施工现场改动及验收改动对模型进行变更，以集成工程项目的有效信息，之后交予运维方。这种非增值的工作效率低，花费大量人力物力。

1.2　三维激光扫描

随着技术的发展，越来越多的信息技术手段运用于工程相关行业，如激光扫描技术和无人机技术等。激光扫描技术自 20 世纪 60 年代以来已经存在，但激光扫描技术运用于建筑行业是近些年来才流行起来。

将三维激光扫描技术和图像处理技术相结合，进行快速数据采集，可以应用相关数据处理技术进行

【基金项目】“十三五”国家重点研发计划项目“基于 BIM 的预制装配建筑体系应用技术”（编号：2016YFC0702000）；“十三五”国家重点研发计划课题“预制装配建筑产业化全过程自主 BIM 平台关键技术的研究开发”（编号：2016YFC0702001）

【作者简介】刘思铖（1992-），男，硕士研究生。主要研究方向为基于 IFC 的自动建模技术。E-mail：1205770860@qq.com

基于三维扫描数据的精细化建模。但是由于三维激光扫描的原始数据是大量点云信息，目前还没有成熟技术能将这些点云数据快速处理成为可以编辑的三维模型并附加上相关信息，以得到工程需要的位置、几何信息等，使之可以用于后期运维阶段。

2 国内外研究现状

左自波等[4]研究了3D激光扫描技术在土木工程中的重点应用方向并阐明了其关键技术和难点；路兴昌等[5]对利用激光扫描仪进行三维空间地物可视化建模做了研究，提出了利用地面固定激光扫描数据建立建筑物三维可视化模型的框架；梁艳[6]基于建筑物近景图像序列的点、线特征，构建了建筑物三维可视化模型；Pingbo Tang[7]总结了从三维激光扫描点云中重建大型建筑物信息模型在科学和技术上的挑战。

3 基于IFC标准的建筑信息模型生成研究

3.1 模型几何表达

三维几何建模常用到的构件在IFC标准中对应的实体都由实体IfcProduct派生或其子类派生，IfcProduct是对与几何或空间环境相关的任何对象的抽象表达，其子类通常设有形状表达和项目结构所涉及的对象坐标。IfcProduct在EXPRESS语言中的描述如下：

```
ENTITY IfcProduct
  ABSTRACT SUPERTYPE OF（ONEOF
    （IfAnnotation，IfcElement，IfcGrid，IfcProt，IfcProxy，IfcSpatialElement，IfcStructuralActivity，
    IfcStructuralItem））
  SUBTYPE OF（IfcObject）；
    ObjectPlacement：OPTIONAL IfcObjectPlacement；
    Representation：OPTIONAL IfcProductRepresentation；
  INVERSE
    ReferencedBy：SET [0:?] OF IfcRelAssignsToProduct FOR RelatingProduct；
END_ENTITY；
```

3.2 构件属性及连接关系表达

（1）构件属性信息的表达

在IFC文件中，属性是一个实体包括的信息单元，用一个特定类型或者参考某一特定实体进行定义，属性信息可以分为直接属性（Direct Attributes）、导出属性（Derived Attributes）和反属性（Inverse Attributes）三类。直接属性即在实体对应的属性值字段直接用标量值或者集合类型数据表示的属性；导出属性是指通过引用其他实体来表达的属性；反属性则提供了一种在两个实体类型之间进行关联的方法。

（2）构件与构件之间连接关系的表达

关系是IFC标准的重要组成部分，它串联起实体对象与实体对象的关系，同时也串联起实体对象与属性（集）之间的关系，包括定义、关联、组成、分配、连接等类型。实体IfcRelationship是IFC模型中所有客观关系的抽象概括，它允许直接在关系中保存关系的详细属性，以便于之后对关系的细化行为进行处理，在IfcRelationship的子类型中，有两种不同类型的关系：一对一关系和一对多关系。

3.3 构件的空间定位

目前国内外对装配式建筑安装过程中构件定位的研究基本处于空白阶段，由于本研究需要根据构件的位置、姿态、几何外观等参数综合生成能用于后期运维的建筑信息模型，所以需要实时跟踪并记录构件在安装过程中的各项数据。考虑到施工现场场地等条件限制，采用MEMS（Micro-Electro-Mechanical System）惯性测量单元（Inertial Measurement Unit，IMU），IMU大多用在需要进行运动控制的设备，如汽车和机器人上，也被用在需要用姿态进行精密位移推算的场合，如潜艇、飞机、导弹和航天器的惯

性导航设备等。

（1）构件位置获取

一个IMU一般包含有三轴加速度计和三轴陀螺仪，加速度计用来检测物体三个独立轴向的加速度数据，陀螺仪用来测量物体角速度数据。

对于物体的加速度信号，可以通过数值积分算法，将加速度值a对时间t积分两次，同时给定初试速度和初始位移，可以得到加速度计自身坐标系中三个轴向的位移量。由于所测量的构件不能被看作空间中的一个质点，而加速度计测量的加速度数据仅仅是固连在自身上的坐标系中的数据，所以测得的数据并不是世界坐标系中的数据，这就需要进行进一步的坐标变换处理。此时就需要借助陀螺仪记录的方向参数。

（2）构件姿态获取

陀螺仪的使用和加速度计类似，它通过测量力矩计算角速率，通过角速率积分得到角度变化。一般建模过程中都会设置一个世界坐标系（World Coordinate System，WCS），要求得的数据为构件在世界坐标系下的绝对姿态，而固连在IMU上的坐标系可视为局部坐标系，假定局部坐标系和世界坐标系的初始位置重合，从世界坐标系到局部坐标系的变换可以用欧拉旋转或者四元数旋转等方式表达，为表达更加方便直观，这里选择用欧拉角表达变换过程，不妨设旋转次序为x—y—z，三个欧拉角为α，β，γ，则从世界坐标系到局部坐标系的变换为$P_l=C(\gamma)C(\beta)C(\alpha)P_w$，其中坐标旋转变换矩阵为：

$$C(\alpha)=\begin{bmatrix}1 & 0 & 0\\0 & \cos\alpha & \sin\alpha\\0 & -\sin\alpha & \cos\alpha\end{bmatrix},C(\beta)=\begin{bmatrix}\cos\beta & 0 & -\sin\beta\\0 & 1 & 0\\\sin\beta & 0 & \cos\beta\end{bmatrix},C(\gamma)=\begin{bmatrix}\cos\gamma & \sin\gamma & 0\\-\sin\gamma & \cos\gamma & 0\\0 & 0 & 1\end{bmatrix}$$

则从局部坐标系数据求世界坐标系数据只需求上述变换的逆变换，即：

$$P_w=C^{-1}(\alpha)C^{-1}(\beta)C^{-1}(\gamma)P_l$$

不难看出沿轴旋转变换矩阵的逆矩阵即为绕坐标轴旋转一个相反的角度，即可得：

$$P_w=C(-\alpha)C(-\beta)C(-\gamma)P_l$$

由于误差处理及补偿算法较为复杂，在此不做论述。至此已经求得某个构件在世界坐标系的空间位置及姿态。

（3）IFC文件位置表达

在IFC标准中，构件位置通过IfcObjectPlacement实体表达，它是定义对象坐标系的一种抽象父类，对于每个有形状表达的产品都需要提供IfcObjectPlacement。IfcBuilding、IfcBuildingStorey等位置均由其上层坐标系作为参考坐标系，以此表达自身的局部坐标系位置。采用此种相对坐标表达方法也更容易和前文所述的IMU采集到的数据结合。

由于IFC标准规定每个IFC文件有且仅有一个IfcProject实体，而可以包含多个IfcSite等实体，所以每个构件实体需要通过IFC位置表达语句层层嵌套，最终关联到IfcSite实体的坐标系。此过程中最重要即获取下层坐标系在上层坐标系中的参考点及参考方向，其中参考点可以通过IMU数据解算得到的三轴位移（r_1　r_2　r_3）直接获取，参考方向需要根据IMU数据解算得到的转角进行变换得到，变换公式为：

$$\begin{bmatrix}z_1\\z_2\\z_3\end{bmatrix}=C(-\alpha)C(-\beta)C(-\gamma)\begin{bmatrix}0\\0\\1\end{bmatrix},\begin{bmatrix}x_1\\x_2\\x_3\end{bmatrix}=C(-\alpha)C(-\beta)C(-\gamma)\begin{bmatrix}1\\0\\0\end{bmatrix}$$

则该构件的局部坐标系表达即为：

IFCCARTESIANPOINT（（r1，r2，r3））；

IFCDIRECTION（（z1，z2，z3））；

IFCDIRECTION（（x1，x2，x3））；

4　基于IFC标准的构件自组织建模方法

基于国际IFC标准，以NMBIM软件（上海交通大学团队自主研发协同平台）为基础平台，使用

Visual C++开发自组织建模软件。

4.1 自组织建模流程

整个自组织建模软件分为测量单元，传输单元，模型生成单元三大部分，各个单元之间协同工作流程见图1，主要步骤如下：

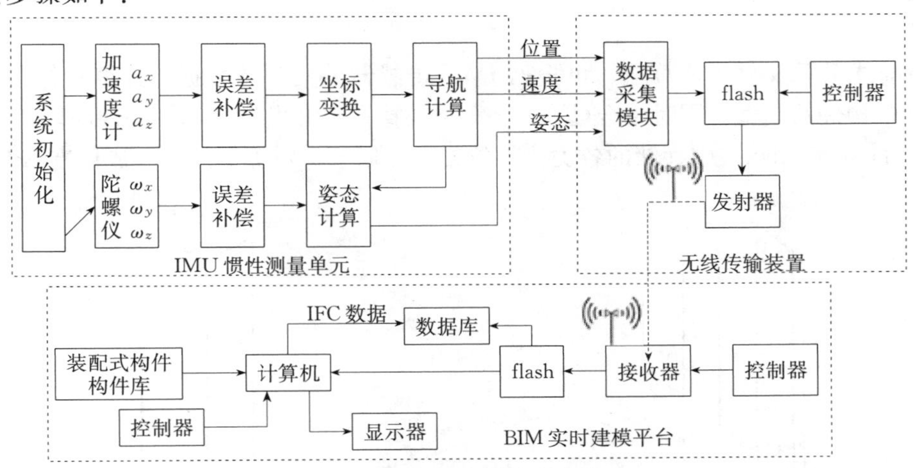

图1　自组织建模技术路线

（1）装配式构件吊装前，通过测量装置上扫码器扫描构件表面的二维码，通过二维码匹配装配式构件库中的构件，将构件几何信息、材料信息、属性信息等基本信息读入缓存；

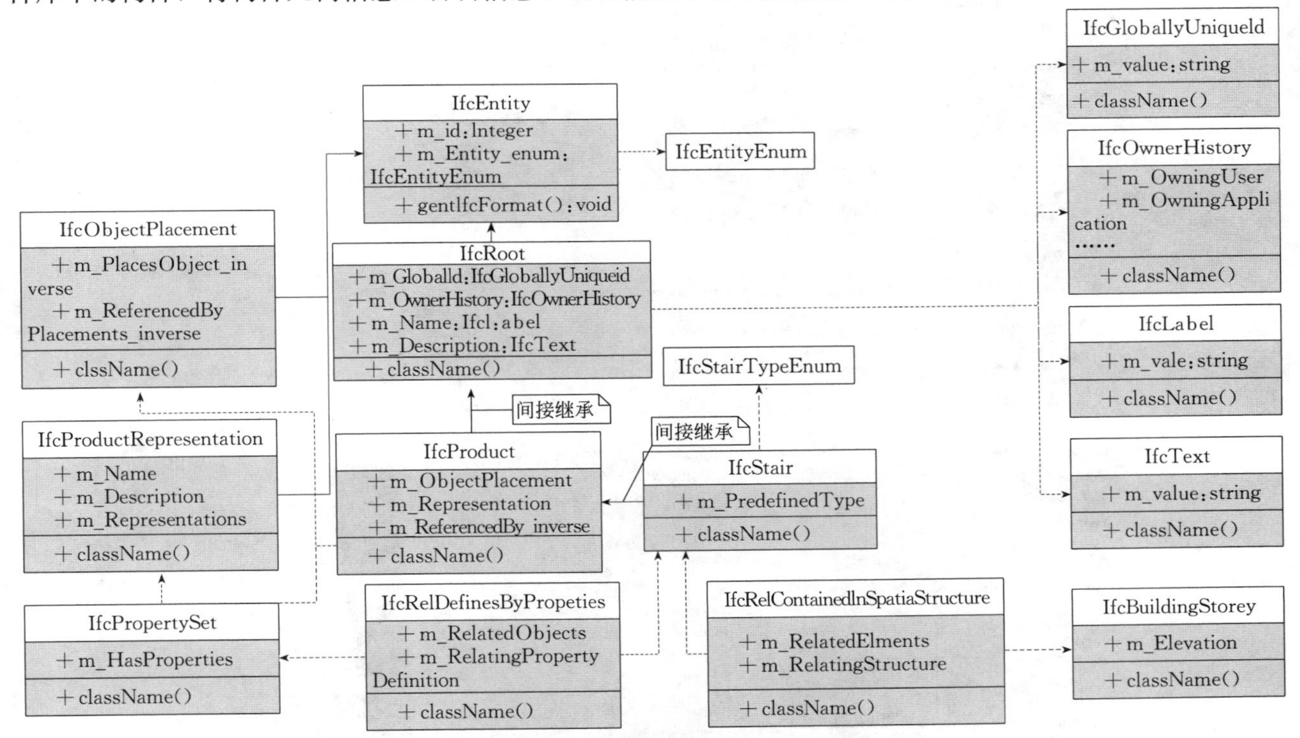

图2　部分C++类继承关系及实现方法

（2）将测量单元贴附在构件表面特定位置并将测量单元初始化，开始吊装；

（3）模型生成单元根据接收到的数据在建模平台实时显示安装进程；

（4）某一构件安装完成，根据最终位置及构件信息，生成此构件的IFC表达语句并存储，同时拆下构件上的测量装置，进行下一个构件的吊装；

（5）所有构件安装完成，保存安装过程中各项数据文件，输出该工程IFC文件。

4.2 IFC模型文件生成实现

本节以IfcStair实体为例，介绍部分相关实体在C++中的实现。所相关的C++类及部分属性及部分成员函数见图 2。所有类通过继承 IfcEntity 类，重写其中的 getIfcFormat () 方法，来输出符合 IFC 标准的文件，其他描述 IFC 实体的类根据 EXPRESS Scheme 文件生成，类中包含了 IFC 标准中的实体定义、类型定义等，将所使用到的 IFC 标准内容用 C++语言描述出来。

5　案例验证

本研究基于前述 IFC 文件生成算法，可根据 IMU 传感器采集到的数据，计算物体位置和姿态信息，依次生成标准 IFC 构件及模型。同时结合已有 C++类及接口，开发批量添加构件功能，根据数据库（*.db）或 Excel 文件（*.xlsx）中存储的各类构件位置、几何、材料等信息，生成标准 IFC 模型。

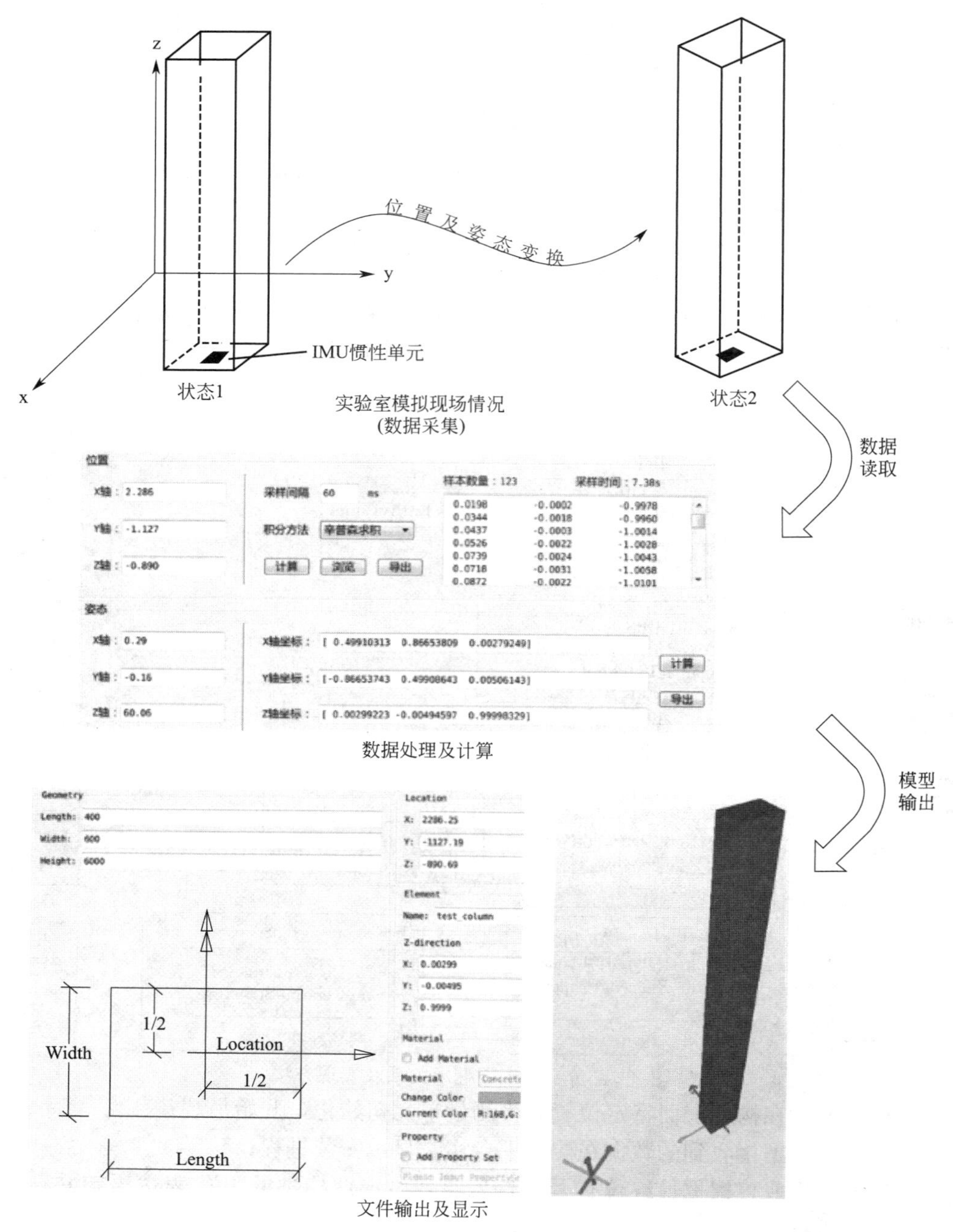

图 3　实验室模拟过程图

如图 3 所示，在实验室模拟施工现场吊装装配式构件，将传感器贴在被测物体表面，物体沿着 X 轴移动 2.2m，Y 轴移动 1.2m，设置传感器采样间隔为 60ms，惯性测量单元输出格式为 txt 的文件，包含了X、Y、Z三轴各个时间点的加速度值（单位为 g）及姿态数据（单位为°）。软件读入txt文件，并对数据进行处理和计算，输出此段时间内的位移和最终时间点的姿态信息，并输出IFC模型文件。

实验过程数据误差如表1所示，误差基本控制在10%以内，其中Z轴会持续采集到1g 重力加速度数据，会导致较大位移偏差。IMU惯性单元存在漂移问题（本方案采用的IMU惯性单元的零偏为1.0mg，零偏稳定性为±1.5mg/℃），若采用精度更高的IMU惯性单元，误差将进一步减小。

输出数据及实际数据对比　**表1**

	位置			姿态		
	实际位移(m)	计算位移(m)	误差(m)	实际角度(°)	计算角度(°)	误差(°)
X轴	2.2	2.286	0.086 (3.9%)	0	0.29	0.29
Y轴	−1.2	−1.127	0.073 (6.1%)	0	−0.16	−0.16
Z轴	0	−0.890	−0.890	60	60.06	0.06 (0.1%)

6　结论

（1）基于MEMS微机电系统，结合陀螺仪、加速度计、无线传输模块，研究实时获取装配式建筑现场构件位置方法，结合已有构件库和NMBIM协同平台，开发实时刷新显示装配式建筑建造过程的平台软件。

（2）参考IFC标准，利用C++类表达IFC架构，开发根据微机电系统采集的数据生成IFC文件的软件，为装配式建筑竣工模型的生成提供一种全新的思路和方法，且不同于激光扫描等方法生成的三维模型无法用于运维等阶段，本方法生成的IFC数据文件通过了专业校验软件的验证，可以在通用BIM软件中修改编辑，可以直接用于后期运维。

（3）所有建筑构件信息都由参数化数据控制，同时可向模型中添加属性、材料等非几何信息。

（4）由于MEMS-IMU存在一定误差，还需对相关系统及算法进行优化，以保证模型几何信息准确。

参考文献

[1] 于龙飞，张家春．基于BIM的装配式建筑集成建造系统［J］．土木工程与管理学报，2015，32（4）：73-78.

[2] 常春光，吴飞飞．基于BIM和RFID技术的装配式建筑施工过程管理［J］．沈阳建筑大学学报（社会科学版），2015（2）：170-174.

[3] 许杰峰，鲍玲玲，马恩成，等．基于BIM的预制装配建筑体系应用技术［J］．土木建筑工程信息技术，2016，8（4）：17-20.

[4] 左自波，龚剑．3D激光扫描技术在土木工程中的应用研究［J］．建筑施工，2016，38（12）：1736-1739.

[5] 路兴昌，宫辉力，赵文吉，等．基于激光扫描数据的三维可视化建模［J］．系统仿真学报，2007，19（7）：1624-1629.

[6] 梁艳．基于近景图像序列的建筑物三维模型重建研究［D］．南京师范大学，2013.

[7] Tang P，Huber D，Akinci B，et al. Automatic reconstruction of as-built building information models from laser-scanned point clouds：A review of related techniques［J］．Automation in Construction，2010，19（7）：829-843.

[8] ISO 10303-11-2004. Industrial automation systems and integration-product data representation and exchange-Part 11：Description methods：The EXPRESS language reference manual［S］．International Organisation for Standardization，ISO TC 184/SC4，Geneva.

基于 BIM 模型的 CFD 水力计算的研究及应用

徐晓宇

（上海市政工程设计研究总院（集团）有限公司，上海 200092）

【摘　要】通过对 BIM 三维模型和 CFD 计算软件的对接，可以将传统设计和精细化设计快速结合。本文通过泵房导流墙的 CFD 案例研究，介绍了 BIM 模型到 CFD 软件进行计算的整个工作流程，该技术路线具有较好的可行性，通过对 CFD 的求解结果的分析，为泵房的导流墙方案设计提供科学依据。

【关键词】BIM；CFD；水流态；导流墙

1　前言

CFD 计算英语全称（Computational Fluid Dynamics），即计算流体动力学，是流体力学的一个分支，对流体力学的各类问题进行数值实验、计算机模拟和分析研究，以解决各种实际问题。CFD 计算在排水工程中应用也非常广泛，特别是对某些复杂构筑物中水的流态、各类搅拌设备或提升设备作用下的水的动力学形态分析等，其分析结果往往对工程设计具有重要的参考依据。虽然 CFD 计算应用案例不少，但大部分 CFD 分析都是基于二维模型的，或者是在 CFD 软件中简单建模的面模型，其分析结果往往可信度不足，如何利用现有的 BIM 设计模型进行真正的三维 CFD 水力分析并在项目中应用，是一个非常具有潜力的研究领域。

随着 BIM 技术近几年在基础设施领域应用逐步推广，特别在排水工程中的应用越来越普遍。BIM 技术在排水工程的污水处理厂、排水泵站工程中，主要在工程量统计、碰撞检查、设计出图等方面应用较多，但将 BIM 技术与 CFD 计算相结合的研究，目前还很少见。其实 BIM 模型由于其三维构件模型的优势，可以与 CFD 水力模拟进行较好的对接，从而利用 CFD 技术对 BIM 设计方案进行优化，提升排水工程的设计质量和设计水平。

本文基于某项目泵房的 BIM 模型和 CFD 水力模拟的结合，阐述如何将 BIM 模型和 CFD 计算模型无缝转换，并在 CFD 软件中模拟识别和前处理，并最终完成求解，从而为今后 BIM 技术与 CFD 技术的结合提供一条可行的技术路线。

2　软件工具介绍

本文所介绍的案例基于 Autodesk Revit 2016 进行 BIM 模型建模，利用 Autodesk CFD 软件进行水力模拟分析。

3　工作流程及注意事项

从完成的 BIM 模型到 CFD 模拟需要如下几个主要操作步骤：

3.1　BIM 模型处理

BIM 模型的处理包括简化和调整两个过程。

如图 1 所示，是原始的泵房 BIM 模型，包含建筑、结构、工艺设备等各专业设计内容，由于在 CFD 分析中重点关心的部分为集水区和水泵吸水及出水管道，因此，经过模型的删减修改，可以形成如图 2 所

【作者简介】徐晓宇（1983-），男，高级工程师。主要研究方向为给水排水工程 BIM 设计与应用的研究。E-mail：xuxiaoyu@smedi.com

示的模型。

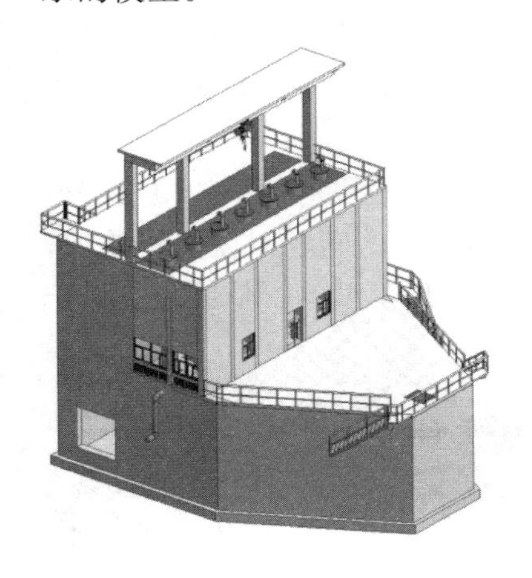

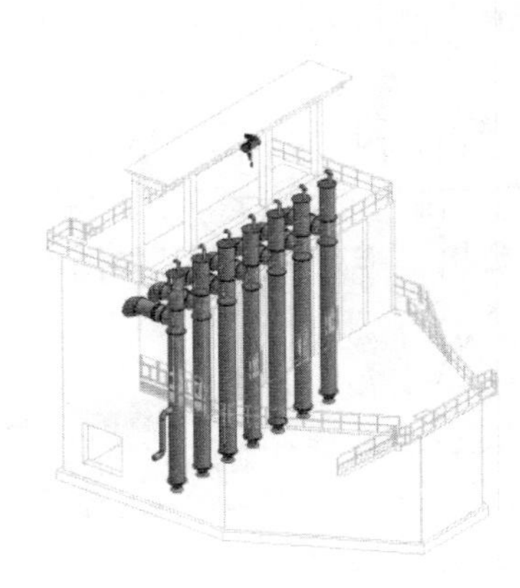

图1　泵房初始BIM设计模型

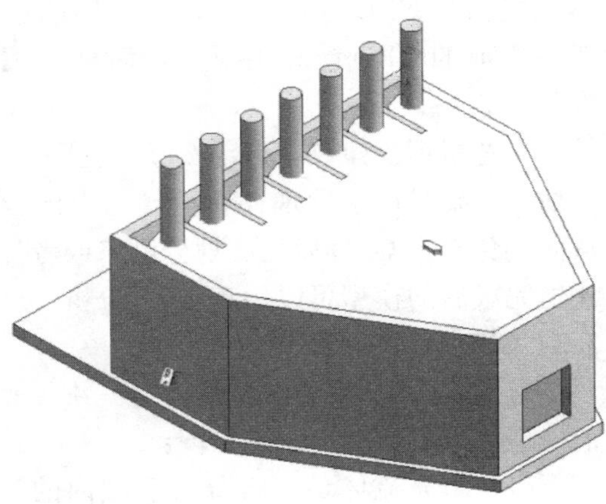

图2　泵房简化后的模型

为了更好地研究水泵的导流墙对水流态的及水泵吸水的影响，在本案例中设定了3种不同导流墙设计方案进行对比分析：

（1）长导流墙方案，如图3(*a*)所示。

（2）短导流墙方案，如图3(*b*)所示。

（3）无导流墙方案，如图3(*c*)所示。

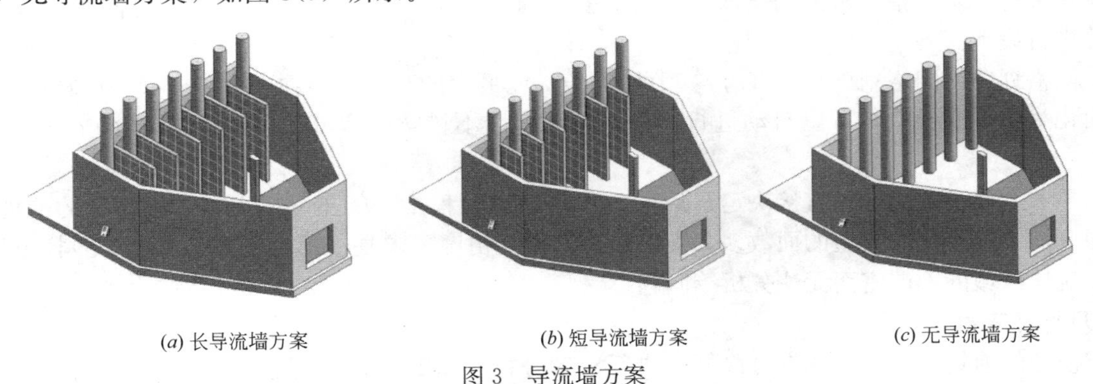

(*a*) 长导流墙方案　(*b*) 短导流墙方案　(*c*) 无导流墙方案

图3　导流墙方案

注意事项：由于BIM模型对象精细完整，如果整体模型全部导入CFD软件，会带入很多无效的构件，增加计算时间，导致模型运行速度降低，因此，在接入CFD计算之前，对BIM模型的适当简化和处理是非常必要的，这需要根据项目分析的需要，对一些影响不大的构件可以剔除，对复杂异形的对象可以进行规整化等。

3.2　模型导入CFD软件

由于Autodesk公司软件之间较好的接口方式，在Revit软件的“附加模块”中有专门为CFD软件定制的交换文件插件，通过点击“Launch Active Model”即可直接激活CFD软件，如图4所示。

图4　Revit与CFD交换格式的模块

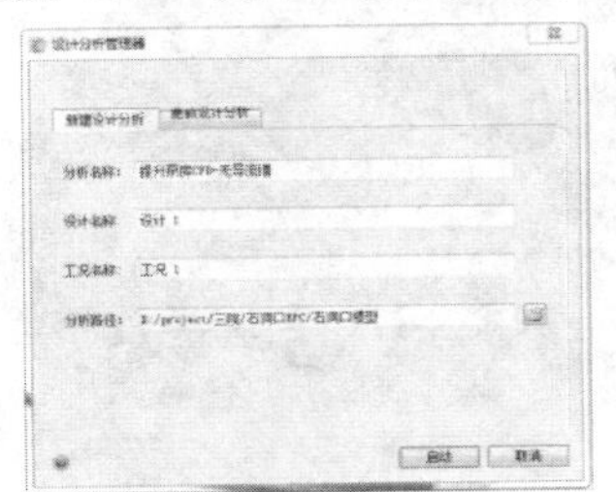

图5　从Revit启动CFD分析

值得一提的是，将 BIM 模型发送至 CFD 软件时会出现如图 5 所示的提示框，通过这个对话框，不仅能新建 CFD 分析项目，而且还能通过“更新设计分析”功能，将后续修改过的 BIM 模型直接更新到之前的 CFD 计算工况中，而且不用重新进行 CFD 的前处理设置，大大减轻了 CFD 分析工作的重复劳动。

注意事项：建议在启动 CFD 模型分析之前，用“Active Model Assessment”模块对模型的质量进行评估，主要是用于发现存在重叠、干涉、小间隙、不连续等由于建模不精确造成的问题以便提早修改，从而避免导入 CFD 后无法划分网格或者计算出错等潜在问题。如图 6 所示为泵房模型的评估结果。对于评估完成后的模型可以启动 CFD 分析。

3.3 CFD 计算前处理

导入 CFD 软件后，还需要对三维模型进行前处理，前处理过程包括如下 4 个步骤：

（1）填充流体域：将分析区域内的流体进行提取，可以获得填充的流体域，如图 7 所示。

（2）材料设定：对所有的池体结构、流体域、管道、水泵的材质进行设定，本泵房的水泵采用的是轴流泵，设计采用 5 用 2 备，共 7 台水泵，每台泵的额定流量为 1.2m^3/s，根据设计参数进行设定。

（3）边界条件和初始条件设定：对泵房的进水位置和进水流量进行设定，指定水泵的出水口，并对初始的泵房水位进行设置。

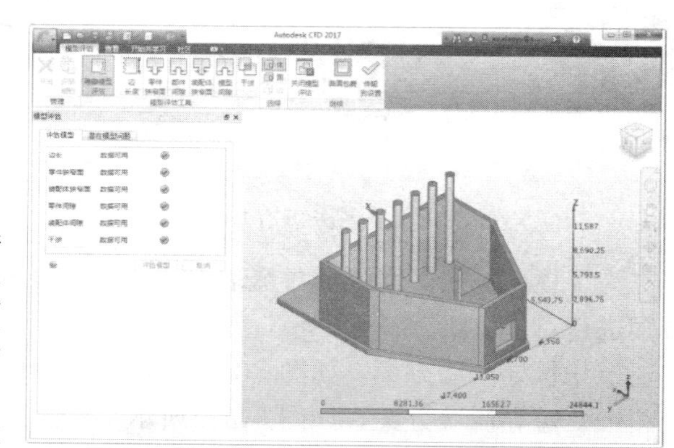

图 6　泵房模型的评估结果

（4）网格划分：网格划分是 CFD 计算中最复杂难度最大的步骤，但在 Autodesk CFD 软件中却把这一步骤简化为傻瓜式操作，可以自动进行网格划分，对于不科学的区域还可以局部加密或修改。如图 8 所示。

注意事项：模型的前处理直接决定了后面的求解处理过程是否能正常进行，三维模型的前处理比二维复杂很多，主要是三维模型的面数多，交线复杂，模型精度要求高，稍有偏差，就会导致模型不密封，从而引起流体区域的不严密而无法分析等问题。

3.4 CFD 计算求解

完成模型的前处理设置后，就可以开始进行求解分析。CFD 求解依托强大的计算机运行能力，根据求解设定的条件和计算收敛要求判断是否可以求解，并最终得到求解结果。

本案例基于“自由液面”模式进行计算，在进出水达到平衡状态下，计算时间各不相同。如图 9 所示，为第二种方案的计算结果的水流速度梯度显示。

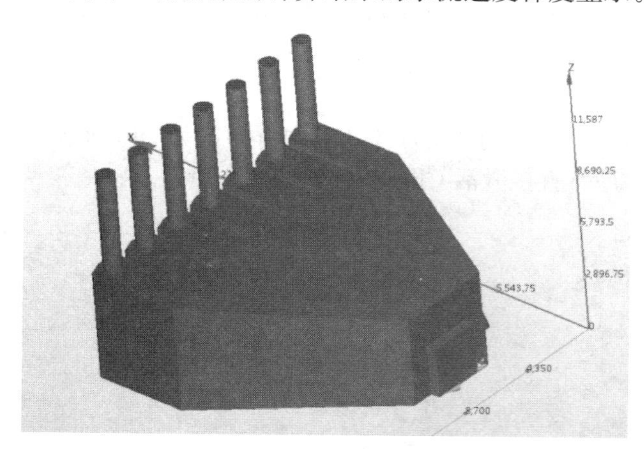

图 7　提取的流体域

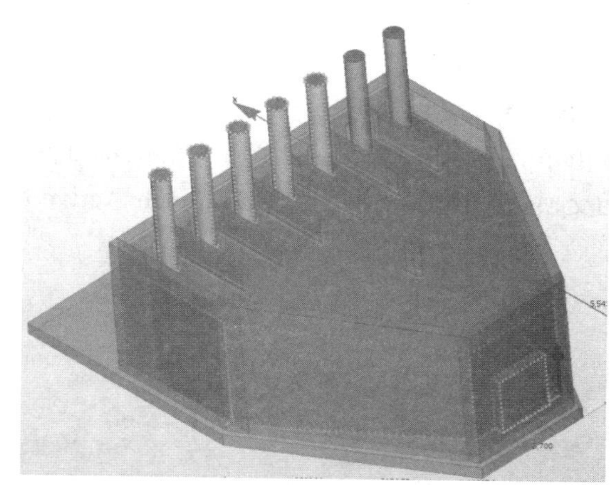

图 8　网格划分结果

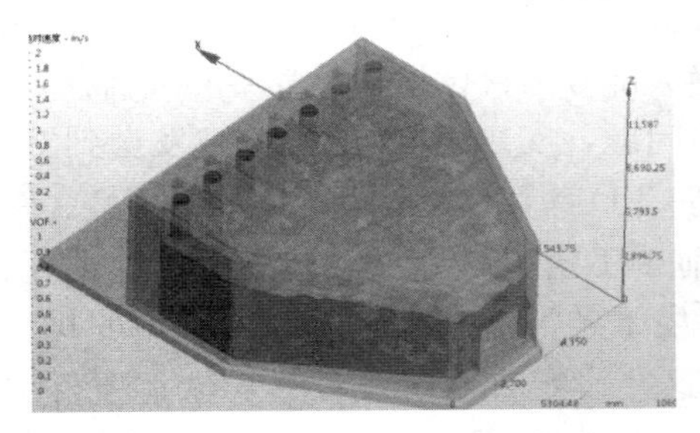

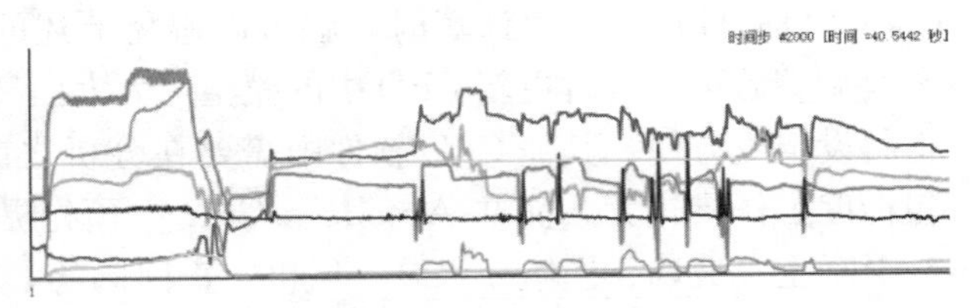

图 9　第二种方案达到平衡状态的求解结果

注意事项：CFD 软件的求解器功能十分强大，参数的设置十分复杂，如图 10 所示。软件中针对各种流体的计算情况已经内置了主要计算参数，能方便我们计算调节，因此，在求解器务必根据项目具体情况以及软件中计算控制参数的设定范围谨慎调节或选择，大多数工况条件下，默认参数的设置都是可信的。

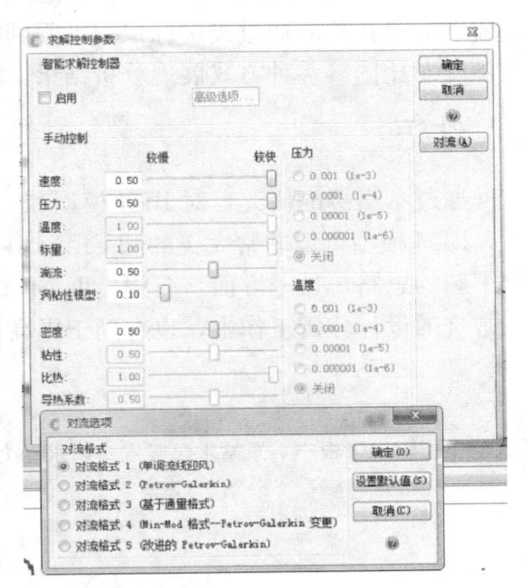

图 10　求解器的控制参数设定

3.5　CFD 后处理和分析

求解结果的后处理有多种方式，包括平面切面、粒子轨迹、等值面分布、ISO 体积分布等多种显示手段，主要根据水力分析的需要进行选择。

由于如果泵站设计不合理，会诱发附底涡或附壁涡，从而导致振动、噪声，甚至增加水泵叶轮轴承的负荷和结构破坏；其次，较低的水泵淹没深度会诱发自由涡，加大了空化的风险，降低泵的效率[1]，因此本案例研究目标是了解水泵的导流墙的设计对水泵吸水头部的水流态影响。

通过水泵吸水头部的平面中水流态分布的分析，如图 11 所示，三种方案条件下流速分布图，可以初步看到：

（1）长导流墙方案：1＃、2＃、4＃三台水泵的吸水头部周围水流速度明显高于其他两台水泵，导致 5 台开启的水泵出水量有较大差异；

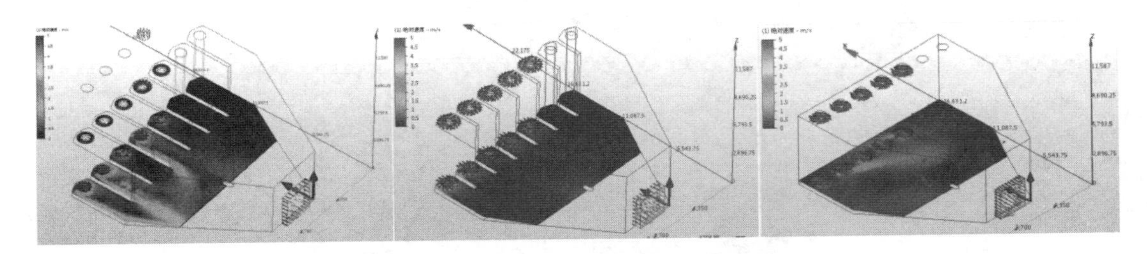

图 11　三种方案水泵吸水头部平面水流态

（2）短导流墙方案：各台水泵吸水头部的水流流速差别较小，水泵直接相互影响较小，水流分布均匀，水泵出水平稳；

（3）无导流墙方案：2＃、3＃、4＃、5＃水泵吸水头部周围水流流速较高，而且水泵之间有明显的相互影响，水泵周围容易形成漩涡，引发气蚀等问题。

4　结论

通过本案例的应用研究，可以看到采用 Autodesk CFD 对 BIM 模型进行水力计算研究有如下三个方面的优势。

（1）CFD 计算模型的修改更便捷：以往采用 Fluent 等 CFD 计算软件时，BIM 模型无法直接导入分析软件，必须通过第三方格式转换后才能导入，模型导入后由于精度的问题有可能无法正常使用，不得不在 CFD 软件中重新建模，操作流程较为繁琐，这也使得绝大部分项目设计人员都望 CFD 而却步。在采用 Autodesk CFD 软件进行水力计算时，就可以避免上述的问题，实现 BIM 模型一键发送到 CFD 中计算，模型修改调整后可以实时更新 CFD 中的模型，大大提高 CFD 计算在工程设计中的可用性。

（2）材料设定更方便：其他 CFD 软件中需要在分析之前手工定义各种材料的属性，如密度、比热、透光性、粗糙度工作量较大，而在 Autodesk CFD 中预先提供了各类给水排水工程中常用的材料库，如水、蒸汽、混凝土、玻璃、土壤、水泵、风机、止回阀等，这些设定方便了设计人员创建项目中所需的对象材料，通过对模型导入规则的制定，还可以自动给导入 CFD 中的 BIM 模型构件分配相应的材料，大大提高前处理的效率。

（3）分析结果的展示方式丰富：通过三维模型的 CFD 分析计算，可以得到整个三维空间中的所有点的流态分布，然后通过矢量标识、平面网格、流迹线、等值面、ISO 体积、动画视频、静态或动态图像、多工况对比图等多种方式展现分析结果，辅助设计决策。

5　结语

通过本案例的研究，对 BIM 模型和 CFD 水力分析模型的交换以及可行性进行了验证，在该技术路线下，BIM 模型可以非常完美的和 CFD 计算相结合，一方面为目前正在普及推广的 BIM 技术的拓展应用提供了新的思路，另一方面，有望借助 BIM 技术的推动，将传统上认为是“高大上”的 CFD 计算更多地融入常规的设计分析工作中，也有助于提高设计院的设计水平，做到真正的精细化设计。

参 考 文 献

[1]　史志鹏，张根广．泵站水泵吸水室内水动力学特性分析［J］．水力发电学报，2016，35（11）：94-102.

浅谈 BIM 技术在污水处理厂 EPC 工程中的全生命周期应用

李思博

（上海市市政工程设计研究总院（集团）有限公司，上海 200082）

【摘　要】通过对 BIM 技术和 EPC 工程项目特点的分析，根据 EPC 工程的切实需求，发掘 BIM 技术的应用点。从设计、施工、采购多阶段多角度出发，利用 BIM 技术实现工程全生命周期的有效把控，建立污水处理工程的 BIM 技术应用管理体系框架。

【关键词】建筑信息模型；工程总承包；污水处理厂；全生命周期

1　引　言

BIM（建筑信息模型，Building Information Modeling），是在计算机辅助设计等技术基础上发展起来的多维模型信息集成技术，是实现将物理特征、功能信息等集成可视化表达的一种重要手段[1,2]。BIM 全生命周期应用理念，是将 BIM 技术应用于设计、施工、采购、运营等项目的各阶段中，针对不同时期和阶段、不同的主体等方面，充分发挥 BIM 技术在其中的作用。

2　工程的项目特点

该项目为上海某地区污水处理厂提标改造工程，建设目标是出水稳定达标 GB 18918 一级 A 标准，对现状及本次新增污水处理设施设置臭气收集，以达到除臭达标的目标。同时，调蓄溢流水。减少水体污染，优化改造现状污水处理设置及增设污泥杂质分离设施。

面对项目中厂区建、构筑物众多，工艺处理环节复杂的情况，需要考虑对现状厂区进行改造的同时，还需综合考虑远期建设需求，因此，在前期设计中存在多种可行方案，需进行细致的比选；工程量大，施工内容多，多专业、多工序在同一区域施工作业，交叉环节多，对工程中的交通组织、同步施工、做好现场平面布置、组织各施工队伍间的衔接、隐蔽工程的交接验收等有着较高的要求；采用 EPC 模式实施，对工程量把控要求高，需进行精确的设计计算和性能分析，为 EPC 工程开展打好基础。在这一集设计、采购、施工一体化的 EPC 项目中，我就如何做到设计、施工、运维等环节的有效衔接，将 BIM 技术运用到工程的各个工序环节中，实现全生命周期的应用进行了较为深入的思考、较为系统的探索，总结了一些思路经验[3]。

3　BIM 在 EPC 工程中的应用

3.1　规范性资料的编制

为了保证项目中 BIM 技术应用成果的规范性，提高 BIM 技术的应用效率，提升 BIM 应用成果的质量，在项目开始之初，首先针对污水处理工程的需求对统一的规范性资料进行了编制，形成了项目级的 BIM 应用标准，从而为在设计和施工阶段开展标准化的 BIM 应用工作奠定基础。

在规范性资料编制中，主要对以下三个方面进行了一系列的工作。首先，进行了 BIM 模型样板的制

【作者简介】李思博（1990-），女，助理工程师。主要研究方向为给水排水工艺与 BIM 设计。E-mail：lisibo@smedi. com

作。从视图组织与命名、构件选用与属性、构件分类与编码、明细表统计信息等角度出发，对模型的制作规则根据项目工程需求进行定制设定；其次，针对污水处理工程的实际需求，分别建立泵、管件、阀门、设备及相关施工设施设备的构件库，并按照规则进行构件库的分类和编码；另外，根据《市政工程工程量计算规范》，对BIM模型的扣减与算量规则做出规定，项目建模时必须满足扣减要求与算量规则（图1）。

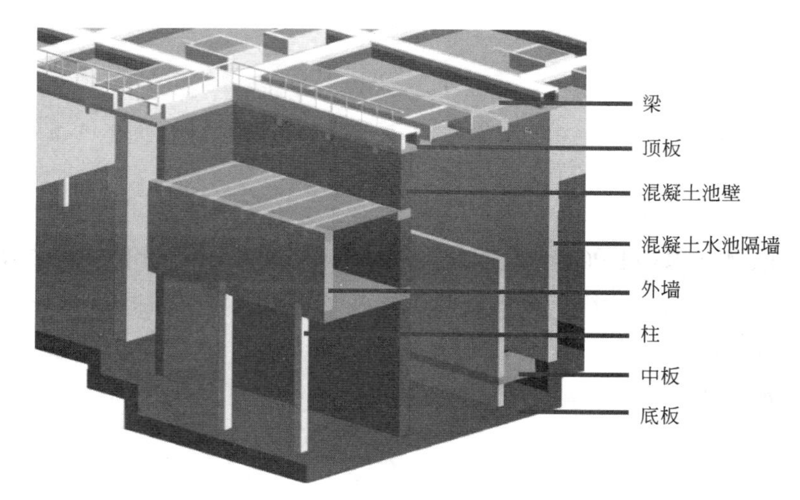

图1　水池主体结构模型拆分与扣减规则

将BIM工程量与造价的手算工程量进行对比，得到两者的结果在较小范围内存在着一定的差异，分析原因在于，BIM模型对于构建的连接、结构上的开洞、预留套管等方面较为精细，而造价在这方面的算量上采用了较为粗略的测算，造成了一定的偏差，在今后的工作中可以就这一方面继续深入、充分地发挥BIM算量的优势，从而促进BIM技术在算量工作中的作用。

3.2　设计阶段的应用

在设计阶段，结合已有厂区现状构筑物、管线等情况，将拟新建构筑物的初步设计BIM模型导入，根据不同的方案进行布置，实现不同设计方案的比选，对项目工程的整体布局进行推敲分析（图2、图3）。

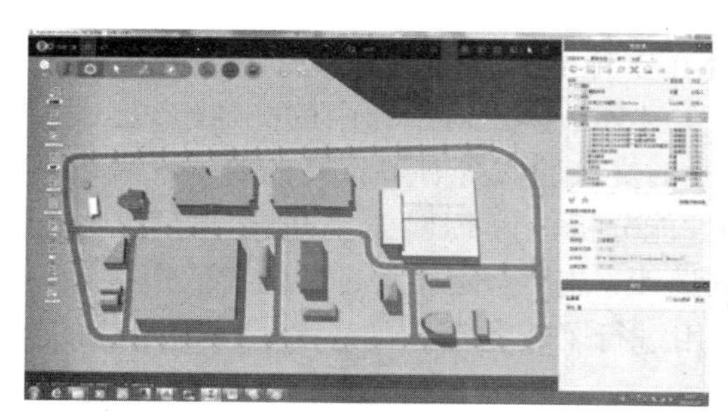

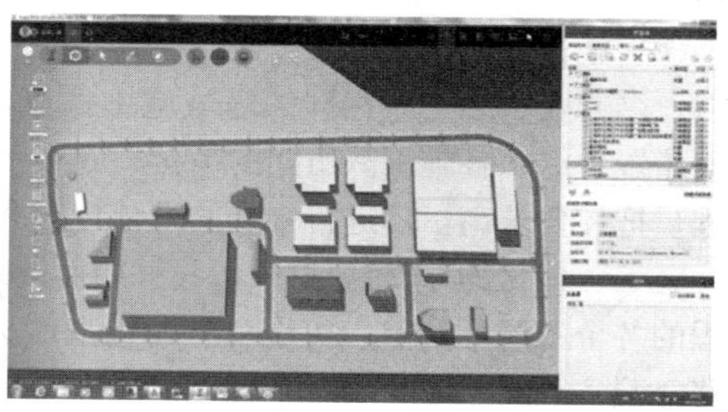

图2　设计方案比选

创建各专业三维几何实体模型，包括单体模型、厂区管线模型、场地模型等。单体模型由基坑支护子模型、结构子模型、工艺子模型整合而成；厂区管线模型包括厂区内现状管线、搬迁管线；场地模型包括厂区范围内的地形、道路、河流、现状建筑物等（图4）。

在整合各专业模型过程时，检查模型间协调性和一致性。若发现设计冲突问题，则预先采取整改措施。优化管线排布，为管线设备的安装预留足够的运输通道和操作空间，尽可能减少设计原因引起的缺陷，避免项目建设过程中出现拆改及返工现象（图5）。

3.3　施工阶段的应用

在施工阶段，利用BIM技术进一步深化建筑信息模型的准确性、可校核性。借助模型，辅助完成现

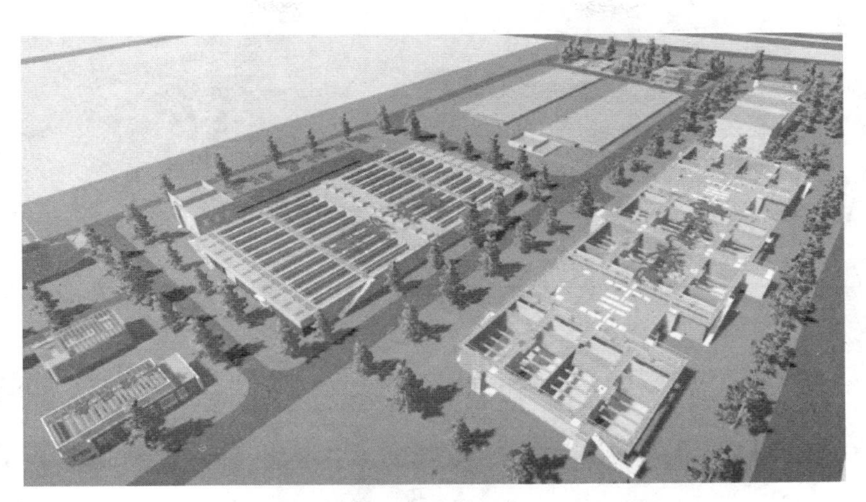

图 3　场地仿真模拟

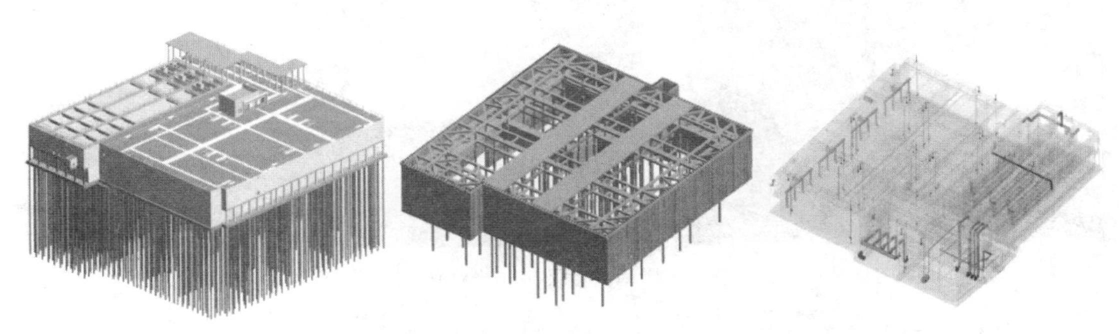

图 4　构筑物单体各专业模型

图 5　模型检查及调整

场平面布置的整体规划，包括：用地规模及范围、交通组织设计、现场机械布置、临时设施布置、材料运输管理等。

通过塔吊模型，直观地观察现场各塔吊之间的高差和塔吊起重臂的影响范围，使塔吊高度和作业半径既满足施工需要，又避免出现交叉碰撞等风险因素；通过在 Synchro 4D 中进行施工进度模拟，充分考虑施工实施过程中可能出现的问题，将交叉专项的组织调整到最佳，增加了施工进度计划的可操作性；对比较复杂的节点的施工工序进行模拟，通过预测施工过程中可能出现的问题，尽可能优化施工工序。

通过 BIM 技术的应用，改善了设计过程中图纸错漏碰缺的问题；而通过 BIM 技术进行施工的提前模拟，提前预测实际执行过程中可能出现的问题，避免因返工造成的时间、成本上的损失，切实地提高了工程实施的效率和质量；同时，设计、施工阶段中累积的 BIM 成果为 EPC 项目的一体化信息管理提供了数据基础（图 6、图 7）。

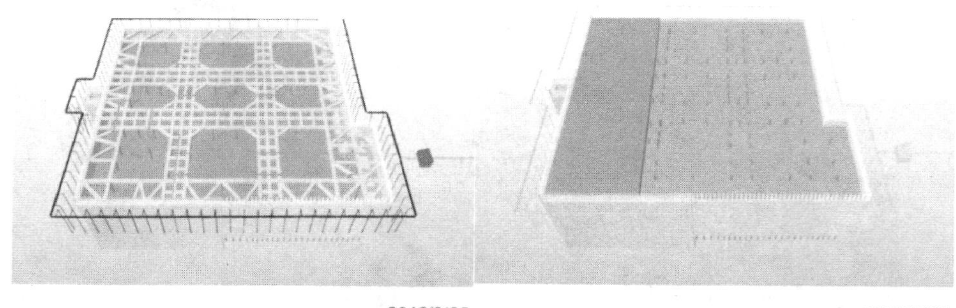

图 6　施工进度模拟

图 7　塔吊高度及工作半径优化

3.4　EPC 项目中 BIM 协同平台的应用

对于 EPC 项目，高质量的设计方案、最合理的施工组织、动态科学的进度管理、便捷准确的采购管理、各环节数据信息的有效共享等是工程项目实施的关键[4]，在项目中我们做了如下的思考：(1) 面对构筑物单体众多，BIM 数据量大，如何优化模型集成后浏览、查询、修改的效率；(2) 如何将经 BIM 技术优化厚的施工组织计划落到实处，使实际施工成果与计划施工成果一致；(3) 如何解决目前 BIM 应用的分阶段进行的特点，将多阶段的 BIM 成果整合起来，从而真正体现 EPC 项目的 BIM 技术应用优势。为突破上述的实施难点，本项目中开发了基于 BIM 的 EPC 协同管理信息化平台，为 EPC 项目中 BIM 成果数据的综合应用及各阶段的 BIM 协同工作提供了技术支撑。

BIM 的协同应用从设计协调、进度计划、物资采购、质量管理、安全管理、文档管理等几个模块，为来自业主方、设计方、采购方、施工方等用户提供了通过电脑网页端和便携设备移动端进行在线讨论交流，实时跟踪项目进展的有效途径。

通过对 BIM 模型的轻量化处理能在网页端中以较快的速度和较高的质量查看项目整体场地及各单体模型，在模型中查看构件信息，并可按类型查看对应的构件集合；在进度管理环节，将施工进度计划甘特图上传至平台，并将相关构件与相应的时间进度关联，BIM 现场专员每天定时将实际施工进度录入至平台，平台对正常、提前、拖延的进度进行区分显示，对施工进度分析提供参考；在物资采购中，借助平台移动端扫描物料二维码，二维码信息发送到平台后，工程和设备的实体信息将自动建立关联，所有物料的采购安装均能在平台模型数据中反映出来，有效地加强了施工现场物料管理工作的有效性；在工程验收中，借助平台移动端功能，将工程实时的验收状态自动反馈到协同管理平台。项目管理人员可通过输入时间节点等方式查看计划施工进展情况；此外，BIM 的协同应用平台还提供了质量管理、安全管理、文档管理等功能模块，为 EPC 工程的多环节需求提供支持。

相对于传统管理模式，EPC 工程的实施更加复杂和困难。设计、采购、施工三个过程需要进行统筹管理，对信息的有效共享与传递提出了更高的要求。BIM 技术借助三维数字化模型为各专业设计成果的共享提供了载体，而协同管理平台则是工程数据和工程组织管理集成化的手段。通过BIM协同管理平台的开发，充分发挥EPC工程中设计阶段在整个工程建设中的主导作用，并有效解决设计、采购、施工之间相互脱节所带来的问题（图8、图9）。

图8　施工物料管理

图9　安全管理

4　总结

通过在这一项目中对BIM技术在EPC工程中应用的探索，我们获得了一些的心得和体会。应从EPC项目的实际出发，紧抓当前切实地需求，按需开展引用，发掘更多的BIM亮点。

与此同时，EPC工程项目也是开展实施BIM技术全生命周期应用的良好平台。在EPC项目中，BIM技术可以做到从设计到施工、运维等多个环节的全方位应用，实现从总平分析、构筑物建模、校核审查、工程量统计、施工场地布置、进度模拟、复杂节点施工工序模拟等多角度解决实际问题，对工程全生命周期进行有效把控。

协同管理平台的搭建是实现项目流程一体化的关键，能切实提高设计质量、施工管理质量和运维管理质量，从整体上提升项目建设的水平。

参考文献

[1]　陈龙，葛宏伟，李倩．BIM技术在我国EPC总包工程中的现状和前景［J］．建材世界，2014，4：76-78.

[2]　陈亮．BIM在EPC总承包项目中的应用［J］．工程技术研究，2017，3.

[3]　杜开明，钱婷亭．EPC项目BIM技术应用实践［J］．重庆建筑，2016，15（7）：30-32.

[4]　马少亭，商健，高黎．BIM技术在EPC总承包项目中的应用［J］．建筑技艺，2016（6）：60-67.

幕墙工程的 BIM 构件数据转换方法研究

汪东进，赖华辉，邓雪原

（上海交通大学土木工程系，上海 200240）

【摘　要】 近年来，建筑幕墙工程日渐呈现复杂化、多元化的态势，对传统的幕墙设计、加工和施工等提出了更高的要求。BIM（Building Information Modeling，建筑信息模型）技术因其可视化、功能模拟等诸多优点被逐步引入幕墙工程中。但是从设计阶段到生产阶段的 BIM 实施过程仍然存在着缺陷，因文件格式的不统一，数据在传递过程中需要进行再加工，造成了人力、物力的浪费。本文通过对 IFC 标准和 STEP 标准的解读，分析了两者之间的部分映射关系，并着重研究了几何信息的转换。

【关键词】 IFC 标准；STEP 标准；映射；数据转换

1　前言

1.1　BIM 技术在幕墙工程中的应用

随着建筑幕墙工程规模的不断扩大及复杂度的增加，传统幕墙实施手段已经无法满足工程师们的需求。BIM（Building Information Modeling）技术自诞生以来，逐渐地改善了这一情况，现已广泛应用于幕墙工程中的各个阶段。在设计阶段，结合 3D 可视化设计可实现各种功能、性能模拟分析和绿色建筑性能模拟，针对复杂节点和特殊结构，BIM 技术的处理能力尤其突出；在加工阶段，BIM 技术与 CAM 系统相结合，信息模型导出的数据对接生产设备完成下料加工、自动化生产，同时采用 BIM 技术辅助生产管理，将有利于幕墙构件生产厂商提高生产效率和品质；在施工阶段，利用建筑信息模型专业之间的协同进行碰撞检测，有利于发现和定位不同专业之间或不同系统之间的冲突，减少错漏碰缺，解决工程频繁变更导致的问题，大幅度降低了现场的实施风险。

1.2　幕墙 BIM 实施工作流程

众所周知，幕墙产业的信息化、产业化进程在建筑行业处于领先水平，但是与制造业相比仍然十分落后。在制造业中，随着 STEP-NC 等数控相关技术的不断发展，现已基本实现 CAD、CAM 与 CNC 之间的无缝连接[1]，基于 STEP 标准的 CAITA、UG 等制造业软件导出的数据文件可直接作为数控设备可识别的加工文件格式。

本文通过对国内某一大型幕墙企业所做调研了解到，目前的幕墙工程从设计阶段到加工阶段的工作流程如图 1 所示。

依照 BIM 的理念，信息模型应该贯穿建筑整个生命周期。从图 1 中我们可以看出，设计阶段所建模型，很多情况下并不能直接提供生产厂家所需信息用于加工，而是需要对导出模型进行二次加工（重复建模），来提取或转化相关信息，从而导致了数据传递从设计阶段到生产阶段的过程中出现了断层。当零件变动时，对应的数控程序也需要跟着变动，中间传递环节较多，错误概率大，这样也直接导致了人力成本和软件成本的增加。美国标准与技术研究院（National Institute of Standards and Technology，NIST）的一份研究报告表明：按照非常保守的数据统计，仅 2002 年一年，因信息不能互用而带来的额外成本增加高达 158 亿美元[2]。

因此，如何将导出的 3D 模型加工数据直接传递到数控机床，用于幕墙构件加工，确保信息准确快速高效地传递到下一层，成了幕墙产业亟待解决的问题。

【作者简介】 汪东进（1985-），男，研究生。主要研究方向为基于 IFC 的幕墙工程数据转换。E-mail：niaxiapia@sjtu. edu. cn

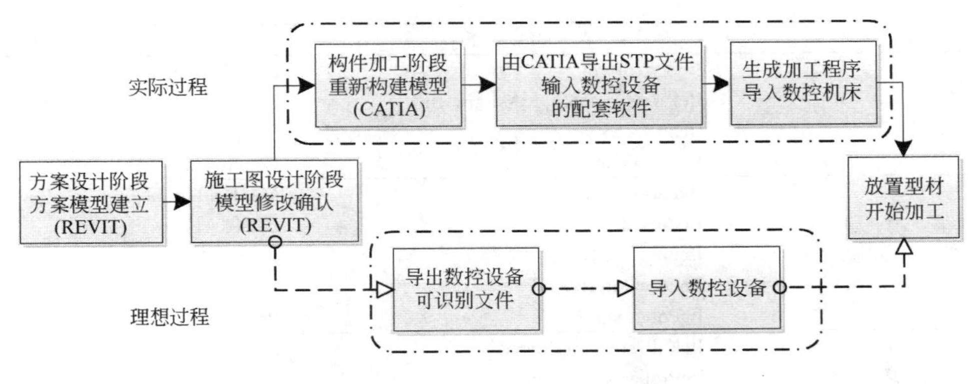

图 1 幕墙 BIM 实施流程图

2　国内外研究现状

当前的建筑业中，数据转换问题引起的“信息孤岛”现象十分突出，如何解决数据之间的共享问题成了重中之重。由于数据转换的重要性，基于 IFC 标准的数据转换研究一直是国内外学者开展 BIM 研究的主要方向。

马智亮[3]等通过分析 IFC 标准和 IDF 对建筑节能信息的表达，分别建立起了基于 IFC 标准和 IDF 数据格式的建筑节能设计信息模型，再通过解决一些关键算法建立并实现了由节能设计 IFC 数据生成 IDF 数据的转化机制。王轩[4]等研究了基于 IFC 的结构模型转换方法，采用 ObjectARX 技术在 AutoCAD 平台上开发了 IFC 结构模型文件生成软件，实现从 IFC 结构模型到软件结构分析模型的转换。汤圣君[5]等研究了如何实现 IFC 和 CityGML 之间的数据转换与共享，并提出了一定的可行方案。Hitchcock[6]等探讨了能源仿真软件 EnergyPlus 和 IFC 标准之间的数据转换问题。Wang[7]等通过案例分析研究了如何从 IFC 文件中提取信息，进而形成相对应的结构分析模型。Steel[8]等以 IFC 和 EMF（Eclipse Modeling Framework）的技术框架为基础建立了一个建筑模型转换平台，实现了 IFC 数据与 GDL（Geometric Description Language）数据相互转换。Lipman[9]通过对 IFC 数据和 CIS/2 标准的分析，研究了不同标准之间的映射关系，开发了 IFC 与 CIS/2 数据转换器，实现了不同应用领域数据标准的转换。

尽管国内外有很多基于 IFC 标准的数据转换研究成果，但是针对 IFC 与 STEP 数据转换的研究还处于真空期。本文通过对两项标准的研究，希望能够填补空白，实现 IFC 与 STEP 之间的转换。

3　基于 IFC 标准的数据转换方法

3.1　常见信息的转换

我们知道，IFC 标准源于 STEP 标准，因此从语言表达方式上来看，两者有许多共通之处。一些常见信息，如通用基本信息、坐标信息、颜色信息等的表达，两者都有一一对应的关系，表 1 列举了部分映射关系。其中关于实体表达部分，表 1 中所列为 IFC 标准的 Brep 法与 Step 标准的 Brep 法之间的映射。IFC 标准中的 ExtrudedSolid 法到 STEP 标准中的 Brep 法的转换在下一小节单独进行阐述。

IFC 与 STEP 部分映射关系　　**表 1**

类别	IFC Entity	STEP Entity
通用基本数据	IfcPerson	Person
	IfcApplication	Application
	IfcOrganization	Organization
坐标信息	IfcAxis2Placement3D	Axis2Placement3D
	IfcCartesianPoint	CartesianPoint
	IfcDirection	Direction

续表

类别	IFC Entity	STEP Entity
颜色信息	IfcStyledItem IfcPresentationStyleAssignment IfcSurfaceStyle IfcColourRgb	Styled_item Presentation_style_assignment Surface_style_usage Colour_rgb
实体表达	IfcFacetedBrep IfcClosedshell IfcFace IfcFaceOuterBound IfcPolyLoop	ManIfold_solid_brep Closed_shell Face Face_outer_bound Poly_Loop
其他信息	IfcRelDefinesByProperties IfcPropertySet IfcPropertySingleValue	RelDefinesByProperties PropertySet PropertySingleValue

3.2 几何信息的转换

数控加工所需的模型信息，最重要的就是构件的几何外形。三维实体模型的表示基本分为以下三种：扫描表示法、构造实体几何法（CSG）、边界表示法（BREP）。

从 REVIT、ARCHICAD 等主流 BIM 软件导出的 IFC 文件来看，实体模型的表达方式多种多样。对于规则形状的实体模型，有通过拉伸或旋转形成的实体，其主要的 IFC Entity 为 IfcSweptSolid，其中较为常用的是通过截面拉伸形成的实体，IFC Entity 为 IfcExtrudedAreaSolid；对于不规则形状的实体模型，其主要的 IFC Entity 为边界描述实体 IfcFacedBrep 等。而在 STEP 中，因可以在信息中增加构件的其他加工信息（如表面粗糙度、精度和工艺要求等）等优点，大家熟知的 CATIA、PROE 等 CAX 系统中的三维实体模型的构建都是以边界表示法为基础。IFC 标准中的 Brep 法与 STEP 标准中的 Brep 法之间的转换在表 1 的映射关系中已经有所体现，下面我们着重阐述从 IFC 标准的 ExtrudedSolid 法到 STEP 标准的 Brep 法的数据转换。

3.3 STEP 几何信息提取

STEP 拓扑信息的描述是基于边界表示的实体模型拓扑元素，包括了：Vertex（顶点）、Edge（边）、Path（路径）、Loop（环）、Face（面）、和 Shell（壳）等，其复杂性按顺序由低到高排列[10]。

以长方体构件为例，长方体实体模型由一个封闭壳（Closed _ shell）构成，一个封闭壳由六个高级面（Advanced _ face）构成，一个高级面由四个面的外边界（Face _ outer _ bound）和一个平面（Plane）构成，面的外边界由边环（Edge _ loop）构成，边环由有向边（Oriented _ edge）构成，有向边由边曲线（Edge _ curve）构成，边曲线由顶点（Vertex _ point）和直线（Line）构成。

长方体模型的描述是通过多个 STEP 实体（Entity）来实现的，如图 2 所示。

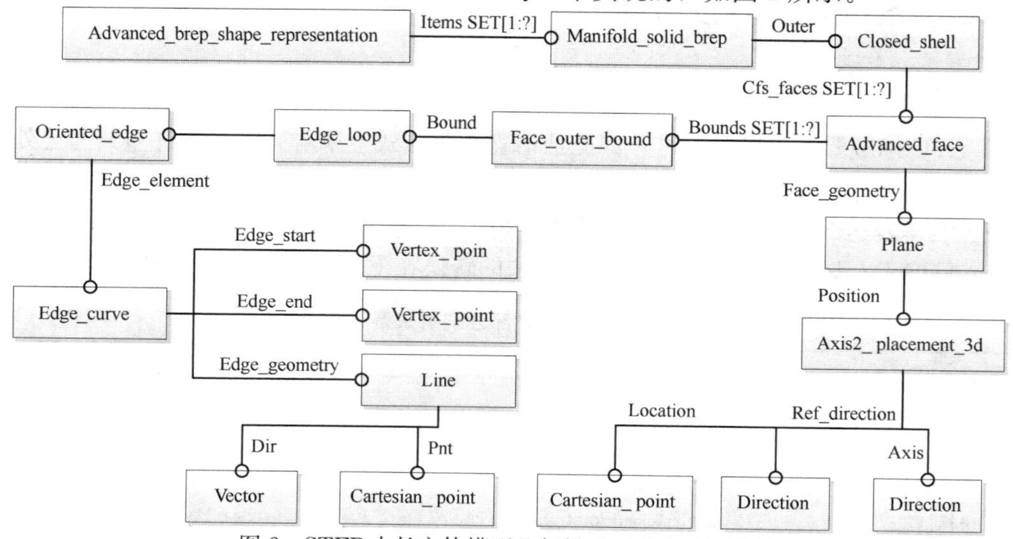

图 2　STEP 中长方体模型几何描述涉及的主要实体

由软件CATIA创建的长方体模型导出其部分STEP语句表达如下：

```
#22=MANIFOLD_SOLID_BREP ('PartBody', #31);
#31=CLOSED_SHELL ('Closed Shell', (#71, #102, #133, #155, #167, #179));
#32=CARTESIAN_POINT ('Axis2P3D Location', (0., 0., 0.));
#33=DIRECTION ('Axis2P3D Direction', (0., 0., -1.));
……
#35=AXIS2_PLACEMENT_3D ('Plane Axis2P3D', #32, #33, #34);
#36=PLANE ('', #35);
#37=CARTESIAN_POINT ('Line Origine', (500., 0., 0.));
#38=DIRECTION ('Vector Direction', (1., 0., 0.));
#39=VECTOR ('Line Direction', #38, 1.);
#40=LINE ('Line', #37, #39);
#41=CARTESIAN_POINT ('Vertex', (0., 0., 0.));
#42=VERTEX_POINT ('', #41);
#43=CARTESIAN_POINT ('Vertex', (1000., 0., 0.));
#45=EDGE_CURVE ('', #42, #44, #40, .T.);
#65=EDGE_LOOP ('', (#66, #67, #68, #69));
#66=ORIENTED_EDGE ('', *, *, #45, .F.);
……
#70=FACE_OUTER_BOUND ('', #65, .T.);
#71=ADVANCED_FACE ('PartBody', (#70), #36, .T.);
……
```

3.4 IFC几何信息提取

以柱（长方体）为例，IFC对于几何部分的描述主要是通过IFC实体IfcExtrudedSolid来描述，此实体在IFC中定义了SweptArea（扫略截面）、Position（方位）、ExtrudedDirection（拉伸方向）和Depth（深度）四个属性。其中第四条属性Depth定义了长方体的高，即拉伸长度。而第一条属性SweptArea又指向IfcRectangleProfileDef，此实体定义了：ProfileType（截面类型）、ProfileName（截面名称）、Position（方位）、Xdim（X向尺寸）和Ydim（Y向尺寸）五个属性。其中第四、五条属性Xdim、Ydim用来定义长方体的长和宽，组成拉伸截面。

IFC对于柱的描述是通过多个IFC实体（Entity）来实现的，如图3所示。

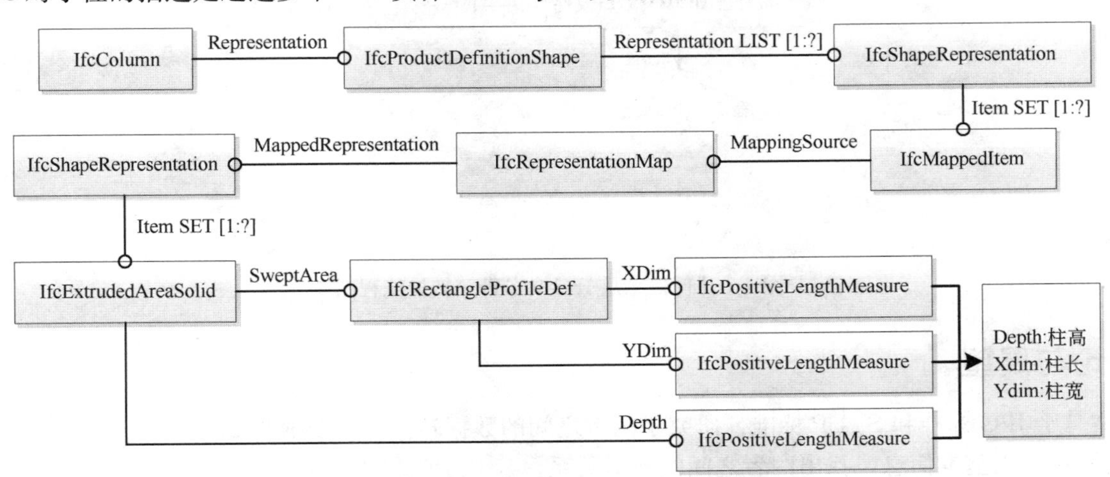

图3　IFC中矩形柱模型几何描述涉及的主要实体

由软件 REVIT 创建的柱模型导出其部分 IFC 语句如下：

```
#6= IFCCARTESIANPOINT ((0., 0., 0.));
#13= IFCDIRECTION ((-1., 0., 0.));
……
#123= IFCCARTESIANPOINT ((0., 0.));
#125= IFCAXIS2PLACEMENT2D (#123, #23);
#126= IFCRECTANGLEPROFILEDEF (.AREA., '457 x 475mm', #125, 250., 250.);
#127= IFCAXIS2PLACEMENT3D (#6, #19, #13);
#128= IFCEXTRUDEDAREASOLID (#126, #127, #19, 1000.);
#129= IFCSHAPEREPRESENTATION (#88, 'Body', 'SweptSolid', (#128));
#133= IFCREPRESENTATIONMAP (#132, #129);
#141= IFCMAPPEDITEM (#133, #140);
#143= IFCSHAPEREPRESENTATION (#88, 'Body', 'MappedRepresentation', (#141));
#145= IFCPRODUCTDEFINITIONSHAPE ($, $, (#143));
#154=IFCCOLUMN ('25z_4aqXrE2eYcJgDh7QsH', #41, '\X2\77E95F6267F1\X0\: 457 x 475mm: 313519', $, '457 x 475mm', #152, #145, '313519');
```

3.5　几何信息的提取和转换

结合以上部分对两种数据标准的研究，几何信息从 IFC 向 STEP 转换的流程图如图 4 所示。

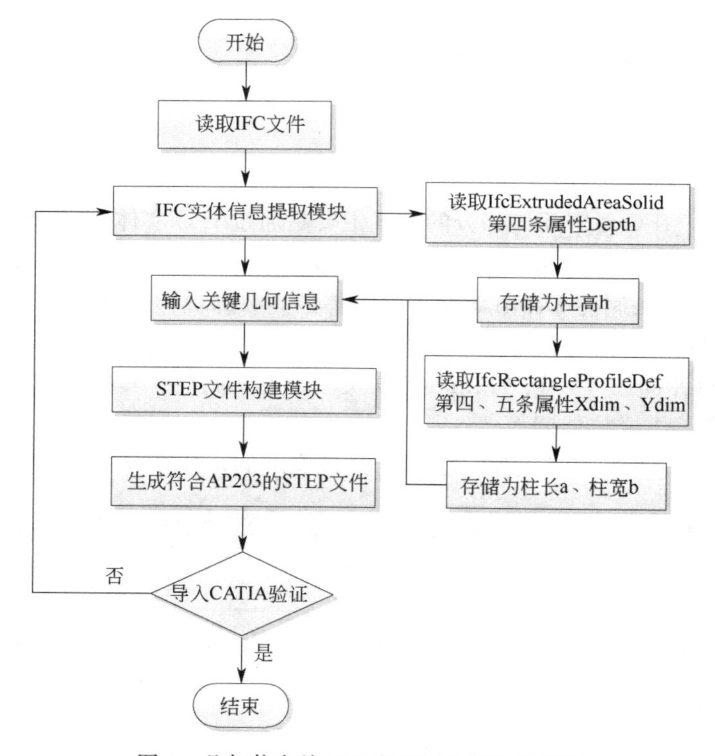

图 4　几何信息从 IFC 向 STEP 转换流程图

4　结论与展望

本文基于 IFC 标准和 STEP 标准，研究了两者之间的数据转换，主要成果如下：

1）针对常用基本信息，找出两者之间的映射关系，建立了映射表；

2）因两种标准在表达构件几何方面的侧重有所不同，本文研究了如何将 IFC 标准中的几何信息提取并转化为STEP格式，使其符合STEP标准的Brep表示法。

在本文的研究基础上，后续还将进一步研究如何将IFC标准中的其他信息转化为符合STEP标准的文件格式。

参考文献

[1] 熊学文. STEP-NC车削加工特征提取及数据库技术的研究 [D]. 华中科技大学，2005.

[2] 何关培. BIM总论 [M]. 北京：中国建筑工业出版社，2011.

[3] 马智亮，曾统华，魏振华，等. 从节能设计IFC数据生成IDF数据的机制及关键算法 [J]. 土木建筑工程信息技术，2012，01：1-5.

[4] 王轩，胡笳，杨晖柱，张其林. 基于工业基础类数据标准的结构模型转换技术 [J]. 同济大学学报（自然科学版），2014，06：836-843.

[5] 汤圣君，朱庆，赵君峤. BIM与GIS数据集成：IFC与CityGML建筑几何语义信息互操作技术 [J]. 土木建筑工程信息技术，2014，04：11-17.

[6] Hitchcock R J，Wong J. Transforming IFC architectural view BIMs for energy simulation：2011 [J]. Proceedings of Building Simulation，2011：1089-1095.

[7] Wang X，Cui Z P，Zhang Q L，et al. Creating Structural Analysis Model from IFC－Based Structural Model [J]. Advanced Materials Research，2013，712-715：901-904.

[8] Steel J，Duddy K，Drogemuller R，A transformation workbench for building information models. [C] //Theory and Practice of Model Transformations，Springer Berlin Heidelberg，2011：93-107.

[9] Lipman R R. Details of the mapping between the CIS/2 and IFC product data models for structural steel [J]. Electronic Journal of Information Technology in Construction，2009.

[10] 任蕾. 基于STEP标准的几何信息的提取和模型重建 [D]. 吉林大学，2008.

BIM 软件通过 IFC 标准进行数据交换的一致性问题分析

赖华辉，邓雪原

（上海交通大学，上海 200240）

【摘　要】BIM 软件被广泛应用在建筑项目，但不同的 BIM 软件在采用 IFC 标准进行业务应用过程中常常出现数据交换不一致的问题，如数据丢失或错误。本文以实际项目模型为研究对象，测试不同 BIM 软件的 IFC 数据输入与输出质量，并从 IFC 层面分析数据交换不一致问题的原因。结果表明，通过正确解析 IFC 数据，能够有效实现建筑项目各方的数据交换。进一步地，本文研究了构件颜色和形状信息的标准化 IFC 表达，为 BIM 软件基于统一表达的数据交换提供参考。

【关键词】BIM 软件；IFC 标准；数据交换；一致性问题

1　背景

建筑领域存在多种 BIM 软件，不可避免地需要进行数据共享与交换。而不同软件的数据结构各异，需要采用一种通用的、开放的数据标准支持多种软件之间的数据交互。为此，国际组织 buildingSMART（前身是国际协作联盟，International Alliance for Interoperability）在 1997 年发布了第一版本的 IFC（Industry Foundation Classes）标准，发展至今，超过 200 款软件支持 IFC 数据的输入或输出[1]。然而，在实际工程应用中，使用 IFC 标准进行数据交换时，常常出现数据丢失或数据错误等不一致问题[2,3]，影响了建筑项目的多方协同。为研究解决 BIM 软件通过 IFC 标准进行数据交换的一致性问题，本文以主流的 BIM 软件为研究载体，系统分析不同软件输入和输出的 IFC 数据质量，并对基于 IFC 标准的 BIM 数据交换一致性问题解决提出建议与思路。

2　研究现状

作为官方验证，buildingSMART 目前采用 IFC 2x3 CV V2.0 作为 IFC 验证的基准模板。现阶段，共有 19 款、20 款软件分别得到 IFC 输入、输出的官方验证，其中，13 款软件同时通过 IFC 输入与输出的验证[4]。可见，还有大量软件需要提高 IFC 数据的解析质量。

围绕 BIM 软件通过 IFC 标准进行数据交换的一致性问题，工业界与学术界已经开展了很多尝试与努力，如 IFC Exchange Test（IAI Forum Denmark）、ATC-75 project、Benchmark tests of precast concrete 等项目。在研究领域，Ma 等[5]研发 EVASYS（EXPRESS Evaluation System）工具，用来对比分析两个 IFC 模型之间的异同点；Lee 等[6]提出量化指标分析 IFC 文件之间的差异，如相似率、匹配率与丢失率，并研发统计分析工具 Compare P21；Cheng 等[7]提出参数化 BIM 构件的概念，定义标准化构件所需的主要数据，并研发针对 Revit、AECOsim Building Design 的插件，但不同软件解析 IFC 文件的质量不同，需要对不同软件进行定制化研发，工作量大。总结而言，数据交换的一致性问题研究主要聚焦在数据输

【基金项目】“十三五”国家重点研发计划项目“基于 BIM 的预制装配建筑体系应用技术”（编号：2016YFC0702000）；“十三五”国家重点研发计划课题“预制装配建筑产业化全过程自主 BIM 平台关键技术的研究开发”（编号：2016YFC0702001）

【作者简介】邓雪原（1973-），男，副教授，博士。主要研究方向为建筑 CAD 协同设计与集成，基于 BIM 的建筑协同平台。E-mail：dengxy@sjtu.edu.cn

入或输出的结果，较少分析数据交换不一致问题的具体原因。

3　一致性问题测试方案设计

本文测试案例选取五层的某办公楼项目，总建筑面积约 $2400m^2$。虽然规模较小，但专业齐全，而且模型小易于深入分析 BIM 数据的一致性问题。

该项目模型分别采用 ArchiCAD 19、Tekla Structures 21、MagiCAD 2015 构建，并根据软件的默认设置，直接输出相应的 IFC 文件（上述软件均通过了 buildingSMART 的 IFC 输出验证）。测试的 BIM 软件包括 ArchiCAD 19、Tekla Structures 2016、Revit 2016、Navisworks 2014、Solibri Model Viewer v9.5，（分别设为软件 S1、S2、S3、S4、S5）。同时，测试软件中增加自主研发平台 NMBIM v2.0（设为软件 S6），该平台采用 IFC 标准作为数据基础，充分支持 IFC 数据的输入与输出解析，可作为一致性问题测试的参照组。测试方案分为输入和输出，输入测试流程为：由三款软件输出的原 IFC 数据文件直接输入各 BIM 软件进行数据交换，测试的软件包括 S1、S2、S3、S4、S5、S6。输出测试流程为：原 IFC 数据文件输入 BIM 软件后，在软件默认设置下直接输出新的 IFC 数据文件，然后将新数据文件返回到该输出软件，测试的软件包括 S1、S2、S3、S6。

4　一致性问题测试结果与分析

4.1　输入与输出的测试结果

由于篇幅有限，表 1、表 2 分别展示了结构模型和机电模型的输入与输出测试结果。从表 1 可见，BIM 软件通过 IFC 标准进行数据交换时，除个别信息解析有误，如软件 S3 解析颜色信息错误，软件 S1 不能解析机电模型的方形手盆设备，大部分构件的解析均一致。这说明在准确解析 IFC 数据的前提下，采用 IFC 标准进行数据交换是可行的。在二次输出模型时（表 2），不同软件的解析结果出现了不同程度的不一致问题，如构件实体丢失、构件几何错误、构件表达不同、属性丢失、属性错误等，说明不同软件对 IFC 的输出解析存在差异。其中，软件 S6 输出的模型信息与原模型的保持一致，表明通过提高 IFC 数据文件的解析质量，能够保证数据交换的一致性。

输入模型的部分构件分析　　**表 1**

数量统计	S1	S2	S3	S4	S5	S6
结构模型						
柱	95	95	95	95	95	95
梁	194	194	194	194	194	194
板	5	5	5	5	5	5
机电模型						
空调	64	64	64	64	64	64
喷洒装置	154	154	154	154	154	154
方形手盆	0	10	10	10	10	10
截止阀	38	38	38	38	38	38

二次输出模型的部分构件信息分析　**表2**

属性信息		S1	S2	S3	S6
箍筋	模型	IfcReinforcingBar	IfcReinforcingBar	IfcBuildingElementProxy	IfcReinforcingBar
	重量	80.5kg	80.5kg	丢失	80.5kg
	数量	36	36	丢失	36
终端设备	模型	丢失	参考模型	IfcBuildingElementProxy	IfcFlowTerminal
	名称	丢失	/	105526	方形手盆
	类型	丢失	/	丢失	排水点
	厂商	丢失	/	General	General

4.2 数据交换的一致性问题分析

BIM软件通过IFC标准进行数据交换的过程，本质上是软件根据自身数据结构解析IFC数据的过程，下面将从软件数据语义和IFC标准两方面分析数据交换的一致性问题。

（1）软件模型数据语义

不同软件在输入或输出同一模型时，出现了数据表达不一致的问题，当解析结果准确时，具体的IFC表达也不尽相同，如表3所示。表3分析了不同BIM软件输出的结构专业IFC数据文件。在输出同一个项目模型时，模型文件大小有较大差异。通过分析相应的IFC数据文件，主要影响因素是构件几何表达的不一致。如软件S2输出的钢筋模型主要由IfcSweptDiskSolid实体表达，而其他软件主要通过IfcFace实体描述，造成大量的非参数化IFC语句。一般情况下，软件模型数据的语义是根据特定的功能需求设计，具有一定的专业性，对于其他专业的数据可能不支持解析，或解析质量不足，进而导致数据交换的不一致问题。例如，软件S3输出的钢筋实体为IfcBuildingElementProxy，而非IfcReinforcingBar。这需要软件供应商进一步完善语义数据库，优化内部数据与IFC标准之间的映射机制。

BIM软件输出的IFC数据文件分析　**表3**

数量统计	结构模型			
	S1	S2	S3	S6
文件大小(kB)	491683	2523	75662	2651
语句	9261555	41893	1456998	41892
属性集	2578	374	2929	374
IfcFace	2371856	0	388112	0
IfcSweptDiskSolid	0	1447	0	1447
IfcBuildingElementProxy	0	0	333	0
IfcReinforcingBar	549	549	0	549

（2）IFC标准多义性表达

IFC标准关于建筑领域信息的表达是非常丰富的[3]，为兼顾信息不同的应用需求，IFC标准支持建筑领域构件的不同表达方式，允许采用多种表达描述同一构件，即具有多义性特征。然而，软件往往很难兼容模型的全部表达方式，对于其他表达方式的模型，在IFC数据解析过程中容易出错。以颜色信息的IFC表达为例。颜色信息具有多种表达方式，如IfcComplexProperty、关联IfcMaterial的IfcColourRgb、关联IfcShapeRepresentation的IfcColourRgb等。在软件S2输出的结构模型中，构件颜色的IFC表达主要采用上述第三种方法，软件S1、S4、S5、S6均能准确显示，但软件S3显示为其他颜色（如表1所示)，说明软件 S3 不支持该颜色表达方法的解析。IFC 实体的多义性也体现在输出过程。输出同一项目或构件时，不同软件可能输出不同的 IFC 实体。为保证数据交换的一致性，需要 BIM 软件加强对多种 IFC 表达方式的支持，以提高对 IFC 数据文件的解析质量。

5　一致性问题解决方案探索

虽然 buildingSMART 发布了 IFC 标准，但不同软件对 IFC 数据的解析不同，导致建筑项目各方在进行数据交换过程中出现不一致的问题。其中，IFC 标准的多义性表达对软件解析是很大的挑战，增加了 BIM 软件的解析难度。因此，在 IFC 标准的架构下，需要制定统一的标准化表达方法，以保证不同软件基于统一的标准进行数据共享与交换[3]，如图 1 所示。

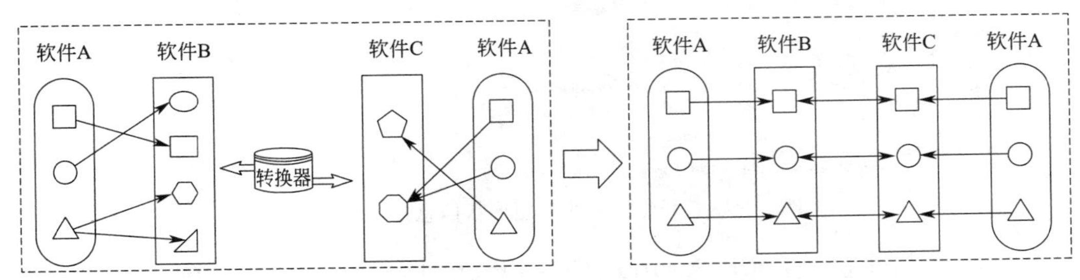

图 1　BIM 软件采用标准化的 IFC 表达进行数据交换

构件是建筑项目模型的基本单元，因此 IFC 数据的标准化表达主要针对构件的各类信息。下面将介绍本文在颜色和形状信息两方面的 IFC 表达标准化的研究探索。

5.1　颜色信息标准化表达实现

一般而言，不同材料具有不同颜色，采用关联 IfcMaterial 的 IfcColourRgb 表达方法符合使用习惯，且比其他方法更轻量。因此，此处将该方法作为标准的颜色表达方法。在标准化处理过程中，其他 IfcColourRgb 表达可直接将关联的实体转换到相应的 IfcMaterial。对于通过 IfcComplexProperty 定义的颜色信息，由于颜色计算机制不同，需要进行单位化转换，如图 2 所示。图 2 展示了颜色信息标准化转换后的风管模型在软件 S2 中的正确解析。

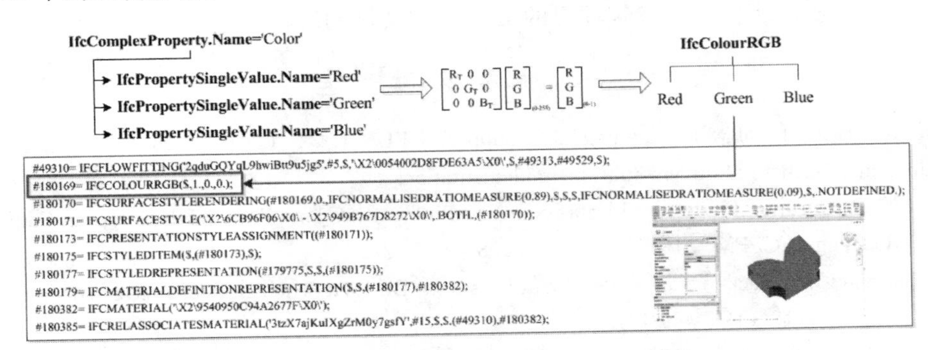

图 2　基于 IFC 标准的颜色信息标准化转换

5.2　形状信息标准化表达实现

IFC 标准定义了不同的截面形状表达方法，不同软件对相同的截面可能有不同的解析，如工字形截面，软件 S1 输出的表达实体为 IfcArbitraryClosedProfileDef，而软件 S2 输出的表达实体为 IfcIShapeProfileDef。为规范构件的截面形状表达，建议采用截面形状的参数化实体作为标准化表达。在进行标准化转换过程中，截面形状标准化处理引擎首先通过构件的 IfcShapeRepresentation 实体检索 IfcArbitraryClosedProfileDef 实体，根据该实体定义的不同点坐标及顺序，通过提取截面的特征点，判断是否符合数据库中的规则截面，若符合，将原构件形状信息进行标准化处理，如图 3 所示。图 3 展示了截面为工字形的构件从 IfcArbitraryClosedProfileDef 实体转换到 IfcIShapeProfileDef 的标准化处理过程。若不符

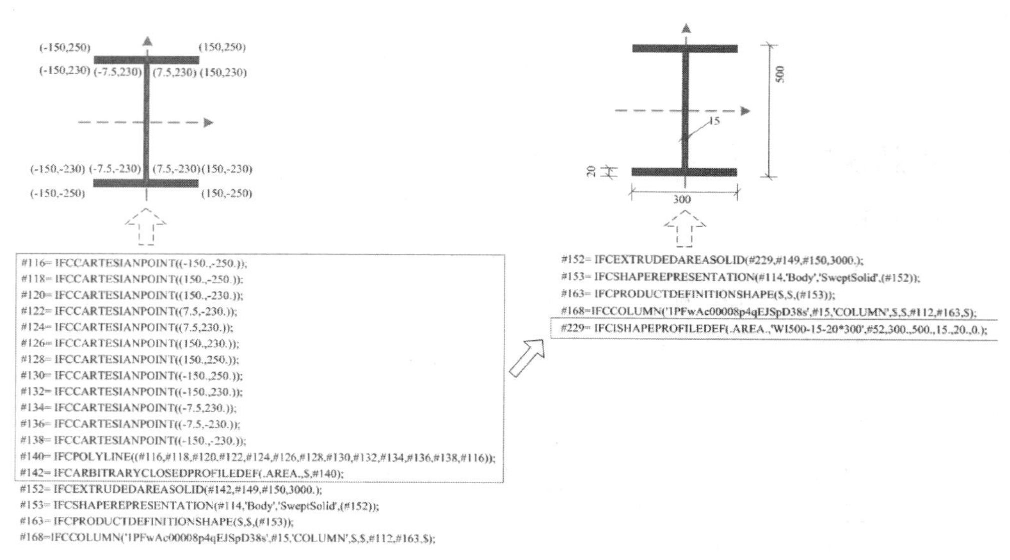

图 3　基于 IFC 标准的截面形状信息标准化转换

合，原数据文件不作任何处理，保留 IfcArbitraryClosedProfileDef 实体及相关语句。

6　结论

本文采用实际项目模型进行 IFC 数据的输入与输出测试，测试得出 BIM 软件采用 IFC 标准进行数据交换时存在不同程度的不一致问题。通过软件模型数据语义、IFC 标准多义性表达两方面，本文详细分析了 IFC 数据一致性问题的原因，分析表明在正确解析 IFC 数据的前提下，BIM 软件能够进行有效的数据交换，实现建筑项目多方协同。如本团队研发的 NMBIM 平台，能够充分解析不同 BIM 软件输出的 IFC 数据，测试中的数据解析与原模型保持一致，验证了 IFC 标准在多方协同工作中进行数据交换的可行性。进一步地，本文研究了构件颜色和形状信息的 IFC 表达标准化，为制定统一的建筑数据标准化 IFC 表达提供支持，可为 BIM 软件基于统一的标准进行数据交换提供参考。同时，后期仍需要进一步研究 IFC 数据文件的解析方法，以提高不同类型建筑项目的 IFC 数据文件的解析质量。

参 考 文 献

[1]　buildingSMART. List of software claiming IFC support [EB/OL]. (2013-11-03)　[2017-05-28] http://www.buildingsmart-tech.org/implementation/implementations.

[2]　Kiviniemi A. IFC Certification Process and Data Exchange Problems [C] // Proc., 7th European Conference on Product and Process Modeling (ECPPM), Paris, France, 2008: 517-522.

[3]　Jeong Y S, Eastman C M, Sacks R, et al. Benchmark tests for BIM data exchanges of precast concrete [J]. Automation in Construction, 2009, 18 (4): 469-484.

[4]　buildingSMART. list of software participating in IFC certification [EB/OL]. (2017-05-31)　[2017-06-10]. http://www.buildingsmart.org/compliance/certified-software/.

[5]　Ma H, Mei K, Ha E, et al. Testing semantic interoperability [C] //Proceedings of Joint International Conference on Computing and Decision Making in Civil and Building Engineering, Montreal, Canada, 2006.

[6]　Lee G, Won J, Ham S, Shin Y. Metrics for quantifying the similarities and differences between IFC files [J]. Journal of Computing in Civil Engineering, 2011, 25 (2): 172-181.

[7]　Cheng Y M, Wu I C. Parametric BIM objects exchange and sharing between heterogeneous BIM systems [C] //Proceedings of the 30th ISARC, Montréal, Canada, 2013.

结构分析软件数据交换中的构件偏心问题研究

韩文洋，赖华辉，邓雪原

（上海交通大学，上海 200240）

【摘　要】数据标准是解决信息共享与交换问题的基础，而IFC是由国际协作联盟IAI发布的建筑信息模型数据交换的国际标准，用来实现建筑全生命周期中不同专业、不同阶段各软件之间的协同工作。在工程建设行业多阶段、多专业的配合过程中，设计阶段建筑与结构专业的信息共享与互用最为迫切。本文基于建筑信息模型数据共享与交换的IFC标准，针对结构分析软件之间的模型数据转换问题，通过以SGF结构通用文件格式为基础的数据转换平台，提取偏心构件的数据表达并设计数据转换算法，运用C++编程语言，实现了结构构件的偏心数据到IFC数据标准的转换。

【关键词】IFC标准；数据转换；构件偏心

1　前　言

建筑全生命周期管理过程中的信息共享和转换是BIM技术的基础。结构设计作为BIM模型的组成部分，其BIM技术的应用程度对信息共享的实现有着重要的影响。然而当前，结构分析模型数据转换在整个BIM集成链中是相对脱节的一环。BIM软件与结构设计软件间多以中间文件和公共转换标准IFC实现数据转换。但在不同软件间进行IFC文件转换时，各大软件商都使用自己的数据结构与其显示平台进行对接，由于数据结构并未按照IFC标准表达，因此构件不可避免地出现数据错误和丢失[1]。

目前国内外众多研究学者从多个方面对结构分析模型数据转换进行了研究。Fink和Weise等[2]在结构模型方面，最先提出了IFC结构模型的概念，介绍了IFC标准中与结构模型表达相关的对象类与关系类。刘照球等[3]开发了IFC模型与PKPM工程设计软件模型的转换平台。邓雪原等[4][5]较早提出基于XML的通用建筑结构有限元模型数据标准，实现结构分析模型与提取的相互转换。王勇等[6]提出了基于建筑结构设计信息模型的模型自动转化方法并开发了相应软件系统。上述开发的IFC结构分析模型平台多注重于构件信息的转换，对荷载、复杂节点的研究信息较少。而其中结构偏心问题普遍存在于大多数建筑中，在结构分析软件模型转换的过程中往往会丢失。众多研究表明结构偏心会对构件内力和位移产生不利影响[7]。

本研究团队前期建立了基于XML的结构通用格式数据文件，实现了结构分析软件可读数据文件与SGF的双向转换，同时实现了SGF与IFC2X3标准的数据转换[8]。针对构件偏心这一特殊情况，邹帅等[9]实现了主流结构分析软件数据文件与通用结构分析模型SGF的转换。本文进一步研究偏心数据从SGF数据格式文件到IFC数据标准的转换，扩展了前期的结构通用模型转换软件，完成了偏心数据从软件结构分析模型到IFC结构模型的转换。

2　构件偏心在IFC标准及SGF通用结构格式中的表达

2.1　结构通用分析模型SGF基本框架

结构设计单位通常应用两种以上结构分析软件对所得结果进行比较，以保障结构模型分析的可靠性和安全性。而在结构设计阶段，模型往往会被反复修改以达到各方要求，因此，在这个过程中结构工程师需要消耗大量的时间建立和检查模型。为了能够对结构模型的可行性作出快速判断，这就对结构工程

【作者简介】韩文洋（1993-），男，研究生。研究方向为基于IFC标准的结构分析模型数据转换。E-mail：15273116214@163.com

师结构建模提出了更高的要求。

目前 IFC 标准仍在结构分析领域中不断完善。由于 IFC 标准的版本问题和 IFC 表达的差异性，在多种商用结构分析软件中直接利用 IFC 模型数据文件集成存在一定的困难。为了实现多种商业结构分析软件的高效数据集成，自主建立结构分析领域的数据交换核心是必要的。通用结构分析模型 SGF，通过提炼具有代表性结构有限元分析软件共性的数据部分，实现 SGF 模型与多种结构分析模型双向的数据交换。通用结构分析模型主要有以下优点：面向通用的结构单元对象，适应性广且可扩展；基于 XML 格式，容易实现各种结构分析软件间的双向接口；独立于基于 IFC 标准的结构分析模块，便于升级和维护。

结构通用分析模型 SGF 的基本数据框架，主要由建模信息、荷载信息和分析结果三大类构成。对多种代表性商用结构分析软件数据信息进行提炼，并遵循 ISO 10303—104/107 模型的基本语义规则。在几何信息方面，SGF 数据模型中所有的实体数据既含有楼层信息，又含有全局的笛卡尔绝对坐标；在材料、截面、荷载等方面，包含各种常用情况；在数据交换方面，以基于 XML 规范的文本作为 SGF 的模型数据文件。SGF 数据模型的定义包含了结构总体信息（General）、节点信息（Joint）、线单元信息（Frame）、面单元信息（Area）、荷载信息（Load）五大部分，是各种结构分析模型最具有普遍意义和共性的数据内容。

2.2 基于 SGF 通用结构格式数据的结构构件偏心表达

在 SGF 模型中，构件单元坐标参考系为世界坐标系，是构件的定位摆放、荷载施加和偏心设定的重要参考。与构件相关联的截面信息包含在 FrameSection 实体内，其中预先设定矩形、角形截面、T 形截面及任意封闭截面等截面类型。截面的形状与构件单元默认局部坐标是确定的关系。构件单元坐标在全局坐标与局部坐标的摆放关系，见图 1，其中全局坐标用 X、Y、Z 表示，局部坐标用 1、2、3 表示。

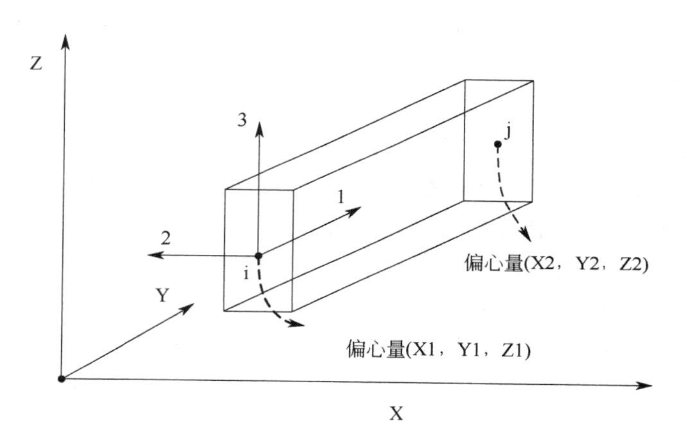

图 1　SGF 模型文件中偏心量说明

SGF 数据模型中，偏心数据的表达存在于线单元 Frame 模块和面单元 Area 模块。通过偏心实体的引用，对构件偏心赋值。由于 SGF 是一种基于 XML 文件的数据格式，对偏心描述的 XML 文件中有如下内容：构件单元偏心标识号；构件在笛卡尔坐标系 X、Y、Z 方向的偏心值等。以线单元为例，SGF 模型中结构单元偏心量的信息对应在 FrameOffset 实体中。SGF 模型文件，分别存储结构单元两端点的偏移量 X1、Y1、Z1 和 X2、Y2、Z2。

2.3 基于 IFC 标准的结构构件偏心表达

IFC 模型的空间结构把项目、场地、建筑物、楼层、结构构件通过关系实体 IfcRelAggregates 对象进行关联。坐标系的定位是基于局部坐标系 IfcLocalPlacement 实现的。IfcLocalPlacement 是 IFC 标准中默认的坐标定位方式。如果相对于世界坐标系，则是绝对坐标；相对于其他坐标则是局部相对坐标。在表达坐标信息的 IfcLocalPlacement 实体中，属性 PlacementRelto 表示参照坐标系；属性 RelativePlacement 表示当前坐标系与参考坐标系的相对信息：当前坐标系在参考坐标系的位置，当前坐标系的 Z 轴单位向量表达，当前坐标系的 X 轴单位向量表达。引用嵌套多个 IfcLocalPlacement 对象，如建筑坐标系、楼层坐标系等，完成结构构件对象所在世界坐标系中的几何定位，见图 2。

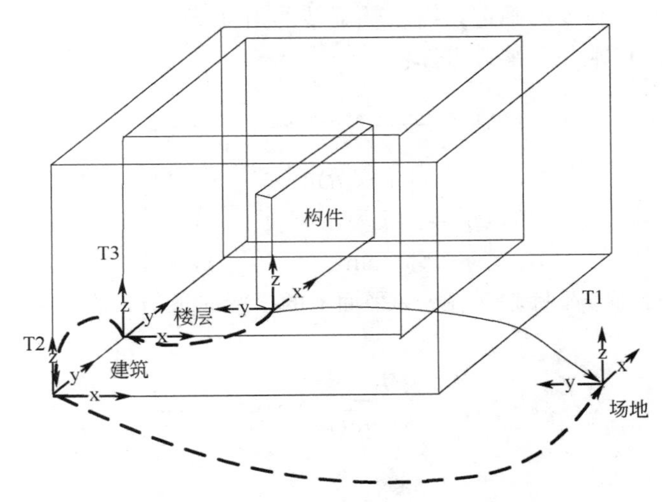

图 2　IFC 标准中空间坐标系示意

IFC 标准中对构件的描述是多种多样的，在本项目的结构模型转换中，以拉伸实体对构件进行表达。拉伸截面的类型有简单规则形状、不规则闭合形状、复杂的多段闭合形状等。有关构件的形体信息在 IFC 结构模型的 IfcProductDefinitionShape 实体中进行了定义。以基本的拉伸实体表达为例，IfcExtrudedAreaSolid 实体中定义了拉伸实体的四个属性：SweptArea、Position、ExtrudedDirection、Depth。SweptArea 属性中包含拉伸截面的长度、宽度、截面形心的坐标，SGF 模型中构件截面实体中的相关信息与之映射；Position 属性中表示拉伸坐标系在当前坐标系下的坐标信息，默认为当前坐标系；ExtrudedDirection 属性表示截面的拉伸方向，默认的拉伸方向为当前坐标系的 Z 方向；Depth 表示拉伸实体的长度，可以通过 SGF 模型中构件所关联的节点信息得出构件长度并与之映射。

3　从 SGF 模型到 IFC 模型偏心数据转化方法

从 SGF 结构模型数据中提炼与偏心相关的核心参数，通过构建数据映射公式，在 IFC 标准中建立构件的相对坐标系。

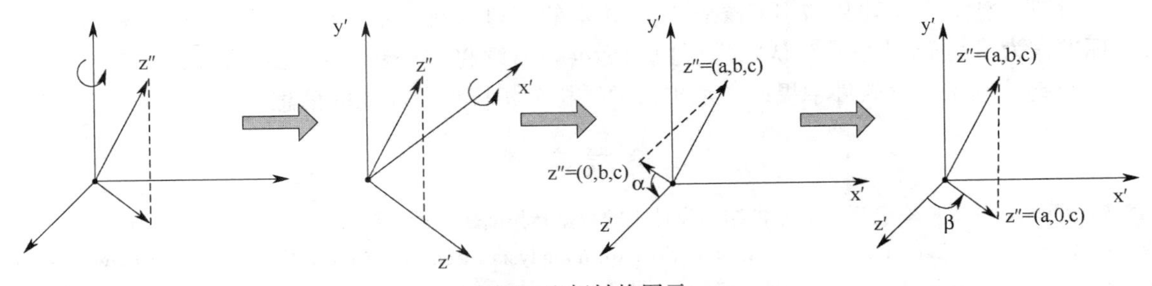

图 3　坐标转换图示

3.1　偏心数据转换的公式推导

首先构造平移矩阵，设新坐标系 o′x′y′z′原点坐标为（x_0，y_0，z_0），将原坐标系 oxyz 下的坐标转换为新坐标系 o′x′y′z′，需要平移原坐标系的原点至新坐标系的原点，使其重合。

平移矩阵为：

$$T=\begin{bmatrix}1 & 0 & 0 & 0\\0 & 1 & 0 & 0\\0 & 0 & 1 & 0\\-x_0 & -y_0 & -z_0 & 1\end{bmatrix} \tag{1}$$

利用单位坐标向量构造坐标旋转矩阵，通过旋转坐标系 $o'x'y'z'$ 使 z' 轴与过原点的向量 $z''=(a, b, c)$ 的正向一致，并求出其变换矩阵 A。将 z' 轴绕 y 轴旋转使之与 z'' 在 $x'z'$ 平面上投影正向重合；再绕 x' 轴旋转使之与 z'' 轴正向重合。旋转角度的确定，绕 y' 轴旋转的角度等于坐标轴 z'' 在 $z'x'$ 平面上的投影向量与 z 轴正向的夹角。根据矢量的点乘与叉乘，可知：

$$\sin\beta=\frac{a}{\sqrt{a^2+c^2}},\cos\beta=\frac{c}{\sqrt{a^2+c^2}} \tag{2}$$

构造旋转矩阵为：

$$R_y(\beta)=\begin{bmatrix}\cos(\beta) & 0 & \sin(\beta)\\ 0 & 1 & 0\\ -\sin(\beta) & 0 & \cos(\beta)\end{bmatrix} \tag{3}$$

同样绕 x' 轴旋转的角度等于坐标轴 z'' 在 $y'z'$ 平面上的投影向量与 z 轴正向的夹角。根据矢量的点乘与叉乘，可知：

$$\sin\alpha=-\frac{b}{\sqrt{b^2+c^2}},\cos\alpha=\frac{c}{\sqrt{b^2+c^2}} \tag{4}$$

构造旋转矩阵为：

$$R_x(\alpha)=\begin{bmatrix}1 & 0 & 0\\ 0 & \cos(\alpha) & \sin(\alpha)\\ 0 & -\sin(\alpha) & \cos(\alpha)\end{bmatrix} \tag{5}$$

得到变换矩阵为：

$$A=R_y(\beta)R_x(\alpha) \tag{6}$$

3.2　构造偏心数据映射公式

$$(V_{x''},V_{y''},V_{z''})^{T}=(V_x,V_y,V_z)^{T}\cdot A$$
$$(X_{o''},Y_{o''},Z_{o''},1)=(X_o,Y_o,Z_o,1)\cdot T \tag{7}$$

其中 V_x，V_y，V_z 为原坐标系 x，y，z 坐标轴的单位向量表示，$V_{x''}$，$V_{y''}$，$V_{z''}$ 为偏心数据映射后的构件参考坐标系；$X_{o''}$，$Y_{o''}$，$Z_{o''}$ 为平移前的坐标原点，X_o，Y_o，Z_o 为平移后的坐标原点。

4　结论与展望

随着协同工作日益加强，软件之间的数据交换越来越多，对统一标准的需求更加迫切。本文基于 IFC 数据标准，以通用结构数据转换平台，对本课题组的前期工作做进一步的扩展，运用 Sqlite 和 Visual C++等开发工具，对盈建科软件的结构分析模型进行 IFC 结构模型的转换，其中有效完成对结构偏心信息的提取和处理，建立了盈建科与 IFC 数据标准共享的接口，在一定程度上避免了重新建模所需的工作量。IFC 标准作为目前 BIM 技术公认的模型数据标准，后续将进一步完善荷载信息、分析结构信息等的转换研究，自动从三维建模软件中提取更加丰富的结构分析模型所需要的信息。

参 考 文 献

[1] 杨党辉，苏原，孙明．基于 BIM 技术的结构设计中的数据转换问题分析［J］．建筑科学，2015，31（3）：31-36.

[2] Weise M，Katranuschkov P，Liebich T，et al. Structural analysis extension of the IFC modelling framework［J］. International Journal of It in Architecture Engineering & Construction，2003：181-199.

[3] LIUZhao-qiu，LIYun-gui，ZHANGHan-yi. An IFC-based integration tool for supporting information exchange froma rchitectural model to structural model［J］. Journal of Central South University，2010，17（6）：1344-1350.

[4] 邓雪原，张之勇，刘西拉．基于 IFC 标准的建筑结构模型的自动生成［J］．土木工程学报，2007，40（2）：6-12.

[5] 秦领，邓雪原，刘西拉．Industry Foundation Classes Based Integration of Architectural Design and Structural Analysis［J］. Journal of Shanghai Jiaotong University（Science），2011，16（1）：83-90.

[6] 王勇，张建平，王鹏翊，等．建筑结构设计中的模型自动转化方法［J］．建筑科学与工程学报，2012，29（4）：53-58.

[7] 毛晓月．框架结构中梁柱偏心对构件内力和位移的不利影响分析［D］．西南交通大学，2009.

[8] 秦领，刘西拉．建筑物理模型与结构分析模型的数据映射研究［J］．土木建筑工程信息技术，2010，02（2）：28-36.

[9] 邹帅，赖华辉，邓雪原．结构分析模型构件偏心数据转换方法研究［J］．图学学报，2016，37（2）：257-264.

基于Synchro软件的大型主题乐园项目施工4D运用研究

陈　凯，曹　盈

（上海建工四建集团有限公司，上海 201103）

【摘　要】面对造型复杂、参与方多的主题乐园项目，合理分析巧妙运用4D BIM技术应对进度计划同步、现场变更管理等项目难题。以Synchro Pro软件为核心建立项目4D模型，并设立各种工况的模拟深度和表达形式，在Synchro 4D的基础上对项目进行施工进度管理，明确4D模型流转方式确定各部门的职责。

【关键词】BIM技术；主题乐园；施工4D；Synchro

1　研究背景

一个项目对每个参建方而言都只有一次机会，几乎没有再造的可能性。即使是经验丰富的计划工程师也不可避免地会在计划编排上犯错。倘若项目团队能重复相同的项目，尝试不同的施工工艺和建造流程，模拟数十次，肯定会提升项目管理能力。

项目管理中进度控制与成本控制和质量控制一样，是项目施工中的重点控制之一，在工程施工三大目标控制关系中，质量是根本，投资是关键，而进度是中心。随着建筑业的不断发展，现有的进度控制软件和进度管理方法已无法满足项目要求，日益复杂化、大型化且工序繁杂的项目增大了进度管理的难度。BIM技术的出现和发展为建设项目进度控制提供了新的方法。目前，BIM技术正逐渐应用于项目的各个阶段，本文针对BIM技术应用于大型主题乐园项目进度控制的方法进行研究，编制具有实际应用价值的进度计划4D解决方案[1]（图1）。

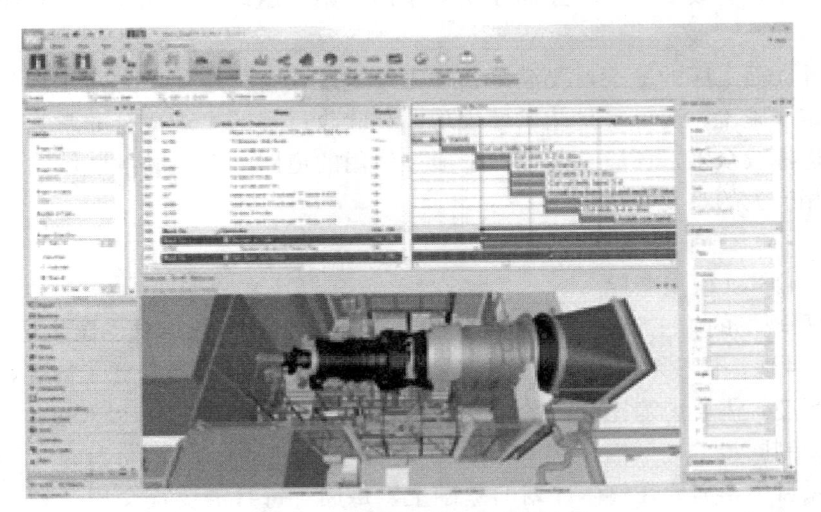

图1　“所见即所得”的进度计划

【作者简介】陈凯（1989-），男，助理工程师。主要研究方向为BIM技术项目管理。E-mail：ck91580@163.com

2　项目概述

本项目位于上海市浦东新区川沙镇国际旅游及度假区规划用地范围内，S2 高速公路和航城路交界位置，位于园区核心区域内，现场总面积为 1.13km^2。

本梦幻世界是由奇幻童话城堡及其后面的游乐区组合而成，集展示、演艺和餐厅与一体的城堡综合体、演艺剧场、迷宫、商店、餐厅、小食摊、小卖部和多种陆地和水上游乐项目（图 2）。

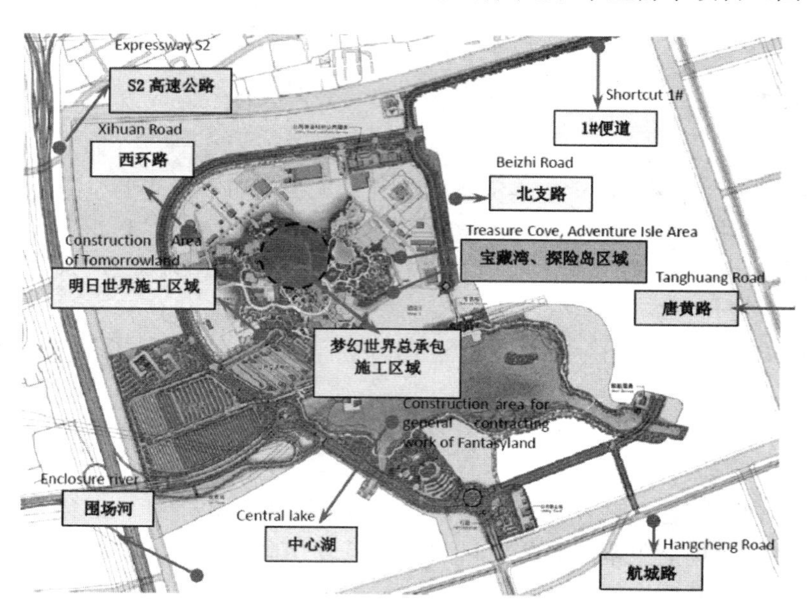

图 2　项目场地平面图

3　4D 技术运用难点分析

3.1　项目难点

（1）游乐设施安装编排。单体施工内容复杂，大量的游乐设施轨道、内部施工安排为满足施工进度需求分区分块集中施工、管线专项工程穿插在众多单体的施工组织，对现场区域总体部署和协调能力提出很高的要求。

（2）建筑单体外立面工序的复杂，要满足各项工序进度安排，避免产生窝工现象。并且本工程的设施及外立面不仅决定于施工，而更多是艺术性表现，其验收过程的主观成分非常大，提高了工程进度控制要求。且工程周边标段众多，环境复杂，对于项目使用的道路，部分场景区域回填编排以及和其他标段的施工协调存在相当大的难度。

3.2　技术难点

（1）3DBIM 与 4DBIM 模型差异

4DBIM 模拟的是现场的施工情况，脚手架搭设、拆模支模、钢筋绑扎、防水施工，混凝土浇捣等，都需要在 4D 模型上展现。从技术上而言，这些更细致的现场模拟反映的是施工情况，这就要求模型的深度不再限于设计级程度，需要统筹比选，增加模型量会大大增加建模时间以及难度。

（2）进度计划编制同步

在此主题乐园项目中，需要在整体计划的基础上，每周、每月需要提交周计划、月计划，并且配合计划需要时刻表现现场的实物量信息。基于以上要求就需要依据现场的施工情况进行跟踪变化。

（3）现场设计变更

现场根据设计变更增加或减少的结构，3D 模型也必须及时和现场的变更同步，4DBIM 在已有的时间变量后又引入了一个新的变量，这两个变量的存在也使得项目施工进度管理变得那么不可控。

（4）4D 辅助各专业管理安排

针对全专业的整体计划中，一个专业的工期或者工序发生变化，会对其他专业的工期产生一定的影响，需要对各专业进度做时间、空间的碰撞检查以确定对其他专业的施工影响。

3.3 Synchro pro 解决方案

与传统的图纸、Excel 表、甘特图的交流方式不同，Synchro 提供一个支持多方参与，数据共享的虚拟施工平台，在这个平台上可以进行更清晰、更快捷的交流。同时，可将施工模型与计划任务关联，实现可视化进度模拟，在模拟过程中能够识别潜在作业次序错误和冲突问题（图 3）。

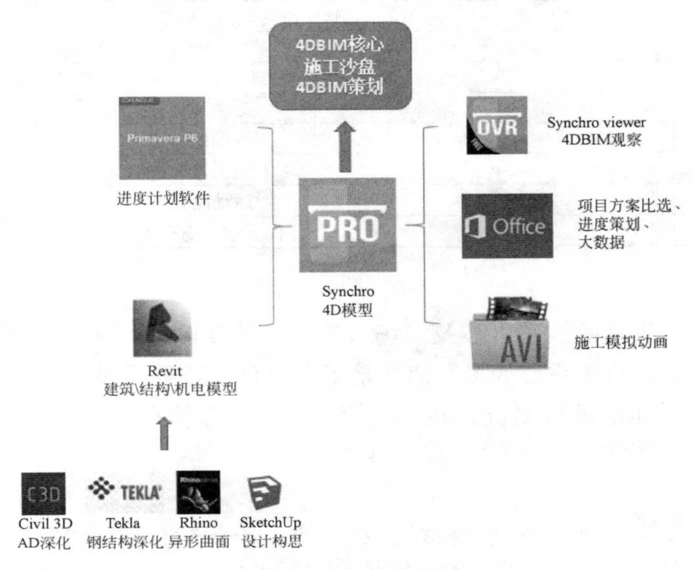

图 3　4D 软件架构图

通过以 Synchro 软件为核心建立 4DBIM 模型。将 3DBIM 模型导入 Synchro pro 软件形成 4D 资源（resources），导入项目进度计划。在 Synchro 软件中实现整合绑定。最终输出交付文件，成为项目管理依据。

4　基于 Synchro 的 4D 模型建立

4.1　模型建立规则

3DBIM 与 4DBIM 的功能性不同，在 3DBIM 中需要定义模型精细程度——定义模型构建在项目中呈现的详细程度，包含其几何形状及非几何参数的精细度。反观 4DBIM 中需要定义模型发展等级——定义模型在项目发展过程中不同阶段所需呈现的构件，及在该阶段需实现的目标[2]。

在 Synchro 内具备初步的 BIM 模型处理能力，但是仅有简单分割和几何体拉升还是无法满足施工内容模拟需求。

为了满足施工模拟需求，4DBIM 模型应兼具表 1 中的拆分原则。

拆分原则表　　**表 1**

功能需求	划分原则	功能需求	划分原则
现场管理及修改	根据分区拆分	实现多专业间协作	根据专业拆分、根据系统拆分
模型硬件性能	根据楼层拆分	针对阶段交付	根据施工顺序拆分
链接详细进度任务	根据构件拆分		

4.2　4D 模拟深度和表达方式的研究

在 Synchro 模拟中有四种基本的表现方式：安装、拆除、维持、临时。除此之外根据模拟实际状态可自行编辑表现方式：包括透明度变化、颜色变化、施工流向模拟、运动路径模拟。

1. 施工临时措施的模拟

现场施工临时措施有多种，表现形式各不相同。例如脚手架，模板排架的协调，由于在 3DBIM 建筑结构建模依据设计或施工图纸，不会考虑脚手架的建立，而在 4DBIM 展现上须表现出必要的脚手架模型。有两种方案，(1) 建立脚手模型；(2) 建立简单空间拉升脚手空间。根据 4DBIM 需求，支设拆除模板并不占据额外的空间，因此在混凝土构件模板搭设工序状态下采取构件改变工作状态颜色的方法展现（表 2）。

施工模拟 4D 可视化方式　　**表 2**

施工方案	4DBIM 措施
土石方工程	施工流向模拟、机械运动路径模拟
砌筑工程	安装
脚手架工程	精细化建模、脚手安装、拆除、占据空间模拟
垂直运输工程	运动路径模拟
模板工程	颜色变化
混凝土浇筑工程	施工流向模拟
塔式起重机工程	运动路径模拟
安全施工工程	仅显示标识标牌现实

2. 施工场布的模拟

公共资源的管理一直是管理的核心，涉及堆场、道路、垂直运输等问题。4DBIM 作为面向管理的功能定位，在施工组织设计上，反映重要的场布信息是了解项目的重要手段，为使 4DBIM 能更真实准确地表达现场施工情况，能更顺利地进行项目交底，须加入施工场布信息，包括施工围墙、堆场、道路、现场办公室，为下一步精细化管理堆场物流信息提供保障。

3. 施工机械的模拟

在结构施工中特别强调施工流向布置，机械连续跟进，因此建议在 4DBIM 中加入重要的施工机械，特别是吊装、打桩时，塔吊、汽车吊、打桩机能够作为站位信息的存在。这些都影响到实际施工其他工作项施工的编排（图 4）。

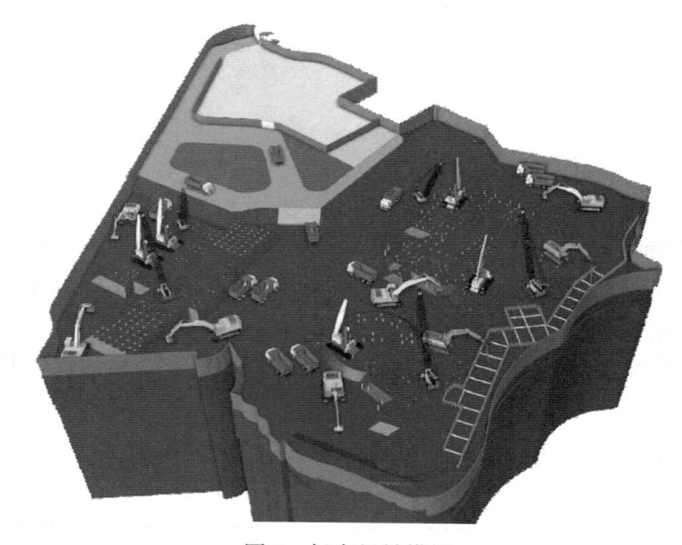

图 4　场布机械模拟

需配合施工运输组织设计，布置机械数量，并将机械资源与施工任务进行绑定。在施工中体现机械跟踪。

4. 无模型工序的表达

(1) Synchro 中简单处理生成模型。在施工模型中不建模，但是在 4DBIM 中需要展现的部分，如防水施工，只需要依照底板面复制一层，厚度设定为 5mm，在工序进行时进行颜色的处理，就可以简单模拟防水施工。

（2）原有模型变色处理。在拥有原模型空间尺寸信息时，利用原模型的变换进行 4DBIM 展现，不要过度建模。

（3）进度计划文字表达。如深化图报审、材料报审流程。既无模型信息也没有可依赖的模型信息，但又是项目进度中重要的组成部分，因此在 4DBIM 中增加文字施工任务演示。

5. 同一位置多道工序的表达

在面对多道工序在同一构件上施工时，难处是施工动画绑定多次会出现在前道建造状态结束，后道建造状态开始时，会出现 4DBIM 突然消失又开始重新建造的状态。经过研究采取变色处理的方式，即根据同一立面施工工序，事先定义各工序施工时的表达颜色，能较为稳妥解决上述难题，并最终在 4DBIM 中实现多道工序的表达。

4.3　4D 模型轻量化研究

BIM 究其根本是一个集成数据的平台模型。而 4D 是以多维度、多功能、多用途的模型计算形式。考虑到建筑工程的实际使用情况需要在工地现场，为满足工地条件下的实用性、适用性要求，需要对 4D 做尽可能的轻量化处理。

Synchro 对模型的支持和操作流畅度已做了很大程度的保障，但是由于项目体庞大、专业庞杂，在建立城堡单体 4DBIM 模型后，模型总大小 500M 左右，模型的最底层构建数达到了几十万的级别，特别在每个构建都与资源一一对应关联的时候，会导致 3D 窗口的操作卡住，或者软件崩溃。

建议从以下几点来保证可操作性：

4.3.1　系统参数设置

设置：操作时将 3D 设置调低，此处的设置（Transparent 除外）将只会影响操作时的 3D 窗口，不会对导出 4D 成果有影响；设置 3D 视图模式为设计规划模式（开启硬件加速）（图 5）。

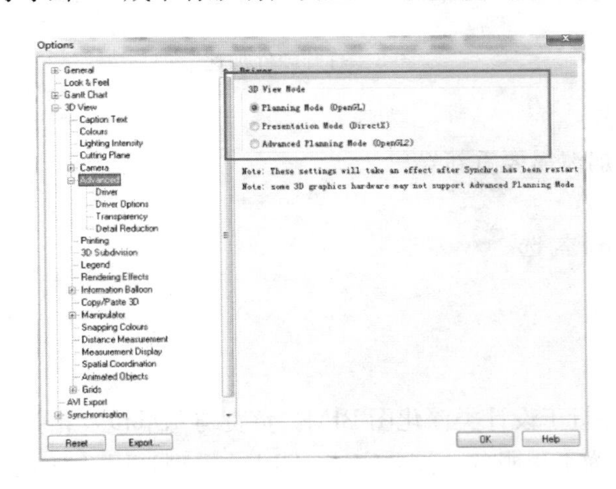

图 5　3D 驱动设置

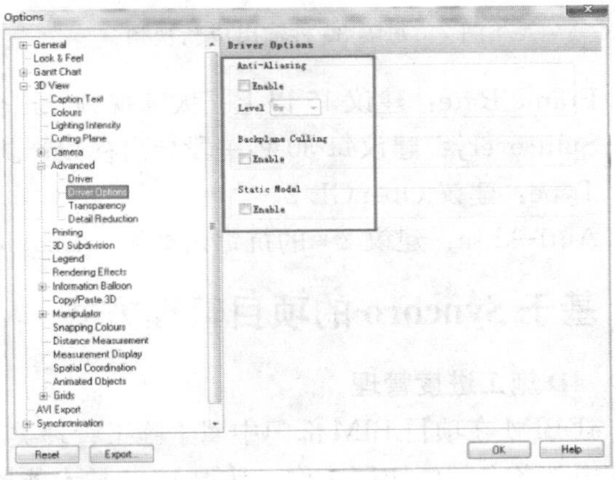

图 6　硬件渲染设置

将硬件渲染设置全部关闭：抗锯齿关闭、底视图删除关闭、统计模型关闭（图 6）。

设置透明度分类筛选为仅 Z 轴启用。

以上设置不是绝对，只是一个参考值，可以按照需求设置。

4.3.2　导入设置

推荐直接通过建模软件导出 DWF 或者原本格式 SKP、3DS、FBX 模型，再导入到 Synchro 中。各专业原点还是通过 Navisworks 整合后再导出比较合适。

4.3.3　工作流程

（1）导入：对于做 4D 来说，建议按照专业或者区域来工作，所以对于当前工作时无需显示的专业、区域可以进行取消加载（隐藏），可以保证软件的流畅。也可在 navigation-3D Set 对模型进行筛选，不过模型不会依旧会在内存中，对系统还是有较大负担。

（2）透明度：Profiles 建议少用透明度。透明度的使用第一会增加软件对系统的负担，第二是效果不好。取消透明度设置后的效果通过 4DBIM 本身的建造拆除来表达。

（3）资源：建议将多个模型整合指向一个资源，这样将提升整体感，较少混乱，减少对系统负担。

4.3.4　模型处理

（1）有很多模型位置重叠、重复，对模型体量增大，且影响效果；建议在导入 Synchro 后进行删除、移动等处理。

（2）视频导出设置：

导出常见问题一是导出时间长，二是有可能导出时候崩溃，三是效果不好。

建议：导出设置如图 7、图 8 所示。

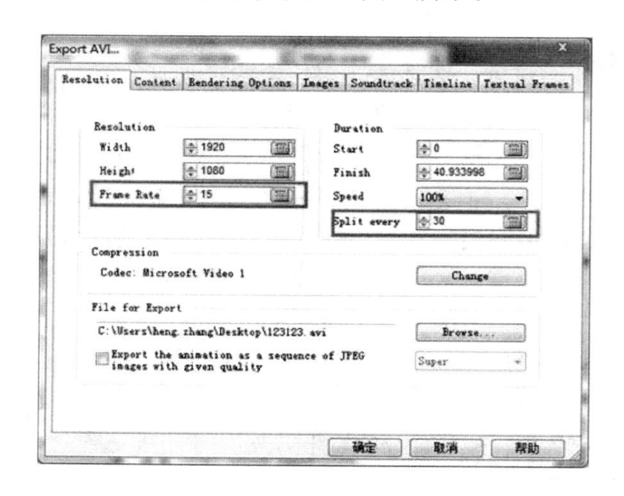

图 7　每隔 30 秒输出成新视频

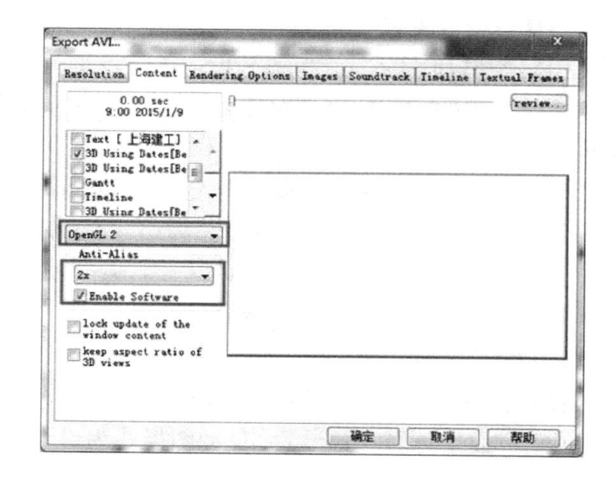

图 8　打开硬件加速

Frame Rate：建议 15 以上；太高视频导出会比较慢。

Split every：建议每 30 秒一段导出视频；防止中途崩溃需要重新导出。

Type：建议 OpenGL 2。

Anti-Alisa：建议 2＊的抗锯齿即可。Enable Software 勾选。

5　基于 Synchro 的项目管理方式

5.1　4D 施工进度管理

4DBIM 在项目 BIM 部门中属于施工管理类 BIM，并行于设计类深化图 BIM。负责与总承包及相关分包商内部各个部门协同工作，使得 BIM 技术能够有效地为工程服务；需要完成 4DBIM 模型，用于施工进度的制定体现，实际进度与施工计划的对比，为项目会议提供支撑[3]（图 9）。

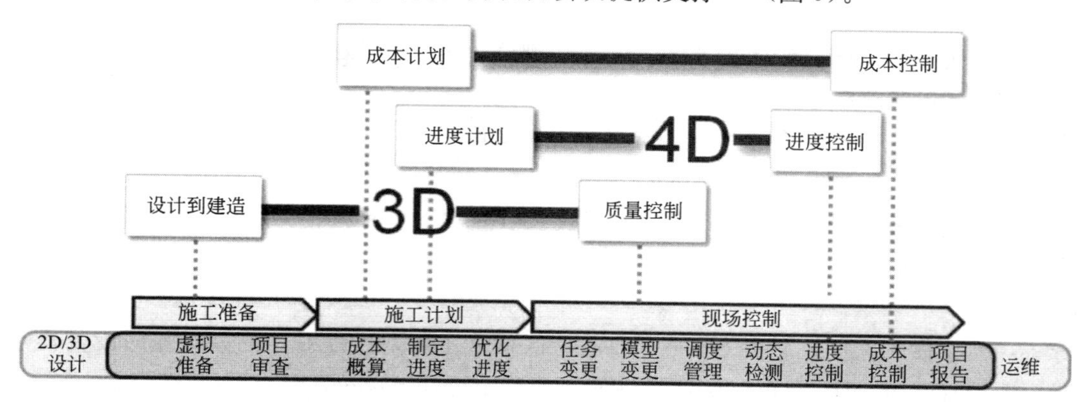

图 9　4D 项目总流程

在每周的项目工程例会上将和项目管理方及目前现场施工的所有总包和分包代表审阅 4D 深化图 BIM。工程例会审阅应关注最近和目前的工程进展，以及至少未来 2～3 周的进展。

更新流程：由于现场的施工瞬息万变，4D 模型需要贴合现场的实际施工情况调整，有进度计划的变更，也有三维模型的设计变更。适时更新进度计划和三维模型是必需的。在技术上需要解决 4D 模拟的更新调整问题。而在项目实际应用中，需要在每周的周进度例会中提前反映本周的计划，以及上周未完成的进度安排。拟建议前一周提前根据现场实物量情况更新 4D 模拟，而在下周例会上提供给各部门各专业讨论。

5.2　项目部门在 4D 中的职责

4D 模拟的两个重要来源有 BIM 工程师建立的三维模型，计划部门编制的项目进度计划。这是必不可少的两个先决条件。在调研中，由于 4D 软件在内核上是 3D 软件操作，由 BIM 工程师来使用 4D 软件、实现 4D 模拟的难度比计划工程师的小得多。拟建议由 BIM 工程师来完成 4D 模拟的跟进，而在完成后需要提交给计划工程师复核。

BIM 设计部门：负责对模型进行整合、完善和维护。

计划部门：作为 4DBIM 另一个核心，根据项目进程细化进度计划。每周更新项目进度计划，传递给 BIM 部门，与 BIM 部门形成良好的互动。

4D 工程师：密切配合计划工程师及 BIM 协调员使用 Synchro 软件进行 4D 计划的编制、完善、修改、校核比对、演示等工作。并负责参加相关的计划工作会议。

项目上 4D 模拟结果的参与方应当包括项目的各个部门方面。首先在每周的进度推进会中由 BIM 工程师基于计划工程师计划指导并且审核过的可视化 4D 模拟能解决多专业、复杂工序的有效沟通问题；分析项目上施工空间的利用；在此版计划中依据各专业分包、技术的意见调整计划。

5.3　4D 模型更新频率

初版 4DBIM 模型将会耗费较长的时间，但不应多于一个月。

各分包 4DBIM 模型，应每两周提交，包含现场进度及过程中信息的 4D 模型，以 .sp 格式提交。

4D 动画，每月提交，通过 4D 模型导出的动画，用于展示进度或相应的施工流程。以 .avi 格式提交。

6　结　语

虽然 4D 技术在施工管理中已经显示了一定的优势，但是 4D 技术仍然显得较为稚嫩。但从工程实践和应用表明，4D 能够有效地提高工程项目管理的效率，具有提供时间和空间冲突检查功能、5D 挣值分析研究强大的应用潜力和价值。4D 技术的发展趋势可以概括为：

（1）提供时间和空间冲突检查功能，这是 4D 系统所具有的一个潜在功能，但是目前时间和空间冲突检查主要依靠使用者根据 4D 模型来判断。

（2）强化施工信息在项目参与方之间的共享和沟通，通过统一的产品信息模型和网络平台，做到信息共享。

（3）从 4D 到 5D 挣值分析研究，给 3D 模型、设备、人工、项目增加成本属性。通过从 3D 建筑信息模型中提取出量化数据，可以迅速对模型变更的成本影响进行评估。

参 考 文 献

[1]　张建平 . BIM 在工程施工中的应用 [J] . 施工技术，2012，41 (16)：18-21.

[2]　王婷，池文婷 . BIM 技术在 4D 施工进度模拟的应用探讨 [J] . 图学学报，2015，36 (2)：306-311.

[3]　杨震卿，郭友良，张强，等 . BIM (4D) 方案模拟在总承包施工进度管理中的应用 [J] . 建筑技术，2016，47 (8)：686-688.

[4]　张建平，曹铭 . 基于 IFC 标准和工程信息模型的建筑施工 4D 管理系统 [J] . 工程力学，2005 (S1)：220-227.

[5]　马东彪 . 论究 BIM 在建筑施工中的应用 [J] . 门窗，2012 (9)：298-299.

[6]　张建平，张洋，吴大鹏 .　建筑工程项目 4D 施工管理 [J] . 项目管理技术，2006 (1)：23-27.

玉佛寺项目基于 BIM 的施工方案策划与远程监控技术研究

陈　菁

（上海建工四建集团有限公司，上海 201103）

【摘　要】玉佛寺大雄宝殿移位工序是玉佛寺改建的重点和难点工作，其平移顶升过程的进度、安全和佛像的变形受到高度关注。本研究通过引入 BIM、三维激光扫描技术实现对既有建筑、施工环境、施工装备和措施的准确建模以及在施工方案策划阶段分类运用多数据源模型，通过云计算技术和 WebGL 平台对 BIM 模型、实时监测信息进行集成、分析和三维动画展示，实现项目管理各方远程监控施工过程，支持更全面的分析和指挥，保障施工安全。

【关键词】BIM；玉佛寺；建筑移位；三维激光扫描；远程监控

1　项目概况

玉佛寺位于上海普陀区，是沪上名刹，也是闻名于海内外的佛教寺院。玉佛寺占地面积约 11.6 亩，建筑面积 8856m²。本项目工程为了消除安全隐患和环境整治，在对大雄宝殿进行保护修缮的基础上，对寺院进行改扩建。

工程分东区、中区、西区三阶段进行施工。东西两区由综合楼、法物流通处、文殊殿、地藏殿、小卧佛殿、卧佛殿、普贤殿、济公殿、阿弥陀佛殿、客堂等组成，现保留 4 栋佛殿，新建 24 栋木结构佛堂和 6 栋钢结构建筑。中区分布有钟楼、鼓楼、观音殿三栋木结构，大雄宝殿、天王殿为保护性修缮佛殿。本工程对大雄宝殿主体建筑及内部佛像进行平移顶升。大雄宝殿为单层木结构，屋顶高约 20.2m，建筑物长约 26.7m，宽约 21.6m。现将建筑物临时加固后向北平移 30.66m，抬高 1.5m（图 1）。

图 1　大雄宝殿鸟瞰照片

【作者简介】陈菁（1989-），女，助理工程师。E-mail：kiya2004@163.com

本研究通过应用三维激光扫描[1]、BIM 等技术对大雄宝殿进行数字化建模，并基于多源数据融合实现对既有建筑外围环境和内部房间结构扫描的三维重建方法，解决单一扫描方式无法兼顾建筑外部庞大的数据量和内部高精度细节的问题。将 BIM 模型导入结构计算软件和施工过程分析软件，支持分析施工过程技术方案安全性、可行性，便于多参与方讨论和优化方案。另外，结合物联网、WebGL 等技术实现在移动端、互联网上远程监控大雄宝殿移位过程的 4D 施工进度、结构变形情况，实现远程监控、分析、管理与决策，提高施工现场管理水平。

2　多源数据的既有建筑数字化建模

2.1　三维模型获取

1）三维激光扫描建模

本项目采用 Faro Focus3D 地面三维激光扫描和四旋翼专业摄影无人机，完成大雄宝殿点云数据的完成采集。根据采集的点云数据实现了建筑立面图的精确绘制，同时绘制了局部构件的大样图。同时基于点云的参考，构建了建筑的三维模型[2]（图 2）。

建筑外立面的点云模型，通过合理布置站点使整栋建筑不同站点的点云模型配准，建筑的屋面较高，上部构造相对复杂，另设两个距离建筑物较远的站点来对屋面顶部进行数据采集。建筑内部扫描采用中短距扫描仪 FARO Focus3D，室内上空悬挂经幡，地面延房间进深立柱数根，因有遮挡宜采用多站布设、统一配准的方法进行数据采集。多站扫描获取的点云必须经过配准，才能获取统一坐标系的数据。配准采用自主研发的点云 ICP 配准软件。根据点云自身特征进行配准，配准精度为 1mm，可以有效保证统一坐标系下点云精度。三维扫描工作完成后，需基于点云模型进行逆向建模。主要采用 Geomagic studio，Autodesk Revit，3DMAX 等软件，实现建筑要素的精确重建[3]（图 3）。

图 2　大雄宝殿扫描模型

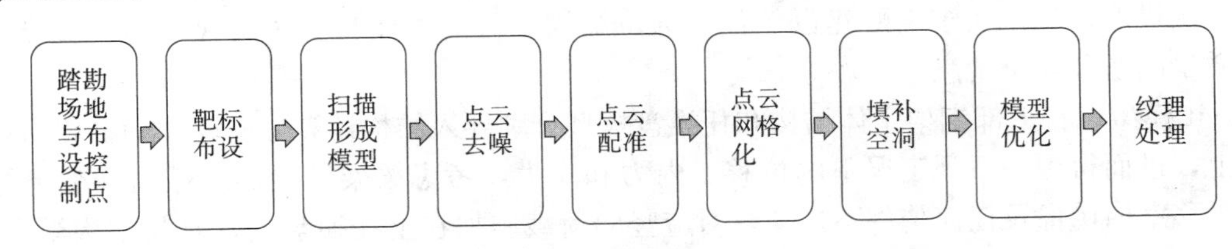

图 3　三维扫描建模流程图

三维激光扫描获取的精细模型在对古建筑的修缮与后期运维的过程中起到很大的作用。通过三维激光扫描准确建立复杂体量的三维模型，在记录准确模型形体的同时也包含了构件尺寸、材质等信息，可以对项目工程进行系统有效的归类统计与整理。结合开发的智慧平台，BIM 模型使建筑具有一定的可继承性。

2）结构框架与建筑移位装备 BIM 建模

因大雄宝殿建造年代久远，缺失原建造图纸，现上海市房屋质量检测站和上海现代建筑设计集团有限公司房屋质量检测站，对玉佛禅寺大雄宝殿进行了房屋质量检测和测绘。根据测绘所得图纸对大雄宝殿进行 Revit 建模。

由于 Revit 对古建筑斜屋面的异性曲面以及装修性的小兽等复杂构件处理难度很大，故 Revit 主要根据木结构的受力传递，简化结构模型。大雄宝殿虽为单层建筑，但其复杂错层的结构架构对技术人员三维建模的空间能力要求很高，其结构为沿房屋进深方向立柱，在柱上架数层叠架的梁，层间垫短柱，最上层梁中间立小柱，形成屋架[4]。在各层梁的两端和最上层梁中间小柱上架檩，檩间架椽，构成双坡顶房屋的空间骨架。根据古建筑独有的抬梁式结构形式，具体建出大雄宝殿的台基、墙柱结构和屋架等基本构件。

为了形象表现出施工工艺及步骤，对滑道梁、加固支撑等构件进行建模。根据具体需要添加千斤顶、柱托换装置等族类型（图4）。

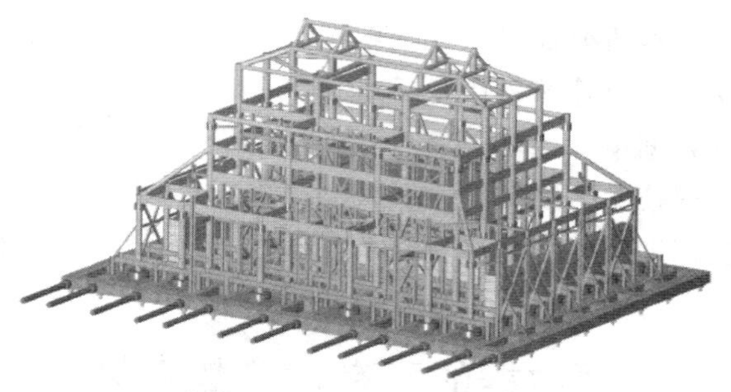

图4　大雄宝殿Revit模型

2.2　Revit模型与三维激光扫描模型的整合

通过Revit建模与三维扫描建模形成两种不同数据源的三维模型，Revit模型基于测绘图纸，主要是其结构框架模型；而三维激光扫描模型基于外表面、照片等，主要是其建筑形体模型，整合两者模型才能得到大雄宝殿原始总体模型。通过研究两者模型的格式、坐标及精度等信息，完成拼接模型创建一个完整的可视化模型。

将不同数据源获取的模型组合成一个单一的模型需要解决很多问题[5]。（1）两者模型的比例、坐标点的统一。Revit模型与三维扫描获得的模型都是按实建模，比例不存在问题。但两个模型间的原点坐标不统一，确认原点坐标与同一个构件的关系后，将两者模型基于同一个原点。（2）模型构件之间的拼接。相邻的模型组合时，其连接的平面、边缘、点等必须匹配准确，两模型间的整合才可以做无缝拼接。（3）模型的重复。对于柱这类大构件，Revit模型与三维扫描获取的模型均存在，柱这个构件即是很好的参照物，但在拼接完成后也需注意重复建模的问题。漏洞、重叠表面、交叉边缘等问题需要后期处理。（4）模型的修改。模型的数据源来自不同的人员，当其中一个模型需修改时，子模型与总体模型之间的联动关系。（5）纹理之间的拼接。Revit创建的模型纹理基于软件本身的材质库，而三维扫描的模型纹理基于拍摄的照片与扫描的点。将两者不同材质纹理进行拼接需要后期使用各种形式的贴图，如色彩、亮度、凹凸等贴图将两者之间的纹理无缝拼接。

3　建筑加固与移位专项方案策划与模拟

多源数据所获取的不同类型与精度的模型在施工时运用也有所不同[6]。玉佛寺项目在施工方案策划阶段，基于Revit建立的模型其主要结构框架、支撑结构及下托盘梁等构件适用于施工前期的结构整体计算分析以及施工进度模拟。大雄宝殿建设年代久远，结构老化，木柱及墙体出现不均匀沉降情况，这对施工存在着质量问题及安全隐患。

基于Revit模型，将上部钢架主体结构和托换盘模型分别导入结构计算分析软件中，将对应水平荷载施加在钢架上，进而得到一系列工况下的位移、内力和应力，考虑梁架结构的承载力和变形是否满足要求；因此次平移室内佛像及任何构件不搬离，对应竖向荷载施加在上托换盘上，对其结构受力进行验算；结构模型的计算结果用来对大雄宝殿的整体及局部加固方案设计进行指导，为工程的安全顺利进行提供保障（图5、图6）。

图5　大雄宝殿有限元分析图形模型

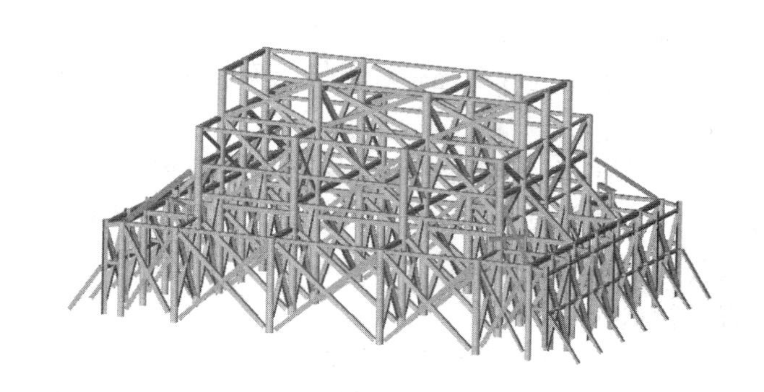

图6　大雄宝殿Revit模型

使用大雄宝殿的三维模型对总体的基本施工工艺顺序进行 4D 模拟，使用 Navisworks 软件将计划、方案与模型联动。本工程体量虽然不大，但平移顶升工艺的特殊性需在每个施工阶段都表现其具体的工况。通过基于 Revit 模型对其进场前现状、保护性落架、第一次土方开挖时工况、静压桩施工及上部结构加固工况、木柱托换工况、第二层土方开挖工况、下滑道梁施工工况、整体平移工况及顶升工况依次进行施工模拟，确定了平移顶升施工的专项方案及工期计划（图 7）。

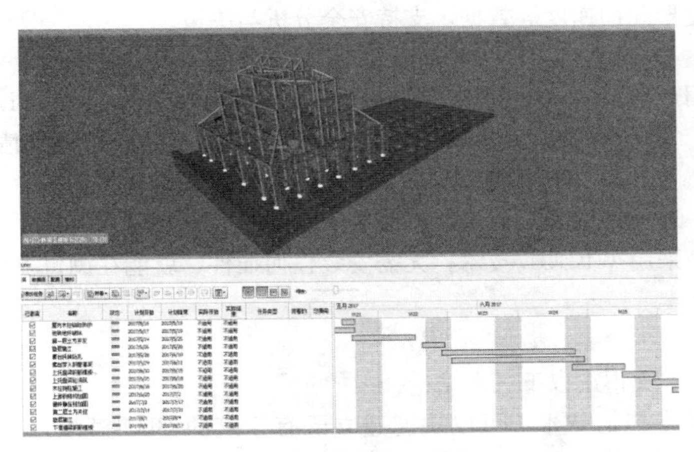

图 7　大雄宝殿 4D 模拟

4　基于 BIM 和物联网的移位工序远程监控平台

上海建工四建集团有限公司自主研发的针对建筑物平移顶升的远程智能监控平台[7]，通过物联网技术实现对设备运行状态、施工状态、安全监测等各类数据的集成，并与 BIM 模型进行整合形成移位全过程信息化模型，基于云计算、WebGL 等技术对施工过程进行远程实时动态虚拟展示，实现对平移顶升全过程的远程监控[8]、多维度分析预警和 4D 展示（图 8）。

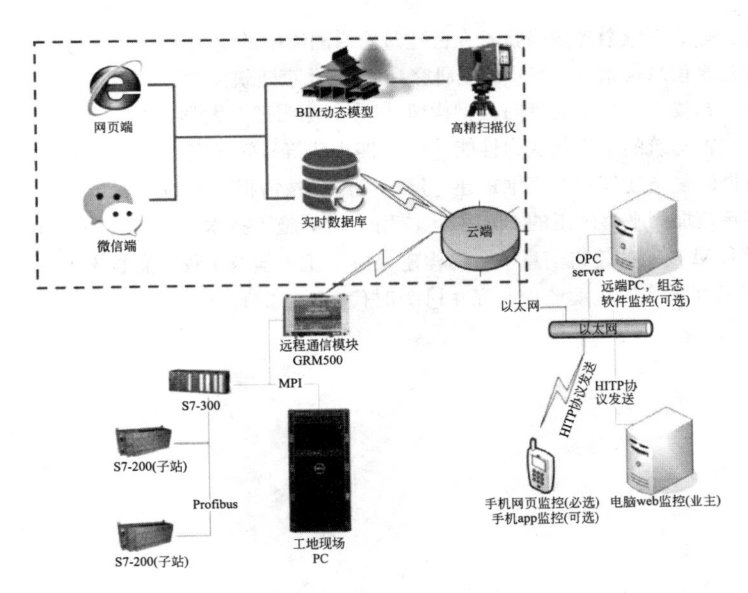

图 8　监控平台关系图

1）以三维模型的方式展示

基于三维激光扫描形成的 BIM 模型，使模型与进度联动，将 BIM 模型中构件的名称、类型、几何形状、位置以及监测设备的编号、类型、阈值、几何形状、位置等信息导入数据库。在远程智能监控平台上以三维模型的方式进行展示监测点的数据。基于 BIM 模型，实现在三维可视化窗口中查看位移情况、监测数据和预警信息，可便捷地定位到各个监测点，查看建筑主体监测详情。

2）结合物联网技术

（1）移位监控：通过与远程监控传感器连接，接收传感器定时自动发出的监测数据，存入数据库。在模型中动态展示实时位置与监测信息，便于安全监控。

（2）第三方无线监测：基于物联网技术，与业主委托的第三方施工现场安全监测系统对接，获取移位施工过程中佛像倾斜变形和加速度等数据，支持安全分析与决策。

3）通过互联网发布

（1）模型漫游：采用最前沿的 Autodesk 图形显示技术，实现在移动端浏览 BIM 模型，并在三维模型中绑定测点设备与数据，实现点击模型中设备即可查看测点信息、数据和预警情况，并导航到预警处理等界面。

（2）模型快速显示：采用专用于大型复杂模型显示问题的解决方案。

（3）手机电脑兼容：采用 WEBGL 技术，无需安装任何插件，就能在浏览器中实时显示操控模型。

5 总　结

通过实际应用实践，本文得出以下三点结论：

（1）通过应用三维激光扫描技术，可以快速建立既有建筑的 BIM 模型，并与 Revit 等软件创建的 BIM 模型进行集成，为既有建筑改造施工管理提供数据基础。

（2）使用 BIM 技术和施工模拟软件对既有建筑改造的施工方案进行分析及模拟，发现了施工过程存在的作业面冲突等问题，对复杂方案策划具有较大价值。

（3）应用物联网、BIM 和云计算等技术，支持各层面管理人员通过移动端、网页端等实时查看既有建筑移位的进度和变形情况，实现对施工过程进度和安全的远程监测、分析和管控，可提高现场决策效率和管理水平，具有推广价值。

参 考 文 献

[1] 周立，李明，毛晨佳，等．三维激光扫描技术在古建筑修缮测绘中的应用 [J]．文物，2011 (8)：84-89.
[2] 刘昊．基于点云的古建筑信息模型（BIM）建立研究 [D]．北京建筑大学，2014.
[3] 周华伟．地面三维激光扫描点云数据处理与模型构建 [D]．昆明理工大学，2011.
[4] 吴二军，王建永．中国古建筑的结构与受力性能 [J]．四川建筑科学研究，2010，36 (4)：78-83.
[5] 郭宝云．基于多源数据的复杂建筑物的三维重建 [J]．测绘科技情报，2009 (3)．
[6] 王轩，张其林．某古建筑加固平移施工的 BIM 技术应用 [J]．施工技术，2015 (10)：101-104.
[7] 李犁，邓雪原．基于 BIM 技术的建筑信息平台的构建 [J]．土木建筑工程信息技术，2012 (2)：25-29.
[8] 周骏杰．基于云 BIM 技术的实时进度监控研究 [J]．时代金融，2017 (2)．

基于社交网络分析的中国BIM学术影响力分析

邓逸川，吉　嘉，吴松飞，申琪玉

（华南理工大学土木与交通学院，广东　广州 510640）

【摘　要】本文以2015—2017年CNKI上和BIM相关的文章为数据源，应用社交网络方法分析了目前国内BIM学术影响力的发展情况。主要研究成果包括和BIM直接相关的核心关键词分析、核心著作者分析、核心期刊及主要机构分析。本文为研究者、企业以及刚刚接触该领域的新人才提供了对中国BIM学术研究现状和趋势的深入理解的渠道。

【关键词】BIM；CNKI；社交网络分析；学术影响力

1　引　言

近些年BIM已然成为建筑行业信息技术发展的必然趋势，国内外的政府、业界、学界都在积极推广应用这一新兴热门技术的应用和研究。过去十多年中，BIM的研究呈现出多元化，可分为应用研究和学术研究两个层面。在应用研究层面，国内先进的建筑设计机构和地产公司纷纷成立BIM技术小组进行技术研究，如清华大学建筑设计研究院、中国建筑设计研究院、中建国际建设有限公司等。BIM技术主要用于参数化设计，建模优化，项目的信息和成本管理，虚拟施工等。在学术研究方面，我国诸多高等院校相继从事BIM研究，如清华BIM课题组、上海交通大学BIM研究中心、华南理工大学全生命周期BIM实验室，并涌现了许多有趣而先进的课题，如BIM＋VR、BIM＋3D打印、BIM＋3D激光扫描等。然而，对于多元化的BIM研究，刚刚接触该领域的学者、从业人员没有权威可靠的途径来了解BIM的主要研究方向、核心研究人员、研究机构、核心期刊以及BIM技术的发展程度等。基于此，本文利用社交网络技术，以中国知网（CNKI）上和BIM相关文章为来源分析并总结了目前国内学术界BIM的学术研究现状，主要研究方向、研究热点、主要研究人物、权威期刊等，为相关学者、从业人员高效了解BIM动态，BIM新兴研究方向做出一定的参考。

2　概念分析及相关研究

2.1　建筑信息模型（BIM）的研究

BIM（Building Information Modeling，建筑信息模型）这一概念最早是由美国查克·伊斯曼博士（Dr. Chuck Eastman）在30多年前提出[1]。在过去十多年的发展，BIM技术已经在诸多领域得到广泛应用。Pezeshki和Ivari（2016）总结了2000—2016年BIM的发展，总结出BIM已经在教育、经济、交通控制、图形处理与特征处理、制造与建模等十多个领域的应用[2]。然而，在利用社交网络分析与BIM技术进行结合方面则鲜有学者涉及。Zhao（2017）以Web of Science中2005—2016年614篇和BIM相关的文章为来源利用CiteSpace5.0进行了全球BIM研究的联合作者、同词、文献同引的分析，指出目前全球BIM研究最有影响力的作者、主要BIM研究国家和最新BIM研究热点[3]。

而在国内，关于BIM的研究主要集中在BIM实施战略、BIM实施框架、BIM标准、BIM实施等方面。其中，何关培[4,5,6]连续撰写3篇论文对我国BIM发展战略进行探讨，提出我国BIM发展

【作者简介】邓逸川（1989-），男，助理教授。主要研究方向为信息技术、BIM。E-mail：ctycdeng@scut.edu.cn

战略的3个组成部分为：BIM应用、BIM工具及BIM标准。而在国内社交网络技术与工程结合方面，大部分学者主要利用社交网络分析与项目治理进行结合，如杨青等（2015）利用社交网络分析了IPD项目各参与方的关系分析[7]；李永奎等（2012）基于社会网络分析（SNA）以世博会为实例进行复杂项目组织权力量化的研究[8]。将社交网络技术应用于BIM研究领域的研究则较少，吕坤灿等（2017）总结目前4种BIM主要应用模式，并用社会网络分析方法分析了各个模式下组织结构的社会特点[9]。以上可见，社交网络分析主要用于项目治理方面，并偏向于关系分析和组织分析。而未有利用社交网络技术进行宏观的学科分析，基于此，本文利用SNA技术进行了国内BIM主题研究的方向、影响力等宏观分析。

2.2 社交网络分析研究

2.2.1 社交网络分析的概念

社交网络（Social Network）是一种基于“网络”（节点之间的相互连接）而非“群体”（明确的边界和秩序）的社会组织形式[10]，是指社会个体成员之间因为互动而形成的相对稳定的关系体系。社交网络代表各种社会关系，经由这些社会关系，把从偶然相识的泛泛之交到紧密结合的家庭关系的各种人们或组织串连起来。社交网络分析（Social Network Analysis，SNA）是由社会学家根据数学方法、图论等发展起来的定量分析方法，通过研究网络关系，有助于把个体间关系、“微观”网络与大规模的社会系统的“宏观”结构结合起来，通过数学方法、图论等定量分析方法来解决一些社会问题。

2.2.2 社交网络分析法的分析角度

社交网络分析可以从不同的角度对社交网络进行分析，包括中心性分析、凝聚子群分析等。

1. 中心性分析

中心性分析主要是从中心度（Centrality）和中心势（Centralization）两个角度来进行分析。中心度用于测量个体位于网络中心的程度，反映网络中点在网络中的重要程度；中心势是指网络中各点的差异程度，一个网络中有一个网络中心势。根据图论和SNA，中心度和中心势都可以分为3种：点度中心度/点度中心势，中间中心度/中间中心势、接近中心度/接近中心势、用以衡量整个关系网及关系网中个体的影响力。

2. 凝聚子群分析

当网络中某些行动者之间的关系特别紧密，以至于结合成一个次级团体时，这样的团体在社交网络分析中被称为凝聚子群。凝聚子群分析主要是指分析子群数量、子群内部成员关系、子群之间关系特点等。凝聚子群密度主要用来衡量一个大的网络中小团体现象是否十分严重，这在分析组织管理等问题时十分有用。凝聚子群密度的取值范围为［－1，＋1］。该值越向1靠近，意味着派系林立的程度越大；该值越接近－1，意味着派系林立的程度越小；该值越接近0，表明关系越趋向于随机分布，看不出派系林立的情形。

2.2.3 社交网络分析的文献研究

1999年，社交网络分析首次被哈佛大学Morten T. Hansen[11]作为收集和分析人群中人际间联系模式的诊断方法用于知识管理。而在2000年，IBM首次提出将社交网络分析作为知识管理实践，并将其应用与知识创造和分享。国内社交网络分析在工程领域的应用也取得了一定的成果，丁荣贵等人（2012）以某大型监理工程为例，利用SNA分析改项目利益相关各方的治理关系[12]，雷光普（2012）以广州两处超高层项目为样本，利用社交网络技术构建分包安全沟通的社会网络模型[13]，揭示了各分包成员之间的沟通关系。总的来说，社交网络技术，作为一种定量与定性相结合的方法，近几年在知识管理的应用广泛，已然成为知识创新、获取、转移、共享和扩散的各个环节提供强有力的工具。

2.3 社交网络分析与BIM的结合

社交网络分析方法是一种综合性的分析战略，是一种研究资源、物品和位置通过社会关系形态而配置和流动的范式。本文利用CNKI中发表的和BIM相关的文献为数据来源，统计作者、机构、著作等参数，利用社交网络分析方法来发掘我的BIM学术研究学者的影响力及相互之间的关系。

3 研究方法

本次研究主要包括两个主要部分，即 BIM 数据选择及处理、数据的分析与评价。首先以关键词 “BIM” 为关键词在 CNKI 检索相关文献，剔除工程领域以外的文献，以 Endnote 格式导出包含标题、摘要、作者等的题录数据；然后利用数据处理软件 SATI 对保存的题录数据进行预处理，生成共词矩阵（100×100 的 Excel 格式）；再将矩阵导入 UCINET 软件中生成关键词、著作、机构等的中心度节点图，凝聚子群分布图及相关的数据图，得到 BIM 学术圈的研究热点、核心期刊、影响力作者等分析结果。

3.1 数据的收集与处理

3.1.1 数据收集

本文选择全球信息量最大，最具价值的中文学术数据库 CNKI 作为数据来源，检索年限设置为 2015—2017 年，以建筑信息模型的简称 “BIM” 作为关键词检索得到的数据，并提出非工程领域的论文（如医学领域）作为本次分析的数据集。

论文以 Endnote 格式的题录信息导出（图 1），主要包括标题、摘要、作者、结构、年份、来源等，并保存为 . txt 格式进行保存，最后一共导出 3443 条有效文本信息。

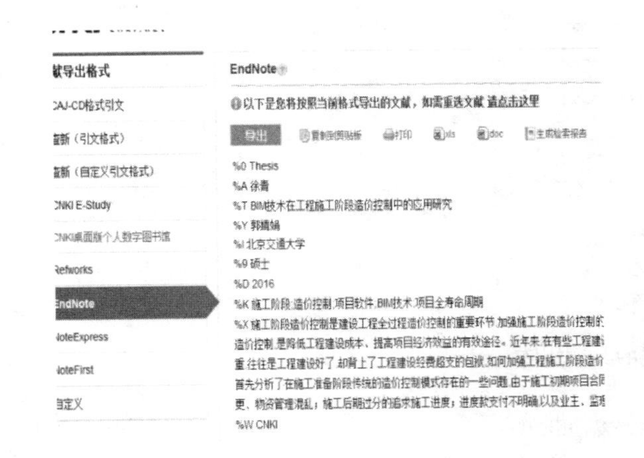

图 1　文献信息导出界面

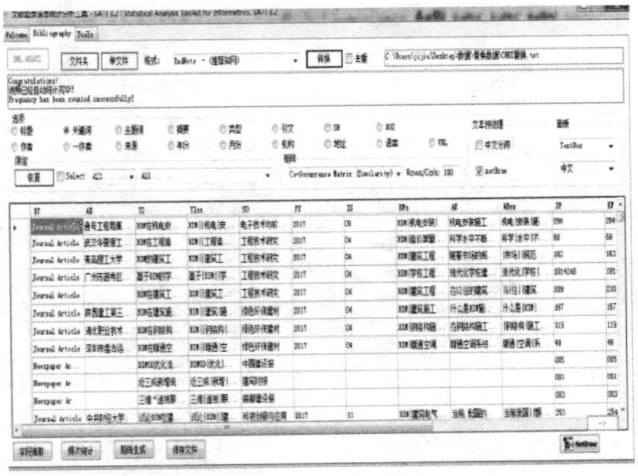

图 2　SATI 软件数据导入版面

3.1.2 数据处理

数据处理主要包括两个过程：利用 SATI 进行数据预处理和导入 UCINET 进行数据处理。

1. SATI 进行数据预处理：本文以关键词为例子说明数据预处理的过程。首先，将以 CNKI 中导出的 2014—2017 年的题录数据导入 SATI 软件中，然后生成如图 2 所示的数据表；接着进行关键词抽取，SATI 会按照文献顺序抽取每篇文献的关键词序列，如图 3 所示；然后对上一步抽取的关键词进行词频统计，得到词频统计文档，部分结果如图 4 所示。最后，依据刚刚得到的关键词及相应的词频的信息，生成共词矩阵（100×100 的 Excel 格式）以便导入 UCINET 的进行下一步分析，导入的部分结果如图 5 所示。以上是以关键词为例子说明的 SATI 软件进行数据预处理的过程，对于著作、机构、摘要分析、期刊等信息的分析步骤同上。

2. UCINET 软件进行数据处理：首先，将预处理得到的共词矩阵导入 UCINET；接着，利用 UCINET 中的 Netdraw 生成关键词的可视化节点图；在上一步的基础上，生成关键词中心度节点图，结果如图 6 所示。根据中心度的大小改变节点的大小，用来反映与之相联系的节点多少，可以根据数据的类别和数量的多少调节节点的形状、颜色，以及根据两个关键词的联系调节之间的连线粗细和距离。再选取频次前 20 的关键词，重复操作，得到高频关键词中心度节点图 7。然后生成凝聚子群分布图（部分如图 8 所示）。

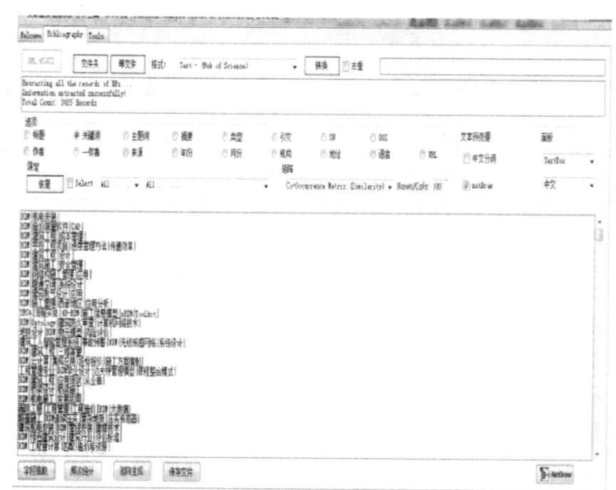

图 3　关键词抽取

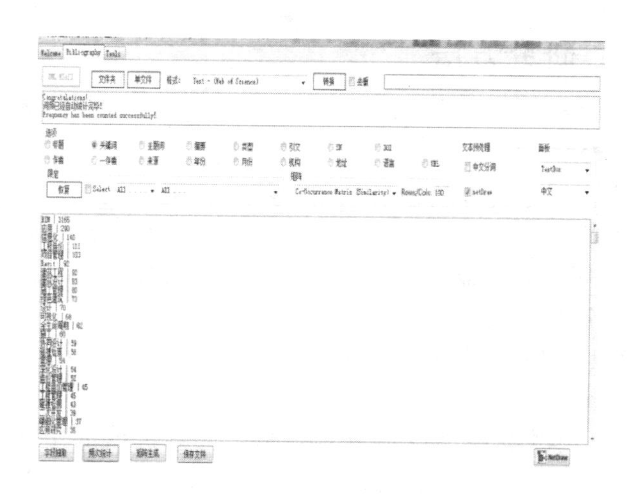

图 4　词频统计部分结果

A	B	C	D	E	F	G	H	I	J	K	L	M	N	O
	BIM	应用	信息化	工程造价	项目管理	Revit	建筑工程	建筑设计	施工管理	绿色建筑	设计	可视化	全生命周期	施工
BIM	1	0.0872	0.0404	0.0323	0.0316	0.0255	0.0274	0.0244	0.0229	0.0194	0.0196	0.0155	0.0153	0.017
应用	0.0872	1	0.002	0.007	0.0016	0	0.0073	0.0093	0.0004	0.0012	0.0126	0.0001	0	0.0129
信息化	0.0404	0.002	1	0.0016	0.025	0	0.0003	0.0001	0.0008	0.0009	0.0001	0.0026	0.0018	0.0005
工程造价	0.0323	0.007	0.0016	1	0.0008	0	0.0004	0	0	0	0	0	0.0001	0.0002
项目管理	0.0316	0.0016	0.025	0.0008	1	0.0004	0	0.0005	0.0005	0.0001	0	0.0001	0.0014	0.0006
Revit	0.0255	0	0	0	0.0004	1	0.0001	0	0.0005	0.0001	0.0002	0.0002	0.0007	0.0007
建筑工程	0.0274	0.0073	0.0003	0.0004	0	0.0001	1	0.0001	0.0005	0	0.0025	0	0.0002	0.0116
建筑设计	0.0244	0.0093	0.0001	0	0.0005	0	0.0001	1	0.0038	0.0059	0	0	0	0
施工管理	0.0229	0.0004	0.0008	0	0.0005	0.0005	0.0005	0.0038	1	0	0.0002	0.0002	0	0
绿色建筑	0.0194	0.0012	0.0009	0	0.0001	0.0001	0	0.0059	0	1	0.0008	0	0.002	0
设计	0.0196	0.0126	0.0001	0	0	0.0002	0.0025	0	0.0002	0.0008	1	0.0002	0.0002	0.0536
可视化	0.0155	0.0001	0.0026	0	0.0001	0.0002	0	0	0.0002	0	0.0002	1	0.0002	0.001
全生命周期	0.0153	0	0.0018	0.0001	0.0014	0.0007	0.0002	0	0	0.002	0.0002	0.0002	1	0.0003
施工	0.017	0.0129	0.0005	0.0002	0.0006	0.0007	0.0116	0	0	0	0.0536	0.001	0.0003	1
协同设计	0.0155	0.0001	0.0011	0	0.0007	0.0184	0.0007	0.0002	0.0002	0.0002	0	0.001	0.0025	0
碰撞检查	0.0139	0.0001	0.0011	0	0.0002	0.0031	0	0	0.008	0	0	0.0066	0	0
管理	0.0157	0.0092	0.0012	0.024	0	0.0002	0.0395	0	0	0	0.0011	0	0.0012	0.0111
深化设计	0.0133	0.0006	0.0033	0	0	0	0.0002	0	0	0	0	0.0025	0.0003	0.0049
造价管理	0.015	0.0032	0	0.0028	0	0	0.0102	0	0	0	0	0.0003	0.0003	0

图 5　Excel 格式的共词矩阵

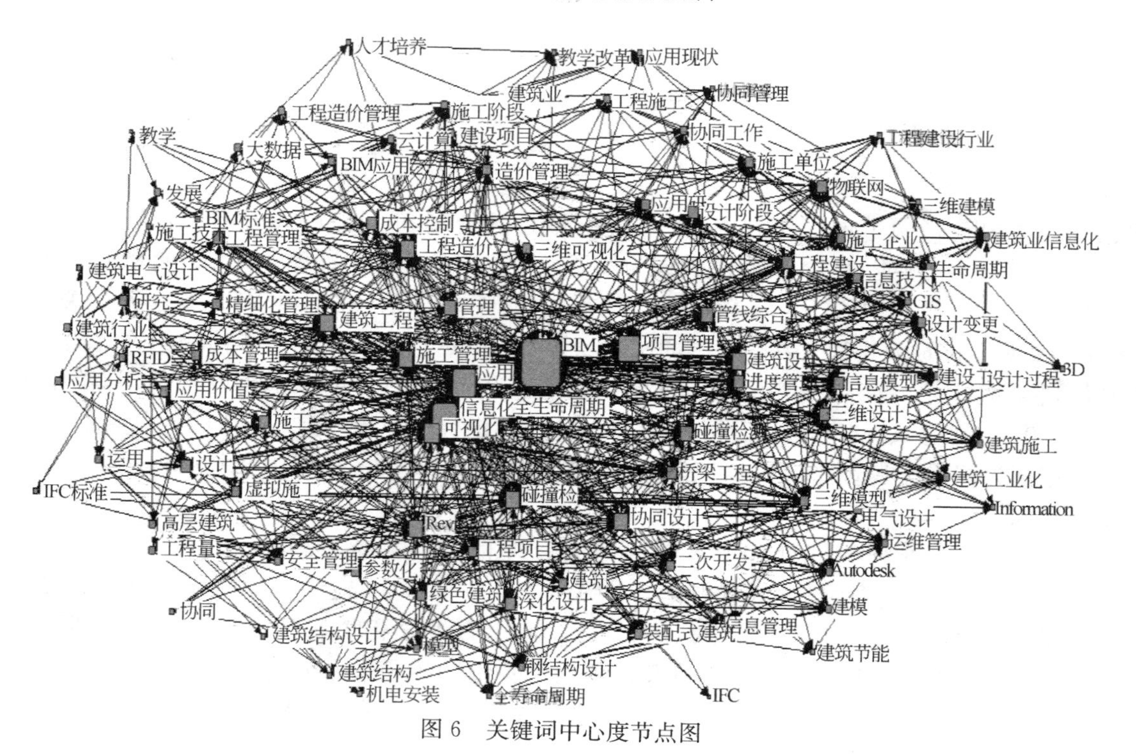

图 6　关键词中心度节点图

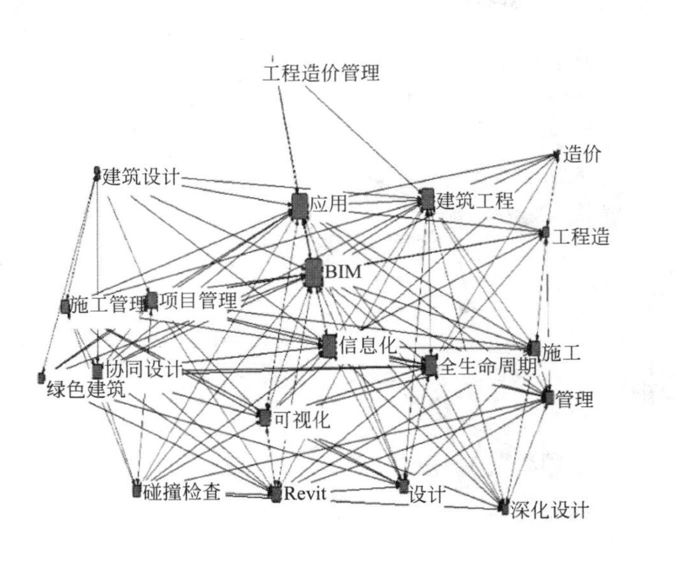

图7　高频关键词中心度

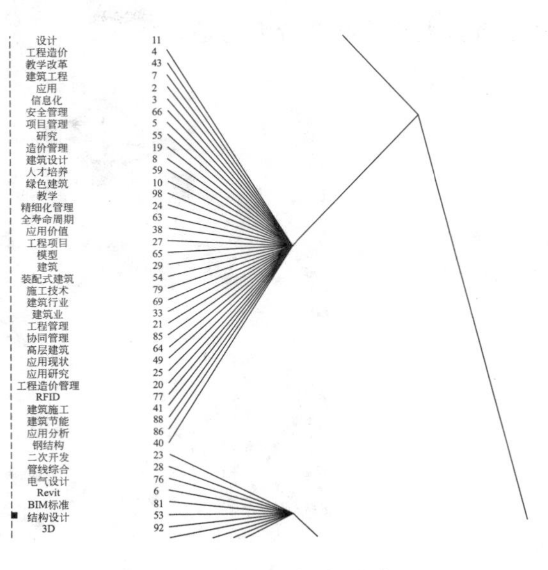

图8　关键词凝聚子图

3.2　BIM社交网络数据分析

3.2.1　关键词分析

本文共分析了3443篇论文，其中2017年3月前发表的论文466篇，2016年发表的论文1965篇，2015年发表的论文986篇。3443篇论文共有5227个关键词，排名靠前的关键词如表1所示。

高频关键词词频　　**表1**

关键词	词频	关键词	词频
BIM	3165	建筑工程	92
应用	290	建筑设计	83
信息化	140	施工管理	80
工程造价	111	绿色建筑	73
项目管理	103	设计	70
Revit	92	可视化	68

由表1可见，BIM与应用、信息化、Revit等关键词出现的频次最高，这反映了和BIM相关的研究热点。如图7所示的关键词中心度节点图反映了在以BIM为核心节点的网络图中，BIM与应用的连线最粗，即关联性最大，这也符合了表1的词频统计结果。

3.2.2　核心著作分析

本次研究统计的文献中，共由5281个作者，其中，发文最多的是清华大学张建平教授，有13篇论文；而在前列的主要是高校研究人员（表2），尤其是以张建平、马智亮（9篇）、胡振中（9篇）等清华大学研究人员，这反映了清华大学整体学术水平的领先。而在企业界，也有活跃的研究人员如杨震卿等。约81%的作者只发表了一篇文章，3篇以下的作者数占总数的96%，可见我国BIM研究活跃的学者数量还不够多。

关键著作及其文献统计表　　**表2**

作者	单位	篇数	2015	2016	2017
张建平	清华大学土木工程系	13	4	7	2
马小军	南京工业大学	9	6	3	0
马智亮	清华大学土木工程系	9	5	4	0
胡振中	清华大学土木工程系	9	4	5	0
杨震卿	北京六建集团有限责任公司	9	4	5	0

根据著作联系之间的中心度图，本文对每个著作联系作者的关系的形状进行划分，如四个作者为倒三角形，三个作者设置为田字形，得到的中心分析图如图9所示。由图9可知，胡振中和曾绍武是有最多

的联系者，大部分联系者大约是 3 个。

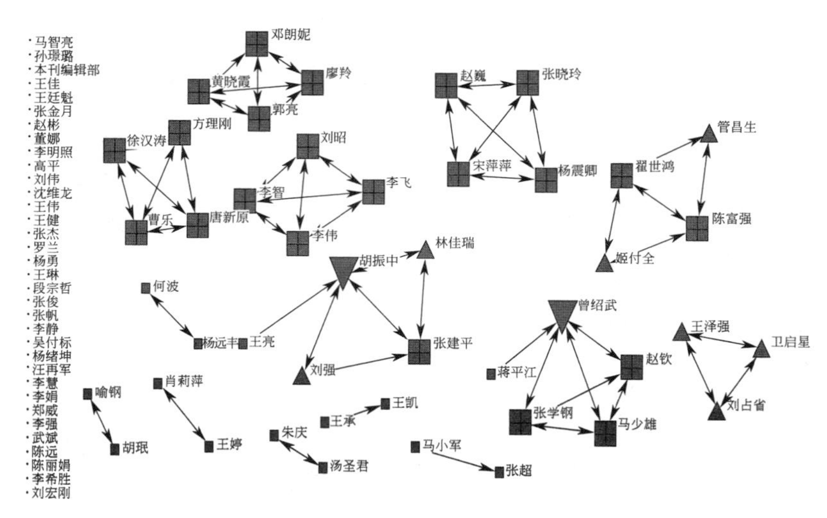

图 9　著作中心节点分析图

3.2.3　期刊及主要机构分析

1. 期刊分析：根据 3443 篇文献来源分析，根据布拉德定律可知，刊载论文前三分之一左右的期刊是该学科的核心期刊，本文得到列出来 16 种排名靠前的期刊，约占期刊总数的 32.48%，其中前三的分别是：由中国图学学会主办的国家一级刊物《土木建筑工程与信息技术》，而《施工技术》、《建材与装饰》分列为二、三；《建筑经济》、《工程管理学报》等业内核心期刊均在统计结果内，证明这一统计结果的可靠性。

2. 主要机构分析：本文得到 3443 篇有关 BIM 的学术著作中，所有的第一作者来自共 2048 个不同的机构，出现频次较高的统计结果见表 3。由表可知，国有施工企业和设计院占据较大部分份额，以清华、东南、重庆等大学等高校走在 BIM 研究的前列。

主要学术机构频次统计　　**表 3**

机构名称	频数	机构名称	频数
中建三局集团有限公司	28	沈阳建筑大学管理学院	16
上海建科工程咨询有限公司	27	上海宝冶集团有限公司	14
铁道第三勘察设计院集团有限公司	25	辽宁建筑职业学院	14
清华大学土木工程系	22	四川建筑职业技术学院	14
同济大学建筑设计研究院(集团)有限公司	22	中铁第四勘察设计院集团有限公司	13
陕西铁路工程职业技术学院	22	武汉理工大学土木工程与建筑学院	12
东南大学	22	中建三局第一建设工程有限责任公司	11
中国建筑第八工程局有限公司	21	华南理工大学	10
重庆大学建设管理与房地产学院	18	四川大学建筑与环境学院	9

4　结　论

本文以 2015 年至 2017 年作为时间界限，以 CNKI 上得到以“BIM”为检索词得到的 3443 篇文献作为数据源，分析了关键词、论文核心著者、主要期刊、主要机构。

1. 在关键词分析方面，BIM、应用、信息化、可视化、项目管理等高频关键词为业界关注的热点，此外 BIM 云计算方面相关论文也表现出了快速增长的趋势。

2. 在核心著者方面呈现出非集中性，只有少部分著者之间形成联系，如张建平、马小军、马智亮、胡振中等作者排名前四的作者，而大部分呈现分散状态。可见未来研究人员的合作方面存在大量空间。

3. 在核心期刊方面表现出集中性，前三分之一的期刊除外一种刊物，其他都是和建筑行业密切相关的期刊，如中国科协主管的刊物《土木工程与信息技术》为 BIM 圈最为核心的期刊，这体现了 BIM 研究在工程学术研究提供权威可靠的信息来源。

4. 机构集中性，从统计得到的排名靠前的期刊中可以发现，清华大学、同济大学、东南大学等知名高校走在 BIM 研究的前列，而在企业方面，主要是中字头系列施工企业和设计集团，如中建三局，为国内 BIM 发展的主要力量。

本文从社交网络分析的视角宏观地评价了 BIM 学术圈相关指标的影响力，但是由于只选取了近三年的数据，样本数量不能完全代表国内 BIM 整体发展水平，广度和分析深度还需进一步探究。

参 考 文 献

[1] H Edward Goldberg. AEC From the Ground Up：The Building Information Model [J]. Cadalyst，2004，21（11）：56-58.

[2] Pezeshki and Ivari. Applications of BIM：A Brief Review and Future Outline [J]. Archives of Computational Methods in Engineering，2016：1-40.

[3] Xianbo Zhao. A scienmetric review of global BIM research：Analysis and visualization [J]. Automation in Construction，2017：37-47.

[4] 何关培．我国 BIM 发展战略和模式探讨（一）[J]．土木建筑工程信息技术，2011，3（2）：114-118.

[5] 何关培．我国 BIM 发展战略和模式探讨（二）[J]．土木建筑工程信息技术，2011，3（3）：112-117.

[6] 何关培．我国 BIM 发展战略和模式探讨（三）[J]．土木建筑工程信息技术，2011，3（4）：112-117.

[7] 杨青，苏振民，金少军等．IPD 模式下的工程项目风险控制及其社会网络分析 [J]．工程管理学报，2015，29（3）：110-115.

[8] 李永奎，乐云，何清华，等．基于 SNA 的复杂项目组织权力量化及实证 [J]．系统工程理论与实践，2012，32（2）：312-318.

[9] 吕坤灿，秦旋，王付海，等．基于社会网络分析的项目 BIM 应用模式比较研究 [J]．建筑科学，2017，33（2）：138-147.

[10] 张存刚，李明，杜德梅，等．社会网络分析——一种重要的社会分析方法 [J]．甘肃社会科学，2004，2：109-111.

[11] 黎志成，黎琦，胡斌，等研发团队绩效转换过程的定性模拟研究 [J]．中国管理科学．2004（02）.

[12] 丁荣贵，刘芳，孙涛，等．基于社会网络分析的项目治理研究——以大型建设监理项目为例 [J]．中国软科学，2010，（06）：132-140.

[13] 雷光普．基于社会网络分析的超高层项目分包安全沟通研究 [D]．清华大学，2012.

BIM 试点项目综合量化评估方法研究

张　亮，于晓明，陈渊鸿，张　宇，洪　潇，刘立扬

（上海建工集团工程研究总院，上海 200129）

【摘　要】基于上海市 BIM 试点项目调查结果，对试点项目实施状况进行了总结分析，选取 BIM 应用影响关键指标并依据各项指标不同特征层次赋予一定分值，建立了一套表格化的试点项目量化评估方法。研究结果表明，评估方法能够对试点项目进行较为全面准确的量化评估，为试点项目的跟踪管理、项目验收、示范选拔提供依据，对其他地区开展 BIM 项目试点具有参考意义。

【关键词】BIM；试点项目；指标要素；评估方法；验收选拔

1　引　言

近年来，随着绿色建筑、智慧建造等技术理念的不断发展和深入实践，有力推动了建筑行业的可持续发展。建筑信息模型（Building Information Modeling，简称 BIM）技术作为建筑行业改造升级的重要手段，对其进行深入研究和推广应用具有重要意义。2016 年 9 月 19 日，住房和城乡建设部印发《2016—2020 年建筑业信息化发展纲要》，明确指出在“十三五”时期全面提高建筑业信息化水平，着力增强 BIM 等信息技术集成应用能力[1]。全国各省市地区陆续出台一系列方针政策，大力推进 BIM 标准指南编制、企业能力建设、市场环境培育以及试点项目应用推广等工作，取得了良好的效果。上海市作为 BIM 技术推广应用的前沿阵地，相继发布了《上海市推进建筑信息模型技术应用三年行动计划》、《上海市建筑信息模型技术应用推广“十三五”发展规划纲要》等政策文件，已建立了 BIM 技术推广应用组织体系，基本形成满足 BIM 技术应用的配套政策、标准和市场环境，争取成为国内领先、国际一流的 BIM 技术综合应用示范城市[2]。为了加快 BIM 技术应用，提高 BIM 技术应用水平，形成可推广应用的经验，上海市于 2015 年启动了 BIM 应用项目试点。目前，部分试点项目已竣工，处于验收阶段。如何进行试点项目过程跟踪和指导、应用成果验收以及示范项目选拔，制定科学的 BIM 试点项目综合量化评估方法至关重要。本文基于 BIM 试点项目调研结果，对其进行总结分析，并建立一套 BIM 试点项目综合量化评估方法，总结经验，识别短板，为试点项目的跟踪管理、成果验收、评价选拔提供科学的依据。

2　试点项目概述

2015 年 7 月 31 日，上海市 BIM 技术应用推广联席会议发布了《关于在本市开展建筑信息模型技术应用试点工作的通知》。从 2015 年 9 月 1 日起，上海市 BIM 技术应用项目试点正式启动。截至 2016 年 6 月 30 日，共有五个批次 62 个项目被列为上海市建筑信息模型（BIM）技术应用试点项目。

在项目类型上，基本涵盖了商业办公、医疗卫生、教育文化体育、保障住房、交通基础设施、水利设施、市政工程等各类型项目；试点项目申报得到了建筑业企业的广泛参与，其中以建设单位、设计单位为主，分别占到 76％、13％；从项目阶段看，BIM 试点项目以跨阶段应用为主，设计、施工、运营阶段的连续运用达到 45％，BIM 技术在建筑生命期各阶段的连续应用使 BIM 技术的应用广度达到了较高水平。目前，18％的 BIM 试点项目已竣工或进入试运营阶段，正进行 BIM 技术应用成果总结和 BIM 试点验收准备工作。

【基金项目】上海市住房和城乡建设管理委员会课题：BIM 技术应用能力评估研究（2016-11）

【作者简介】张亮（1980-），男，高级工程师。主要研究方向为施工 BIM 技术应用。E-mail：gztrzl@126.com

在试点项目管理过程中，建立了跟踪推进机制，定期组织行业管理部门或专家对项目进展情况进行跟踪指导，为试点项目的顺利开展提供了较好的保障。制定了试点项目验收及示范项目选拔细则，对已完成的试点项目进行了验收。同时，对BIM实施情况进行评价选拔，进一步总结经验，建立示范推广效应，形成一系列可推广的经验模式，助力BIM技术更深层次推广应用。

3　试点项目实施情况

3.1　实施模式

根据项目类型、建设方需求、参与方能力等的不同，BIM实施模式一般可分为建设方BIM实施模式和承包商BIM实施模式。建设方BIM实施模式由建设单位主导，选择适当的BIM技术应用模式，各参与方协同采用BIM技术，完成项目的BIM技术应用。承包商BIM实施模式由项目各相关方自行或委托第三方机构应用BIM技术，完成自身承担的项目建设内容，辅助项目建设与管理，以实现项目建设目标。

基于全生命期BIM技术应用模式下的BIM实施模式一般采用建设单位主导的实施模式，以利于协调各参与方在项目全生命期内协同应用BIM技术，充分发挥BIM技术的最大效益和价值。试点项目中，22个项目采用了建设单位主导的实施模式，引入了BIM咨询团队，完成BIM应用策划、标准制定、应用成果审查、协调管理等工作。在设计、施工阶段的单阶段或双阶段应用中，设计单位、施工单位或总承包单位能够依据项目需求自主建立BIM应用团队，提升了沟通协调效率，减少了设计变更，节约了工程成本，保证了工程进度和质量。

3.2　应用内容

试点项目根据项目特点和需求，确定了BIM应用目标，制定了项目各阶段的BIM应用计划，按工程时间节点开展相关应用。试点项目BIM应用内容分布见表1。

试点项目BIM应用内容包括基本应用和拓展应用。在设计阶段，施工图设计模型经过多专业综合协调，解决了专业冲突问题，减少了设计变更和现场返工。参数化快速建模、绿色建筑分析、仿真模拟等拓展应用提高了BIM技术价值体现。在施工阶段，施工图设计模型作为基础数据提升了模型数据的复用率，降低了施工阶段的建模工作量，利于BIM技术的深入应用。在施工深化设计、施工方案模拟、进度管理、工程量统计等方面，BIM技术提高了项目管理的集约化、精细化水平，有效规避了项目管理风险。BIM技术在施工行业的应用朝着多阶段、集成化、协同化、多角度、普及化的方向发展。试点项目尝试BIM技术与其他新兴技术如3D扫描、VR技术、3D打印、物联网等集成应用，丰富了BIM技术应用价值。运维阶段的BIM应用尚处于探索阶段，主要集中在运营管理系统、建筑设备运行管理、空间管理、资产管理等方面的开发研究，在多元异构数据集成、数据标准、数据接口、通信协议以及数据开放等方面仍需深入研究。

试点项目BIM应用内容　　表1

序号	项目阶段		BIM应用	应用项目占比	专项应用
1	设计阶段	方案设计	场地分析	41%	
			建筑性能模拟分析	25%	参数化快速建模
			设计方案比选	43%	项目协同管理平台
			建筑、结构专业模型构建	43%	构件库、部品库
2		初步设计	建筑结构立面、剖面检查	41%	协同设计
			明细表统计	35%	结构、绿建分析
			专业模型构建	84%	BIM模型与施工监测数据集成
			冲突检测和三维管线综合	98%	道路翻交、管线搬迁、交通疏解模拟
3		施工图设计	竖向净空优化	27%	3D扫描
			虚拟仿真漫游	69%	无人机航拍
			辅助施工图设计	33%	VR技术
			施工深化设计	67%	无纸化施工管理

续表

序号	项目阶段		BIM应用	应用项目占比	专项应用
4	施工阶段	施工准备	施工方案模拟	88%	基于BIM与物联网的构件管理
			预制构件加工	24%	5D成本管理
			虚拟进度和实际进度比对	84%	BIM与机器人全站仪集成应用
			工程量统计	80%	3D打印
5		施工实施	设备和材料管理	37%	
			质量与安全管理	63%	GIS
			竣工模型构建	63%	VDP模型虚拟样板间
6		运维阶段	运营系统建设	41%	
			建筑设备运行管理	43%	
			空间管理	33%	
			资产管理	35%	

依据项目类型及需求的不同，BIM技术应用呈现出不同的特征。如医疗建筑对于管线排布，环境友好性以及特殊医疗设备安装较为关注。利用BIM技术进行室内通风、遮阳、自然光照、人流疏散等进行优化分析，提升环境舒适度；对医疗设备进行震动变形、空间布局等分析，提高设备安全性和便捷性。对于预制装配式建筑以及隧道管片、桥梁等工程，BIM技术在构件深化设计、构件全过程管理、吊装模拟等方面发挥了重要作用。对于地铁、隧道、道路等市政工程，基于BIM技术的参数化建模、管线搬迁模拟、道路翻交模拟以及交通疏解分析等有效保障了工程顺利实施。

4　试点项目评价

4.1　评价要素

根据项目BIM应用影响关键因素调研分析以及专家论证结果，评价要素主要包含前期策划、基础资源、BIM实施、应用总结四个方面。前期策划包括BIM应用目标、BIM团队建立、管理流程及标准制定。基础资源包括人力资源、软件资源、硬件资源。BIM实施包括BIM模型建立、BIM应用、信息共享、信息整合、BIM沟通协调、质量管理、进度管理。应用总结包括应用成果总结、经验总结、技术创新、人才培养、效益总结。评价要素结构图见图1。

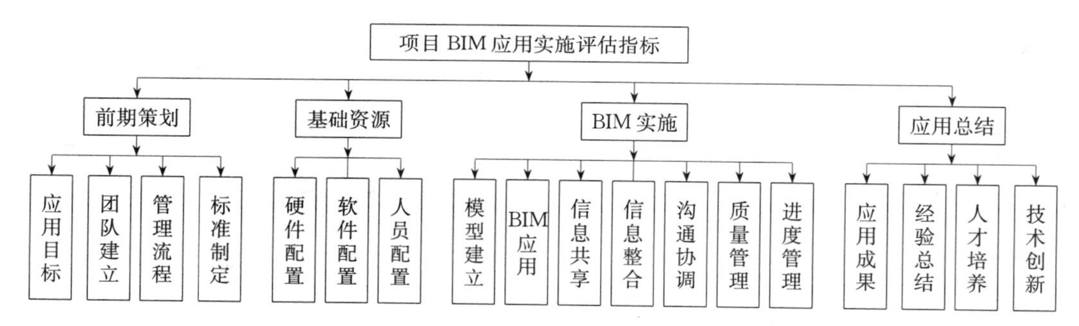

图1　评价要素结构图

4.2　指标分级

针对项目BIM应用各项要素，如何对各项指标进行分级量化，是评价的关键。BIM技术的应用涉及建筑全生命周期，国内应用尚处于初步发展阶段，缺乏可靠的项目评估方法。美国国家标准采用CMM-BIM（BIM成熟度）模型对BIM技术成熟度进行评价，但总体来说，与国内行业情况不太相符，而且其本身也仍处于不断发展过程中，不适合直接用于国内BIM试点项目的评价[3][4]。基于试点项目调研结果，从各项指标中选取关键要素作为控制项，对各项指标按重要性赋予最高分，每一项指标按照关键技术特征发展成熟状况进行阶梯性划分并赋予相应的分值。将各指标分值进行累加即得到项目总体分值。项目评价满分为100分。评价时，在考虑总分值基础上，尚需考虑各控制项得分，确保项目BIM应用在总体达标的同时，各项关键要素也需要达标。各评价指标分级见表2～表5。

前期策划指标分级表　　表2

评价指标	各级指标量化分值表	控制项	评价分值/最高分
应用目标	(1)仅有初步的总体目标，得1分； (2)项目全生命周期总体统筹的目标，各阶段分期目标，得3分； (3)项目总体统筹目标及各阶段分期目标，实施过程跟踪目标实现情况，及时修订计划，得5分。	控制	*/5
团队建立	(1)有BIM经理，包含各专业的完整团队，骨干成员，稳定得1分； (2)BIM经理具有同类型项目BIM工作经验，包含各专业的完整团队，团队稳定，得3分； (3)包含各专业完整的BIM团队，在统一组织下协同，团队稳定，得5分。	/	*/5
管理流程	(1)制定BIM协同工作总体流程，得1分； (2)制定总体流程及各分项的详细流程，得3分； (3)制定总体流程及各分项的详细流程，流程与项目管理紧密关联，得5分。	/	*/5
标准制定	(1)制定初步的部分标准，得1分； (2)制定完整的标准；包括建模标准、交付标准、实施导则、如使用平台的，应有平台应用标准，得3分； (3)制定完整的标准，在项目得到落实，并随项目的开展不断完善，得5分。	控制	*/5

基础资源指标分级表　　表3

评价指标	各级指标量化分值表	控制项	评价分值/最高分
硬件配置	(1)满足基本应用的硬件配置，得1分； (2)按计划配备硬件，满足高级应用需求，得2分。	/	*/2
软件配置	(1)配备满足BIM实施要求的软件，得1分； (2)合理配备BIM实施要求的软件，软件功能、性能配备经济合理，兼容性良好，得2分； (3)合理配备BIM软件，软件间兼容性良好，在此基础上完成一定二次开发，得3分。	/	*/3
人员配置	(1)配置基本的人员，包括技术人员与管理人员，得1分； (2)配备专业技术骨干，在相关领域有一定经验(如3年)或持有行业认可的资格认证证书，得3分； (3)配备完整的专业团队，包括BIM经理、建模人员、应用人员、IT人员、BIM管理人员，得5分。	/	*/5

BIM实施指标分级表　　表4

评价指标	各级指标量化分值表	控制项	评价分值/最高分
模型建立	(1)建立较粗深度的BIM模型(如LOD200)，但是模型未持续更新，得1分； (2)按建模标准建立BIM模型，模型按项目进展持续更新，得3分； (3)按建模标准建立BIM模型，模型用于竣工交付或运维要求，得5分。	控制	*/5
BIM应用	(1)解决单点问题的BIM应用，得1分； (2)解决项目问题的系统性应用，完成行业标准或指南要求的应用，各应用点间有关联，得3分； (3)将BIM应用于项目管理，解决项目管理过程中的问题，得5分； (4)将BIM作为项目信息化技术一部分，并且用于完成项目技术和管理工作，得10分。	控制	*/10
信息共享	(1)具有信息共享方法或机制，实现专业间信息共享，得1分； (2)具有信息共享方法或机制，实现不同参与方信息共享，得3分； (3)后一阶段沿用前一阶段模型，实现不同阶段信息共享，得5分。	/	*/5
信息整合	(1)多专业模型整合，得1分； (2)多专业模型整合，模型随项目进展更新，得3分； (3)模型信息按项目进展更新，根据应用阶段形成施工图模型、深化设计模型、竣工模型，得5分。	控制	*/5
沟通协调	(1)单一的沟通协调途径与机制，得1分； (2)多种沟通协调途径或机制，按照一定流程进行沟通协调，得3分； (3)多种沟通协调机制，现场沟通协调借助BIM模型完成，得5分。	/	*/5
质量管理	(1)制定BIM应用质量管理规定，得1分； (2)依据BIM应用质量管理规定，实时跟踪BIM成果质量，得3分； (3)BIM应用成果满足项目需求，形成质量合规的成果，得5分。	控制	*/5
进度管理	(1)制定BIM应用进度计划、管理规定，得1分； (2)依据BIM应用进度计划、管理规定实时跟踪BIM进度，得3分； (3)BIM进度计划随工程进度实时优化，BIM项目进度满足工程建设需求，得5分。	控制	*/5

应用总结指标分级表　　**表 5**

评价指标	各级指标量化分值表	控制项	评价分值/最高分
应用成果	(1)达到计划的应用效果，达成预期的目标，得 1 分； (2)超出计划的应用效果，取得附加目标，得 3 分； (3)超出计划的应用效果，经测算，取得较好经济效益得 5 分； (4)取得具推广价值的应用效果，如行业标准、奖项，得 10 分。	控制	*/10
经验总结	(1)项目完后对 BIM 实施情况进行总结，取得经验教训，得 3 分； (2)按阶段对 BIM 项目实施情况进行总结，取得经验教训，并将取得的经验应用于后期的项目，得 5 分。		*/5
人才培养	(1)完成 BIM 项目人才培养计划，完成单专业、单方向的人才培养，得 1 分； (2)完成 BIM 人才培养计划，针对项目有系统性的 BIM 培训，得 3 分； (3)完成 BIM 人才培养计划，培养能够应用 BIM 独立完成项目技术或管理工作的工程人员，得 5 分。		*/5
技术创新	(1)在技术或管理上创新应用 BIM，实现与新兴技术集成应用，得 1 分； (2)将 BIM 技术应用于绿色建筑设计、绿色施工或预制装配式建筑，得 1 分； (3)采用创新方法完成 BIM 应用，取得更加高效、经济的效果，得 1 分； (4)BIM 技术应用取得国家、省市级工法；得 1 分； (5)BIM 技术应用获得专利授权，得 2 分； (6)立项 BIM 相关科研课题，得 2 分； (7)其他 BIM 技术研发、应用创新，得 2 分。		*/10

备注：各指标不同级别分值可视具体情况进行插入打分；除“技术创新指标”为各项得分累加外，各指标得分均按该指标单项条件可得最高分计。

4.3　等级判断

对 BIM 项目实施情况进行调查采样，利用所建立的评估模型进行预评估。根据 BIM 项目实施得分分布，按一定比例，划定达标、良、好、优四个等级对应的分值区间，并确定控制指标必须达到的最低要求。最终建立综合指标及控制项指标的衡量标准，作为 BIM 项目实施情况评估依据。

根据上海市工程建设行业 BIM 试点项目调查样本，选取得分前约 10%样本所对应得分为“优”的标准，排序 10%～35%所对应得分为“好”标准，排序 35%～50%对应得分为“良”达标标准，排序 50%～60%为“达标”标准。控制项指标为“一票否决”制，必须达到达标的级别方能参与评估以及示范项目遴选。

通过调查研究、数据统计分析，以及采用表 1 的评估标准进行预评估，并进行专家论证，最终建立 BIM 项目实施量化分级衡量标准，如表 6 所示。控制项指标需达到的达标分值见表 7。

BIM 项目实施量化分级衡量标准　　**表 6**

指标项	达标	良	好	优
综合指标	40～55	56～70	70～85	85～100

控制项指标达标分值　　**表 7**

指标	应用目标	标准制定	模型建立	BIM 应用	信息整合	质量管理	进度管理	应用成果
分值	3	3	3	3	3	3	3	3

5　试点项目验收及示范项目选拔

5.1　试点项目验收

在评价体系基础上制定 BIM 技术试点项目验收细则，明确试点项目的验收流程、验收方法和验收标准。项目试点完成后，依据标准对试点项目进行验收。首先，实地调研、收集、审查待评估 BIM 项目实施过程中形成的成果，例如模型、报告、应用情况等资料。其次，对各项指标进行评判，依据得分条件进行评分，分值累加得到项目总分。最后，依据控制项和总分值进行 BIM 应用等级评定，并针对得分较低的薄弱环节提出优化建议。

BIM 试点项目完成并具备验收条件后，试点单位可依据验收标准、细则进行自查和预验收。之后向管理部门提交验收申请和相关材料，由管理部门组织 BIM 试点项目正式验收以及专家评审。对达到验收标准的试点项目进行公示公告，颁发BIM应用试点项目验收合格证书。

5.2 示范项目选拔

在试点项目验收细则的基础上，制定示范项目选拔标准。按照试点项目验收标准评分，分值达到一定要求的项目可申请示范项目选拔。示范项目应具备设计、施工或设计、施工、运营多阶段应用模式，形成了可示范推广的BIM应用关键技术以及应用成果，如项目BIM应用管理模式和机制的创新，项目合同模式和合同管理方法的优化，形成了特定领域项目BIM实施标准或指南，BIM技术研究应用取得了重大突破，项目成本、质量、进度控制得当并产生显著效益等。对于列入示范推广项目的项目，颁发相应的证书或铭牌。试点项目验收及示范项目选拔是上海市“十三五”期间BIM技术推广应用重要举措，是对《上海市推进建筑信息模型技术应用三年行动计划（2015—2017）》相关工作的有效落实，切实保障了BIM技术应用推广相关目标达成。

6 结 语

国家及各省市建筑业“十三五”发展规划均明确了BIM技术的发展目标，2017年是实现发展目标的关键一年，其中BIM技术的推广应用至关重要。通过BIM试点项目形成可复制的经验并形成示范引领效应，对BIM技术推广应用具有重要意义。在对上海市BIM试点项目调研数据进行总结分析的基础上，选取BIM应用关键指标因素，建立了试点项目综合量化评估方法。为试点项目的评价、过程指导、验收等提供了较强可操作性的方法，为项目跟踪管理、验收评判提供有效的依据。研究结果为其他地区开展BIM试点项目相关工作提供参考。

参 考 文 献

[1] 中华人民共和国住房和城乡建设部．2016—2020年建筑业信息化发展纲要［Z］．2016：1-2.

[2] 上海市城乡建设和管理委员会，上海市建筑信息模型技术应用推广联席会议办公室．上海市建筑信息模型技术应用与发展报告（2016）［R］．2016：18-19.

[3] Harold Kerzner（美）著，张培华译．项目管理的战略规划-项目管理成熟度模型的应用［M］．北京：电子工业出版社，2002：4-10.

[4] United States National Building Information Modeling Standard，Version 1-Part 1：Overview，Principles，Methodologies［S］. 2007：36-38.

中心城区道路干线工程施工总承包管理BIM应用实践

陈渊鸿，张　亮，俞晓萌，王熙杰，陈　燕，管亚君

（上海建工集团工程研究总院，上海 200129）

【摘　要】随着我国城市化进程的推进，市政工程呈现出体量大、要求高、技术复杂化的特点，其施工总承包管理要求也相应提高，传统信息沟通方法和管理方式已难以达到建设管理要求。本文针对大型市政工程特点，结合市政工程BIM应用现状与中心城区道路主干线施工总承包管理难点，以上海市北横通道Ⅰ标段工程为例，介绍BIM技术在多参与方的中心城区道路干线施工总承包管理施工准备阶段及施工实施阶段的应用，为同类型工程提供借鉴。

【关键词】BIM；市政道路；中心城区；施工技术；总承包管理

1　引　言

随着我国城市化进程的加快，国内形成了基础设施建设新浪潮，对于发展较为成熟的城市，市政工程建设则以在既有设施基础上补充或扩容为主。与民建相比，市政工程具有投资高、周期长、技术复杂、要求高等特点，建设过程面临着巨大的投资风险、技术风险及管理风险，而中心城区既有基础设施的补充或扩容受环境的制约则更为严重，这些因素给总承包单位的技术攻关、工程策划、过程管理等能力提出了更高的要求[1]。BIM技术以其可视化、协调性、模拟性等特点很好契合大型市政工程施工总承包管理需求，近几年在相关领域的应用逐步显现。BIM可将设计信息较为完整地传递给施工端，并被后者准确接收，依托BIM平台，现场施工管理人员可快速准确获取施工信息，并实现各参与方信息的协同共享，较好地实现施工现场精细化管理；通过BIM模型对施工过程真实信息的累积，形成标准化、组织化的数据集，可为后期的智慧运维提供基础[2]。

2　工程概况

2.1　项目简介

北横通道新建工程Ⅰ标段主要由四个区段组成，如图1所示，自西向东包括隧道段（海宁路）、北虹路立交、中山公园井及江苏路匝道、长寿路桥改建等工程。其中，隧道段（海宁路）采用单层双室明挖地道形式，西起晋元路向东穿越吴淞路后接地，地道长约2.45km。中山公园井位于长宁区中山公园内，工作井东西向长74.5m，南北向宽度24.2～26.1m，含两个挖深31m盾构井。江苏路匝道沿长宁路方向，途经华阳路、江苏路、至长宁支路与长宁路口接地，总长1550m。北虹路立交为北横通道与中环线互通立交，包括主线高架（主线N、主线S）、七条匝道（编号EN、ES、NE、SE、EE、WEX、EWS）和FEI人非桥（如图1所示）。长寿路改建工程为长寿路跨苏州河中幅桥重建桥梁，桥梁长度240m，桥梁宽度16m。

2.2　项目特点

本工程作为上海市重大民生工程，跨越上海中心城区，是包含桥梁、深基坑、盾构隧道等工程的综合性施工项目，参与方多，影响范围广，技术复杂，施工组织难度大，具有以下技术难点：

【作者简介】陈渊鸿（1991-），男，助理工程师。主要研究方向为施工BIM技术应用。E-mail：chenyh@scgtc.com.cn

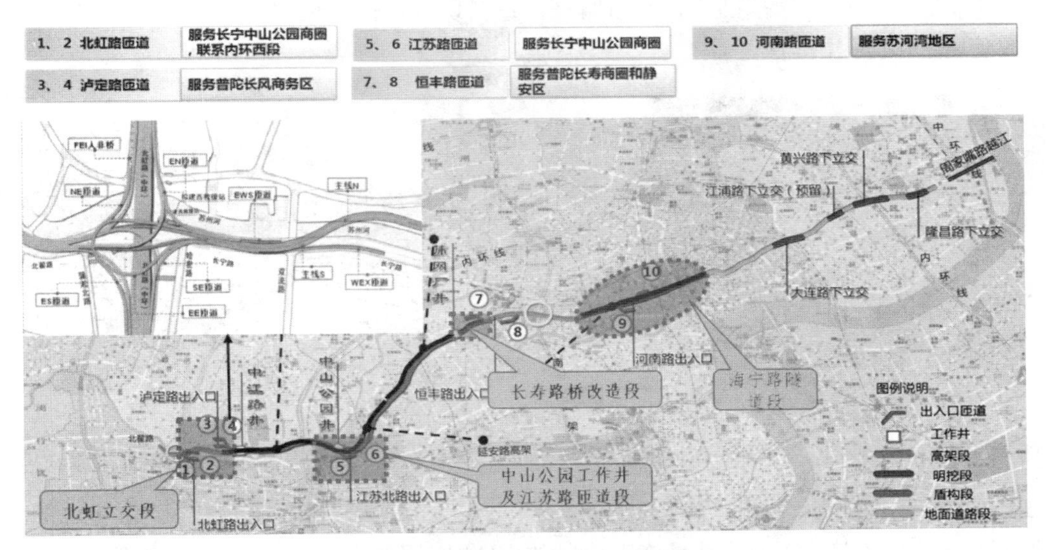

图1　北横通道I标段工程概况

(1) 中心城区大范围施工，施工组织难度大

本项目位于长宁、普陀、闸北、虹口等中心城区，人口密集，交通繁忙。从北虹立交起始点至隧道九龙路接地点，全长13km以上，跨度范围长；本工程挖土超过90万m^3，混凝土超25万m^3，综合体量极大；各施工段道路纵横交错，周边交通车流量密集，交通组织难度大。基于以上不利于工程施工的因素，如何组织好材料、机械、劳动力的投入，科学、合理、高效地组织好施工，是本工程的重中之重。

(2) 工程沿线管线繁多、建筑林立，施工的环境控制难度大

本标段地处市中心，江苏路匝道位于长宁路上，明挖隧道段位于海宁路上，基坑周边建筑物林立，部分建筑与基坑距离近，保护要求高，现场地下管线密布，管线搬迁量大，对管线保护的要求大大提高。

(3) 跨中环线及苏州河桥梁受环境制约，施工难度大

跨中环线及苏州河桥梁跨度大、斜交角度大，周边条件复杂，难度极大，施工工艺富挑战性。其中，主线N、主线S、EE匝道需跨越中环线及现状北翟路立交，为三、四层立交，EE匝道跨越中环线跨径较大；主线N、主线S、EN、NE匝道及FEI人非桥需跨越苏州河。中环线为城市骨架路，苏州河为6级航道，施工期间要求不影响交通线路畅通，施工风险高，难度大。

(4) 地质条件差，围护结构施工技术难度高

本项目海宁路隧道段分布有砂质粉土，在地下连续墙成槽过程中易发生坍塌，浅部土层以杂填土为主，在成桩及地墙施工中需考虑其不利影响。中山公园工作井地墙设计深度为66m，开挖深度31m，工作井位于原湖心回填区，地质条件差，此外，基坑底部受地下承压水影响，基坑存在较大的突涌风险，各项不利因素对成槽设备、槽壁稳定性、导墙承载力均提出很高要求。

(5) 中心城区大规模施工，文明施工和协调难度大

本标段工程施工区域沿线居民、企业较多，施工期间对噪声、震动、废水、废弃等污染的控制要求高。此外，为保证总工期要求及围护、基坑施工的连续性要求，将不可避免地进行夜间施工，因此，如何协调好施工与周边居民和商户的关系，降低对其生产生活带来的影响，将直接影响到工程能否顺利开展，甚至是社会稳定。

3　施工准备阶段应用

3.1　基础模型创建

在施工图或施工图模型基础上，施工方根据施工组织设计及施工方案进一步建立施工阶段基础模型，其模型内容主要包括施工设施、施工场地、施工措施（支撑、围护、围挡）等[3]。以交通疏解模型为例，

如图 2 所示，施工方在设计模型基础上，对道路进行重新切割，按照疏解方案布置临时围挡并重新规划交通线，为交通疏解 BIM 应用提供基础。

图 2　北虹路立交交通疏解基础模型

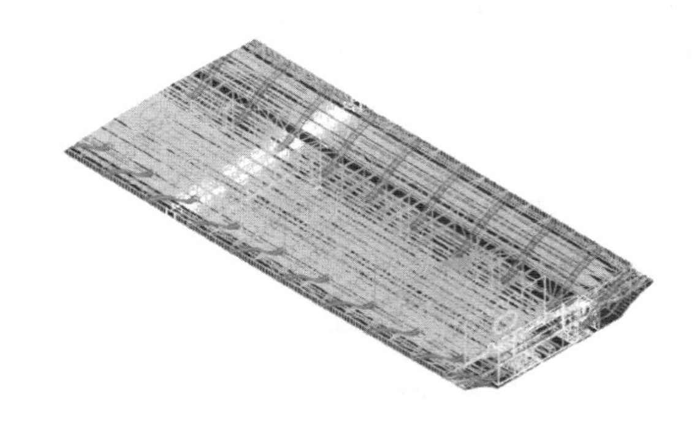

图 3　北虹路立交 WS、ES 匝道钢结构深化

3.2　基于 BIM 的深化设计

为了使设计模型更好指导施工及满足施工阶段的 BIM 应用要求，一般在设计模型基础上，细化或添加模型信息，形成深化设计模型。本项目中，为了减少现场作业，降低对交通的影响，北虹路立交墩柱、盖梁除主线跨苏州河桥采用现浇外，其余部位均采用预制结构，上部结构中 WEX 匝道采用混凝土预制小箱梁，NE 匝道、SE 匝道、FEI 人非桥部分采用砼空心板梁，其他范围上部结构均采用钢箱梁，如图 3 所示，根据项目需要，主要对 WS 匝道、ES 匝道钢结构进行深化设计，及时发现设计可能存在的错误，提高钢箱梁预制的准确性，减少返工。

3.3　管线搬迁模拟

本项目穿越中心城区，其中北虹路立交段、江苏路匝道段、海宁路段地下管线繁多，交通繁忙，业主要求施工尽量减少对周边交通及生产生活影响。利用 BIM 技术可视化建模，将现状管线、拟建管线根据搬迁方案与专业分类，结合现状道路、周边环境、施工场地等模型，将施工区域地下管线及管线与周边环境关系清晰展现；结合管线搬迁方案和相关部门的要求，对管线搬迁过程进行动态模拟，不断优化调整方案，达到减少对周边影响的效果。此外，借助可视化模拟视频与交通管理部门或居民进行沟通，使得方案快速得到理解，提高沟通效率。如图 4 所示，利用二次开发的管线综合平台进行现场的直接会议讨论及项目汇报，能够清晰地在平台中进行漫游查看，通过勾选所需的内容查看相应信息。

图 4　河南北路～四川北路管线搬迁展示平台

图 5　北虹路立交交通疏解模拟

3.4　道路翻交及交通疏解模拟

本工程针对交通将受施工影响的关键节点利用 BIM 技术进行道路翻交及交通疏解模拟，优化施工方案。例如，北虹路立交为北横通道与中环线互通立交，为三～四层立体交通，部分匝道段跨越苏州河及新泾港，属于城市核心立交区，周边交通环境复杂。如图 5 所示，根据交通疏解方案，利用交通疏解基础

模型，结合交通标志和周边环境等模型，添加交通量、路宽等信息，对施工期间的交通组织方案进行模拟，提前发现问题并研究确定应对方案。经过多次模拟和优化形成共5个交通疏解点，有效协助方案编制，并且直观反映了各施工阶段中施工区域与当期交通情况的位置关系。

3.5 专项施工方案模拟

针对施工过程中采用的新设备、新工艺、新材料，在施工工艺设计过程中，依据施工方案建立BIM模型，采用三维可视化方式模拟施工过程，可及时发现方案中存在的不足，优化方案，同时将模拟动画用于方案汇报或施工交底，便于对方快速理解方案，有利于方案的顺利实施[4]。本工程针对桩基工程、基坑工程、桥梁预制件吊装、盾构施工等关键施工工艺结合施工方案进行详细的模拟，展现重要节点和关键技术，有效指导优化方案，使得方案快速通过审核，减少其中的错误，图6、图7为匝道拆除及吊装方案模拟。

图6　匝道拆除方案模拟

图7　桥梁预制构件吊装模拟

3.6 施工组织模拟

本工程施工场地空间受限，如何较好地协调人、机、料之间、各要素与周边环境间的关系，施工组织设计是关键。施工方根据施工总体筹划方案建立BIM模型，添加材料、人力、机械、周边环境等信息，并与施工进度进行关联，形成施工现场各要素动态变化的4D模型，通过对施工组织设计动态模拟，通过三维模型展示各阶段的施工情况，可直观地看到相各分项施工顺序、施工资源的调配，发现过程中可能存在的干涉，检验筹划的可行性、合理性以及实施性，优化施工组织方案[5]。

4 施工实施阶段应用

4.1 工程量统计

传统方式工程量统计一般由造价人员根据图纸重新建立模型，再按照算量规则得出，效率低，准确度受造价人员主观影响，利用BIM软件，结合工程量清单，可从BIM软件中导出相应的工程量，辅助工程量统计。基于BIM技术可快速准确得到与实际较为符合的工程量数据，目前存在的主要问题在于模型的扣减规则、清单明细与国内工程量统计规则的对接。经过不断测试和调整，本工程形成了与市政类工程本土计量规则较为相符的BIM算量建模和应用规则，有效提高了工程算量效率，而且在工程变更后可基于变更模型快速提取工程量，大大降低造价人员的负担，所得结果作为辅助变更决策的依据，避免了整改后再追加工程量，形成不必要的浪费。

4.2 进度管理

北横通道全线长，工程体量大，业主对和项目部施工进度要求高，本工程利用BIM技术对施工进度进行精细化管理。施工前，对工程进行WBS分解，创建进度计划，将施工进度计划与BIM模型关联，形成4D模型，模拟施工进度，根据模拟结果调整各项工序的穿插搭接关系，优化进度方案；施工过程中，将实际工程进度与计划比对，找出偏差，根据不同情况采取相应措施，调整更新方案，确保工程整体进度。如图8所示，本工程施工过程中将进度信息录入基于BIM的市政工程可视化项目协同管理平台，通过平台可以形象地反映工程实际施工进度，并对进度状态进行分类区分，业主及施工总包可以及时掌控施工进度。

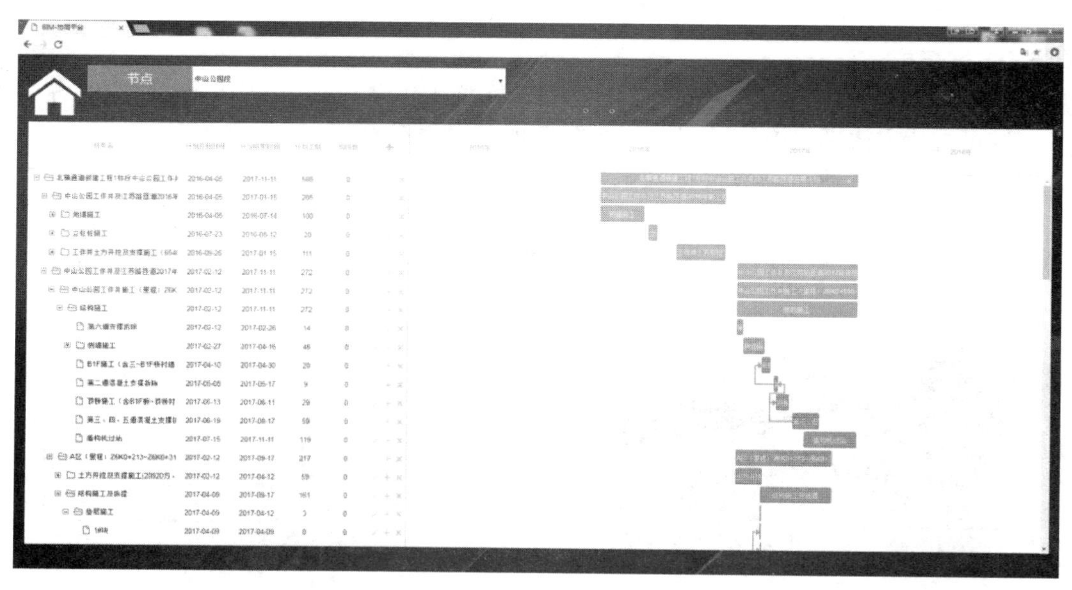

图 8　基于平台的进度协同管理

4.3　基于 BIM 项目协同管理平台应用

北横通道项目建设参与方众多，包括勘察、设计、施工、监理、设备供应商、第三方监测检测等，工程信息总量庞大、交互需求紧迫，并与交通、消防、公安、市政管线单位、轨道交通等多家管理部门相关。目前各单位之间都有各自的信息系统和标准，如何统一各方行为，实现各方信息集成及高效协同，是施工总承包管理的难点。针对以上问题，本项目结合 BIM、GIS、Web 等技术搭建了一个针对特大型城市道路工程的基于 BIM 的市政可视化项目协同管理平台，使得各参与方的协同交流、信息共享成为可能，实现对进度、成本、质量安全的动态掌控，进而实现可视化、智能化和移动化管理。如图 9 所示，各方依托平台开展质量安全协同管理工作。

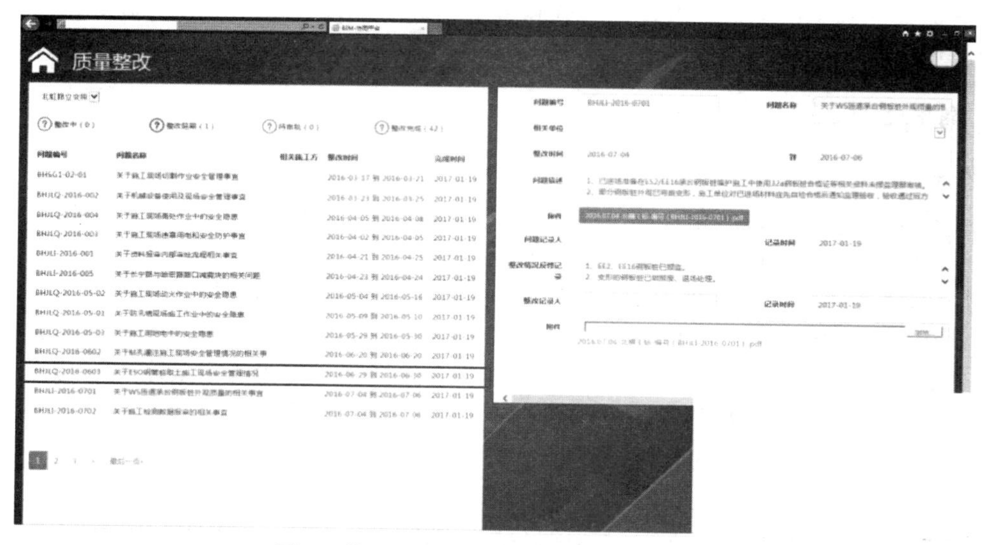

图 9　基于 BIM 的项目协同管理平台应用

借助协同平台将北横通道 BIM 模型与 GIS 信息集成，各参与方可通过 Web 端展开协同工作，该平台具有进度管理、质量管理、风险及安全管理、工程数据管理相关的 15 个功能模块，能实现任务计划、审批、验收整个流程的串联，可对质量数据、安全数据、模型数据进行分类管理。通过平台可快速检索各项信息，并实现基于三维模型的可视化，可对数据进行自动归类分析，并进行相应优化，从而辅助项目决策，提高总承包管理效率。随着工程的推进，施工单位将进度、质量、商务等信息录入协同管理平台，项目各参与方可在相应权限范围内获取和使用所需信息，为全生命周期、全员参与的项目协同提供数据基础。

5 结语

本工程为上海市BIM技术应用的试点项目，拟在工程设计、施工、运维阶段开展BIM技术应用探索，其中施工阶段针对工程施工组织设计要求高、技术难度高、协调工作量大等难点，围绕项目需求，运用BIM技术开展总承包管理工作。施工单位在项目前期阶段参与到BIM应用策划，将施工BIM应用对模型的需求融入标准，以实现设计BIM模型与施工阶段的有效对接，进而确保施工准备阶段、现场施工阶段BIM技术应用顺利开展。本工程针对现状管线复杂，保护要求高的特点，利用BIM模型开展管线搬迁及交通疏解模拟，优化方案，减少错误；针对交通疏解难度大的特点，应用BIM技术进行可视化模拟，减少施工对交通的影响；针对本工程采用的新设备、新工艺，开展专项施工方案模拟，优化施工方案；在工程量统计、BIM技术应用标准化等方面展开研究，使得BIM技术应用相关经验具有可推广性；成功地应用基于BIM的项目全生命周期协同管理平台，开展施工总承包管理工作，并将施工过程信息录入平台，为各参与方信息协同共享提供基础确保各项建设目标顺利实现。通过BIM技术的应用，有效地助力本工程施工总承包各项管理目标顺利实现。

参考文献

[1] 张滔．长距离上跨轨道交通区间隧道深基坑的微扰动施工技术［J］．地下工程与隧道，2017，1（1）：26-29.

[2] 徐敏生．市政BIM理论与实践［M］．上海：同济大学出版社，2016：2-3.

[3] 朱世彬，李峁清，陈靖，等．上海世茂深坑酒店总承包管理过程中的BIM技术应用［J］．施工技术，2016，45（23）：164-166.

[4] 王海平．北横通道盾构穿越天目路立交桩基的分析［J］．低温建筑技术，2013，（11）：97-99.

[5] 蔡连伟，许子豪，褚进，等．BIM技术在深圳平安金融中心南塔项目施工管理过程中的应用［J］．土木建筑工程信息技术，2017，9（1）：35-39.

面向智能运维的室内照明系统研究

袁　爽，胡振中，田佩龙

（清华大学土木工程系，北京 100084）

【摘　要】本文面向建筑物智能运维，根据信息物理系统的架构，设计了一套智能照明系统解决方案。首先提出利用传感器系统实现信息采集，并利用可编程智能照明设备作为实现器。然后，提出基于被动学习策略的改进的聚类分析算法以及改进的 SIFT 算法，来进行用户的模式识别，并使系统对用户行为具有适应性。最后，设计了一个基于 HTTP 的网络系统和基于 BIM 技术的实时展示系统，并对该系统进行了实现并进行了测试，证明效果具有可行性。

【关键词】智能运维；照明系统；信息物理系统；模式识别；建筑信息模型

1　引　言

建筑物的运营维护管理（简称运维管理）是指建筑物整个运行和维护期间的管理工作，是对人员、设施、技术和管理流程等的整合，以满足人员在建筑空间中的基本使用、安全和舒适需求[1]。而 20 世纪 80 年代，智能建筑的概念在美国诞生[2]，强调通过建筑物运维管理的智能化，进一步为人员提供更加安全、高效和便捷的建筑环境。建筑物的室内照明系统作为建筑物最重要的运维子系统之一，对于建筑物的能源消耗和内部环境都有着很大的影响。因此，提高照明系统的性能，是提高建筑运维管理智能化水平的重要和必要途径。

目前已经有了自动化程度较高的照明控制系统设计，能够根据时间[3]、环境光照[4]和建筑物内是否有使用者[5]等进行照明调节。但是由于不同的建筑使用者的习惯和偏好有所不同，因此，对使用者本身的适应性，也是智能照明系统设计时，所应当考虑的问题之一。随着人工智能和 BIM（Building Information Modeling/Model，建筑信息模型）等技术的进步，实现这样的系统已经成为可能。

2　相关研究现状

目前，对于建筑物的智能运维的研究相对较少，在中国知网等学术文献数据库中，“智能运维”作为关键词通常指交通和电力等系统而非建筑物[6]。对于智能运维的研究多见于智能建筑相关文献中，但本身学界对于智能建筑的定义也不统一，据 Wigginton 等[2]统计，智能建筑的定义总计有 30 余种。我国的住房和城乡建设部在《智能建筑设计标准》中将智能建筑定义为“以建筑物为平台，兼备信息设施系统、信息化应用系统、建筑设备管理系统、公共安全系统等，集结构、系统、服务、管理及其优化组合为一体，向人们提供安全、高效、便捷、节能、环保、健康的建筑环境”[7]。目前对智能建筑的研究，主要集中在建筑自动化技术方向，包括系统集成[8]、网络数据交换协议[9]和具体的运维子系统的自动化[10][11]等，包括照明系统在内。

对于照明系统的研究也多集中在自动化技术，最常见的方式是通过检测室内是否有人员来进行控制，相关的研究包括利用无源红外传感器[12][13]、超声波传感器[14][15]、射频识别技术[16][17]和图像识别技

【基金项目】国家重点研发计划课题（2016YFC0702107）；国际自然科学基金资助项目（51478249）

【作者简介】胡振中（1983-），男，广东惠州人，副教授，博士，博士生导师。主要研究方向为土木工程信息技术、建筑信息模型（BIM）和数字防灾技术。E-mail：huzhenzhong@tsinghua.edu.cn

术[18]等进行探测。其他控制方式也包括根据自然光照情况[20]和固定的时刻表[3]进行控制的技术，以及混合多种控制技术[21]的方法。有文献指出，利用多个简单的传感器组成网络，对信息监测的准确率要高于用一个比较昂贵的复杂传感器[22]。总体而言，目前的智能照明系统而言偏重于自动化，对人工智能和BIM 等技术的应用较少。

3　基于 CPS 的智能照明系统

信息物理系统（Cyber-Physical System，CPS）是指将计算机组件和物理组件高度结合，并各自在不同的时间和空间尺度运行，显示出多样化的表现模态，并且随环境变化通过多种方式互相交流的系统[23]，目前国内外有很多关于 CPS 的研究，也有多种架构标准被提出[24-26]。但是无论具体的架构标准如何，CPS 的基本组成始终是信息系统和物理系统，其中物理系统由可以划分为输入系统和输出系统，其中输入系统负责对环境进行实时监测并采集数据，而输出系统负责实现系统的物理效果，即实现器；信息系统负责对输入数据进行处理和计算并控制输出系统的中央控制系统和负责在不同设备和系统间进行通信的网络通信系统。同时，我们也可以建立目标建筑的 BIM 模型，并基于当前的照明系统状态，在 BIM 模型中实现照明状态的实时展示和远程控制，从而搭建远程控制系统和实时显示系统。

本文基于 CPS 的架构标准实现智能照明系统，物理输入系统即负责进行信息采集的传感器系统，而物理输出系统即可以进行编程控制的照明系统。系统的架构如图 1 所示。

本文所设计的系统将实现将环境条件，包括是否有使用者存在、环境光照条件和环境声音条件，以及使用者状态相结合，对照明系统的开关状态进行控制。信息系统中的控制系统是照明系统整体的核心系统，负责接收物理输入系统的数据加以处理和计算，并输出实现效果。控制系统首先读取用户是否存在的信息，若用户不存在，则向照明系统发现关灯指令，并等候到用户存在再开始执行工作。当检测到用户存在时，相机开始发回所拍摄的用户照片，控制系统对用户状态加以判断。本文在系统中预置了三种状态，即睡眠、工作和约定动作。当系统判断用户为睡眠状态时，将向照明系统发送关灯指令；而若判断用户为工作状态，则将发送开灯指令；若是未识别动作，则系统不发送任何指令。此外系统还设置了一个约定动作，是用户将右手举在胸前右侧打响指的动作，提供给使用者来对系统的判断结果进行覆写。当系统判断用户动作为约定动作，同时检测到环境音量突然增大，就将用户照片发送给用户动作判断程序进行判断，若判定结果为约定动作，就改变当前照明系统的状态——将打开的灯关上或将关上的灯打开。在执行完操作后，将当前照明系统的状态发送给实时显示系统并加以展示。系统的控制逻辑如图 2 所示。

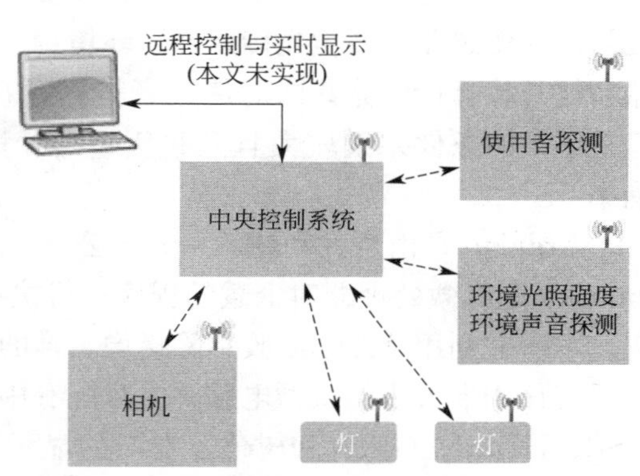

图 1　基于 CPS 的智能照明系统架构示意图

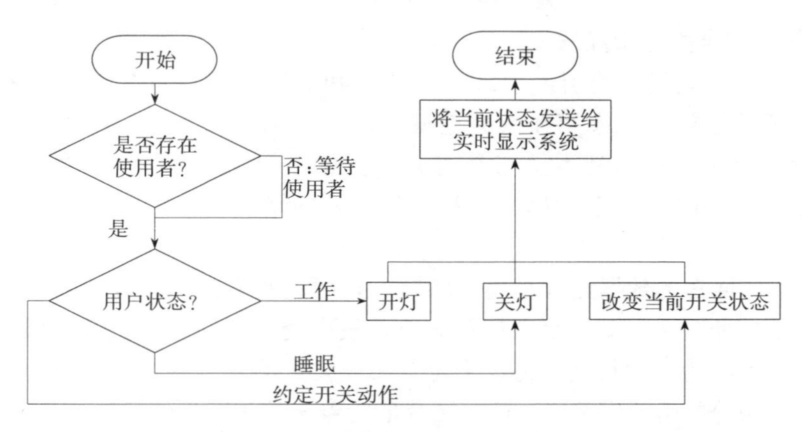

图 2　控制系统逻辑流程图

因此，本系统将包含环境信息感知、用户状态感知、用户状态识别、用户动作判断、照明、网络通信和实时显示七个功能模块，其中用户状态识别和用户动作判断是核心的控制模块，所使用的关键技术包括模式识别技术和机器学习技术。系统的功能模块如表 1 所示。

系统功能模块列表　　**表 1**

功能模块	功能	关键技术
环境信息感知	探测用户是否存在、探测环境光照强度和声音	基于 Arduino 的传感器技术
用户状态感知	获取用户照片	基于树莓派的传感器技术
用户状态识别	识别用户当前行为模式	机器学习与模式识别技术
用户动作判断	判断用户当前的动作是否是约定的开关动作	模式识别技术
照明	照明系统的物理实现	HTTP 网络通信技术
网络通信	在不同系统和设备间互相通信	HTTP 网络通信技术
实时显示	实时展示当前的照明系统状态	BIM 技术

4　系统功能开发与实现

4.1　基于 Arduino 与树莓派的传感器技术

本文利用基于 Arduino 和树莓派的传感器技术实现了照明系统的物理输入系统部分。物理输入系统需要收集的信息包括使用者是否存在、环境光照强度、环境声音和使用者的照片，我们使用超声波传感器、红外热释传感器、环境光传感器、环境声音传感器和小型摄像头来采集相应的信息。其中，超声波传感器和红外热释传感器共同对使用者是否存在进行探测；由于两种传感器都容易误报使用者存在的情况，但是误报的条件差别较大且几乎无重合，因此将两种传感器结合使用，可以提高使用者存在检测的准确率。

Arduino 是由意大利的 Arduino 公司开发的开源微型控制器，同时还配有相应的集成开发环境。Arduino 上配有微处理器对上载的程序进行执行，同时配有模拟和数字信号针脚，适合进行传感器数据的采集。本研究利用 Arduino 收集除摄像头外的其他传感器的数据。树莓派是由英国的树莓派基金会开发的一款只有信用卡大小的微型电脑，本身配有中央处理器、内存、网卡以及多种标准数据接口，包括以太网、USB、HDMI、GPIO 和树莓派专门的显示屏及相机接口，并且可以安装操作系统。本研究利用运行在 Raspbian 系统上的树莓派来收集使用者的照片，并通过树莓派上的客户端程序将照片发送给控制系统。

在 Arduino 上，首先对串口进行设置，随后使用布尔类型的变量记录用户存在状态。在程序的每一个执行的循环当中，都先读取超声波和红外传感器的输出，如果发现用户存在状态发生了变化，则对记录变量进行更新，并发送给控制系统；同时在每一个循环中也读取环境光照强度和环境声音输出，将环境光照强度直接发送给控制系统进行反馈，而若检测到环境音量突然增大，也向控制系统发送相应的信号。在树莓派上则通过控制相机的相应的 Python 语言的库，设置相机的拍摄参数如尺寸、方向和亮度等，并指令相机每隔 2s 拍摄一张照片，整理后发送给控制系统。

4.2　基于被动学习策略的聚类分析算法

对于用户的状态识别，我们需要引入模式识别技术和机器学习技术，本文采用聚类分析算法来完成这一工作。聚类分析算法被广泛应用在数据挖掘和模式识别等问题当中，用来在大量的数据当中寻找出一定的模式。聚类分析算法的基本思路是根据数据点之间的距离将所有的数据分成若干个聚类，每个聚类内部的数据点之间的互相距离都小于和聚类之外的点的距离，而不属于任何聚类的点则划分为离群点。

在本研究中，我们所面对的数据点都是用户的照片，因此我们使用感知哈希算法来计算图片之间的距离。感知哈希算法是一种线性的图像距离计算方法，被广泛应用在相似图片搜索中。该算法首先将图片转成灰度图像并计算全图的平均灰度，再逐个比较每个像素的灰度和平均灰度的大小，从而建立一个长度和图像的总像素数相等的哈希字符串。两张图片的哈希字符串的汉明距离，就是我们要计算的距离。搜索引擎常用的该算法的流程如图 3 所示。

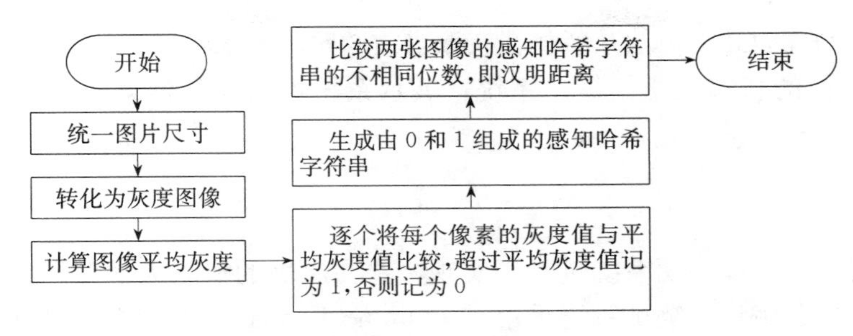

图 3　感知哈希算法流程图

上述的聚类分析算法采取的学习策略是主动的，在已经有足够多的数据的情况下，可以直接对已有的数据进行聚类分析，形成聚类的划分。随后再输入的数据根据已经形成的聚类划分直接进行判别和归类。通常把先期用来建立分类的数据成为训练集，而后期实际进行计算和判断的数据称为测试集。

本研究面临的一个问题是没有足够多的初始数据对系统进行训练，因此我们转而采用基于被动学习策略的聚类分析算法进行模式识别。我们首先建立数个预定义的模式，在本例中即睡眠、工作和约定动作，而对于每一个预定义的模式，我们首先拍摄一张照片作为训练集，随后开始测试。当测试集中每传入一张照片，我们即计算其和三个模式的平均图像的距离，并且判断传入的照片为距离最近且小于预先设定的阈值的模式。当完成判断后，我们将传入的照片加入相应模式的训练集当中，并且根据已有图像的数量，重新计算新的平均图像的感知哈希字符串，从而完成了对聚类的更新。而如果照片和所有的聚类的距离都超过了阈值，则判断为未识别行为，系统不采取动作。显然，随着测试集的照片数量的增多，三种行为模式的平均图像会越来越接近用户真正的该模式下的动作，从而随着时间的推移，提高模式识别的准确性，实现系统的被动学习，采用这种策略的聚类分析算法如图 4 所示。

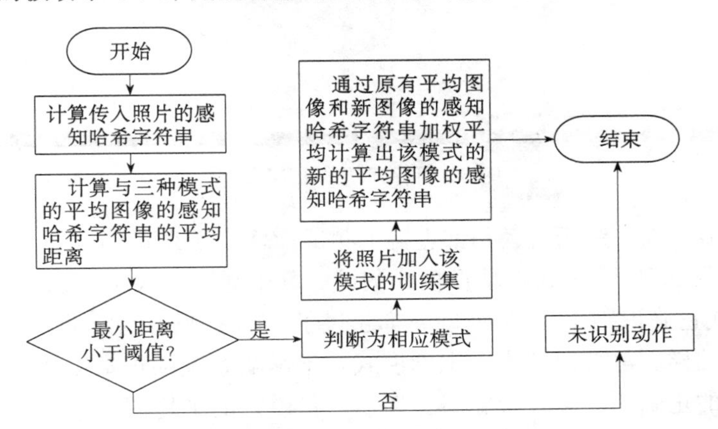

图 4　基于被动学习策略的聚类分析算法流程图

如果用户的动作被聚类分析算法识别为约定的开关动作，同时声音传感器捕捉到了环境音量突然增大，则对照片进行进一步动作判断。动作判断用到了 Lowe 等人提出的尺度不变特征变换（Scale Invariant Feature Transform，SIFT）算法[27]，该算法利用尺度空间极值点寻找图像中的特征点，最终形成一列 128 维的特征点序列。将目标图像的特征点序列组成 k-d 树结构，在待识别照片的序列中进行二阶最近邻搜索。对于每一个特征点，如果距离最近点的几何距离和次近点的之比小于给出的阈值即可认为匹配，而若匹配点的数量超过一定的阈值即可认为待识别图像是约定的开关动作。

4.3　HTTP 网络通信技术与 BIM 技术

本文利用 HTTP 协议实现网络系统和对照明系统的控制。本文采用了由飞利浦公司生产的 Hue 可编程灯具作为照明系统，可以直接向其桥接器通过 HTTP 的 PUT 方法发送 JSON 格式的字符串，从而实现对照明系统的控制。而 Arduino 和树莓派则分别通过 HTTP 协议的 GET 和 POST 方法和控制系统通信，分别通过 URL 格式和表单文件格式将传感器数据与照片发送给控制系统。

本文也提出基于目标建筑物的 BIM 模型进行照明系统状态实时展示的技术。在每一次指令发出之后，控制系统可以通过 HTTP 的 GET 方法从桥接器获取当前的照明系统状态，也可以根据环境照度传感器的读数进行判断，并将当前的状态发送给展示系统，展示系统根据这一信息将对应的房间渲染为不同的颜色。

5　实例测试

我们依据上述设计，对智能照明系统进行了实现，并在深圳的清华大学深圳研究生院海洋科技大楼的某教师办公室进行了实例测试。测试系统采用了 Arduino Leonardo 和树莓派 3 作为物理输入设备，飞利浦公司生产的 Hue 作为输出设备，控制程序由一台运行在 Windows 操作系统上的个人电脑执行。我们同时也建立了目标建筑的 BIM 模型，如图 5 所示。不过由于时间有限，我们并没有在测试系统中实现实时显示效果。

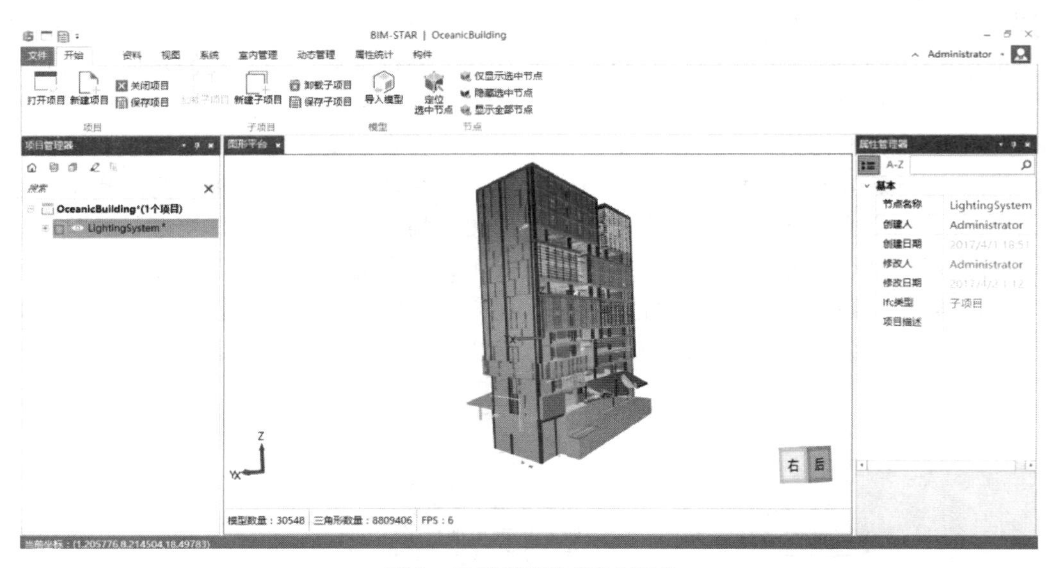

图 5　目标建筑的 BIM 模型

在测试的过程中，我们对三种预置动作都进行了测试，总共测试了 56 个测试样例，包括 22 个睡眠模式测试、19 个工作模式测试和 15 个约定动作模式测试。其中睡眠模式正确识别 14 次，工作模式正确识别 11 次，约定动作模式正确识别 11 次，准确率都超过了 50%；只有约定动作模式有 3 次误识别为其他模式，其余未正确识别的样例都被识别为未识别模式，不影响系统的正常工作。随着输入规模的大量增大，我们预期系统识别的正确率也会有所提高。各个预置模式的平均图像哈希字符串在测试过程中都表现出了向测试集方向移动的预期行为。

我们在实地测试中采用的聚类分析阈值是 0.9 相似度，由于图片尺寸是 256×256，因此实际汉明距离阈值是 6554。在 SIFT 算法中，我们采用的最近邻点与次近邻点距离之比的阈值和匹配点比例的阈值均为 0.6。图 6 和表 2 是部分测试样例的具体数据。

部分测试样例数据　　**表 2**

模式	睡眠	工作	约定动作	判断结果
样例 1	824	26,840	19,846	睡眠
样例 2	17,074	28,986	28,822	未识别
样例 3	27,297	4,807	27,257	工作
样例 4	18,430	26,652	6,382	约定动作

在表 2 中，横行表头中的图片是各模式的初始图像，而纵列表头中的图片是测试集中的图片。表格中的数字代表该行和该列的图片的汉明距离。

现场测试的效果表明，本文开发的系统能够实现对用户的行为的判断，并更新相应的模式的训练集，

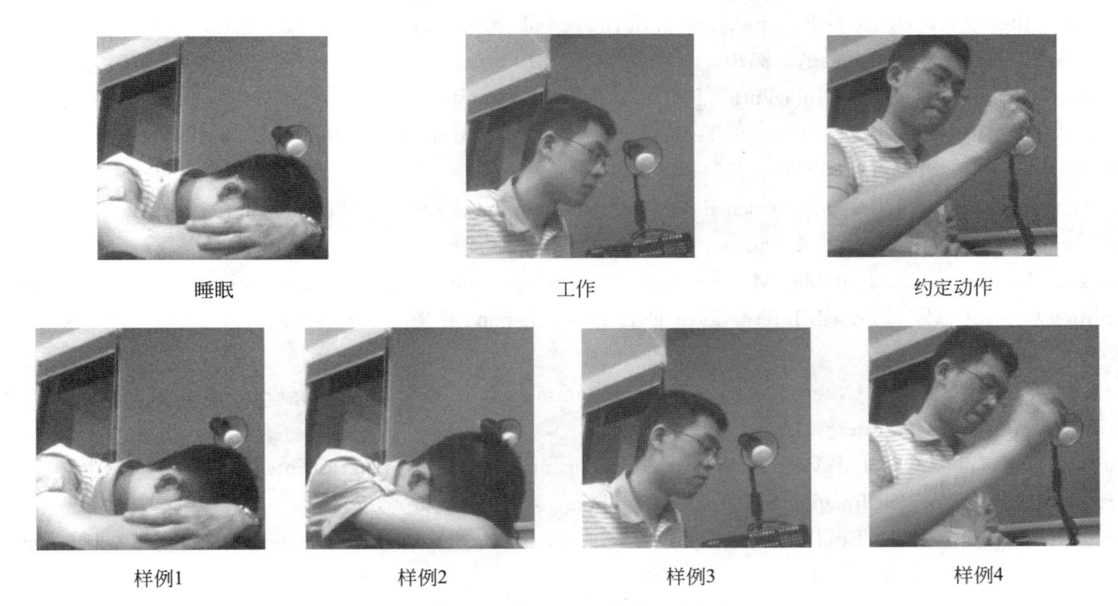

图 6　测试模式及样例图像

从而实现对系统对用户习惯的逐渐适应。本研究尝试将机器学习和模式识别等技术引入建筑物的智能运维领域，成果具有研究意义和一定的实用价值。

6　总结与展望

本文基于 CPS 架构设计了一套智能照明系统，利用传感器系统和可编程灯具实现了物理输入输出系统，通过引入模式识别和机器学习技术，实现了对使用者行为模式的识别和动作的判断，并引导系统对用户的行为加以适应。测试结果表明，本研究的设想具有可行性，也具有一定的实用价值。人工智能作为新世纪的新兴技术，在建筑行业的广泛应用是大势所趋，因此本文只能算作在此方向的一次试水。

由于时间仓促，且作者水平有限，文中难免有错漏之处，本文设计的系统也在很多方面亟待继续改进。例如如何同时实现系统对环境的适应性、如何适应不同的设备接口、如何提高识别的准确率等。这些问题仍有待开展进一步的研究。

参 考 文 献

［1］ 胡振中，彭阳，田佩龙．基于 BIM 的运维管理研究与应用综述［J］．图学学报，2015，36（5）：802-810.

［2］ M. Wigginton，J. Harris，Intelligent Skin，Architectural Press，Oxford，2002.

［3］ Lindsey J L. Applied illumination engineering［J］. 1991.

［4］ Li D H W，Lam J C. Evaluation of lighting performance in office buildings with daylighting controls［M］//Interactive computing：. Infotech Information，1972：793-803.

［5］ Yun G Y，Kim H，Kim J T. Effects of occupancy and lighting use patterns on lighting energy consumption［J］. Energy & Buildings，2011，46：152-158.

［6］ CNKI. 中国知网［EB/OL］．［12. 27］. http：//www. cnki. net/.

［7］ 中华人民共和国建设部．智能建筑设计标准［M］．中国建筑工业出版社，2005.

［8］ Fu L C，Shih T J. Holonic supervisory control and data acquisition kernel for 21st century intelligent building system［C］. IEEE International Conference on Robotics & Automation. IEEE，2000：2641-2646 vol. 3.

［9］ Ancevic M. Intelligent building system for airport［J］. Ashrae Journal，1997，39（11）.

［10］ Gassmann O，Meixner H. Sensors Applications，Volume 2，Sensors in Intelligent Buildings［J］. Sensor Review，2006，26（3）：252-252.

［11］ So T P，Chan W L. Intelligent Building Systems［M］// Intelligent building systems. Kluwer Academic，1999：349-358.

[12] Guo X, Tiller D K, Henze G P, et al. The performance of occupancy-based lighting control systems: A review [J]. Lighting Research & Technology, 2010, 42 (1): 415-431.

[13] Benya, J. Advanced Lighting Guidelines [J] . New Buildings Institute, 2001.

[14] Stolshek J D, Koehring P A. Ultrasonic Technology Provides for Control of Lighting [J]. Industry Applications IEEE Transactions on, 1984, IA-20 (6): 1564-1572. 49

[15] Magori V, Walker H. Ultrasonic presence sensors with wide range and high local resolution. [J]. IEEE Transactions on Ultrasonics Ferroelectrics & Frequency Control, 1987, 34 (2): 202-11.

[16] Manzoor F, Linton D, Loughlin M. Occupancy Monitoring Using Passive RFID Technology for Efficient Building Lighting Control [C] //Fourth International Eurasip Workshop on Rfid Technology. IEEE Computer Society, 2012: 83-88.

[17] Zhen Z N, Jia Q S, Song C, et al. An Indoor Localization Algorithm for Lighting Control using RFID [C] //Energy 2030 Conference, 2008. Energy. 2008: 1-6.

[18] Liu D, Du Y, Zhao Q, et al. Vision-based indoor occupants detection system for intelligent buildings [C] //IEEE International Conference on Imaging Systems and Techniques. 2012: 273-278.

[19] Benezeth Y, Laurent H, Emile B, et al. Towards a sensor for detecting human presence and characterizing activity [J]. Energy & Buildings, 2011, 43 (2-3): 305-314.

[20] Okura S. Daylighting Impacts on Human Performance in School [J] . Journal of the Illuminating Engineering Society, 2013, 31 (2): 101-114.

[21] Martirano L. Lighting systems to save energy in educational classrooms [C] //International Conference on Environment and Electrical Engineering. 2011: 1-5.

[22] Tiller D K, Guo X, Henze G P, et al. Validating the application of occupancy sensor networks for lighting control [J]. Lighting Research & Technology, 2010, 42 (42): 399-414.

[23] NSF, Cyber physical systems nsf10515, http: //www. nsf. gov/pubs/502010/nsf10515/nsf10515. htm, 2013

[24] ZigBee Alliance, Inc. , ZigBee Specification, 2008.

[25] IEEE 802. 15. 4, Standard for Local and Metropolitan Area Networks, 2011.

[26] Lowe D G. Object recognition from local scale-invariant features [C] // International Conference on Computer Vision. IEEE Computer Society, 1999: 1150.

[27] Lowe D G. Object recognition from local scale-invariant features [C] // International Conference on Computer Vision. IEEE Computer Society, 1999: 1150.

基于BIM和监测数据的水厂水位动态模型及其应用研究

王石雨[1]，胡振中[1]，李久林[2]，田佩龙[1]

（1. 清华大学土木工程系，北京 10084；2. 北京城建集团有限责任公司，北京 100081）

【摘　要】在再生水厂的运行过程中，可能发生来水量骤增等不利情况，如果对再生水位各区域的水位调控不当，内部机电设备将会被水淹没，进而影响整个水厂的运转，造成重大损失。本研究针对以上问题，基于IFC标准和监测数据，结合人工神经网络算法实现再生水厂来水量预测，并建立计算模型实现水厂各区域水位的动态模拟预测和分析，最后，基于课题组已有的BIM-FIM平台开发基于BIM的水厂水位控制系统，提高水厂的运维效率。

【关键词】BIM；IFC；监测；运维管理；水位动态模型

1 引　言

近年来，BIM技术开始越来越广泛地运用到建筑的运维阶段。Marzouk等[1]将BIM应用到地铁站运维中，通过对站内温度、PM值等的监测，计算出不同环境因素对地铁站整体舒适度的影响程度大小；Alcamete等[2]基于BIM数据库，对建筑运维期的维修历史记录进行聚类，并以此来对建筑运维期的状况进行分析，并找出建筑运维阶段可能存在的问题；McArthur[3]将BIM模型运用到Ryerson大学，利用模型中的信息来进行建筑物空间管理、照明系统能源计算等。但是，目前BIM与水厂的结合仅限于施工阶段，将BIM运用于水厂运维还有待研究。

IFC标准作为BIM技术的核心之一，近年被研究者运用到监测信息的表达中去。Smarsly等[4]基于IFC设计了一套结构健康监测系统，方便使用者对结构状态信息数据的管理；王超[5]以珠海歌剧院小贝壳监测项目为例，通过对IFC标准的属性集进行扩展等方式，实现了基于IFC的监测信息表达。但在水厂的水位及水流流速监测信息表达方面，还有待进一步研究。

水位控制作为水厂运维阶段的关键任务，对水厂的正常运转非常重要。目前水位控制主要基于PID算法，李凤宇等[6]设计出基于遗传算法的整定PID控制器，通过确定编码方法、解码方法、个体适应值函数，设计遗传算子和遗传算法运行参数，并利用Simulink进行仿真，取得良好的水位控制效果；刘春艳等[7]将基于模糊神经网络的PID控制器作为给水控制系统的锅炉汽包水位调节器，可实时整定PID控制器的参数，以适应控制系统的要求，并通过仿真证明其改进方法在响应快速性、调节平稳性及抗干扰能力均优于传统的PID控制系统。但是目前还未有人将水位控制算法与BIM技术相结合，故该领域还有待研究。

本研究提出了一种基于BIM和监测数据的水厂水位动态模型及其应用研究，首先基于拟监测的特征数据对IFC标准进行扩展，并建立水位动态模拟计算模型，与BIM技术相结合，实现水厂来水量和水位高度的分析与预测，以辅助水厂运维人员进行水位管理与控制工作。

【基金项目】北京市科技计划课题（Z151100002115054）；国际自然科学基金资助项目（51478249）

【作者简介】胡振中（1983-），男，广东惠州人，副教授，博士，博士生导师。主要研究方向为土木工程信息技术、建筑信息模型（BIM）和数字防灾技术。E-mail：huzhenzhong@tsinghua.edu.cn

2　基于 IFC 的水池信息建模

在本课题中，需要基于 IFC 对水厂模型中的水池尺寸信息、监测数据信息等进行提取分析。

水厂内部各个水池以房间的形式在模型中表达。IFC 中使用 IfcSpace 来对该空间实体进行描述。在 IfcSpace 的属性中，IfcPolyline 用于描述其平面几何信息，由一系列的 IfcCartesianPoint 组成。通过这些空间点坐标，我们可以提取出各个水池的几何尺寸信息，并计算各水区的平面面积，为之后的水位计算提供基础。水池的 IFC 建模通过建立 Revit 模型并导出为 IFC 文件完成。

虽然 IFC 标准中已经预定义部分传感器，但是本课题所需要的水位传感器与水流流速传感器还存在缺失，故需对其进行扩展。本研究采用兼容性好、识别程度较高的自定义属性集的方式扩展 IFC 标准，自定义传感器特征属性集、协议信息属性集等，并将定义好的属性集通过 IfcRelDefinesByProperties 与 IfcSensor 实例关联。传感器建模通过 Revit 自定义族的方式完成。

图 1 为水厂各水区的 Revit 模型示意图。

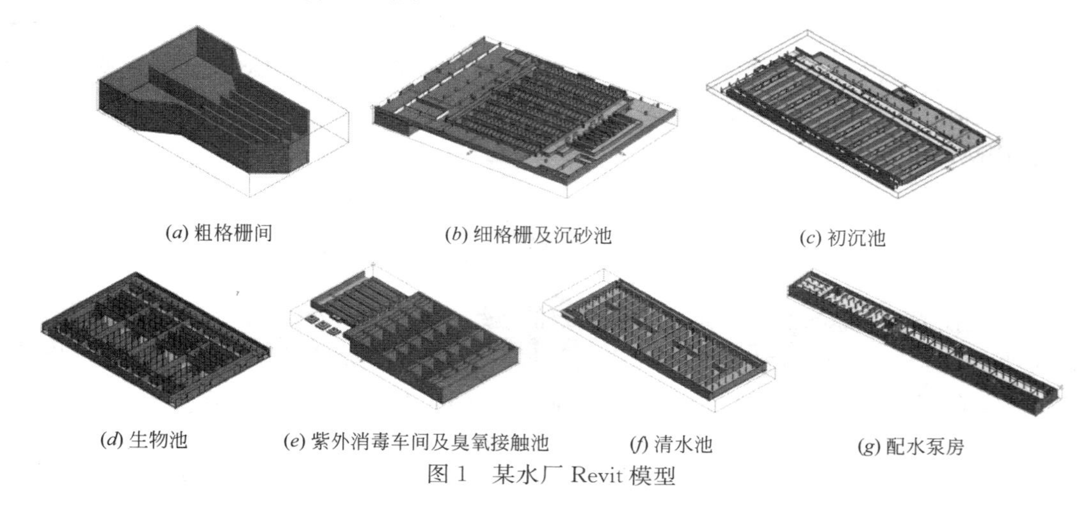

(a) 粗格栅间　(b) 细格栅及沉砂池　(c) 初沉池

(d) 生物池　(e) 紫外消毒车间及臭氧接触池　(f) 清水池　(g) 配水泵房

图 1　某水厂 Revit 模型

3　水厂监测数据获取

水厂监测系统主要由生产管理系统、上位监控系统、现场控制站、就地控制站、通信网络、软件六个部分组成。其中生产管理系统与上位监控系统负责控制整个监控系统，现场控制站负责监测仪表测量值、设备状态信号的采集、现场设备的控制以及与其他控制站之间的数据交换，就地控制站则附属于对应的现场控制站并与其通信连接，通信网络负责水厂内部信息的传递与交换。

监测设备获取到监测信息后，需要通过监测数据集成系统将信息传递给 BIM 客户端。本研究基于课题组已有的支持多协议的监测数据集成框架，实现监测信息与 BIM 技术的集成。集成系统的组成如图 2 所示。

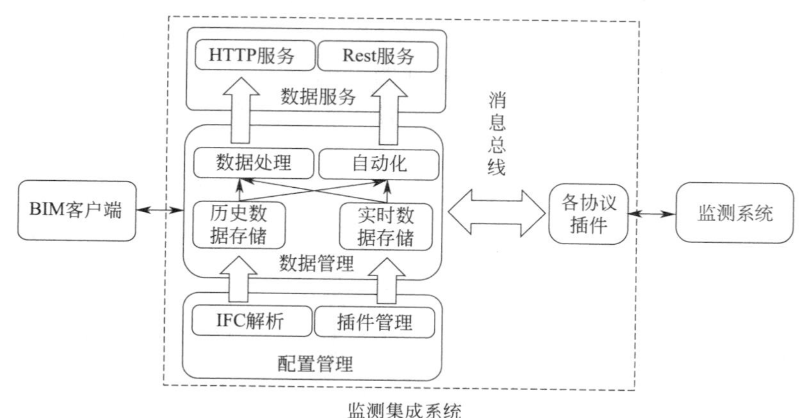

图 2　监测数据集成系统结构

4　水厂水位动态模拟与分析研究

4.1　来水量预测模型

来水量预测基于与 BP 神经网络结合的时间序列预测实现。BP 神经网络的设计以人类的神经网络为灵感，以最快下降法作为理论依据，并通过反向传播对网络各层的权值进行调整，从而使得网络的误差平方和达到最小值。首先将原始的来水量时间序列数据如图 3 所示转换为输入和输出矩阵，使用水厂某一周前五天的来水量历史数据进行训练，周末数据进行测试。BP 神经网络采用 Matlab 中 Newff 函数，神经网络训练的学习率设置为 0.01，最大训练次数设置为 1000000，训练要求精度设置为 0.000001。预测结果如图 4 所示，预测平均相对误差为 5%。

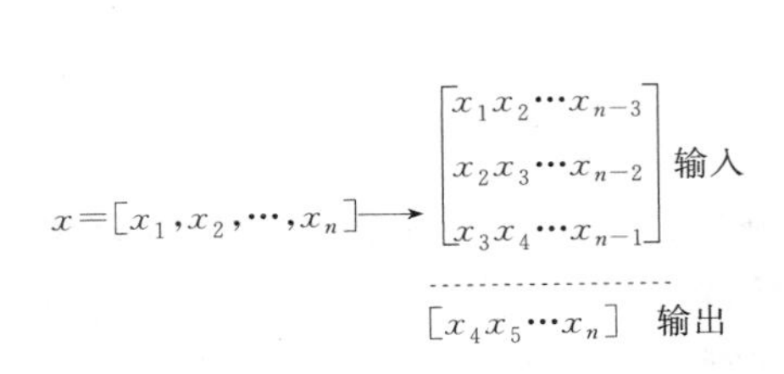

图 3　时间序列数据转换示意图

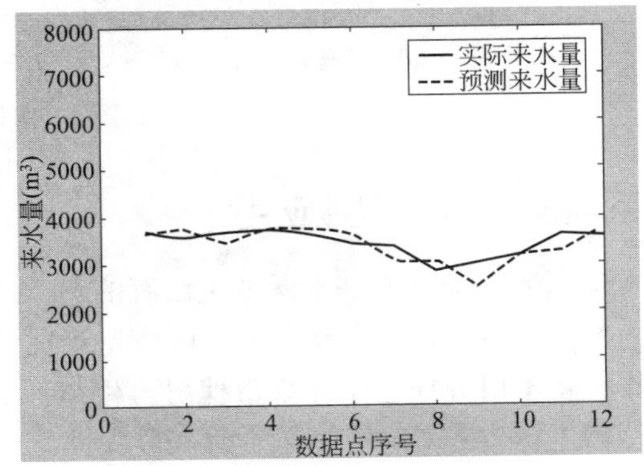

图 4　预测来水量与实际来水量比较

4.2　水位计算模型

首先需要对水池的 IFC 模型进行解析，该部分工作基于课题组已有 BIM-FIM 系统实现，获取到水区的平面几何信息后，计算各个水区的平面面积，使用水区内的水量除以平面面积即可计算得水区内的水位变化情况。

通过查看水厂内部各水区的历史水位数据，发现只有粗格栅间和进水泵房区域水位会发生明显变化。通过查阅 CAD 图纸，认为其他水区可简化为图 5 所示连通器模型。图 5(*a*) 为典型的连通器模型，细格栅间和沉砂池的水位一直保持不变。图 5(*b*) 中由于集水坑内水泵抽水，故认为坑内液面总是低于相邻水池的液面高度，因此膜池/清水池内部的液面高度可以认为不变。

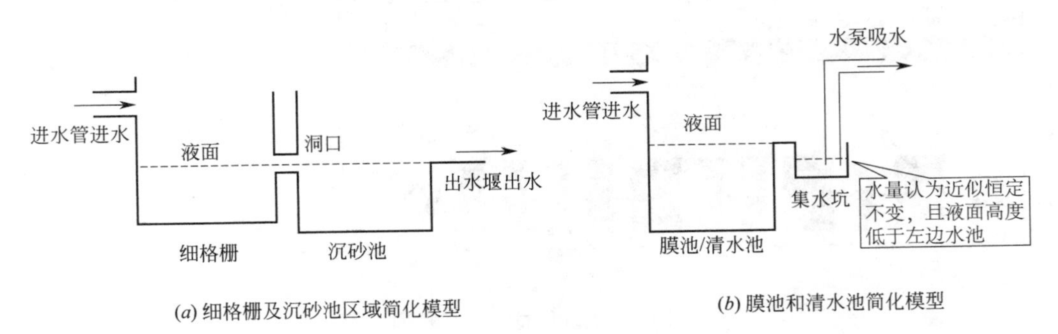

(*a*) 细格栅及沉砂池区域简化模型　　(*b*) 膜池和清水池简化模型

图 5　水区简化示意图

对于粗格栅间和进水泵房区域，水泵直接从池区抽水，故会造成该区域内水位高度的波动。水泵正常工作下的最大出水流量为 42000m^3/h，远高于水厂的日常进水流量（最高约为 4000m^3/h），故视其总处于正常工作状态。因水泵为变频控制，假设其出水流量与上一时间节点该水区的进水流量相同。基于以上假设，对某时间段内粗格栅间及进水泵房区域内水位模拟计算结果如图 6 所示，前者模拟计算平均相对误差为 4.5%，后者为 2.5%。

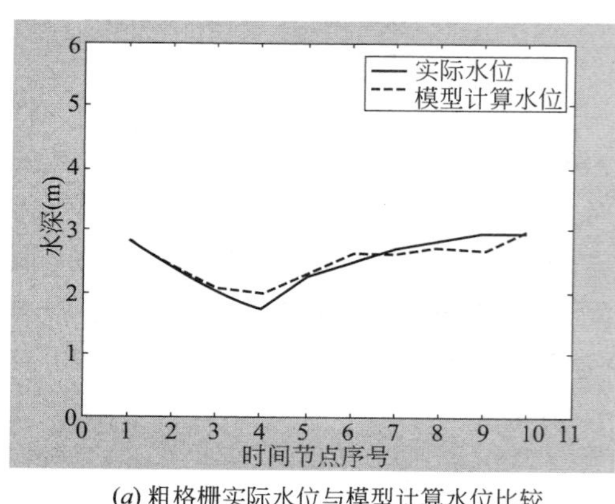

(*a*) 粗格栅实际水位与模型计算水位比较

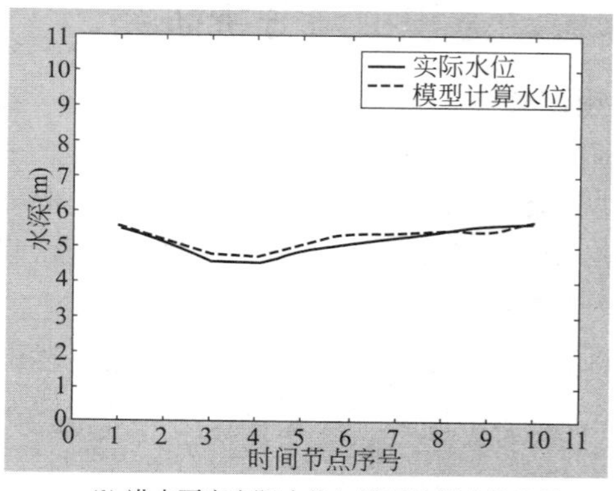

(*b*) 进水泵房实际水位与模型计算水位比较

图 6　水位模拟计算结果示意图

5　系统开发与案例应用

本课题的系统开发基于课题组已有的 BIM-FIM 系统进行开发，开发平台为 Visual Studio 2012，开发语言为 C＃。系统开发主要分为水区信息管理模块、控制节点信息管理模块和数据信息可视化模块。

作者将本研究应用于北京市槐房再生水厂的水位分析与控制中，首先对水厂内部各个水区和课题相关传感器进行 Revit 建模并导出为 IFC 文件，然后将 IFC 文件导入 BIM-FIM 系统解析，并显示水厂的三维模型。在系统中，以流程图的形式展示污水处理的各个环节，并实现各水区的水区信息与控制节点信息显示，并提供相关信息的增删改功能（如图 7、图 8 所示）。

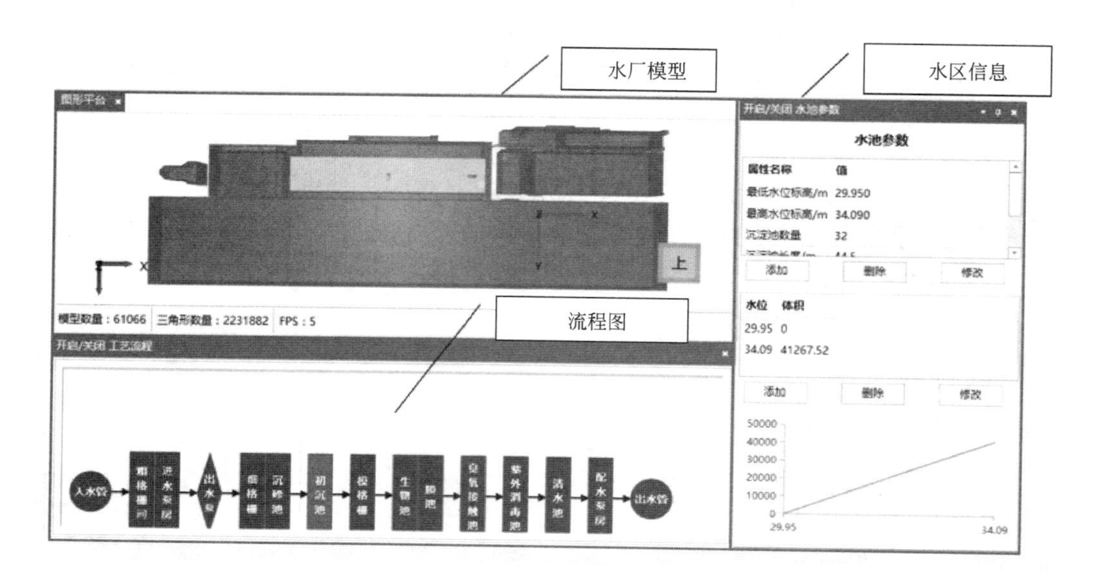

图 7　水区信息显示与管理

神经网络模型训练的数据采用槐房再生水厂 2017 年 3 月 20 日 0：00 到 2017 年 3 月 27 日 0：00 的进水量数据，数据采集间隔为 2h。对 2017 年 4 月 10 日 6：00 到 2017 年 4 月 11 日 0：00 的进水量进行预测。基于来水量预测数据，对粗格栅间和进水泵房内的水位进行预测，并于实际数据比较，数据可视化结果如图 9 所示。

6　结　论

本课题围绕基于 IFC 标准的水厂水位动态模型，首先基于 IFC 标准对水厂信息建模，特别是对 IFC

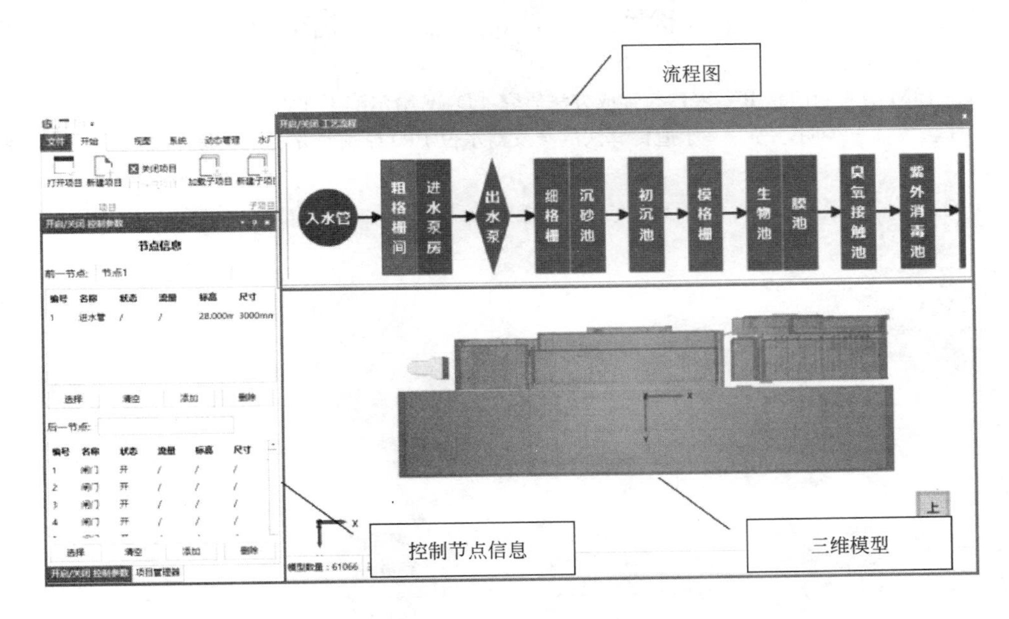

图 8　控制节点信息显示与管理

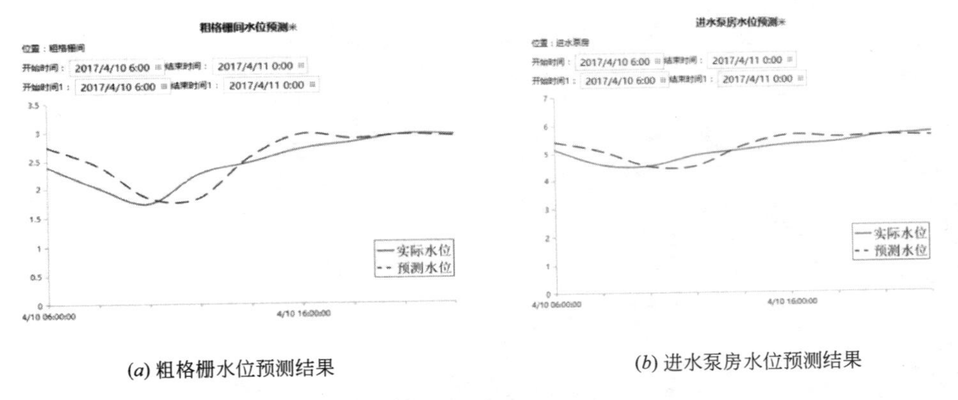

(*a*) 粗格栅水位预测结果　　(*b*) 进水泵房水位预测结果

图 9　水位预测结果可视化

标准进行扩展以满足监测信息获取的需要；然后研究了水厂内部监测信息的采集与传输方式；并针对水厂来水量和水厂内部各水区水位预测进行算法设计；基于课题组已有的 BIM-STAR 平台，针对槐房再生水厂运维期的水位动态模型进行系统开发，实现了水厂内部各个水区信息集成、各控制节点信息集成、监测数据导入并可视化等功能。

因时间仓促，该研究还存在不足，后期可针对神经网络效果提升、实时监测信息集成等方面进一步研究。

参 考 文 献

[1] Mohamed Marzouk，Ahmed Abdelaty. BIM-based framework for managing performance of subway stations [J]. Automation in Construction，2014，41 (5)：70-77.

[2] Asli Akcamete，Xuesong Liu，Burcu Akinci，James H. Garrett. Integrating and Visualizing Maintenance and Repair Work Orders in BIM：Lessons Learned from a Prototype [C] . International Conference on Construction Applications of Virtual Reality，2011.

[3] J. J. McArthur. A building information management (BIM) framework and supporting case study for existing building operations，maintenance and sustainability [J] . Procedia Engineering，2015，118：1104-1111.

[4] Kay Smarsly，Eike Tauscher. IFC-based monitoring information modeling for data management in structural health mo-

nitoring [C]. 20th International Conference on the Application of Computer Science and Mathematics in Architecture and Civil Engineering，2015.
[5] 王超．基于 BIM 的监测信息 IFC 表达与集成方法研究 [D]．哈尔滨工业大学，2015.
[6] 李凤宇，张大发，王少明，等．基于遗传算法的蒸发器水位 PID 控制研究 [J]．原子能科学技术，2008，42 (B09)：137-141.
[7] 刘春艳，刘文军．基于模糊神经网络 PID 的锅炉气包水位控制 [J]．热力发电，2011，40 (8)：34-37.

基于 BIM 和移动定位的施工质量管理系统

马智亮，蔡诗瑶，杨启亮，毛　娜

（清华大学土木工程系，北京 100084）

【摘　要】本研究基于建筑信息模型（Building Information Modeling，BIM）技术和室内移动定位技术，研制施工质量管理系统，用于自动生成验收任务、辅助用户现场收集验收数据、自动生成验收资料等，以解决目前施工质量验收中规范实施过程中存在的漏检、数据二次转录等问题。本研究从施工质量验收相关规范出发，分析了施工质量验收的标准化过程与要求，并在此基础上设计了系统功能，建立了系统架构。然后提出了验收任务生成算法、移动定位集成方法等关键技术与方法，研制了施工质量管理的原型系统。最后，该原型系统在实际工程施工中进行了试用，验证了该系统的可行性。

【关键词】施工质量管理；建筑信息模型（BIM）；移动定位技术；工业基础类（IFC）

1 引　言

施工阶段是决定建筑工程质量的关键阶段，而施工质量验收则是保证工程质量的重要环节，需要严格管理。目前我国已有许多规范和标准对施工质量验收的方法和内容进行了详细的规定，但是在实施过程中仍然存在一些问题，如：验收条目繁多和验收人员专业知识相对不足导致漏检或错检，甚至编造数据；原始数据纸质记录不易保留和查阅；数据二次转录到资料管理软件导致工作效率低等，给工程质量带来了隐患。

为了提高施工质量管理的水平和效率，近年来，国内外相关学者利用 BIM、移动计算、增强现实等各类信息技术，提出了一些思路和方法。Kwon 等研制了质量缺陷管理系统，分为图像匹配子系统和 AR（Augmented Reality，增强现实）子系统两部分，图像匹配子系统可自动比较 BIM 模型的二维视图与施工现场对应位置和视角的照片，从而得到尺寸偏差、施工遗漏等缺陷；AR 子系统可将 BIM 模型的二维视图关联到 AR 标记上，施工人员将该标记贴在施工现场的指定位置，然后用移动设备进行拍摄，系统可识别 AR 标记，并将对应的 BIM 视图叠加在实际的图像上，以便发现质量缺陷[1]。但是该系统只适用于外观质量具有明显缺陷的情形，未考虑混凝土强度、钢筋安装、精确尺寸偏差（如垂直度）等检查项目。Tsai 等提出了一种基于 BIM 的施工质量检查方法，支持用户在验收前基于 BIM 确定验收任务的执行地点和要求，并生成对应的图片和施工信息模板，验收时可在施工现场查看这些图片，并利用施工信息模板填写并提交验收数据，可避免验收任务的遗漏，对验收人员的要求大大降低[2]。但是，在实际验收中，验收任务数量多、重复性大，由用户逐一添加费时费力；且该系统建立在 Revit 的基础上，无法兼容来自其他软件的 BIM 模型。Kim 等提出了移动设备在施工质量管理中应用的几种方法：在施工现场布置监控摄像头，可在移动设备上查看各监控点传回的画面，实现远程监控；在移动设备上添加验收任务、指派验收人员，并在电子地图上标记任务点的位置；多用户进行图纸共享，某个用户对图纸的放大、旋转等操作可同步显示在其他用户的设备上[3]。但是，远程监控、添加验收任务等功能的需求主要在电脑端，虽然也可以在移动设备上运行，却不是移动计算技术在施工质量管理中应用时最关键的功能。

上述几项研究从不同角度提出了提高施工质量管理水平的方法，然而，这些方法主要基于施工方的角度，没有考虑到监理方、业主方的质量管理需求及各参与方的信息交互，且未重视验收原始数据的管

【基金项目】本项目系清华大学—广联达 BIM 联合研究中心研究基金资助

【作者简介】马智亮（1963-），男，教授。主要研究方向为土木工程信息化。E-mail：mazl@tsinghua.edu.cn

理与整合，无法形成完整的验收资料。就我国目前的情况而言，上述方法与我国的工程质量验收规范要求相比有较大的差距。

本研究的主要目的是，基于 BIM 技术和室内移动定位技术，从我国施工质量验收相关规范的要求出发，研制基于 BIM 和移动定位的施工质量管理系统，旨在支持包括建设方、施工方、监理方等多参与方的信息化施工质量验收过程，提高建筑工程质量管理水平。

2　系统分析与设计

2.1　规范要求与系统功能分析

本研究基于《建筑工程施工质量验收统一标准》、《混凝土结构工程施工质量验收规范》、《建筑地面工程施工质量验收规范》以及《建筑结构长城杯工程质量评审标准》等相关国家和地方标准，对施工质量管理中的管理方法、管理对象和管理内容进行分析。

根据《建筑工程施工质量验收统一标准》的规定，须将需进行施工质量验收的建筑工程项目逐层划分为单位工程、分部工程、分项工程和检验批。其中，单位工程、分部工程、分项工程的划分已在标准中有明确规定，而检验批则需结合工程实际，依据施工及质量控制和专业验收需要按楼层、施工段等进行划分，并须针对检验批的样本，即检查点，根据规范要求进行全数检查或按抽查方案抽查[4]。《混凝土结构工程施工质量验收规范》则对检验批的类型、对应的检查项目及抽样的要求等进行了具体规定[5]。

每一道施工工序完成后，施工方应进行自检，合格后才能继续下一道工序的施工。其中，较为重要的工序还需由监理方进行复验。在自检和复验的过程中，各组织方均需填写相应的验收资料。建设单位管理人员则有权随时监督和查看验收情况。

基于上述验收要求，系统用户应包括施工方、监理方和建设方，其主要职责分别为自检、复验和监督。系统应辅助用户进行以下工作：在验收前，根据验收规范的要求，在 BIM 模型中自动生成施工质量验收任务，包括检验批、检查项目和检查点；在现场验收过程中，支持各方检查人员结合移动定位，利用移动设备，通过 BIM 模型，进行现场施工质量验收和管理，如填写现场验收记录表；验收完成后，自动生成符合规范的施工质量验收结果。其中，假定 BIM 模型以国际主流 BIM 数据交换标准 IFC（Industry Foundation Classes，工业基础类）格式提供。系统的功能列表及其描述如表 1 所示。

系统功能列表　　**表 1**

功能名称	功能描述
导入、浏览三维模型	支持导入 IFC 格式的 BIM 模型文件。支持对三维模型进行浏览和交互操作，包括旋转、移动和缩放等，并支持分层、分构件查看模型，方便快速查找检查点
生成检验批、检查项目和检查点	依据施工质量验收规范中规定的检验批划分原则和抽查规则，结合用户对施工段的划分，在施工前自动生成检验批、检查项目和检查点，帮助制定验收计划并辅助现场验收
现场填写定制表格与拍照	支持用户利用移动设备填写施工质量验收记录表，并支持拍照记录
施工现场室内移动定位	支持移动设备的定位，能在 BIM 模型上显示施工现场用户的位置
自动生成检验批质量验收表	根据原始记录表自动生成符合规范的检验批验收质量表

2.2　系统架构与开发环境

本研究采用 BIMserver 作为 BIM 模型管理平台。该平台是由荷兰非营利机构 TNO 发起，并由众多程序员自愿参与开发的开源 BIM 服务器平台，它可支持对 IFC 格式的 BIM 数据进行三维显示和管理。

本研究以 Spring MVC 开源框架为参考，以调用 BIMserver 的 BIM 数据有关的服务为前提，建立了系统架构[6]，如图 1 所示。

系统采用基于 Web 的 B/S 架构，支持跨平台使用。系统自下而上依次包括数据层、模型层、控制层以及视图层 4 个层次。各层次的作用及开发环境如下：

（1）数据层：存储系统所需的各类数据，主要包括 IFC 数据、规范数据、各类表格资料数据等。采用 MySQL 数据库管理系统进行数据管理。

（2）模型层：实现对数据层的各类数据进行计算机表达和信息组织。采用 Java 开发。

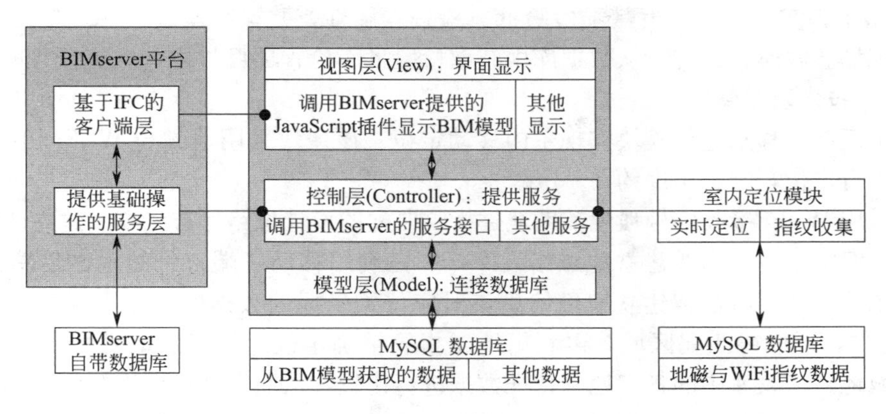

图 1　系统架构

（3）控制层：实现系统的各类功能模块的业务逻辑，调用 BIMserver 的基础接口完成与模型相关的应用功能，调用室内定位系统的相关接口完成定位功能。采用 Java 开发。

（4）视图层：提供三维模型显示和其他功能界面的显示和交互。用户界面需适应电脑浏览器和移动设备浏览器。采用 HTML、JavaScript、jQuery 等语言进行开发。

3　关键算法与技术

3.1　根据 BIM 生成验收任务的算法

根据上述规范，可知确定验收任务的关键是：确定检验批、关联检验批对应的检查项目，并在检验批中抽样得到检查点。为此，本研究从 BIM 模型中获取构件的相关信息，建立了生成验收任务，即生成检验批、检查项目和检查点的算法。

IFC 标准以面向对象的方法表达 BIM 数据。对于柱、梁、板等实体元素，IFC 标准提供了一系列对象类型、对象属性的声明以及对象之间关系的定义，同时包含了抽象概念（例如层、轴线等）。本算法结合规范中规定的检验批划分与检查点抽样原则，基于 IFC 数据生成检验批、检查项目和检查点，如图 2 所示[7]。

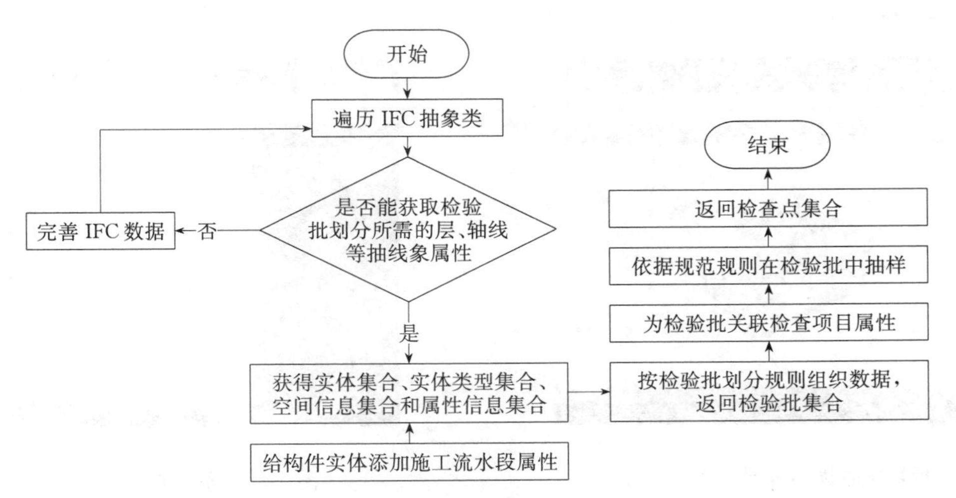

图 2　生成检验批、检查项目和检查点的算法流程

在本算法中，系统首先遍历 IFC 数据，获取划分检验批所需的层、轴线等抽象属性的关系，并分别返回实体集合，实体类型集合，楼层、轴线等空间信息集合，以及材料、面积等属性信息集合。由于检验批需要按照实际施工流水段进行划分，此时需由用户添加构件的施工流水段属性信息，并由系统按照检验批划分规则重新组织数据，返回检验批集合。然后，系统为检验批关联检查项目，并按施工质量验收规范在各检验批中进行抽样，得到检查点集。系统将检查点在 BIM 模型上标记出来。生成检验批和检

查点后，BIM 模型中各实体元素即被赋予检验批或检查点属性，并保存至数据库。施工质量验收人员利用移动设备进行现场验收时，系统可从数据库中获取检验批、检查项目与检查点信息并进行显示。

3.2　室内移动定位技术及其集成

本系统集成了现有的移动定位模块实现室内移动定位。该模块采用地磁与 Wi-Fi 相结合的定位方法，能在施工平面上进行定位，定位精度约 2～3m。

该定位算法采用 Wi-Fi 接收信号强度辅助地磁指纹匹配的设计思路，首先离线建立地磁指纹库，然后在线进行地磁指纹匹配定位。离线建立地磁指纹库，即是利用移动终端自带的地磁传感器收集人员活动空间环境的地磁场信息及其特征，建立地磁信息与对应位置坐标的数据库。在线匹配定位时，系统利用 Wi-Fi 信号初步定位，形成待匹配区域，再利用地磁指纹精确定位，将当前地磁特征量及历史地磁特征量，与待匹配区域地磁指纹库中的各点地磁特征数据进行比较，从而得到移动终端所在的位置坐标。

该移动定位模块可向服务器发送实时的平面定位坐标，并通过坐标转换，将平面图上的定位信息转换到 BIM 模型中的某个楼层平面进行显示。移动定位技术能为现场验收人员提供实时的位置信息，帮助验收人员判断自身与构件的相对位置，尤其是在复杂建筑的质量验收中可发挥重要的作用。

4　原型系统试用

基于上述系统设计和关键技术，本研究开发了施工质量管理原型系统，并在北京城建二公司科技大厦 B 座项目中进行了试用。该项目为科研办公楼，位于北京市朝阳区，筏板基础、框架剪力墙结构，地上 12 层（裙楼 4 层）、地下 4 层，建筑面积共计 34012.10m^2。

本研究利用北京城建二公司提供的 Revit 结构模型，导出 IFC 数据文件，并上传到系统中。验收前，测试人员在模型中选择构件，并添加构件所属的施工流水段信息，然后点击按钮，由系统自动生成检验批、检查项目和检查点。

本次试用范围为施工方自检。在验收过程中，测试人员随身携带移动 Wi-Fi 和平板电脑，通过浏览器访问系统。如图 3 所示，BIM 模型上将实时显示用户的位置。用户在左侧树状图中选择检验批和检查项目，在右侧树状图中控制相应构件的显隐，在模型视图中选择检查点，并点击模型上方区域的表格图标按钮，按提示填写现场验收记录表，如图 4 所示。用户可点击相机图标在检查点对应部位进行拍摄，完成后可点击眼睛图标查看照片。

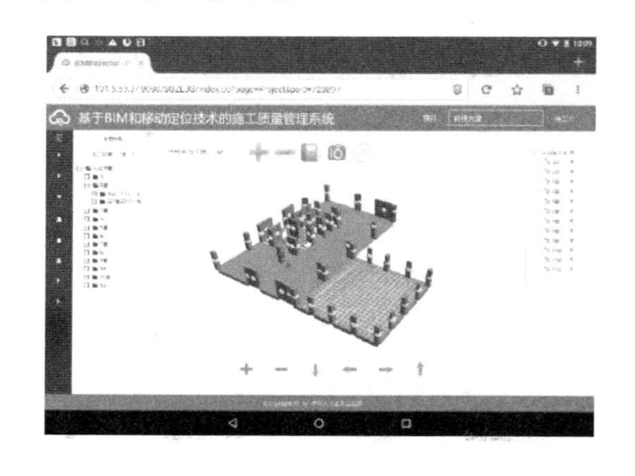

图 3　现场验收模型查看（移动设备）

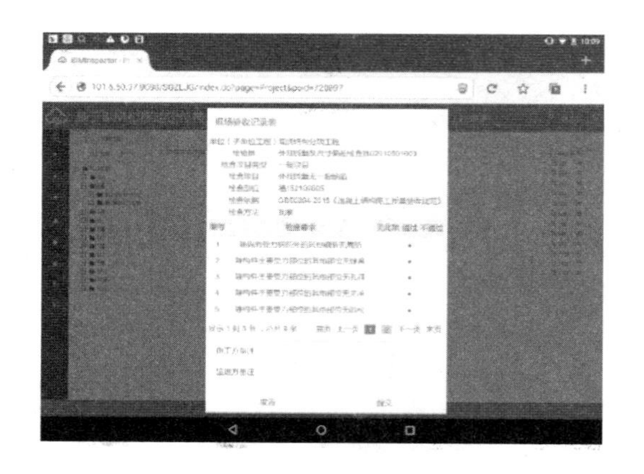

图 4　现场验收填表（移动设备）

系统根据验收人员填写的现场记录表中的数据，自动生成符合规范要求的检验批质量验收记录表，如图 5 所示，用户可直接打印该表格。在检验批质量验收记录表中选择检查项目，点击对应的检查记录，即可查看对应的原始数据记录。

试用过程中，测试人员收集了科技大厦 B 座 2 层的 4 个分项工程，共 12 个检验批的数据，形成了该楼层较为完整的验收资料。试用结果表明，该系统可避免数据二次转录工作，并做到原始数据可溯可查。下一步将继续深化系统的试用。

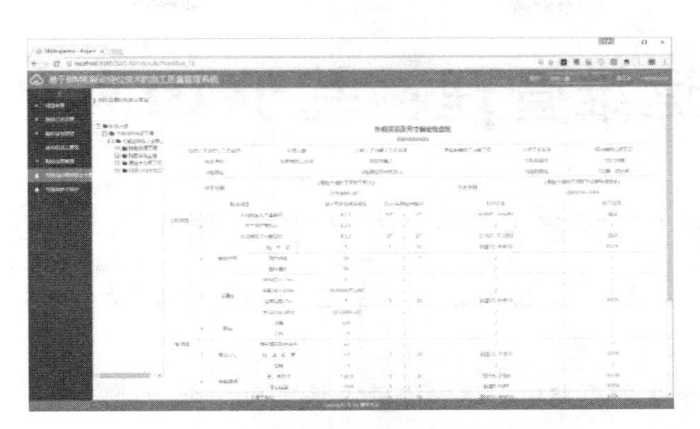

图 5　自动生成的质量验收记录表

5　结　语

本研究通过对验收规范的深入分析，基于 BIM 技术建立了生成检验批、检查项目和检查点的算法，集成了室内移动定位的功能模块，设计并研制了支持包括建设方、施工方、监理方等多参与方的施工质量管理系统，并在实际工程中进行了试用。该系统遵循规范要求，可有效减少验收资料员的工作量，提高验收数据的真实性，为解决现存的施工质量管理问题提供新的方法和工具，有助于提升施工质量管理水平和效率，为 BIM 技术在施工阶段拓展了新的应用点。

参 考 文 献

[1] Kwon O S，Park C S，Lim C R. A defect management system for reinforced concrete work utilizing BIM，image-matching and augmented reality [J]．Automation in Construction，2014，46 (10)：74-81.

[2] Tsai Y H，Hsieh S H，Kang S C. A BIM-Enabled Approach for Construction Inspection [C]. International Conference on Computing in Civil and Building Engineering. 2014：721-728.

[3] Kim C，Park T，Lim H，et al. On-site construction management using mobile computing technology [J]. Automation in Construction，2013，35 (2)：415-423.

[4] 中华人民共和国建设部．建筑工程施工质量验收统一标准 GB 50300-2013 [M]．北京：中国建筑工业出版社，2013.

[5] 中华人民共和国建设部．混凝土结构工程施工质量验收规范 GB 50204-2015 [M]．北京：中国建筑工业出版社，2015.

[6] Zhiliang Ma，Na Mao and Qiliang Yang. A BIM based approach for quality supervision of construction projects [C]. Creative Construction Conference 2016，644-649，Budapest，Hungary.

[7] 马智亮，毛娜．基于建筑信息模型自动生成施工质量检查点的算法 [J]．同济大学学报（自然科学版），2016，44 (5)：725-729.

建筑工程运维管理：基于BIM的方法综述

丁梦莉[1]，杨启亮[2,1]，马智亮[2]，邢建春[1]，孙晓波[1]

（1 中国人民解放军理工大学国防工程学院，江苏 南京 210007；2 清华大学土木工程系，北京 100084）

【摘　要】 在建筑的整个生命周期中，运维阶段占据了90%以上的时间和80%以上的建筑成本，研究和追求更高效的建筑运维管理方式具有重要意义。将BIM技术应用在运维管理中，能够提高建筑运维管理效率，因此目前已经有了较多的研究与应用。本文对现有的主要建筑运维研究工作进行了综述，论述了建筑运维方式的发展，从技术和应用两个视角来讨论分析了基于BIM的建筑工程运维管理方法，并对当前面临的新的技术挑战进行了分析，展望了未来研究的发展趋势。

【关键词】 BIM；运维管理；FM；应用现状与问题；研究趋势

1　引　言

在建筑的整个生命周期，成本80%发生在运维阶段，而运维阶段2/3的损失是由于其效率的低下[1]。如何改变传统运维方式，寻求更加高效的运维管理方式已经得到了越来越多研究人员的重视。

传统的基于图纸的管理和二维手工管理具有交付时易丢失信息，管理效率低，可视化程度低的缺点，在实际应用中不仅浪费时间，而且还容易出现错误。使用BIM技术可以使整个工程项目在设计、施工和运行维护阶段都能够有效地实现节省能源、节约成本、降低污染和提高效率的目的。将BIM技术应用在运维管理中，能改变传统的管理理念，实现在模型中操作信息和在信息中操作模型，大大提高建筑管理的集成化程度[1]。因此，BIM技术已从建筑设计、施工阶段向运维阶段渗透并大量应用。

虽然国内外[2]都曾有关于BIM运维管理应用的综述文章，国内的胡振中[3]等也对BIM在运维管理中的应用做了较为完备的总结。但这些工作仍然缺少对各类型应用所涉及的具体功能和技术问题展开讨论，对技术方面的分析将重点放在数据信息采集这一维，对运维平台的一些核心构造技术总结还不够完善。与上述综述文献不同，本文论述了建筑工程运维管理方式的发展和传统运维方式的弊端，总结了将BIM与运维管理相结合的一系列优点，分析了目前将BIM用于运维管理的核心技术难点。针对一些有价值的应用研究工作与成果，对BIM在建筑工程运维管理中的应用现状进行了综述，针对应用中存在的具体问题和解决方法，展望了未来研究的发展趋势和方向。

2　BIM及建筑工程运维管理概述

2.1　基本概念定义

首先，对建筑工程运维管理、BIM、基于BIM的运维的定义进行了归纳总结如下：

定义1：建筑工程运维管理，简称FM（Facility Management），是指运用多学科专业，集成人、场地、流程和技术来确保楼宇良好运行的活动[1]。主要是指对人员工作、生活空间进行规划、整合，对其中的设备进行维护、维修、监测、应急等管理[4]。目的是满足人员在建筑物中的基本需求和对建筑设备的实时监测管理。

定义2：建筑信息建模（BIM）是一种整合了建筑设计、施工、运维，包含整个生命周期的模型。它

【基金项目】 国家重点研发项目（2017YFC0704100）新型建筑智能化系统平台技术；中国博士后基金面上项目（2016M600094）

【作者简介】 丁梦莉（1994-），女，硕士研究生，主要研究方向为BIM技术及应用。E-mail：momocarol 618@qq.com

以建筑工程项目的各项相关信息数据作为模型建立的基础，通过数字信息仿真模拟建筑物所具有的真实信息。具有可视化、协调性、模拟性、优化性和可出图性五大特点。

定义3：基于BIM的运维是指以BIM模型为载体，利用其优越的3D可视化能力，将各种零碎、分散、割裂的信息数据，以及建筑运维阶段所需的各种机电设备参数进行一体化整合，形成对建筑空间与日常设备运维功能的管理[5]。

近年来，随着BIM运维管理实现了海量应用，基于BIM的运维管理在内容上也变得更加丰富，我所理解的BIM运维管理概念如下：

定义4：基于BIM的运维管理是一种新型的三维管理方式，在以BIM为重要载体实现信息整合与展示的基础上，还能够实现建筑各方面信息的直观可视化显示和对设备运行的可视化控制，并有效提高运维管理效率和智能化管理水平。

2.2 建筑工程运维管理方式演进

建筑运维管理是一个不断发展的过程，随着建筑与设备运维的不断复杂化，对运维管理方式提出了新的要求，建筑工程运维管理方式也在不断进步和发展。我们将运维管理方式的演进概述为三个主要阶段：基于图纸的人工化运维管理，基于二维平台的半自动化管理和基于BIM的全局综合管理。

（1）基于传统纸质图纸的人工化运维管理。

最初的管理方式是一种基于图纸的传统设计-招标-建造模式[6]。这种方式在每个阶段交付时都会由于信息的丢失而产生价值的损失，并且在运维阶段效率很低，只能依靠人工方式来进行设备和信息的管理。

（2）基于二维平台的半自动化管理。

引入计算机二维平台的管理方式极大提高了运维阶段的便利性，能够实现对某一所需功能的有效管理。但是该方法仍然存在信息与模型分离，效率与可视化程度不高的问题。并且在运维阶段还需要解决与后台办公软件的整合问题。现有的二维平台之间存在信息的相互隔离，无法实现真正的建筑自动化管理。

（3）基于BIM的全局综合管理。

设施维护需要采集大量与设备运行有关的信息，这些信息包括历史信息和实时操作信息。传统的计算机维护管理系统主要用于数据的管理，缺乏数据收集和录入的功能，同时也不能满足数据检索与可视化要求[7]。因此，我们对现阶段的运维管理提出了信息融合、直观可视化展示、易交互等一系列新的要求。因此开始引入建筑信息模型（BIM）与运维管理相结合的新型运维管理模式，实现更高效准确的全局综合管理。

2.3 BIM在FM中应用的优势

将BIM技术应用于运维管理中，可以实现信息集成共享和设备的可视化管理。两者相结合具有BIM和FM两者协调系统的集成优点[8]。BIM的3D可视化模型可以实现建筑部件的精确几何表示和建筑构件的定位，形成易于修改的可视化组件，从而实现对空间的有效管理；可以快速生成FM数据库，实现更快更有效的信息共享，节约时间和成本，并且可将数据用于FM中的维护、修理、管理等方面；能够将模型用于建筑性能的模拟和调试，预测能耗绩效和计算生命周期的成本；可以将模型数据用于仿真工具，并将构建的信息用于建筑模型的优化与改造；还具备一些新型应用，比如有助于规划路线，用于维修人员的路径优化或者智能紧急撤离。

在BIM与FM融合的优点中，准确的空间管理，高效FM数据库源以及使用BIM数据进行预防性维护是最重要的原因。

3 基于BIM的建筑运维管理核心技术问题分析

我们将基于BIM的建筑运维管理核心技术归纳为三个方面：（1）面向运维管理的BIM模型；（2）虚拟BIM模型与建筑物理系统融合集成技术；（3）平台构造技术。

3.1 面向运维管理的 BIM 模型

模型是构建运维管理系统的基础，如何构建模型，模型应该满足什么要求，如何自定义扩展模型，都是需要实际考虑的问题。

邓雪原等[9]提出模型对象要满足范围适度、精度适度、信息适度原则。姚守俨等[10]结合施工提出对构件工作集进行合理的划分，根据不同要求，对大量的构件进行统筹划分。薛刚等[11]认为模型还应满足参数参变特征，能够快速调整变化，模型不仅应该包含几何信息，还应该包含非几何信息。

构建系统时，对缺少的模型需要进行自定义和扩展，对 BIM 模型的扩展需要基于 IFC 标准，主要有三种扩展方式[12]：基于 IFCProxy 实体的扩展、基于增加实体类型的扩展、基于属性集的扩展。

基于 IfcProxy 实体的扩展方式是利用 IfcProxy 实体对原模型体系中未定义的信息进行实体扩展。曹国[13]等对 IFC 标准中的配筋属性架构进行了实用性的扩展，弥补了国内这方面的不足。周亮[14]等的发明是一种用于将输变电工程 GIS 设备根据 IFC 标准结构扩展为在输变电工程管理系统中有效交换和共享的电气设备模型。Yu K[15]等介绍了设备管理类和计算机集成设施管理系统开发的框架。

基于实体类型的扩展方式是对 IFC 模型本身定义的扩充和更新，一般在 IFC 标准版本升级时使用。余芳强[16]等整理了自 IFC2x 发布以来，各版本 IFC 标准升级时核心模块变化与发展。BuildingSMART[17]对 IFC 标准做了新的扩展，制定了新的 IFC4 标准。

基于属性集的扩展方式是对具有信息描述功能的属性的扩展。刘照球[18]等分别从几何信息模型、荷载信息模型、分析信息模型三个方面对 IFC 标准的结构产品模型缺失信息进行扩展，完善了 IFC 标准的结构信息模型基本框架。Rio J[19]等探讨了当前 IFC 模型的局限性，并提出了传感器类的扩展。在传感器通用属性集对的基础上，对各传感器的特殊属性集进行扩展。

3.2 虚拟 BIM 模型与建筑物理系统融合集成技术

目前主流的 BIM 技术只支持对几何数据、空间位置和关系等静态信息的描述，已经不能满足日益复杂的运维管理需求，如何实现 BIM 的静态信息模型与建筑实体模型之间的动态交互成为亟待解决的问题。

信息物理融合系统 CPS 是一个综合计算、网络和物理环境的多维复杂系统，通过 3C（Computation、Communication、Control）技术的有机融合与深度协作，实现大型工程系统的实时感知、动态控制和信息服务[20]。

分别在虚拟模型和物理实体中标识是实现二者匹配交互的基础。信息物理融合系统将数字图形作为连接物理和几何属性的介质，实现了“数据附着于图形，图形蕴含数据”[17]。把原来建筑中独立运行并现场操作的各设备，结合 RFID 等技术汇总到统一的管理平台上进行设备管控[21]。在监视设备的实时运行状态的同时，可以进行远程管控。

3.3 平台构造技术

现阶段用于运维管理的 BIM 平台系统主要有 3 类[3]：（1）直接应用商业软件产品；（2）基于商业软件进行二次开发[22][23]；（3）研发具有自主知识产权的平台系统[24][25]。我认为，利用现有的现场层监测平台与建筑智能化系统相结合，能够实现对现有平台的最大化利用，是一种可以深化研究的 BIM 平台构造技术。

但是，不论什么形式的平台，都需要解决 IFC 数据双向传递、三维模型的数据绑定、三维模型显示、用户操作便利等问题[26]。作为主流的 BIM 标准，模型的 IFC 标准信息读写是实现平台数据传输功能的基础。目前已经有一系列 IFC 解析工具，比如 EDM、IFCsvr、IFC Engine DLL 等，各有优缺点。实现平台可视化的实现需要三维模型的显示功能，将 IFC 格式信息完整的转换为三维模型，对各构件的位置和关系信息实现可视化显示。目前模型显示主要有 AutoCAD、OpenGL、Direct3D 等软件。

采用移动手持终端是平台信息交互的有效方式，目前已经在 BIM 施工阶段得到了应用，如广州地铁施工中使用的“派工单”[27]，将施工信息通过手机 APP 等设备下发给工人，同时将施工进度反馈到系统中。运维阶段主要是应用于设备巡检中的漫游[28]，对设备扫描显示设备的基本信息[29]，以及设备报修[30]等方面。

3.4 总结分析

如图 1 所示，我们对比了最早提出 BIM 的美国和中国之间的发展。BIM 概念自 2002 年首次提出，就在全球建筑行业产生了巨大的影响力。虽然我国 BIM 行业直到 2007 年才起步，但是在建筑业发展迅速，目前在平台构造技术和 BIM 模型搭建方面已经有了很多的研究。CPS 技术作为一种将图形、几何、数字信息和物理世界相融合的技术，虽然目前研究较少，但它在实现 BIM 模型与现实世界的交互方面有很好的发展前景。

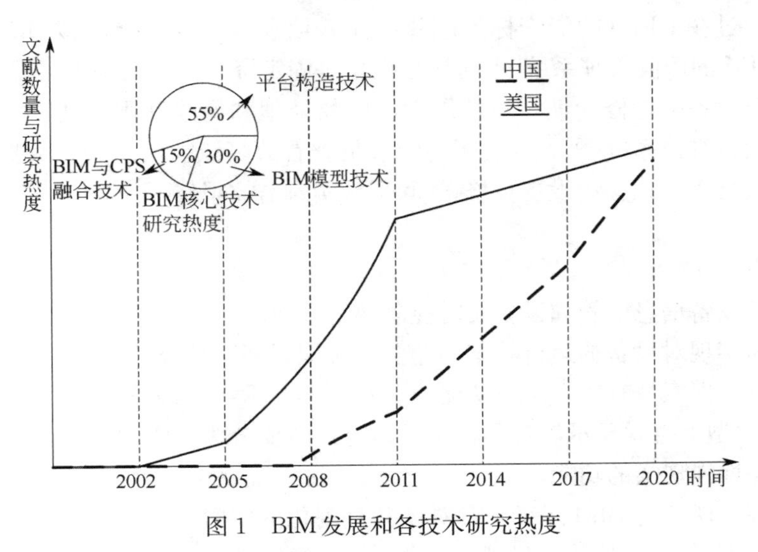

图 1　BIM 发展和各技术研究热度

4　BIM 在建筑运维管理中的应用功能分析

4.1　应用功能分类与定义

如图 2 所示，我们将 BIM 在建筑运维管理中的应用分为以下几个方面：

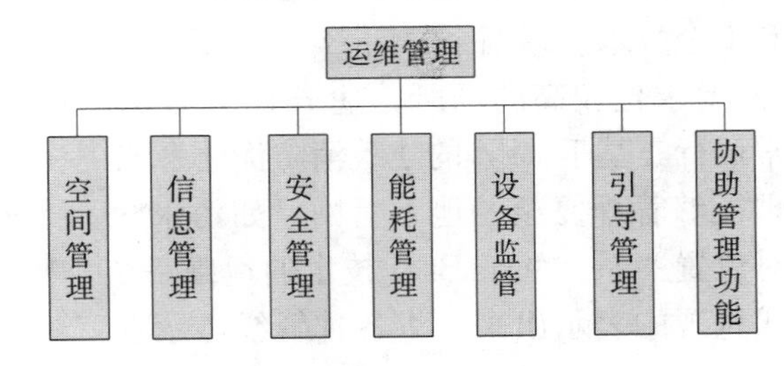

图 2　运维管理应用分类

（1）空间管理：是指对空间和空间中的人员设备进行的管理。

（2）信息管理：是指对建筑所有信息以及运营产生的所有新信息的管理。

（3）设备监管：是指对建筑中设备运行的监测和运行状态的控制调整。

（4）安全管理：是指对建筑中的安全问题排查和紧急事故的反馈管理。

（5）能耗管理：是指对建筑的能耗进行显示、分析、远程控制，以达到节能目的的管理。

（6）引导管理：是指根据实时信息，对变更时的人员、操作、设备流量进行管理，以避免操作冲突。

（7）协助管理功能：是指对建筑的其他功能需求提供建筑物的空间、构造、数量信息的管理。

4.2　空间管理

空间管理主要包括人员管理、空间规划分配、设备位置管理等几个具体应用方面。基于 BIM 的可视化空间管理，可以对人员、空间实现系统化、信息化的管理。

人员位置管理能够对建筑物中人员的位置的变动进行实时监控管理。校园运维系统[31]模块可以通过视频监控实现对校园巡逻人员位置和时间的跟踪，将信息实时显示在平台上。空间规划分配是对建筑中各功能模块、商户位置等的最优布局。在医院中使用直观的三维信息模型[8]可以合理分配各科室空间，实现医疗资源的最优化利用。设备位置管理能够实现对建筑物中电梯、车辆等移动设备位置的监控。立体车库运维系统[32]，是一个结合了三维 BIM 可视化展示、传感器数据采集、专家系统决策的综合管理系统。

4.3 信息管理

信息管理主要包括资产管理和设备信息管理两个方面。

资产管理主要是通过在 RFID 的资产标签芯片中注入信息，结合三维虚拟 BIM 技术实现精确定位、快速查阅[33]。基于 BIM 的医院管理系统[34]对诊疗设备等固定资产信息实现了可视化、自动化管理。

设备信息管理是对设备的检修周期、清洁周期，废物处理和回收利用，到期需要更换的设备部件信息的管理。轨道交通设备维修系统[35]，改变了传统人员查看故障点，信息录入数据库的报修方式。设计的报修平台分为巡检人员手持式移动设备报修[30]和平台实时监控报修[36]两种方式，提高了效率，减少了中间环节的错误。

4.4 设备监管

设备监管主要包括设备信息监管和设备实时控制两个方面。

设备信息监管能够实现对设备的运行状态的监测，确保设备故障状态及时被发现。基于 BIM 技术的管理系统集成了对设备的搜索、查阅、定位功能[6]。BIM 与 AR[37]等人机交互技术相结合建立的运维管理系统，可以在 BIM 模型上直观显示设备是否正常运行。主要分为 BIM 准备、AR 实现、功能应用 3 个步骤，实现虚实结合和增强现实的功能。

设备实时控制能够实现通过 BIM 运维平台对设备直观化的实时控制。目前国内关于这方面文献主要在设想和系统开发方面[18][6]，国外关于建筑全生命周期运维管理[38]的研究中，初步使用了可视化模型的监控方式。

4.5 安全管理

安全管理主要包括安保管理、火灾消防管理和隐蔽工程管理。

安保管理是对系统中一切人、物和环境的状态管理和控制，可大致归纳为人员组织的安全管理，人员行为控制，场地与设施管理和安全技术管理四个方面[28]。主要应用在军事基地、重要设备机房[27]、银行、校园[31]、主干道路等对监测要求比较高的场所。基于 BIM 技术的火灾消防管理系统提高了运维效率，保证了所有消防设备的正常运行。基于 BIM 的建筑消防优化系统[39]可以进行建筑防火性能设计优化和火灾风险评估。隐蔽工程管理能够管理复杂的地下管网，如污水管、排水管、网线、电线以及相关管线，并且能在图上直接获得相对位置关系。基于 BIM 技术的运维系统[32][40]可以将原本主要由人工管理的隐蔽工程以三维可视化的形式直观的表示出来。将各种管线显示在三维模型中，通过点选模型，可以实现对管线信息的查询。

4.6 能耗管理

能耗管理是对建筑中的用能系统提供实时的能耗查询、分析和远程控制服务，实现对建筑物的智能化节能管理。

电量监测系统[5][41]通过安装具有传感功能的电表，在管理系统中收集用电信息，并对能耗情况进行自动统计分析，对用电情况与历史数据进行比对分析，及时发现异常。水量监测系统通过对水表的监测，可以在 BIM 运维平台上清楚显示建筑内水网位置信息[42]，并对水平衡进行有效判断。

总的来看，建筑能耗管理系统是将 BIM 与物联网、传感器、控制器等技术相融合，对建筑用能进行监测和分析，并可以控制用能设备运行。降低了传统运营管理下由建筑物能耗大引起的成本增加。

4.7 总结

通过查阅归纳各方面的文献资料，可以看出，目前 BIM 在建筑工程运维管理中的应用主要是在设备监管方面（图 3），设备的有效管理给建筑业主带

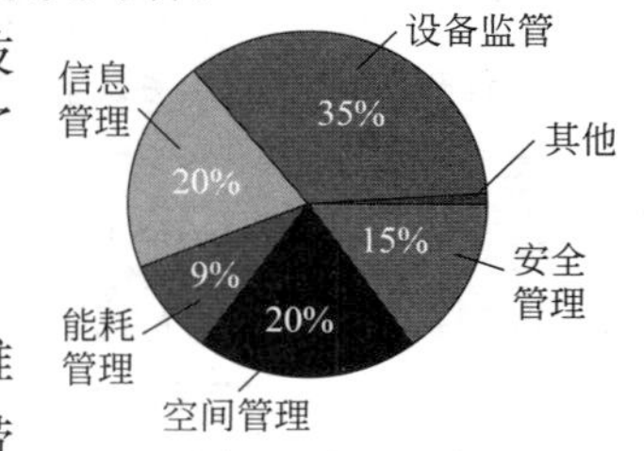

图 3　应用比例

来了效益的优化。如何在传统优势领域继续优化和在新兴领域扩展 BIM 的应用范围，是我们接下来的研究方向。

5　面临新挑战与未来研究趋势展望

BIM 既是过程也是模型，但归根结底是信息[43]，是存储信息的载体，是创建、管理和使用信息的过程[44]。在建筑运维管理需求不断提高的情况下，如何更深层地实现信息的获取、交互、可视化呈现等问题，是 BIM 在未来需要关注的核心方面。

5.1　面临新挑战

目前，BIM 的应用范围不断扩大，它所影响的不仅仅是使用的工具、技术，还有企业的生产、管理、经营的方式和流程，甚至整个行业的产业链结构。但是目前 BIM 仍然主要关注于设计和施工阶段，在运营和维护方面的优势还不够明显[45]。BIM 技术为运维管理提供了新的协作方法，但是也产生了一些问题。

（1）BIM 扩展模型难以与业界软件工具有效兼容的问题

BIM 和 FM 软件工具的多样性和互操作问题[46]。基于 BIM 的三维图形交互模块的开发需解决 BIM 数据解析及三维模型显示两个问题。

IFC 标准对工程属性信息描述具有局限性。IFC 标准不够完善，对许多设备缺乏定义，IFC 标准的几种扩展方式各有优缺点，易用性、版本兼容性、类型安全、运行效率不能同时实现最优，以及扩展后的构件验证性问题[47]，需要在不同平台进行可行性与适用性验证，总体扩展难度大。

（2）BIM 与建筑物理系统的动态实时交互问题

现有的运维平台功能主要是对建筑和设备的监测，是信息的单向传递，是一种无法与物理世界交互的“聋哑模型”，缺少控制方面的应用。如何实现系统的监测控制一体化，实现信息的动态实时交互，是目前研究的难点。

（3）BIM 对于动态信息的可视化呈现问题

目前的 BIM 动态信息监测主要应用在施工阶段对施工进度、施工质量、施工成本等信息的实时监测。对数据的采集主要有三种方式[24]：将施工监测图像使用摄像测量技术获取现场施工的图像数据；使用 3D 激光扫描仪或摄像测量技术获取现场已建建筑物的 3D 数据；以及应用 RFID（Radio Frequency Identification，无线射频识别）技术获取构件的进度信息[30]。对于运维阶段设备的实时监测应用仍然局限于二维的数据库显示，无法实现信息的动态可视化展示。

（4）基于 BIM 的运维平台功能相对单一

缺乏实用可靠的运维管理平台。现有运维平台功能单一，一般只是针对单一功能，对于空间、资产、维护、能耗等方面的应用，各自形成一个单点式的运维平台[48]，在技术开发和具体工作流程方面差异较大，无法形成统一的协同合作系统。并且大部分平台只能用于建筑物的漫游和简单的信息查看，不能做到对设备的实时监控。自主研发平台难度大，研发周期和资金成本大，应用度不高。

（5）基于 BIM 运维平台与现有建筑 BA 系统的角色定位问题

传统的运维管理系统（如 BA）已经很成熟，并且应用广泛，现有建筑物大多都有一个现有的软件平台来管理 FM 信息，人们对新技术仍然有接受障碍，缺乏现实案例与投资回报的正面证明。新技术的实行需要对基础设施的投资，比如人员培训和新的软件工具开发，投资回报周期较长。缺乏新行业的规范，用来整合所有设计和施工标准。

（6）基于 BIM 的地下建筑运维管理需求

地下工程建设具有投资大、周期长、技术复杂、不可预见风险因素多和对社会环境影响大等特点，是一项高风险建设工程[49]。目前地下工程的建设施工开始使用 BIM 来进行安全风险识别与危险预警，改变了以往专家和巡检人员的依据经验管理方式，提高了施工质量。但是地下建筑的管控仍然使用传统管理方式，信息化程度低，运维效率低。

5.2 未来展望

针对上述问题，对BIM在运维管理中的发展进行展望：

（1）由只针对单一运维领域向功能完善的运维管理系统的发展。运维管理平台的不断开发和功能逐渐完善，逐步形成一个整体的建筑协同平台。

（2）数据信息的采集方式多样化。随着应用技术的不断进步，BIM技术也和云平台、大数据等技术产生了交叉和互动。这就对未来的运维平台提出了建立BIM云平台，实现二维图纸和三维模型的电子交付功能的要求[50]。但是，国防工程运维管理由于其信息保密的特殊性，普通的云平台技术不能满足要求，如何构造针对国防工程信息管理的云平台，是需要解决的一个难点。

（3）具有不断变化和学习能力作为动力的BIM系统不断完善发展。将科研与实际工程项目相结合，在实践中达到检验软件功能，培养人才，同时达到优化施工运维技术的目的。

（4）增强现实（AR），增强虚拟（AV），虚拟现实（VR），混合现实（MR）技术和地理信息系统（GIS）与BIM技术的融合。目前这些技术在施工现场已经有了初步的应用，实现了将BIM技术的信息数据与现场实际环境进行实时交互。将AR等技术用于运维阶段，可以充分实现BIM信息的价值，实现信息的直观化、可视化[51]。但是目前BIM技术的主要应用还停留在模拟和效果展示上，仍然未能结合实际情景进行问题解决。

（5）BIM运维平台信息处理与大数据分析。BIM可视化监测平台产生了关于建筑和设备运行的大量数据，因而对搭载平台的计算机提出了大容量存储、快速处理、精确分析的要求，选择一种合适的方法来满足平台的需求成为BIM运维管理平台得到广泛应用的前提。云计算是能提供动态资源池、虚拟化和高可用性的计算平台[52]。云计算的计算和存储能力，有望实现未来BIM运维平台的移动终端配置，用户可以直接从云平台调取所需的数据[53]。

运维平台的各种数据杂乱无章，需要对它们进行一定的计算分析，得出其中的规律，才能实现对一段时间内运维状况的一个系统性的分析。对于监测数据的处理，提出了各种方法，如应用离散傅立叶变换对BIM监测数据进行智能分析和展示[54]，实现建筑的周期性分析。我认为，运维平台数据分析与专家系统相结合，实现对数据的专家分析，是未来处理数据的一种可能的方式。

随着BIM运维管理平台得到广泛的应用，对运维平台数据信息的管理和处理要求不断提高，如何选择一种高效的信息管理技术，成为未来BIM技术研究的一个热点和难点。

（6）BIM在地下工程运维管理中的应用需求。

全生命周期构件工程信息的动态查看，地下环境条件随时间变化程度大，需要实时监控地下空间结构的温度、湿度、渗流、支撑力[55]等安全因素，提高风险应对能力。同时，系统需要具备模拟人的思维，对信息进行判断和分析，及时发现故障和危险。

6 结　论

随着智能建筑的发展，人们开始逐渐认识到建筑运维管理的重要性，开始探求更加高效的管理方式。BIM作为一种备受关注的模型管理方法，不仅包括三维几何模型，还能够提供与建筑物相关的各种建筑构件和系统信息，此信息可用于建筑物的运维管理。使用BIM作为建筑项目信息的中央存储库，彻底改变了传统的建筑运维管理方式。本文对基于BIM的运维管理研究应用和现状进行了分析，并讨论了目前存在的问题和展望了未来研究的方向。未来我国BIM技术的发展，不仅要重视运维平台的开发，还应该完善BIM技术标准，并不断探索有效的应用模式，逐渐实现以人为本，人机交互和信息共享的智能化运维管理。

参 考 文 献

［1］ Eastman C, Teicholz P, Sacks R. BIM handbook: a guide to building information modeling for owners, managers, designers, engineers and contractors［M］. New Jersey: John Wiley & Sons, Inc., 2011: 1-30.

［2］ Codinhoto R, Kiviniemi A. BIM for FM: A Case Support for Business Life Cycle［J］. Ifip Advances in Information &

Communication Technology，2014，442：63-74.

[3] 胡振中，彭 阳，田佩龙．基于BIM的运维管理研究与应用综述［J］．图学学报．2015，36（5）．

[4] Azhar S. Building information modeling (BIM)：trends，benefits，risks，and challenges for the AEC industry［J］. Leadership and Management in Engineering，2011（3）：241-252.

[5] 过俊，张颖．基于BIM的建筑空间与设备运维管理系统研究［J］．土木建筑工程信息技术．2013，5（3）．

[6] William East E，Nisbet N，Liebich T. Facility management handover model view［J］．Journal of Computing in Civil Engineering，2013，27（1）：61-67. 申婉平．设施生命周期信息管理（FLM）的理论与实现方法研究［D］．重庆：重庆大学建设管理与房地产学院，2014.

[7] Xiao Yaqi，Hu Zhenzhong，Wang Wei，Chen Xiangxiang. A mobile application framework of the facility management systemunder the cross-platform structure［J］．Computer Aided Drafting，Design and Manufacturing（CADDM）. 2016，26（1）：5

[8] Zahra Pezeshki. Applications of BIM：A Brief Review and Future Outline［J］．Archives of Computational Methods in Engineering. 2016（16）．

[9] 赖华辉，邓雪原，陈 鸿，楼葭菲．基于BIM的城市轨道交通运维模型交付标准［J］．都市快轨交通．2015，28（3）．

[10] 姚守俨．施工企业BIM建模过程的思考［J］．土木建筑工程信息技术．2012，4（3）．

[11] 薛刚，冯涛，王晓飞．建筑信息建模构件模型应用技术标准分析［J］．工业建筑，2017，47（2）：184-188.

[12] 王勇，张建平，胡振中．建筑施工IFC数据描述标准的研究［J］．土木建筑工程信息技术，2011（4）：9-15.

[13] 曹国，高光林，丘衍航，等．基于IFC标准的建筑对象配筋属性架构的扩展应用［J］．土木建筑工程信息技术，2013，5（4）．

[14] 周亮，吕征宇，邓雪原，等．一种基于IFC的输变电工程GIS设备模型扩展方法：，CN 105488306 A［P］．2016.

[15] Yu K，Froese T，Grobler F. A development framework for data models for computer-integrated facilities management［J］．Automation in Construction，2000，9（2）：145-167.

[16] 余芳强，张建平，刘强．基于IFC的BIM子模型视图半自动生成［J］．清华大学学报（自然科学版），2014，(08)：987-992.

[17] buildingSMART，IFC4 documentation，http：//www. buildingsmart-tech. org/ifc/IFC4/Add2/html/

[18] 刘照球，李云贵，吕西林．基于IFC标准结构工程产品模型构造和扩展［J］．土木建筑工程信息技术，2009，1（1）：47-53.

[19] Rio J，Ferreira B，Martins J P P. Expansion of IFC model with structural sensors［J］．Informes De La Construction，2013，65（530）：219-228.

[20] 李犁，邓雪原．基于BIM技术的建筑信息平台的构建［J］．土木建筑工程信息技术．2012，2：25-29.

[21] 王喜文．图解工业4.0的核心技术——信息物理系统（CPS）［J］．物联网技术．2017，4：4-5.

[22] Firas Shalabi，S. M. ASCE；and Yelda Turkan，Aff. M. ASCE. IFC BIM-Based Facility Management Approach to Optimize Data Collection for Corrective Maintenance［J］．Journal of Performance of Constructed Facilities. 2017，31（1）．

[23] 施晨欢，王 凯，李嘉军，翟韦．基于BIM的FM运维管理平台研究———申都大厦运维管理平台应用实践［J］．土木建筑工程信息技术．2014，6（6）．

[24] 张志伟，何田丰，冯奕，张建平．基于IFC标准的水电工程信息模型研究［J］. 水力发电学报. 2017，36（2）．

[25] 胡振中，陈祥祥，王亮，等．基于BIM的机电设备智能管理系统［J］．土木建筑工程信息技术，2013，5（1）：17-21.

[26] 魏振华，马智亮．基于免费组件的IFC数据三维图形交互模块研究［J］. 土木建筑工程信息技术. 2011，3（4）．

[27] 吴守荣，李琪，孙槐园，等．BIM技术在城市轨道交通工程施工管理中的应用与研究［J］．铁道标准设计，2016，60（11）：115-119.

[28] S Terreno，J Anumba，E Gannon，C Dubler. The benefits of BIM integration with facilities management：A preliminary case study［J］．Advances in Physics，2015，42（3）：343-391.

[29] 王廷魁，赵一洁，张睿奕，李阳. 基于BIM与RFID的建筑设备运行维护管理系统研究［J］．2013（11）．

[30] YC Lin，YC Su. Developing mobile-and BIM-based integrated visual facility maintenance management system［J］. TheScientificWorldJournal. 2013，2013（7）：124249.

[31] 陈晓．基于 BIM 的校园运维管理系统研究［D］．西南交通大学建筑与土木工程．

[32] 张建华．基于 BIM 与 Web 的立体车库运维系统研究［J］．北京信息科技大学学报．2017，32（2）．

[33] 魏群，尹伟波，刘尚蔚．BIM 技术中的数字图形信息融合集成系统研究进展．中国建筑金属结构协会钢结构分会年会和建筑钢结构专家委员会学术年会，2014.

[34] 毛欣．BIM 在医院建筑运维管理中的应用［J］．科技资讯，2016，（11）．

[35] DIN Preuß，DILB Schöne. Facility Management［M］. 2016.

[36] 孙钰杰，张社荣，潘飞．基于 IFC 的水电设备运行维护管理系统设计及原型实现［J］．工程管理学报．2017，31（1）．

[37] 王廷魁，胡攀辉，杨喆文．基于 BIM 与 AR 的施工质量控制研究［J］．项目管理技术，2015，13（5）：19-23.

[38] Ali Motamedi and Amin Hammad. Lifecycle management of facilities components using radio frequency identification and building information model［J］. Journal of Information Technology in Construction，2009（14）：238-262.

[39] 任荣．基于 BIM 技术的建筑消防系统优化［D］．郑州大学，2015.

[40] Yusuf Arayici，University of Salford，UK. Timothy Onyenobi，University of Salford，UK. Charles Egbu，University of Salford，UKBuilding. Information Modelling（BIM）for facilities Management（FM）：the Mediacity case study Approach［J］. 2012，1（1）：55-73.

[41] YC Lin，YC Su，YP Chen. Developing Mobile BIM/2D Barcode-Based Automated Facility Management System［J］. TheScientificWorldJournal. 2014，2014：374735.

[42] F Shalabi，Y Turkan. IFC BIM-Based Facility Management Approach to Optimize Data Collection for Corrective Maintenance［J］. Journal of Performance of Constructed Facilities，2016：04016081.

[43] 张赟．从建筑信息模型（BIM）的角度思考建筑全生命周期的能耗管理［C］．第九届国际绿色建筑与建筑节能大会，北京，2013：1-8.

[44] Dong B，O Neill Z，Li Z. A BIM-enabled information infrastructure for building energy fault detection and diagnostics［J］. Automation in Construction，2014，44：197-211.

[45] Volk R，Stengel J，Schultmann F. Building information modeling（BIM）for existing buildings-literature review and future needs［J］. Automation in Construction，2014，38：109-127.

[46] 余雯婷，李希胜基于 BIM-COBie 技术的建筑设施信息化管理［J］．土木工程与管理学报 2017，34（1）．

[47] Renaud Vanlande，Christophe Nicolle b，Christophe Cruz. IFC and building lifecycle management［J］. Automation in Construction. 2008，18：70-78.

[48] Arto Kiviniemi and Ricardo Codinhoto. Challenges in the Implementation of BIM for FM Case Manchester Town Hall Complex［J］. COMPUTING IN CIVIL AND BUILDING ENGINEERING. 2014.

[49] 汪再军．BIM 技术在机场水务管网运维管理中的应用［J］．给水排水，2015（2）：80-83.

[50] 张洋．基于 BIM 的建筑工程信息集成与管理研究［D］．北京：清华大学土木工程系，2009

[51] 杜长亮．BIM 和 AR 技术结合在施工现场的应用研究［D］．重庆大学管理科学与工程．

[52] 史曦晨，李慧敏，肖俊龙，何小静．BIM 与云计算在承包商投标中的集成应用研究［J］．工程管理学报，2017，（02）：100-105.

[53] 彭阳．应用离散傅里叶变换的 BIM 监测数据智能分析和展示［A］．中国图学学会 BIM 专业委员会．第二届全国 BIM 学术会议论文集［C］．中国图学学会 BIM 专业委员会，2016：6.

[54] 石志道．基于 BIM 的建筑消防设施管理系统研究［D］．沈阳航空航天大学，2016.

[55] 纪俊. 一种基于云计算的数据挖掘平台架构设计与实现［D］. 青岛大学，2009.

从轨道交通BIM1.0工程实践向BIM2.0智能应用的探索

陈　前[1]，邹　东[2]，陈祥祥[3]，张　安[4]，薛志刚[4]

（1.清华大学，北京 100084；2.广州地铁集团有限公司建设事业总部，广东　广州 510060；
3.深圳筑星科技有限公司，广东　广州 518000；4.广州轨道交通建设监理有限公司，广东　广州 510010）

【摘　要】本文分析了BIM技术在轨道交通工程管理集成应用方面应用现状，通过自主开发“轨道交通信息模型管理系统”，并应用于广州地铁6条新线实际施工管理过程中，在BIM1.0的集成应用方面取得了落地性的成果，经济与管理效益显著，通过对集成应用阶段所积累的数据的分析挖掘，建立了地铁工程WBS工序库、工效库等基础数据源，并研究了根据BIM模型智能安排施工进度计划的功能应用，能够自动输出一份Project施工进度计划。该智能化研究有助于减轻施工计划编制的工作量，提高了计划编制的效率，节约了人力成本，减少了计划冲突，具有广阔的经济与管理效益。

【关键词】轨道交通；智能施工计划；集成应用；工效库；BIM2.0

1　前　言

目前我国正处于城市轨道交通建设的高速发展时期，正在运行的城市轨道交通里程已经达到3300多km，“十三五”期间将达到6000km；国家目前已批复40个城市的轨道交通建设规划，规划总里程约8500km。预计到2020年城市轨道交通实际新建里程有望达到5000km，年复合增速有望超过20%。以广州地铁为例，新一轮线网规划，在未来15年，广州地铁线网将扩展至不少于23条线路，总里程超过1000km，里程对比已建翻2番，车站近500座，累积15年投资额超4000亿，建设任务是已建总和的3倍多，建设强度以及运维工作量将大幅增加。

更好地应对挑战与困难，需要创新的管理模式及高效的管理工具。广州地铁在2014年从集团公司层面战略布局，在新线建设的机电安装工程中引入BIM技术，与清华大学共同研发了“基于BIM技术的轨道交通信息模型管理系统”，在广州地铁四号线南延段、六号线二期、七号线一期、九号线一期、十三号线一期、知识城线等6条新线建设中推广应用。截止到2017年6月底，累积使用BIM系统车站达40多个，使用单位达70多家，派工单3000多张，管理效益、社会效益显著。派工单既是BIM应用的主线，也是系统落地应用的重要载体。表1给出了部分线路派工单相关数据，从中可以看出，系统运行连续，实现了施工过程信息的实时汇聚，为后续数据分析挖掘提供基础。本文以派工单应用主线，论述BIM系统在城市轨道交通机电安装过程集成应用，由此汇总分析得出了大量的工程数据，这些数据将为探索BIM应用智能化提供支撑。

广州地铁部分车站BIM应用信息表　　表1

线路	车站	系统使用开始日期	系统使用统计截止日期	系统用户数(个)	施工人员数(个)	设备材料信息(条)	派工单数量(张)
七号线	广州南站	2016/4/5	2016/4/16	21	313	4	18
	石壁站	2016/3/18	2016/4/13			35	35
	谢村站	2016/4/5	2016/4/15			20	10
九号线	清布站	2015/11/6	2016/4/17	20	78	28	170
	马鞍山公园站	2016/3/22	2016/4/12	24	3	30	6

【作者简介】陈前（1988-），男，研究助理。主要研究方向为建筑信息化、BIM。E-mail：cq1022@mail.tsinghua.edu.cn

续表

线路	车站	系统使用开始日期	系统使用统计截止日期	系统用户数(个)	施工人员数(个)	设备材料信息(条)	派工单数量(张)
四号线南延段	广隆站	2016/10/14	2016/11/6	23	49	115	32
	大涌站	2016/9/30	2016/11/6	9	45	162	62
	南横站	2016/9/30	2016/11/6	23	50	27	10
十三号线一期	鱼珠站	2017/3/26	2017/6/22	48	138	98	226
	丰乐路站	2017/3/28	2017/6/22			150	284
	文园站	2017/3/28	2017/6/22			112	232

2　国内外相关研究综述

2.1　国内外相关 BIM 技术研究综述

经过最近几年国内外对 BIM 技术的大力推广，大量项目也采用基于 BIM 技术的管理模式，BIM 的主要实际应用价值已经在业内达成了共识。BIM（Building Information Modeling）以参数整合的三维模型为基础，将建筑信息在策划、设计、施工、使用与维护各阶段之间进行高效共享与传递[1]，保证项目全生命期的信息完整保留与充分利用[2]，在缩短建设周期、保证施工质量、节约建设成本方面效果显著，具体应用多达 25 种[3]。现今阶段，BIM 技术不仅理论研究上愈发成熟，具体的工程应用标准也陆续发布。在国外，欧美国家 BIM 发展较早，相应的国家标准也已正式发表[4]。在国内，住建部在 2015 年 06 月 16 日发布了《关于推进建筑信息模型应用的指导意见》[5]，在 2016 年 12 月 2 日发布公告，批准《建筑信息模型应用统一标准》[6]，自 2017 年 7 月 1 日起实施。可以说，该国标的发布为我国建筑行业 BIM 应用提供了坚实的理论支撑，也必将进一步促进我国建筑行业 BIM 的推广使用。

2.2　轨道交通 BIM 应用现状

随着 BIM 技术应用的日益成熟，BIM 技术逐渐从民用建筑领域向轨道交通领域拓展，并且已经在北京[7]、深圳[8]、上海[9]、南京[10]等地进行过项目实践，主要用于轨道交通前期可视化设计、管线综合碰撞检测与优化、施工进度优化与动态管理、施工质量与安全管理、物料跟踪管理、运维阶段数字化移交等模块[11]。广州地铁集团公司与清华大学合作，针对广州地铁新建线路的施工管理和数字化移交需求，首次将先进 4D 施工管理理念引入到轨道交通工程建设中，研究开发“轨道交通信息模型管理系统”，实现基于 BIM 的地铁建设精细化协同管理[12]。

2014 年 6 月至今，广州地铁监理公司联合清华大学组织现场调研，在 BIM 项目前两阶段进行功能研发与完善，搭建一个精细化协同管理系统，并在 6 条新线建设中应用，取得了良好的经济效益、管理效益以及社会效益。实践表明，项目第一、二阶段功能基本开发完成并达到预期成果，但也遇到了瓶颈问题，主要有以下两个方面：第一，系统应用比较依赖于三维模型与施工计划数据的颗粒度大小以及准确性，例如电线电缆建模、模型族库不统一、施工计划编制工作量大，这些问题使得我们开始思考如何提高系统的人性化、智能化与标准化水平；第二，现场用户提出了新的功能需求，例如数据智能化统计报表、移动端功能扩展、运维查询管理系统等。此外，BIM 系统智能化所需大量数据的原始积累已初步完成，形成了由工程项目真实数据汇聚才能形成与实际吻合的数据库，例如工序库、工效库等。因此 BIM1.0 的集成应用已经不能满足参建各方信息化要求，需要向 BIM2.0 的智能化方向发展，带来 BIM 价值挖掘与分析。

3　轨道交通 BIM1.0 的工程实践

3.1　工程概况

本研究所开发的 BIM 系统目前已经应用于广州地铁广佛线、四号线南延段、六号线二期、7 号线、9 号线、13 号线、知识城线等 7 条新建线路，约 60 座车站、140km 的地下区间施工管理。本文将以四号线南延段实际应用为例，将以派工单为主线论述轨道交通 BIM1.0 的集成应用。

3.2　轨道交通信息模型管理系统概述

广州地铁的 BIM 系统是在清华大学 4D-BIM 平台成果基础上，结合广州地铁项目管理需求，进一步扩展开发的轨道交通信息模型管理系统。目前实现的是一个平台，三个应用端：CS 端、BS 端、MS 端，其中 MS：施工现场的移动设备应用；BS：在浏览器数据录入、信息查询及项目综合管理；CS：部署 BIM 管理平台及 BIM 数据库，提供直接操作 BIM 模型与实时信息反馈的各种项目管理业务。系统架构如图 1 所示。

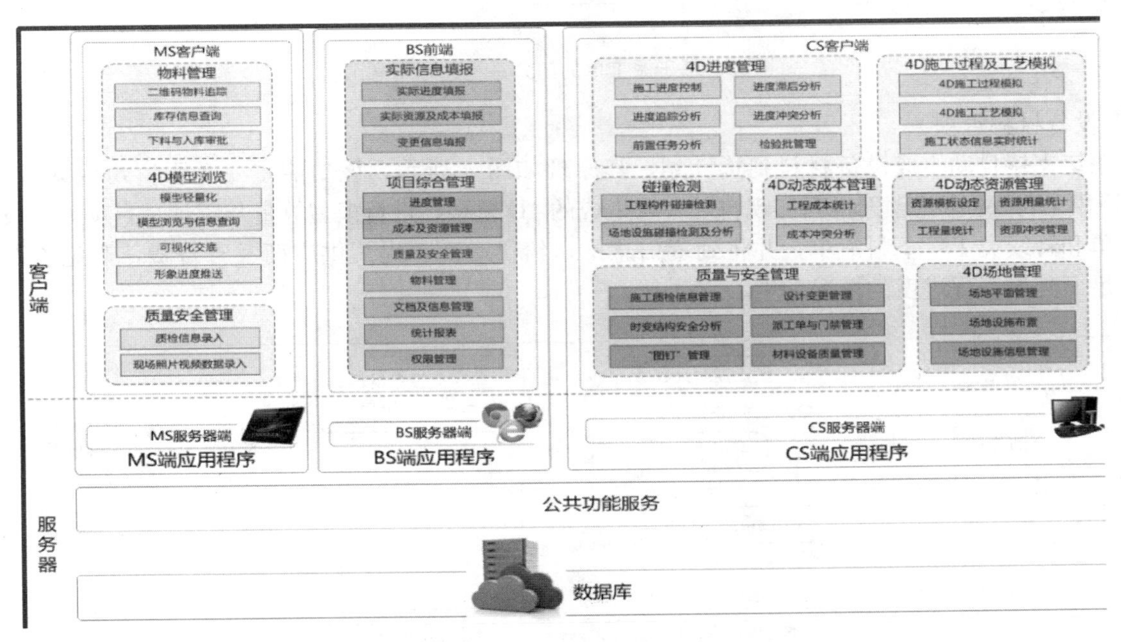

图 1　系统整体架构图

3.3　轨道交通工程管理的集成应用

3.3.1　人员管理

本系统为加强对施工人员的管理，将进入到施工现场的人员进行分类，共划分为以下四类：管理人员、施工方人员、监理方人员、集成商人员。在进场之前，这些人员个人信息必须录入系统，才能通过门禁系统的识别。需要录入的信息包括身份信息、平安卡信息、工作岗位、工牌号码等，同时必须设定人员资质类型和上传资质文件，如图 2 所示。通过前期对人员信息严格审核，系统建立了真实可靠的人员管理数据库，保证进入施工区域的人员都符合相关规定（如通过三级安全教育、工人持证上岗等），在作业层上精细化管控，确保安装的设备材料质量合格、工艺达标，保证施工安全和质量。

本系统利用派工单去约定每天现场的准入施工人员名单，将派工单中人员推送至工地的门禁系统，其原理如图 3 所示，保证仅当天有作业安排的人员才能进入工地。在派工单中，以施工班组的形式选择施工人员；此外，系统根据工序生成施工规范，指导工人施工。同时，系统会对施工区域的进出人员详细记录，并可回溯查询，实时监控现场人员的进出情况，为后续对施工人员的工作考核提供数据支撑。

		性别	身份证号	平安卡号	IC卡号	卡类型	岗位	在岗状态	附件信息	出生日期	生效日期	失效日期
1	张振一	男	22018119920216021x	0117015484	00DD3222	正式平安卡	施工员	在岗		1992-02-16		
2	张新江	男	130624198402242811	0117003037	00715892	正式平安卡	施工员	在岗		1984-02-24		
3	张健波	男	150202198910183014	0024080	002C2084	平安卡代理卡	施工员	在岗		1989-10-18		
4	赵文亚	男	130229197309254813	0117015464	007A68B3	正式平安卡	项目经理	在岗		1973-09-25		
5	贾学垒	男	110226198210290517	0117003035	00842CB3	正式平安卡	施工员	在岗		1982-10-29		

图 2　已录入的人员信息示例

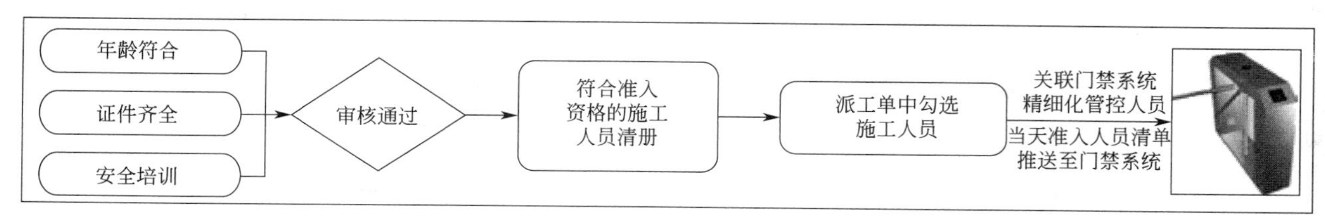

图 3　基于派工单的门禁系统原理示意图

3.3.2　设备材料管理

本系统支持自动生成设备材料到货计划，其原理如图 4 所示。该功能主要基于广州地铁编码体系，通过 3D 模型与 WBS 按轴网空间实现自动关联生成的 4D 模型，进行模型算量与统计，自动导出设备材料到货清单和管线类工厂下料清单，并将到货信息推送给供应商，提醒供应商及时备货，避免了设备材料库存不足而延误工程进度的情况发生。

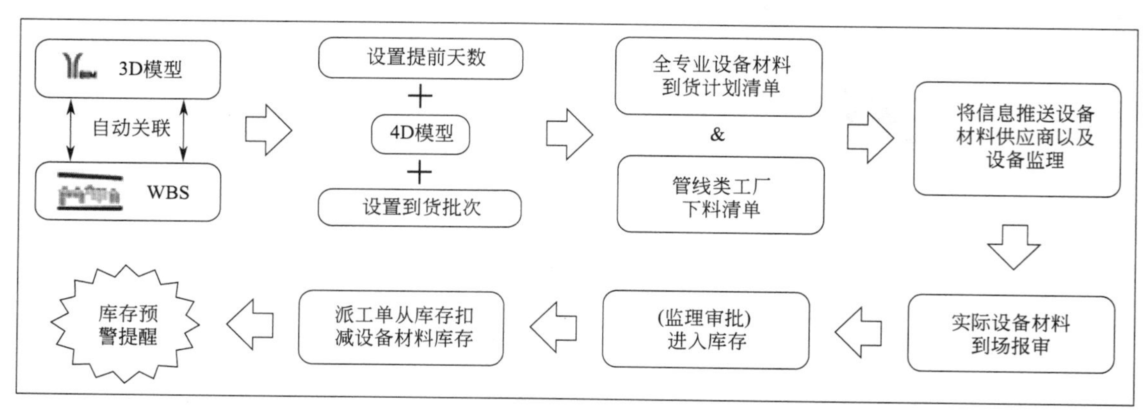

图 4　基于 4D-BIM 的材料管理

设备材料的到货计划与到场报审有严格的流程控制。到货计划由施工方提交，在监理审批后，系统为每种设备材料生成二维码标识，用户只需在移动端扫描二维码，即可发起对该设备材料的到场报审验，同时上传货物的设备材料相关清单和资质文件。在审批通过后，设备材料的到货量进入库存清单，资质文件也归档到该项目下的文档目录。根据派工单中的设备材料用量，系统自动从库存清单中扣除，并监测剩余库存量是否满足储备要求。储备不足时向用户给出预警，避免材料不足延误工程进度的情况发生(图 5)。

图 5　设备材料到场报审表

3.3.3　计划管理

计划管理模块以派工单为核心，按照计划导入、监理审批、正式派工、完成情况填报的工作流程，对工程进度进行有效的监督控制。计划包括总计划、季度计划、月计划以及周计划，分级控制，层层细化，形成严格的计划管理体系。计划中包含关键进度时间节点信息，当施工单位根据现场调整施工计划时，如果突破了关键节点信息，系统会自动给出预警提醒，并终止用户更新进度计划，最大程度保证施工计划的合理性。每个层级的计划历史版本可回溯查询，方便业主对各施工总包、监理方、项目组进行工作考核（图 6）。

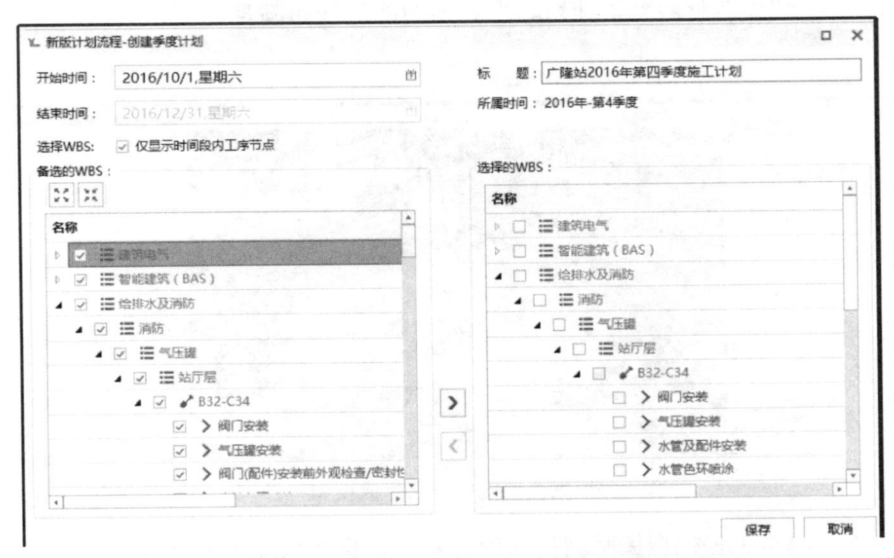

图 6　从已审批通过的总计划中勾选节点创建季度计划

审批过后的周计划用来创建派工单，通过派工单指定施工任务、人员、所需设备材料等并提交监理审核，审核通过后开始施工；派工单完成后需要在系统内提交相应的交付物，并可在模型中显示施工完成情况，对未及时完成施工任务预警；最后，系统从派工单中提取实际进度数据，并与计划进度比较，分析工期延误情况，定量分析任务完成的质量以及数量。此外，系统将根据每日派工单内容自动生成施工日志等档案资料。通过派工单，系统对施工单位每天的施工计划与人员进出，材料消耗进行严格的监控，从而保证了施工安全与进度（图 7）。

所有
派工单创建
派工单创建
派工单审核
派工单审核
完成情况填报
完成情况填报
进度审核
进度审核
完成

步骤时间：2016年11月25日

建筑电气→动力配电→桥架→站台层→A35-C40→桥架、线槽制安 | 建筑电气→动力配电→桥架→站厅层→A38-B41→桥架、线槽制安 | 建筑电气→动力配电→电气配管→站厅层→B38-C40→电气配管

序号：1　工作内容：桥架、线槽制安

计划开始时间：2016-11-25 08:00:00　计划结束时间：2016-11-27 17:00:00　计划时长(天)：3

实际开始时间：2016-11-26 08:00:00　实际结束时间：2016-11-28 17:00:00　实际时长(天)：3

完成量（%）：100

工艺是否满足要求：是　否　说明：

实际安装位置是否与模型一致：是　否　说明：

出勤施工人员：李继承, 刘建国, 田钰, 李绍春, 陈金志, 马小威, 李伍宁, 司文胜, 马辉, 崔亚金, 樊振振, 王飞虎, 李云超, 樊青山, 陈志德, 陈小巍, 周保振, 马小红

计划施工班组：建筑电气施工队　计划施工人员：李继承, 刘建国, 田钰, 李绍春, 陈金志, 马小威, 李伍宁, 司文胜, 马辉, 樊振振, 王飞虎, 李云超, 樊青山, 陈志德, 陈小巍, 周保振, 马小红

施工材料：

序号	名称	规格型号	计量单位	施工数量
1	金属线槽	50×50	米	50
2	桥架	材质：铝合金，800×150	米	40
3	桥架	材质：铝合金，400×100	米	10

每页显示3行 共6行 当前第1页 共2页 下一页 尾页 跳转到 1 页

图 7　派工单完成情况填报

3.3.4　模型管理

结合广州地铁的实际需求，广州轨道交通 BIM 应用建立一整套的模型标准管理方案，其中最突出的有两点：模型构件编码和设备交付模型。

模型构件的编码规则及用途。添加构件编码是解决模型管理难题的一种高效的方法，如图 8 所示，根据编码规则对模型进行分专业归类，形成层级结构规范的管理体系；通过上方的搜索功能快速检索构件，点击构件名称在图形平台定位到该构件，极大地方便用户对模型进行管理。模型通过构件编码还可以与总体进度计划、设备材料信息、施工信息、合同信息、档案资料等各项信息进行关联，进一步实现 4D 模拟、完工标识、生成设备材料到货计划等一系列功能，从而满足进度、质量、安全、档案资料等多种项目管理需求。

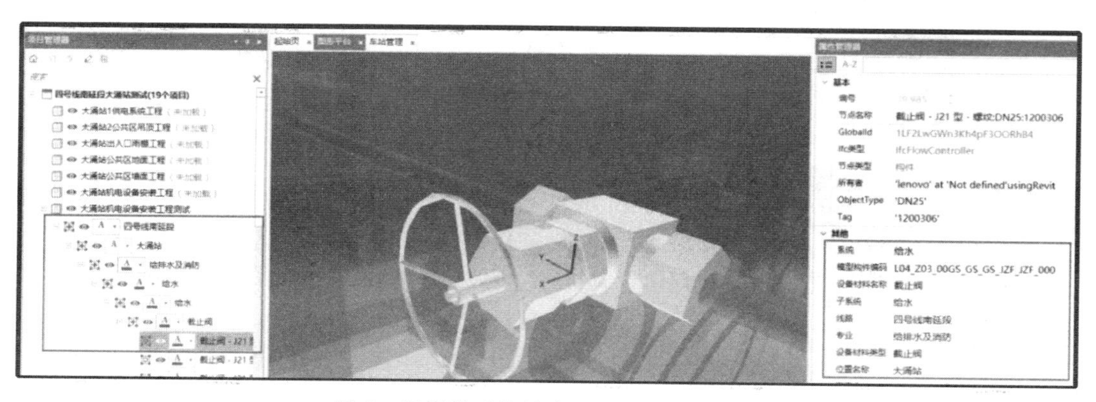

图 8　根据模型构件编码生成模型构件树

其次，根据构件编码将工程模型关联到精细设备模型，直接从工程模型（LOD300）调取精细设备模型（LOD500）。如图 9 所示，在打开的设备精细模型信息中，可以查看设备的生产信息（厂家、产地、生产编号等）、使用信息（规格型号、通信接口、外观信息等）、检验信息（检验报告、3C 证书、使用手册等）。这样既方便施工现场人员对材料设备进行验收和正确安装，也有利于后期运维人员及时对设备进行检修。以模型构件编码作为连接桥梁，系统实现了模型与施工信息、合同信息、档案资料、设备详细信息以及运维管理等各项信息进行关联，将各种信息孤岛连接在一起，达到信息互传共享的目的。

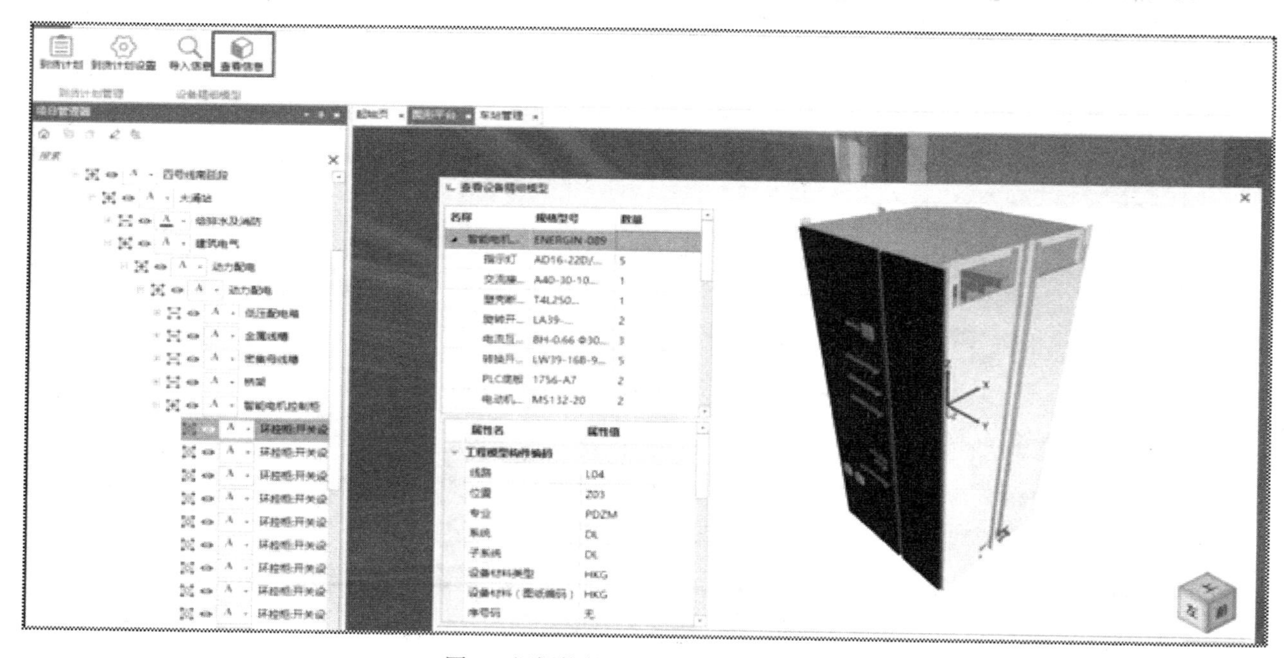

图 9　根据构件编码打开设备交付模型

4　BIM 管理的智能化应用探索

4.1　智能安排施工组织计划

4.1.1　智能安排进度计划的技术路线

在安排工程施工计划方式上，传统方法是依靠专业工程师或者计划员的工作经验，存在很大的主观性，且耗费大量的时间；而且地铁工程作业空间狭小，专业众多，管线复杂，工期紧，因此通过传统方式编制出来的进度计划存在很多作业冲突，包括作业面冲突、工序前后置任务冲突、工程实体碰撞等。因此，如果人工编制的施工计划不合理，就会失去对工程项目施工的指导作用、延误工期，造成资源浪费和成本增加；其次施工现场需要考虑到的不定因素较多，还需要进行工程量计算、工期计算、资源需求计算等，这又增加了编制计划难度，不准确的计划，势必增加现场精细化管控的难度。

本系统以 6 条新线建设积累的 BIM 数据为基础，借助网络计划技术、机器学习、智能推理等，研发一套根据 BIM 模型自动安排施工计划的应用系统，与 Project 软件做接口输出计划文件以指导工程施工。总体技术路线包括 BIM 模型创建、施工工序推理、参数输入与工期计算、最后的进度计划生成与输出，如图 10 所示。

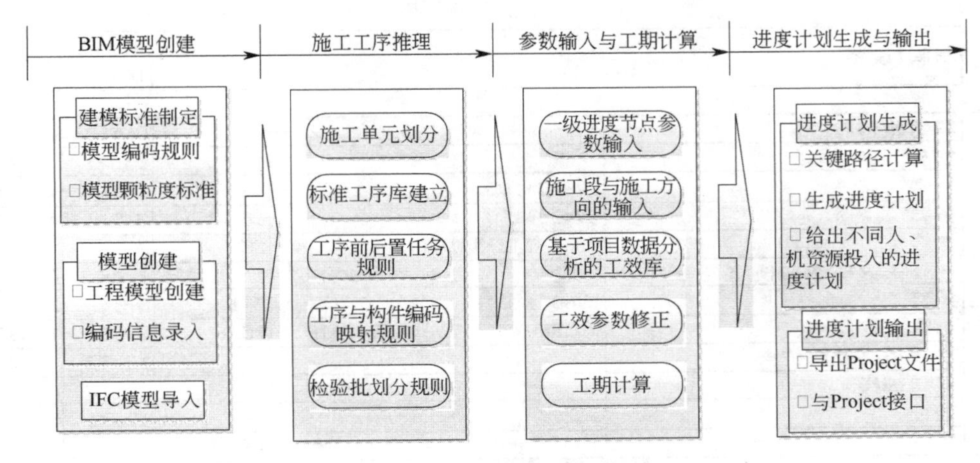

图 10　总体技术路线结构图

4.1.2　系统关键模块分析

1）WBS 计划模板

WBS（work breakdown structure）是工程建设项目结构分析的重要基础，创建 WBS 的过程就是工程或项目建设划分成层级要素的组成关系，最低一级的项目组成要素是简单的、可规范化的工作流程，从而对整个项目施工进度进行高效的管理。

本系统针对广州地铁实际的项目管理需求，结合施工单位工程建设的要求，基于实际项目派工单数据汇聚与分析，制定了一整套规范化的，有一定灵活性的 WBS 计划模板，如图 11 所示。模板分为前期工作计划模板、施工计划模板、调试计划模板。前期计划主要针对项目开工前的各种培训工作、项目资料准备、项目基地筹建等工作。施工计划模板则包含整个施工阶段的任务分派。调试计划模板包含设备调试与列车试运行的各项工作。以施工计划模板为主，在该模板中，各层级的 WBS 节点代表不同的施工任务分派信息，由上至下、从宏观到具体的全线施工信息管理，各施工单位只需要按照层级关系，填写本专业的施工作业信息和施工区域信息即可，该计划即可导入系统进行审批及派工操作。

2）基于派工单实际项目数据分析的工效库

对于工效库的数据源，一些研究者大多采用造价定额来作为分析计算的依据[13][14]。广州地铁 BIM 项目经过 6 条新线的实际派工单数据的采集与信息汇聚，形成了针对地铁工程建设的工效参数，如图 12 所示为低压配电专业部分工序工效分析数据。这些工序的工效参数与定额相比，更能准确反映实际工序的人工资源消耗，可以作为计算每项工序持续时间的基础数据源。

大纲数字	任务名称	开始时间	完成时间	工期
1	**车站子项目名+施工总包单位工程+施工进度计划**	**2016年10月1日**	**2016年10月1日**	**1 个工作日**
1.1	取得开工报告	2016年10月1日	2016年10月1日	1 个工作日
1.2	**样板段施工**	**2016年10月1日**	**2016年10月1日**	**1 个工作日**
1.3	样板段验收	2016年10月1日	2016年10月1日	1 个工作日
1.4	**关键设备房**	**2016年10月1日**	**2016年10月1日**	**1 个工作日**
1.4.1	**房建装修**	**2016年10月1日**	**2016年10月1日**	**1 个工作日**
1.4.1.1	测量放线	2016年10月1日	2016年10月1日	1 个工作日
1.4.1.2	水沟施工	2016年10月1日	2016年10月1日	1 个工作日
1.4.1.3	构造柱植筋	2016年10月1日	2016年10月1日	1 个工作日
1.4.1.4	圈梁以下墙体砌筑	2016年10月1日	2016年10月1日	1 个工作日
1.4.1.5	构造柱、圈梁、过梁钢筋制安	2016年10月1日	2016年10月1日	1 个工作日
1.4.1.6	构造柱、圈梁、过梁模板制安	2016年10月1日	2016年10月1日	1 个工作日
1.4.1.7	构造柱、圈梁、过梁浇筑	2016年10月1日	2016年10月1日	1 个工作日
1.4.1.8	圈梁以上墙体砌筑	2016年10月1日	2016年10月1日	1 个工作日
1.4.1.9	圈梁以上构造柱模板制安	2016年10月1日	2016年10月1日	1 个工作日
1.4.1.10	圈梁以上构造柱浇筑	2016年10月1日	2016年10月1日	1 个工作日

图 11　WBS 计划模板

轴号	低压配电动力				
	材料/设备	规格	数量	单人工作效	工日
负一					
B2-C4	车站维修箱		2	0.46	4.347826087
	插座		1	13.72	0.072886297
	桥架	LV600*100	49.6	3.54	14.01129944
	桥架	LV400*100	15	3.54	4.237288136
	电缆	WDZB-YJY-3*185+2*95	35	7.04	4.971590909
B5-C6	气体灭火电源切换箱		1	2.06	0.485436893
	桥架	LV600*100	7.1	3.54	2.005649718
	电缆	WDZBN-YJY-1KV-4*25+1*16	15.6	9.81	1.590214067
	双联插座带防护盖		1	13.72	0.072886297
	双联插座		9	13.72	0.655976676
	线管	sc25	66	12.41	5.3182917
	环控柜		16	3.56	4.494382022
	总照明配电箱		2	0.46	4.347826087
	24h过街通道照明配电箱		1	0.46	2.173913043
	二级小动力		1	0.46	2.173913043
	三级小动力		1	0.46	2.173913043

图 12　工效库示例

3）工序与构件编码映射关系表

本系统结合广州地铁编码体系和标准工序数据库，对二者的数据进行综合处理，根据模型与计划中的设备材料信息，创建工序与构件编码映射关系表（图 13）。在该表中，各种设备材料都有其规范化的、符合实际施工情况的施工工序映射关系。系统通过模型统计或外部导入设备材料的数量即可计算每个工序持续时间。施工计划编制除了包含施工工序信息，还应包括工序之间的前置任务关系，保证施工计划符合现场的实际施工顺序。

4）主要的数据输入

在进行自动生成施工计划之前，要对手动输入计划中的关键信息。主要有三项：一级进度节点，工效参数修正，施工段与施工方向。一级进度节点指具有严格时间控制的节点，比如分部分项节点、检验批和隐蔽工程验收节点、项目完成时间节点。施工段一般按照层高划分（对于轨行区施工项目，指定基标点来划分施工段），系统依此为依据生成施工段节点。施工方向既可以选择按顺轴网顺序变换施工区域，也可以按逆轴网顺序变换施工区域（图 14）。

5）计划的自动生成

在一些主要参数输入后，系统可以自动生成施工计划。用户选择需要自动生成施工计划的模型，系

专业（03）	系统（04）	子系统（05）	设备材料类型（06）	设备材料名称	对应工序
建筑电气（PDZM）	动力配电（DL）	动力配电（DL）	金属线槽（XC）	金属线槽	桥架、金属线槽安装
			区间电缆支架（DLZQ）	区间电缆支架	电线、电缆支吊架制安
			电力电缆（DDL）	电力电缆	电线、电缆敷设
			控制电缆（KDL）	控制电缆	电线、电缆敷设
			桥架（QJ）	桥架	桥架、金属线槽安装
			电气配管（XG）	电气配管	电气配管安装
			插座（CZ）	插座	开关、插座安装

图 13　工序与构件编码映射表示例

图 14　自动编制施工计划

统针对所选模型进行设备材料数量统计，同时根据构件编码映射表匹配标准工序库，根据前置工序节点关系生成施工计划顺序安排，再根据用户设置的关键节点信息和施工方向，细化调整整体计划进度安排。之后用户可以导出自动生成的计划到 Microsoft Project 中，做一些细节的简单调整，即可作为正式的施工计划使用（图 15）。

智能安排施工组织计划摆脱了由工程师编制施工计划的传统方法主观性强、费时费力的弊端，节约了巨大的人力成本，大大提高了施工计划的编制效率。同时，智能安排施工组织计划探索了 BIM 技术向智能化发展的可行性，为 BIM 应用价值的提升提供了新的方法。

4.2　基于项目过程数据的自动考核管理

在项目管理过程中，需要有考核管理机制，才能形成较为完善的激励管理体系以及能力评价体系。利用大数据分析技术，依据建设方对项目组或总包单位、建设方对监理方的考核标准和监理方对施工方的考核标准，主要针对系统使用人员对工作的完成情况、计划编制与更新情况、派工单发派与填报情况、监理审批与监督情况等多项工作进行数据分析，原理如图 16 所示。系统可以有效监察各人员对日常工作

	大纲数字	任务名称	开始时间	完成时间	工期
1	1	广州市轨道交通四号线南延段(金洲~南沙客运港段)【车站设备安装工程III标段】工程南横站施工进度计划	2015年1月15日	2017年12月28日	1079 个工作日
2	1.1	关键房	2016年4月15日	2016年12月17日	247 个工作日
3	1.1.1	房建装修	2016年9月1日	2016年12月16日	107 个工作日
4	1.1.1.1	测量放线	2016年9月1日	2016年9月1日	1 个工作日
5	1.1.1.1.1	站台	2016年9月1日	2016年9月1日	1 个工作日
6	1.1.1.1.1.1	A19-C23	2016年9月1日	2016年9月1日	1 个工作日
7	1.1.1.2	天花喷黑	2016年9月1日	2016年9月10日	10 个工作日
8	1.1.1.2.1	站台	2016年9月1日	2016年9月5日	5 个工作日
9	1.1.1.2.1.1	A11-C19	2016年9月1日	2016年9月5日	5 个工作日
10	1.1.1.2.2	站厅	2016年9月6日	2016年9月10日	5 个工作日
11	1.1.1.2.2.1	A11-C19	2016年9月6日	2016年9月10日	5 个工作日
12	1.1.1.3	水沟施工	2016年9月1日	2016年9月4日	4 个工作日
13	1.1.1.3.1	站厅	2016年9月1日	2016年9月4日	4 个工作日
14	1.1.1.3.1.1	A19-C23	2016年9月1日	2016年9月1日	1 个工作日
15	1.1.1.3.1.2	A11-C19	2016年9月2日	2016年9月3日	2 个工作日
16	1.1.1.3.1.3	A1-C11	2016年9月4日	2016年9月4日	1 个工作日
17	1.1.1.4	种植钢筋	2016年9月2日	2016年9月14日	13 个工作日

图 15　自动生成导出的 project 计划

执行情况、系统使用情况、日常检查情况，并做出考核打分。最后，系统能够得出一份书面报告，为评估各人员的工作提供参考。

图 16　自动考核原理图

如图 17 所示，系统根据考核标准，对未及时完成相关工作的人员进行记录和扣分处理。在传统考核标准中，往往依靠人为记录进行考核，存在诸多人为因素的影响，不能真实反映每个人的工作状态；而通过系统的自动考核机制，避免了人为因素对考核公平性的影响，鼓励员工认真、高效地工作。因为系统的每一项任务都有工作记录，系统可根据该人员完成任务的时间、完成量以及工作效率，同时与他人的工作情况对比分析，从而给出一个合理的得分。同时，如果该员工工作完成迟缓，以至于影响其他人的工作进度，系统会给出警告并进行扣分处理。比如考核项“平台信息填报”，如果用户没有认真在项目正式实施之前完成各种信息填报，相关负责人就会受到系统的扣分处罚，并且向相关负责人发出警报。系统也有对员工高效工作的奖励机制，对于突发问题，如果负责人妥善处理，并在一定时间内上报处理结果，系统则会给予加分奖励。

基于项目过程数据的自动考核管理是一种高效的辅助考核机制。在这种机制下，每个人的工作都处于系统的严格监管下，既能有效督促员工高效、负责地完成个人工作，同时能对工作负责的员工起到激励作用。此外，通过大数据的综合分析，系统不仅是对个人的工作完成情况进行分析，从日常的工作监控中，能够在个人的工作态度是否积极、综合处理问题能力、协调组织能力等多方面给出一个初步评估结果，从而为各方单位对员工薪资涨幅、职位变动、体制改革的问题提供有力的参考依据。

5　结　语

经过近 3 年的实践探索，本系统在广州地铁的建设管理中越来越发挥着举足轻重的作用，许多功能模块实现了落地应用，已经取得了一定的经济效益、管理效益与社会效益。在 BIM2.0 阶段，系统一方面着手解决 BIM1.0 的遗留问题，一方面开拓 BIM 应用智能化的应用新领域，并取得了阶段性的应用成果。通过对以往地铁建设过程中的数据积累，引入大数据分析，为后续 BIM 应用智能化发展提供坚实基础。

考核项（权重%）	考核项小计	考核内容	考核指标	单位	扣分粒度
信息管理(39%)	39	平台信息填报	广州地铁一体化项目管理平台上填报信息，未填报每项扣1分	项	1
		影像资料	重要工序、重要施工过程、工程事故等影像资料记录缺失、不真实、上传不及时或分类混乱，每次扣3分	项	3
		上报资料	月报、安全月报未按时上传到BIM平台，每项扣4分	项	4
		资料归档	未及时整理移交档案的，扣4分	项	4
		平台信息填报	广州地铁一体化项目管理平台上填报信息，不及时，每项扣0.5分	项	0.5
质量控制(28%)	28	日常检查	发现N名现场施工人员与系统信息不符合，施工考核相应扣N分	人次	1
		日常检查	发现纸质文件中的施工人员签名与保存在系统中的电子签名不一致，施工考核扣5分/人/次	次	5
		质量事故	发生质量事故，本次考核不合格	次	0
		日常检查	现场已安装设备、材料未按要求粘贴二维码，施工考核扣1分/次；	次	1
		日常检查	系统中显示的设备、材料的进度状态与现场不符，施工考核扣3分/次	次	3
		日常检查	未按时完成材料送检，影响后续施工进度的，施工考核扣3分/次	次	3
		旁站	承包商未按相关规定进行工序验收，申请监理旁站，每次扣2分	次	2
		日常检查	现场使用未经检验或检验不合格的材料、构配件、设备，每次扣1分	次	1
		日常检查	监理已确认的派工单所对应的部位，在抽查过程中发现严重质量问题，施工考核5分/次	次	5

图 17　部分扣分项标准

智能安排施工组织减轻了计划编制的工作量，大大提高了计划编制的工作效率，节约了人力成本，同时也减少了计划冲突，具有广阔的管理效益。本系统对 BIM 技术应用智能化的发展探索，为全国轨道交通工程建设领域提供了经验，推进了 BIM 应用向智能化的方向发展，具有广阔的应用前景。同时，基于项目过程数据的自动考核管理针对员工的个人工作状态及工作能力给出一份考核结果，极大方便后期的工作考核分析。

参考文献

[1] 孙润润．基于 BIM 的城市轨道交通项目进度管理研究［D］．中国矿业大学，2015.

[2] 吴守荣，李琪，孙槐园，等．BIM 技术在城市轨道交通工程施工管理中的应用与研究［J］．铁道标准设计，2016，60（11）：115-119.

[3] BuildingSMART. Alliance of National Institute of Building Sciences，BIM Project Execution Planning Guide Version 1. 0.

[4] NIBS. United States National Building Information Modeling Standard Version 1 - Part 1：Overview，Principles，and Methodologies［S/OL］［M/OL］．(2007-12-18)［2011-04-13］．http：//www. wbdg. org/pdfs/NBIMSv1_ p1. pdf.

[5] 住建部．关于推进建筑信息模型应用的指导意见［R］．北京：建质函 159 号，2015.

[6] 住建部．建筑信息模型应用统一标准［R］．北京：住房城乡建设部公告第 1380 号，2016.

[7] 罗富荣．北京地铁工程建设安全风险控制体系及监控系统研究［D］．北京：北京交通大学，2011.

[8] 黄少群，龙红德，曾庆国．深圳地铁 5 号线施工远程监控管理系统应用研究［J］．铁道技术监督，2010 38（4）：39-42.

[9] 蔡蔚．建筑信息模型（BIM）技术在城市轨道交通项目管理中的应用与探索［J］．城市轨道交通研究，2014，05：1-4.

[10] 高继传，江文化．三维管线综合设计在南京地铁中的应用探讨［J］．铁道标准设计，2015，59（7）：134-137.

[11] 冀程．BIM 技术在轨道交通工程设计中的应用［J］．地下空间与工程学报，2014，10（S1）：00135-00135.

[12] 陈前，张伟忠，王玮．BIM 技术在城市轨道交通建设工程质量与安全管理中的落地应用［C］．//第二届全国 BIM 学术会议论文集．北京：中国建筑工业出版社，2016.

[13] 薄卫彪．建设项目进度计划智能安排研究［D］．上海：同济大学，2006.

[14] 任桂娜．基于 BIM 的工程项目进度计划自动生成模型研究［D］．哈尔滨：哈尔滨工业大学，2013.

基于 BIM 的火灾仿真模拟研究

冷　烁，林佳瑞，何田丰，张建平

（清华大学土木工程系，北京 100086）

【摘　要】 建筑火灾仿真模拟在控制建筑火灾风险、指导消防安全设计方面具有重要意义，得到广泛应用。目前，建筑设计模型多采用手动输入数据、人工建模等方式录入火灾模拟软件中，效率低、易出错。本研究借助建筑信息模型（Building Information Modeling，简称 BIM）技术，通过集成火灾安全信息，基于数据接口实现模型信息的自动提取、转换与导入，避免在火灾模拟软件中重复建模，节约了设计时间，提高了建模效率和准确度。

【关键词】 建筑信息模型；火灾模拟；信息转换

1　前言

随着我国社会经济的发展，城镇化率不断提高，建筑火灾问题逐渐凸显，对火灾的规避与防治成为亟须研究的课题。目前，我国建筑防火依据《建筑设计防火规范 》GB50016[1] 进行，主要依靠设定防火间距等经验与半经验的构造措施。而随着计算机技术的进步，对火灾进行计算机数值模拟得到发展应用，已成为防火设计的有力辅助方式。近年来，火灾模拟仿真技术迅速发展，出现一批如 FDS、Hazard、CFAST 等专业计算软件[2]。

建筑信息模型（Building Information Modeling，简称 BIM）是集成建筑全生命周期中各项信息数据的技术，其关键在于信息的集成和共享。BIM 包含建筑的几何尺寸、空间位置、表面材料等信息，可为火灾模拟提供足量而精确的数据信息。在火灾仿真模拟过程中应用 BIM，可实现建筑设计软件与火灾仿真分析软件的信息共享，免去重复建模的工作，同时提高建模的精准度，减少因人工建模带来的数据丢失、错误等问题。然而，目前 BIM 对火灾安全信息的集成度较低，主流 BIM 软件缺乏火灾模拟所需的燃烧属性信息，如化学成分、燃烧放热等，为二者信息共享带来不便。

因此，本研究将 BIM 技术引入火灾模拟中，实现材料燃烧属性集成，模型信息的自动提取、转换和导入，以及模拟结果反馈。验证表明，本研究提高了 BIM 的信息集成共享效率，改善了火灾模拟的效率和准确度。

2　相关研究综述

目前，BIM 与火灾模拟软件之间的信息传递方式主要有两种。方法之一是直接将 BIM 文件导入支持该文件格式的火灾模拟软件中。王婷等[3] 将 BIM 三维模型以. DXF 的格式直接导入火灾模拟软件 PyroSim 中，并进行建筑物火灾分析，避免了重新建模的复杂流程，且保存了建筑模型的完整信息，但需要人工完成模型导入、网格划分调整等工作，效率较低。凌竹等[4] 则通过将 BIM 文件转换为 DWG 格式文件，再将其导入 PyroSim 软件的方法，并以此为基础分析了首都机场 T2 航站楼火灾情景下的烟气分布、温度和能见度等数据。此类方法可免去软件开发过程，但须火灾模拟软件识别该格式，通用性较差，且转换过程中可能存在信息丢失。

【基金项目】 第 60 批中国博士后科学基金面上资助（2016M601038）；中国科协"青年人才托举工程"（YESS20160122）

【作者简介】 冷烁（1996-），男，清华大学土木工程系本科生。E-mail：lengs14@mails. tsinghua. edu. cn

另一种方法将 BIM 中的相关信息提取并转化为火灾模拟软件可识别的格式，并导入软件中进行分析。陈远等[5]利用 IFC 格式提取 BIM 中的建模信息，包含建筑内的构件信息、防火参数、通风口位置等，并进行了建筑消防安全模拟。道吉草等[6]则使用 Revit API 提取 BIM 软件 Revit 中对构件的几何描述，通过处理特殊点转换为火灾模拟模型。此方法可针对不同 BIM 软件与火灾模拟软件分别采取相应的转换形式，适应性较强。本研究采用此方法实现 BIM 对火灾模拟软件的信息自动化传递与分析，通过研发 Revit 插件，自动提取建筑模型几何、材料等属性并生成分析文件，同时完成自适应进行网格划分、分析并展示分析结果。

除此以外，BIM 软件对火灾安全信息集成度较低，难以满足信息自动提取的需求。王婷等[3]采用直接使用 BIM 中材料热力学信息的方法，如热导率及比热容等，在通过. DXF 文件导入火灾模拟软件时，这些属性将自动转化为燃烧参数，但 BIM 软件中材料燃烧信息不完全，只能模拟材料导热状况，无法模拟燃烧情况。道吉草等[6]则采用新建材料库的方法，记录材料燃烧属性，并与 Revit 材质库一一对应，实现了火灾模拟与 BIM 信息的统一。然而，由于 Revit 本身材料库数量有限，单纯 Revit 材质库难以满足火灾模拟需求。本研究通过对主要建筑材料及其相关属性进行梳理，建立了火灾模拟所需的材料库，并在 Revit 中研发了材料信息集成插件，实现 Revit 模型与火灾模拟材料之间的信息集成。

3　基于 BIM 的火灾模拟流程

本研究采用提取 BIM 模型信息并转换为火灾模拟软件识别格式的方法，实现 BIM 与火灾模拟软件的信息传递。基于 BIM 的火灾模拟主要流程如图 1 所示。

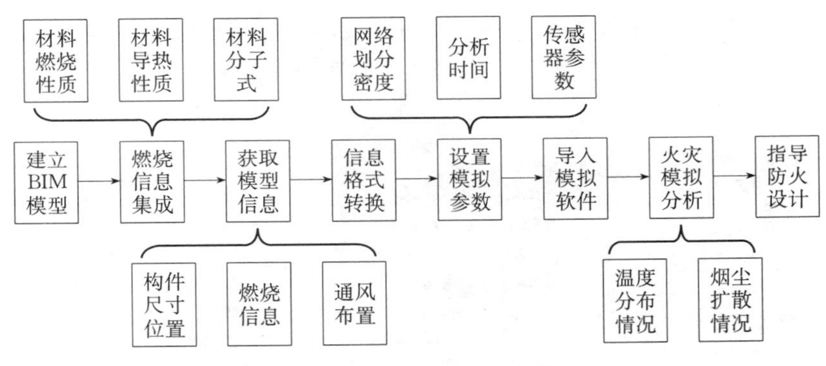

图 1　基于 BIM 的火灾模拟流程

具体流程为：

（1）在 BIM 中集成 BIM 模型原本不包含的材料燃烧信息，如材料的燃烧热、热导率、分子式等，为火灾分析提供数据支持。

（2）从 BIM 模型中提取火灾模拟所需的建筑模型信息，包括构件的几何尺寸、空间位置、材料属性、通风口位置等，并对其进行处理，转换为火灾模拟软件可接受的格式。

（3）综合考虑建筑物的实际环境，设定模型的分析时间、网格划分密度、温度与烟尘传感器位置等各项火灾分析参数，将其添加至由 BIM 模型提取出的建筑模型信息中。

（4）将建筑模型信息导入火灾模拟软件，进行火灾模拟分析。通过温度、烟气浓度等分析结果，指导建筑防火设计与人员疏散规划。

4　BIM 模型燃烧信息集成

选取 Autodesk Revit 作为 BIM 建模软件，FDS（Fire Dynamics Simulator，火灾动态模拟器）作为火灾模拟软件。Autodesk Revit 软件是目前应用最广泛的 BIM 建筑设计软件之一，同时提供完善的 API 接口，便于二次开发定制相应功能。FDS 是美国国家技术标准局 NIST 开发的火灾模拟软件，可以较为准确地分析三维火灾问题，是火灾安全工程领域的常用软件。

FDS 中定义的燃烧反应模式分为两类：固体或液体反应物的热分解反应和气体反应物的氧化反应。

典型的燃烧过程中，固体或液体首先高温分解，产生燃料蒸汽再发生氧化反应。两个过程中均有放热，而煤烟、一氧化碳等有害气体的生成仅在氧化反应中。为准确模拟火灾情况，FDS 提供了多种燃料与材料参数，以描述火灾时的燃烧反应。较为常用的参数如表 1 所示。

FDS 常用燃烧参数　　**表 1**

燃烧参数	中文名称	单位
HEAT_OF_COMBUSTION	燃烧热	kJ/mol
CONDUCTIVITY	热导率	W/(m·K)
SPECIFIC_HEAT	比热容	kJ/(kg·K)
DENSITY	密度	kg/m^3
REFERENCE_TEMPERATURE	基准温度	℃
SOOT_YIELD	烟灰产量	kg/kg
CO_YIELD	一氧化碳产量	kg/kg

其中，热导率、比热容、密度用于描述材料的热传导性质；基准温度指反应速率最大时的温度，用于描述材料的热分解反应性质；烟灰产量、一氧化碳产量分别指单位质量燃料燃烧产生的烟灰、一氧化碳质量，用于描述燃料的氧化反应性质。两种燃烧模式均可由燃烧热描述反应放热情况。

Revit 中不含材料上述信息，故需在模拟分析前先集成燃烧相关信息。本研究首先调研并收集了常见材料及其相关燃烧属性，将其整理至文件数据库汇总。设计师使用 Revit 进行材料定义时，可通过访问数据表单指定构件的材料燃烧属性，也可自定义材料并添加至表单中。用户指定构件的材料属性后，材料燃烧属性将记录在 BIM 文档的构件属性下，在提取 BIM 建筑模型信息时，与构件的几何尺寸、空间位置等一并被提取，并写入 FDS 文件中。材料指定与定义界面如图 2 所示。

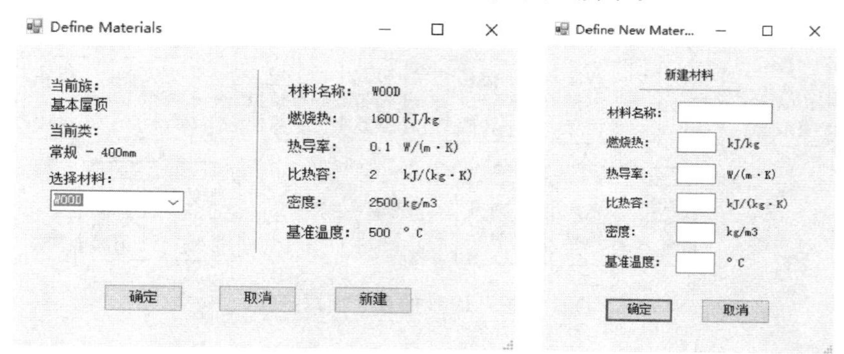

图 2　材料指定与定义界面

5　BIM 模型的提取与转化

本研究采用 Revit 二次开发，实现了由 Revit 向 FDS 软件的信息传递。

Revit 以点、线、面、体的方式描述几何体。通过角点与其他关键点坐标确定边界线，由边界线确定实体表面，由表面确定几何体，每个点均以有限位数的三维浮点坐标表示。每个几何体在数据库中均对应于一个实体，几何体的面、线、点等几何组成作为属性与实体相关联。

FDS 是有限元火灾模拟软件，其空间被划分为多个单元，所有几何体均为边线与轴线平行的长方体，且只能占有整数个空间单元。FDS 采用障碍物命令（OBST）创建几何体，几何体的尺寸和位置均由长方体的两对角点唯一确定，FDS 文件中也只记录两角点坐标。上述几何信息与模拟燃烧所需的其他参数一起，以特定格式的语句储存在“*.fds”文本文件中。在火灾模拟时，FDS 软件通过读取文本文件中的语句进行建模与分析。

Revit 与 FDS 中对空间几何体的描述和储存方式不同，因此需加以转换。对于 Revit 中边线与轴线平行的长方体实体，其尺寸与位置同样可以通过两对角点唯一确定，此时，直接获取 Revit 模型数据库中几何体两对角点坐标，将其写入 FDS 文本文件中，即可完成信息传递，如图 3 所示。

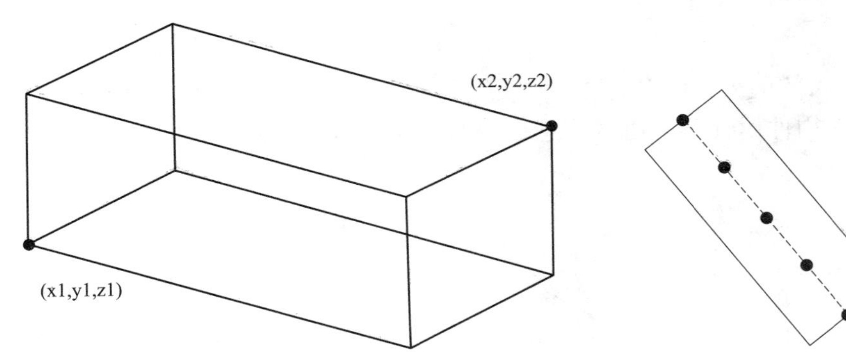

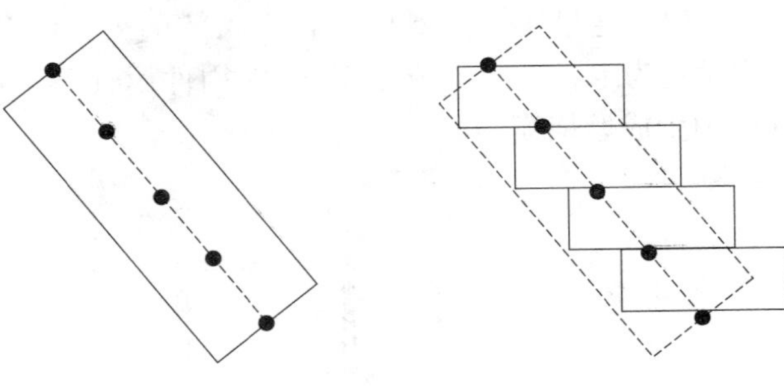

图 3　与轴线平行长方体可直接获取对角点坐标

图 4　通过中间点拟合斜向长方体

对于边线与轴线相交的长方体实体，需通过确定中间点，将斜向长方体划分为多个与坐标轴平行的长方体的方式，逼近真实情况。中间点选取为立方体与长边平行中轴线上各点，中间点间距按以下原则选取：

（1）中间点间距需在网格划分精度之内；

（2）划分后的模型与真实情况不产生较大偏差。

通过中间点拟合斜向长方体方法如图 4 所示。

对内部开洞的实体，如开有门窗洞的墙体等，使用 FDS 提供开洞命令（HOLE）表示。HOLE 命令同样以指定两对角角点，形成空间立方体的形式进行。位于该立方体内的实体单元将全部消除，空单元则维持原样。门窗开洞采取此方法，读出门窗的模型边界，以边界立方体作为开洞立方体，执行 HOLE 命令。

对空间分布更为复杂的曲面体等，理论上也可通过近似拟合方法加以转化，但会产生较大计算量，且拟合出的立方体分布零散，降低火灾模拟效率。故此处采用等效替代的方法，以数量较少的立方体替代。等效替代应尽量减小替代带来的模拟误差，具体替代原则为：

（1）尽量不改变原几何体的空间位置、几何尺寸；

（2）不改变可燃物性质、总量等影响燃烧的因素；

（3）不改变原有空气流场等影响烟尘、热量扩散的因素。

以图 5 所示模型为例，Revit 模型向 FDS 转化方法可总结如下。其中，右侧砖墙边线与轴线平行，直接读取角点建模；左侧砖墙边线与轴线相交，通过中间点拟合建模；窗口为通风口，使用 HOLE 命令开洞；木制家具为复杂几何体，通过等效替代建模。

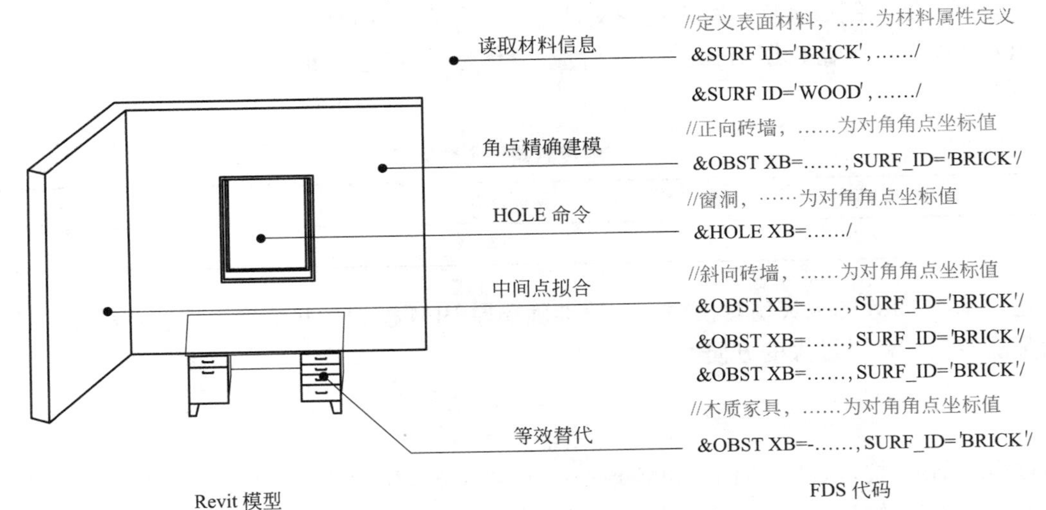

图 5　Revit 模型与 FDS 的对应关系与转换方法

6 实例火灾模拟分析

本研究通过实例模型验证基于BIM的火灾模拟效果。图6所示为BIM中的实例模型。隔墙与家具材质均设定为木材，并集成至BIM中构件属性下，通过信息提取与转化，自动设定各项燃烧参数，导入FDS中生成燃烧模型。

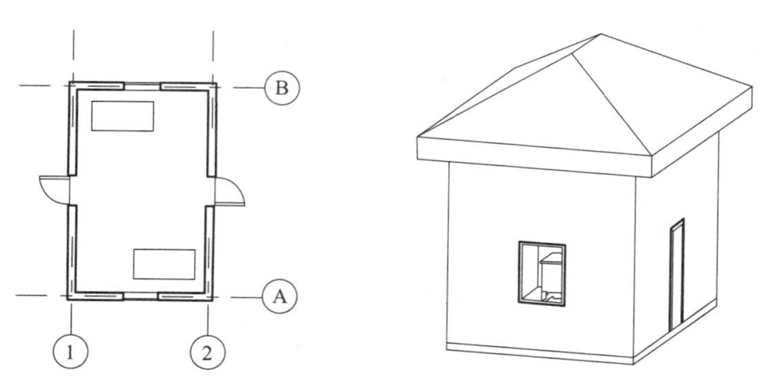

图6　BIM中的实例模型

经FDS软件提取信息与计算后，返回模型的温度、反应速率、能量释放、烟尘分布等燃烧数据。$t=3s$时的温度、烟尘分布如图7所示。

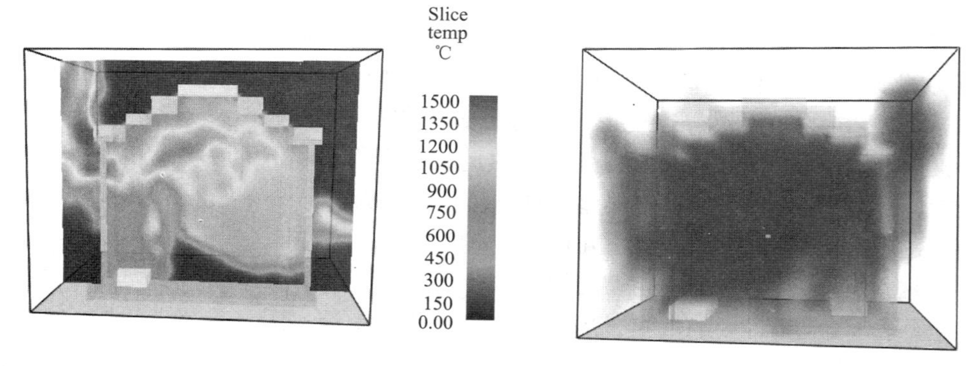

图7　FDS计算所得温度、烟尘分布

为量化数据，在通风口、天花板、楼板等位置自动设置温度和烟尘传感器，FDS计算时可将设有传感器处的温度与烟尘数据制成表格，写入记录文件中。为便于在BIM中集成燃烧结果、探测器名称以其所在的构件ID命名，使燃烧数据与构件一一对应。$t=3s$时传感器记录烟尘数据如表2所示（单位：%/m）。

烟尘传感器记录数据　　**表2**

传感器位置	东侧门洞	西侧门洞	南侧窗洞	北侧窗洞	楼板
烟尘数据	5.73	6.74	5.47	2.25	0.00

综上所述，基于BIM的火灾仿真模拟可快速准确还原BIM模型，并给出模拟燃烧结果。所得数据可为防火与人员疏散设计带来极大的方便。

7 结论

本文通过引入BIM技术，实现了由BIM模型向火灾模拟模型的转换，免去了火灾模拟软件中重复建模的过程，保证了模型的精确性，提高了火灾分析效率。同时，将材料燃烧属性集成至BIM中，扩展了BIM的应用范围。研究结果经实例验证，可快速完成建模过程，并输出多项火灾模拟数据，供建筑防火设计使用。

参考文献

[1] GB 50016—2014 建筑设计防火规范 [S]. 2014.
[2] 朋延，贺兆华. 浅谈火灾模拟技术的应用于发展 [J]. 消防科学与技术，2005，(S1)：6-7.
[3] 王婷，杜慕皓，唐永福，等. 基于BIM的火灾模拟与安全疏散分析 [J]. 土木建筑工程信息技术，2014，6 (6)：102-108.
[4] 凌竹，李鹏哲. 基于建筑信息模型的机场航站楼火灾疏散研究 [J]. 科技与创新，2017，(2)：3-5.
[5] 陈远，任荣. 建筑信息模型在建筑消防安全模拟分析中的应用 [J]. 消防科学与技术，2015，34 (12)：1671-1675.
[6] 道吉草，史建勇. 基于BIM的建筑火灾安全分析 [J]. 消防科学与技术，2017，36 (3)：391-394.

从数据汇聚、数据分析到基于数据的轨道交通工程管理

王　玮

（广州地铁集团有限公司，广东 广州 510330）

【摘　要】论述广州地铁机电工程项目管理所面临的挑战，以及作为项目业主，广州地铁引入 BIM 技术的历程、初衷和价值目标。重点结合广州地铁集团与清华大学联合研发的“轨道交通工程信息模型管理系统”的功能设计思路，强调该系统在工程项目数据汇聚方案所起到的作用，从所汇聚数据中可以提炼出哪些信息，以及作为项目业主及各参建管理方如何利用“信息”（BIM 中的“I”）开展项目管理，实现管理目标。

【关键词】轨道交通；BIM；大数据；建设业主；工程数据

1　轨道交通机电工程项目业主的挑战

未来 15 年，广州地铁线网将扩展至不少于 23 条线路，总里程超过 1000km，地铁车站近 500 座，投资将超 4000 亿元，所承担的建设任务将是过去 20 多年总和的 3 倍。管理工作量大、难度高、可投入的管理人力资源有限，是广州地铁业主以及国内轨道交通业主在大规模地铁线网建设中所面临的普遍性难题。

在高强度的建设管理中，业主必须切实履行安全生产的监管责任并贯彻精细化管理理念，要提高管控效率，同时要为全寿命周期管理打下基础，确保信息的全面性、真实性、动态性，确保执行机制的有效性，加强成本管控并提高资源的利用效率。

如何在不增加、甚至减少业主管理人员数量，优化管理架构的前提下实现上述目标？企业在管理理念、管理平台建设方面的“软硬件”革新换代就显得迫在眉睫。

广州地铁的建设业主在上述大规模建设的背景下，面临着缺乏信息工具去收集、汇聚、分析真实、实时的建设阶段工程管理过程数据的挑战。缺乏有效的信息手段去打通设计、施工、运维三个阶段的信息孤岛，将建设阶段形成的有效信息向运维阶段传递，为后期的系统、设备良好运行奠定数据基础。这些都是项目业主从建设工程全寿命期管理维度出发亟须解决的问题。

2　从 BIM 技术应用走向基于“数据”的工程项目管理

BIM 技术的出现，为迎接刚刚提及的各种挑战提供了一种可能性。BIM 是 Building Information Model（建筑信息模型）的缩写，这是业内普遍认可的理解方式。BIM 不等于三维模型，其中的“I”才是 BIM 的核心，出于解决上述轨道交通行业痛点的角度，BIM 这项技术，这种基于“信息”的管理理念更应该被理解成 Business Information Manage（业务信息管理）。

而业务信息管理必须递进的开展“三步走”的工作，才能最终实现基于“数据”的工程项目管理的目标：首先，需要选取或者自主研发汇聚信息的工具，实现数据汇聚；其次，需要针对汇聚的业务信息进行整理、挖掘，也就是数据分析；最后，基于分析的成果，对参建各方的管理措施和手段提出改善的

【作者简介】王伟（1980-），男，广州地铁集团有限公司建设总部机电工程中心车站设备工程二部副经理。主要研究方向为 BIM 技术与轨道交通建设工程项目管理的有机结合等。E-mail：wangweil@gamtr. com

建议，实现对于管理重难点的预判预纠，促进城市轨道交通项目在设计质量、成本控制、施工管理、运营管理等方面的提升。

鉴于上述的认识和战术构想，2014 年下半年广州地铁集团启动了 BIM 技术应用的科研工作，以贯彻建设工程项目管理“规范化、标准化、精细化、信息化”为目标，结合 Bsa 提出的 25 个 BIM 技术应用最佳实践点，以应用价值最大的机电系统工程项目管理为切入点，与清华大学按照“产学研”的模式，联合研发了“轨道交通信息模型管理系统”。系统设置了 C/S（客户端）、B/S（网页端）及 M/S（移动端），实现全方位管理。C/S 端汇聚了三端的总体信息；B/S 端主要应用于日常管理流程操作；M/S 端作为C/S 和 B/S 端的延伸，充分发挥“移动”和“一线”的优势，用于信息的现场采集及确认（图 1)。

图 1　管理系统 C/S 端登录界面

该系统自 2015 年以来在广州地铁共计七条线路进行了不同深度的应用，为各参建方打造了统一、高效的施工协同管理平台，对于建设资源、安全、质量、进度、档案资料等各项要素进行全方位的精细管控。而最为关键的是打造了一个工具，能够及时、完整、准确地采集工程建设的过程数据。为功能的改进积累了宝贵经验，通过与周边技术的持续融合，保证了管理系统所收集数据的准确性，为“三步走”战略的实施，迈出了“数据汇聚”的第一步。

在打造管理系统，落地“数据汇聚”的同时，广州地铁集团编制并发布了《建模及交付标准》以及《模型编码标准》，对“模型”这个重要的数据载体进行了严格的规约，进一步保证了该系统对于数据汇聚的作用。

3　实现数据价值“最大化”的三个关注点

要实现基于数据的工程项目管理，BIM 技术应用就应该为数据汇聚服务，在已经具备上述数据汇聚工具的前提下，要实现数据的价值，而且要实现数据价值的“最大化”，我认为需要重点关注几个方面的工作：

首先，关注从企业层面开展基于 BIM 技术应用的数据汇聚工作。单项目甚至“点式”BIM 技术应用所汇聚的数据“偏小”，难以发挥其价值。同类的多项目应用能够达到针对某一具体数据的多次采集、相互校验、横向对比的目的，分析之间的差异及成因，去验证数据采集方法的正确性，进而改进采集方式，保证数据的真实性、准确性，将离散数据的影响降至最低，为后续的数据分析奠定基础。

建设工程从传统承包模式过渡到 EPC、PPP 承包模式的大趋势下，在项目群中应用 BIM 技术，汇聚项目群数据也逐渐成为“刚需”。新的承包模式下，政府管理部门、项目建设单位以及总承包单位的管理目标日趋一致，将 BIM 技术应用推广到管辖范围内的各个施工单位中、各个建设项目上，才能将单项目的纵向数据与多项目间的横向数据汇聚成网；在实现大数据采取的前提下，对相似项目相同数据的超差情况进行横向比较和及时预警，系统的提升各项目基于数据管理的工效。

其次，关注汇聚的数据在建设项目“设计——施工——运维”全寿命周期内的双向流动；从“以终为始”的理念出发，轨道交通项目的设计和施工管理目标就是保证设计、施工阶段的数据、信息向运维阶段传递，为设备、系统在运营阶段安全、稳定运行提供数据支撑。设备采购阶段的需求参数、设计联络阶段的选型参数、样机生产及出厂检验阶段的测定参数、现场安装调试及验收阶段的整定参数、运维阶段的实际运行参数，这些参数在全寿命期内的演变情况都应该通过三维模型记录下来，并向下一阶段传递。结合设备的运行曲线，就能够分析出设备参数设定的合理性以及效能最高工况所对应的参数值，最后反馈至设计阶段，优化今后的设备选型，形成“数据流”的闭环和数据“价值链”的闭环；同时，基于大数据，分析设备故障停运与停运前各项状态或故障信息的关联关系，推动设备维保从“故障修”向“状态修”模式的转变，能够为数十年的运营期带来更大的价值。

最后，要关注为解决管理“痛点”服务的“业务流”和“数据流”的分析。主要分为几步走：明确管理目标、确定管理痛点——汇聚大数据——大数据分析——明确痛点产生的原因——基于数据梳理出优化管理的措施；而其中大数据分析的前提是管理业务流和管理行为数据流的综合性梳理。以工程项目推进时间为主轴，针对每个阶段的业务流程，也就是标准化的工作内容进行清晰的梳理，将每个标准化工作内容或者说工作行为所产生的数据辨识出来。

在此基础上，以管理痛点出发，将与痛点相关的各个数据之间的关联关系分析出来。例如：希望管控施工现场作业人员，那就要重点辨识与“人”相关的信息，包括人员的基础身份信息、接受安全教育情况、进出施工现场的门禁信息、室内定位信息、由其施工的工程实体质量情况、人员安全行为记录、工资发放情况等等；最终，通过数据之间的关联关系，可以“加工”出相关的考核指标，例如：结合门禁信息和室内定位信息，可以得出施工人员的“实际到岗率”指标。

4　广州地铁在开展“基于数据的工程项目管理”方面的尝试

4.1　基于“派工单”打造数据汇聚的核心，落地工程计划进度管控

广州地铁与清华大学联合研发的“轨道交通信息模型管理系统”中，进度管理模块的核心功能就是“派工单”（图 2）。派工单是连接虚拟与现实的桥梁，它属于工程整体计划、季度计划、月度计划、周计划逐级细化优化后的“现场执行”环节，它将三维信息模型、施工组织计划 WBS、施工作业人员、设备材料、工艺工法指引、作业区域等人、机、料、法、环各要素关联起来。派工单是一线施工班组开展现场作业的依据，只有在派工单中勾选的施工人员才能通过门禁系统，进入施工现场，开展作业。结合门禁系统以及今后计划投用的室内人员定位系统，保证施工班组严格按照派工单的内容进行施工，进而实现了施工组织计划的切实落地。派工单内容实施后，由施工单位施工员及监理单位人员进行工单的完成情况确认，对实际完工量、设备材料的实际消耗量、施工成果的质量进行记录，实现了进度计划的闭环管理（图 3、图 4）。

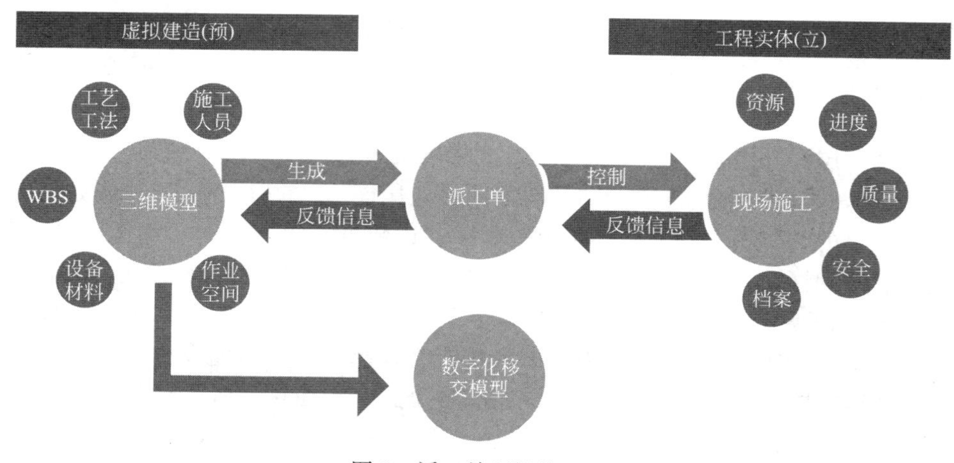

图 2　派工单逻辑关联图

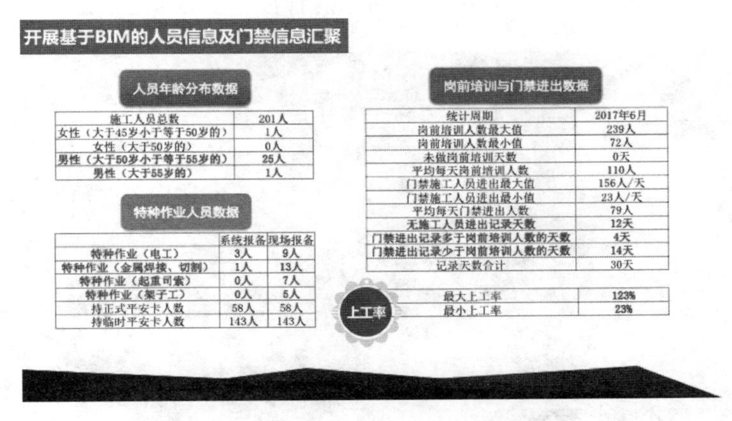

施工人员总数	201人
女性（大于45岁小于等于50岁的）	1人
女性（大于50岁的）	0人
男性（大于50岁小于等于55岁的）	25人
男性（大于55岁的）	1人

	系统报备	现场报备
特种作业（电工）	3人	9人
特种作业（金属焊接、切割）	1人	13人
特种作业（起重司索）	0人	7人
特种作业（架子工）	0人	5人
持正式平安卡人数	58人	58人
持临时平安卡人数	143人	143人

统计周期	2017年6月
岗前培训人数最大值	239人
岗前培训人数最小值	72人
未做岗前培训天数	0天
平均每天岗前培训人数	110人
门禁施工人员进出最大值	156人/天
门禁施工人员进出最小值	23人/天
平均每天门禁进出人数	79人
无施工人员进出记录天数	12天
门禁进出记录多于岗前培训人数的天数	4天
门禁进出记录少于岗前培训人数的天数	14天
记录天数合计	30天

最大上工率	123%
最小上工率	23%

图 3　管理系统汇聚的施工人员数据

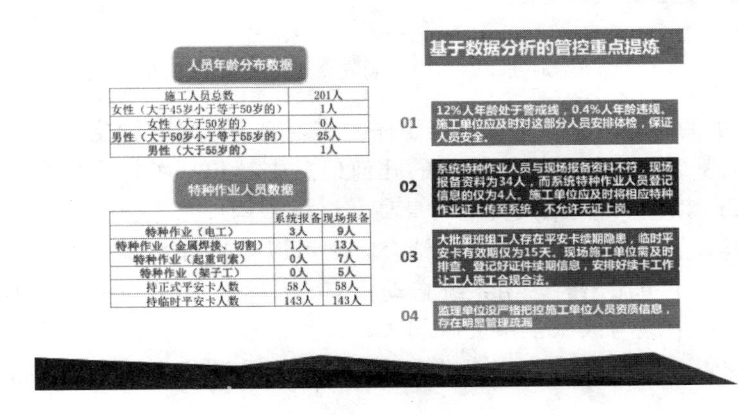

施工人员总数	201人
女性（大于45岁小于等于50岁的）	1人
女性（大于50岁的）	0人
男性（大于50岁小于等于55岁的）	25人
男性（大于55岁的）	1人

	系统报备	现场报备
特种作业（电工）	3人	9人
特种作业（金属焊接、切割）	1人	13人
特种作业（起重司索）	0人	7人
特种作业（架子工）	0人	5人
持正式平安卡人数	58人	58人
持临时平安卡人数	143人	143人

图 4　基于数据的管理问题分析

“派工单”关联了多种要素，成为整个管理系统中最重要的数据汇聚核心。通过“派工单”汇聚的相关信息，可以分析出各项考核评估指标。以机电系统中的风管安装为例：派工单中关联了三维信息模型，勾选了施工人员，施工人员通过门禁留下了身份信息、时间信息，施工人员随身携带的唯一身份的标识卡在室内定位基站上留下了时间和空间位置信息。通过上述这些信息可以分析出某一个施工班组，实际投入了多少名施工人员，在多长时间内完成了多少米风管的安装任务。最终通过简单的计算，可以得到施工班组以及施工人员的“人工时效”指标，也就是单位工程实体所需消耗的人工时；进而，通过多个“派工单”所统计出的“人工时效”指标的横向校验，无限逼近该施工班组“人工时效”的真实数值，成为评估施工班组作业效能的重要指标。通过多条线路、多家施工单位应用“派工单”，就能获得广州地铁线网级的“人工时效”指标数据。而这一指标数据具有三个方面的重要数据价值：

1）横向评估施工单位的优劣，考核施工单位各线资源的投入效果是否达到了线网的“平均人工时效”；

2）更加准确地评估某一整体或局部工程的施工工期；

3）甚至在项目招标阶段，针对工期极端紧张的标段，要求施工单位必须与人工时效超过广州地铁机电工程平均值的施工班组合作。

4.2　充分利用高颗粒度模型及其附件属性信息，针对安全风险实施预判预纠管理

4.2.1　针对临边孔洞、深基坑、高支模等内容进行建模，结合施工组织计划预判安全风险

以车站机电工程为例，针对站内的孔洞及临边防护进行了建模，同时根据孔洞的尺寸进行安全风险分级，纳入安全风险点的管控清单中。同时，将这些安全防护模型以及模型所在的轴网区域与施工组织计划相结合，通过全专业的综合虚拟建造，由管理系统辨识出可能涉及拆除孔洞临边防护、单一区域多专业密集交叉施工等施工安全风险点。形成月度、周安全风险辨识清单，在施工管理过程中采取针对性

的专项安全交底、施工旁站监督等措施，开展安全问题的管控，实现安全风险的预判预纠（图 5）。

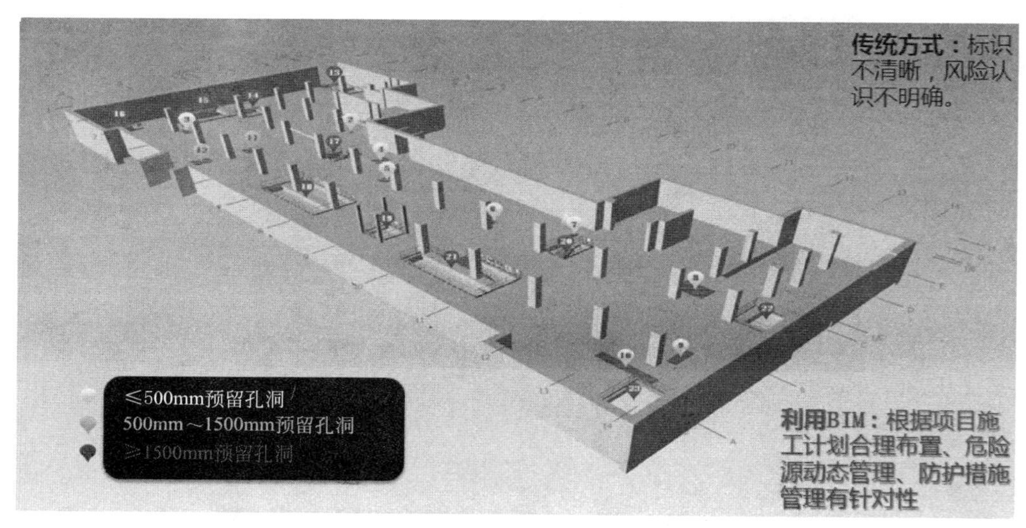

图 5　地铁车站站内孔洞安全风险等级梳理图

4.2.2　充分挖掘模型附加的属性信息，结合标准工序，实现安全风险的管控

车站内全专业合模的基础上，每个模型构件的几何信息中都包括了标高信息，再与高空作业的判定标准（坠落高度基准面 2m 以上）、施工人员平均身高、该模型构件（也就是某一个设备或材料）的工艺工法、使用的施工工器具（如移动式脚手架）相结合，则可以得出哪些模型构件的施工将会涉及高空作业。而在涉及这些构件的派工单派出时，由系统自动将高空作业的相关安全注意事项以及施工单位和监理单位需要开展的过程管控措施与该派工单关联起来。以往需要人工去梳理的高工作业工序，通过模型的某一项信息和简单的逻辑关联关系，由计算机快速、智能地梳理出来了，大大节省了管理人员的安全风险辨识工作量。

4.3　"数据"在材料质量及施工质量管理过程中的价值

4.3.1　基于三维模型的工厂化预制，提升成品质量

以通风管道为例，通过创建精细化、高颗粒度的风管材料模型，实现从模型输出工厂化加工的各项信息，包括结合尺寸、材质等，将传统的风管现场加工工艺替代为工厂化高精度的加工流程，产出成品风管，最大程度保证了成品风管的质量。

同时，我们也大力推行采用轻质陶瓷隔墙替代传统水泥砖砌筑的工法更新，提升设备房砌筑工效的同时，保证了墙体质量。

在空调冷水机房的安装工艺上，采用工厂化预制管道结合现场螺栓连接替代了以往管道的现场焊接，为施工质量提供有力保障。工厂化预制的智能化以及专业覆盖程度的进一步扩展，促进了机电工程整体质量的提升。我们也尝试将管理系统与材料供应商的 MES 系统对接，将针对材料质量的管控前置到生产制造阶段，针对工程成品材料开展从原料选择、下单排产到现场安装全寿命期的质量管控。

4.3.2　建立施工材料的质量准入门槛

通过管理系统中设计的逻辑流程，将进场材料通过报审验、见证取样送检等质量管控环节作为材料进入工程材料库存清单的前置条件，保证所有可被派工单选择的材料均通过了质量检验的把关，从源头上将不合格的材料阻挡在门外。下一步我们计划建立材料信息库，将针对材料质量管控发现的问题在线网内横向共享。同一材料供应商、经销商在不同线路、不同项目供货过程中，根据发现的质量问题数量、严重程度对该供应商、经销商进行等级评估，同时将屡犯质量问题的供应商列入"黑名单"。同时，在线网内共享材料信息及考核结果，也可为判断材料来源真伪提供数据支持。

4.3.3　将检验工序与实体施工工序关联，保证施工过程的质量管控到位

建立工程质量检验工序与实体施工工序的关联映射关系表，并与施工组织计划结合，实现质量检验

工序的映射触发。以“H”类（停工待检类）质量控制点工序为例，在管理系统中的逻辑关系限制了不完成质量检验工序是无法对后续实体施工工序进行派工、施工的，这就从流程的维度约束了所有的质量检验环节都能够得到落实。而质量检验工序中发现的质量问题，也为下一步针对施工单位及施工班组基于“施工质量”的考核提供数据支撑。

4.4 基于数据分析，形成考核指标，建立广州地铁机电工程信用数据库

积累考评预测数据，逐步建立建设领域的信用数据库，打造轨道交通机电工程适用的全面品控及评价体系，将数据转化为促进竞争、优化业态的驱动力。以质量问题图钉为例：派工单与模型、施工班组人员实现了硬关联，同时施工过程中以及验收阶段的质量问题“图钉”也与模型进行了关联，这样就将质量问题与施工班组联系起来，通过问题的等级以及数量实现施工班组级的横向评比，进一步建立机电工程的施工班组“黑名单”。运用品控及评价体系，对参建各方的管理行为、工程质量进行客观、公开、公平的评价；同时，将信用记录及评价单元从施工单位、监理单位细化至施工班组及监理人员。并将“信用数据”横向共享至线网内各个工程项目，纵向共享至项目招标到竣工验收过程的各个环节。对于信用数据库黑名单中的参建单位，从招标阶段就限制其准入资格。对于黑名单中的施工班组，在全线网范围内清退出场。我们还可根据考评数据对参建各方进行标签化管理，并结合大数据进行标签关联性分析，对首次参与地铁建设的单位进行综合预测，提前预判可能存在的问题并采取针对性的管理措施。

5 下一阶段的设想

5.1 提升数据汇聚的准确性和真实性

以进一步加强数据汇聚的准确性、真实性为目标，研究BIM技术与相关辅助技术结合的可行性。例如：引入AR，结合模型轻量化技术，充分利用移动设备的摄像头取景及屏幕上的显示模型进行比对，在派工单完工确认阶段，展示完工实体与派工模型的一致性，增强管理人员现场数据采集的直观性和准确性。

5.2 梳理数据流

基于“轨道交通信息模型管理系统”，梳理出管理系统的数据流。同时，基于工程项目的管理流程，梳理出工程项目管理的数据流；要从数据流的角度对管理平台的数据汇聚功能进行重新审视和优化，进一步减少操作人员的接入，将基于数据的工程项目管理提升至智能化的高度。

5.3 打通数据链路

基于“向前向后一公里”的理念，进一步完善设计阶段的协同管理平台以及建设阶段的工程管理平台，搭建运维管理平台，通过约定数据信息的交换规则，打通“设计——施工——运维”三阶段之间的数据链路。

只有想不到，没有做不到，数据能够为管理行为带来的价值就深藏在工程大数据之中，静待我们去挖掘。

参考文献

[1] 周春波.BIM技术在建筑施工中的应用研究［J］.青岛理工大学学报，2013，34（1）：51-54.

[2] 刘晴，王建平.基于BIM技术的建设工程生命周期管理研究［J］.土木建筑工程信息技术，2010，02（3）：40-45.

[3] 张洋.基于BIM的建筑工程信息集成与管理研究［D］.北京：清华大学土木工程系，2009.

[4] 何关培.BIM总论［M］.北京：中国建筑工业出版社，2011.

[5] 张建平，范晶，王阳利，等.基于4D-BIM的施工资源动态管理与成本实时监控［J］.施工技术，2011，40（4）：37-40.

基于 BIM 的建筑物火灾人员态势感知与管理平台研究

黄　璜，李　楠

（清华大学建设管理系，北京 100084）

【摘　要】建筑物火灾对人们生命和财产安全造成了巨大威胁，研究火灾的应急管理和人员疏散具有重要的意义。随着信息化和 BIM 技术的发展，BIM 在火灾应急管理方面已有了初步应用。本文分别从室内人员定位和人群应急疏散两方面探讨了 BIM 在火灾应急管理中的应用，一方面介绍了基于 BIM 和射频技术的室内人员定位框架和定位算法研究，另一方面介绍了基于 BIM 的火灾情境下人员疏散仿真研究，并由此构建了基于 BIM 的建筑物火灾人员态势感知与管理平台框架。

【关键词】BIM；火灾应急；知识平台；人员定位；疏散仿真

1　引言

近年来随着城市发展，建筑物的数量在与日俱增。与此同时，建筑物火灾也逐渐成为目前城市的主要灾害。火灾一旦在建筑物内发生，将会迅速扩散蔓延，对于人们的生命安全和财产安全造成了极大的威胁。因此研究建筑物火灾的应急管理及人员疏散具有重要的意义。

对建筑物中人员进行迅速和准确的定位对于建筑物火灾应急管理而言至关重要，对于减少火灾导致的人员伤亡具有重要的潜在作用。火灾的急救人员往往不了解受困者的位置，因而不能有效地选择搜索路径并进行救援规划。相反，其需要对室内区域进行完整的搜索以确保不会遗漏受困者，这种盲目低效的搜索会极大增加受困者伤亡的可能性。此外，出于对急救人员自身安全的考虑，对急救人员自身进行定位同样非常重要。通过对急救人员实时的定位监控，不仅能减少灾害对急救人员带来的伤亡，还能有效提高应急救援的效率。

在火灾应急疏散方面，计算机仿真是目前研究火灾疏散问题的主要方法，通过对人员在火灾情境下疏散的仿真模拟，一方面可以为建筑物的防火设计优化提供参考，另一方面对火灾应急预案的设计也具有重要的意义。

而建筑信息模型（BIM）以其数据化和可视化的优势，在建筑物火灾人员定位及疏散仿真方面均有广阔的应用前景[1]。因此本文将提出一个基于 BIM 的建筑物火灾人员态势感知与管理平台，该平台能够为管理者在建筑物火灾应急的决策过程提供充分的信息支持，包括室内人员的定位信息、对人群疏散的预测信息等，有利于救援疏散工作的开展。

2　基于 BIM 的建筑物火灾人员态势感知与管理平台框架

本研究所提出的建筑物火灾人员态势感知与管理平台能够从两个方面为建筑物火灾的应急管理决策提供支持，其框架如图 1 所示，其中一方面是人员定位信息，另一方面是人群疏散仿真结果。与此相对应的是两部分的研究内容，分别是室内人员定位框架和定位算法研究和建筑物火灾人群疏散仿真研究。通

【基金项目】国家自然科学基金资助项目（71603145）；教育部人文社会科学研究基金（16YJC63052）

【作者简介】李楠（1987-），男，副教授。主要研究方向是土木工程信息化、建成环境韧性管理。E-mail：nanli@tsinghua. edu. cn

过对室内人员定位框架和算法的研究，可以得到火灾情境下受困者和救援人员的定位信息，在定位信息的基础上进一步开展人群的疏散仿真，可以得到疏散逃生路径及时间。该仿真结果对于建筑物火灾应急预案的制定、实际救援路线的确定、疏散情况的预测等具有重要的意义。

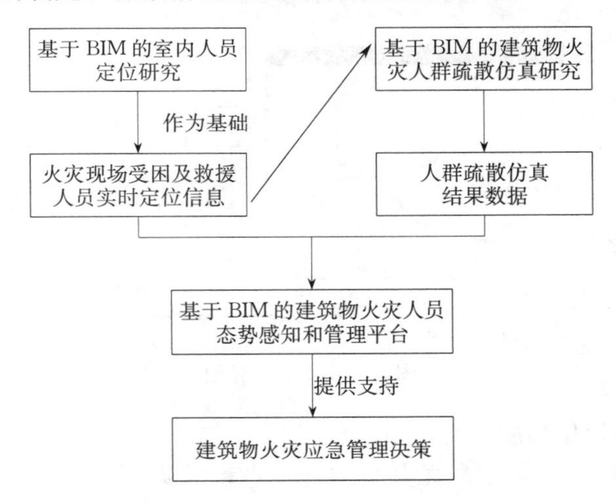

图1　基于BIM的建筑物火灾人员态势感知与管理平台框架

3　基于BIM和射频技术的室内人员定位框架和定位算法研究

本文作者已开展了基于BIM和射频技术的室内人员定位框架和定位算法研究，用于支持建筑火灾现场的人员疏散逃生和搜救路线优化，定位框架的流程图如图2所示[2]。

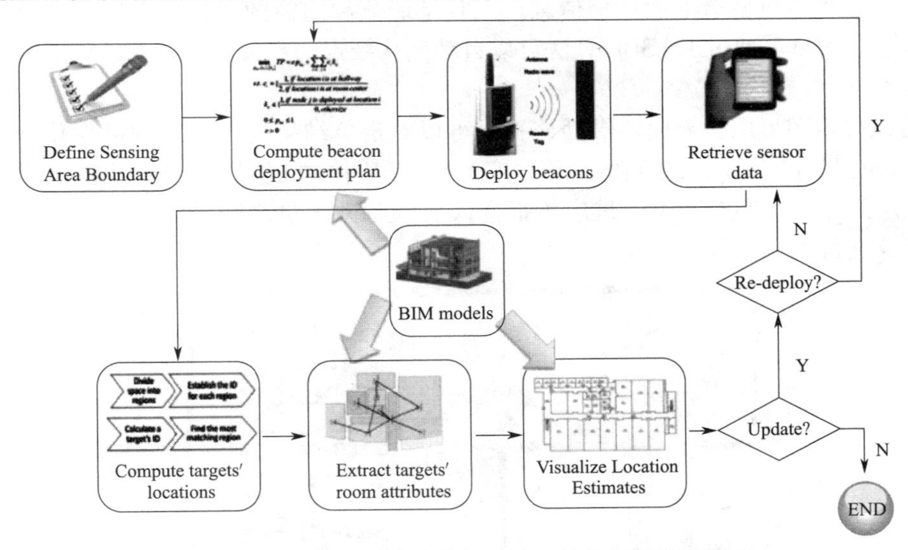

图2　基于BIM和射频技术的室内人员定位框架流程图

如图2所示，整体的框架流程是基于BIM模型提供的信息计算传感网络的布设方案并进行布设，通过传感器采集到的数据根据一定的算法计算目标的位置并将其在BIM平台上可视化。该研究设计了一套基于数据挖掘手段的新型室内定位算法（EASBL，Environment-Aware radio frequency beacon deployment algorithm for Sequence Based Localization），通过萃取BIM模型中的空间布局信息来提高定位精度，同时借助BIM平台的图形用户界面[3]（见图3）对定位结果进行动态的可视化展示和分析。

BIM模型相对于图纸、图片、数据库等传统的建筑信息来源，其优势在于BIM模型可以同时包含地理信息和语义信息，而非单一的某一类信息。通过结合BIM，该室内定位算法能够将定位的精度提升至房间的层面，此外，BIM所提供的空间信息对于确定传感网络的布设方案也具有重要的意义。具体而言，BIM在室内人员定位中有如下作用：

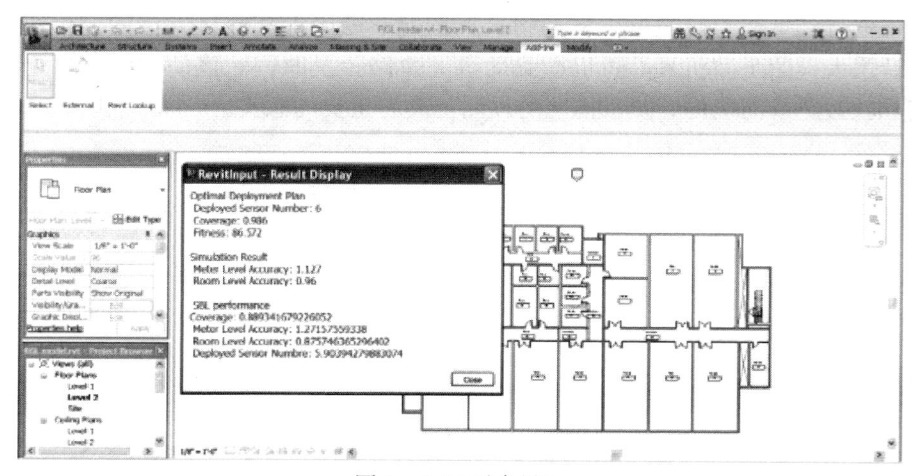

图 3　BIM 平台界面

1）提供建筑信息，提高定位精度

BIM 作为信息源，可以提供建筑信息尤其是地理信息，确认人们所处的空间类型，如房间、走廊、楼梯等，使得 EASBL 算法能够更加精准地进行空间划分并减小房间层面定位错误的可能性。

2）用于评估区域的可达性

从 BIM 模型中提取空间的布局和用途，并且基于急救人员的现场反馈在 BIM 模型中实时标记和更新火势和烟气的扩散，据此可评估给定区域的可达性。

3）为传感网络部署提供支持

BIM 模型可以提供应急情境下的地理信息，尤其是墙体和门窗的布局，有助于传感网络的部署。而且基于房间的可达性信息，通过 EASBL 算法可以自动确认结点的部署位置，并计算最佳的部署方案。

4）提供图形化用户界面

BIM 平台可以提供图形用户界面，借助该平台可以对定位结果进行动态的可视化展示和分析，应急指挥人员可以实现对目标的定位及更新的检测、实时确认房间的可达性和感知区域的边界等。此外，BIM 上的注释信息如房间序号等亦有助于促进应急指挥人员和急救人员之间的沟通，后者可以迅速根据前者指令去部署结点及进行人员营救。

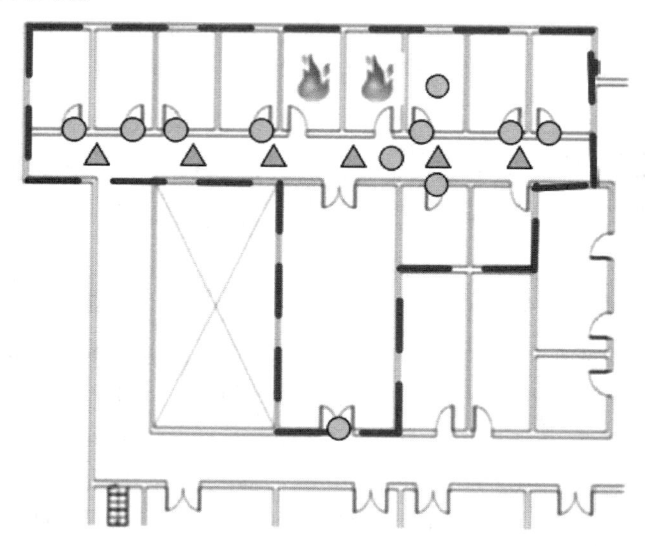

图 4　建筑火灾场景和实时定位模拟[3]

综上所述，该研究通过对建筑火灾场景和实时定位模拟（图 4），初步揭示了灾害现场人群移动路径的基本特征，证明了将 BIM 技术用于建筑灾害情境创建和可视化展示的可行性。

4　基于 BIM 的建筑物火灾人群疏散仿真研究

对火灾情境下人群疏散的仿真离不开对空间环境的建模，传统的空间建模方式往往基于 CAD 图纸，其建模效率较低且提供的信息不够完善，如缺乏构件的材质信息等，而 BIM 模型由于其信息的完备性，对于火灾疏散环境的构建而言是一个绝佳的信息源。

近年来随着虚拟现实技术（VR）的快速发展，将虚拟现实技术与实验心理学相结合能够有效地创建高真实感的疏散情境并开展个体疏散行为实验，进而对疏散者的行为进行建模[4]。该方法能够有效克服传统研究个体行为的方法如案例分析、问卷访谈等在客观性方面的局限。

多智能体建模（MAS，Multi-晶 gent simulation）是一种自下而上的建模方法，通过对微观个体的特征属性与行为模式进行建模，能够表现群体的宏观行为[5]。基于多智能体的人群疏散模型，通过创建具有“感知—决策—执行”能力的智能体，从而从微观角度描述群体参与的复杂人群疏散现象，目前被广泛运用于人群疏散仿真，例如美国斯坦福大学的学者基于多智能体理论研发了 MASSEgress[6] 和 SAFEgress[7]，在疏散仿真中考虑了个体的行为决策。

因此，本文作者在此基础上对基于 BIM、VR 及 MAS 的火灾情境下人员疏散仿真平台开展了研究，如图 5 所示。

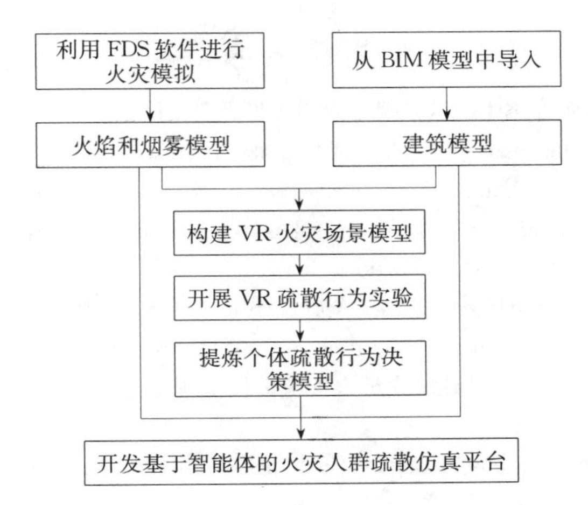

图 5　基于 BIM、VR 与 MAS 的火灾情境下人群疏散仿真平台

借助该建筑物火灾人群疏散仿真平台[7]（运行界面如图 6 所示），结合室内人员的实时定位信息，我们可以开展人群疏散的仿真。通过对仿真结果的分析，一方面我们可以对疏散的情况进行预测，另一方面我们可以进一步对建筑物火灾的应急预案进行优化，最终为建筑物火灾应急管理决策提供支持。

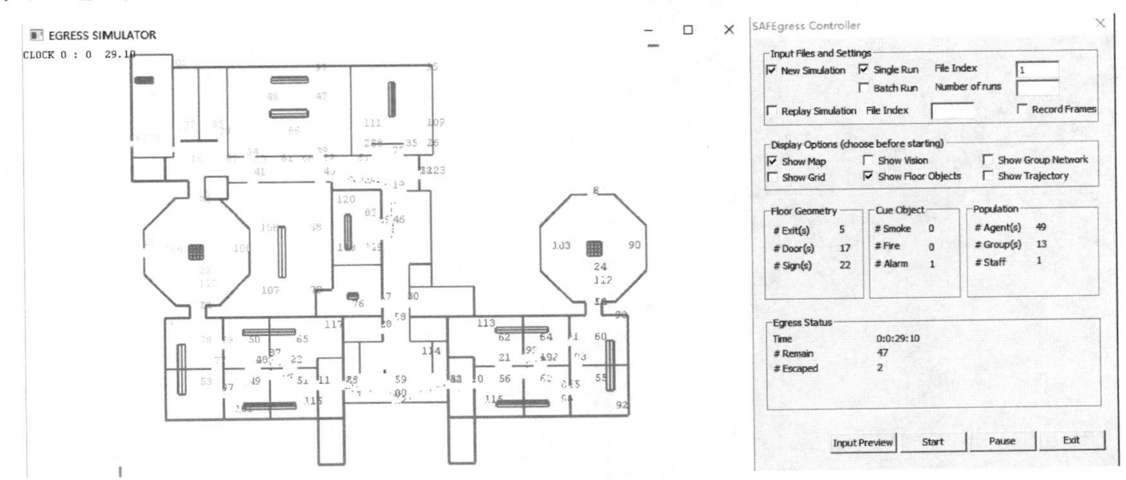

图 6　SAFEgress 疏散仿真平台运行界面

在上述研究中，BIM 所起的主要作用是作为信息源支持建筑模型的构建，利用到 BIM 的有以下三部分：其一是 VR 火灾场景中建筑模型的构建，通过从 BIM 模型中直接导入三维模型的方式来取代传统的从 CAD 图纸中导入二维平面的方式，极大地提高了建模效率。其二是在火灾模拟时的应用。火灾模拟需要根据目标场景建筑的真实参数，来模拟烟雾、火焰、热量等的扩散过程。而建筑及构件的参数往往难以从建筑平面中直接获取，因此通过与 BIM 的结合，可以有效地提取建筑信息以进行火灾模拟。第三部分应用是利用火灾疏散仿真平台开展人群疏散仿真时，通过将疏散仿真平台与 BIM 相集成，能够将 BIM 模型直接导入作为疏散环境，消除了对建筑环境重复建模的过程，增强了仿真平台的易用性。

5　总结

本研究探讨了 BIM 在火灾应急管理方面的应用，提出了一套基于 BIM 的建筑物火灾人员态势感知与管理平台框架，并且分别从建筑火灾室内人员实时定位和人群应急疏散两个方面讨论了 BIM 在其中的应用情况与作用。在室内人员定位方面，BIM 模型中的空间布局信息可用于提高定位精度，其图形用户界面亦可对定位结果进行动态的可视化展示和分析。而在人群应急疏散方面，将 BIM 模型作为信息源则能够极大提高建模效率，并且为火灾模拟和疏散模拟提供完备的信息输入。未来随着研究的不断深入，将进一步挖掘 BIM 在火灾应急管理上的应用价值。

参考文献

[1] 杨烜峰，闫文凯．基于 BIM 技术在逃生疏散模拟方面的初步研究 [J]．土木建筑工程信息技术，2013，03：63-67.

[2] Li N，Becerik-Gerber B，Krishnamachari B，et al. A BIM centered indoor localization algorithm to support building fire emergency response operations [J]．Automation in Construction，2014，42：78-89.

[3] Li N，Becerik-Gerber B，Soibelman L，et al. Comparative assessment of an indoor localization framework for building emergency response [J]．Automation in Construction，2015，57：42-54.

[4] Zou H，Li N，Cao L. Emotional Response - Based Approach for Assessing the Sense of Presence of Subjects in Virtual Building Evacuation Studies [J]．Journal of Computing in Civil Engineering，2017，31 (5)：04017028.

[5] 史健勇，任爱珠．基于智能体的大型公共建筑人员火灾疏散模型研究 [J]．系统仿真学报，2008，(20)：5677-5681+5699.

[6] Pan X．Computational modeling of human and social behaviors for emergency egress analysis [D]．Stanford University，2006.

[7] Chu M L，Law K. Computational framework incorporating human behaviors for egress simulations [J]．Journal of Computing in Civil Engineering，2013，27 (6)：699-707.

BIM 在工程建设行业的应用展望

杨宝明

（上海鲁班企业管理咨询有限公司，上海 200433）

【摘　要】 全球建筑业界已普遍认同 BIM 是未来趋势，还将有非常大的发展空间，在设计，施工，运维间数据的打通，支持预制加工，与二维码、RFID 等电子标签结合，与物联网结合等 9 大方面的应用值得期待。

【关键词】 BIM；物联网；GIS；3D 打印

1　概述

全球建筑业界已普遍认同是未来趋势，还将有非常大的发展空间，对整个建筑行业的影响是全面性的、革命性的。技术的发展对行业最终的影响，目前还难以估量，但一定会彻底改变企业的生产、管理、经营活动的方式，毫无疑问，BIM 技术的普及成熟，其对建筑业变革产生的将超越计算机当前对建筑业的影响。

BIM 目前仍处于初级阶段，经过近几年的推广，技术在施工企业的应用已经得到了一定程度的普及，在工程量计算、协同管理、深化设计、虚拟建造、资源计划、工程档案与信息集成等方面发展成熟了一大批的应用点。同时，施工阶段的应用内容，还远远没有得到充分挖掘，在图 1 所示方面技术的应用还很值得期待。

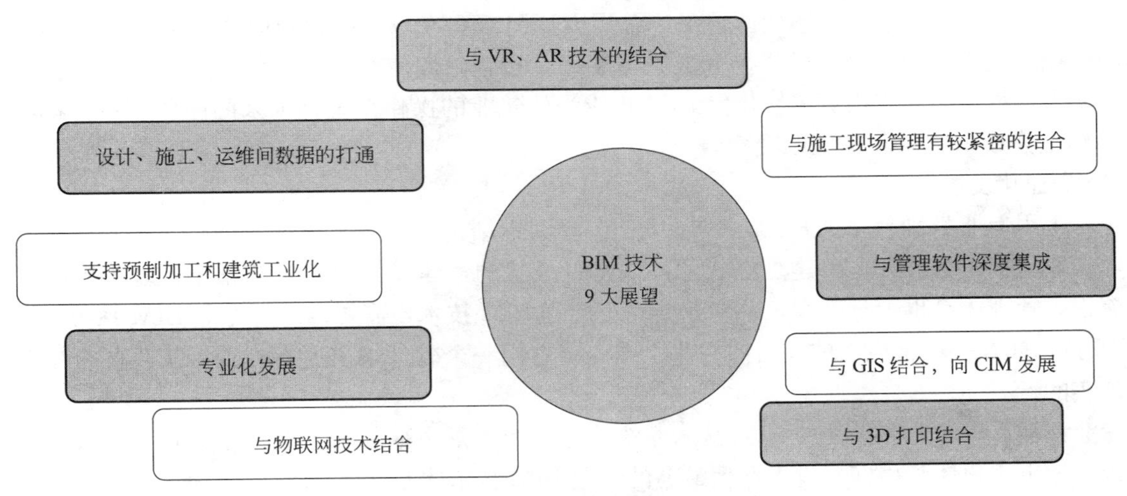

图 1　BIM 在工程建设行业的应用展望

2　BIM 在工程建设行业的应用展望

2.1　设计、施工、运维间数据的打通

市场上目前在设计、施工、运维等各阶段的平台软件及专业软件数量非常之多。虽然不少大的软件

【作者简介】 杨宝明（1965-），男，上海鲁班企业管理咨询有限公司首席顾问/高级工程师。主要研究方向为建筑信息模型、智慧城市。E-mail：ybm@lubansoft.com

厂商的产品自成体系，系统性很强，但是由于建筑业务本身的复杂性，及中国建筑业在标准化、工业化管理水平方面落后的原因，导致BIM软件之间数据信息交互还不够畅通，无形中给应用的企业增加了重复劳动，提高了使用成本。

当前设计施工两大极端BIM数据对接已有较好的成果。

要推动设计、施工、运维阶段数据的打通，更多需要寄希望于BIM软件厂商之间的合作以及市场竞争的自然选择。随着应用的广泛，市场会自然根据主流BIM软件厂商应用的数据标准来形成社会的事实标准。最后通过国家层面以事实标准为基础，通盘考虑，在此基础上深化和完善，最后形成国家标准，类似于国外IFC标准。这其中最关键的还是国家制定标准的时机以及充分尊重市场的选择，避免制定的标准成为鸡肋或者利益的产物。先发展BIM标准，再发展BIM软件，是不切实际的想当然，要积极引导标准的形成，但软件发展当然要比标准快很多，事实上，软件行业基本上最后都形成工业事实标准。

2.2　支持预制加工（模板、钢筋下料、管道预制加工、PC等）

预制加工，是一种制造模式，是工业化的技术手段，预制加工技术的推广，有助于提高建造业标准化与工业化及精细化管理的水平，为BIM软件的开发与BIM技术的扩大应用提供更广阔的市场。

相应的，BIM技术也为预制加工技术和建筑工业化的发展提供了更佳的信息化技术手段。基于“面向对象”软件技术的BIM技术，可以更好地支持设计与加工之间的对接。

BIM技术与预制加工技术之间的相互促进关系，可以预见二者的结合及普及将会有一个美好的未来。

通过BIM模型，可以获得预制加工所需要的精确的尺寸、规格、数量等方面的信息，模板、钢筋、管道、PC混凝土构件等的预制加工，在BIM技术的支撑下将会越来越普遍。在整个装配式工程建筑过程，BIM系统是最重要的管理支撑系统，将建筑业工业化大生产的大数据统一管理起来，支持构配件、物件，进度、资源计划、造价质量、安全管理，让建筑业与制造业十分相近，并最终实现规模化的个性化定制和工业化生产制造。

BIM模型可以为数控机场等加工设备提供各类构件的精确的尺寸信息，实现自动化加工。尤其是幕墙与钢结构方面，涉及的金属异形构件较多，需要从BIM模型获取到精确的构件尺寸信息。

作为一项新技术，BIM技术的发展和成熟需要一个过程，即使在初级阶段，BIM已经有很多的应用与价值，未来值得展望的应用更多。相信BIM将成为建筑业的操作系统，未来的岗位和任务都将在基于BIM的系统上完成，BIM将彻底改变建筑业。

2.3　BIM专业化发展

大土木工程专业类别众多，从房建、厂房、市政到钢结构、精装、地铁、铁路、码头、化工等，十分庞杂，专业区别十分巨大，房建是点状的，铁路是线状的，建模技术体系非常不同。不同的工程专业的工艺流程，管理体系也十分庞大，各专业要真正用好BIM技术，需要自己的专业BIM系统，因此，今后的BIM技术体系是非常庞大的，目前一些生产商试图用一个软件解决所有专业，工程的全生命周期过程是不现实的。

各专业都拥有专业化非常强的BIM技术系统将是一个发展方向，与专业需求、规范，甚至是本地化深度结合，做出用户体验最好、投入产生最高的专业BIM技术体系。

2.4　与物联网结合

物联网，是互联网技术（虚拟）与人们各种活动（现实）的融合，是虚拟与现实的融合。对于BIM来说，与物联网的结合，可以为建筑物内部各类智能机电设备提供空间定位，建筑物内部各类智能机电设备在BIM模型中的空间定位，有助于为各类检修、维护活动提供更直观的分析手段。

不过需要注意的是，与物联网的结合需要在设计阶段就开始介入，从项目立项开始考虑哪些智能机电设备与BIM模型进行关联，并且在设备选型的时候对设备供应商进行要求，包括开发设备数据接口、设备BIM模型等。

二维码与RFID，都属于电子标签技术，被用来放置于物体以电子媒介的方式储存物体的信息，为各类信息化应用实施采集物体的电子信息提供便利。

对于BIM来说，在设计阶段建立好设计模型，并制定好施工计划后，在制造过程需要对模型的基本组成单元——建筑构件、机电设备及各类加工材料进行管理，这些建筑构件、机电设备及材料的采购、仓储、运输、加工、组装、进场、现场管理、安装，包括后期的维护，需要在作业现场实时采集各类信息来支持业务活动，二维码与RFID等电子标签技术能够满足这个需求。

随着建筑工业化的深入与BIM技术应用的深入，在建筑构件、机电设备及工程材料的采购、仓储、运输、加工、组装、进场、现场管理、安装及维护的业务与管理过程中，二维码技术与RFID等电子标签技术的运用将得到普及。

目前国内外已经有不少施工企业进行了这方面应用的尝试。甚至有企业专门为自己定制开发信息管理系统来支持基于电子标签技术的物资管理。但是市场上还没有专注于这个领域进行BIM软件产品开发的企业。软件产品是来自于实际需求的，随着更多的企业在这方面应用的增加，可以预见，会有专业的软件开发商来做这方面的产品开发。

2.5　与3D打印结合

3D打印技术在建筑制造中的应用，还会有很长的路要走，但是3D打印技术可以把虚拟的BIM模型打印成按比例缩小后的实体模型，为施工管理沙盘、各类展示、宣传活动提供帮助。

在上海已经有企业利用3D打印技术建造了实体样品建筑。随着技术的不断提升，后续BIM与3D打印相结合将成为建筑产业化的一种重要手段，特别在构件生产加工发面，其灵活性、快捷性将发挥重要作用。

2.6　与地理信息系统（GIS）结合向CIM发展

GIS技术在建筑领域的策划与规划业务活动中的应用已经很成熟了。比如商业设施的策划、城市景观的模拟、建筑物周边人流的模拟、交通便利性的模拟分析等，都会用到GIS技术。但是反过来，BIM在GIS中的应用，则还不多见。这个和BIM成熟应用案例不多，无法为GIS管理系统提供足够数量建筑设施的BIM模型数据有关系。随着智慧城市的发展，利用“BIM+GIS”建设数字化城市越来越需要拥抱BIM来获得海量的城市建筑设施模型数据。

上海早在2013年就出来相关文件，要求利用BIM技术来进行项目审核，在方案阶段，通过提交的三维BIM模型与GIS相结合，可以更有效地评估新建建筑对周边环境以及公共建筑的影响，而且随着BIM模型的增加，智慧城市的概念也不难实现。

2.7　与管理软件（ERP /PM）有较好的集成

目前的项目管理软件（PM）和企业信息化管理系统（ERP），缺乏工程基础数据源，导致很多必需的工程基础数据需要采用人工录入的方式来采集，难以保证数据的准确性、及时性、对营销和可追溯性（基础数据四性），同时由于手工录入的低效，导致要面临数据匮乏的问题。BIM模型，可以为项目管理软件PM与企业信息化管理系统ERP提供建筑物模型信息及过程信息，可以有效解决上述问题。BIM系统的强项在于基础数据的创建、计算、共享应用，ERP的强项在于过程数据的采集、整理、分析应用，管理上根本问题只有两个：该花多少钱（材料），用了多少钱（材料）。

此外，鲁班软件的BIM系统，为PM/ERP软件厂商开放了数据端口，并与新大中等PM/ERP信息化厂商建立了战略合作伙伴关系，实现了数据的对接。

上海中心项目上，上海安装工程集团有限公司采用了鲁班BIM相关软件与“上安施工项目管理系统”（PMS）通过合作开发的数据接口实现了一体化的管理应用（图2）。

随着施工企业运用BIM技术、项目管理软件（PM）与信息化管理系统（ERP）的深入，三者之间数据的打通和系统的集成方面的需求会愈加迫切，应用也会越来越成熟深入。三者深度集成应用，将推动建筑企业信息化达到最高境界。

2.8　与施工现场管理有较紧密的结合

这里列举介绍一些施工现场管理方面值得期待的BIM应用项目：

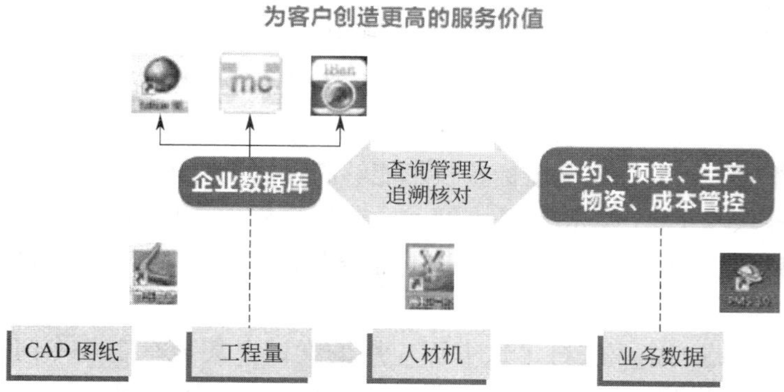

图 2　上海中心项目 BIM 与 PMS 系统对接应用流程

三维扫描技术的应用。通过三维扫描技术获取现场的点云建筑模型，与 BIM 模型作对比，来进行施工质量方面的监控。

物资的进出场与堆放管理。为了提高施工场地空间的利用效率，需要结合施工进度计划对物资的进出场和堆放进行管理。

施工现场的质量管理与安全管理。为了提高项目部、监理及业主方对施工现场的质量管理与安全管理的能力，需要建立管理制度定期将现场的情况（比如现场采集的图片）与 BIM 模型进行挂接，项目部、监理和业主方通过 BIM 模型浏览器可以快速直观地观察了解到施工现场的情况，提高了质量管理与安全管理工作的效率与质量。

2.9　BIM 与 VR、AR 直接对接

近期 VR、AR 技术取得较大突破，成为 VC、PE 投资热点领域。VR、AR 应用已延伸到房地产、建筑业，并将成为 VR、AR 最重要的应用领域。目前 BIM 与 VR、AR 设备连接还需要中间件（往往是游戏引擎）转换格式，预计很快直接连接将会实现，即实现连上设备即可在 BIM 中实现沉浸式虚拟漫游。

BIM 与 VR、AR 的结合，价值巨大，给设计方案的体验、选择、修改带来极大的技术提升，目前大量的建设周期成本浪费在方案审核、选择没有充分的技术手段，导致过程中大量修改。

在开发商房地产项目营销过程中，大幅提升购房体验，可以很大程度上取代样板房的功能，这样每种房型都可以有样板房了。

精装工程中，设计师与用户的方案交互，VR 解决方案将效果、特性提供沉浸式体验，尽量不留下遗憾。

3　建筑业信息化新时代图景

随着互联网技术、BIM 技术以及其他信息技术的发展成熟，建筑业信息化将面临巨大的改变。“BIM＋互联网”改变建筑业。建筑业逐步实现数字化、网络化、智能化，通过产业融合与创新，实现建筑产业价值链优化再造，形成新的协同产业大平台。可以展望下，未来 5～10 年里，建筑行业信息化的新图景。

（1）产业结构：较少的总承包企业，大量的专业化配套服务企业，产业开始生态化竞争。

（2）生产方式：工业化生产比例快速提升，发展出可用的工业化生产运营系统（基于 BIM 的 PC 生产运营系统），设计模块化、互动体验加强；设计完成后，自动下单工厂生产；配送、物流与进度相匹配；现场吊装，现浇率极少；具备全部设计建造数据的模型可用于后期的运营维护、城市管理等。

建筑工人数量大规模减少，主要为产业工人，在工厂工作，操作电脑；少量在现场吊装。工厂中以机器人为主。

（3）承包方式：PPP、工业化生产促使工程总承包/IPD 成为主流模式。PPP 将成为政府公建项目主流模式，既能预防政府债务的扩展，也控制了政绩工程大量产生，工业化使市场集中度快速拉升。

（4）企业管理/工作方式：小前端、大后台；大后台是基于BIM的互联网数据库；小前端是各类终端以及大量基于BIM的项目管理任务APP。

前端有少量安装及管理人员，配智能手持终端，各类项目管理任务的APP，指导生产，随时向上汇报等；管理人员利用互联网可了解、监控所有项目现场情况；项目集约化经营，规模效应显著。企业供应链系统类制造业供应链。

企业间协作关系加强，对于价值链上企业的协同性更强。生产计划直接与上下游的ERP相关。

时空受限少，办公移动性强。

（5）电子商务：建筑业务网络交易开始快速兴起，随着营改增时代的到来，透明化被倒逼拉升。越来越多交易在网络上进行，包括招投标、建材交易；并衍生大量基于互联网的建筑业配套服务性产业，如基于互联网的建筑金融服务、基于互联网的工程保险服务、基于互联网的数据服务等。

大量的数据保存在互联网上，形成建筑业的大数据平台。

（6）互联网金融：随着PPP项目大量实施，和政府吸引民间投资进入基础设施领域力度加大，互联网金融将通过强大的众筹能力，在民间资本筹集方面起到强大的作用。

（7）行业管理：资质管理放松，大量高科技企业进入建筑领域；政府基于BIM的统一管理平台，项目审批、竣工备案等必须提交三维模型；重大工程的基于BIM的进度、成本管理、行业协同。

4 结语

“BIM＋互联网”使项目管理生产力革命性的变化，生产力大幅提升；提前预知冲突、过程质量管理，大大提升建筑品质；行业更加透明化，行业竞争更有序；推进建筑业从关系竞争力向能力竞争力转变；建筑业规模经济优势形成；加快建筑业的产业整合，逐步形成健康良性的行业秩序。

参考文献

[1] 刘照球，李云贵．建筑信息模型的发展及其在设计中的应用［J］．建筑科学．2009（01）：96-99.

[2] 吴浙文．建设工程项目管理［M］．武汉：武汉大学出版社，2013.

[3] 张洋．基于BIM的建筑工程信息集成与管理研究［D］．清华大学，2009.

[4] 魏来．BIM、信息化、大数据、智慧城市及其他［J］．城市住宅．2014（06）：14-16.

[5] 沈力．基于BIM的建筑业大数据研究初探［D］．西南交通大学，2016.

BIM 在南京地铁宁溧线溧水车辆段项目中的应用

叶胜伟[1]，张志超[1]，张　靖[2]，吴忠良[2]，王　琪[2]，琚艳芳[3]

（1. 中国土木工程集团有限公司，北京 100000；2. 上海鲁班工程顾问有限公司，上海 200433；3. 上海鲁班企业管理咨询有限公司，上海 200433）

【摘　要】南京地铁宁溧线溧水车辆段项目受项目单体多、工期紧、施工协调难等因素的限制，施工过程中存在大量的困难和挑战。通过应用建筑信息模型技术（BIM）进行建筑专业、结构专业、机电专业的建模，各专业碰撞检查、管线综合优化、模拟施工工序等，取得了良好成效，显著缩短了工期，节省了成本。研究结果可为同类地铁隧道工程施工提供一定的参考。

【关键词】BIM；地铁；项目管理

1　引言

依托强大的数据能力，建筑信息模型技术（BIM）技术能为项目全生命周期中所有决策提供可靠依据与信息[1-5]，已在房建领域取得了有目共睹的成就。目前 BIM 技术在市政、水利领域逐渐落地，价值日益凸显。运用 BIM 技术，可使整个工程项目在设计、施工、运营维护阶段都能有效地实现建立资源计划、控制资金风险、节约能源、节约成本、降低污染和提高效率，令项目管理更简单、高效、精细化。

本论述结合南京地铁宁溧线溧水车辆段项目案例，应用 BIM 进行建筑专业、结构专业、机电专业的建模，各专业碰撞检查、管线综合优化、模拟施工工序等，达到实时可视化，动态了解工况变化，节约工程成本的目的，研究内容可为同类工程提供有益借鉴。

2　项目概况

2.1　施工情况

南京至高淳城际轨道禄口机场至溧水段工程（简称宁溧城际）起自宁高城际一期工程・禄口机场站，经溧水柘塘新区、溧水经济开发区，经秦淮路穿越溧水城区至无想山终点站，线路定位为联系南京中心城区与禄口机场、溧水的市域快速轨道交通线路，是溧水地区与主城快速联系的主通道。

线路全长 30.787km，设车站 9 座，在柘塘站西北侧设溧水车辆段 1 座。运营控制中心设在南京南控制中心，车辆采用 B 型车，速度目标值 120km/h（图 1）。

溧水车辆段位于南京市溧水区，宁溧城际柘塘站西北方，大致呈东南-西北向布置。车辆段征地面积 21.6 公顷，生产用房总建筑面积 49972.63m^2。车辆段内包括综合楼、运用库、调机工程车库及材料棚、洗车库、物资库、牵引混合变电所、雨水泵房、生产废水处理站、公务车棚、门卫（2 个）、公安用房、警犬宿舍、污水提升泵站（2 座）、雨水利用构筑物等 16 幢单体建筑。

溧水车辆段主要承担段内部分列车的乘务、停放、列车技术检查、洗刷清扫和定期消毒等日常维护保养、运用任务以及负责段内设备机具的维修及调车机车的日常维修及承担物资保障等任务。

【作者简介】琚艳芳（1990-），女，上海鲁班企业管理咨询有限公司行业分析员。主要研究方向为建筑信息模型、智慧城市。E-mail：2885853055@qq.com

图 1 南京地铁宁溧线溧水车辆段项目效果图

2.2 项目特点

(1) 项目单体多，工期紧，若管理不到位，易出现疏于管理及控制的施工作业面，从而出现管理盲区，施工难度较大。

(2) 施工协调，尤其是施工接口协调难度大，项目经理部成立组织协调和接口管理领导小组，由工程技术部调度室具体实施施工协调工作。

(3) 施工道路与各专业施工干扰大，段内施工道路与站场给排水系统、电力线路系统施工存在干扰，站场给排水系统包括给水管、消防水管；雨水、污水排水管等；电力线路系统主要有电缆管沟等。

(4) 机电设备安装工程工程量大、配合面广，交叉作业多，成品保护要求很高，而且管线复杂，交叉点多。

该项目单体工程众多、工期紧张，对公司的组织协调、成本控制、项目管控能力提出了非常高的要求。中土集团南方建设有限公司借助鲁班 BIM 技术，搭建信息共享平台，不仅将 BIM 技术作为管线综合和深化设计的工具，而且进一步将 BIM 技术应用于施工阶段，为项目的整体管理提供了强有力支持。

3　BIM 应用亮点

(1) 快速建模，精确统计工程量

通过鲁班建模软件，构建全专业 BIM 模型，包括 13 栋单体，3 个专业模型创建，2 栋单体钢结构部分创建，为后期的运维及工程量奠定数据基础（图 2）。

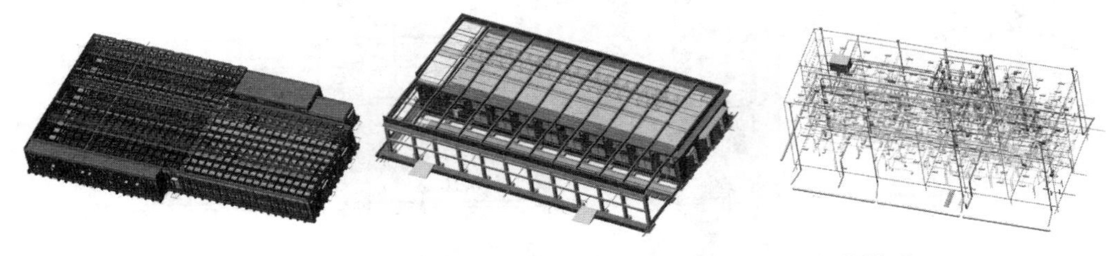

图 2　南京地铁宁溧线溧水车辆段项目土建、钢筋、安装模型

(2) 强化工程质量管理

碰撞检查。运用 BIM 的碰撞检测技术对施工作业中交叉施工项进行碰撞检测。将各专业的模型组合起来，检查组合之间的合理性，检查廊体结构与结构之间的冲突，结构与机电间的冲突，机电与机电之间的冲突等，将所有的冲突与交叉暴露出来，根据碰撞结果及时调整设计方案，从而提高图纸复核的效率。分析碰撞检测报告，对碰撞点进行方案优化。在施工前发现施工方案中的错误，避免方案审批后又重新变更、修改，提高施工效率，强化了质量管理。

通过模型创建及后期的出图工作，发现图纸的不合理之处，整理图纸问题，协助现场图纸会审，安装、土建、钢筋累计84条（图3）。

序号	提出的图纸问题	图纸修订意见	设计负责人
1	运用库废水管没有系统图，1轴-20轴的室内机没有冷凝管链接	连接滤网清洗池，洗手池、空调冷凝水集水槽的排水管使用De50的UPVC管道，排至集水井处的废水管使用DN200	
2	F55、F67-F71废水井深度有误	参照其他废水井深度	
3	运用库大样图详图错误，大样图一，污水管WL-3位置不对。大样图五及六详图结构与建筑结构不符，管道及立管位置与原图纸不对应	大样图一及大样图五立水管位置参照平面图	
4	电气图纸中没有连接至室内机回路	此室内机的电源不需要从运用库处的配电箱提供	
5	运用库中室内配电间图纸中没有预埋管线	已在建筑蓝图中找到，但是运用库的照明系统为旧图，建筑结构已调整，仍需新图	
6	工程车库B轴-D轴/25轴处废水管与基础发生碰撞	B轴-D轴/25轴-40轴废水管及废水井整体下降100mm	
7	工程车库1-12轴/B轴处共6根雨水管，没有规格及高度	由屋顶排出室外至对应检查井，规格为De110	
8	由排水沟排出至室外的雨水管，部分管道室外没有对应的雨水检查井	根据室外的雨水检查井的位置调整排出室外的雨水管	
9	图纸中通信预埋管线入户位置离值班室过远	实际入户位置调整至值班室	
10	物资库2轴/G轴处的配电间中，存在排水沟，连接室外的喷淋管在配电间中连接湿式报警阀组，并有废水管排出室外。	需设计调整后确认	

图3 图纸问题

管线排布优化。在碰撞检查的基础上，利用BIM技术的虚拟建造功能，结合原有设计图纸的规格和走向，对给排水等各专业管线排布进行优化，改进原有的管线排布冲突，合理优化管线布置。管线优化可以在施工前，提出最优的管线排布方案，有利于减少设计变更，避免实际施工过程中，因排布冲突造成的返工成本，提高施工效率。

根据现有图纸利用BIM技术，创建安装各专业模型；在BIM系统平台上将土建BIM模型和安装BIM模型进行集成。通过系统平台检查各专业之间存在的碰撞问题并且对平面图纸进行复核，累计40余张平面图及剖面图（图4）。通过交底让施工人员可以尽早准备材料进场和验收工作。

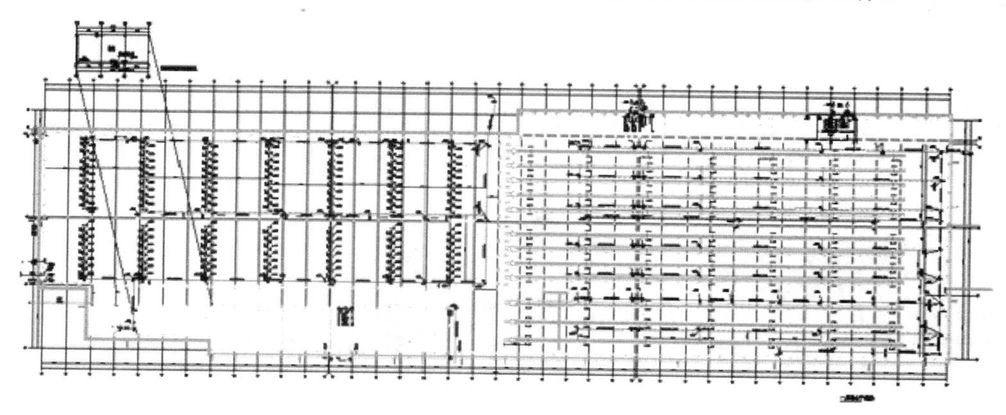

图4 运用库给排水平面图

施工模拟。地铁一般位于交通运输繁忙或工程管线设施较多的主要车道，涉及的地下施工作业多，施工难度大，故选择合理科学、便捷的施工方案尤为重要。运用BIM技术进行施工方案模拟，对管道的运输、施工过程、机械配置等进行预演，确定施工顺序，比较多种方案的可实施性与便捷性，提前暴露出施工方案中的安全隐患与冲突问题，为施工方案的择优提供依据。此外，施工前对施工班组进行虚拟施工交底，避免了因二维图纸理解错误造成的施工返工及材料浪费。

如：模拟现场砌体排布（图5），可以精确计算每一道墙的工程量，减少二次搬运；降低人工排布的错误率，提高施工的质量及进度；降低砌体的损耗率，最大限度的节约成本。

图 5　砌体排布

（3）提高工程进度管控能力。

在选择可行最优的施工方案的基础上，对该方案的进度计划进行模拟。将各个构件附加时间参数，BIM 软件可将根据这些信息模拟施工进度。通过进度模拟，检查进度计划制定是否合理，并相应调整与优化进度计划。在对进度进行动态管理方面，当施工实际进度与计划进度偏离较大，分析偏差原因，方便管理人员及时纠偏，实现了工程进度的动态管理。

按照现场施工进度，完成 11 栋单体的沙盘录入，同现场保持同步。整合 BIM 模型与工期信息，进行施工进度模拟，3D 动态展示项目进度，直观反映进度情况（图 6）。同时，在实际施工工程中，相关管理人员可对比实际进度与计划进度，及时纠偏，保障项目按工期建设。

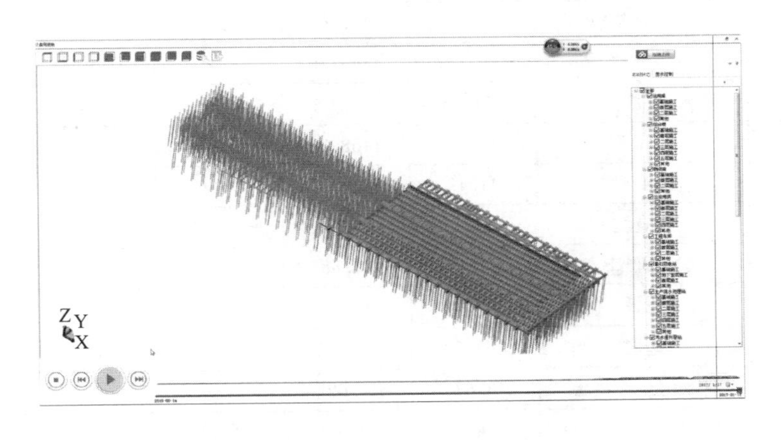

图 6　3D 动态展示项目进度，直观反映进度情况

（4）可靠的成本控制

将 BIM 的虚拟施工技术与构件、材料统计特点结合，可以按照时间段、区域、工序迅速进行工程量统计，将需要使用的材料、设备等事先分析出来，提前与材料、设备供应商联系，保证材料的最优采购量，减少材料在仓库存储时间和设备在工地存放时间，这样可以减少场地占用、库存和管理人员，最大限度利用施工场地，实现项目的精细化管理。

材料计划管控。项目部在每个施工段施工前均编制材料计划，避免材料浪费，通过 BIM 平台随时抽取所需数据，让整个工作流程简单高效。基于 BIM 系统的材料计划管控，可保障材料的合理使用，使材料采购、加工、使用等流程均处于受控状态，提高项目管理人员的材料管控能力（图 7）。

多算对比。通过 BIM 模型按工期节点、施工部位、材料分类等多种方式快速准确统计各项工程量数据。通过合同、计划与实际施工消耗量多算对比，分析材料超量情况、发生部位及浪费原因，总结分析偏差的原因，并提出优化改进意见，协助项目后期工程量结算，并对测算的变更前后工程量进行对比分析（图 8），供项目领导决策，有效提升企业的成本管控力。

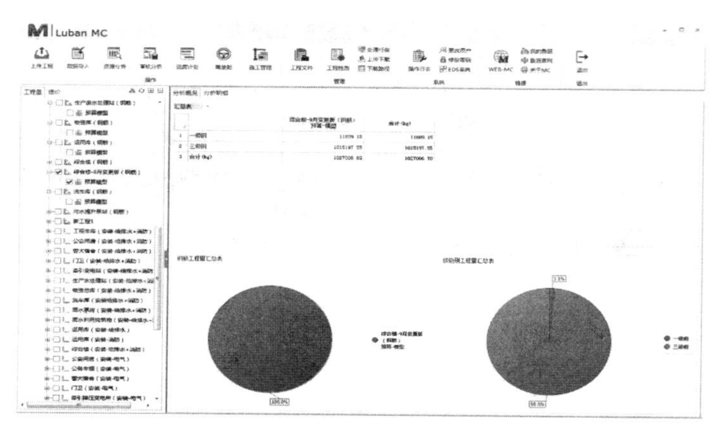

图 7　材料计划管控

序号	部位	模板(m^2)				备注
		BIM 量	分包量	偏差	偏差率	
1	CT＋基础梁	494.28	512.39	18.11	3.66%	
2	柱帽	449.38	449.28	−0.10	−0.02%	
3	整体道床	184.35	184.28	−0.07	−0.04%	
4	检查坑	130.57	131.04	0.47	0.36%	
5	移动试驾车基础	98.45	98.35	−0.10	−0.10%	
6	伸缩缝垫板	16.50	16.50	0.00	0.00%	
7	矩形柱	1048.67	1118.70	70.03	6.68%	
8	牛腿	151.06	151.06	0.00	0.00%	
9	梁、板	1156.10	1158.74	2.64	0.23%	
10	地圈梁	41.42	41.48	0.06	0.14%	
11	检查坑	843.12	829.44	−13.68	−1.62%	
12	YPB、KB	24.53	24.68	0.15	0.61%	
13	栏板	13.06	14.26	1.20	9.19%	
14	垫层	153.52	156.92	3.42	2.23%	
15	伸缩缝垫板垫层	3.62	3.62	0.00	0.00%	
16	素混凝土回填 300	79.38	80.46	1.08	1.36%	
17	素混凝土回填 900	4.32	4.86	0.54	12.50%	
18	素混凝土回填 1200	0.90	2.16	1.26	140.00%	
19	散水	18.23	18.26	0.03	0.16%	
20	坡道	6.38	6.38	0.00	0.00%	
21	台阶	11.38	11.38	0.00	0.00%	
合计		4929.22	5014.26	85.04	1.73%	

图 8　多算对比

4　结语

鲁班 BIM 建模系统等一系列软件在南京地铁宁溧线车辆段项目的施工管理、成本控制效果显著。在技术层面，通过图纸会审、碰撞点检查，排除管线设计中错漏之处，节约返工成本、提高施工技术质量。在管理层面，结构化存储数据、资料，在线上将参建各方连接起来，实现信息实时交互，极大地提高参建各方的沟通效率。研究结果可为同类地铁隧道工程施工提供一定的参考。

参 考 文 献

［1］ 张运腾．鲁班BIM技术在建筑施工企业的应用［J］．建筑技术开发，2017，（03）：102-103.

［2］ 顾勇新．BIM应用已成为改变中国建筑业的强大推动力［J］．建筑设计管理，2017，（04）：8-9.

［3］ BIM引发建筑行业巨大变革［J］．21世纪建筑材料居业，2011，（10）．

［4］ 宁冉．BIM基本概念与企业BIM生产力建设［J］．中国建设信息，2013，（24）：70-73.

［5］ 王友群．BIM技术在工程项目三大目标管理中的应用［D］．重庆大学．2012.

三峡建设：山东聊城棚户区改造工程，打好 PPP＋BIM “组合拳”

叶雷庭，吴忠良，王海华

（上海鲁班工程顾问有限公司，上海 200433）

【摘　要】随着政府政策支持，“PPP＋BIM” 创新运营势不可挡。PPP 模式的推行为地方政府解决基础设施建设中的财政约束问题提供了新思路；BIM 技术的引入为企业集约经营、项目精益管理的管理理念落地提供了新手段。“PPP＋BIM” 如何助力工程项目建造阶段良性发展？且看中国葛洲坝集团三峡建设工程有限公司借 BIM 技术玩转 PPP 项目！

【关键词】BIM；PPP；棚户区改造工程

1　项目概况

2015 年，山东聊城市东昌府区新型城镇化建设进一步加速，实施棚户区改造项目达到 19 个，需征地约 6408 亩，拆迁面积约 286 万 m^2，概算投资达 135 亿元。中国葛洲坝集团三峡建设工程有限公司（简称：三峡建设）为帮助聊城市东昌府区人民政府解决久拆未建的压力，在政府资金未全部落实的情况下，公司以 PPP 模式承担部分施工总承包任务（图 1）。

图 1　山东聊城棚户区改造工程效果图

山东聊城棚户区改造工程位于山东省聊城市东昌府区，由 17 个安置区组成的住宅建筑群项目，总建筑面积 147. 71 万 m^2，其中高层 89 栋，多层 54 栋，项目总投 35. 6 亿元。该项目数目众多、周期长、资金需求大，又面临各种法律变更、市场风险，对公司的组织协调、成本控制、项目管控能力提出了非常高的要求。三峡建设借助鲁班 BIM 技术，形成 “PPP 助推 BIM 发展，BIM 助力 PPP 落地” 的良好局面。

本次 BIM 技术应用介绍，将以聊城市陈口片区棚户改造项目 B1 区地下车库及 3、5、6 号楼为例介绍

【作者简介】叶雷霆（1989-），男，上海鲁班企业管理咨询有限公司 BIM 工程师。主要研究方向为建筑信息模型、智慧城市。E-mail：yeleiting@126. com

BIM 技术应用情况。

陈口片区 3、5、6 号楼为地上 18 层，建筑面积均为 12708.54m^2；B1 区地下车库 2 层，面积 20212m^2（图 2）。

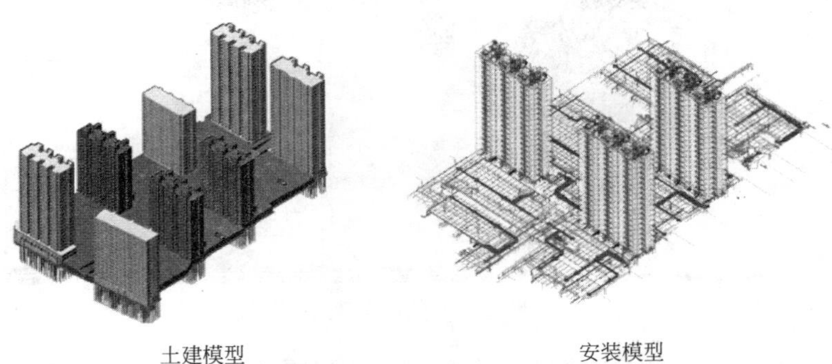

图 2　山东聊城棚户区改造工程建筑信息模型

2　BIM 技术助力 PPP 项目落地

PPP（Public-Private Partnership），又称 PPP 模式，即政府和社会资本合作，是公共基础设施中的一种项目运作模式。政府采取竞争性方式选择具有投资、运营管理能力的社会资本，双方按照平等协商原则订立合同，由社会资本提供公共服务，政府依据公共服务绩效评价结果向社会资本支付对价。在 PPP 项目中，难免会出现组织协调、技术、完工、成本超支等方面的风险，BIM 可助力 PPP 项目落地，将风险水平降到最低。

（1）组织协调风险——BIM 协同

构建基于 BIM 的协同平台，在项目的不同阶段，政府、社会资本方、监理、设计、施工、勘察、运维公司可参与到项目的建设，在统一的 BIM 平台沟通协作，沟通难度大大降低，做到真正的沟通协作。任何施工过程中发生的沟通问题，都可以基于 BIM 的协同云平台发起，并通知到对方快速作出反应；同时，各方都可以基于 BIM 协同平台实现信息互通和数据共享，对项目的实施开展进行多方监控。PPP 项目体量大，各工作面同步进行，沟通难度和时间上的节省，将极大地保证 PPP 项目的顺利进行（图 3）。

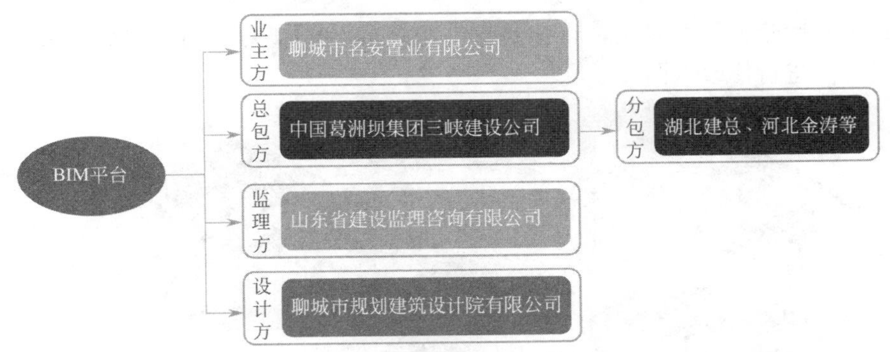

图 3　BIM 实施组织结构图

（2）成本超支——BIM 工程数据支持

通过 BIM 模型按工期节点、施工部位、材料分类等多种方式快速准确统计各项工程量数据。通过合同、计划与实际施工消耗量多算对比，分析材料超量情况、发生部位及浪费原因。借助分析结果对工程现场实际主材用量进行事前控制，实现集约化管理，节省材料总量的 2%～5%，降低 PPP 项目资金成本。

例如：通过建立各专业 BIM 模型，能够快速计算出工程量，生成工程量报表（图 4）。

（3）质量风险——基于 BIM 的质量管理

图纸问题。在根据施工图建模的过程中，利用 BIM 软件三维可视化优势以及 BIM 顾问本身专业经验发现大量图纸问题，并借助 BIM 三维可视化技术，共计发现图纸问题 32 处。图纸问题发现的及时性与准确性，可以很直观地为 PPP 项目的实施带来进度和质量上的保证。

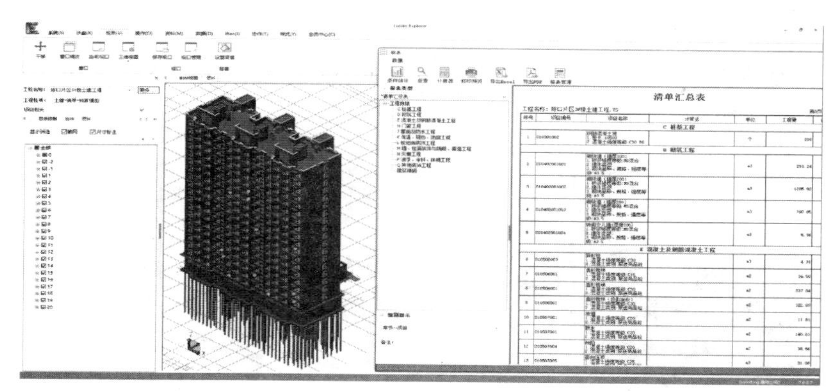
图 4　工程量报表

例如：消防和通风不是一个系统，直接通过二维图纸很难发现图 5 中的消防箱和通风口的位置标高重叠，而通过 BIM 技术创建三维模型后，十分直观地就发现了上述问题。

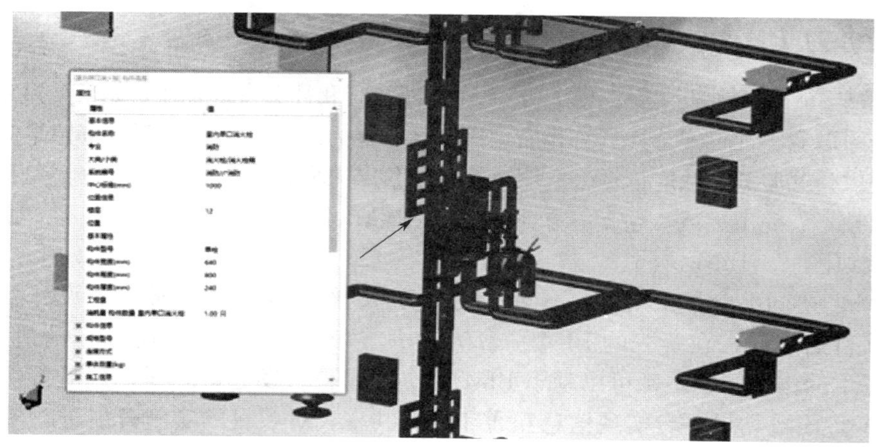
图 5　图纸问题

碰撞检查。地下车库管道错综复杂，将建筑、安装各专业模型融合到一起进行碰撞检查，提前发现碰撞点，协调各设计院进行修改（图 6）。

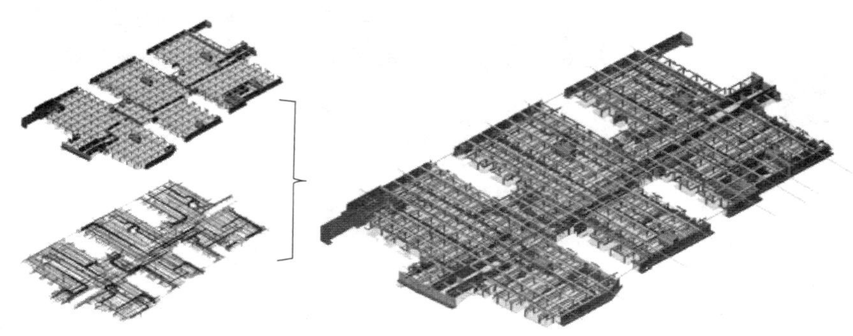
图 6　碰撞检查

陈口 B1 区地下车库通过鲁班 BIM 技术进行碰撞检查，检查共计碰撞点 1812 个，就这些碰撞问题与设计沟通后进行管线综合调整，对碰撞问题进行提前规避，可减少 90%的返工，极大地节省工期。

管线综合优化。同时，管线综合优化后地下室净高较传统施工方案施工可提高 20～30cm。每平方米建筑面积提高 100mm 净高可带来十块钱的经济效益来量化成果。增加净高可赋予地下车库空间绝佳的采光、开阔的视野，让人毫无压抑之感，还能在视觉、感受上有更好的体验，居住更舒适（图 7）。仅此一项，便产生经济效益 40 万元。

（4）技术风险——动态漫游与施工方案模拟

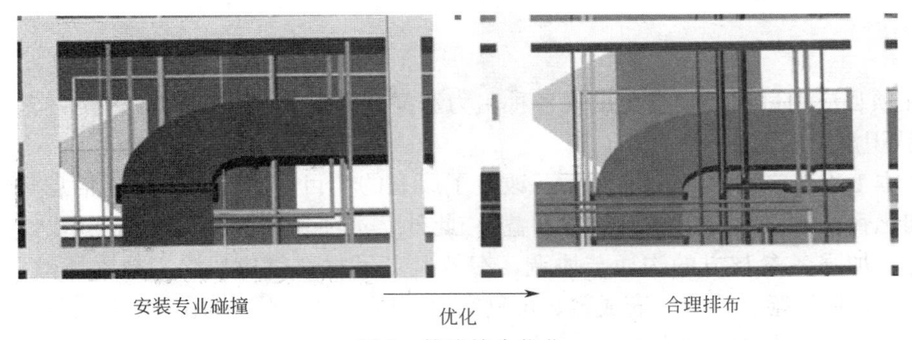

图 7　管线综合优化

通过 BIM 模型的动态漫游实现可视化交底，直观展现施工完成后的情况，帮助施工人员快速理解设计意图。对关键施工方案进行仿真模拟，演示施工工艺流程，提前反映施工难点，有效提高施工效率和施工方案的合理性。

例如，利用 Luban works 软件，可以实现建筑物内部漫游（图 8），现场安装人员可以提前进入到“施工”完毕后的建筑内部，身临其境地查看结构合理性和相关管线排布走向。

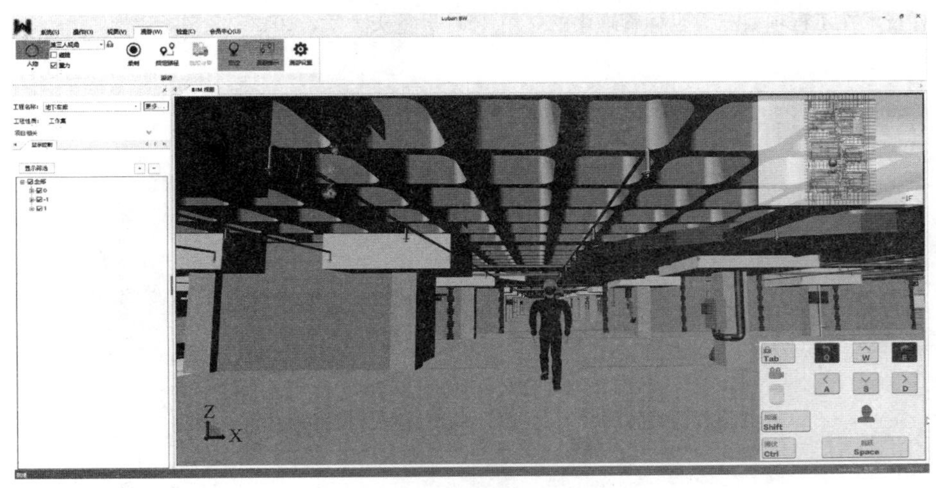

图 8　建筑物内部漫游

（5）完工风险——基于 BIM 的进度管控

施工进度模拟。整合 BIM 模型与工期信息，进行施工进度 4D 模拟，直观、精确地反映整个建筑的施工过程，同时将实际进度与计划进度进行比较，对即将到期的任务或者到期未完成的任务进行提醒，分析进度偏差，采取纠偏措施，保证工期目标。

施工场地布置。对施工场地进行科学的三维立体规划，包括生活区、加工区、仓库、现场材料堆放场地、现场道路等布置，直观地反映施工现场的情况。将现场布置做成二维码，方便现场管理人员查看和沟通，同时也便于材料运输人员及车辆查找定位（图 9）。

图 9　场地布置

3 总结

BIM 技术在项目应用过程当中难免出现各种阻力和问题。其中最主要的原因是：人才缺乏及参建各方对 BIM 技术认识深度不同。

尽管如此，本工程在应用了 BIM 技术后，改变了原有的项目管理模式，依托信息化技术创造的生产力，项目在精细化管理方面取得了巨大的“利益”。此外，本项目通过应用鲁班 BIM 技术，提高了 PPP 项目的协同能力，加强各参与方的沟通与协调，有效避免了材料供应风险、技术风险、工程变更风险、竣工风险以及成本控制风险，形成一套成熟、可复制的“PPP＋BIM”应用方法与流程，创造切实的经济效益，提高项目的管控能力和盈利水平。

参 考 文 献

[1] 方周妮，王静．公共住房项目 PPP 模式研究［J］．建筑管理现代化，2009，(04)：289-293.
[2] 李尧．PPP 模式在中国的研究趋势分析［D］．天津大学，2012.
[3] 李恒，郭红领，黄霆等．BIM 在建设项目中应用模式研究［J］．工程管理学报，2010，(05)：525-529.
[4] 魏亮华．基于 BIM 技术的全寿命周期风险管理实践研究［D］．南昌大学，2013.
[5] 王友群．BIM 技术在工程项目三大目标管理中的应用［D］．重庆大学，2012.

基于云计算的BIM集成管理机制研究

张云翼，刘　强，林佳瑞，张建平

（清华大学，北京 100084）

【摘　要】建筑信息模型技术的出现为实现建设工程多参与方的信息互用与共享提供了手段，但建筑业的分散特性使得BIM信息共享互用困难。本文通过分析当前建筑信息交换的特点，研究云计算技术与BIM的结合方式，提出基于云计算的BIM数据集成与管理机制，解决数据分布式存储、数据访问权限与安全、模型数据共享等问题，并通过北京市槐房再生水厂的实际工程项目进行应用测试，对提出的技术进行了验证。

【关键词】云计算；建筑信息模型；信息互用；数据集成

1　背景

建筑产业结构具有“分散”特性，缺乏有效的信息交流手段[1,2]，建筑生命期不同阶段和应用系统之间的“信息断层”无法得到根本解决，使得建筑业信息化应用效果和持续发展存在很大限制和明显阻碍。各阶段、各参与方、各专业的工作内容相对独立分离，数据交换十分不便。建筑信息模型（Building Information Modelling，BIM）不仅是对工程项目设施实体与功能特性的数字化表达[3]，同时也是靠信息技术驱动、以开放标准为基础的交付结果和协作过程[2]。因此BIM是建设项目中各参与方进行信息交换的有效手段[4]。但建筑业的分散特性，使得BIM的建模、存储和传递仍然复杂困难，导致BIM的应用受到很大限制。例如，BIM软件互用性不能满足应用要求，全生命期的信息共享存在困难；建筑信息复杂庞大，海量信息的存储、集成与共享存在困难等。

虽然目前在BIM技术上已有很多工具可以支持各领域的应用需求，但没有任何一种软件可以解决建筑行业的所有问题[2]。而大多数软件工具常常仅支持特定的数据格式，因此数据交换就显得尤为重要。所谓数据交换，是指在不同软件系统和不同组织之间协同工作的能力，它包括软件间交换和组织间交换两个层面。IFC（Industry Foundation Class，工业基础类）已成为BIM的事实数据交换标准，可以解决在不同软件之间的数据交换。但BIM建设行业的分散特性对组织间的数据交换提出了很高的要求，而主要交换需求包括可靠性、稳定性、安全性、数据一致性等[5,6]，具体地，参与方在数据交换与共享的主要需求包括以下方面：

（1）数据分布式存储与管理：建设工程数据在全过程动态产生，基于其分散分布的特点，应采取措施实现数据的分布式存储和管理。当数据产生时，应完整记录其信息；当其他参与方需要利用该数据时，应允许其方便地获取；当任务结束时，信息应完整移交到其他参与方。

（2）数据访问权限与安全：不同参与方对不同数据具有不同的控制权限，需要根据事先约定，确定数据的所有权以及相应的访问权限，例如可读写、只读、禁止访问等。通过权限控制机制，可以保护数据安全。

（3）模型集成：在工程项目中，多专业需协同工作，不同参与方产生的信息也有所不同。在信息交换时，应将所有数据进行集成，彼此互补并避免冗余，形成完整唯一的全局模型，供后期进行综合应用。

【项目基金】北京市科技计划课题（Z151100002115054）；国家自然科学基金自主项目（51278274）；中国科协“青年人才托举工程”（YESS20160122）；第60批中国博士后科学基金（2016M601038）

【作者简介】张云翼（1993-），男，在读博士。主要研究方向为BIM与大数据管理。E-mail：yunyi2525@qq.com

2 现有数据交换模式

目前不同参与方、不同专业之间进行 BIM 数据交换的方法主要有文件传输、中心数据库、单一服务器和云服务器，如图 1 所示。

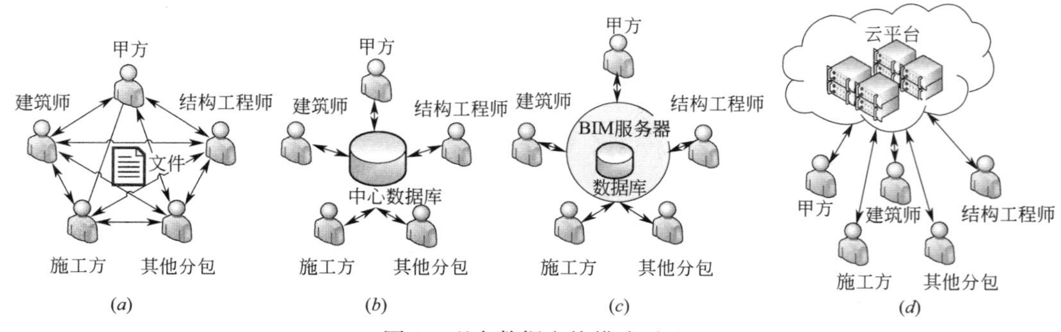

图 1　现有数据交换模式对比

其中，文件传输仍是目前最为常用的数据交换模式，因为它与传统模式最为接近[7]。除了在不同参与方之间用纸质文档的方式进行数据交换外，随着信息技术的普及和发展，电子数据的传输逐渐增多。然而这种方式会造成文件往复传递，流程难以控制，容易造成大量的数据冗余和不一致。中心 BIM 数据库则可以避免这些问题，各参与方都从唯一的 BIM 数据库中获取数据，但这一方式缺乏模型验证、集成等功能，多参与方无法根据自己的需求快速获取相应数据，数据安全也难以保证。单一 BIM 服务器可以提供这些服务，使得各参与方的协同工作更加流畅，但考虑到实际工程通常产生的数据量十分巨大，单一 BIM 数据库恐怕难以承受如此大的数据压力。

近年来出现的云计算技术可以作为一种有效的解决方案。所谓云计算技术，是指在广域网或局域网内将硬件、软件、网络等系列资源统一起来，实现数据的计算、储存、处理和共享的一种托管技术[8]。它具有运算速度快、操作简单、虚拟化、可靠性高、兼容性强、扩展性高等特点[9]。在我国《"十三五"信息化应用规划编制建议》[10]中，"云大物移智"等新兴 IT 技术的大规模应用已成为信息化应用的新常态。基于云计算技术的分布式 BIM 服务器可以利用其特点，以较小的成本获得更高的性能[11]。在此种交换模式下，数据并非保存于单一的服务器节点，而是分布式存储于各参与方的节点中。各参与方基于统一的协议可以随时共享数据，从用户的角度看仍然是从单一数据源获取数据，以此解决单一数据库无法处理数据量过于庞大的问题。

3 基于云计算的 BIM 数据集成与共享

3.1 基于云计算的数据分布式存储

一个典型的云平台架构如图 2 所示，该架构由一系列的存储及分析集群组成，每个集群均可面向业主、总包或其他参与方提供数据存储与数据处理等功能[12]。每个集群一般又包含元数据模型和基于 NoSQL 数据库的数据存储单元两部分，其中元数据模型用于定义数据的类型、组织结构、分布方式等，数据存储单元则是基于元数据所定义的格式储存大量的工程数据。通过这种方式，可充分利用云平台各节点的计算与数据处理能力，提高数据处理、分析的速度。

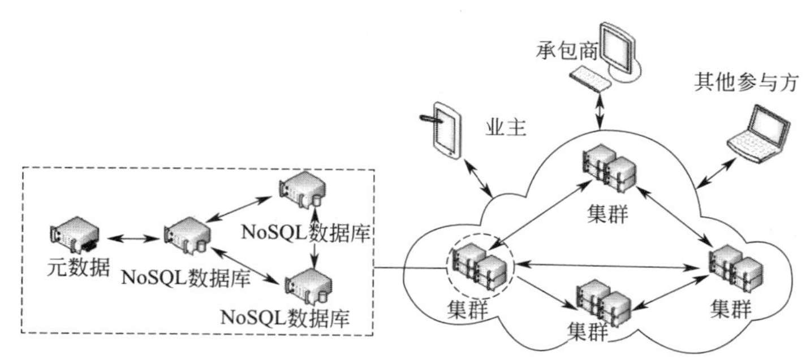

图 2　基于云计算的 BIM 服务器结构[13]

3.2 基于云计算的数据权限控制

在权限控制方面，各个参与方对自己产生的数据具有完全的编辑权，而对其他参与方所有的数据只有查看权。针对一个特定的 BIM 服务器，如图 3 所示，服务器中存储的数据可分为自有数据和外来数据，其中自有数据是本方拥有所有权和编辑权的数据，其最高权限为读/写权限。自有数据又可分为保密数据和共享数据，其中保密数据仅存在于本方服务器中，其他参与方无法获取其任何信息。而设定为共享的数据会在平台管理服务器的全局索引服务中注册，其他参与方可以查看，并且根据各参与方定义的数据需求获取数据的副本，并存储在其服务器中。参与方对外来数据不享有编辑权，因而最高权限为只读。在各个参与方服务器内部，管理员可以自由配置用户角色，和相应的数据访问权限，但所有用户对特定可交换数据实体的权限均不得超过本参与方对该数据对象的最高权限。

在参与方服务器的 BIM 数据库中，为可交换数据实体的数据库记录增加一个字段用于标识数据的权限状态，字段的可选属性值有 Private（保密数据）、Shared（自有共享数据）和 External（外来数据）。在执行数据的过滤、提取等涉及多参与方数据互用的操作时，系统会根据数据的权限状态选择相适应的处理方式；在项目全局层面，各个参与方的自有共享数据的集合构成了整个项目完备的全局共享数据，在数据的一致性维护中作为数据源，外来数据是数据冗余的部分，以自有共享数据的数据副本的形式存在（图 3）。

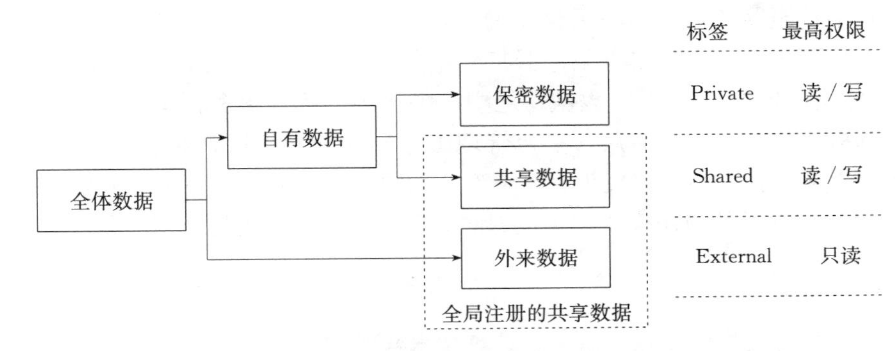

图 3　数据权限控制方案

3.3 需求驱动的数据共享机制

基于云计算的 BIM 数据集成与管理架构，以项目的参与方为节点建立多台 BIM 云服务器，并且分别服务于各个参与方，通过服务端之间的联系形成 BIM 云计算平台实现统一的协调和管理。在分布式环境的 BIM 数据集成与管理中，宜采用需求驱动的数据互用模式进行参与方之间的数据共享，如图 4 所示。该模式中数据的存储位置与使用者的需求密切相关，参与方 BIM 服务器中除存储本方产生的数据外，还存储本方在生产过程中所需的其他参与方产生的数据，因而参与方需要的数据全部存储在自己的服务器中。

需求驱动的数据互用模式中各参与方 BIM 服务器不处于完全对等的状态，而是严格按照本方的需求，仅存储本方需要的数据并针对本方用户提供服务，因而存储开销介于产生驱动模式和全分布互用模式之间。本方服务器可以满足本方用户的绝大多数需求，因而该模式可使得 BIM 数据的交换与共享更为实时和便利。

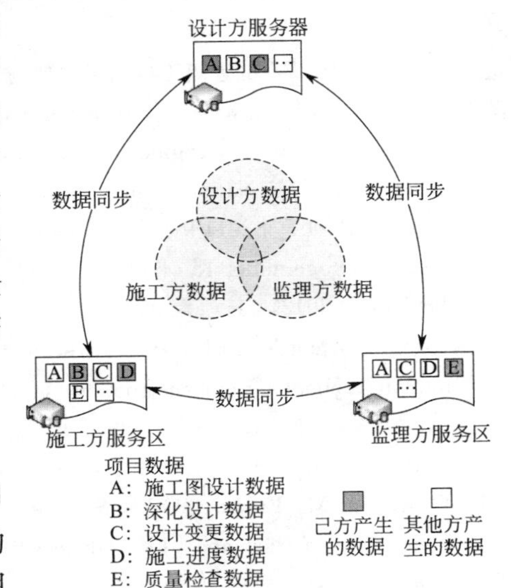

图 4　需求驱动的数据互用模式

4　应用实例验证

为验证本文提出的数据集成和管理方法，在课题组已有成果[14]的基础上开发了 BIMDISP 原型系统，以北京市槐房再生水厂项目的模型为例进行应用。该系统采用如前文所述的混合云平台架构，用中心的平台管理服务器进行统一管理；在各个参与方分别架设一服务器，管理该参与方产生的数据；服务器下用普通计算机作为服务器集群的若干节点，在其中运行Ubuntu虚拟机并安装Hadoop集群，再安装BIMDISP服务模块。其中，Hadoop是Apache公司发布的开源云计算平台，实现了云计算平台的分布式文件系统、分布式数据库、分布式并行处理技术（图5）。

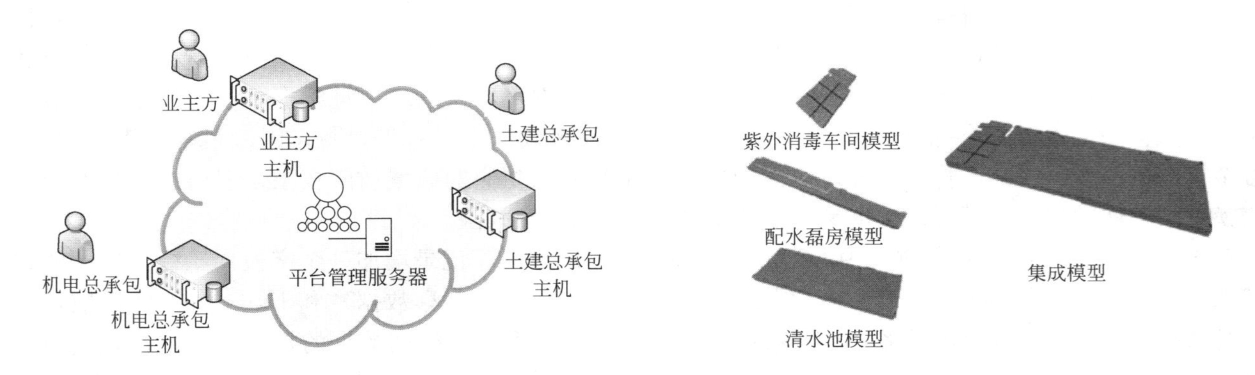

图5　项目中基于云计算的BIM数据集成与管理平台结构　　图6　模型集成结果

北京槐房水厂的紫外消毒车间、配水泵房、清水池等模型分别由不同的设计人员设计和建模，形成的模型通过不同节点上传至服务器。在向平台新增数据时，多参与方的数据互用过程会自动被触发，按照需求驱动的数据互用模式，各个参与方服务器将陆续从各个其他参与方服务器接收到符合本方需求描述的BIM实体集，并集成到参与方BIM数据库之中，平台中心管理服务器记录所有可交换实体的索引。以业主方为例，设计方将设计模型上传后，平台管理服务器建立索引后，业主方服务器就会自动从设计方服务器节点获取所需实体，并最终集成为完整模型，如图6所示。结果表明，本文提出的基于云计算的BIM集成管理机制，在本项目的应用中实现了数据的分布式存储、集成与互用。

5　总结

本文通过分析建筑信息交换的特点，研究云计算技术与BIM的结合方式，提出基于云计算的BIM数据集成与管理机制，解决数据分布式存储、数据访问权限与安全、模型数据共享等问题，并通过北京市槐房再生水厂的实际工程项目进行应用测试，对提出的技术进行了验证。验证结果表明，本文提出的基于云计算的BIM集成管理机制，可以实现了数据的分布式存储与集成，对促进BIM深度应用，推动企业大数据积累，提高工程管理与决策水平具有重要作用。

参考文献

［1］ 张洋．基于BIM的建筑工程信息集成与管理研究［D］．北京：清华大学，2009.

［2］ Eastman C M，Eastman C，Teicholz P，et al. BIM handbook：A guide to building information modeling for owners，managers，designers，engineers and contractors［M］．John Wiley & Sons，2011.

［3］ Sciences N I O B. National Building Information Modeling Standard Verion1-Part1：Overview，Principles，and Methodologies［EB/OL］［2011-9-10］．America，2007.

［4］ Steel J，Drogemuller R，Toth B. Model interoperability in building information modelling［J］．Software and Systems Modeling，2012，11（1）：99-109.

［5］ Wong J，Wang X，Li H，et al. A review of cloud-based BIM technology in the construction sector［J］．Journal of Information Technology in Construction（ITcon），2014，19（16）：281-291.

［6］ Singh V，Gu N，Wang X. A theoretical framework of a BIM-based multi-disciplinary collaboration platform［J］．Automation in construction，2011，20（2）：134-144.

［7］ Venugopal M，Eastman C M，Sacks R，et al. Semantics of model views for information exchanges using the industry foundation class schema［J］．Advanced Engineering Informatics，2012，26（2）：411-428.

［8］ 埃尔．云计算：概念、技术与架构［M］．北京：机械工业出版社，2014.

［9］ 雷葆华．云计算解码：技术架构和产业运营［M］．北京：电子工业出版社，2011.

[10] 中国科学技术协会."十三五"信息化应用规划编制建议[EB/OL].(2015-03-13)[2017-06-14]http://www.cast.org.cn/n35081/n12288643/n15935146/16274002.html.
[11] Beach T H, Rana O F, Rezgui Y, et al. Cloud computing for the architecture, engineering & construction sector: requirements, prototype & experience [J]. Journal of Cloud Computing: Advances, Systems and Applications, 2013, 2 (1): 8.
[12] Lin J R, Hu Z Z, Zhang J P, et al. A Natural - Language - Based Approach to Intelligent Data Retrieval and Representation for Cloud BIM [J]. Computer - Aided Civil and Infrastructure Engineering, 2016, 31 (1): 18-33.
[13] 余芳强.面向建筑全生命期的 BIM 构建与应用技术研究[D].北京:清华大学,2014.

北京市东坝南区 1105-655、657 号地块住宅项目 BIM 技术应用

汤洪彬，费　恺

（北京城建亚泰建设集团有限公司，北京 100013）

【摘　要】近年来 BIM 技术在建筑行业的推广和应用形成常态化发展，现在的 BIM 技术不仅应用在一些大型复杂项目，而且也普及到中小型项目中，其应用点也在不断拓宽和延伸。本文就北京城建亚泰建设集团有限公司的东坝南区 1105-655、657 号地块住宅项目 BIM 技术的实际情况，对 BIM 技术在企业中的应用实践进行了探索分析，明确了 BIM 技术在住宅项目中的应用价值，其发展前景广阔，也将成为提升建筑施工企业经营管理水平和核心竞争力的有效工具。

【关键词】BIM；住宅；碰撞；精装修

1　当前 BIM 现状

我国正处于工业化和城市化的快速发展阶段，在未来 20 年具有保持 GDP 快速增长的潜力，房地产已经成为国民经济的支柱产业，城乡与住房建设部也提出了建筑业的十项新技术，信息化是建筑产业现代化的主要特征之一，BIM 应用作为建筑业信息化的重要组成部分，必将极大地促进建筑领域生产方式的变革[1]。当前 BIM 技术已在建筑行业中广泛推广，BIM 模型的可视化特性在工程管理中可起到非常大的作用[2]，往往最新的技术、工艺首先都会尝试用到那些大型、复杂或弧形曲面的工程中，普通的公建及住宅项目普及新技术的应用会比较慢。但是随着 BIM 技术在建筑业中的落地应用，小型的住宅项目也开始陆续应用 BIM 技术到施工中去，随着应用的深度越来越深，带来的效果也越来越好。下面就我公司的东坝南区住宅项目 BIM 技术应用，做一个简单的分享。

2　公司 BIM 简介

首先我公司于 2015 年 3 月正式成立 BIM 工作室，由集团公司技术管理中心负责管理，主要职能为：掌握 BIM 技术的发展动态，制定集团公司的 BIM 发展规划，负责集团公司 BIM 工程师的培训；参与工程投标；为各项目应用 BIM 技术提供技术支持和服务等职能。先后组织了基层单位人员超过百人参加了各类 BIM 知识讲座、论坛，目前公司共有 18 名同志取得了由国家人力资源和社会保障部教育培训中心与中国图学学会共同开展的“全国 BIM 技能等级考试”一级证书，4 名同志取得了高级证书。

3　东坝南区 1105-655、657 号地块住宅项目 BIM 技术应用

3.1　工程简介

北京市东坝南区 1105-655、657 号地块住宅项目位于朝阳区东坝南区。北侧为小坝河，西侧为五环路，南侧为七棵树路，东侧为在施道路。

1、2 号楼为高层住宅楼，1 号楼为限价及自住商品住房，2 号楼为精装商品房，3、4 号楼为多层住

【作者简介】杨洪彬（1990-），男，BIM 主管/助理工程师。主要研究方向为 BIM 技术应用。E-mail：531111218@qq.com

宅楼，5～27号楼为低层住宅（图1～图3）。

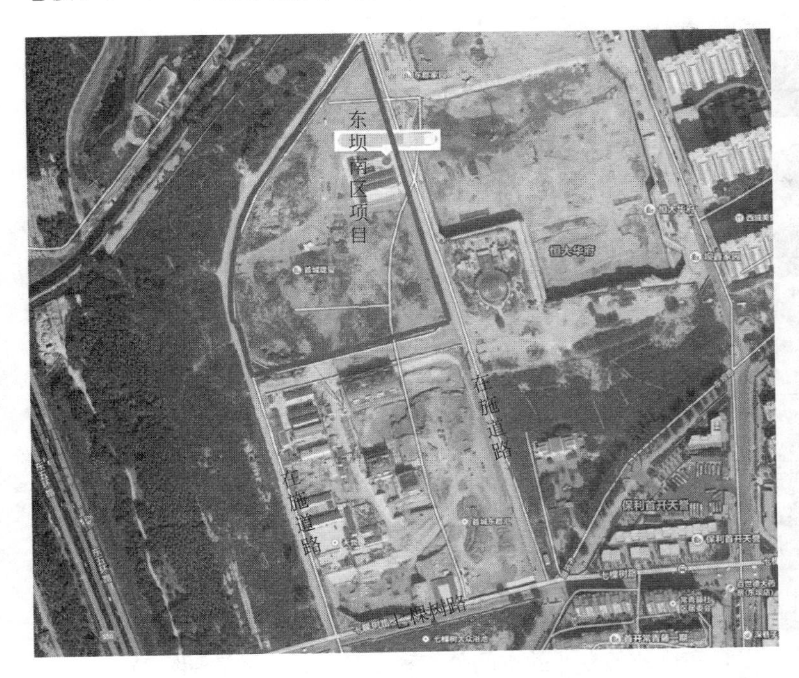

图1　项目地理位置

图2　项目鸟瞰图

图3　1号楼模型渲染效果图

3.2　BIM组织与应用环境

在建立信息模型和完成碰撞检查、管线综合的基础上集成进度、成本、资源、施工组织等关键信息，对施工过程进行模拟，及时为施工过程物资、进度、生产等重要环节提供准确的时间节点、资源消耗、技术要求等核心数据，提升沟通和决策效率，从而达到节约工期和成本，提升项目管理质量的目的。

项目成立BIM小组，组长负责制定BIM实施总体规划，与项目各参与方进行沟通协调，以及对过程文档进行管控、更新，BIM小组按土建和机电专业分别设置一名专业负责人，协助BIM项目组长进行项目管理，组员包括技术人员和建模工程师（图4）。

3.3　BIM应用

本工程BIM建模包括结构专业、建筑专业和机电专业，机电专业中主要包含电气、给排水、消防、采暖、

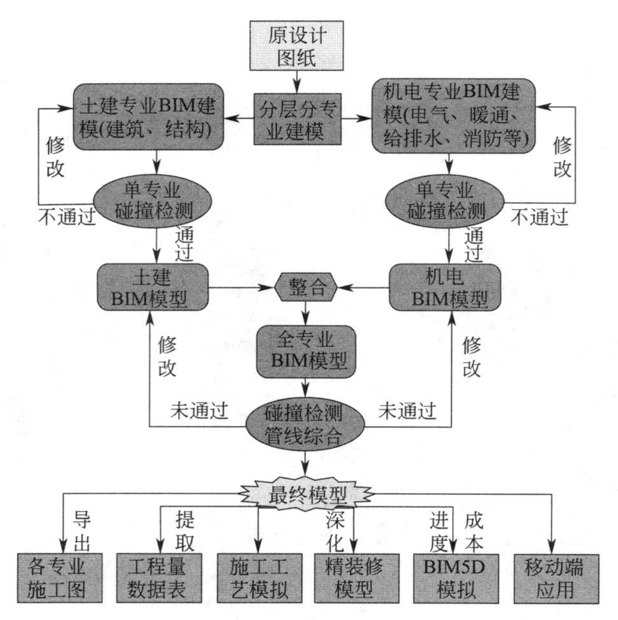

图 4　BIM 项目组织架构图

通风与空调等分部和分项工程，通过模型搭建可以真实反映各专业的空间分布和交叉关系（图 5～图 7)。

图 5　1 号楼结构模型

图 6　1 号楼建筑样板间模型

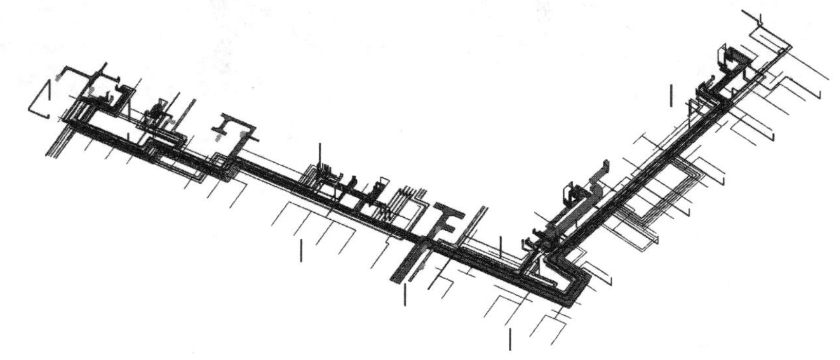

图 7　水暖电专业模型

(1) 碰撞检查

碰撞检查流程：土建、安装各个专业模型提交→系统后台自动碰撞检查并输出结果→撰写并提供碰撞检查报告→根据碰撞报告修改优化模型（图 8、图 9)。

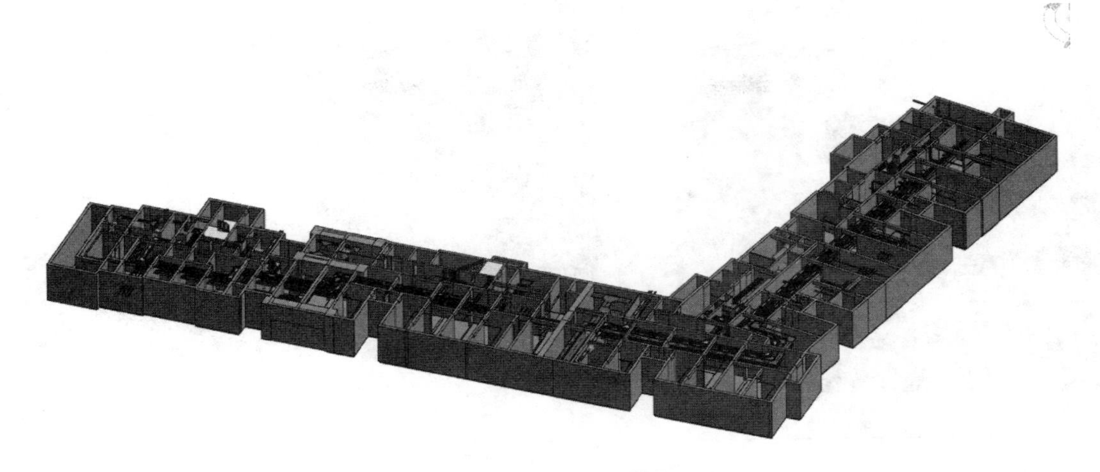

图 8　结构与机电专业模型整合

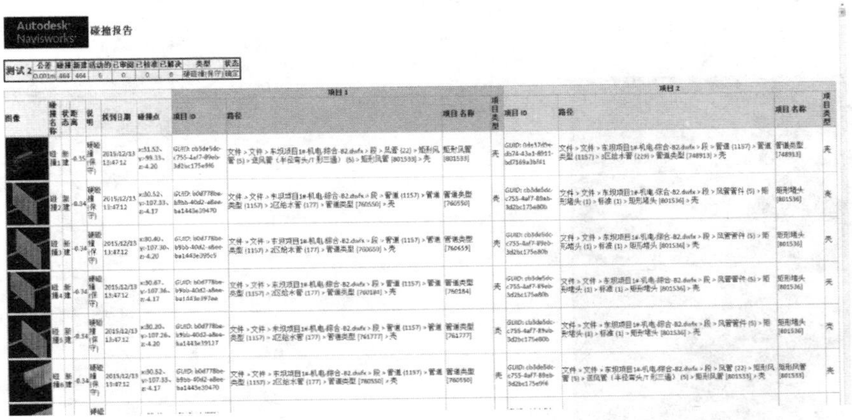

Autodesk Navisworks 碰撞报告

测试 2	公差	碰撞	新建	活动的	已审阅	已核准	已解决	类型	状态
	0.001m	464	464	0	0	0	0	硬碰撞(保守)	确定

图像	碰撞名称	状态	距离	说明	找到日期	碰撞点	项目 1 项目 ID	项目 1 路径	项目 1 项目名称	项目 1 项目类型	项目 2 项目 ID	项目 2 路径	项目 2 项目名称	项目 2 项目类型
	碰撞1	新建	-0.35	硬碰撞(保守)	2015/12/13 13:47:12	x:31.52、y:-99.33、z:-4.20	GUID: cb3de5dc-c755-4af7-89eb-3d2bc175e9f6	文件 > 文件 > 东坝项目1#-机电-综合-B2.dwfx > 段 > 风管 (22) > 矩形风管 (5) > 送风管（半径弯头/T 形三通） (5) > 矩形风管 [801533] > 壳	矩形风管 [801533]	壳	GUID: 0de37d0e-db74-43a1-8011-bd7169a3bf41	文件 > 文件 > 东坝项目1#-机电-综合-B2.dwfx > 段 > 管道 (1157) > 管道类型 (1157) > 3区给水管 (229) > 管道类型 [748913] > 壳	管道类型 [748913]	壳
	碰撞2	新建	-0.34	硬碰撞(保守)	2015/12/13 13:47:12	x:30.52、y:-107.33、z:-4.17	GUID: b0d778be-b9bb-40d2-a8ee-ba1443e39470	文件 > 文件 > 东坝项目1#-机电-综合-B2.dwfx > 段 > 管道 (1157) > 管道类型 (1157) > 2区给水管 (177) > 管道类型 [760550] > 壳	管道类型 [760550]	壳	GUID: cb3de5dc-c755-4af7-89eb-3d2bc175e80b	文件 > 文件 > 东坝项目1#-机电-综合-B2.dwfx > 段 > 风管管件 (5) > 矩形堵头 (1) > 标准 (1) > 矩形堵头 [801536] > 壳	矩形堵头 [801536]	壳
	碰撞3	新建	-0.34	硬碰撞(保守)	2015/12/13 13:47:12	x:30.40、y:-107.30、z:-4.20	GUID: b0d778be-b9bb-40d2-a8ee-ba1443e395c5	文件 > 文件 > 东坝项目1#-机电-综合-B2.dwfx > 段 > 管道 (1157) > 管道类型 (1157) > 2区给水管 (177) > 管道类型 [760659] > 壳	管道类型 [760659]	壳	GUID: cb3de5dc-c755-4af7-89eb-3d2bc175e80b	文件 > 文件 > 东坝项目1#-机电-综合-B2.dwfx > 段 > 风管管件 (5) > 矩形堵头 (1) > 标准 (1) > 矩形堵头 [801536] > 壳	矩形堵头 [801536]	壳
	碰撞4	新建	-0.34	硬碰撞(保守)	2015/12/13 13:47:12	x:30.67、y:-107.36、z:-4.17	GUID: b0d778be-b9bb-40d2-a8ee-ba1443e397ae	文件 > 文件 > 东坝项目1#-机电-综合-B2.dwfx > 段 > 管道 (1157) > 管道类型 (1157) > 2区给水管 (177) > 管道类型 [760184] > 壳	管道类型 [760184]	壳	GUID: cb3de5dc-c755-4af7-89eb-3d2bc175e80b	文件 > 文件 > 东坝项目1#-机电-综合-B2.dwfx > 段 > 风管管件 (5) > 矩形堵头 (1) > 标准 (1) > 矩形堵头 [801536] > 壳	矩形堵头 [801536]	壳
	碰撞5	新建	-0.34	硬碰撞(保守)	2015/12/13 13:47:12	x:30.20、y:-107.26、z:-4.20	GUID: b0d778be-b9bb-40d2-a8ee-ba1443e39127	文件 > 文件 > 东坝项目1#-机电-综合-B2.dwfx > 段 > 管道 (1157) > 管道类型 (1157) > 2区给水管 (177) > 管道类型 [761777] > 壳	管道类型 [761777]	壳	GUID: cb3de5dc-c755-4af7-89eb-3d2bc175e80b	文件 > 文件 > 东坝项目1#-机电-综合-B2.dwfx > 段 > 风管管件 (5) > 矩形堵头 (1) > 标准 (1) > 矩形堵头 [801536] > 壳	矩形堵头 [801536]	壳
	碰撞6	新建	-0.34	硬碰撞(保守)	2015/12/13 13:47:12	x:30.52、y:-107.33、z:-4.17	GUID: b0d778be-b9bb-40d2-a8ee-ba1443e39470	文件 > 文件 > 东坝项目1#-机电-综合-B2.dwfx > 段 > 管道 (1157) > 管道类型 (1157) > 2区给水管 (177) > 管道类型 [760550] > 壳	管道类型 [760550]	壳	GUID: cb3de5dc-c755-4af7-89eb-3d2bc175e9f6	文件 > 文件 > 东坝项目1#-机电-综合-B2.dwfx > 段 > 风管 (22) > 矩形风管 (5) > 送风管（半径弯头/T 形三通） (5) > 矩形风管 [801533] > 壳	矩形风管 [801533]	壳

图 9　结构与机电专业模型碰撞报告

遵循小管让大管、有压让无压等原则进行了调整，合理优化以后，各管线成功避让，且不影响其功能。(图 10、图 11)

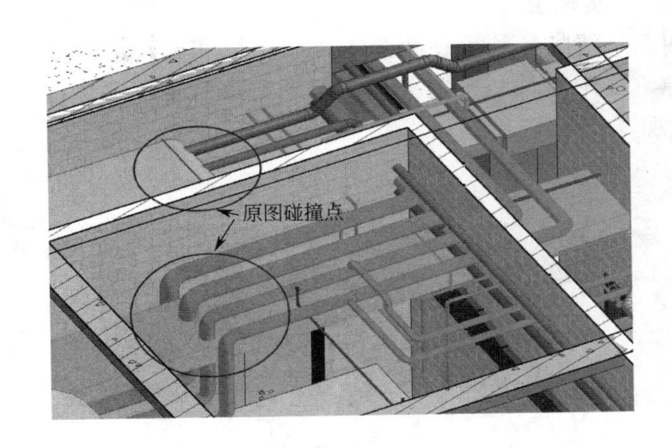

图 10　碰撞点优化前

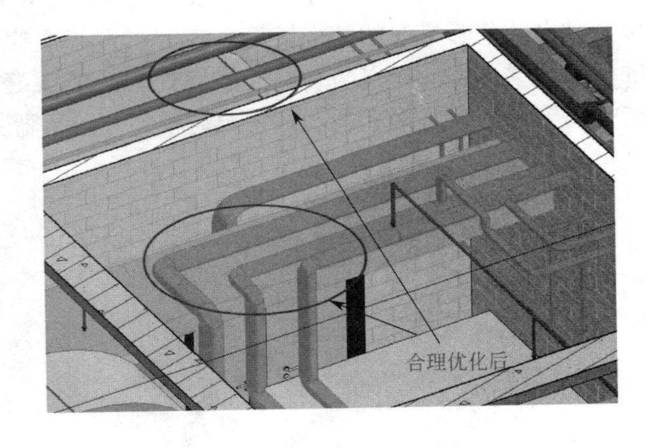

图 11　碰撞点优化后

依据整合的 BIM 模型逐一进行空间冲突与分析，解决各专业细部冲突，反映各专业之间的布线情况和交叉的状态，提前解决问题，对机电安装进行管线综合，保证精准的管线综合布置，避免盲目施工带来的风险，最大程度提高效率。应用 BIM 技术，通过碰撞检查功能、精确定位预留洞、综合管线的优化排布，可以提升净高，提升整体空间感（图 12、图 13）。

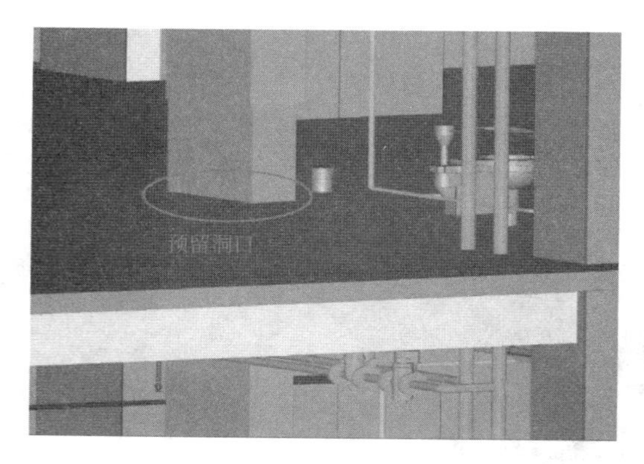

图 12　精确预留洞口

图 13　优化室内净高

（2）工艺模拟

本工程针对 2 号楼的型钢柱，绘制三维模型，将复杂工艺制作成视频交底，形象具体、直观易懂（图 14、图 15）。

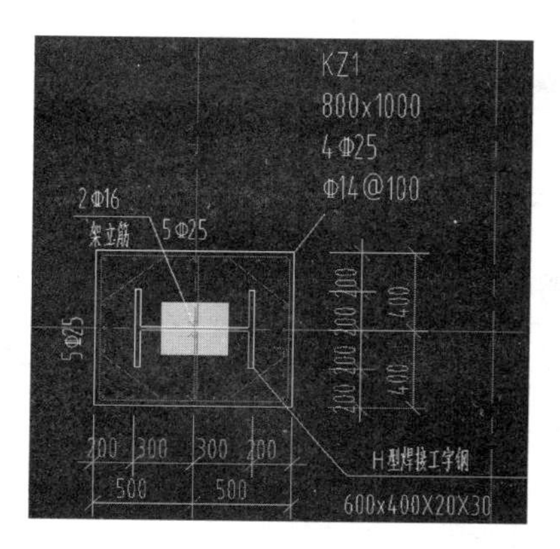

图 14　型钢柱钢筋平面布置图

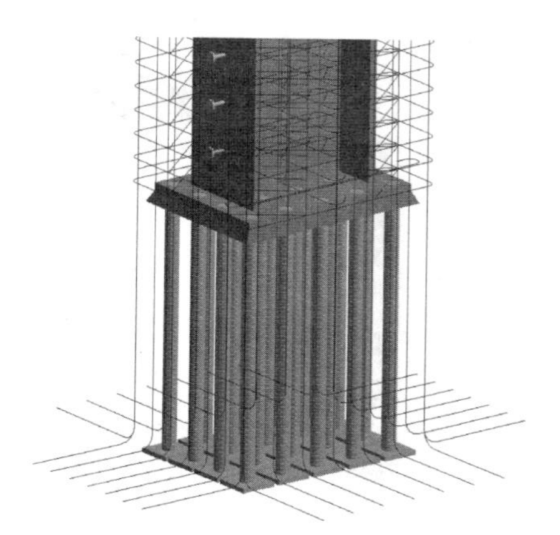

图 15　型钢柱模型图

（3）精装修深化

装修工程需认真了解建设方的装饰装修要求，提出可实现装饰装修工程最优的空间布局、立面造型，以及和谐的色彩搭配的装饰设计，装饰材料使用应明确、清晰，利于在装修工程中予以实施，达到最终的理想效果。例如风口与装饰面接缝处应自然无缝隙、居中对称、布置美观；卫生间墙面砖应平整，整砖排置合理，缝子横竖通顺，线角通顺，分色清晰美观等（图 16、图 17）。

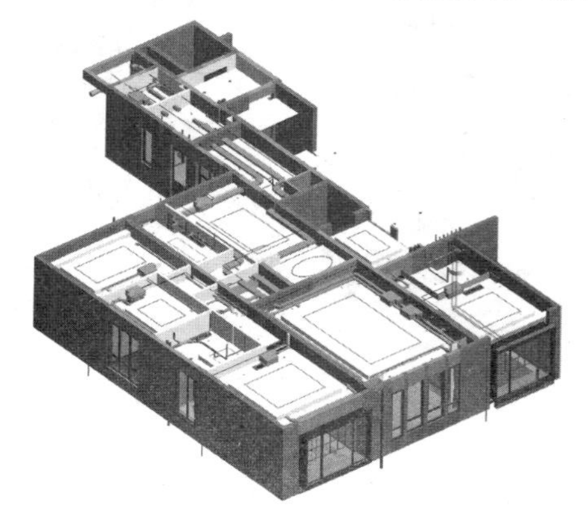

图 16　2 号楼精装修模型俯视图

图 17　2 号楼精装修模型透视图

通过精装模型，查看用户在使用功能的设计缺陷。例如开关面板设置在装饰格后面、卧室外窗上有道梁突出、天花板与风管冲突等问题（图 18、图 19）。

图 18　精装修开关面板

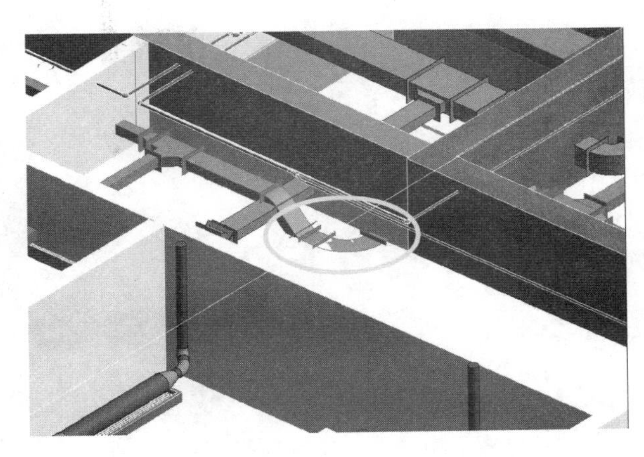

图 19　精装修吊顶与风管碰撞

我们可以通过精装模型，提前优化精装设计，避免发生返工的情况。

（4）成本管理

在工程成本管理方面，本工程运用 BIM 技术有着传统造价管理不可比拟的优势，可大大提高工程量计算工作的效率和准确性，结合施工进度可以实现成本管理的精细化和规范化，可以合理安排资金、人员、材料和机械台班等各项资源使用计划，做好实施过程中的成本控制（图 20）。

发现问题	个数(处)	延误平均工期(日)	预计平均材料费(元)	预计平均拆改费用(元)	节约费用(元)	节约工期(日)
机电各专业碰撞	3522	0.3	300	100	1890000×10%=189000	4567.5×10%=113
土建与机电碰撞（孔洞预留）	853	0.2	150	50	157640	88
管线路由不合理	40		1500		84000	
净高不满足要求	30	0.5	300	800	55000	32
合计	4445				485640	233

图 20　碰撞检查效率统计表

4　总结

以本项目应用的 BIM 技术作为基础，明确不光大型项目才适合采用 BIM 技术，并大力推行 BIM 技术在我公司各个小型项目中得到应用，发挥 BIM 技术在结构、建筑、水暖电及装饰等专业施工中的提质增效作用，利用新技术，淘汰落后技术，要明确 BIM 技术在住宅项目中的应用价值，相信 BIM 技术在建筑住宅项目发展的道路上，将成为提升经营管理水平和核心竞争力的有效工具，必定会开启技术改革的新章程。

参 考 文 献

［1］　住房和城乡建设部．关于推进建筑信息模型应用的指导意见［E］．2015.

［2］　住房和城乡建设部信息中心．中国建筑施工行业信息化发展报告（2016）BIM 深度应用与发展［R］．北京：中国城市出版社．2015.